精细爆破理论与技术新进展

——武汉爆破有限公司成立三十周年论文选集

主　编　谢先启

副主编　贾永胜　陈德志

武汉理工大学出版社

·武　汉·

内 容 提 要

本书收录了谢先启院士团队近30年来公开发表的代表性学术著作80余篇,内容涵盖爆破基础理论综述、拆除爆破技术、土岩爆破技术、特种爆破技术、爆破现场试验和其他相关内容。

本书可供爆破工程技术人员,大专院校和科研院所的研究人员参考。

图书在版编目(CIP)数据

精细爆破理论与技术新进展:武汉爆破有限公司成立三十周年论文选集/谢先启主编.—武汉:武汉理工大学出版社,2023.4

ISBN 978-7-5629-6764-4

Ⅰ.①精… Ⅱ.①谢… Ⅲ.①爆破拆除-文集 Ⅳ.①TU746.5-53

中国版本图书馆CIP数据核字(2022)第255036号

项目负责人:王利永(027—87106428)　　　　责任编辑:张　晨
责任校对:张莉娟　　　　　　　　　　　　　排版设计:正风图文
出版发行:武汉理工大学出版社
地　　址:武汉市洪山区珞狮路122号
邮　　编:430070
网　　址:http://www.wutp.com.cn
经 销 者:各地新华书店
印 刷 者:武汉乐生印刷有限公司
开　　本:880mm×1230mm　1/16
印　　张:34.25
字　　数:1108千字
版　　次:2023年4月第1版
印　　次:2023年4月第1次印刷
定　　价:330.00元

前　言

爆破工程技术是利用炸药爆炸产生的巨大能量对岩石、混凝土和金属等介质做功,使介质状态发生强烈的变化,从而产生变形、破碎、移动和抛掷,以达到预定工程目的的工程技术。爆破工程技术广泛应用于矿山开采、水利水电、城市建设、交通运输、爆炸加工和国防军工等领域,在国家基础设施建设和社会发展中发挥着不可替代的重要作用。目前,我国的工业炸药年产量超 440 万 t,工业雷管年产量超 10 亿发,爆破器材生产和使用量均居世界首位,已成为名副其实的"爆破大国"。

面对爆破工程市场化、专业化的发展趋势,1993 年 3 月,原武汉市市政工程总公司科学技术研究院控制爆破研究室改制,成立武汉爆破有限公司(原武汉爆破公司)。

三十年来,在大家的共同努力下,武汉爆破有限公司从初期的地方小微企业,到全国高新技术企业,再到精细爆破的引领示范企业,走过了一段用心血和汗水铺就的奋斗之路。

三十年来,公司始终秉承"精细爆破,安全高效"的企业理念,积极投身城市更新、工业改造和重大基础设施建设的大潮中,累计安全、高效地完成各类爆破工程近千项。其中,多项拆除爆破工程具有重要的引领示范作用,例如:1995 年,公司联合武汉地区多家爆破企事业单位成功爆破拆除武汉桥苑新村 18 层倾斜大楼,是当时国内爆破拆除的最高楼房;2002 年成功爆破拆除汉阳外滩花园建筑群,时任国务院总理朱镕基亲临现场听取汇报;2004 年成功实施亚洲首例 100 m 钢筋混凝土烟囱双向折叠爆破拆除;2007 年成功实施武汉王家墩商务区 19 层楼房双向折叠爆破拆除;2013 年一次性整体爆破拆除 3.5 km 长的武汉沌阳高架桥,是目前国内爆破拆除的最长的城市高架桥;2016 年一次性整体爆破拆除青海桥头铝电股份有限公司 2 座 180 m 烟囱、4 座 70 m 冷却塔和一座 15 万 m² 厂房,是国内当时爆破规模最大的工业建筑群;2017 年一次性整体爆破拆除武汉汉口滨江国际商务区 19 栋楼房,是国内当时爆破规模最大的民用建筑群。在岩土爆破领域,公司先后实施了湖北十堰武当山机场、湖北神农架红坪机场和湖南湘西民用机场等大型石方爆破项目,特别是自 2018 年开始实施的湖北鄂州花湖机场大规模石方爆破工程,截至目前已完成爆破方量近一亿立方米,为亚洲首座货运枢纽机场的如期完工奠定了重要基础。

三十年来,公司始终坚守"科研报国"的初心使命,将科技创新作为安身立命之本。2008 年,公司时任董事长谢先启院士首次提出"精细爆破"理念,标志着中国工程爆破迈入新阶段。围绕精细爆破理念,依托重大工程项目,谢先启院士带领科研团队取得了多项具有国际领先水平的科研成果,先后荣获国家科技进步二等奖 2 项,湖北省科技进步一等奖 3 项,中国爆破行业协会科技进步特等奖 1 项、一等奖 5 项;获授权发明专利 35 项、实用新型专利 86 项、软件著作权 7 项;编写国家级工法 3 部,省级工法 10 部,出版专著 6 部,累计在国内外学术会议和核心期刊上发表论文数百篇。

三十年,时光荏苒,春华秋实;三十年,栉风沐雨,催人奋进。在公司成立 30 周年之际,我们特编纂此书,向三十年来关心支持公司发展的各位专家、学者和朋友致敬,激励"武汉爆破人"继续勇攀高峰,推动爆破科技进步和促进爆破事业高质量发展。全书共 7 篇,收录了谢先启院士团队近三十年来公开发表的代表性学术著作,内容涵盖爆破基础理论综述、拆除爆破技术、土岩爆破技术、特种爆破技术、爆破现场试验和其他相关内容。本书凝聚了团队三十年来深耕爆破专业领域的理论和实践研究成果,可供爆破工程技术人员、大专院校和科研院所的研究人员参考。

鉴于成书时间紧迫,编者水平有限,书中不妥和疏漏之处在所难免,敬请各位专家和广大读者不吝指正。

编　者
2023 年 3 月

目　　录

第 1 篇　综述及专论

第 2 篇　拆除爆破·房屋建筑物

第 3 篇　拆除爆破·高耸构筑物

第 4 篇　拆除爆破·桥梁

第 5 篇　拆除爆破·其他建筑物

第 6 篇　土　岩　爆　破

第 7 篇　试验研究及其他

第1篇 综述及专论

精 细 爆 破

谢先启[1,2]　卢文波[3]

(1.武汉市市政建设集团,武汉 430023;2.武汉爆破公司,武汉 430023;3.武汉大学,武汉 43070)

摘　要:所谓精细爆破,即通过定量化的爆破设计和精心的爆破施工,对炸药爆炸能量释放与介质破碎、抛掷等过程进行精密控制,既可达到预定的爆破效果,又能实现爆破有害效应的有效控制,最终实现安全可靠、绿色环保及经济合理的爆破作业。作者结合自身的科研和实践,并通过对国内外爆破和相关技术领域现状及发展趋势的全面调研与综合分析,介绍了精细爆破概念的形成,对工程爆破各领域如何落实和实践精细爆破提出了意见和建议;精细爆破作为一个新的概念,拟对其确切定义、适应范围、相关标准等方面做进一步的研究和完善。

关键词:精细爆破;定量化设计;爆破器材;施工机械化;市场需求;可持续发展

3P（Precise，Punctilious and Perfect）blasting

XIE Xianqi[1,2]　LU Wenbo[3]

(1. Wuhan Municipal Construction Group Co. ,Ltd. ,Wuhan 430023,China;

2. Wuhan Blasting Engineering Company,Wuhan 430023,China;

3. Wuhan University,Wuhan 43070,China)

Abstract:3P(Precise,Punctilious and Perfect) blasting,a completely new concept,is presented by the authors of this paper,meaning a blasting engineering using quantitative designs and punctilious blasting operation to precisely control explosion energy release and medium breakage and throwing,so as to reach anticipated blasting effects,and on the other hand,realize perfectly control of harmful effects,and finally to promise a safe,reliable and environmental and economical friendly blasting operation. The authors,based on their own R&D work and engineering practice,and after reviewing the present situation of the blasting technology and the related fields,introduced the formation of the 3P blasting,and furthermore,gave some advice on how to apply and develop the 3P blasting concept in different fields of engineering blasting. As a newly developed concept,the 3P blasting should be further studied and completed in terms of its exact definition, applied ranges, reasonable standards,etc.

Keywords:3P blasting;Quantitative design;Blasting materials and accessories;Mechanize construct;Market requirement;Sustainable development

1　引言

中国是发明黑火药的文明古国,对人类文明与进步有过重大贡献。改革开放 30 年来,我们在爆破基础理论与技术领域不断取得进展,加之高精度、高安全性的爆破器材的生产和应用,工程爆破技

本文原载于《工程爆破》2008 年第 3 期。

术在矿山、铁路、交通、水利水电、城市基础建设和厂矿企业改扩建等工程建设中发挥了重要作用,我国的工程爆破事业取得了举世瞩目的成就,使得我国工程爆破行业的整体实力和国际影响力显著提高。

21世纪是经济全球化和信息化的时代,日新月异的科技发展将给世界带来巨大的变革,为工业技术带来新的革命,工程爆破技术也必将产生新的飞跃。在新的机遇和挑战面前,一方面,将有更多的爆破工程项目和新的爆破技术应用领域期待我们去完成;另一方面,为实现"可持续发展"的需求,工程爆破行业要进一步提高自主创新能力,为国民经济的发展和构建和谐社会做出更大的贡献。

在冯叔瑜院士、汪旭光院士等国内著名爆破专家的倡议和支持下,基于大量工程实践和理论研究工作,结合国内外爆破行业的技术发展现状,我们凝练并提出了"精细爆破"的概念。这与我国《国家中长期科学和技术发展纲要(2006—2020年)》所确定的科技工作指导方针、目标和总体部署的要求,特别是与中国工程爆破协会制定的《中国工程爆破行业中长期科学和技术发展规划(2006—2020年)》所确定的发展目标是不谋而合的。对精细爆破技术的深入研究和推广应用,必将对我国目前倡导的建设"资源节约型"和"环境友好型"社会的进程起到重要的推动和促进作用。

2 "精细爆破"的定义与内涵

精细爆破,即通过定量化的爆破设计和精心的爆破施工,对炸药爆炸能量释放与介质破碎、抛掷等过程进行控制,既可达到预定的爆破效果,又能实现爆破有害效应的有效控制,最终实现安全可靠、绿色环保及经济合理的爆破作业。

显然,精细爆破秉承了传统控制爆破的理念,但与传统控制爆破有着明显的区别。

精细爆破的目标与传统控制爆破一样,既要达到预期的破碎、压实、疏松和切割等爆破效果,又要将爆破破坏范围、建(构)筑物的倒塌方向、破碎块体的抛掷距离与堆积范围以及爆破地震波、空气冲击波、噪声和破碎物飞散等的危害控制在规定的限度之内,实现爆破效果和爆破危害的控制。

与传统控制爆破相比,精细爆破在定量化的爆破设计、炸药爆炸能量释放和介质破碎过程控制、爆破效果及负面效应的可预见性等方面提出了更高的要求。

精细爆破注重利用爆炸力学、岩石动力学、结构力学、材料力学和工程爆破等相关学科的最新研究成果,采用较传统的半理论半经验方法更科学地定量化爆破设计计算理论、方法和试验手段,对爆破方案和参数进行优化;通过对爆破作用过程的仿真模拟,实现爆破效果及效应的可预见性。

精细爆破更注重根据爆破介质的力学特性、爆破条件及工程要求,它依赖性能优良的爆破器材及先进可靠的起爆技术,辅以精心施工和严格管理,实现炸药爆炸能量释放、介质破碎、抛掷及堆积等过程的精密控制。

3 "精细爆破"概念的形成

半个多世纪以来,我国在爆破作用的控制与利用技术研究方面已取得了一定的进展,爆破技术广泛用于岩土和其他介质的破碎、压实、疏松、切割等作业,以及在特殊环境[如闹市区建(构)筑物的拆除、人体内胆结石的破碎]、特殊条件(如高温、高压)、特殊要求(如爆炸加工、爆炸合成、地震勘探)等情况下的爆破工程。从利用0.3 mg炸药对人体内胆结石的破碎到万吨级药量的硐室大爆破,这些实际案例都反映了炸药能量控制与利用技术的进步。

爆破基础理论研究的突破、计算机技术的应用、爆破器材的革新、检测技术的进步以及钻爆机具的改进等,为精细爆破的实现提供了强有力的技术支撑;同时,我国在采矿、水利水电、铁道、交通等的基础建设及城市化进程中,对精细爆破产生了巨大的市场需求。

3.1　基础理论研究、计算机及测试技术的飞速发展,使定量化的爆破设计成为可能

　　近年来,随着爆炸力学、岩石动力学、结构力学和工程爆破技术等基础理论研究领域的不断拓展,借助飞跃发展的计算机技术、爆破试验和测量技术的进步,使得定量化的爆破设计成为可能。定量化的爆破设计不仅限于设计计算过程的定量化,还要强调爆破效果及爆破负面效应的可预见性。

　　例如,采用 FEM、DEM、DDA 和 AEM 等数值方法,基于运动学和结构力学的基本理论,已能对高层框架结构楼房定向或多向折叠倾倒、高耸钢筋混凝土烟囱双向折叠倾倒的运动,触地解体及振动诱发等力学行为进行较精确的预测和仿真,从而对爆破切口高度和范围、多切口间起爆时差等关键参数的选择提供定量参考。

例1　百米钢筋混凝土烟囱双向折叠爆破

　　武汉爆破公司于 2003 年 12 月在武汉市原阳逻化肥厂首次尝试实施百米烟囱折叠爆破。通过建立烟囱折叠倾倒运动的力学模型,编制数值模拟程序,并结合运动过程中切口支撑筒壁应力状态的有限元分析,获得了双向折叠爆破中的两个重要参数的选取范围,即上部切口位置以 25～35 m 为宜,上、下切口间起爆时差以 1.5～3.0 s 为宜。实际取中上部切口高程 30 m,上、下切口间起爆时差 2.2 s,起爆后实现完美空中折叠。百米烟囱双向折叠爆破的数值模拟与实爆效果如图 1 所示。

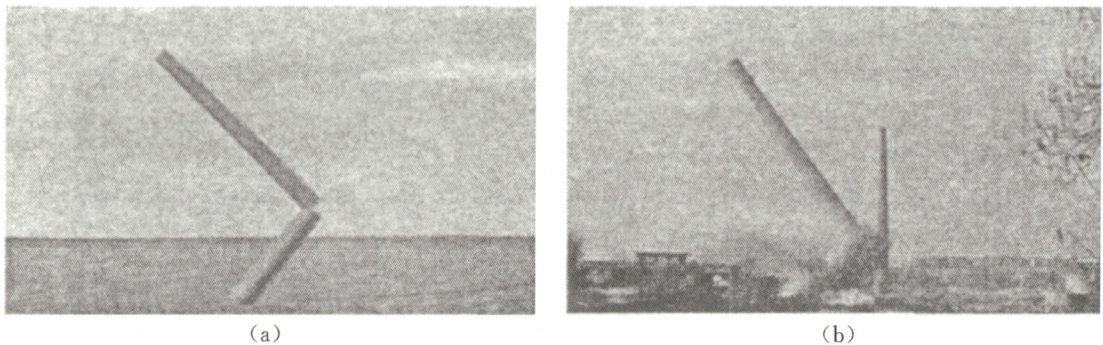

(a)　　　　　　　　　　　　　　　　　　　(b)

图1　百米烟囱双向折叠爆破

(a) 模拟图;(b) 实爆图

例2　19 层框-剪结构大楼的双向三次折叠爆破

　　武汉市王家墩商务区两栋 19 层框-剪结构大楼需爆破拆除,武汉爆破公司在积累丰富的城市控制爆破拆除经验的同时,不断探索控制爆破技术的新思路、新方法,决定对部分楼体实施双向三折爆破拆除。在上、中、下三切口部位选择和切口间起爆时差选择等关键设计参数的优化上,运用动力学原理分析和计算机数值模拟,得出了切口部位的最佳位置和切口间起爆时差。在工程实际中,下部切口位于 1～4 层,中部切口位于 8～9 层,上部切口位于 14～15 层,切口间起爆时差为 1.02 s。2007 年 12 月 28 日下午实施爆破,实现空中交替折叠,爆堆不超过原建筑占地范围 6 m,可与原地坍塌方案相媲美,但经济效益、社会效益和安全效益更优。19 层框-剪结构大楼双向三折爆破倾倒过程和爆堆情况如图 2 所示。

例3　大型露天矿山覆盖层剥离的高台阶深孔梯段爆破

　　在国外 Jim Bridger Coal Mine 等大型露天煤矿的覆盖层剥离爆破中,普遍采用大孔径(270～350 mm)、高台阶深孔(40～60 m)梯段爆破(效果图见图 3)。欧美类似的大型矿山普遍采用爆破计算机辅助设计,依赖 GPS 技术来实现钻孔的自动定位与纠偏,配合机械化装药,实现了爆破设计与施工的自动化;同时,通过采集爆堆的三维信息数据,建立爆堆抛掷与堆积的统计模型,可实现给定爆破参数条件下爆堆抛掷与堆积范围的正确预计(图 4)。

图 2　19 层框-剪结构大楼"双向三折"爆破

（a）　　　　　　　　　　　（b）

图 3　露天矿山覆盖层剥离的高台阶深孔梯段爆破

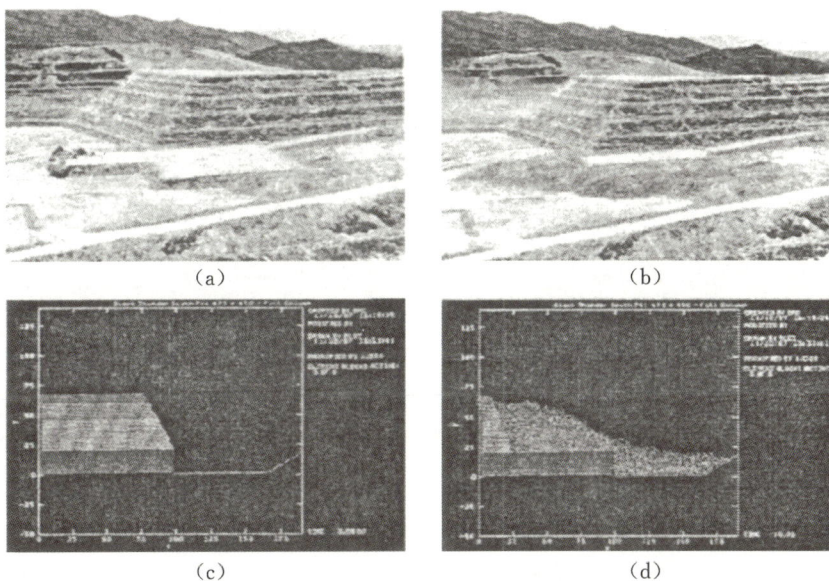

（a）　　　　　　　　　　　（b）

（c）　　　　　　　　　　　（d）

图 4　高台阶深孔梯段爆破计算机仿真模型

3.2　高可靠性和安全性的爆破器材的不断发展与完善

适应不同岩性和爆破条件的高性能及性能可调控炸药、不同爆速导爆索、高精度延时雷管及电子雷管的成功研制,使得对炸药爆炸能量的释放、使用及转化过程的有效控制成为可能。

例如性能可调控炸药的出现,为真正实现炸药与岩石阻抗相匹配创造了条件,从而可以大大地提高炸药能量的利用率;低爆速导爆索的成功研制,大大地降低了大理石等石材开采中的爆破损耗,从而可提高石材的开采率和利用率,有效地节约资源。图5为意大利某大理石采石场石材爆破开采的效果图。

(a)　　　　　　　　　　　　　　　　　　(b)

图5　意大利某大理石采石厂爆破开采的效果图

又如高精度延时雷管和电子雷管的成功研制,将在控制结构倒塌过程、改善岩石破碎效果、实现抛掷堆积控制以及降低爆破振动效应等方面发挥显著作用。三峡三期 RCC 围堰爆破拆除时使用的高精度电子雷管如图6所示。

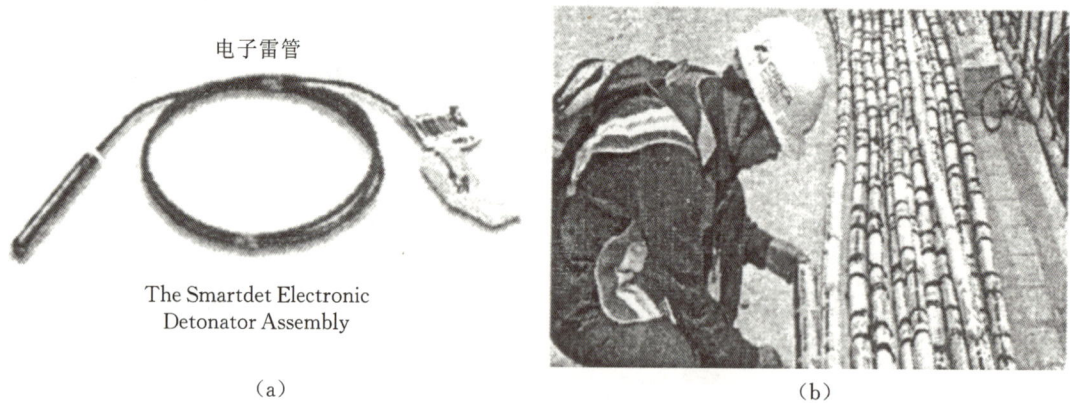

电子雷管

The Smartdet Electronic
Detonator Assembly

(a)　　　　　　　　　　　　　　　　　　(b)

图6　三峡 RCC 围堰爆破拆除时使用的高精度电子雷管

3.3　施工机械化和自动化水平的提高,为精细爆破施工提供了施工技术支持

随着爆破工程施工中机械化水平和自动化水平的提高,尤其是以 3S 技术(RS、GIS、GPS)为代表的信息技术在爆破工程中的应用,爆破工程测量放线、钻孔精度、装药填塞等各项工序的精细程度大大提高,为精细爆破施工提供了施工技术支持。

例如,国外大型矿山采用的潜孔钻机或牙轮钻孔设备,携带 GPS 系统,可实现钻孔的自动定位;依靠钻机上装备的测量及控制系统,可实现钻孔过程孔向及倾角的自动调整及控制。又如,高大烟囱爆破时,为确保定向窗的开凿精度,可以采用水钻取心法来完成;黄石电厂150 m 高钢筋混凝土烟囱爆破就是采用水钻取心法开凿的定向窗,见图7。

3.4　精细爆破的市场需求

3.4.1　土岩爆破领域

土岩爆破领域对精细爆破的需求日益增多。例如,在国家重大工程建设及西部大开发中,在复杂地质条件下施工人员修建大型水电枢纽工程、长距离输(调)水或交通隧道、高陡路堑边坡、大型矿山等,涉及工程建设和环境保护的双重考验。

例4　三峡水利枢纽工程双线五级永久船闸爆破开挖

举世闻名的三峡水利枢纽工程双线五级永久船闸,总长 1607 m,最大开挖深度 170 m,两闸室间设宽 58 m、高 46~68 m 的中隔墩,结构复杂,开挖后闸室侧向位移控制要求达到 5 mm,开挖技术难度极高。设计与施工人员采用中间拉槽、预留保护层、施工预留(光爆)及保护层的精细爆破开挖等技术手段,实现了闸室开挖的精雕细琢(图8)。

图7　水钻取心法开凿定向窗　　　　　　　图8　三峡工程永久船闸鸟瞰图

例5　三峡、小湾、溪洛渡和向家坝等大型水电工程地下厂房硐室群及拱肩槽高边坡开挖

三峡、小湾、溪洛渡和向家坝等大型水电工程,均涉及大跨度地下厂房硐室群开挖,其岩锚梁及其硐室直立高边墙的成型爆破,堪称精细爆破的典范(图9);而小湾和溪洛渡等工程的拱肩槽高边坡开挖,依赖科学的设计及精心地施工,边坡轮廓的成型质量达到较完美的程度(图10)。

图9　溪洛渡水电站主变室边墙开挖成型　　　图10　溪洛渡水电站拱肩槽开挖边坡成型

3.4.2　城市控制爆破领域

在城市控制爆破领域,特别是城市拆除爆破领域,我们面临的挑战更是显而易见的,这体现在拆除对象所处环境的复杂程度的提高,也体现在拆除对象的结构形式越来越多样化。如高大建筑物已从一般框架、框架-剪力墙和剪力墙三大常规结构发展为筒体、筒束和套筒式结构,拆除设计和施工难度大幅增加;又如在密集建筑群之间拆除,允许倒塌范围小,振动、飞石、冲击波、粉尘等控制要求更严格。因此,采用精细爆破技术是未来城市控制爆破的必然发展方向。

例6　原武汉商场九层框架结构大楼爆破拆除工程

该大楼为九层框架结构,高49 m,地处武汉商业中心区,四周商铺林立、居民众多、交通繁忙,爆破环境极其复杂。爆破时不仅要精确控制楼体倒向和坍塌范围,而且对振动、冲击波、飞石等有害效应必须实施严格控制。该工程是武汉市商业中心区内环境非常复杂的拆除爆破工程(图11)。

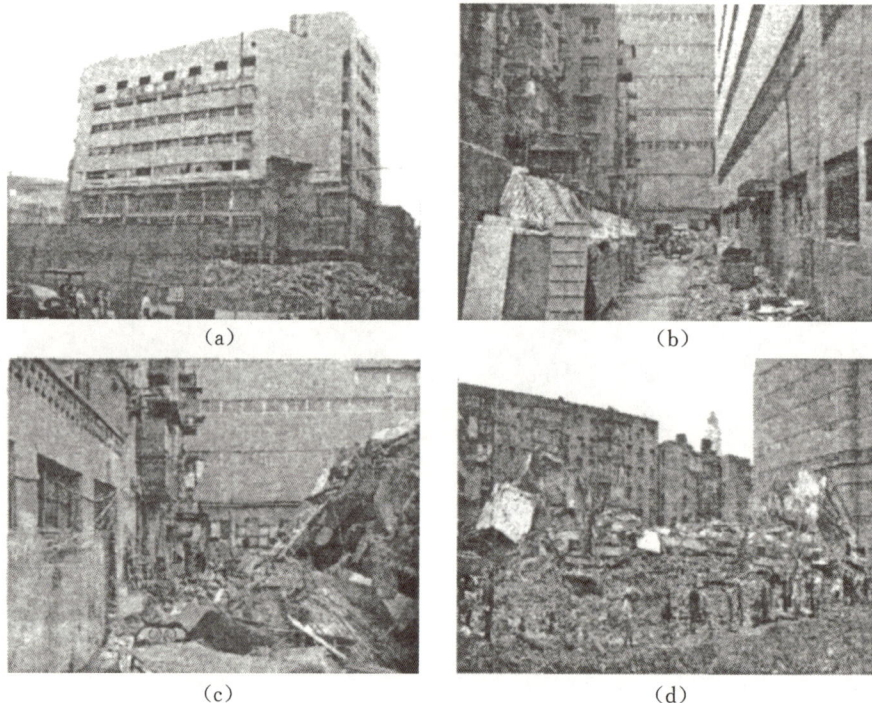

图11　原武汉商场爆破拆除工程
(a) 正面;(b) 背面;(c) 背面爆堆;(d) 爆堆全景

例7　黄石电厂150 m烟囱爆破拆除工程

黄石电厂钢筋混凝土烟囱高150 m,倾倒方向长162 m,两侧允许偏差必须控制在±4°范围内。图12为该烟囱爆破倾倒过程与效果图。

4　对精细爆破在工程爆破各领域发展的建议

我国已将建设"资源节约型"和"环境友好型"社会作为21世纪的重要发展战略。爆破是具有潜在破坏性的建设手段与技术,而精细爆破符合上述时代需求,其概念需要在爆破行业的方方面面得到体现和实践。

结合《中国工程爆破行业中长期科学和技术发展规划(2006—2020年)》,建议推动精细爆破在下述领域或方向得到优先发展和应用:

(1) 在露天爆破领域,针对大型露天矿山开采和覆盖层剥离爆破,应用现代信息技术的最新成果,研究并建立基于GPS、GIS和RS的爆破反馈设计理论与方法,完善机械化和信息化钻爆施工技术,努力实现高台阶深孔梯段爆破的精细化;在铁道、交通、水利水电和市政建设中,重点研究复杂地质、地

图 12 黄石电厂 150 m 烟囱爆破拆除
(a)爆区环境;(b)倾倒过程;(c)爆堆

形和施工环境条件下的石方精细爆破技术,解决石方开挖、边坡成型、预留岩体、邻近建(构)筑物和设施设备保护等综合技术问题。

(2)在地下爆破领域,针对位于城市建筑物下部的地铁开挖爆破、邻近已有铁道交通线路的隧洞爆破,重点完善基于降低和控制爆破振动的微地震精细爆破技术;对于高地应力和复杂地质条件下的大型地下硐室群、超长隧洞开挖和深部采矿,重点研究合理的爆破开挖程序、爆破参数及爆破对围岩的损伤控制措施;针对海底隧道爆破施工,应重点解决覆岩保护及渗流控制的相关安全技术。

(3)在建(构)筑物拆除爆破方面,针对高层(耸)建(构)筑物的结构特征、拆除条件和环境保护要求,开发基于结构力学和运动学仿真的建(构)筑物拆除计算机软件,研究建筑物多向折叠和原地坍塌等高难度拆除爆破技术,实现建筑物拆除爆破效果和负面效应的精细控制。

(4)在特种爆破技术领域,开发钢结构聚能切割、油气井套管爆炸修复、油气井增油断裂控制爆破等与精细控制爆破相关的专用炸药及爆炸能量控制装置。

(5)在爆破器材方面,加强性能可调控炸药和起爆、传爆器材的研制,开发数码电子雷管起爆系统和低能导爆索非电起爆系统;研制新型的爆破振动、冲击波和噪声测试仪器,实现爆破负面效应监测的便携化、自动化和信息化。

(6)在基础研究领域,重点研究工业炸药爆轰能量释放控制技术,提高和控制爆破能量的利用率;努力开发快速便捷的爆破测试新技术,实现岩石爆破特性及本构模型研究方面的突破;加强信息化爆破设计和施工的基础理论与应用关键技术研究,实现工程设计的智能化、可视化,以及爆破施工的机械化、信息化。

5　结语

中国工程爆破协会于 2008 年 3 月 30 日在武汉组织召开了"精细爆破"研讨会。在该研讨会上，与会专家一致认为："精细爆破"作为一个有别于传统"控制爆破"的概念，它的适时提出，其意义十分深远；"精细爆破"代表了工程爆破行业的发展方向。

结合研讨会上与会专家的意见和建议，需要就以下问题做进一步的研究和完善：

（1）"精细爆破"作为一个有别于传统"控制爆破"的概念，应有严格的定义，所以对"精细爆破"的定义和内涵需做进一步的完善。

（2）提出"精细爆破"具体标准的建议。

（3）应对"精细爆破"概念在促进行业进步方面的作用或者可能出现的负面效应进行研究。

（4）结合《中国工程爆破行业中长期科学和技术发展规划（2006—2020 年）》制定精细爆破的发展规划。

致谢：爆破界同仁提供了文中部分图片资料，在此一并感谢！

精细爆破发展现状及展望

谢先启[1,2]

(1.武汉市市政建设集团有限公司,武汉 430023;2.武汉爆破有限公司,武汉 430023)

摘 要:"精细爆破"作为一个有别于传统"控制爆破"的概念,被认为是工程爆破发展新阶段的标志。本文简要介绍了精细爆破的定义、内涵和技术体系,以及精细爆破自被提出以来在我国的应用与发展现状。关于精细爆破的未来发展,建议从 4 个方面开展研究:加强多学科的基础理论研究,为精细控制炸药爆炸能量的释放和定量化爆破设计提供理论支撑;以爆破对象的数字化研究与应用为切入点,开展精细爆破与信息化技术的融合研究;加强数值模拟精细化研究,为爆破方案的优化和爆破危害效应预测预报提供更有力的技术手段;加强精细爆破施工现代化和标准化建设。

关键词:精细爆破;现状;信息化;标准化;展望

Precision blasting, current status and its prospective

Xie Xianqi[1,2]

(1. Wuhan Municipal Construction Group Co. ,Ltd. ,Wuhan 430023,China;

2. Wuhan Blasting Engineering Co. ,Ltd. ,Wuhan 430023,China)

Abstract: Precision blasting, which is different from traditional control blasting, is regarded as the sign of new development stage of engineering blasting. The definition, connotation, technology system and current situation of its application and development were described briefly. With regard to the prospect of precision blasting, following aspects for further study are recommended: ① a multiple disciplinary study should be developed for a more understanding on the explosive energy release and quantitative blasting design; ② according to requirements of digital blasting objective, syncretic study of precision blasting and technology should be enhanced; ③ numerical simulation was an important tool for optimizing engineering blasting scheme and blasting adverse effects control, a more elaborate precision numerical simulation method should be studied furthermore; ④ the modernization and standardization of precision blasting construction should be enhanced.

Keywords: Precision blasting; Current situation; Information technology; Standardization; Prospect

1 前言

我国工程爆破技术的发展与国家经济建设的需要密不可分,工程爆破技术已成为我国经济社会建设中不可缺少的重要支撑技术之一。笔者在大量理论研究和工程实践基础之上,基于我国工程爆破领域取得的最新研究成果,并结合不同行业、不同领域对工程爆破的需求,提出了精细爆破的理念,并初步建立了其技术体系。2008 年 4 月,中国工程爆破协会在武汉召开了"精细爆破"研讨会;2009年 9 月,湖北省科技厅在武汉组织召开了"精细爆破"成果鉴定会,与会专家一致认为"精细爆破是我国工程爆破发展新阶段的标志,必将对我国工程爆破技术的发展产生深远的影响"。精细爆破的概念

本文原载于《中国工程科学》2014 年第 16 卷第 11 期。

自提出至今,虽只有6年多时间,但它已逐步被我国工程爆破行业认可并推广应用,其取得的经济效益和社会效益是十分显著的。

当前,我们所面临的是一个知识爆炸的时代,理论、技术、材料日新月异,同时,以4G和物联网为主要特征的新信息时代给各行业、各领域带来了机遇和挑战。精细爆破未来如何发展,是我们必须面对并思考的课题。

2　精细爆破的发展现状

2.1　精细爆破定义与内涵

2.1.1　精细爆破定义

精细爆破是指通过定量化的爆破设计、精心的爆破施工和精细化的管理,进行炸药爆炸能量释放与介质破碎、抛掷等过程的精密控制,既可达到预期的爆破效果,又能实现爆破有害效应的有效控制,最终实现安全可靠、技术先进、绿色环保及经济合理目标的爆破作业。

2.1.2　精细爆破的内涵

精细爆破秉承了传统控制爆破的理念,但二者又存在显著的区别。

精细爆破的目标比传统控制爆破的目标更高,既要求爆破过程或效果更加可控、危害效应更低、安全性更高,又要求爆破过程对环境影响更小、经济效果更佳。

精细爆破不仅是一种爆破方法,而且是含义更为广泛的一种理念。精细爆破不仅含有精确精准的内容,也含有模糊的内容,这种模糊并不代表不清晰,而是指模糊理论在爆破领域的应用;精细爆破不仅是一种细心细致的技术,更是一种态度。

精细爆破涵盖了有关爆破的技术、生产、管理、安全、环保、经济等方方面面的内容,是一个发展的概念,更是一个包容的概念,它将吸收最新科技成果的营养,融合发展,共同进步。

2.2　精细爆破技术体系

精细爆破不是一项单纯的爆破技术,而是一项系统工程,一种技术体系。笔者提出的精细爆破技术体系包括:目标、关键技术、支撑体系、综合评估体系和监理体系五个方面。其中,目标是方向,关键技术是核心,支撑体系是基础,综合评估体系和监理体系是保障。精细爆破的核心即关键技术,主要包括四个部分,即定量化设计、精心施工、精细管理和实时监测与反馈等:a. 定量化设计,包括爆破对象的综合分析、爆破参数的定量选择与确定、爆破效果和爆破有害效应的定量预测与预报;b. 精心施工,包括精确的测量放样、钻孔定位与炮孔精度控制、爆破设计与爆破作业流程的优化;c. 精细管理,运用程序化、标准化和数字化等现代管理技术,实施人力资源管理、质量安全管理和成本管理等,使爆破工作能精确、高效、协同和持续地工作;d. 实时监测与反馈,包括爆破块度和堆积范围等爆破效果的快速量测、爆破效应的跟踪监测与信息反馈,以及基于反馈信息的爆破方案和参数优化。精细爆破技术体系略图如图1所示。

2.3　精细爆破的应用与发展

精细爆破的概念自被提出以来,已获得国内外爆破界同仁的广泛认可,并在不同行业的爆破工程中得到应用并取得了良好的效果。同时,许多专家学者和工程技术人员围绕精细爆破技术体系,通过理论研究和关键技术研发,在爆破技术和管理等方面取得了丰硕的成果,极大地丰富和延伸了精细爆破的内涵和外延。

2.3.1　精细爆破的核心内容已成为行业标准

精细爆破的核心内容已被电力行业标准《水电水利工程爆破安全监测规程》(DL/T 5333)、《水工

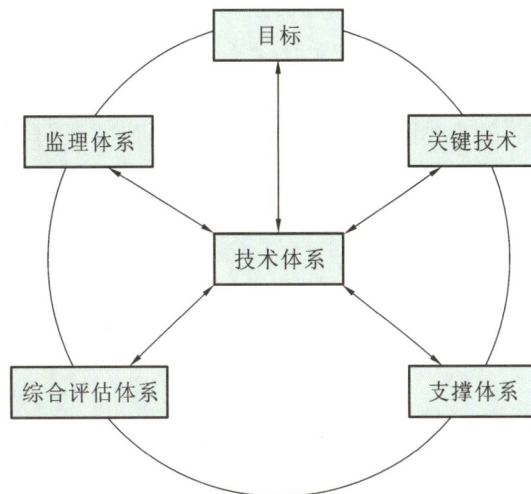

图1　精细爆破技术体系略图

建筑物岩石基础开挖工程施工技术规范》(DL/T 5389)等采用,上述举措大大推动了行业进步,提升了行业的核心竞争力。我国爆破行业首部工具书《爆破手册》、全国工程爆破技术人员统一培训教材《爆破设计与施工》也将精细爆破的核心内容收录在内。后者还专门用一节内容介绍了"精细爆破的定义与内涵,精细爆破的技术体系"。精细爆破已成为爆破工程技术人员必须了解的专业知识之一。

2.3.2　践行精细爆破理念的精品爆破工程不断涌现

2.3.2.1　拆除爆破

基于精细爆破的关键技术,结合3.5 km沌阳高架桥爆破拆除工程,武汉爆破有限公司围绕复杂环境下城市超长高架桥爆破拆除的定量化设计、精细管理和有害效应实时监控量测等内容展开研究。通过建立高架桥倒塌的动力学模型,研究了高架桥的连续垮塌机理,提出了物理模型试验方法(图2),为爆破方案和爆破参数定量化设计提供了理论基础和试验支撑;建立了非电导爆管起爆网路延期时间期望值和交叉复式起爆网路可靠度计算公式,并研究了"宽间隔、超长延时、互动有序"的城市超长高架桥非电导爆管接力式起爆网路技术,使超长延时非电起爆网路的可靠度大于99.99%;建立了城市超长高架桥爆破拆除有害效应控制和监测技术体系,确保了复杂环境下超长高架桥爆破拆除的安全性和环保性。基于这些研究成果,成功实施了武汉沌阳3.5 km高架桥爆破拆除工程(图3)。该工程被认为是"精细爆破的成功典范",其成果丰富和发展了拆除爆破的基础理论和技术体系。

图2　3.5 km沌阳高架桥物理模型试验

图3　3.5 km沌阳高架桥起爆瞬间

2.3.2.2　水利水电爆破

水利水电工程在防洪、发电、航运、灌溉等方面发挥着独特、巨大的作用,而工程爆破则是其主体工程第一个极具科技含量的关键施工环节。在水利水电工程爆破初、中期,因处于市场竞争意识薄弱的时代和当时工程爆破技术的局限性,对工程爆破质量、工期、安全和成本控制等各方面要求不是很高,这直接导致相当一部分人认为工程爆破是一种技术粗糙、管理粗放的工作。这种认知体现到具体爆破工作中,带来的是爆破超欠挖严重、开挖工期迟缓或拖延、爆破安全事故频发、施工成本超支等不利后果。20 世纪 90 年代末期,随着我国水利水电行业进入快速发展期,在长江科学院和中国水利水电第七、十四工程局有限公司等科研和生产单位的推动下,精细爆破理念在水利水电行业被广泛认可并得到迅速推广应用,在水电站高陡边坡、地下厂房和水下爆破等领域涌现出一批爆破精品工程(图4、图5)。

图4　柘溪水电站进水口挡水岩坎爆破　　　　图5　向家坝水电站右坝肩精细爆破开挖效果

2.3.3　精细爆破在矿山的应用——数字矿山(Digitalmine)

数字矿山是建立在数字化、信息化、虚拟化、智能化和集成化基础上的,由计算机网络管理的管控一体化系统。它是信息化、虚拟化矿山,是用信息化和数字化的方法来研究和构建矿山,是将矿山的人类活动的信息全部数字化之后由计算机网络来管理的技术系统。可以说,数字矿山是精细爆破在矿山和岩土爆破领域的应用典范。

大红山铜矿通过应用 Dimine 数字矿山软件平台,建立了矿山地质模型和工程实体模型,以三维形态直观可视地反映矿山的地质情况及开采环境。并以此为基础开展三维采矿设计、测量数字自动成图、数字化的资源储量管理等应用工作,极大地提高了地质、测量、采矿等各专业工作的精度和效率(图6、图7)。

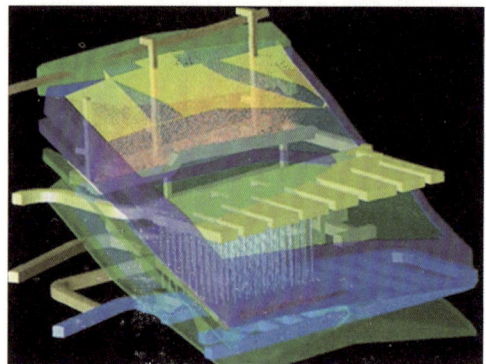

图6　大红山铜矿三维可视化模型　　　　　　图7　三维采矿模型

2.3.4　精细爆破外延的升华——基于物联网的智能爆破概念

智能爆破基于以物联网为核心的新一代信息技术,实现对爆破行业全生命周期的数字化、可视化及智能化,将新一代信息技术与现代爆破行业技术紧密结合,构成人与人、人与物、物与物相连的网络,动态详尽地描述并控制爆破行业全生命周期,以高效、安全、绿色爆破为目标,保证爆破行业的科学发展。

(1)爆破设计。地质勘探和测量新技术、新设备的出现,使爆破前技术人员可以获得更为详细和可靠的地质和地形等爆破条件,为破碎和抛掷、堆积等爆破效果的正确预测提供保证;动光弹、高速摄影、钻孔电视、岩石CT和激光扫描等测量和监测设备与技术的进步,为爆破效果与爆破损伤效应的检测与量化评价提供了可能,为水利水电量化爆破设计和爆破有害效应的合理控制提供了技术支持。建立露天(地下)爆破智能化设计系统,综合利用正向对象技术、地理信息系统、虚拟现实技术、多维数据库理论和地质统计学方法,进行现场条件下的爆破参数设计、爆破过程的数值模拟和爆破效果预测。

(2)爆破器材管理。爆破器材智能管理中的重要组成部分——智能追溯系统,主要包括爆破器材追溯管理、追溯应用子系统、全生命周期检验监控管理、重点场所视频监控管理和爆破器材流通监管等内容。

(3)爆破现场监测管理。爆破全程智能监控系统是爆破现场智能监测管理的重要组成部分。采用物联网技术的爆破全程智能监控系统是实现爆破安全的又一大重要举措。

(4)爆破振动监测与分析。优良的便携式和遥控式爆破振动监测设备的出现,能实现地面振动数据的实时采集、传输与快速的资料分析,使得重要工程开展爆破振动等有害效应的跟踪监测及监测信息快速反馈成为可能;在爆破现场采集的爆破振动数据,可以实时传输到爆破远程测振系统进行数据处理。系统初步建立"测振网格",采用计算机网格技术使得分布在各地的测振工作站可实时进行数据交换,共同完成爆破测振计算任务的自动分析和处理,使计算处理的速度大大提高。

3 对精细爆破未来发展的几点建议

中共十八大明确提出,要实施"创新驱动发展"战略。这是我们党放眼世界、立足全局、面向未来作出的重大决策。针对精细爆破的发展现状,结合现有技术水平尚不能满足精细爆破技术需求的客观现实,我们唯有以更开阔的视野谋划和推动自主创新,着力增强创新驱动发展新动力,方能加快精细爆破的发展和应用。笔者建议从以下几个方面加强研究:

(1)加强岩石爆破动力学、结构(动)力学、爆炸力学、非线性碰撞、振动力学和地质学等多学科的基础理论研究,为精细控制炸药爆炸能量的释放和定量化爆破设计提供理论支撑。

中国工程院汪旭光院士在中国第十届工程爆破学术会议报告《中国爆破技术现状与发展》中指出:研究炸药能量转化过程中的精密控制技术,提高炸药能量利用率,降低爆破有害效应是新世纪工程爆破的发展战略。为此,在建立地质体、钢筋混凝土、金属材料等各种介质时,在爆炸强冲击动载荷作用下本构关系的基础上,选择与介质匹配的炸药,并采用不耦合装药、逐孔起爆技术等实用技术,研究提高炸药能量利用率的新工艺、新技术,最大限度地降低能量转化过程中的损失,控制其对周围环境的有害影响。

(2)以爆破对象的数字化研究与应用为切入点,开展精细爆破与信息化技术的融合研究。

① 传统的爆破设计仍依赖图纸,通过专业的绘图反映爆破对象的基本特征以及爆破设计方案与参数,图纸实现了爆破工程设计与施工环节的信息共享与传递。在新信息时代,随着数字化技术的发展,爆破对象的描述将发生根本的变化。通过使用先进的摄影测量和激光扫描技术,山体、建筑、爆破加工材料等爆破对象将实现快速且精细的数字化,同时通过后期的后处理还可在数字化对象上附加丰富的信息。爆破对象的数字化可为智能化设计和自动化施工提供关键的基础信息。

在土石方爆破工程中,爆破对象的三维数字模型可附加地层分层和岩体的可爆性、可钻性等重要信息,而通过计算机辅助设计技术进行设计断面的精细剖分,可精确地设计炮孔的间距和炮孔的装药结构,并利用先进的钻机实现炮孔的精确定位。

在拆除爆破工程中,爆破对象的三维数字模型可附加如建筑物的配筋、材料强度等爆破设计所需要的信息。而精细化的数字模型为建(构)筑物爆破拆除中建(构)筑物爆破拆除的塌落模式、爆破参数以及爆破网路的计算机智能模拟和设计提供数据基础。同时,精细化的数字模型也为使用智能机器人进行建筑物爆破过程中的钻孔、装药和联网提供了可能。

在特种爆破方面,精确的数字化可使爆破对象的机械加工更加精细,并通过数字化技术和自动化等技术,实现炸药药量和爆炸过程的精确控制,实现对复杂结构的爆破加工或实现复杂的特种爆破过程。

② 基于计算机、通信、软件、数据库、网络、网格、GPS/GIS(卫星定位技术/地理信息)、CA 身份认证(数字认证)等高新技术,建立多层次、多专业的行业数据库,实现信息互联互通、资源共享。

③ 加快对云计算、大数据等新兴信息技术与爆破技术的融合研究。

(3) 加强爆破数值模拟精细化研究,为爆破方案的优化和爆破危害效应预测预报提供更有力的技术手段,并力求更贴近工程实际。

爆破过程的数值模拟就是采用模拟方法,以不同的数值方法为手段,求得爆破过程的模型解。数值模拟不再是理论分析和试验研究的辅助手段,而是独立于它们的基本科研活动。数值模拟和试验、理论分析已构成认识爆炸力学乃至整个力学问题的 3 种有效方法。

爆破数值模拟的未来发展方向是数值模拟的精细化,主要表现在数学模型的精细化、数值方法的多样化。其最终目的是使计算结果更接近工程实际。数值模型的精细化是指采用节理裂隙岩体的爆破数值模拟代替均质、完整岩体的数值模拟。数值方法的多样化是指在已有的有限元法(FEM)、有限差分法(FDM)和离散元法(DEM)等模拟方法的基础上,开发出适合于岩体爆破、拆除爆破、特种爆破等不同类别的多种数值方法。

(4) 加强精细爆破施工现代化和标准化建设。精心的施工和精细化的管理是精细爆破的关键技术之一,精细化施工和管理的发展趋势就是施工现代化和标准化。

① 精细爆破施工现代化是一个整体概念,包括管理思想、管理组织、管理方法和管理手段的现代化。

② 精细爆破施工现代化的重要依托是科学理论的应用和飞速发展的计算机技术水平。科学理论的应用是指系统论、信息论、控制论、数理统计、运筹学等科学原理在管理实践中的应用。计算机技术水平更是影响现代管理方法应用效果的关键。

③ 精细爆破施工标准化就是借鉴工业生产标准化的理念,通过引进系统理论对施工现场安全生产、文明施工、质量管理、工程监理等内容进行整合熔炼,形成密切相关的爆破施工管理新体系。其目的就是以实施管理标准化为突破口,全面改革爆破施工现场管理方式和施工组织形式,以提高爆破施工的管理水平。

④ 标准化建设。为提高工作效率和质量,必须建立完整的标准化体系,才能满足当前技术、管理、生产各方面标准化的需求。标准化体系可以包括以下 4 项内容:管理制度标准化,人员配备标准化,现场管理标准化,过程控制标准化。

4　结语

精细爆破作为我国工程爆破的发展方向,已获得爆破界同仁的广泛认可,并在不同行业的爆破工程中得到推广和应用。但是,精细爆破是一个发展的概念,除了对爆破基础理论和关键技术开展进一步研究,如何在新信息时代开展精细爆破和相关学科的融合研究,是研究者必须面对的重要课题。因此,推动精细爆破的发展需要爆破工作者付出更多的艰辛和努力。

Numerically simulated methods on demolition blasting and their applications

Xie Xianqi

（Wuhan Municipal Construction Group Co. ,Ltd. ,Wuhan,China；
Wuhan Blasting Engineering Company,Wuhan,China）

Abstract：Demolition blasting involves high risk，and it is unable to determine the feasibility of blasting scheme through experiment. Therefore，experience of technical personnel prevails，and how to verify the feasibility of the design scheme before blasting is currently a hot issue to be resolved in the field of demolition blasting. Computer simulation technique proves to be the best approach to this problem. In this article，basic methods are introduced of current demolition blasting simulation，and research results achieved by the author in this field are emphasized，including the Solid Lattice Model（SLM）in frame of discrete element and multi-body dynamics method.

Keywords：Finite Element Method（FEM）；Discrete Element Method（DEM）；Solid Lattice Model（SLM）；Multi-body Dynamics；Discontinuous Deformation Analysis（DDA）

1　INTRODUCTION

The demolition blasting is a main part of engineering blasting，which is concerned for its swiftness and convenience，occupying an important position during urban reconstruction and expansion，and it has become one of the most competitive methods in demolition industry. In China，construction（structure）buildings，especially high-rise buildings mostly apply the controlled blasting technique.

However，theoretical research on demolition blasting is incapable of satisfying the requirement of engineering practice，for the theoretical research of demolition blasting involves high complexity，which mainly comes from three aspects：（1）Detonation of explosives and description on process of local failure to structural components；（2）Complex mechanical mechanism of structural collapse；（3）Prediction and control of harmful effects. The theoretical research with regard to these three aspects is still in an exploratory stage. As a result，in current demolition blasting design，it still relies on engineers' experience to forecast the process of structural stability-losing and collapsing，and it merely adopts empirical formula to estimate the collapse scope，while engineering experiences and empirical formula are often difficult to meet demands. With the development of computer technology and simulated methods，it can be realized to predict the actions of demolition blasting of buildings by numerical simulation.

The numerical simulation of demolition blasting is a research method of utilizing computer to perform process simulation in term of specific mathematical and physical model，thus numerical simulation of demolition blasting should meet following requirements：（1）Description of local failure

---

本文原载于 2008 年《第 3 届炸药和爆破（中日韩）国际会议论文集》。

of structural components and stability-losing of integrated structure；（2）Prediction of the blasting effect，as for demolition blasting，it mainly predicts distribution of blasting fragments and form of blasted-pile（including height of blasted-pile，forward setting distance and backlash distance，etc.）；（3）Optimization of blasting design according to simulation result；（4）Simulation and reaction of collapse processes of structure.

Applying computer numerical simulation technology in demolition blasting of buildings can not only find out results of the issue but also describe development law of things continuously，dynamically and repeatedly，and understand detailed processes of integrated collapse as well as local fracture and failure. At the same time，it is able to feed back information reflected in simulation result to blasting design so as to rectify and consummate blasting design scheme，thus the research on demolition blasting simulation technology possesses an important engineering value.

In recent years，the author has been devoted to study on numerical simulation of blasting and its application. This article introduces simulation methods which are widely applied in current demolition blasting，emphatically introducing the author's research results in this field.

2　FEM FOR NUMERICAL SIMULATION ON DEMOLITION BLASTING

2. 1　General

The Finite Element Method（FEM）is adopted to develop user's own constitutive model with in the framework of commercial software on current market，aiming at different load conditions and material properties of rocks. Afterwards，it embeds the developed model into the software of FEM. These software include ABAQUS，LS-DYNAMIC 3D and AUTODYNA，etc. The commercial software offers comparatively perfect pre-processing and post-processing functions. Additionally，it is able to apply some models to study mechanical behavior of brittle materials under impact loads such as explosion，based on study of non-linear finite element method of continuum medium，such as fictitious crack model，discrete cracking model，smeared cracking model and stochastic model at micro-level based on FEM，beam model or lattice model and chain-network model，etc. At present，it is able to acquire satisfactory results from uniform and isotropic medium by using these models. However，FEM is established on a base of continuum mechanics，so there are some restrictions to simulate structural collapse and failure phenomena，such as formation of crack and separation of fragments，etc.

2. 2　Application Examples

In the framework of FEM software of ABAQUS，it simulates demolition blasting of a building with frame structure. For the convenience of study，firstly，the structure is discretized according to its components，then，each component is partitioned into lattices which need in simulation；the connection of components is realized through friction，describing it with Mohr-Coulomb criterion. As for the one-stride structure of cross-section 3—3 in Fig. 1，it uses 255 pieces of block and 42 pieces of plates which are deformable during structural collapse. The model of structure is shown in Fig. 2. The elastic modulus of material is 28. 6 GPa，poisson ratio is 0. 15 and the friction angle is 80°. It simulates falling and collapsing processes under gravitational force after structural blasting. The whole simulating process lasts for 4. 5 s. See Fig. 3，Fig. 4 and Fig. 5 for configurations of structure at 1. 5 s，2. 5 s and 4. 5 s，respectively. Fig. 6 is the photo of resultant practical configuration of demolition blasting. See the Table 1 for comparison of results from practice and simulation. From the Table 1, the numerical simulation results are basically the same with the actual results.

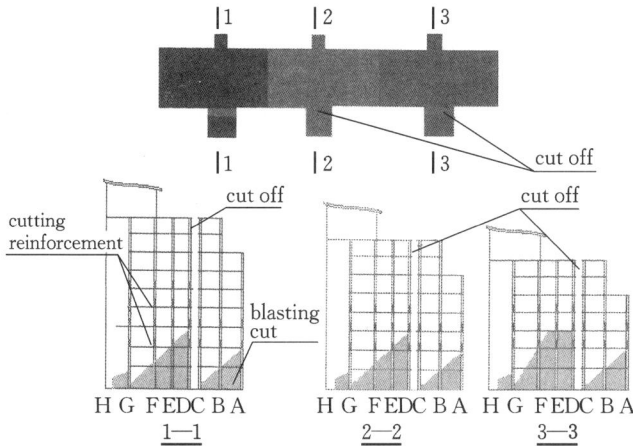

Fig. 1   Sketch map of blasting scheme

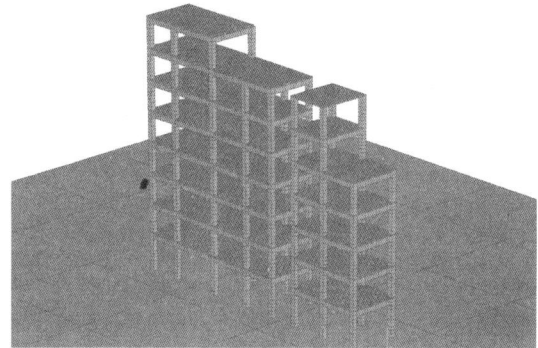

Fig. 2   Integrated structure model

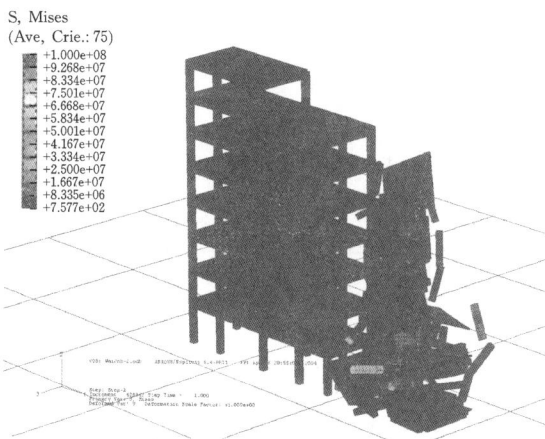

Fig. 3   The configuration of structure
at 1. 5 s in simulation

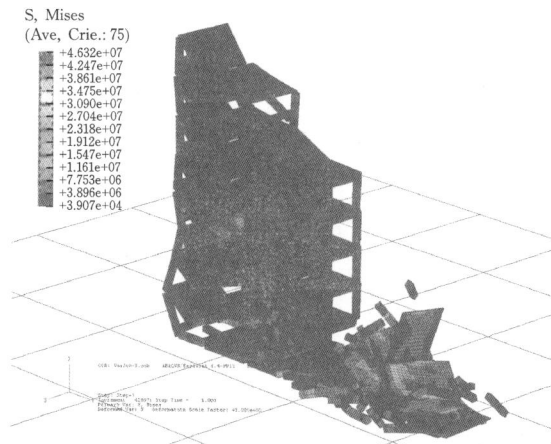

Fig. 4   The configuration of structure
at 2. 5 s in simulation

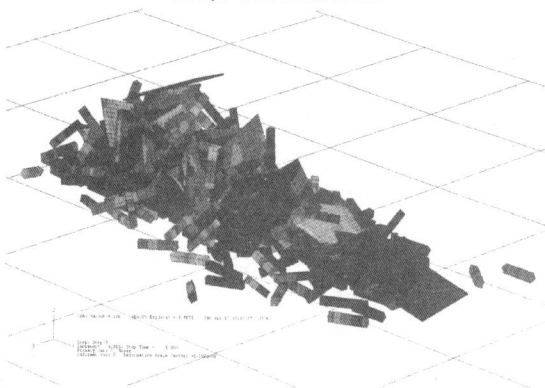

Fig. 5   The configuration of structure
at 4. 5 s in simulation

Fig. 6   The resultant practical configuration of
demolition blasting

Table 1   Comparison of results from practice and simulation

results	Duration/s	Height of blasted-pile/m	The farthest point of blasted-pile/m
Actual results	6. 0	10. 0	44. 0
Simulation results	5. 8	9. 0	42. 0

3 METHOD OF SLM IN THE FRAME OF DEM

The collapse and failure process of the structure under gravity force is a process from the continuum to the granular media. The method based on continuum mechanics is able to simulate small deformation of structure under gravity force, yet it describes granular mechanics of destroyed structure with great limitation. In view of this, the discrete simulation method in the frame of DEM is proposed. This method uses basic thoughts of beam-particle model which was proposed by Herrmann, Kun and Xing Jibo for reference and rectifies its contact force model and strength criterion of "beam", extending the issue from the two-dimensional breaking problem of simulating brittle material under high loading rate to three-dimensional problem of simulating structural collapse. In solution of "beam" element, it combines the beam element in FEM, which is called the Solid Lattice Model (SLM), and the simulation software of SLM-DEM has been developed by author.

3. 1   Basic Principle of Solid Lattice Model (SLM)

The SLM refers to using polyhedral elements to discretize the object and applying the contact detection method to determine neighbor elements of each block element, and then establishing "beams" between neighbor elements (Fig. 7). By this way, a network of "beam" (Fig. 8) in the whole medium is formed. The dimension of cross-section of "beam" is the same with public contact surface and its length is the distance between two centroids. Each block element is the smallest unit when media granules break, and we use the discrete element method to describe contact action of block element and its motion.

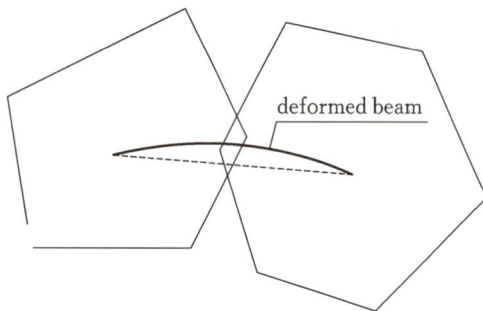

Fig. 7   Two elements in contact   Fig. 8   The beam net in media

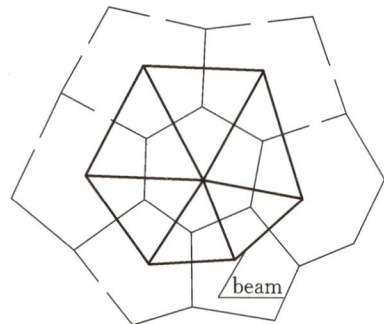

3. 2   Calculation of End Forces of Beam in SLM

In the SLM, the distortion of beam between blocks at a certain time is already known and it is necessary to calculate force at the current time step, the matrix-displacement method has been used for a solution.

$$\boldsymbol{F}_m = [X_i^m \quad Y_i^m \quad Z_i^m \quad M_{x,i}^m \quad M_{y,i}^m \quad M_{z,i}^m \quad X_j^m \quad Y_j^m \quad Z_j^m \quad M_{x,j}^m \quad M_{y,j}^m \quad M_{z,j}^m]^{\mathrm{T}} \tag{1}$$

where, i and j respectively present two ends of the beam; m is the labeling for the beam; X, Y and Z separately indicate forces of both ends along three coordinate axes shown in Fig. 3; M expresses the torque or moment on both ends of the beam, thus the corresponding node displacement is as following:

$$\boldsymbol{\delta}_m = [u_i^m \quad v_i^m \quad w_i^m \quad \theta_{x,i}^m \quad \theta_{y,i}^m \quad \theta_{z,i}^m \quad u_j^m \quad v_j^m \quad w_j^m \quad \theta_{x,j}^m \quad \theta_{y,j}^m \quad \theta_{z,j}^m]^{\mathrm{T}} \tag{2}$$

where, u, v and w represent translational displacement for both ends of the beam, respectively; θ

expresses angular displacement. The formula for stiffness of element as follows

$$\boldsymbol{F}_m = \boldsymbol{k}_m \boldsymbol{\delta}_m \tag{3}$$

where, $\boldsymbol{k}_m$ is the stiffness matrix of the element and see the reference for details.

3.3 The Breaking Rule of Beam

Herrmann considers that tension and deformation cause fracture and failure of the beam, and hardly any effect of torsion on the beam. He puts forward a strength criterion indicated by distortion form, that is

$$\left(\frac{\varepsilon}{t_\varepsilon}\right) + \frac{\text{Max}(|\Theta^1|, |\Theta^2|)}{t_\Theta} \geqslant 1 \tag{4}$$

where, $\varepsilon = \dfrac{\Delta l}{l}$ is radial strain of the beam (l represents the initial length of the beam, Δl is distortion along direction of axis), Θ^1 and Θ^2 are bending angles of both ends of the beam, t_ε and t_Θ are threshold values for two fracture modes of extending and bending, t_ε and t_Θ are the same for beam on the same floor, but its value differs for different floors. The formula (4) assumes that fracture of the beam is merely caused by extending and bending, therefore, it only considers two modes of fracture and embodies characteristics that long and slender beams are easy to be broken. Its form is similar with the criterion of plasticity, Mises. The "beam" which meets demand of the fracture criterion is the "beam" that breaks.

3.4 Engineering Application

This method is applied to simulate processes of demolition blasting and collapse for a marketplace building (Fig. 9) and its blasting effect as well. Adopting regularly hexahedral element, it directly regards the component of small size as one element and divides the component of large size into several elements. After removing the pre-demolition part in demolition blasting design, it divides the marketplace into 3825 elements with hexahedral elements in simulation, hereinto, the size of the maximum element is 6 m×7 m×0.1 m, the minimum size is 0.55 m×0.55 m×0.7 m. See Fig. 9 for the old picture of marketplace building (main building), and see Fig. 10 for the picture of blasted-pile after explosion, and Fig. 11 for picture of solid lattice [Fig. 11(a)].

Fig. 9　The photo of Marketplace Building　　　　　　Fig. 10　The blasting results

The simulation result includes three parts: the process of structural collapse (the process that displacement changes), the changing process for projection profile of structure on the ground and changing process of force on element. For each output step, it respectively sends out three data files

mentioned above, which generates pictures through post-processing module. See Fig. 11 to Fig. 13 for the results. Hereinto, Fig. 11(b) to Fig. 13 (b) are profile drawings of blasted-pile, which is composed and connected by projection of each element's vertex on the ground at each time stepping to corresponding vertex that is the maximum value of structure in the center of projection on the ground. Fig. 11(c) to Fig. 13 (c), which depicts the force on element by using line segment from the centroid of element and the direction of line segment is the same with the direction of total force on element, using red color to indicate the force on element is strong, using blue color to indicate the force is weak and using green color to indicate the force is between the minimum and maximum values (the color is not shown in these pictures).

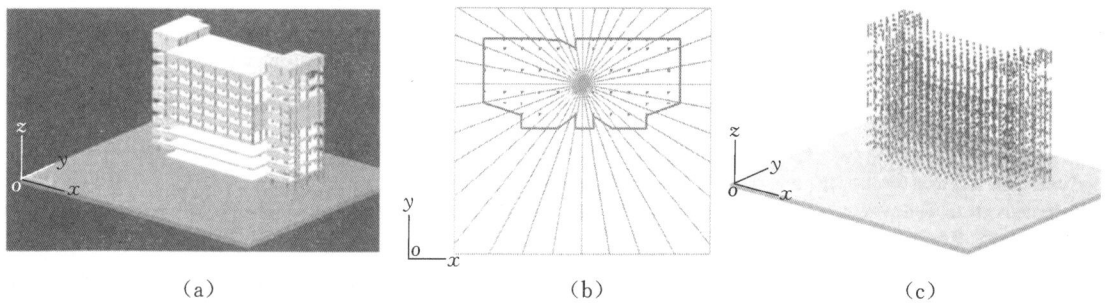

（a）　　　　　　　　　　（b）　　　　　　　　　　（c）

Fig. 11　At initial state

（a）the configuration；（b）projection contour；（c）forces distributions

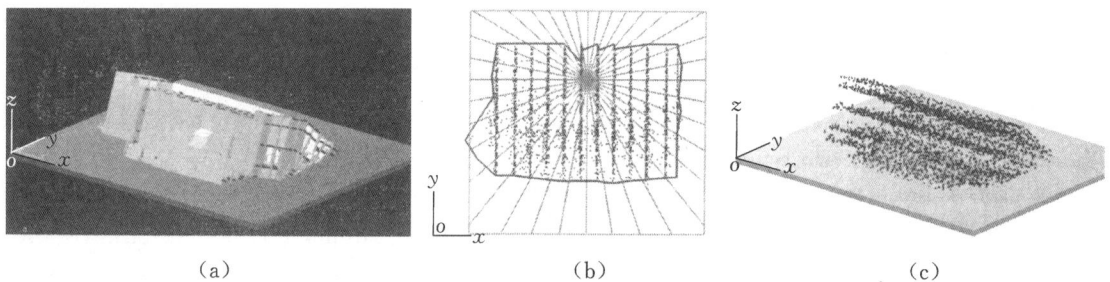

（a）　　　　　　　　　　（b）　　　　　　　　　　（c）

Fig. 12　Simulation result at 3 s

（a）the configuration；（b）projection contour；（c）forces distributions

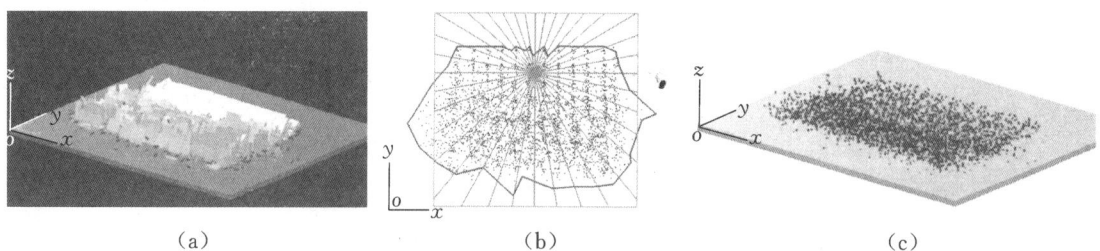

（a）　　　　　　　　　　（b）　　　　　　　　　　（c）

Fig. 13　Simulation result at 4 s

（a）the configuration；（b）projection contour；（c）forces distributions

The simulation result is close to the actual result, reflecting physical phenomena for the process of structural collapse. The simulation result is able to reflect characteristics of local failure to structure and features of entire deformation to structure well, it depicts separating process of fragments from the matrix and motion morphology of fragments after coming into being, it is able to describe the whole process from local failure to stability-losing and then to collapse for the structure.

4 METHOD OF MULTI-BODY DYNAMIC NUMERIC SIMULATION

4.1 General

The demolition blasting of building is achieved through destroying key weight bearing part of building to make it lose carrying capacity and then fall down due to gravity function. This process is a course of transferring from the static equilibrium system to the multi-body dynamic system. In order to analyze the whole process of demolition blasting of a building, it is necessary to study the demolition object on aspect of structure as well as on the other aspect of mechanism. In view of this, it depends on both tools of calculating structural mechanics and calculating multi-body dynamics to simulate the entire process of stability-losing and collapse for a building.

4.2 Basic Principle

After explosion of weight-bearing parts, the building loses stability and structure disintegrates gradually to form a concrete block connected by reinforced steel bars, and then the structure will collapse, touch down, disintegrate and form a blasted-pile. During this process, the structure is abstracted as a multi-body motion system which is connected by a lot of rigid bodies. It is difficult to use continuum mechanics to simulate it, but technology of multi-body dynamic numeric simulation is available, so it takes the multi-body dynamic simulation system to simulate behavior of structural collapse.

The multi-body system is able to be divided into two categories from structure: tree structure and non-tree structure. The distinction between two structures lies in the concept of "pathway". In multi-body system, it starts from the rigid body i and reaches another rigid body j through a series of rigid bodies and hinges, so the collection of these rigid bodies and hinges is called the pathway from i to j, see the Fig. 14. If there is only one pathway between arbitrary two rigid bodies, this system will be called the tree structure, see the Fig. 14 (a). If there are two or more pathways between two rigid bodies, this system will be called the non-tree structure, see Fig. 14 (b). At this time, two pathways from i to j compose a closed chain.

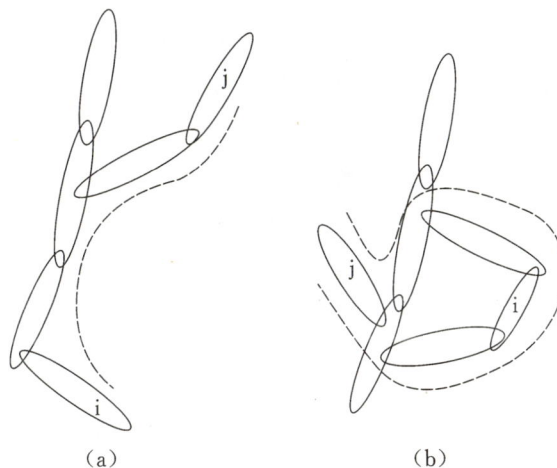

(a)   (b)

Fig. 14   Sketch map of tree structure and non-tree structure

(a) tree structure; (b) non-tree struture

The multi-body dynamics adopts some rigid bodies and massless springs, damping and various dynamic hinges to describe dynamic response of the system. Compared with traditional dynamic analysis, it is able to complete motion analysis on system with large displacement and treat with non-linear problem much better, with advantages of convenient modeling and fast calculation.

The method of multi-body dynamics simulates demolition object as follows: (1) It abstracts a simple structure from the prototype of building through simplifying; (2) It determines the configuration of the stability-losing structure; (3) It abstracts a multi-body system from the stability-losing structure and sets up a model of multi-body system; (4) It makes use of computer technology to calculate the model of multi-body system and obtain simulating results for collapsing building at each stage, and finally acquire parameters about the entire process of collapse of building, the scope of collapse and height of pile-up through a series of cycle processes.

4.3　Engineering Application

This method is applied to simulate the process of directional folding blasting of a 19-story frame-structure building. See Fig. 10 for the building. According to the design scheme of this building, it suggests adopting the 3D model of folding blasting (Fig. 15), including reinforced concrete beam, columns, shear walls and the brick wall, etc. The density of reinforced concrete is 2600 kg/m^3, and the density of filling brick is 1500 kg/m^3. According to design parameters of cutting position and height in various schemes, it divides the building into several parts and a "hinge" is set on the specific part, and the properties of hinge are determined by actual situation (Fig. 16). It is reasonable to divide the whole building into three parts in order to realize folding blasting, save space of collapse, narrow scope of blasted-pile and reduce vibration.

Fig. 15　3D model of folding blasting　　　　Fig. 16　Comparison of results from simulation and practice

Multi-body dynamics regards the structure as a mechanism composed of several components, and each component in mechanism is a rigid body. The advantage of using morphological evolution of mechanism to analogize the course of structural collapse is to truly describe the movement of each component when the structure is disintegrating, but scarcely does it reflect any further damage on each component. Furthermore,it is impossible to show the gradual process of destruction during the process of structural collapse if we regard the component as a rigid body.

5 OTHER METHODS

5.1 DDA Method

Discontinuous Deformation Analysis (DDA) was firstly proposed by Dr. Shi Genhua and Goodman in late 1980s,which is a numerical calculation method to solve problems of displacement, deformation,internal force distribution in a discontinuous media system,which is a branch of DEM. 小林茂雄 and others (1995) adopted Discontinuous Deformation Analysis (DDA) in order to study demolition blasting of the reinforced concrete structure. In the model,it applies blocks to represent reinforced concrete and uses steel bars represent exposed steel of side connecting block. In the course of simulation, it is able to acquire different collapsing effects through changing blasting location,blasting sequence and delaying time. Thereby,such numerical simulation method is able to predict the process of collapse and scope of pile in advance and also optimize parameters of blasting location, blasting sequence and delaying time. Japanese G. C. Ma and others also adopted discontinuous deformation analysis to simulate a free surface blasting,which simulates the growth of crack and displacement process of free surface,obtaining a good agreement by comparing the result with that of high-speed photography. On this basis, a simulation of demolition blasting to a warehouse is carried out,which mainly simulates the collapsing and piling proces of the warehouse, showing a good agreement between simulation result and photographic results. In China,many scholars utilize DDA to simulate the process of structural collapse. As modeling is difficult and calculation is large,the current research is mostly limited to the two-dimensional analysis and three-dimensional analysis with small-scale structure.

5.2 Applied Element Method

Kimiro Meguro and others believe that a good numerical method should be characterized with accuracy and simple models and strong applicability,they put forward the Applied Element Method (AEM). AEM involves features of simple model,high running efficiency and accurate calculation results,which exactly simulates non-linear, emergence and spread of cracks,separation of structural element,element destructive rigid body motion of destruction and the process of structural collapse. However,it is still influenced by some factors as follows:(1) Effect of the inertial force. It classifies the load into static and dynamic load. Under the action of dynamic load,the inertial force and damping force must be taken into consideration. Therefore,the loading process is a function of time. (2) Influence of loading direction. Numerical analysis is divided into monotonous loading and periodic loading. The loading direction of monotonous loading does not change along with the increase of loading value,but the direction of periodic loading changes with variation of load value. (3) The change of geometric figure. In analysis,the deformation is small,considering the dimension of structure. It is supposed that the geometric dimension of structure keeps unchanged and the geometric variation can be ignored for stiffness matrix or internal force. Additionally,it must consider great deformation and non-linear features when bending distortion takes place. (4) The effect of material properties. It is assumed that material is a linear or a non-linear one. If it is a non-linear one, all stress and strain relations remain unchanged. If it is a non-linear one, it must consider the cracks, materials and non-linear stress-strain relations.

Essentially, AEM is similar with DEM from aspects of interactions among different elements and motion description, on the other hand, the solve way of AEM is similar to FEM. In AEM model, each element is connected by all sorts of springs and the spring connection is corresponding to a certain intensity criterion, and the process transforming from continuum into granular media is embodied through disappearance of spring among elements. In essence, this method is basically the same with DDA.

6　CONCLUSIONS

In demolition blasting, the theoretical study on technique problems as collapse of building, form of disintegration and touchdown destruction, etc. , are still in an exploring stage, while using computer simulation analysis to optimize and select design parameters as well as validate design result is an a cost-effective method. As a result, it takes the measure of computer simulation to carry out quantitative analysis on shock effect of structural collapse and complex dynamics process of collapse, thus the simulation is attracting more and more attention.

Traditional FEM applied in simulation of structural collapse has a lot of problems, firstly, it is necessary to discretize the structure into components and then partition each component into lattices. In simulation, each component is the smallest unit destruction which reflects deformation of component during process of collapse, being unable to describe further failure to component s. Moreover, FEM is established on a basis of continuum mechanics that determines restrictions to crack occurrence, crack propagation, flying of fragments and collapse of structure, etc. For instance, when we use FEM to study material or structure transforming from continuum into granular media (i. e. process of structural collapse), the lattice is vulnerable to distortion. Thereby, hardly any correct simulation result can be obtained. Briefly, FEM is able to answer the question whether the structure would collapse but there are some restrictions in replying the question how the structure collapses.

Since the process of collapse and failure of structure is a process transforming from continuum into granular media, the author developed the discrete simulation method which is based on the DEM framework—Solid Lattice Model, has an unparalleled advantages in simulating the collapse of the structure which presents the overall processes of stability-losing of the structure, formation of fragments and flying away from main body, and also dynamically embodies scope of block piles which has a significance to design and security of demolition blasting.

Development situation and trend of demolition blasting technology for large structures and buildings

XIE Xianqi[1,2]   JIA Yongsheng[1,2]   SUN Jinshan[1]
YAO Yingkang[1]   HUANG Xiaowu[2]   LUO Peng[1,2]

(1. State Key Laboratory of Precision Blasting, Jianghan University, Wuhan 430056, China;

2. Wuhan Explosions & Blasting Co., Ltd., Wuhan 430056, China)

Abstract: Demolition blasting technology is an important mean for demolishing large structures and buildings in the world and plays an important role in social and economic development process. For decades, domestic and foreign scholars have conducted research on the basic theories such as failure and instability mechanism in the process of demolition blasting, and developed some high-rise building demolition technologies. Based on typical demolition blasting engineering cases implemented in recent years, this paper summarizes the development of basic theories such as the damage of reinforced concrete induced by blasting, local and overall structural instability. The latest developments of numerical simulation of high-rise buildings, folding blasting, span-by-span disintegration blasting, large-scale building overall blasting, long bridge blasting and controlling adverse effect of blasting are introduced. According to future market demand and the latest achievements of related disciplines, the development direction of demolition blasting theory and technology are discussed from the aspects of basic theory, explosive material, construction equipment, collapse mode and management system.

1   PREFACE

In the process of urban renewal and industrial upgrading, a large number of high-rise buildings, towering chimneys, water towers, cooling towers and long bridges and other large structures need to be demolished. At present, there are mainly three kind of demolition: manual demolition, mechanical demolition and blasting demolition. Among them, manual demolition mainly uses simple tools such as air picks to break down building, with high labor intensity, poor operating conditions and high construction risk. Mechanical demolition mainly uses excavators, cutting machines and other machinery to cut and lift structure, heavy hammer impact and impact crushing, operation efficiency and safety have been greatly improved compared with manual demolition. However, there are some disadvantages such as long construction time, high safety risk and long duration of environmental pollution. In contrast, blasting demolition is taking advantage of explosive energy to instantaneously destroy local components of the structure, then the structure instability collapse induced by the action of gravity. This method has advantages of safety, economy, high efficiency

本文原载于 2022 年《13th international Symposium on Rock Fragmentation by blasting》论文集。

and so on.

Demolition blasting is a blasting technology which developed rapidly and became mature after the Second World War. Since 1958，Northeast Institute of Technology（now Northeastern University）first adopted directional controlled blasting technology to demolish a reinforced concrete chimney，demolition blasting technology has attracted widespread attention and been widely promoted. Since 1970s，demolition blasting has been widely used in the process of urban construction and industrial transformation，which has gradually developed into a specialized technology and become one of the three professional branches of engineering blasting.

At present，all kinds of industrial and civil buildings built in the period of economic recovery and rapid development in the world have gradually reached their service life，so the construction demolition market is very large. Taking China as an example，the total area of various types of building structures that have been demolished every year in recent years has reached 460 million square meters（China Academy of Architectural Sciences，2014）. Therefore，with continuous development of city and continuous upgrading of industry，a large number of tall buildings will be demolished in the future，demolition blasting technology has broad development and application prospects. The development of market demand makes demolition blasting technology developing rapidly，especially for nearly 30 years，objects are demolished show some characteristics that diverse structures，large dimension size and complicated blasting environment. Demolition blasting technology in such aspects as basic theory and technology have made great progress，which successfully implemented a large number of typical demolition blasting projects（Tab. 1）.

Tab. 1　Typical demolition blasting projects

Type	Demolition projects	Engineering characteristics	Firing time
High-rise building	An 18-storey tilted building in Wuhan，Hubei Province	The building is 56 m high，covers an area of 900 m^2，and has a shear tube structure. Before the demolition，the building tilted to the north and the displacement was 1. 38 m. Using a combination of scheme "high blasting cutting and directional blasting demolition" and electric non-electric initiation system detonation technology	1995. 12
	Changzheng Hospital，16-floor，Shanghai	The building is 67. 3 m high，reinforced concrete frame-shear wall structure，with a construction area of 13200 m^2；using a combination of scheme "multiple cutting unidirectional successive folded collapse" and In-hole delayed detonating cord blasting system	1999. 2
	A 17-storey shear wall structure building in Hefei，Anhui Province	The building is 55. 5 m high，with shear wall structure，stable structure and high rigidity，with a total construction area of 18800 m^2，limited by the complicated surroundings，a blasting plan of "vertical and directional blasting demolition combine". In order to fully disintegrate the building，layer-by-layer charge blasting was adopted	2005. 12
	A 13-storey frame-shear structure building in Zhejiang	The building is 47. 6 m high，with a shear wall structure and a construction area of 8900 m^2，the blasting scheme of "double cutting and unidirectional successive folded collapse" is adopted	2007. 1

Continued

Type	Demolition projects	Engineering characteristics	Firing time
High-rise building	A 19-storey frame-shear structure building in Wuhan, Hubei Province	The building is 63 m high, with a frame-shear wall structure, and adopts the " Direction-3-times-folding " blasting scheme	2007. 12
	A 34-storey building in Zhongshan, Guangdong Province	The building is 104. 1 m high, with a construction area of 27875 m². The frame-shear wall structure is arranged in a "well" shape. The preliminary processing adopts the treatment method of "turning walls into columns". Through specific blasting cutting and delayed detonation technology, the collapse range is controlled within 81 m	2009. 8
	A 26-storey building in Xi'an, Shaanxi Province	The building is 118 m high and has a construction area of 37000 m². It adopts the "Directional blasting with three-cutting" scheme and is the tallest building demolished in China	2015. 11
	19 buildings in Wuhan, Hubei Province	The group buildings are composed of 19 frame and brick buildings with a total construction area of about 150000 m². The overall scheme of one-time overall blasting demolition is adopted. The collapse scheme of "directional, span-by-span detonation and vertical blasting demolition" and the large-scale shock-conducting tube initiation system of "independent zones and cross zones" are adopted	2017. 1
	Liyang Star City 15 buildings in Kunming, Yunnan Province	The blasting buildings are plots A1, A3, and A4, with a total of 15 high-rise unfinished buildings, with a total construction area of about 300000 m². The overall blasting plan of "single-sequence dumping at the bottom" is adopted	2021. 8
Towering structure	Chimney of Wuhan Yangluo thermal power plant, Hubei Province	The chimney is 100 m high, reinforced concrete structure, the overall blasting scheme of "directional double folding" is adopted, the upper part is directional blasting demolition oriented to the west, and the blasting cutting is located at +30. 0 m; the lower part directional blasting demolition eastward, the blasting cutting was located at +1. 0 m, and the time difference between the upper and lower incision was 2. 2 s	2004. 01
	Chimney of Chengdu Huaneng Power Plant, Sichuan Province	The chimney is 210 m high, reinforced concrete structure, and adopts multi-stage delay initiation technology to form continuous double trapezoidal blasting cutting	2007. 03
	Reinforced concrete chimneys in Guiyang, Guizhou Province	The chimney is 240 m high, reinforced concrete structure, and the blasting cutting is located at the elevation above the flue opening. The scheme of "overall directional blasting demolition" and the firing circuit of "double-circuit non-electric tube" are adopted	2012. 05

Continued

Type	Demolition projects	Engineering characteristics	Firing time
Towering structure	Plant，chimney and cooling tower in Qinghai Qiaotou Aluminum and Electricity Co.，Ltd.	The project includes a main workshop with a construction area of about 140000 m², 2 chimneys with 180 m height and 4 cooling towers with 70 m height. The overall blasting scheme of "primary ignition and detonation, followed by directional blasting demolition" is adopted	2016.07
	Guohua power plant, chimney, cooling tower in Xuzhou, Jiangsu Province	Including two 56 m high boiler rooms, one 210 m chimney and two 110 m cooling towers, the overall blasting scheme of "primary ignition and detonation, followed by directional blasting demolition" is adopted	2020.11
Long bridge	Bayi Bridge in Nanchang, Jiangxi Province	The length of the bridge is 91.644 m. The upper steel truss is mechanically removed, and the lower reinforced concrete pier is demolished by blasting in a combination of large and small pore sizes	1998.10
	Songhua River Old Road Bridge，Jilin Province	The length of the bridge is 1382.6 m, and the reinforcement inside the pier is unknown. The blasting scheme of "linear shaped charge cutting technology combined with deep-hole blasting" and the compound (double initiating line) non-conductance firing circuit format of firing circuit are adopted	2003.05
	Taiyuan Road overpass in Qingdao, Shandong Province	The upper structure of the bridge is cast-in-place reinforced concrete box girder structure, and the lower part is pier column and cast-in-place pile structure. The length of the main bridge is 245 m, and the blasting scheme of "drilling blasting combined with water pressure blasting" is adopted	2010.07
	The Chaotic Yang Viaduct in Wuhan，Hubei Province	The bridge has a total length of 3500 m, and the superstructure is "first simply supported, then continuous" structure. The overall blasting scheme of "primary ignition, vertical blasting demolition from the middle to both ends" and the compound cross-over non-electric firing circuit of "wide interval, long delay and interactive order" are adopted. Adopt the "point-surface combination, multi-point drive, the same circuit delay" spraying system for dust suppression technology, and "rigid and flexible, active and passive, near body and far zone" combined with the harmful effect of comprehensive protection technology	2013.05
	Zhangzhou East overpass in Fujian Province	The total length of the bridge is 5475 m. The overall demolition scheme of "mechanical demolition combined with blasting demolition" and the high-precision millisecond delay controlled blasting technology are adopted	2015.08
	Jinwu Bridge in Jinhua, Zhejiang Province	The bridge has a total length of 260 m and a tower height of 64 m, with a total of 9 pairs of parallel stay cables. The overall blasting scheme of "directional blasting demolition of main tower, vertical blasting demolition of main pier and bridge deck" was adopted	2019.11

This paper summarizes the development status of the new theory, new technology and new process of demolition blasting technology in recent years, and discusses the development trend of demolition blasting technology combined with the development results of related theories and technology fields.

2 DEVELOPMENT OF BASIC THEORY FOR DEMOLITION BLASTING

In the field of engineering blasting, although demolition blasting technology has its own uniqueness, it is still based on rock blasting theory and technology, so the progress of its basic theory is significantly affected by the development of rock blasting theory.

After about 1970s, on the basis of a large number of engineering blasting practices, relevant scholars absorbed the achievements of modern mechanical development such as explosion mechanics, fracture mechanics, rock mechanics and structural dynamics, and gradually established the basic theory of earth rock blasting. With the continuous development of demolition blasting engineering practice, the theoretical system of demolition blasting is gradually formed. At this stage, the Monographs on Urban Controlled Blasting compiled by experts such as Feng (1985), Guan (1981), Lin (1982) and Yang (1985) are the earliest works in China to introduce the technical principles and basic theories of demolition blasting, laying the foundation for the development of demolition blasting theory and technology.

On this basis, domestic and foreign scholars have carried out in-depth research on the blasting failure process of buildings, structural instability and dynamic response, and constantly promoted the development and progress of the basic theory of demolition blasting technology.

2.1 Analysis theory of reinforced concrete failure by blasting

The theory of reinforced concrete failure induced by blasting is the theoretical basis of borehole blasting design. At present, the research of reinforced concrete blasting failure theory mainly focuses on two aspects: one is the failure of concrete medium under internal explosive load; the second is the research on the dynamic response characteristics of the beam column structure of the buildings under the external explosive load. Because of the nonuniformity and non-linearity of reinforced concrete, it is difficult to study the damage effect and dynamic response of reinforced concrete under internal blasting, and the research of relevant theories is not deep enough.

In terms of the analysis method of blasting failure process, numerical simulation method is mainly used at present. For example, Koji Uenishi (2010) developed a three-dimensional finite difference program for studying the crack propagation process of reinforced concrete structures during blasting demolition. Wu et al. (2007) compiled a three-dimensional numerical simulation program based on the cumulative damage constitutive model of concrete materials, which can simulate the propagation law and damage effect of explosion load in infinite medium concrete under different burial depths and different charge quantities. Zhao et al. (2007) conducted numerical simulation of the propagation mechanism of explosion load and the damage evolution characteristics of concrete under the two centralized charging forms of cube and cuboid. Wang et al. (2007) simulated the explosion damage of cylindrical charges in concrete media, and analyzed the changes of blasting funnel and optimal burial depth under different burial depths of charges. Liang et al. (2008) and Wang Rui-chen and Gong (2008) studied the propagation characteristics and damage process of explosion wave in concrete under the condition of cylindrical charge.

　　At the same time, some scholars have used the method of explosion test to analyze the failure characteristics of reinforced concrete. For example, Fujikake (2013) has used the physical model test method to study the damage and failure characteristics of reinforced concrete columns under demolition blasting. In recent years, the author's research team has carried out field experiments and model experiments on the blasting damage effect of columns during the blasting demolition of buildings, and analyzed the drilling blasting damage mechanism of the reinforced concrete composite system (Fig. 1). Generally speaking, due to the complexity of borehole blasting experiments, relevant researchers mostly focus on the analysis of the internal blasting damage effect of plain concrete or the external contact damage effect of reinforced concrete, while few relevant studies analyze the blasting damage process of reinforced concrete through prototype experiments.

　　At present, the interaction mechanism among explosive, concrete and reinforcement is still unclear because the blasting damage process of reinforced concrete is too complex. Although the numerical simulation method can simulate the blasting process to a certain extent, its accuracy and reliability are still difficult to guarantee. However, the scarcity of field experimental data directly leads to the failure process of reinforced concrete materials under drilling blasting conditions, which makes it difficult to establish mathematical models or even accurate theoretical formulas to design blasting parameters, such as unit consumption and hole row spacing, which affects the economy and safety of demolition blasting to a certain extent.

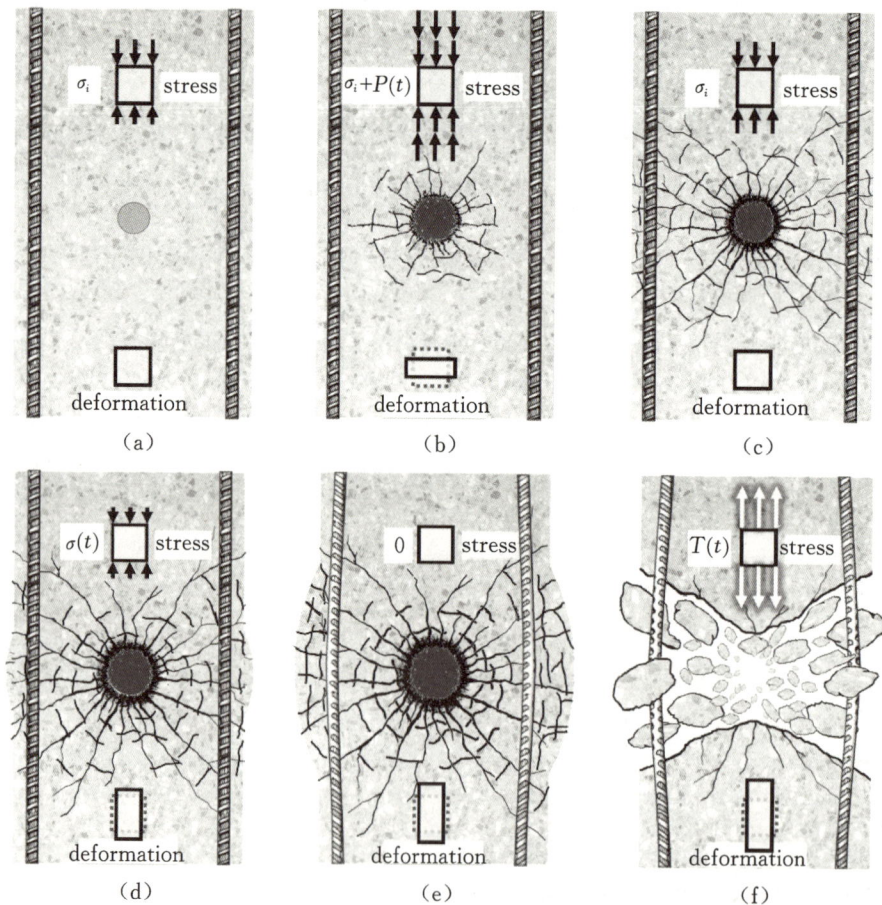

Fig. 1　Blasting model of steel reinforced concrete

(a) stage Ⅰ;(b) stage Ⅱ;(c) stage Ⅲ;(d) stage Ⅳ;(e) stage Ⅴ;(f) stage Ⅵ

2. 2 Analysis of instability for local structure

In the process of demolition blasting, the local instability judgment of bearing members is the key issue of blasting scheme and parameter design, and is an important prerequisite to ensure the successful implementation of blasting scheme. The local instability of structures mainly covers the instability of bearing columns, walls and beams. At present, the relevant research mainly focuses on the instability analysis of bearing columns. There are few foreign related research literature reports. Academician Feng (1985) proposed to simplify the single main reinforcement of the post after blasting into a compression bar model with one end free and one end consolidated, and calculate its critical load of instability using Euler formula. Guan (1984) proposed that a single main reinforcement should be regarded as a compression bar model with both ends consolidated at the moment of column blasting, but clearly pointed out that it is neither appropriate nor economical to judge the instability of bearing columns using the compression bar stability analysis theory. Li et al. (1993) proposed that the main reinforcement at the moment of column blasting can be simplified as a compression bar model with a fixed bottom end and a non-rotatable top end but lateral movement. Lu (1995) proposed a small-scale rigid frame instability model with lateral elastic constraints for the exposed reinforcement framework of the bearing column. Gong et al. (2012) comprehensively considered the impact of the broken area and the non-broken area of the concrete column and proposed the calculation model of the stepped compression bar. Based on the shape characteristics of reinforcement after a large number of column field test explosions, the author et al. (2015) proposed a mechanical model of initial bending compression bar instability of bare reinforcement framework considering the initial shape of reinforcement framework (Fig. 2), which can be used to identify the instability state of reinforcement frameworks with different bending degrees.

At present, the instability model of reinforcement framework after column blasting based on the ideal instability mechanical process can basically explain the local instability principle of the structure and roughly design the blasting parameters, but it is still difficult to explain and analyze the more complex mechanical phenomena in demolition blasting, and the reliability of its calculation results is often difficult to ensure. In addition, in order to achieve the goal of complete instability in engineering practice, the design principle of blasting parameters is to throw out all the damaged concrete in the main load-bearing members, resulting in excessive charge and serious scattering. However, the research on the instability of the composite structure of "reinforcement framework & broken concrete" under the condition of low explosive unit consumption needs further research.

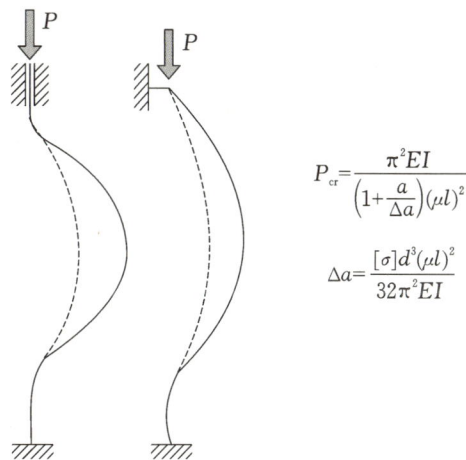

$$P_{cr} = \frac{\pi^2 EI}{\left(1 + \dfrac{a}{\Delta a}\right)(\mu l)^2}$$

$$\Delta a = \frac{[\sigma] d^3 (\mu l)^2}{32 \pi^2 EI}$$

Fig. 2　Initial bending compressing bar instability model

2.3 Analysis of instability for integral structure

Instability and failure analysis by blasting demolition of buildings is the core of blasting scheme design, and also the basis for developing new collapse modes. Due to the diversity of blasting demolition object structure, the relevant research is complex (Fig. 3), mostly based on case analysis.

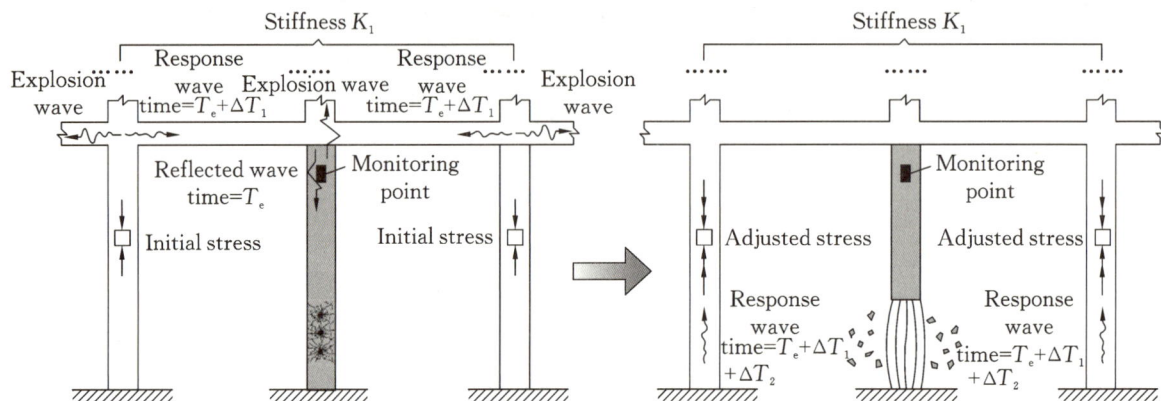

Fig. 3   Illustration of stress adjustment among columns

In terms of instability analysis of high-rise buildings, Peng (2009) established a mechanical model for blasting demolition of frame structure buildings. Jin et al. (1998) proposed the basic conditions for blasting instability and toppling of brick concrete structures. Xu et al. (2009) proposed a method to solve the instability movement process of beam column structure in the blasting demolition of frame structure buildings. Cui (2011) studied the aerial motion attitude and collapse accumulation process of structural instability through photogrammetry analysis of the blasting collapse process of buildings and structures.

In terms of the instability analysis of tall structures such as chimneys, water towers and cooling towers (Fig. 4 to Fig. 6), Sun et al. (2022) established a mechanical model of the stress failure process of the support tube wall section during the demolition and blasting of chimneys, clarified the dynamic characteristics of the dynamic response and failure evolution of the tube wall in the support area during the initiation stage of ultra-high chimneys above 150 m, and revealed the mechanical mechanism of the phenomenon of "sitting down and early failure". Zheng et al. (2007) further analyzed the instability process of the supporting cylinder wall during the instability process of the chimney through the theoretical model and verified it by field experiments. Wang (2003) pointed out that the explosion load of the blasting notch had a significant impact on the fracture of the superstructure, which was the main reason for the reverse toppling and premature fracture of the chimney barrel. Lu et al. (1997) established a mechanical model to judge the recoil phenomenon based on the stress analysis of the instability movement process of blasting demolition of cylindrical structures. Luo (2004) studied the collapse process of chimney demolition by blasting, analyzed the causes of forward impact and recoil, derived the calculation formula of forward impact distance, and conducted mechanical analysis of secondary fracture and folding and toppling by using the dynamic principle.

In view of the overall instability mechanism of the structure, the author has carried out research on the Instability Criteria of different types of structures. By simplifying the mechanical model or numerical simulation method, the overall instability characteristics of the structure can be reliably judged, which greatly improves the reliability of the demolition blasting scheme. However, the building structure is not only diverse and complex in type, but also the load effect in the process of explosion loading and impact damage is complex and changeable. Simple static model and numerical model are still difficult to achieve accurate coincidence between the prediction results and the actual blasting process, and it is difficult to meet the requirements of fully quantitative design.

$$M_{pc} = \int_{\alpha}^{\alpha+\beta} \frac{[\sin(\alpha+\beta)-\sin\phi]^2}{\sin(\alpha+\beta)-\sin\alpha} \varepsilon_c E_c \delta \bar{r}^2 d\phi$$

$$M_{ps} = \sum_{i=1}^{n_{\phi}} \frac{r_1[\sin(\alpha+\beta)-\sin\phi_{pi1}]^2}{\sin(\alpha+\beta)-\sin\alpha} \varepsilon_c E_s A_{s1} + \sum_{i=1}^{n_{\phi}} \frac{r_2[\sin(\alpha+\beta)-\sin\phi_{pi2}]^2}{\sin(\alpha+\beta)-\sin\alpha} \varepsilon_c E_s A_{s2}$$

$$M_{ts} = \sum_{i=1}^{n_{t1}} \frac{r_1[\sin\phi_{pi1}-\sin(\alpha+\beta)]^2}{\sin(\alpha+\beta)-\sin\alpha} \varepsilon_c E_s A_{s1} + \sum_{i=1}^{n_{t2}} \frac{r[\sin\phi_{pi2}-\sin(\alpha+\beta)]^2}{\sin(\alpha+\beta)-\sin\alpha} \varepsilon_c E_s A_{s2}$$

$$G\bar{r}\sin(\alpha+\beta) > 2M_{pc} + 2M_{ps} + 2M_{ts}$$

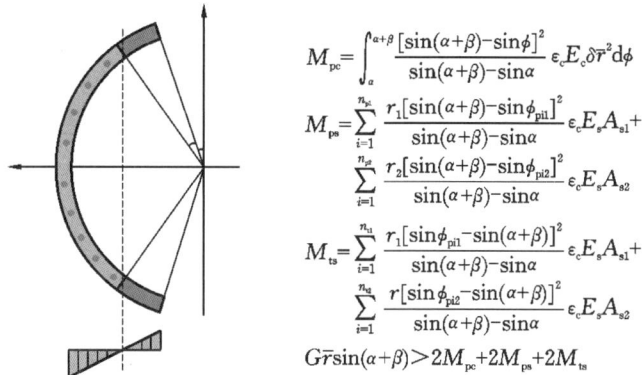

Fig. 4　Stress and strain status of concrete in support part of chimney

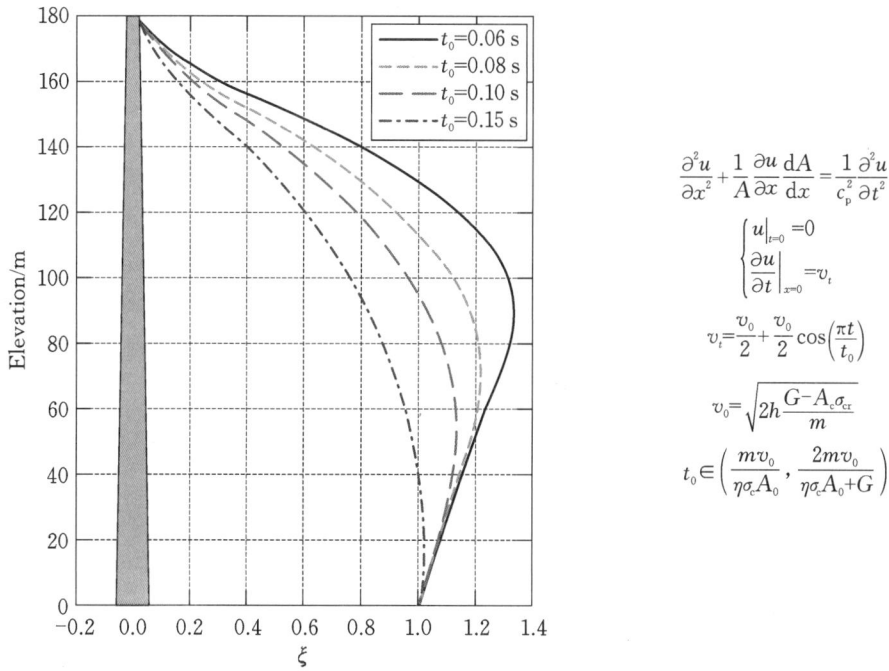

$$\frac{\partial^2 u}{\partial x^2} + \frac{1}{A}\frac{\partial u}{\partial x}\frac{dA}{dx} = \frac{1}{c_p^2}\frac{\partial^2 u}{\partial t^2}$$

$$\begin{cases} u|_{t=0} = 0 \\ \frac{\partial u}{\partial t}\Big|_{x=0} = v_t \end{cases}$$

$$v_t = \frac{v_0}{2} + \frac{v_0}{2}\cos\left(\frac{\pi t}{t_0}\right)$$

$$v_0 = \sqrt{2h\frac{G-A_c\sigma_{cr}}{m}}$$

$$t_0 \in \left(\frac{mv_0}{\eta\sigma_c A_0}, \frac{2mv_0}{\eta\sigma_c A_0 + G}\right)$$

Fig. 5　Distribution of amplification factor of longitudinal strain of chimney by blasting

$$f_g = \frac{\int_0^{h_0} \frac{4\rho g \delta_h R_h' R_h^2 \sin^4\frac{\omega}{2}}{\omega-\cos\omega\sin\omega}\sqrt{1+(R_h')^2}dh}{\int_0^{h_0} f_s \frac{\delta_h \partial}{2}(\delta_h - a_s' - a_0)\sqrt{1+(R_h')^2}dh}$$

$$\frac{m_{up}(g+a_d)}{2\pi r_{h2}\delta_{h2}} > \frac{0.612E_c}{\sqrt[4]{(1-\mu_c^2)^3}\left(\frac{h}{r_0}\right)^{4/3}K_2}$$

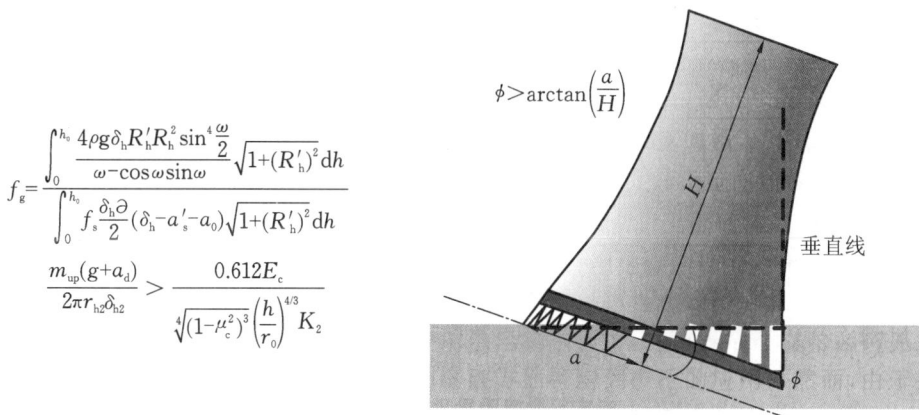

$$\phi > \arctan\left(\frac{a}{H}\right)$$

垂直线

Fig. 6　Instability and collapse judgment model for cooling tower

3　DEVELOPMENT OF NEW DEMOLITION BLASTING TECHNOLOGY

In recent years, the market of buildings demolition has flourished. The special blasting objects and blasting environment have promoted the rapid development of new demolition blasting technologies. Significant progress has been made in numerical simulation technology of demolition blasting, the demolition technology of high-rise buildings, the overall blasting technology of large-scale buildings, the blasting technology of long bridges and technology for controlling adverse effect of blasting.

3.1　Numerical simulation technology of demolition blasting

Numerical simulation technology is widely used in the field of demolition blasting and has played an important role in blasting scheme design. The numerical simulation methods commonly used in demolition blasting mainly include finite element method, discrete element method and DDA method.

At present, the finite element method is widely used in demolition blasting engineering, which can realize reliable prediction and analysis of the whole process of structural collapse. With the deepening of related technology research, Kaewkulchai et al. (2004) used beam element combined with concentrated plastic model to simulates the collapse process of plane frame structure. Lynn et al. (2007) used ASI-Gauss technique in finite element to simulate the collapse process of simple frame structure. Möller et al. (2008) used fuzzy random analysis method to simulates the collapse process of structure in the frame of finite element software. Wang et al. (2008) used vector finite element method to simulate structural collapse. In China, many scholars used commercial finite element software to simulate the collapse process of demolition blasting. They improved the accuracy of numerical simulation by choosing reasonable material constitutive model and simplified mechanical model of reinforced concrete (Chen, 2004; Yu et al., 2006; Jia et al., 2008; Meng et al., 2018).

In addition, some scholars use multi-rigid-body dynamics method or discrete element method to simulate the collapse process of the structure. For example, Hartmanna et al. (2008) simplified the interaction between structural members into spring dampers, cylindrical joints and contact models to simulate the collapse process of the structure in demolition blasting on the basis of fully considering the uncertainty of structural collapse. Uenishi et al. (2010) used finite difference method to simulate the collapse process of structural demolition blasting. In view of the shortcomings and deficiencies of the finite element method in simulating the collapse process of demolition blasting structure, Xie (2008) developed a grid solid model in the discrete element framework and designed a numerical simulation software.

At present, the development of numerical simulation technology is relatively rapid. Some large commercial software abroad has basically met the requirements of demolition blasting scheme analysis and effect prediction. However, the selection of simplified numerical model, constitutive model and parameters still requires a lot of experience. Calculation results are greatly affected by subjective factors. At the same time, the numerical simulation technology research and development center is still in United States and European developed countries. Research in domestic is still relatively backward. Software products which meet the whole process of demolition blasting numerical simulation are deficient.

3.2　Folding blasting technology for buildings

With the urban building density increase, surrounding environment of building demolition projects are more complex. When the space of building collapse is small, the difficulty and risk of blasting demolition is extremely high. Aiming at the problem of insufficient collapse space in blasting demolition of buildings, blasting technicians have developed a variety of methods. For example, demolition companies in the United States and the United Kingdom have developed an implosion method (Liss, 2000). Due to blasting enterprises in European and American mostly adopt family operation mode, the technical details of implosion method are the business secrets of various enterprises, which are very rare on public papers and scientific reports. In the process of urban expansion and renewal in China, the demolition of high-rise and super high-rise buildings are increasing. Blasting engineers in China have developed folding blasting technology to solve the problem of insufficient collapse space in blasting demolition of buildings (Xie et al. , 2004; Sun et al. 2004; Xie et al, 2008). Compared with the implosion method, the collapse process of this method is easier to control and has been applied in a large number of demolition projects.

Folding blasting technology mainly includes two folding modes, namely unidirectional folding and bidirectional folding (Fig. 7). Among them, the one-way multiple folding mode is mainly applicable to the case where the demolition object has only one direction for collapse and the collapse site is insufficient, the two-way double fold and two-way multiple fold modes are suitable for the case where demolition object is available for collapse in two directions but the available collapse sites on both sides are insufficient.

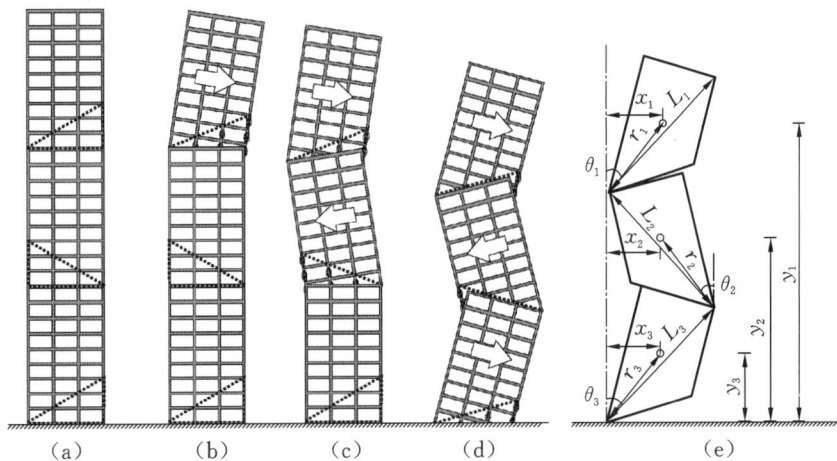

$$\begin{cases} J_{1c}\theta_1'' + m_1 r_1 (r_1\theta_1'' + L_2\theta_2'^2 s_{12} + L_2\theta_2'' c_{12} + L_3\theta_3'^2 s_{13} + L_3\theta_3'' c_{13} - gs_1) = 0 \\ J_{2c}\theta_2'' + L_2 m_1 (L_2\theta_2'' - r_1\theta_1'^2 s_{12} + r_1\theta_1'' c_{12} + L_3\theta_3'^2 s_{23} + L_3\theta_3'' c_{23} - gs_2) + \\ \quad m_2 r_2 (r_2\theta_2'' + L_3\theta_3'^2 s_{23} + L_3\theta_3'' c_{23} - gs_1) = 0 \\ J_3\theta_3'' - m_3 g r_3 s_3 + L_3 m_1 (L_3\theta_3'' - r_1\theta_1'^2 s_{13} + r_1\theta_1'' c_{13} - L_2\theta_2'^2 s_{23} + L_2\theta_2'' c_{23} - gs_3) + \\ \quad m_2 L_3 (L_3\theta_3'' - r_2\theta_2'^2 s_{23} + r_2\theta_2'' c_{23} - gs_3) = 0 \end{cases}$$

Fig. 7   Schematic and formula of motion of bidirectional folding blasting technology

(a) Initial state; (b) Stage(1); (c) Stage(2); (d) Stage(3); (e) Kinematics model

The one-way folding blasting technology is used to reduce the collapse range of building. Multiple blasting cuts with the same opening direction and toppling direction are arranged on the building, so that each section of the building is toppled in the same direction, and the ideal toppling process of the building is bowed. Compared with the two-way folding technology, the one-way folding mode is applied earlier. In 1995, the one-way folding blasting technology was tried in the rescue blasting project of the 18-storey inclined building (Xie, 1996) in Wuhan Bridge Garden (Fig. 8). Due to insufficient collapse space, the inclined building was divided into two sections for blasting. However, in order to improve the construction efficiency and eliminate the danger as soon as possible, the method of fractional blasting was adopted. The 16-storey Shanghai Changzheng Hospital blasting demolition project implemented in 1999, which successfully achieved the one-time folding blasting demolition of the building body in four sections (Wang, 1999). In recent years, the unidirectional folding blasting project of high-rise buildings are also more common (Fig. 9).

Fig. 8　Blasting demolition of 18-storey tilted building in Wuhan Bridge Garden

Fig. 9　Folding blasting demolition of Chongqing Three Gorges Hotel and Chongqing Port Building

Bidirectional folding blasting of buildings are different from unidirectional folding. The opening direction of adjacent blasting cuts on building are usually opposite, so the toppling direction of adjacent sections of the building are also opposite. The ideal toppling process of building falls in the shape of "之", and finally blasting effect of approximate in-situ collapse is realized. Compared with the implosion method or in-situ collapse technology, bidirectional folding is more suitable for "thin and high" high-rise or high-rise structures, which basically overcomes the defect that the implosion method or in-situ collapse technology may collapse incompletely. The drilling charge is small and the firing circuit is simpler. Engineers had long envisaged the use of two-way folding to control the blasting accumulation range of buildings (Lin, 1982), and carried out relevant tests. In 2004, the zigzag folding blasting of 100 m reinforced concrete chimney of Wuhan Yangluo Power Plant was successfully carried out for the first time in China (Sun, 2004). In 2007, the bidirectional three-fold folding blasting of a single high-rise building was successfully applied in the demolition project of a 19-storey building in Wuhan CBD (Fig. 10) for the first time (Xie et al., 2008). In recent years, many engineering applications of this technology had achieved good blasting results, such as the blasting project of the 9-storey illegal building in Haikou in 2010 (Zhou et al., 2014), the demolition project of the 28-storey Dalian Jinma Building in 2011 (Li et al., 2012), and the 18-storey Lin'an Electric Power Building in 2012 (Xin et al., 2015) (Fig. 11).

One-way folding and two-way folding blasting modes have their own advantages and disadvantages. They should be comprehensively compared and selected according to the actual engineering requirements, on-site environmental conditions and technical risks. At present, the single unidirectional and bidirectional folding technology have become increasingly mature, but the unidirectional & bidirectional complex folding blasting technology is still in research stage.

3.3　Disintegration blasting technology for high-rise building

With the increase of urban building density and utilization rate of underground space, the collapse space of high-rise buildings will be strictly limited, and vibration control of surrounding protected objects will be more difficult.

Fig. 10 Blasting demolition of 19-storey building in Wuhan CBD

Fig. 11 Blasting demolition of Lin'an Electric Power Building

Since the 21st century, foreign countries have successfully developed advanced implosion technology (Liss, 2000) to solve the problem of insufficient collapse space. The basic principle is to use a single or multiple high-level incisions to make the structure move vertically downward under the action of gravity. At the same time, local beams and columns are destroyed by blasting in non-incision area, so that the structure can basically disintegrate after collapsing to the ground, and the muck pile is concentrated near the horizontal projection range of building. Britain, the United States and other countries have applied this technology to demolish a large number of high-rise and super high-rise buildings with good results. However, with the increase of stiffness and strength of blasting object, the difficulty of structural disintegration is also increasing, and accidents that do not collapse occasionally occur. For example, Red Road Flats apartment (the highest residential building in Europe) was demolished by blasting in Glasgow, England (2018), in which two buildings did not successfully demolished.

In recent years, the method which is similar to "implosion" has also been used in China to try in-situ collapse blasting technology, such as Hefei Vienna Forest Garden High-rise Apartment Building (Zheng et al., 2006; Cun et al., 2009). On the basis of directional toppling and in-situ collapse blasting technology, the author and his research team have developed a high-rise building span-by-span disintegration blasting technology (Xie, 2012). The technology is divided into three modes: transverse multispan disintegration, longitudinal span-by-span disintegration and inward span-by-span disintegration. The blasting sequence of wave-shaped and wedge-shaped incisions, V-shaped and oblique-shaped columns is adopted, and a reasonable initiation time difference is selected according to the span. Through the change of blasting height and blasting sequence of incisions and load-bearing structures, most components of the building are destroyed and disintegrated before touching the ground during the directional toppling process, thereby reducing the touchdown vibration and the collapse range. At present, buildings such as Wuhan Zhenhua Apartment, Yinfeng Building (Fig. 12), Wuhan Hongjin Apartment (Fig. 13), Jiangxi Construction Building (Luo et al., 2018), and Hankou Riverside CBD Building (Fig. 14) have been successfully demolished by this technology.

Fig. 12　Blasting demolition of Yinfeng Building

Fig. 13　Blasting demolition of Hongjin Department

Fig. 14　Blasting demolition of Hankou Riverside CBD Building

3.4　Blasting demolition technology for large structures and buildings

In recent years, there are many blasting demolition objects, which structural forms are various and surrounding environment is complex. The overall blasting demolition technology of large-scale buildings is the development trend, which requires high reliability of blasting scheme. Traditional single building blasting demolition technology and process have been unable to meet the needs of large-scale buildings blasting demolition in the overall scheme selection, firing circuit design and comprehensive prevention and control of adverse effect of blasting.

Based on engineering practice, the author and his research team have efficiently, safely and environmentally implemented many large-scale building blasting demolition projects, and achieved remarkable economic and social benefits. Based on a large number of urban building blasting demolition engineering practices, a systematic study was carried out by combining theoretical analysis, model test, numerical simulation and engineering application. The overall blasting demolition technology and construction technology of urban large-scale buildings are innovatively developed. High reliability design method of overall scheme is proposed. Safe and efficient construction technology is developed. The key technical problems of blasting demolition construction for large-scale building in complex urban environment are solved. The safety of blasting demolition is improved and the application scope of blasting demolition is expanded. Buildings successfully demolished by using this technology, such as Wuhan Traffic School, Hankou Riverside CBD (Fig. 15), Science of Eco-city in Central China (Fig. 16), plant, chimney and cooling tower in Qinghai Qiaotou Aluminum and Electricity Co., Ltd. (Fig. 17).

Fig. 15　Blasting demolition of Hankou Riverside CBD

Fig. 16　Blasting demolition of Science of Eco-city in Central China

Fig. 17　Blasting demolition of plant, chimney and cooling tower
in Qinghai Qiaotou Aluminum and Electricity Co. , Ltd.

3.5　Blasting demolition technology for long bridge

With the upgrading of transportation infrastructure, some bridges need to be demolition due to service life, insufficient capacity, design defects or engineering quality. Relying on typical projects, engineers and researchers have carried out relevant research on blasting technology of long bridges. For example, Chi (2011) and Feng (2013) analyzed and summarized the blasting instability principle and incision layout scheme of common concrete continuous beam bridges, rigid frame bridges and arch bridges, and studied the collapse process of bridges by numerical simulation. Based on engineering practice, the author and his research team (Xie et al. , 2014;Xie, 2013) constructed the design theory and method system of urban viaduct blasting demolition, established the calculation model of bearing capacity of bridge pier after blasting, and put forward the design method of optimal blasting height, explosive unit consumption and charge structure of bridge pier. The dynamic model of continuous collapse of viaduct is established, and the firing time difference and firing sequence are analyzed. Calculation methods of reliability and firing time of relay point for the multinode composite cross firing circuit of the extra-long bridge are proposed (Fig. 18). The overall blasting demolition method of the urban super-long viaduct with continuous buffer collapse and simultaneous disintegration of the superstructure by hydraulic blasting is proposed. Overall blasting demolition of the 3. 5 km Wuhan Zhuanyang Viaduct was successfully completed (Fig. 19).

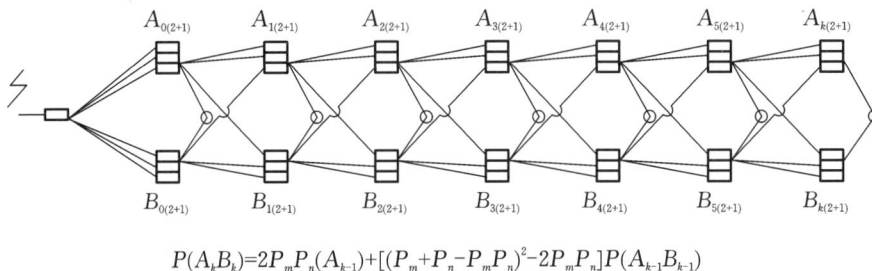

$$P(A_kB_k)=2P_mP_n(A_{k-1})+[(P_m+P_n-P_mP_n)^2-2P_mP_n]P(A_{k-1}B_{k-1})$$

Fig. 18　Schematic and formula for probability calculation of cross lap firing circuit

Fig. 19　Blasting demolition of Zhuanyang Viaduct

3. 6　Technology for controlling adverse effect of blasting

Demolition blasting engineering is often in a dense environment which surrounded by personnel, buildings and underground pipe network. It is necessary to accurately predict the adverse effect and take reliable protective measures to minimize the impact of blasting in the surrounding environment. The adverse effect of demolition blasting mainly include vibration, shock, air shock wave, individual debris, noise and dust. In recent years, with the improvement of people's environmental awareness, the technology for controlling adverse effect of blasting demolition has been continuously innovated.

In blasting demolition project, the impact pressure generated by the collapse of the structure may directly cause the deformation and damage of the underground pipe network and structure. Many scholars have proposed calculation method of the impact load (Zhou et al. , 1985; Wang, 1997; Hirono, 1997; He, 1998). In recent years, the author and his research team (Sun et al. , 2014) proposed a new impact load calculation model on the basis of predecessors, and revised it according to the engineering experience, which is more reasonable than the traditional calculation method. In addition, numerical simulation can also predict the impact load, but the reliability of the current calculation is still difficult to guarantee.

For the impact vibration induced by building collapse, engineers often obtain empirical prediction formula to predict collapse vibration intensity through data regression. Zhou (1988) and Lv (2003) put forward a calculation formula of touchdown vibration in China and was widely used in blasting field. Wang (2002) deduced the formula of touchdown vibration using the principle of energy conservation. In recent years, the author (Sun, 2014) established a prediction model based on momentum conservation theory, the convenience of parameter values and the reliability of calculated values are improved (Fig. 20).

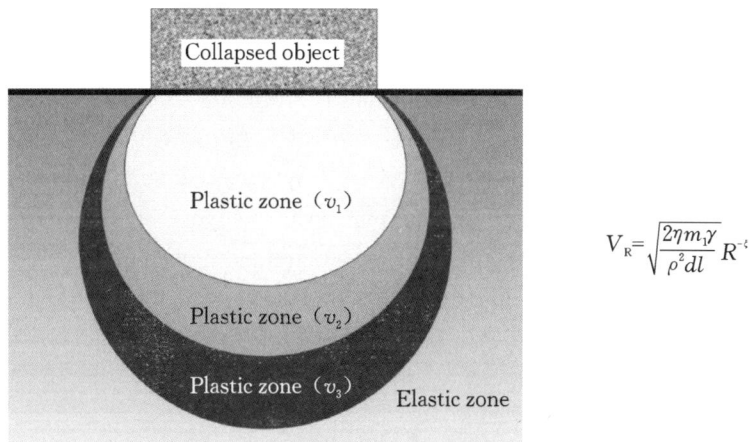

$$V_R = \sqrt{\frac{2\eta m_1 \gamma}{\rho^2 dl}} R^{-t}$$

Fig. 20 Schematic and formula of impact vibration in demolition blasting

Controlling measures of touchdown impact and vibration in blasting demolition engineering, the progress of passive vibration reduction technology is relatively slow, and the vibration reduction is still mainly carried out by piling up vibration reduction embankment and excavating vibration reduction ditch. In terms of active vibration reduction measures, it is more effective to control the collapse speed and quality by optimizing collapse mode and blasting parameters. At present, by selecting collapse methods such as folding and span-by-span disintegration, and accurately controlling the blasting failure and instability process, the collapse touchdown speed can be reduced about 40%, and the collapse impact and vibration can be significantly reduced.

Blasting dust is an increasingly prominent adverse effect in demolition blasting engineering. At present, foreign countries basically do not take measures to reduce dust. Li (2003) studied the formation mechanism of blasting dust, and other blasting enterprises also developed foam dust, helicopter watering dust and other technologies. In recent years, the author and his research team (Xie et al., 2014) have completed the research and development of explosion water mist dust reduction technology of point-surface combination, multi-point drive, same circuit advance. By covering small water bags at the blasting site and laying large water bags and sinks on the periphery of the blasting area, and instantaneous atomization of a large amount of water through the explosion shock wave and explosive gas (Chi and Wen, 2002), a large amount of blasting dust can be adsorbed to reduce environmental pollution. However, a lot of preparation work is needed to achieve ideal dust reduction effect by using explosive water mist, and the dust reduction effect and economy of this technology need to be further improved. In the future, dust control will be an important technical bottleneck in the development of demolition blasting, related theory and technology still need to be further studied.

4　DEVELOPMENT DIRECTION OF DEMOLITION BLASTING TECHNOLOGY

Demolition blasting is an emerging interdisciplinary subject with a history of only a few decades. Although it has achieved rapid development in the past three decades, its overall theoretical and technical system is still incomplete. With the vigorous development of the world economy, especially the construction industry, demolition blasting has a huge potential market and broad application prospects. To achieve sustainable development in demolition blasting, the basic principles of precision blasting should be followed, the latest scientific and technological achievements of other disciplines and industries should be absorbed, and its technical system should be continuously developed and improved to improve its safety, economy and environmental protection. Precision blasting is the upgrade and development of traditional blasting and controlled blasting. It emphasizes that "quantitative design is the premise, process control is the core, and fine management is the guarantee". Therefore, one of the short-term development goals of demolition blasting technology is to gradually realize the quantification of blasting design advocated by precision blasting, the precision of process control, the refinement of construction management and the intelligence of monitoring and measurement in the whole industry. In order to achieve the above goals, in-depth research must be carried out from the aspects of basic theory, explosive material, construction technology and operation technology.

4.1　Basic theory and scientific numerical simulation

After about 200 years of continuous development, the theoretical system of civil engineering and other related disciplines are basically matured, and a huge and complex technical system has been formed. However, the theoretical system of demolition blasting is not perfect. For demolition blasting, the basic theoretical research on blasting parameter design, pretreatment processing design, structural instability discrimination, slump motion analysis, ground impact and slump vibration effect analysis is not yet in-depth, and it is urgent to carry out systematic research to reveal the physical, mechanical and even chemical mechanisms and theoretical model of the whole process of demolition blasting are constructed.

Due to the complexity of the demolition blasting process, classical mechanics can only explain and analyze its basic principles under ideal conditions. To achieve more accurate parameter calculation and effect prediction, we must rely on modern computational mechanics, computer graphics, etc. To build a bridge between basic theory and engineering practice. Therefore, it is an important direction for the future development of demolition blasting to carry out systematic blasting experiments and construct reasonable material constitutive or mechanical models to realize the computer-aided blasting design.

4.2　New destruction and collapse modes

With the continuous expansion of the application scope of demolition blasting technology, blasting objects have become rich and diverse, and new building materials and building structures such as new steel structures, steel-concrete composite structures, resin-reinforced concrete, and fiber-reinforced concrete will gradually become blasting objects. Traditional drilling blasting methods may be difficult to apply to new building materials, so the development of new blasting methods is the key to further improving the scope of demolition blasting and market competition. Meanwhile, on the basis of the existing drilling blasting technology, it is also very important to develop new charge structures and detonation technologies to improve the energy utilization rate of explosives and further reduce the adverse effects of blasting. In addition, the surrounding environment of demolition blasting projects is becoming complex, and the requirements for the control of structural collapse space and adverse effects are getting higher and higher. The existing folded blasting demolition, span-by-span disintegration blasting and implosion technologies will also face increasing challenges. The new building collapse mode with low explosive consumption, micro-blasting vibration, small slump range, and easy-to-control movement process is also an important development direction for demolition blasting to break through the development bottleneck.

4.3 Safe explosive material

The amount of pyrotechnic materials used in demolition blasting projects is relatively small, and there is no explosive material specially used for demolition blasting projects. The traditional shock detonator cannot accurately adjust the delay time, and the connectivity of the firing circuit cannot be detected. Although industrial electronic detonators can easily adjust the delay time, when detonating thousands or even tens of thousands of detonators at the same time, the operation is very cumbersome, and the detonation reliability is difficult to guarantee. Therefore, high-precision, high-reliability, low-cost explosive material such as industrial electronic detonators is a major demand for demolition blasting.

4.4 Intelligent construction equipment

Compared with the construction industry and the mining industry, the level of mechanization and automation in the demolition blasting drilling, slag removal and other links is relatively low, and manual labor and simple tools still dominate the demolition blasting operation. Developing advanced engineering blasting construction equipment and technology, improving the mechanization and automation level of demolition blasting drilling, charging and networking, and finally achieve unmanned intelligent robot operation is an important goal of demolition blasting development. In this process, the digital technology of blasting objects is an important prerequisite for the intelligentization of blasting operations, advanced surveying and mapping technologies such as laser scanning and photogrammetry should be synchronously studied.

4.5 Advanced management system

The demolition blasting circumstances is complex, and the circumstances of explosive material is often located in high-risk areas, and its safety management and engineering management are particularly important. Although the current safety management system has introduced a monitoring system. It cannot monitor whole construction process without blind spots. Besides, it mainly relies on human control since it is not smart enough. Taking the digital research of blasting objects as the starting point and unmanned operation as the technical core, carry out research on the integration of demolition blasting and modern information technologies such as cloud computing, Internet of Things, and big data, and build intelligent safety production and supervision, and early warning alarm system is an important goal of blasting engineering management development. At the same time, formulating more scientific and reasonable demolition blasting norms and standard systems and public security supervision systems based on theoretical research and practical experience are also important issues to be solved urgently.

拆除爆破数值模拟研究进展

谢先启[1]　刘　军[2]　贾永胜[1]　孙金山[1]

(1.武汉爆破有限公司,武汉 430023;2.河海大学土木与交通学院,南京 210098)

摘　要:本文评述了数值模拟技术在拆除爆破中应用的重要性,回顾了拆除爆破数值模拟的主要方法,论述了各种方法的优缺点。本文结合工程应用实例介绍了笔者及团队研发的离散元框架内的网格实体模型,分析了当前拆除爆破数值模拟技术存在的主要问题,对拆除爆破数值模拟技术的进一步发展进行了展望。

关键词:拆除爆破;数值模拟;离散元;网格实体模型

Advances in numerical simulation of demolition blasting

XIE Xianqi[1]　LIU Jun[2]　JIA Yongsheng[1]　SUN Jinshan[1]

(1. Wuhan Blasting Engineering Co. ,Ltd. ,Wuhan 430023,China;

2. College of Civil and Transportation Engineering,Hohai University,Nanjing 210098,China)

Abstract:The applications of numerical simulation in demolition blasting were reviewed. Several methods of numerical simulation in demolition blasting were introduced. The strength and weakness of the numerical methods mentioned in this paper were also indicated,respectively. Furthermore,the solid lattice model in the frame of Discrete Element Method(DEM),which was developed by the author and his team,was detailed described. The existed problems in the current numerical simulation methods of demolition blasting were presented and the future trend of the numerical simulation is finally prospected.

Keywords:Demolition blasting;Numerical simulation;Discrete element method;Solid lattice model

1　前言

　　拆除爆破是在清除第二次世界大战遗留建筑物的背景下兴起的。在城市改建、扩建过程中,拆除爆破以其快捷、简便的优点而受到重视,并在拆除市场占据重要的位置。随着这门技术的日臻完善及其带来的显著经济效益,拆除爆破已成为拆除业中最具竞争力的方法之一。在国内,建(构)筑物,尤其是高层建筑物的拆除,主要采用控制爆破技术。目前全国登记注册的爆破公司已有 1000 余家,从事爆破行业的工程技术人员达数万人,每年进行的拆除工程有数千项。面对广阔的市场,城市拆除爆破技术的工程实践及相关理论研究已经越来越受到人们的重视。

　　目前,拆除爆破的理论研究尚不能满足工程实践需要,原因在于其具有高度复杂性,这种复杂性主要来自 3 个方面:a.炸药的爆轰与结构构件的局部破坏过程描述;b.结构倒塌的复杂力学机理;c.有害效应的预测与控制。早期的研究主要采用简化的解析方法或试验方法,研究结构的失稳判据,即在用爆破方法破坏主要承重构件后,对结构保留部分进行静力学分析,计算或监测预期形成塑性铰部位的应力,确定该部位是否达到屈服,以此判别结构是否倒塌;同时根据构件所能承受的极限荷载确定爆破缺口的位置与高度。也有学者尝试采用简化的解析方法求得拆除爆破结构倒塌过程的解析结果，然而由于结构自身以及倒塌过程的复杂性，解析结果很难针对实际工程问题给出令人满意的解释。

随着数值计算和计算机技术的发展，数值模拟技术在拆除爆破领域逐渐得到了应用。近年来，爆破工作者在拆除爆破技术方面做了大量工作，通过计算机仿真分析来优化选择设计参数并对设计结果进行验证已成为共识。拆除爆破的数值模拟是按照特定的数学或物理模型，利用计算机进行过程模拟的研究方法，拆除爆破的数值模拟应该满足以下几个方面的要求：a. 可以描述结构构件的局部破坏与整体结构的失稳；b. 可以预测爆破效果，对于拆除爆破，主要是预测爆破块度分布、爆堆形态（包括爆堆高度、前冲距离、后座距离等）；c. 可以根据模拟结果优化爆破设计；d. 预测结构倒塌过程。

因此，将计算机模拟技术应用于建筑物拆除爆破，不仅可以了解问题的结果，而且可连续地、动态地、重复地描述事物的发展规律，了解结构整体倒塌与局部断裂破坏的详细过程。同时，还可以把模拟结果中反映的信息反馈给爆破设计人员，可以修正、完善爆破设计方案，因而拆除爆破仿真模拟技术的研究具有重要的工程应用价值。

拆除爆破的计算机模拟大多以结构倒塌过程为模拟目标。在模拟过程中，把拆除爆破施工中需要爆破破坏的关键构件按爆破顺序人为移除，这样做的目的在于突出主要矛盾。模拟主要是分析结构倒塌过程中的复杂力学过程以及倒塌范围，这也是拆除爆破施工中最为关心的问题。目前广泛采用的数值方法大体可分为两类，分别为以连续介质力学为基础的连续模拟方法与以牛顿经典力学为基础的离散模拟方法。

2　有限元法

目前用有限元法模拟结构的倒塌过程主要采用商业软件，即对结构的各个构件分别建模，然后采用铰接等连接方式使各个相联构件相连接以体现结构的整体强度特征，对每个构件进行网格剖分。其优点为：可以模拟各个构件在倒塌过程中应力与应变的变化。缺点为：由于有限元是以连续介质力学为基础，不能模拟构件在倒塌与触地过程中的进一步破坏。Luccioni 等采用有限元法分析了恐怖袭击条件下复杂结构在爆炸荷载作用下的破坏与倒塌过程；Huang 等在有限元框架内，以非线性动力学理论为基础，模拟了土耳其伊兹米特大地震中一座 115 m 烟囱的倒塌过程，模拟结果与实际倒塌过程接近；Kaewkulchai 与 Williamson 采用梁-柱单元有限元法结合集中塑性模型模拟了平面框架结构的倒塌过程；Lynn 与 Isobe 在有限元中采用 ASI-Gauss 技术，模拟了简单框架结构的倒塌过程；Möller 等采用模糊随机分析方法，在有限元软件框架内模拟了结构倒塌过程，该方法可充分体现结构构件在倒塌过程中的大变形、接触以及非线性行为，计算效率高；Wang 等采用向量式有限元模拟结构倒塌。在我国，也有众多学者利用有限元法模拟结构倒塌过程，这些研究大都以商业软件为框架，如ABAQUS、ANSIS、LS-DYNA 等，同时结合多体动力学理论模拟结构倒塌过程，如贾永胜等利用ABAQUS 有限元软件的非线性瞬态显式动力学模块模拟结构的失稳及倒塌过程，并用该方法对一个拆除爆破实例进行了仿真模拟。模拟结果表明，结构的坍塌过程及爆堆形状与实际接近，如图 1所示。

有限元方法是建立在连续介质力学基础上的，这也决定了它在模拟结构出现裂纹、裂纹扩展、碎块飞离、结构倒塌大运动等方面的局限性。例如，用有限元软件来研究材料或结构从连续状态转变为散体状态时（如结构倒塌过程）容易发生网格畸变，从而无法得到正确模拟结果。简言之，有限元模拟可以很好地回答结构是否会倒塌，而在回答结构是怎样倒塌时则存在一些限制。近年来，一些学者为了突破有限元法的局限性，提出了分离式共节点模型，然而，节点分离的判别以及分离后块体的相互作用等方面还有待进一步研究。

3　离散元法（DEM）

离散元法自从被 Cundall 提出以来，得到了广泛的应用，目前已是岩石力学中针对不连续介质的

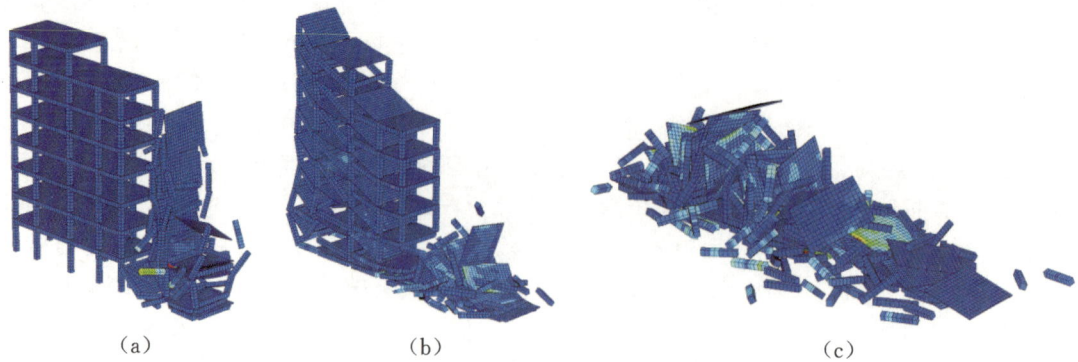

图 1　ABAQUS 有限元软件模拟结构倒塌过程
(a)起爆后 1.5 s 时的模拟结果；(b) 起爆后 2.5 s 时的模拟结果；(c) 起爆后 4.5 s 时的模拟结果

主要分析方法。离散元法采用动态松弛法求解，用显式中心差分法对运动方程直接进行积分。离散元法与传统的连续介质分析方法(如有限单元法、边界单元法、有限差分法)相比，其优点是能更为真实地表达求解区域中的几何状态以及大量的不连续面，它比较容易处理大变形、大位移和动态问题，因而适合于模拟结构倒塌的大运动与大变形(图 2)。

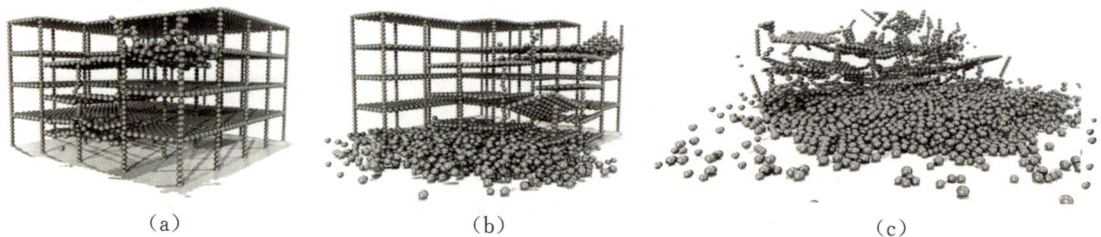

图 2　颗粒元离散元法模拟拆除爆破结构倒塌过程
(a)起爆后 1 s 时的模拟结果；(b) 起爆后 2.5 s 时的模拟结果；(c) 起爆后 4 s 时的模拟结果

但是，由于结构在破坏前是一个完整的、具有一定强度的整体，用单一的离散元模拟存在很多问题，如传统的离散元法中单元间的接触一般采用开尔文模型，通过该模型体现单元的抗压强度，但是单元的抗拉强度则是通过莫尔-库仑准则中的凝聚力来体现的，而仅仅用凝聚力来体现结构单元的抗拉特性是远远不能体现结构的整体强度特征的。

4　不连续变形分析法(DDA)

DDA 是石根华提出的分析块体系统运动和变形的一种数值模型。由于 DDA 能够计算块体系统不连续面的错动、滑动、开裂及旋转等非连续介质大位移、大变形的静、动力分析等传统有限元方法难以解决的问题，其越来越受到爆破界的关注(图 3)。DDA 将结构视为非连续块体单元，块体与块体之间用虚拟的弹簧来传递相互的作用力。在我国，有很多学者利用 DDA 法研究拆除爆破中结构的倒塌过程。到目前为止，国内外关于 3D-DDA 的商业软件尚未出现。

5　应用单元法

东京大学 Tagel 以地震中结构在极端荷载条件下的可视化分析为背景，提出了可以模拟结构的连续与离散力学行为的应用单元法(AEM 法)。应用单元法中单元间通过各种弹簧连接，即在两个单元的连接节点处分别添加一个法向弹簧与两个切向弹簧，每一组弹簧分别描述一个特定体积介质的受力和变形，如图 4 所示。弹簧连接对应一定的强度准则，通过单元间弹簧的消失来体现材料由连续转变为散体的过程。应用单元法以单元间分离与开裂为核心，这个核心贯穿结构倒塌的全过程，可以

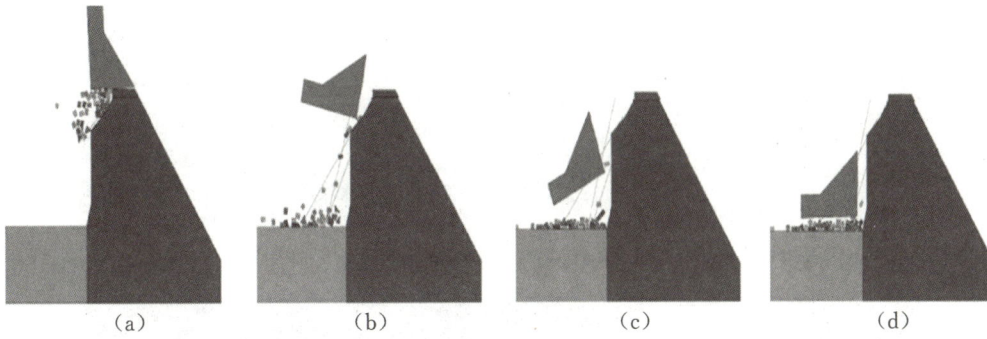

图3 三峡围堰爆破拆除过程的 DDA 模拟

(a)1.275 s 时刻构形图;(b) 6.375 s 时刻构形图;(c) 11.475 s 时刻构形图;(d)12.8 s 时刻构形图

模拟结构的弹性变形、裂纹生成与扩展、强化屈服、单元分离、单元接触碰撞以及单元触地等全过程。从单元间相互作用与运动描述上看,应用单元法近似于离散元法;从求解方式上看,则类似于有限元法。图5为拆除爆破前实际结构与结构几何模型,图6为拆除爆破结构倒塌模拟与实际结果对比。

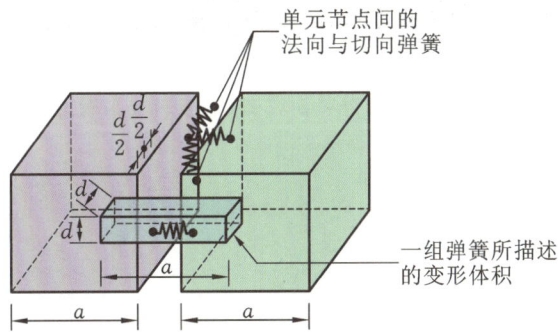

图4 应用单元法中节点间的弹簧连接

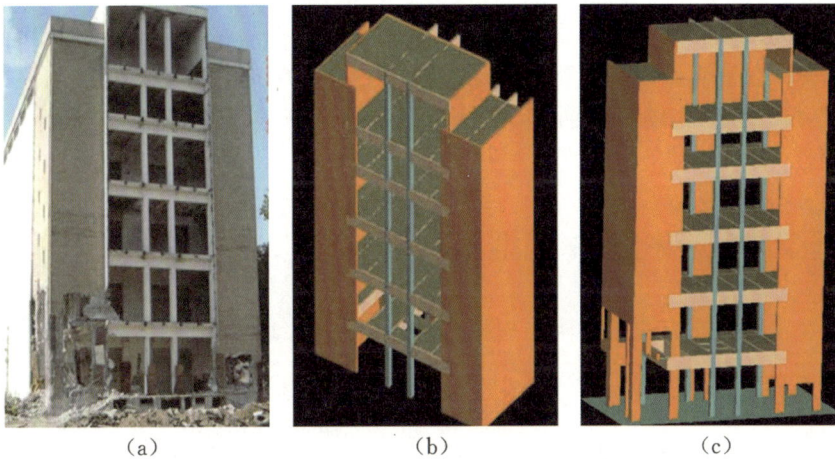

图5 拆除爆破前实际结构与结构几何模型

(a) 实际结构;(b) 结构几何模型;(c) 应用单元法模拟前的结构几何模型

（a）

（b）

图 6　拆除爆破结构倒塌模拟与实际结果对比

（a）实际倒塌结果；（b）应用单元法模拟结果

6　多刚体动力学与有限差分法

　　此外还有学者采用多刚体动力学方法模拟结构倒塌过程，如 Hartmanna 在充分考虑结构倒塌不确定性的基础上，把结构构件间的相互作用分别简化为弹簧阻尼器、圆柱接头、接触等模型，并在此基础上，模拟拆除爆破中结构的倒塌过程；Uenishi 等采用有限差分法模拟结构在拆除爆破中的倒塌。多刚体动力学方法适用于描述刚体体系的相互作用，用其描述拆除爆破结构倒塌时存在的以下问题：a. 块体间分离后需要重新调整控制方程；b. 当描述大量刚体体系时，计算效率低。有限差分法的理论基础仍旧为连续介质力学，比较而言，在模拟结构倒塌解体时仍旧不能克服以连续介质力学为基础的模拟方法的局限性。

7　离散元框架内的网格实体模型

　　笔者及研究团队针对现有数值方法在模拟拆除爆破结构倒塌过程时的缺点与不足，研发了离散元框架内的网格实体模型，并开发了 C++计算程序。

　　网格实体模型是指用多面体单元将研究对象离散化，用接触发现算法确定每个块体单元的邻居单元，并在所有相邻单元间施加"梁"[图 7(a)]，这样在整个介质中就形成了一个"梁"的网络[图 7(b)]。"梁"的截面形状和大小与公共接触面完全相同，长度为两个单元质心间的距离。每个块体单元为介质粒破碎时的最小单位，块体单元的接触作用及运动由离散单元法描述。

　　网格实体模型就是通过这个"梁"的网络来体现介质的强度特征。通过单元间的相对位置计算"梁"的变形，根据"梁"的变形情况，判别"梁"是否存在。如果"梁"的变形超过了门槛值，则"梁"消失，两个单元间的联结也随之消失，否则，"梁"依然存在，只发生变形。随着单元间"梁"消失数量的增加，结构损伤逐步累积直至发生破坏，并最终发生倒塌。结构破坏后，会形成众多碎块，其中每一个碎块都包含若干个单元（至少为一个），碎块将会随整个结构体系一起流动，如果碎块包含多个单元，当其受力达到一定程度时，碎块内单元间的"梁"仍有可能消失，所以，碎块可能会分裂成更小的碎块。这

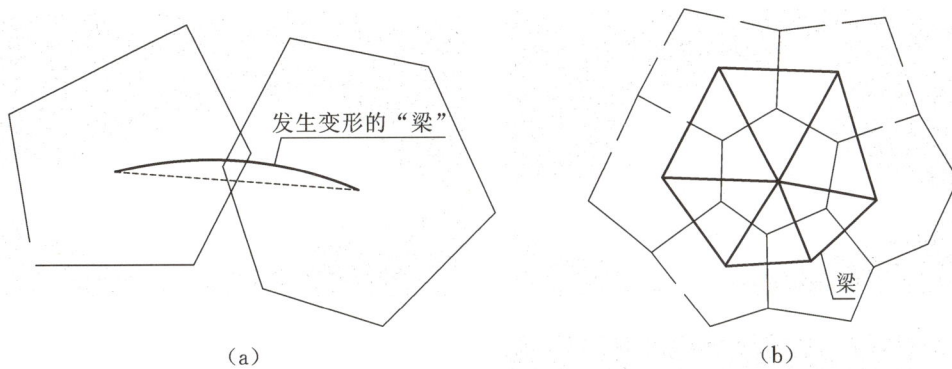

图7 "梁"的变形与单元间的"梁"网络

(a) 两个接触中的单元及连接单元"梁"的变形;(b) 单元间的"梁"网络

就是网格实体模型的基本思路。网格实体模型不仅可以直观体现裂纹及碎块的形成,还可以把有限元中复杂的本构关系及强度理论简化为散粒体间的接触模型及连接的强度判别,其模拟结果便于可视化。

拆除爆破中结构倒塌过程正是块体元之间"梁"逐步消失的过程,采用离散元法模拟块体单元间的接触与运动,可以体现结构倒塌的大运动过程。同时,用块体元之间的"梁"来反映结构的强度特征,可以在单元间传递拉、压、弯、转、扭等各种载荷形式,符合结构的强度特征。因而用离散元框架内的网格实体模型模拟结构的失稳倒塌过程更符合实际情况。为了说明网格实体模型的有效性,图8、图9介绍了用网格实体模型模拟结构拆除爆破中结构倒塌的过程。图8为实际结构与结构的几何模型;图9为模拟结果与实际结果的对比。

图8 拆除爆破前实际结构与结构的几何模型

(a) 实际结构;(b) 结构的几何模型

8 发展趋势

建(构)筑物控制爆破拆除仿真模拟技术是适应建筑拆除行业发展的新技术。在当前城市拆除工程难度不断加深、机械化作业水平不断提高、工程质量要求更严格的条件下,这种新技术将得到更为广阔的应用,也将产生更为显著的经济效益和社会效益。可以预见,随着人们对拆除技术重要性认识的提高,安全观念的加深,在我国发达地区、中心城市或者重要部门、特殊场合以及文物风景区的各种建(构)筑物的拆除工程中,仿真模拟技术在控制爆破方面将得到广泛的应用。然而,由于拆除爆破的复杂性,目前的各种数值方法都存在局限性,数值方法要做到合理、完善,需要在以下几个方面实现突破:

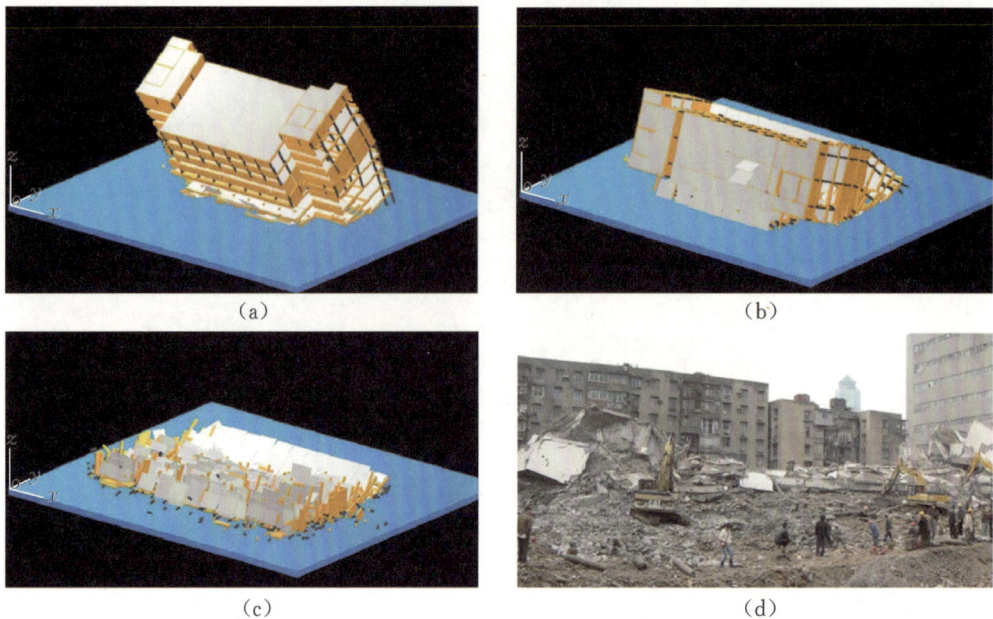

图 9　网格实体模型拆除爆破结构倒塌模拟结果与实际结果对比

(a) 2.04 s 时结构构形；(b) 2.7 s 时结构构形；(c) 4 s 时结构构形；(d) 实际倒塌结果

（1）描述钢筋力学行为的高效计算模型。钢筋在结构梁、柱、板等构件中非常密集，直接影响结构局部承重构件的爆破效果以及结构倒塌过程，如何在数值模拟中建立正确的钢筋单元的力学模型，对数值模拟结果的正确性至关重要。

（2）结构关键承重部件的爆破过程模拟。目前的数值方法普遍忽略关键构件爆破破坏过程模拟，而将模拟的重点放在结构倒塌过程方面。但是，一个完善的拆除爆破模拟方法应包含从爆破至倒塌的全过程，只有这样，模拟结果才能为爆破方案的修正提供有价值的参考。

（3）拆除爆破有害效应的模拟。安全问题是拆除爆破需要解决的首要问题，通过数值模拟结果反映爆破振动、触地振动等有害效应，从而为周边设施的安全防护提供依据，是拆除爆破数值模拟方法发展中不容忽视的重要环节。

建(构)筑物控制爆破拆除的仿真模拟

贾永胜[1,2]　谢先启[2]　李欣宇[3]　罗启军[2]　刘军[4]

(1.武汉理工大学资源与环境工程学院,武汉 430070;2.武汉爆破公司,武汉 430023;

3.武汉科技大学理学院,武汉 430081;4.河海大学岩土工程研究所,南京 210098)

摘　要：本文介绍了在 ABAQUS 有限元框架内,建(构)筑物爆破拆除仿真模拟的基本方法;提出了爆破缺口高度的确定方法、结构坍塌的力学判据与结构的离散化方法,利用 ABAQUS 有限元软件的非线性瞬态显式动力学模块模拟结构的失稳及倒塌过程,并用该方法对一个拆除爆破实例进行了仿真模拟。模拟结果表明,结构的坍塌过程及爆堆形状与实际接近。

关键词：拆除爆破;仿真模拟;建(构)筑物;ABAQUS 有限元软件

Numerical simulation for demolition of structures

JIA Yongsheng[1,2]　　XIE Xianqi[2]　　LI Xinyu[3]　　LUO Qijun[2]　　LIU Jun[4]

(1. School of Resources and Environmental Engineering, Wuhan University of Technology, Wuhan 430070, China;

2. Wuhan Blasting Engineering Corporation, Wuhan 430023, China;

3. College of Science, Wuhan University of Science and Technology, Wuhan 430081, China;

4. Institute of Geotechnical Engineering, Hohai University, Nanjing 210098, China)

Abstract：A technique for simulating the process of structures collapse under demolition blast was developed in the frame of ABAQUS finite element software. The choice methods of the height of cut, the mechanical criterion and the discretization of structures were put forward for demolition blast. The instability and collapse of structures were simulated using the nonlinear transient explicit dynamics module of ABAQUS. The technique described in this paper has been used to simulate the process of a practical demolition blast. The results of simulation show that the process of structure collapse and the shape of muck pile from simulation are similar to the practical one.

Keywords：Demolition blast；Simulation；Structures；ABAQUS

1　引言

拆除爆破是在第二次世界大战后兴起的新行业,主要用来清除战争遗留的废、旧、危建筑物。在和平时期,随着城市高层建(构)筑物改、扩建工程中废旧建筑物的拆除任务日趋繁重,这种快速、高效的拆除方法日益受到人们的重视。在我国,随着国民经济的快速发展,需要拆除大量的废旧建筑物以适应社会发展的新要求。控制爆破在城市高层建筑物和高耸构筑物拆除中占有极为重要的地位。由于城市高层建(构)筑物一般处于人口密集、建筑物相对集中的闹市地段,或者处于厂房或其他建筑物内部等复杂环境下,因此,对拆除爆破技术的要求越来越高。目前,对建(构)筑物结构特征的拆除原理的研究并不深入。拆除爆破过程是一个复杂的力学过程,其理论研究集中体现了岩土力学、爆炸力学、结构动力学等多学科的交叉与融合。迄今为止,理论研究主要针对其中的某个现象进行定性分析,而实际工程中往往靠爆破工程师的实践经验进行设计,其依据主要是经验公式及实际拆除爆破施工经验,难以通过理论分析选取参数,具有较高专业知识水平和丰富实践经验的工程师人数满足不了实际需要,这就造成了拆除爆破施工的不确定性及高风险性,施工中异常现象频频发生:如拆除物危立不倒、爆破碎石乱飞,甚至出现建筑物反向倾倒,一些爆破事故引起人员伤亡并对周围建筑造成重大损害。产生这些后果的主要原因是目前对拆除爆破力学机制缺乏明确认识,依靠经验进行的爆破设计在工程实践中都具有局限性。因而,对拆除爆破力学机制的研究尽管举步维艰,但至关重要。

本文在 ABAQUS 有限元软件的框架内,对拆除爆破从理论上进行了深入研究,并针对具体拆除爆破工程进行了仿真模拟,模拟结果和实际结果基本一致,因而本文的研究成果可以为拆除爆破的工程实践提供参考。

2　模拟方法

2.1　爆破模型

楼房拆除爆破的基本原理是利用炸药爆炸释放的能量破坏楼房关键承重部位的强度,使之失去承载能力,然后使楼房在自重的作用下由于失去整体的稳定性而倒塌,在与地面的碰撞中,使楼房的结构进一步解体和破坏。为便于研究,选择砖砌楼房承重墙体为研究对象,模型见图1。

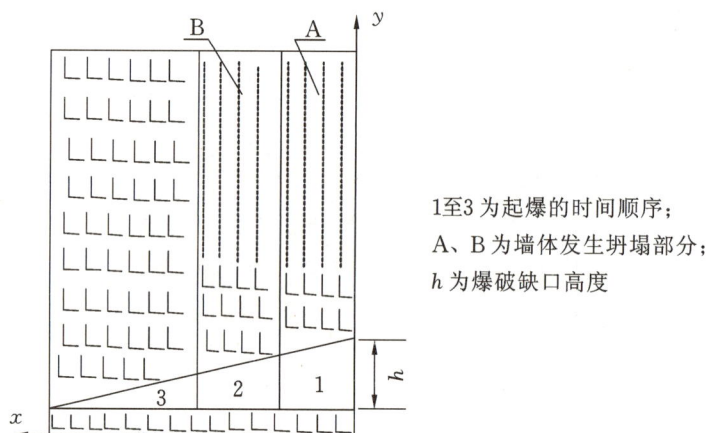

1至3为起爆的时间顺序;
A、B 为墙体发生坍塌部分;
h 为爆破缺口高度

图 1　楼房拆除爆破坍塌模型

当 A 部分缺口内的承重墙体被爆破后,满足一定的力学条件时,A 部分墙体与 B 部分墙体之间会发生剪切破坏,即楼房并不是进行整体转动,在转动中以及与地面碰撞前,由于楼房各部分失去承载能力的时间不同,楼房的各部分之间已经产生了破坏。

2.2　爆破缺口高度的确定

缺口高度目前主要凭经验确定。有研究者从能量观点出发给出了一种计算方法,考虑安全系数为 1.5,则砖砌楼房爆破缺口的计算公式为

$$h_{min} = 0.75 H_1 - 0.75 \sqrt{H_1^2 - 2.72 L b_1} \tag{1}$$

式中　H_1——缺口所在楼层的高度(m);

　　　L——楼房的宽度(m);

　　　b_1——墙体的厚度(m)。

2.3 剪切坍塌的力学判据

当墙体因爆破而形成缺口时,缺口内所有的柱和阻止墙体下塌的构件均被爆破破坏,上部墙体发生较小位移时,不会有其他阻力存在。将楼房的每一面墙作为一个整体进行力学分析,上部墙体形成弯矩导致剪切面上产生拉应力,拉应力的存在减小了墙体的强度,使墙体易于沿该面发生剪切破坏,因此,在不考虑弯矩影响的情况下建立的剪切坍塌力学判据是趋于安全的。基于以上分析,发生坍塌部分的墙体受力情况见图2。图中 W 为每层楼板的重力(kN);H 为楼高(m);q 为楼板作用在墙体单位长度的力(kN/m);L 为楼板的跨度(m);F_Z 为剪切坍塌体重力(kN)。

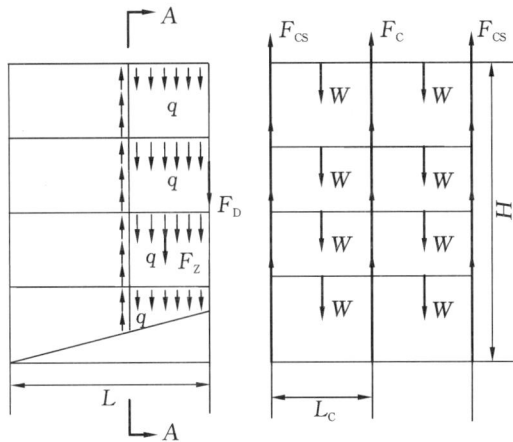

图2 墙体受力分析图

可以假定楼板的重量在承重墙上是均匀分布的,那么发生剪切坍塌的力学判据为

$$F_Z + F_C + F_D \geqslant \tau S \tag{2}$$

式中 F_C——楼板作用在墙体剪切坍塌部分上的力(kN);

F_D——非承重墙体的重量(kN),通过楼板作用于承重墙上;

S——剪切面截面面积(m²);

τ——墙的抗剪强度(MPa)。

墙体的剪切面可以认为是一个垂直面,剪切面的强度受砖缝中的砂浆及砖体影响,不同砌筑方式的墙体垂直面上砂浆与砖体所占的比例不同,即墙体垂直面上的剪切强度与砌筑方式有关。坍塌体下部缺口部位的形成具有同时性,上部墙体的剪切力是在瞬间产生的,具有准动态性,因此不适用静态的强度准则,必须对静态强度准则进行修正。剪切面的剪切强度可以用下式近似计算:

$$\tau = k_d [k_s \tau_s + (1 - k_s) \tau_Z] \tag{3}$$

式中 k_d——动载荷强度提高系数,一般取1.4;

k_s——剪切面上砂浆所占比重,与墙体的砌筑方式有关;

τ_Z——砖的剪切强度(MPa);

τ_s——砂浆的剪切强度(MPa)。现给出砂浆剪切强度的计算式:

$$\tau_s = \frac{3R_s}{14 + R_s} \tag{4}$$

式中 R_s——砂浆的抗压强度(MPa)。

2.4 建(构)筑物离散方法

将建(构)筑物简化为杆系结构,并运用矩阵位移法计算其结构内力。杆系结构是由若干个单根杆件相互联结而成的,所以节点与单元的划分比较自然。一般取杆件联结点为节点,每根杆件就取为一个单元。刚架的载荷可以作用在刚结点上，也可以作用在刚结点之间的杆件上。在划分节点单元时，可以只取刚结点为节点，取刚结点之间的连接部分为杆件单元。另外，还可以把集中力、集中力偶矩作用点和分布载荷的分界点也取为节点，把任何两个节点之间的杆段取为单元。

3　结构倒塌过程的模拟

利用 ABAQUS/Explicit 模拟结构倒塌过程，主要有两种方案：一是从材料破坏的全过程入手，模拟结构局部破坏断裂到结构解体倒塌的局部和全部过程；二是从结构的失稳分析开始，找到结构转变为机构的关键部位，利用块体运动理论分析模拟结构的倒塌过程。

第一种方案需要巨大的资源，要求在超级计算机上进行模拟。对于第二种方案，国内的贾金河等做过平面问题的模拟工作，所用资源相对就少得多，贾金河等的工作主要集中在平面问题上，而笔者主要在空间上进行数值模拟计算工作。

数值模拟针对的实际工程为武汉市外滩花园 1# 楼中的一个片段，也就是图 3 中 3—3 断面的一跨结构。该楼为框架结构，共 3 个单元，长 86.0 m、宽 29.1 m，最高标高为 31.70 m，平均标高为 28.70 m。楼房共有承重立柱 102 根，断面尺寸有 400 mm×400 mm、450 mm×450 mm、400 mm×500 mm 和 500 mm×500 mm 等 4 种。立柱竖向钢筋大部分为 φ18 mm、φ20 mm、φ22 mm，数量为 18～40 根，箍筋为 φ10 mm，混凝土强度等级为 C35～C25。主梁大部分为 250 mm×500 mm，内外墙体为加气混凝土砌块；楼面均为现浇板，厚 0.10 m，单层布筋，钢筋为 φ10 mm；楼房有电梯间 3 个，其中两根承重立柱为 400 mm×400 mm。

对于图 3 中 3—3 断面的一跨结构，将它用可变形的 255 块块体和 42 块板来进行倒塌模拟。结构整体模型如图 4 所示。材料的弹性模量取为 28.6 GPa，泊松比为 0.15，摩擦角为 80°，模拟了结构爆破后在重力作用下的坠落倒塌过程。整个模拟过程历时为 4.5 s。1.5 s、2.5 s、4.5 s 时刻的结构倒塌构形见图 5 至图 7，图 8 为实际结构爆破拆除后的照片。模拟结果与实际结果的对比见表 1。从表 1可以发现，模拟结果与实际结果基本一致。

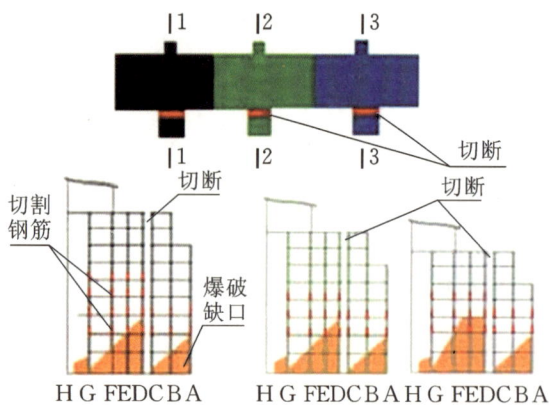

图 3　爆破方案示意图

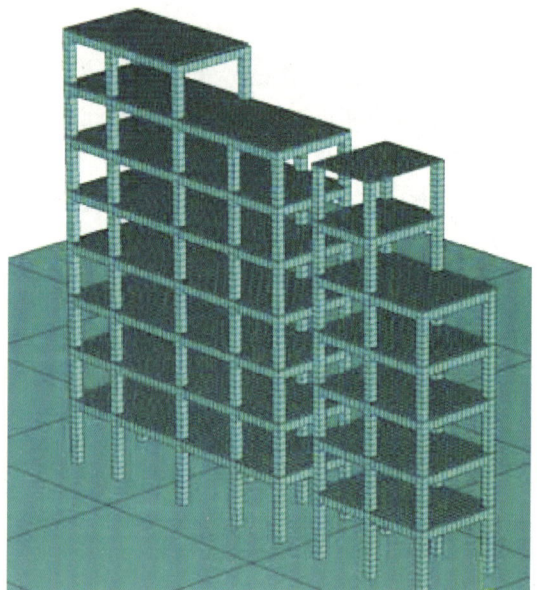

图 4　结构整体模型

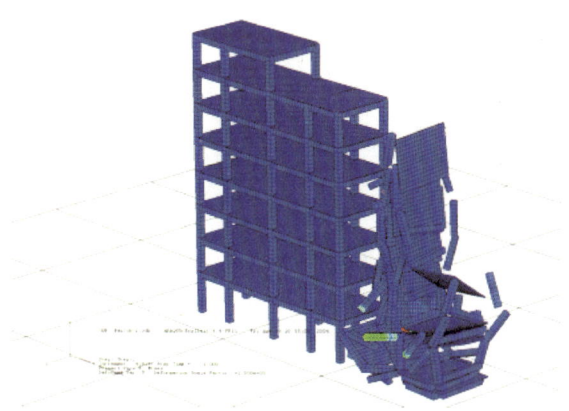

图 5　1.5 s 时的模拟结果

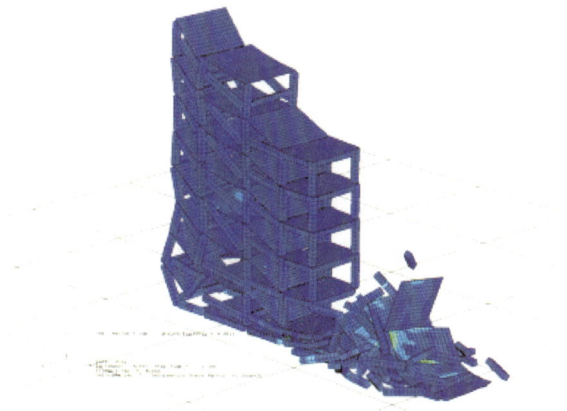

图 6　2.5 s 时的模拟结果

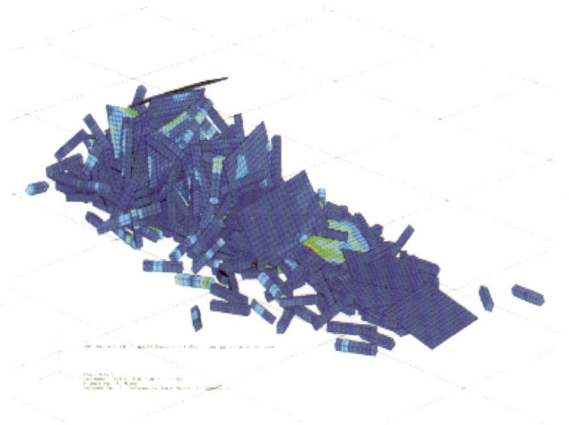

图 7　4.5 s 时的模拟结果

图 8　实际爆破结果

表 1　模拟结果与实际结果比较

结果	持续时间/s	爆堆高度/m	爆堆最远点/m
实际	6.0	10.0	44.0
模拟	5.8	9.0	42.0

4　结语

　　建(构)筑物的爆破拆除倒塌本质上是一个从连续体到离散体的变化过程,同时也可以看作一个几何不变体系转换为几何可变体系的过程,其力学机制的分析模拟是一个高度复杂的过程。本文在 ABAQUS 有限元软件框架内,对爆破拆除倒塌的模式和结构体的倒塌过程进行了分析,模拟结果和实际结果基本一致,因而该方法可以作为实例供拆除爆破的工程设计人员参考。

高层建筑物折叠爆破拆除
关键技术参数探讨

贾永胜[1] 谢先启[1] 姚颖康[1] 孙金山[2]

(1. 武汉爆破有限公司,武汉 430023;2. 中国地质大学(武汉)工程学院,武汉 430074)

摘 要:折叠爆破已成为拆除高层建筑物的主要手段,本文通过多个典型工程案例分析和多刚体动力学模拟,分别对"单向折叠"和"双向折叠"两种模式的关键参数进行了探讨。结果表明:单向折叠爆破的爆破切口取 2～3 个为宜,并采用"自上而下"起爆顺序,爆破切口间的起爆时差应小于切口闭合时间;双向折叠切口数量应符合各段高宽比不小于 1 的原则,并应根据倒塌场地灵活布置切口位置,确定切口高度和切口方向,应采用"自上而下"的起爆顺序,并需通过分析各段失稳状态、切口闭合状态以及下落运动状态来计算确定最佳起爆时差。工程实践中,单向或双向折叠爆破模式均应根据倒塌空间和楼体的高宽比等条件综合对比确定。

关键词:高层建筑;超高层建筑;拆除爆破;折叠爆破

Discussed on key parameters of folding explosive demolition of high-rise building

JIA Yongsheng[1] XIE Xianqi[1] YAO Yingkang[1] SUN Jinshan[2]

(1. Wuhan Explosion & Blasting Co. ,Ltd. ,Wuhan 430023,China;

2. Faculty of Engineering,China University of Geoscience,Wuhan 430074,China)

Abstract: The folding blasting has become the main method to demolish the high-rise building,some technique issues of unidirectional and bidirectional folding blasting technique were discussed based on the analysis of some projects and some simulation on multi rigid body. The results show that,the blasting cuts of unidirectional folding blasting is 2 ～ 3,and the ignition order is from up to down, meanwhile,the delayed time between two blasting cuts should shorter than the closure time of upper gap. The blasting cuts of bidirectional folding blasting should make the height to width aspect ratio of building section between two gaps bigger than 1,and the location,height and direction of the blasting cuts should be considered based on the collapse space firstly. Besides,the ignition order is also from up to down,and the optimum delayed time should be chosen according to the gap conditions and collapse conditions of the building. In engineering practice,the unidirectional or bidirectional folding blasting models should be chosen considering the spacing and height to width aspect ratio of building.

Keywords: High building;Super high-rise building;Explosive demolition;Folding blasting

　　随着我国城市化水平的不断提高,城市人口密度剧增,建筑用地资源日趋萎缩,为了承载更多的城市人口,城市新建建筑逐渐由多层演变为高层和超高层,特别是在大型城市中,18～30 层的高层与超高层建筑物已成为新建住宅和商用楼的主流。与此同时,随着城市的不断发展和更新,城市规划和结构的演变,以及建筑物设计使用年限的临近,高层建筑拆除工程日益增多。然而,与建筑设计和施工技术相比,建筑物拆除的基础理论、设计施工技术、规程规范和机械设备等方面却发展得相对缓慢,

---

本文原载于《爆破》2016 年第 33 卷第 3 期。

这导致目前国内外仍未形成系统的高层与超高层建筑物的拆除理论与技术体系,使得复杂城市环境下高层与超高层建筑物的拆除逐渐成为土木建筑领域中的难题之一。

高层建筑物的拆除方式目前主要有机械拆除和爆破拆除两种方式,其中,机械拆除方式存在工期长、施工风险高、噪声污染重等缺陷,爆破拆除方式具有高效、安全和经济等优点,因此爆破拆除是目前一种较为合理的拆除方式。然而由于建筑高度和建筑密度不断增加且城市环境日益复杂,建筑物的爆破难度也越来越大。为此,近年来我国爆破技术人员在国内外传统爆破拆除技术的基础上研发了多种新的爆破拆除技术,如折叠爆破技术、定向倾倒空中解体爆破技术等,专门用于解决高层和超高层建筑物的拆除问题。目前,该技术已在大量工程中得到广泛应用,但由于其技术较为复杂,在缺乏工程经验的情况下爆破效果往往难以保证,为此,本文对高层建筑物折叠爆破技术的技术原理、设计原则等方面进行了探讨。

折叠爆破,就是在高层建筑物的多个高程上实施爆破,将其分为相互联系的多段,并使各段在塌落过程中发生折叠,最终实现缩小塌落范围的目的。折叠爆破技术主要包括两种折叠模式,即单向折叠和双向折叠。

1 单向折叠模式

高层建筑物的单向折叠爆破的技术原理是,为了缩减楼房的塌落范围,在楼体上布置多个开口方向与倾倒方向均一致的爆破切口,使各段楼体向同一方向倾倒,楼体理想的倾倒过程呈"鞠躬"状。

相对于双向折叠模式,单向折叠模式应用较早。1995年武汉桥苑新村18层倾斜大楼的抢险爆破工程(图1)开始尝试采用单向折叠的模式拆除高层楼房,由于倾斜大楼没有足够的倒塌空间,将楼体分为两段实施爆破,但为了提高施工效率,尽快消除险情,采用了分次爆破的方式,先将快速倾斜的上半部分爆破拆除,消除险情后再将下半部分爆破,上下部分倾倒方向一致。1999年实施的16层上海长征医院爆破拆除工程则成功实现了将楼体分为四段的一次性折叠爆破拆除。

图1 武汉桥苑新村18层倾斜大楼的抢险爆破工程

工程技术人员常认为单向折叠模式风险较小,因此在倒塌空间不足时多倾向于采用该折叠模式。然而对该模式进行动力学分析后发现,单向折叠爆破的力学过程十分复杂,要实现"鞠躬"状塌落过程必须满足多项限制条件,当条件难以满足时往往难以达到理想的塌落效果。为此,本文对单向折叠爆破设计过程中影响塌落过程的关键参数的选取进行了讨论。

1.1 切口布置

高层建筑物采用单向折叠爆破时,爆破切口的布置应主要由"塌落范围"确定。单向折叠爆破理想的塌落状态应是上部楼体呈90°折叠状态触地,此时理论上可将塌落范围降至楼体高度(H)的1/2,

考虑实际爆破过程中切口区保留楼体的下坐高度(a_i),倾倒方向上实际的最小理想塌落长度为

$$L_{min} = \frac{1}{2}H - \sum_{i=1}^{n} a_i \qquad (1)$$

由此可见,若爆破切口将楼体按高度等分,则爆破切口数量在2个以上时,缩小塌落范围的因素变为各段的下坐高度。例如,上海长征医院爆破工程(图2)中,楼高67.3 m,主体16层,加电梯间共18层,四个爆破切口将楼体分为4段,按底部切口下坐2层,上部3个切口下坐1层,则总共可下坐5层,约19 m,而爆破后其堆积距离为27 m,因此通过折叠运动最大限度缩减的堆积距离约为21.3 m,约为建筑高度的1/3,由此可见,尽管爆破切口数量较多,要通过折叠运动最大限度地缩减塌落范围是较为困难的。

(a)　　　　　　　　　　　　(b)

图 2　上海长征医院爆破工程

根据上述分析,采用单向折叠模式时,如希望通过控制楼体发生折叠运动而缩小其塌落范围,其爆破切口并不宜过多,2~3个即可,尽量避免采用过多切口的方案,从而降低工程量,提高起爆网路的可靠性;若需进一步减小塌落范围,可将爆破切口高度提高,增加下坐的高度。

1.2　起爆顺序

单向折叠爆破切口的起爆顺序也有多种选择组合,但为了保护起爆网路往往主要采用"自下而上"和"自上而下"两种起爆顺序。如上海长征医院爆破工程、昆明市政府大楼爆破工程采用的是"自下而上"的起爆顺序,而鞍山自来水公司大楼爆破工程、重庆三峡宾馆爆破工程(图3)则采用的是"自上而下"的起爆顺序,重庆港客运大楼爆破工程(图3)采用的是各切口几乎同时起爆的顺序。

图 3　重庆三峡宾馆(左)与重庆港客运大楼(右)单向折叠爆破

采用多刚体动力学对高层建筑三切口单向折叠爆破模式进行分析可以发现(图4),自上而下起爆时折叠运动过程更为理想,楼体的折叠弯曲程度更大,更利于倒塌空间的缩减。同时,上段下坐时的冲击会

进一步提高下段的下坐程度,并使整体运动过程加速,可以使结构触地时解体得更为充分。而自下而上起爆时,初始阶段整体结构加速运动,此后上部切口后起爆时由重力所引起的楼体加速度的大小和方向将发生改变,这将导致其偏心运动特征发生改变,对于"细长"结构而言,其在空中发生折叠的趋势将显著降低,多个实际工程的爆破视频资料也表明,采用自下而上起爆顺序时,折叠运动效果可能不理想。

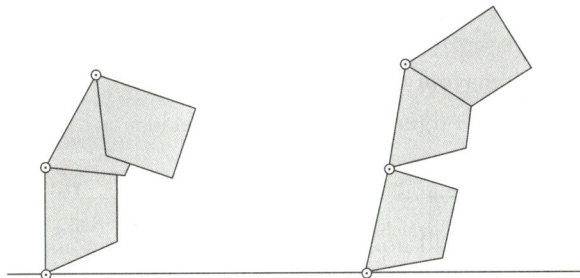

图4 自上而下(左)和自下而上(右)起爆顺序的塌落运动形态

因此,高层或超高层建筑物采用单向折叠爆破模式时,爆破切口宜选择"自上而下"的起爆顺序。

1.3 起爆时差

在确定切口位置和起爆顺序后,控制楼体运动形态的主要参数即爆破切口的起爆时差。而合理时差的选择和确定主要取决于爆破效果和风险的控制。

折叠爆破的主要目的是缩小结构的塌落范围,因此爆破过程中应尽量实现"鞠躬"状的塌落运动,此时,在选择前述"自上而下"起爆顺序时,上下爆破切口间采用较大起爆时差的爆破效果更佳。例如在重庆三峡宾馆与重庆港客运大楼爆破工程中,三峡宾馆的切口起爆时差较长,其运动形态较客运大楼更为理想。

在实际折叠爆破工程中,上段结构下坐和切口闭合时,上下段将发生强烈的相互冲击,结构强度较低时冲击力可能导致下部未起爆切口处立柱的破坏,存在炮孔内部分炸药发生拒爆或误爆的风险,因此,最大的起爆时差应不大于上段爆破切口闭合时的时间。而切口闭合的时间与结构的高度、切口的角度和楼体结构相关;同时,由于各爆破工程间存在较大差别,仅通过工程类比或主观估计来确定切口闭合时间是十分困难的,同时也存在很高的风险。因此,通过切口闭合的时间来确定最大起爆时差时,适当的理论计算是十分必要的。较为简单的理论计算方法是采用理论力学的刚体动力学理论进行解析计算,也可采用刚体动力学或有限元计算方法等进行更为准确的计算,但必须注意的是,理论计算往往过于理想化,必须根据工程经验对计算结果进行甄别和修正。

2 双向折叠模式

高层或超高层建筑物双向折叠爆破的技术原理与单向折叠类似,其目的同样是为了缩减楼房的塌落范围,不同之处在于楼体上布置的相邻爆破切口的开口方向通常是相反的,因而相邻段楼体的倾倒方向也是相反的,楼体理想的倾倒过程呈"之"字状下落,最终实现近似原地坍塌的爆破效果。相对于国外最先应用的"内爆法"或原地塌落技术,双向折叠更适用于"瘦高"的高层或超高层建筑,同时也大大克服了"内爆法"或原地塌落技术可能塌落不完全的缺陷,且钻孔装药量小,起爆网路更简单。

工程技术人员很早即设想采用双向折叠的形式控制建筑物的爆破堆积范围,并进行过简单的试验,但并未实现真正意义的折叠运动过程。2004年武汉爆破有限公司通过较为系统的研究,形成了成熟的双向折叠爆破技术,首次成功实现了武汉阳逻电厂100 m钢筋混凝土烟囱的"之"字形塌落运动过程,后在2007年武汉中央商务区19层楼房拆除工程中首次成功实现了单体高层建筑物的双向三次折叠爆破。近年来,许多工程应用该技术取得了良好的爆破效果,如2010年海口迈仍村9层违建楼爆破工程,2011年28层大连金马大厦拆除工程(图5)和2012年18层临安电力大厦爆破工程(图6)等。

图 5　大连金马大厦爆破

图 6　临安电力大厦爆破

建筑物双向折叠爆破时运动过程较为复杂,但实际上相对于单向折叠模式而言其力学过程更为科学合理。与单向折叠爆破不同,其塌落过程中上段倾倒偏转时的支撑作用有助于下段的运动,因此其运动过程相对于单向折叠更为稳定,运动过程与设计方案往往更为吻合。尽管如此,双向折叠塌落过程中对关键参数的准确性要求更高,因此,下文分别针对倾倒方向、爆破切口布置、起爆顺序、起爆时差等参数的确定进行了探讨。

2.1　倾倒方向与爆破切口布置

由于双向折叠爆破模式的运动姿态呈"之"字形,因此爆破切口足够多时可实现近似原地塌落的效果。而实际工程中爆破切口的数量、位置和倾倒方向受塌落场地的限制,且三者相互影响,因此确定倾倒方向和切口布置时应综合考虑。

实际工程中,允许塌落范围有限,爆破切口数量应尽可能地多,但爆破切口间各段楼体的净高度应大于其立面宽度,即各段的高宽比不小于1,且各段高度应大体相等,如图7(a)所示,此时楼体整体塌落范围的位置基本受最下段控制。

楼体前后均有一定的塌落范围时,可采用相对较少的爆破切口,如采用双切口爆破时,当上下段高度接近则较为理想的塌落范围是楼体原址前后各有一半楼体,此时爆破切口的朝向可根据爆破时个别飞散物的防护难度来控制,如图7(b)所示。上段远高于下段的切口布置方案也可实现较好的塌落运动形态,此时,爆堆主要分布在上段倾倒方向一侧,因此上切口应朝向倒塌空间较为宽裕的一侧,下切口则朝向另外一侧,如图7(c)所示。上段远短于下段的切口布置方案往往难以实现较好的运动形态,如图7(d)所示,一般不建议采用。

综上所述,对于目前常见的高宽比较大的超高层建筑物,采用3个甚至更多的爆破切口可实现近似原地坍塌的效果,而高宽比较小的多层和高层建筑物采用2~3个爆破切口是较为合理的。一般而言,爆破切口布置时宜令各段楼体的高度大致相同,但倒塌场地不满足要求时可采用上长下短的方案,并选择合理的切口方向。

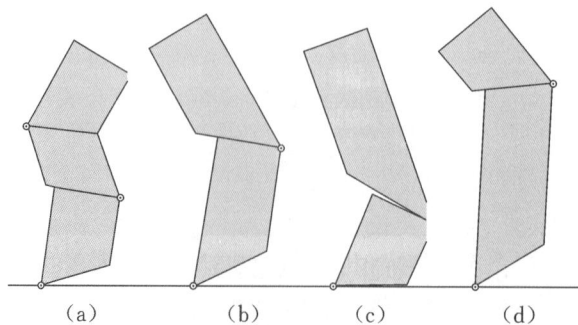

(a)　　　　　(b)　　　　　(c)　　　　　(d)

图 7　不同切口布置方案塌落形态

2.2　起爆顺序与起爆时差

高层建筑物双向折叠爆破时，假定各段楼体间呈理想铰接状态，理论上讲也可采用"自上而下"和"自下而上"两种起爆顺序，但在实际爆破时上下段间往往存在下坐和冲击，难以保证铰接状态，因而下切口先起爆时，就难以通过两段间的剪力使上段向相反方向倾倒，倾倒方向失控的风险较高。因此，双向折叠爆破宜采用相对可靠的"自上而下"的起爆顺序。

采用双向折叠爆破模式时，确定切口间合理起爆时差的核心目标仍是实现最佳的塌落运动过程。在采用"自上而下"的起爆顺序时，切口间起爆时差的影响因素主要包括各爆破切口的高度位置、建筑物的横断面形状、塌落运动形态和切口处的连接强度等。因此，在选择起爆时差时应先设计多组方案，采用多刚体动力学或有限元等理论或数值计算手段分别进行塌落过程的初步预测，并结合一定的工程经验选择最为可靠的参数组合。建议在确定参数组合时遵循以下四个基本原则：

（1）应采用"自上而下"的起爆顺序。

（2）保证下切口起爆时上段已发生失稳倾倒且至少已偏转 $1°\sim2°$，该时差为切口间的最小起爆时差。

（3）保证下切口起爆时上段未发生完全下坐且上切口未完全闭合，该时差为切口间的最大起爆时差。

（4）最下部切口起爆后，各段楼体呈明显且连续的"之"字形下落形态，该时差为切口间的最优起爆时差。

以武汉中央商务区 19 层楼房爆破工程的折叠爆破方案为例，在方案设计过程中采用了多刚体动力学对多种参数方案进行了比选。

（1）"7 层＋7 层＋5 层"分段方案。3 个切口同时起爆，即起爆时差为 0 s 时，中部切口闭合时上部切口仍近似直立，如图 8(a) 所示。在冲击作用下最上段楼体倾倒方向存在失控风险，因此，该方案起爆时差过小。

（2）"6 层＋6 层＋7 层"分段方案。3 个切口自上而下起爆，切口间起爆时差均为 1.9 s 时，在最下端切口起爆前最上端的切口已经闭合，且中段楼体仍直立，如图 8(b) 所示，同样存在中段楼体倾倒方向失控的风险，因此，该方案起爆时差过大。

（3）"6 层＋6 层＋7 层"分段方案。3 个切口自上而下起爆，切口间起爆时差均为 0.7 s 时，在最下端切口起爆后，各段楼体呈较为理想的"之"字形塌落，如图 8(c) 所示，因此，该方案较为合理。

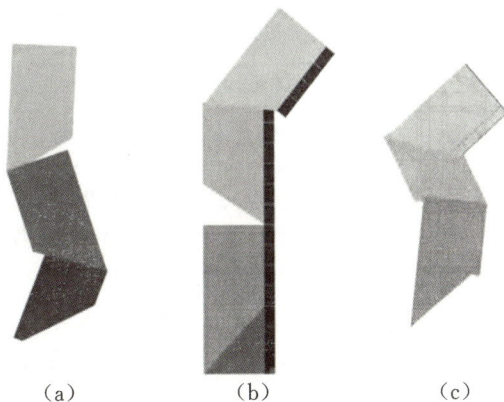

图 8　武汉中央商务区 19 层楼房折叠爆破方案多刚体动力学分析
(a) 起爆时差偏小；(b) 起爆时差偏大；(c) 起爆时差合理

武汉中央商务区 19 层楼房爆破工程实际采用"6 层＋6 层＋7 层"分段方案，3 个切口间起爆时差为 1.02 s 时，各段楼体实现了较为理想的折叠塌落过程，其折叠运动状态与计算机模拟结果基本吻合（图 9）。折叠倾倒后下部两段由于受到上部的冲击作用，解体较为完全，爆堆仅超过原建筑占地范围 6 m，整体塌落范围仅为传统整体定向倾倒方案的 1/4（图 10）。

图 9　武汉中央商务区 19 层楼房爆破过程　　　　**图 10　武汉中央商务区 19 层楼房爆破效果**

3　单向折叠和双向折叠模式的比选

单向折叠与双向折叠模式各有优势也各有缺陷，应根据工程实际要求、现场环境条件和技术风险进行综合比选（表 1）。其中，单向折叠的倒塌方向相对更容易控制，且可适用于高宽比较小的建筑物。双向折叠模式的塌落范围更小，因此在要求塌落范围较小时适用性更好，且更适用于高宽比相对较大的高层或超高层建筑物，但切口参数和起爆时差需通过科学计算准确确定。

表 1　单向折叠与双向折叠爆破模式适用条件

条件模式	倒塌空间		楼体高宽比	
	$0.5H<L_{\max}<H$	$L_{\max}\leqslant0.5H$	高宽比≥2	高宽比<2
单向折叠	适用	不建议采用	适用	适用
双向折叠	适用	适用	适用	不建议采用

注：$L_{\max}$ 为建筑物最大理想塌落长度，H 为建筑物高度，单位均为 m。

4　结语

随着城市的可持续发展和不断更新，高层与超高层建筑物的拆除工程将日益增多，采用折叠爆破技术是解决其拆除过程中倒塌空间不足问题的主要途径。针对折叠爆破在工程应用中的一些问题，采用案例分析和数值计算分析相结合的手段，对该技术中的关键参数选取原则与方法进行了探讨，并给出了如下建议：

（1）采用单向折叠爆破技术时，爆破切口以 2～3 个为宜，并应采用"自上而下"的起爆顺序，起爆时差应不大于切口闭合时间。

（2）采用双向折叠技术时，切口数量应满足各段高宽比不小于 2 的条件，并应根据倒塌场地灵活布置切口高度和切口方向，亦应采用"自上而下"的起爆顺序，并需通过各段失稳状态、切口闭合状态和下落运动状态的计算分析确定最佳的起爆时差。

（3）工程实践中应根据倒塌场地条件和技术风险对单向折叠与双向折叠爆破模式进行综合比选。相对而言，双向折叠模式可适应更小的塌落范围，且更适用于高宽比相对较大的高层或超高层建筑物。而单向折叠的倒塌方向更易控制，且可适用于高宽比较小的建筑物。

房屋建筑物纵向逐跨坍塌爆破拆除
关键技术探讨

贾永胜[1a,1b,2]　刘昌邦[1a,1b,2]　伍　岳[1a,1b,2]　黄小武[1a,1b,2,3]

(1. 江汉大学；a. 精细爆破国家重点实验室，b. 爆破工程湖北省重点实验室，武汉 430056；

2. 武汉爆破有限公司，武汉 430023；3. 武汉科技大学理学院，武汉 430065)

摘　要：爆破拆除技术以其安全、高效的特点，成为拆除高层楼房的首选技术。近年来，城市高层楼房逐渐呈现出规模大型化、环境复杂化和结构多样化的特点。针对城市复杂环境下房屋建筑物爆破拆除面临倒塌空间受限的难题，结合多个爆破拆除典型工程案例，分析了纵向逐跨坍塌爆破拆除技术的基本原理，探讨总结了相关爆破参数的设计原则：纵向逐跨坍塌方式宜采用梯形爆破切口，切口闭合角应不小于 25°，后排应预留足够刚度的支撑区；纵向分区延期时间宜取 0.3～0.6 s，纵向跨度或刚度较大的框剪结构楼房分区延期时间应适当延长。通过 3 个楼房爆破拆除实例，阐述了动力学有限元软件对楼房纵向逐跨坍塌爆破设计方案仿真验算分析的可行性，模拟计算时可通过拉应力或主应变失效来控制楼房主体构件的破坏解体。纵向逐跨坍塌爆破技术具有爆堆堆积范围较小、破碎解体效果好、减小楼房触地振动等优点，适用于高宽比小、长宽比大的楼房爆破拆除工程，应用前景广阔。实际工程中，应根据现场环境条件、楼房结构特点和技术风险等综合比选确定最佳的爆破方案。

关键词：拆除爆破；纵向逐跨坍塌；楼房拆除；设计方法

Discussion on key technology of longitudinal span-by-span collapse blasting demolition of building

JIA Yongsheng[1a,1b,2]　LIU Changbang[1a,1b,2]　WU Yue[1a,1b,2]　HUANG Xiaowu[1a,1b,2,3]

(1. Jianghan University；a. State Key Laboratory of Precision Blasting；

b. Hubei Key Laboratory of Blasting Engineering，Wuhan 430056，China；

2. Wuhan Explosion & Blasting Co. ，Ltd. ，Wuhan 430023，China；

3. College of Science，Wuhan University of Science and Technology，Wuhan 430065，China)

Abstract：Blasting demolition technology has become the preferred technology for demolition of high-rise buildings with its safe and efficient features. In recent years，urban high-rise buildings have gradually shown the characteristics of large scale，complex environment and various structures. Aiming at the problem of limited collapse space in the blasting demolition of buildings in complex urban environment，combined with several typical engineering cases of blasting demolition，the basic principle of longitudinal span-by-span collapse blasting demolition technology is analyzed. And the design principles of related blasting parameters are discussed and summarized：The trapezoidal blasting incision should be adopted in the longitudinal span-by-span collapse mode，the closure angle of the incision should not be less than 25°，and the support area with sufficient stiffness should be reserved in the rear row. The longitudinal partition extension time should be 0.3～0.6 s，and the partition delay time of frame-shear structure buildings with large longitudinal span or stiffness

本文原载于《爆破》2022 年第 39 卷第 4 期。

should be extended appropriately. Through three examples of blasting demolition of buildings，the feasibility of dynamic finite element software for simulating and checking the design scheme of longitudinal collapse blasting of buildings is expounded. In simulation calculation，the failure of main components of buildings can be controlled by tensile stress or principal strain failure. Longitudinal span-by-span collapse blasting technology has the advantages of small accumulation range of blasting pile，good crushing and disintegration effect，and reduction of building touchdown vibration. It is suitable for blasting demolition of buildings with small height-width ratio and large length-width ratio，and has broad application prospects. In practical engineering，the best blasting scheme should be determined according to the comprehensive comparison and selection of site environmental conditions，building structure characteristics and technical risks.

Keywords：Demolition blasting；Longitudinal span-by-span collapse；Building demolition；Design method

为满足城市规划发展的需要，大量老旧楼房、高大楼房的建（构）筑物将被拆除，爆破拆除是目前建（构）筑物拆除的主要方式。近三十年以来，拆除爆破技术在理论设计和技术工艺等方面均取得了长足发展。在爆破拆除工程中，工程技术人员习惯于选用原理简明、设计可靠、施工方便的定向倾倒方式。而随着城市建（构）筑物密集程度和地下空间利用率的进一步提高，高大楼房爆破拆除时面临倒塌空间不足、安全风险高等问题。为此，爆破技术人员在传统爆破拆除方法的基础上，研发了多种爆破拆除方式，如原地坍塌、折叠爆破、内爆法、纵向倒塌等。

随着楼房爆破拆除环境日趋复杂，越来越多的高大楼房爆破时在倒塌空间上受到限制，同时，对周边保护对象的振动控制难度也显著增大，而纵向逐跨坍塌爆破技术在此类楼房拆除中具有独特的优势，已在一些爆破拆除工程中得到应用，典型案例如表1所示。近年来，笔者及研究团队对纵向逐跨坍塌爆破技术进行了相关研究与尝试，成功拆除了多栋复杂环境下的砖混及框架结构楼房。由于该技术的复杂性，国内一些楼房爆破拆除工程因缺乏相关设计标准和经验，达不到理想的爆破效果。因此，通过分析与总结相关爆破案例的设计特点，从技术原理、设计原则等方面对城市复杂环境下房屋建筑物纵向逐跨坍塌爆破拆除关键技术进行了探讨。

表1 纵向逐跨坍塌爆破拆除典型案例

序号	时间	拆除对象	爆破方案
1	2003年	武汉永清片旧城改造项目黄浦大街原11号9层楼房	楼房为9层框架结构，1#楼长40.4 m、宽33.3 m、高31.5 m，平面呈"回"字形布置，采用"向西纵向逐跨坍塌"爆破方案。设置正梯形爆破切口，跨间延期时间310 ms（最后一排取460 ms）
2	2003年	湖南长沙湘智楼	楼房为9层框架结构，总建筑面积5075 m²，采取"人工切割成南北两栋，依次向北纵向倾倒"方式。设置梯形爆破切口，排间延期时间0.5 s
3	2004年	深圳西丽同富裕工业区1#宿舍楼	楼房为7层框架结构，长60.2 m、宽11.5 m、高26 m，将楼体预切割成4部分，采用"纵向自东向西逐段坍塌"的爆破方案。设置三角形爆破切口，区间采用半秒差非电雷管延期
4	2004年	重庆江北区原轮船公司两栋宿舍楼	楼房为16层和18层剪力墙筒体结构，总建筑面积约22800 m²，采用"分块、分片塌落、空中解体、三角立体延时"纵向倾倒方案。设置三角形爆破切口，区间延期时间0.5 s
5	2007年	武汉振华公寓	楼房为8层框架结构，长61.7 m、宽12.9 m、高28.6 m，建筑面积6400 m²，采用"向北纵向逐跨坍塌"的爆破方案

序号	时间	拆除对象	爆破方案
6	2009 年	韶关钢铁集团公司三轧厂旧厂房	厂房为框架结构,南北向 5 排、东西向 58 列立柱,将厂房沿纵向布设 11 个切口,采取厂房沿纵轴定向分段向西定向倒塌方式,爆破过程类似多米诺骨牌效应。设置三角形爆破切口,采用半秒差非电雷管延期
7	2012 年	靖江金都大厦	楼房为 11 层框剪结构,长 46 m、宽 16 m、高 46.8 m,采用"向东纵向倾倒"的总体爆破方案。设置梯形爆破切口,纵向排间延期间隔 0.5 s
8	2012 年	海口老海航大厦 B 座楼	楼房为 15 层框架结构,长 32 m、宽 15 m、高 27 m,采用"纵向逐段倒塌"的爆破方案。设置梯形爆破切口,切口内排间延期时间 0.5 s
9	2013 年	沈阳东电医院住院楼	拆除对象为一栋 10 层框架结构楼房,长 47.1 m、宽 19.2 m、高 43 m,采用"半秒延期、斜切式起爆、向西纵向逐段坍塌"的爆破方案。设置三角形爆破切口
10	2017 年	武汉虹锦公寓	楼房为 11 层框架结构,长 42 m、宽 16.5 m、高 51 m,采用"向南纵向逐段倒塌"爆破拆除方案。设置梯形爆破切口,纵向区间延期时间 310 ms
11	2017 年	武汉原二七饭店	楼房为 7 层框架结构,长 43.2 m、宽 14.1 m、高 32.4 m,采用"逐跨向内倾倒"爆破拆除方案。设置正梯形爆破切口,跨间延期时间 310 ms
12	2019 年	景德镇金岸名都1 号楼	楼房为 14 层框架结构,长 36.2 m、宽 15.3 m、高 45.5 m,采用"电子雷管一次延时起爆、向西纵向倾倒"的总体爆破方案。设置梯形爆破切口,区间延期时间 450 ms
13	2021 年	武汉某高校宿舍楼	楼房为 7 层砖混结构,平面呈"凹"字形,建筑面积 7163.72 m²,采用楼房南侧中间部分向内坍塌、东侧部分向西定向倒塌、西侧部分向东定向倒塌的"内塌式"方案。设置梯形爆破切口,区间延期时间 310 ms

1　纵向逐跨坍塌技术原理

　　纵向逐跨坍塌爆破拆除技术就是通过在被爆建筑物某一水平轴线方向上布置一个或多个爆破切口,采用逐跨依次延期起爆方式,使其在自重作用下沿该轴线方向实现逐跨渐进破坏坍塌。根据楼房主要承重构件拆除顺序的不同,其倒塌形式主要包括向外逐跨坍塌、向内逐跨坍塌等,如图 1 所示。

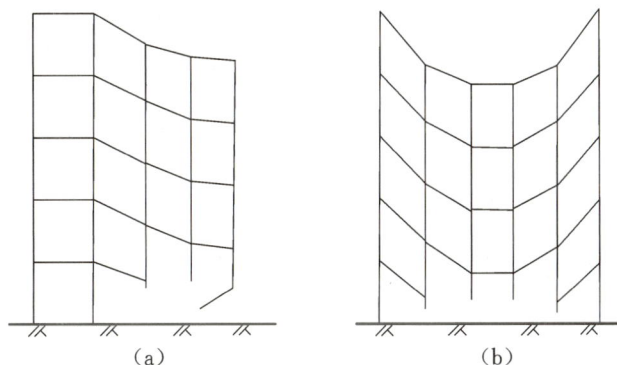

图 1　纵向逐跨坍塌模式示意图
(a) 向外逐跨坍塌;(b) 向内逐跨坍塌

　　国内较早采用纵向逐跨坍塌方式拆除建(构)筑物的工程案例发生在 21 世纪初期,当时处于对该技术的探索尝试阶段,设计者们多是先采用人工预切割方式,将楼房沿纵向分割为多个独立的部分,削弱楼房整体刚度,加大高宽比,再分区设置爆破切口和起爆网路,使得各段楼体依次纵向倒塌解体。如 2003 年湖南长沙的 9 层框架结构湘智楼爆破拆除,2004 年深圳西丽同富裕工业区西北角 3 栋钢筋混凝土框架楼房爆破拆除,以及重庆江北区原轮船公司两栋 16 层和 18 层剪力墙筒体结构宿舍楼爆破拆除工程,均采用此方法,达到了连续纵向倒塌的爆破效果。但人工预切割也大大增加了工程量,提高了施工成本。

随着国内技术人员对楼房倒塌力学机理研究的不断深入,许多爆破拆除工程采用向外逐跨坍塌

图 2 武汉虹锦公寓爆破拆除

模式。在 2003 年武汉永清片旧城改造项目黄浦大街原 11 号 9 层楼房爆破工程中,采用纵向逐跨坍塌技术、梯形爆破切口、跨间延期时间 310 ms(最后一排取 460 ms)的爆破方案成功爆破拆除,空中解体破碎效果较好。在 2012 年的靖江金都大厦的爆破工程中,通过加大爆破切口高度,仅对爆破切口范围内的剪力墙进行预处理,运用不同的起爆时间差确保形成足够的倾覆力矩,使得楼房顺利沿纵向向外逐段坍塌,解体效果较好。同年在海口老海航大厦爆破拆除工程中,采用上下两个爆破缺口,纵向设置 12 个延时段,采用斜线式起爆,实现楼房沿纵向逐段倒塌。笔者及研究团队研发了纵向逐跨空中解体爆破技术,通过在不同楼层布置多个爆破切口,采用纵向斜线形延时网路,使楼房大部分构件在逐跨倾倒触地前实现破坏解体,进而降低触地振动,减小塌落范围。该技术在 2017 年的武汉虹锦公寓(图 2)及武汉凯风大厦爆破拆除工程中得以应用,均取得理想的爆破效果。

向内逐跨坍塌模式则是改变了各段楼体的纵向起爆顺序,通过合理控制爆破延期时间,使得建筑中间部位先触地,两边结构向内挤压倾倒坍塌,以达到增加楼房破碎程度、减小构件塌落堆积范围、降低触地冲击振动的效果。采用此方法拆除楼体的理想倾倒过程呈"M"形,其倒塌范围较向外逐段坍塌方式的更小。在 2003 年的湖南省汨罗市法院两栋砖混结构楼房爆破拆除工程中,采取爆破缺口高度差、多段微差爆破时间差相结合的定向倾倒方案,沿纵向分区微差起爆,使得楼房中间部分先起爆,两端依次起爆,整个楼房呈内合式倾倒。笔者及研究团队在定向倾倒和原地坍塌爆破技术的基础上,研发了逐段向内倾倒爆破技术,先后成功应用于十堰原人民商场、武汉原二七饭店(图 3)和武汉某高校 7 层"凹"字形砖混结构宿舍楼爆破拆除工程(图 4)。

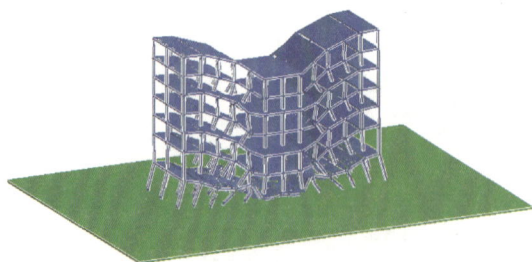

(a)

(b)

图 3 武汉原二七饭店爆破

(a) 数值模拟结果;(b) 实际爆破效果

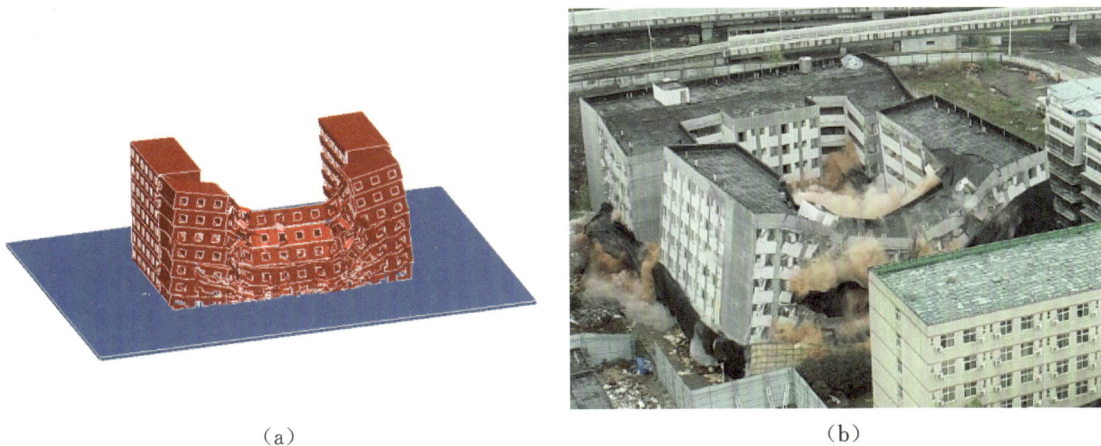

（a） （b）

图4 武汉某高校宿舍楼爆破

（a）数值模拟结果；（b）实际爆破效果

2 纵向逐跨坍塌技术设计要点

采用纵向逐跨坍塌技术进行楼房爆破拆除时，爆破方案设计除需要根据楼房结构特点确定爆破位置、炮孔孔网及装药参数外，还需要确定爆破切口、爆破分区、起爆顺序以及起爆延期时间等。下面分别对爆破切口和起爆网路等关键参数进行探讨。

2.1 爆破切口及预处理

楼房拆除爆破设计常用的爆破切口的形式主要有两种，即三角形切口和梯形切口。在采用纵向逐跨坍塌爆破拆除时，由于塌落范围有限，楼房纵向长度相对较长，前排立柱或楼体前倾距离不宜过大，楼房倒塌理想的运动状态是前部分楼体类似于原地坍塌连续塌落触地，带动后部分楼体失稳破坏而向前倾倒。而梯形切口的第一段楼体起爆先行着地，而后逐段坍塌，所产生的倾覆力矩、前倾速度及后坐一般比三角形切口的要小，塌落振动、塌落距离及扩散范围也较小，故采用梯形切口效果更好。

爆破切口高度设置要合理，切口高度过小会出现"炸而不倒"的情况，过大则会引起严重的后坐。工程实践结果表明，砖混结构楼房切口高度宜设置3层，框架结构楼房切口高度宜设置4～5层。对于整体刚度较大的框剪结构，可在上部楼层增加1～2个单层切口，进行空中解体。切口后排要预留足够强度的立柱或墙体作为支撑区，防止楼体后坐及下滑，支撑区的宽度一般要经楼房倾倒条件校核后确定。切口闭合角最小值以楼体重心移出楼房外侧时的角度为确定原则，应不小于25°。

进行必要的预处理不仅省时省力，亦可减小钻孔量。对爆破切口内的低楼层进行较彻底的预拆除处理是非常必要的，遵循"化墙为柱"的原则；对剪力墙、楼梯、电梯井等阻碍结构剪切破坏的主要部位应予以重点弱化处理，降低其抗剪强度，使其支撑部位简单利落，爆破时能迅速塌落。对中部或上部重点楼层的处理则可大大简化。

2.2 起爆网路

纵向逐跨坍塌爆破技术的复杂性主要体现在其起爆网路的设计上，楼房切口的爆破分区、起爆顺序及延期时间，对楼房能否实现纵向倒塌爆破拆除起到决定性作用。

楼房纵向分区大小要综合考虑楼房结构形式、质量分布以及倒塌方向等因素，可根据塌落体触地振动速度预测模型的计算公式（1）进行校核。当确定了周边环境中需要保护目标与待拆楼房之间的最小距离、允许的塌落振动速度以及楼体塌落区域地面土体的干容重、密度等参数，根据式（1）可得出每个起爆段上部楼体的最大质量，进而可换算出最大的分区数量。

$$V_R = \sqrt{\frac{2\eta m_1 \gamma}{\rho^2 dl}} R^{-\xi} \tag{1}$$

式中，V_R 为与振源距离 R 处的最大振动速度，cm/s；m_1 为塌落体质量，kg；R 为需保护物距离塌落边界的水平最小距离，m；γ 为塌落塑性区土体的干容重，kN/m³；ρ 为塑性区土体的平均密度，kg/m³；d 为触地接触面宽度，m；l 为塑性区纵向长度，m；η 为无量纲系数，取 0.25；ξ 为衰减指数，土体取 1.3～1.7。

切口内各分区构件的起爆顺序是控制楼房倒塌方向的关键，在采用向外逐跨坍塌方式时，起爆顺序即从倾倒方向一侧沿纵向逐区向后，向内逐跨坍塌方式则为从中间向两侧的起爆顺序。当对横向起爆顺序进行适当调整后，可以控制楼房偏向左前方或右前方倾倒，以满足实际允许倒塌范围的要求。

无论采用哪种起爆顺序，应以便于控制构件的倒塌方向及不损坏主体结构为判据来确定区间延期时间。楼房逐段坍塌解体运动过程中，楼房构件的受力状态不再仅仅表现为受压，更多表现为各区间连接梁、板处的竖向弯断效应和拉剪破坏。因此，合理的区间延期时间要确保楼板、梁有足够的时间弯断，达到足够的倾覆力矩，且楼体触地时有一定的动能。齐世福认为框架结构楼房的底部立柱爆破后，上部梁结构在剪力荷载作用下的破坏响应在 200 ms 以上。通过对以往纵向逐跨坍塌爆破拆除案例的分析和工程实践观察，楼房纵向逐段坍塌解体的延期间隔时间取 0.3～0.6 s 为宜，且最大不应超过爆破切口闭合所用的时间；砖混结构楼房解体较迅速，区间延期时间可取小值，整体刚性较大的框剪结构楼房则取大值；对于楼房跨间间距较大的分区延期时间应适当延长。

3　数值仿真验算

近年来，数值模拟技术逐渐在拆除爆破领域得到广泛应用，已经成为拆除爆破方案设计和分析的重要手段。因此，在待拆楼房的倒塌模式确定后，进行爆破切口及起爆网路等参数选择时，可采用多刚体动力学或数值模拟等计算手段进行楼房逐跨塌落过程的初步验算分析，并结合一定的工程经验确定最优的设计参数组合，避免将主观上的估计直接运用到实际工程。

如在武汉原二七饭店和武汉某高校宿舍楼爆破拆除工程（表 1）中，笔者及研究团队先后使用 ANSYS/LS-DYNA 动力学有限元软件对待拆楼房的爆破设计方案进行了仿真验算。两栋待拆楼房分别为框架结构和砖混结构，因楼房周边环境复杂，无法为其提供足够倒塌空间，故采用"逐段向内倒塌方式"进行爆破拆除。有限元模型均采用整体式建模，楼房构件材料选用动态弹塑性模型。因楼房纵向倒塌过程中各构件易受拉破坏，故通过设置拉应力阈值来控制楼房主体构件的失效，使用关键字 *MAT_ADD_EROSION 来定义失效条件及爆破切口的起爆顺序和延期时间。计算得出的模拟结果与实际爆破效果基本一致，如图 3、图 4 所示，楼房解体较充分，实际爆堆范围类似原地坍塌，仅为原址的 1.1～1.2 倍。

又如在某 9 层框架结构楼房爆破拆除工程中，楼房长 63 m、宽 18 m、高 31.5 m，横向 3 排立柱，纵向 10 排立柱，主要立柱截面尺寸为 450 mm×600 mm。为满足降低楼房触地振动的要求，设计采用阶梯形爆破切口（图 5）、纵向斜线形延时起爆网路（图 6），延时间隔为 310 ms，使楼房沿纵向逐跨坍塌并偏向右前方倾倒的总体方案。对该设计方案进行数值模拟验算时，有限元模型采用分离式建模，混凝土材料设置为拉应力失效，钢筋材料设置为主应变失效。数值模拟计算结果如图 7 所示，楼房按照设计要求从右向左沿纵向逐跨坍塌触地，上部楼体最终偏向右前方倾倒，前倾距离约为楼房高度的 1/2，整个倒塌过程历时约 6.8 s，楼房左、后侧均无后坐，解体充分，符合工程实际要求。

可见，数值仿真计算可较好地预测楼房纵向倒塌姿态和爆堆范围，为爆破方案的设计提供了重要的理论依据。计算结果表明，楼房纵向逐跨坍塌过程中梁、柱等承重构件受弯剪破坏较明显，加深了楼房解体破碎程度，同时减小了楼体触地振动效应，进一步验证了纵向逐跨坍塌爆破技术的可行性和

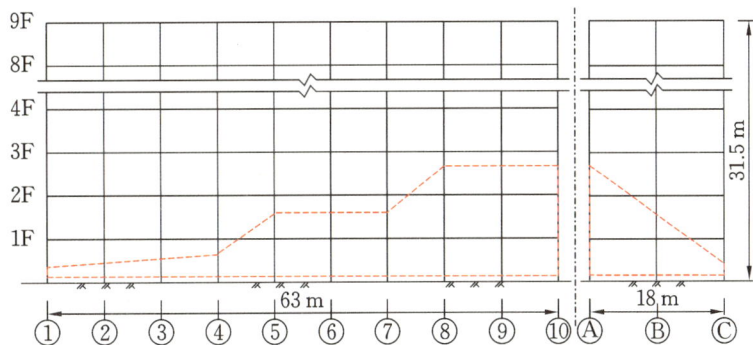

图 5 爆破切口示意图

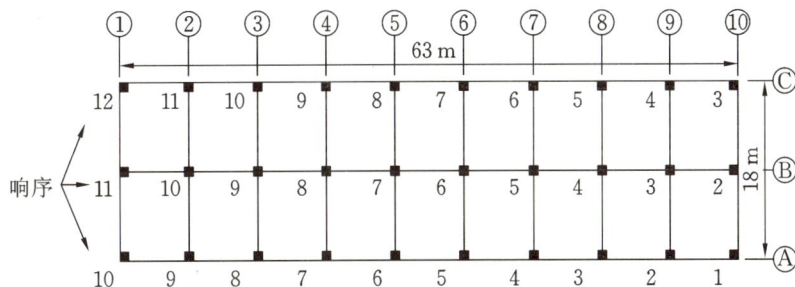

图 6 起爆顺序示意图

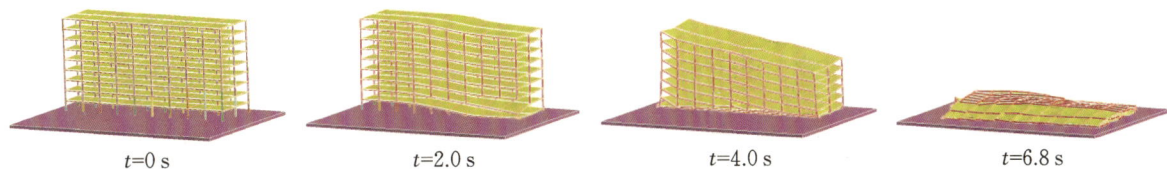

t=0 s   t=2.0 s   t=4.0 s   t=6.8 s

图 7 楼房纵向逐跨倒塌过程

科学性。

4 纵向逐跨坍塌爆破拆除技术的优势

通过上述理论分析、数值仿真验算和工程应用可以看出，纵向逐跨坍塌爆破拆除技术通过采用纵向逐区毫秒延时起爆网路，使楼房逐区爆破失稳，在自身重力势能作用下产生重力弯矩、剪力，促使楼房在空中逐区、逐块解体成较小构件，各小构件之间相互发生牵扯、碰撞等力学作用，进一步消耗了楼房的整体势能，最后各分区楼房构件依次缓冲坍塌触地而使楼房进一步解体破碎。该技术的优点是爆破形成的爆堆堆积范围较小，解体充分，削弱了建筑物撞击地面造成的冲击振动，降低了对周围环境的危害。缺点是爆破网路较为复杂，设计要求较高，些许偏差对楼房整体爆破效果会有很大的影响。

纵向逐跨坍塌技术在爆破拆除横向坍塌空间受限的房屋建筑物时更具优势，更适合高宽比小、长宽比大的楼房爆破拆除，在城市复杂环境建筑物拆除市场的应用前景广阔。在实际工程中，应根据现场环境条件、楼房结构特点和技术风险等，对向外逐跨坍塌、向内逐跨坍塌或其他逐跨坍塌模式进行综合比选。

近年来，高层框剪结构楼房拆除工程逐年增多，纵向逐跨空中解体模式是此类楼房爆破拆除技术的重要发展方向，笔者及研究团队在相关工程实践中进行了技术创新与成功尝试，取得了一定的研究进展。而针对不同结构形式的高层房屋建筑物,需进一步开展该技术的基础理论和设计方法研究,以拓展该技术的应用范围。

5　结论

通过分析纵向逐跨坍塌相关爆破案例的设计特点,对纵向逐跨坍塌爆破技术的基本原理和设计参数进行了探讨与总结,得出以下结论:

(1) 纵向逐跨坍塌爆破采用梯形切口效果更好,切口闭合角应不小于 25°。

(2) 逐段解体的分区要合理,区间延期时间取 0.3~0.6 s 为宜,砖混结构楼房取小值,框剪结构楼房取大值。

(3) 采用 ANSYS /LS-DYNA 有限元软件可对楼房纵向逐跨坍塌爆破设计方案进行仿真验算,得出最优参数组合;模拟计算时,宜设置拉应力或主应变阈值来控制楼房主体构件材料的失效。

(4) 纵向逐跨坍塌爆破技术具有爆堆堆积范围较小、破碎解体效果好、减小楼房触地振动等优点,更适用于高宽比小、长宽比大的楼房爆破拆除,可有效解决楼房爆破拆除倒塌空间不足的难题。

网格实体模型在拆除爆破结构倒塌模拟中应用

贾永胜[1,2]　梁开水[1]　刘　军[3]

(1.武汉理工大学资源与环境工程学院,武汉 430070;2.武汉爆破公司,武汉 430023;

3.河海大学岩土工程研究所,南京 210098)

摘　要:本文开发了离散元框架内的网格实体模型(SLM),模拟拆除爆破中结构倒塌的复杂动力学过程。利用计算几何的基本理论对结构进行离散化,并在相邻单元间添加"梁",形成"梁"网络。用矩阵位移法计算"梁"端力,并根据 Herrmann 理论建立了单元间"梁"的强度准则。用C++语言开发了模拟软件,并在某大楼拆除爆破工程中进行了应用。模拟结果与实际结果接近。

关键词:拆除爆破;结构倒塌;离散元;网格实体模型;仿真模拟

Applications of Solid Lattice Model(SLM) in structural
collapse simulation of demolishing blasting

JIA Yongsheng[1,2]　LIANG Kaishui[1]　LIU Jun[3]

(1. School of Resource and Environment Engineering,Wuhan University of Technology, Wuhan 430070,China;

2. Wuhan Blasting Engineering Company,Wuhan 430023,China;

3. Geotechnical Research Institute,Hohai University,Nanjing 210098,China)

Abstract:The SLM is developed to simulate the complicate dynamic process for structural collapse of demolishing blast in frame of DEM (Discrete Element Method). The structure is described using the method of calculation geometry. The beams are added between two neighboring elements,as result , a net of beams is generated. The end forces of beams are calculated using matrix-displacement method,and the strength rule is described by Herrmann theory. The simulated soft is developed in the platform of VC++. The software is used in the simulation of demolishing blasting of a building. The simulated results approach to real ones.

Keywords:Demolishing blasting;Structural collapse;DEM;SLM;Simulation

目前,拆除爆破的理论研究远远不能满足工程实践的需要,原因在于拆除爆破的理论研究具有高度复杂性,主要有三个方面:(1)炸药的爆轰与结构构件的局部破坏过程描述;(2)结构倒塌的复杂力学机理;(3)有害效应的预测与控制。关于这三个方面的理论研究还处于探索阶段。而通过计算机仿真技术来优化选择设计参数并对设计结果进行验证,无疑是一个经济有效的方法。因此,运用计算机模拟手段对结构倒塌的复杂动力学过程进行模拟越来越受到重视。

在离散单元法的基础上,耦合有限单元法中的梁单元形成了网格实体模型(Lattice Solid Model,SLM),并开发了模拟软件 SLM-DEM,以武汉商场旧楼拆除爆破工程为实例,介绍了该软件的应用。

本文原载于《武汉理工大学学报》2009 年第 31 卷第 10 期。

1　基于离散元框架内的网格实体模型基本原理

1.1　网格实体模型基本思路

网格实体模型是指用多面体单元将研究对象离散化,用接触发现算法确定每个块体单元的邻居单元,并在所有相邻单元间施加"梁",这样在整个介质中就形成了一个"梁"的网络。"梁"的截面形状和大小与公共接触面完全相同,长度为 2 个单元质心间的距离。每个块体单元为介质粒破碎时的最小单位,块体单元的接触作用及运动由离散单元法描述。

1.2　网格实体模型中梁端力的计算

在网格实体模型中,颗粒间的梁在某个时刻的变形已知,需要计算在该时步上的受力,因此宜采用矩阵位移法求解。

$$\boldsymbol{F}_m = \begin{bmatrix} X_i^m & Y_i^m & Z_i^m & M_{x,i}^m & M_{y,i}^m & M_{z,i}^m & X_j^m & Y_j^m & Z_j^m & M_{x,j}^m & M_{y,j}^m & M_{z,j}^m \end{bmatrix}^{\mathrm{T}} \tag{1}$$

式中,i、j 分别表示梁的 2 个端点;m 为梁的标号;X、Y、Z 分别表示 2 个端点在坐标系中沿 3 个坐标轴方向的受力;M 表示梁的 2 个端点所受扭矩或弯矩。所对应的节点位移为

$$\boldsymbol{\delta}_m = \begin{bmatrix} u_i^m & v_i^m & w_i^m & \theta_{x,i}^m & \theta_{y,i}^m & \theta_{z,i}^m & u_j^m & v_j^m & w_j^m & \theta_{x,j}^m & \theta_{y,j}^m & \theta_{z,j}^m \end{bmatrix}^{\mathrm{T}} \tag{2}$$

式中,u、v、w 表示梁两端的平动位移;θ 表示角位移。单元 m 的刚度方程可以写为

$$\boldsymbol{F}_m = \boldsymbol{k}_m \boldsymbol{\delta}_m \tag{3}$$

式中,$\boldsymbol{k}_m$ 为单元刚度矩阵。

1.3　"梁"的强度准则

Herrmann 认为梁的断裂、破坏主要由拉伸与弯曲变形导致,扭转对梁的影响不大,他给出了一个以变形形式表示的强度准则,即

$$(\varepsilon / t_\varepsilon)^2 + \mathrm{Max}(|\Theta^1|, |\Theta^2|)/t_\Theta \geqslant 1 \tag{4}$$

式中,$\varepsilon = \Delta l / l$,为梁的径向应变,其中,$l$ 为梁的初始长度,Δl 为梁沿轴线方向的变形;Θ^1、Θ^2 为梁的 2 个端点的弯曲角度;t_ε 与 t_Θ 分别为延伸与弯曲两种断裂模式的门槛值,对于同一层中的梁,t_ε 与 t_Θ 相同,对于不同层的梁,取值不同。

式(4)假设梁的断裂仅由延伸和弯曲引起,因此,仅考虑这两种断裂方式,它可以体现较长和较细梁容易断裂的特点,其形式与 Mises 塑性准则相似。满足断裂准则的"梁"则认为"梁"发生断裂。

2　程序设计

SLM-DEM 程序设计计算过程在每个时步上必须完成下述计算:(1)在所有块体单元上循环,判别一个块体与其他块体是否为邻居,如果是,则进一步计算详细的接触信息(侵入深度、接触法向、接触面积与接触类型);(2)在所有块体间的梁上循环,根据每根梁两端的块体单元的相对位移,计算梁的变形,然后用矩阵位移法或 Herrmann 法计算梁的端力。(1)、(2)的计算量与单元数量成正比,因而当单元数量较多时,计算量是很大的。所以,SLM-DEM 软件开发的关键是计算效率问题。SLM-DEM 软件的整体流程图如图 1 所示。

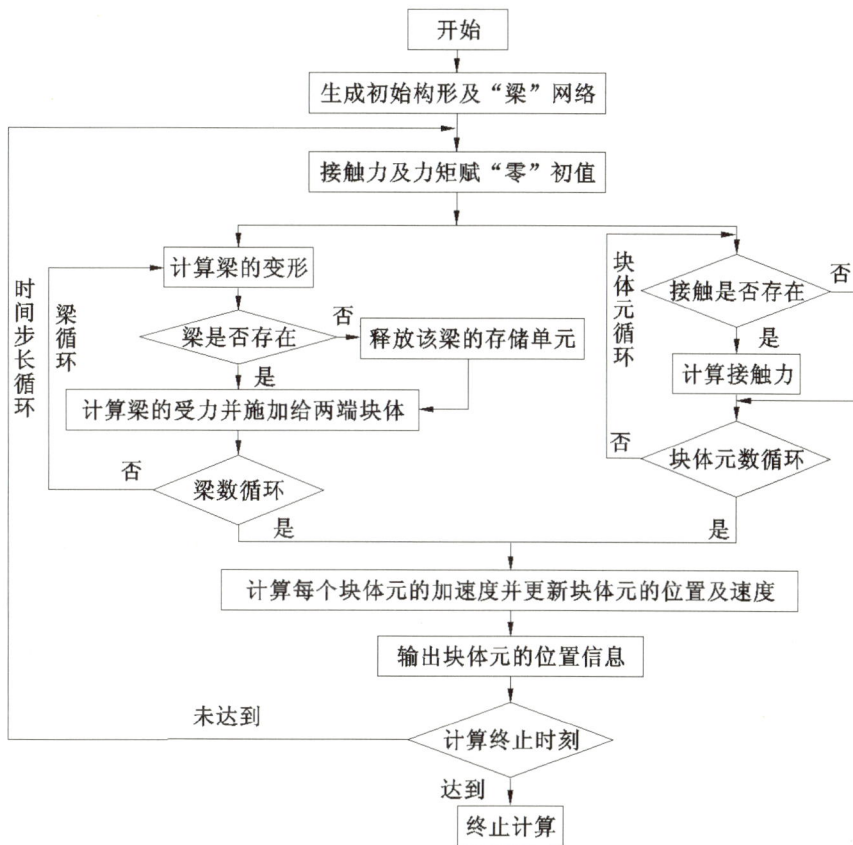

图 1　SLM-DEM 程序流程图

3　工程应用

（1）结构的离散化　某大楼共 9 层，占地面积近 1900 m²（66.2 m×28.7 m），高 47.4 m，建筑面积 17000 m²。采用规则的六面体单元，对于尺度较小部件，直接把一个部件作为一个单元，对于尺度较大部件，则划分为多个单元。去除预拆除部分，模拟中把该楼划分为 3825 个六面体单元，其中最大单元尺寸为 6 m×7 m×0.1 m，最小单元尺寸为 0.55 m×0.55 m×0.7 m。

（2）模拟结果　模拟结果包括 3 部分内容：结构倒塌过程（位移变化过程）、结构在地面投影轮廓的变化过程与单元受力的变化过程。在每个输出步长中，分别输出上述 3 个数据文件，经后处理模块加工后生成图片，结果见图 2 至图 4。

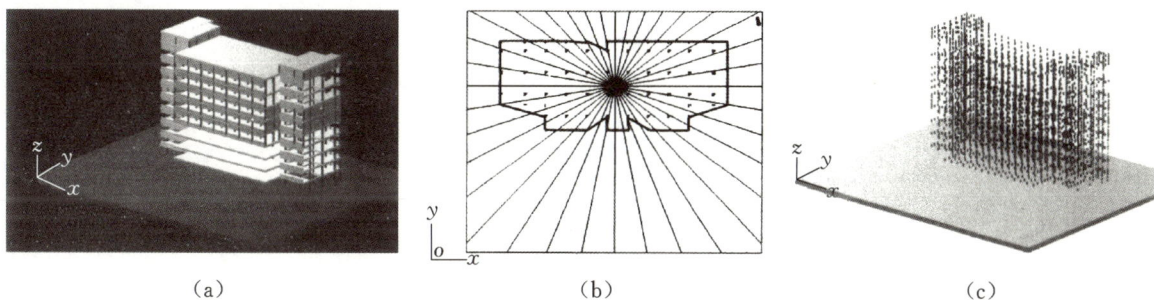

（a）　　　　　　　　　　（b）　　　　　　　　　　（c）

图 2　初始时刻

（a）结构的位移；（b）地面投影轮廓；（c）单元受力分布

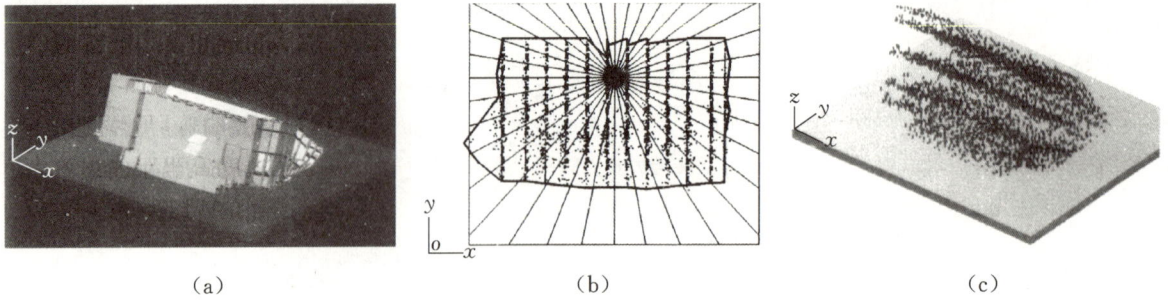

图 3　3 s 时刻模拟结果

（a）结构的位移；（b）地面投影轮廓；（c）单元受力分布

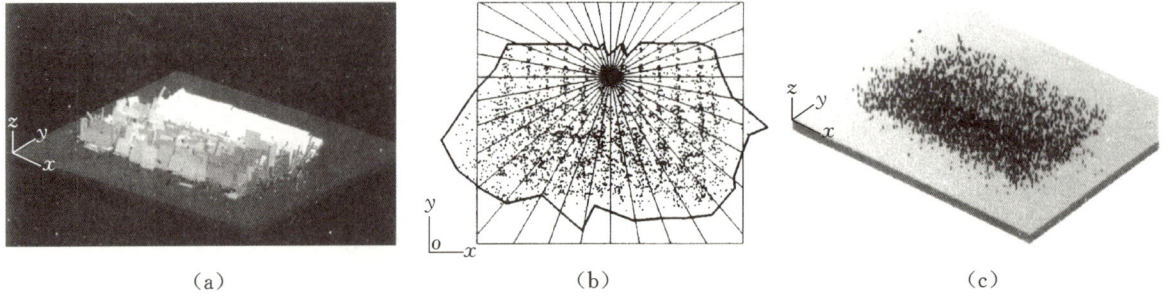

图 4　4 s 时刻模拟结果

（a）结构的位移；（b）地面投影轮廓；（c）单元受力分布

4　结语

　　模拟结果与实际结果比较接近，可以体现结构倒塌过程的物理现象。模拟结果可以很好地体现结构的局部破坏特征与结构整体的大变形特征，可以详细地刻划碎块从母体中分离的过程及碎块形成后的运动形态，可以完整地描述结构从局部破坏到失稳直至倒塌的全过程。

建筑物拆除爆破中的预拆除技术

贾永胜　严　涛

（武汉爆破公司，武汉 430023 ）

摘　要：本文对拆除爆破中的预拆除技术的施工方法、施工形式及施工安全等相关问题进行了阐述，对预拆除施工有一定的参考价值。

关键词：建筑物；拆除爆破；预拆除

The Pre-Demolition technique for blasting demolition of buildings

JIA Yongsheng　YAN Tao

（Wuhan Blasting Engineering Company，Wuhan 430023，China）

Abstract：In this paper，the methods and the main patterns and the safety management of pre-demolition are introduced. The results can be presented a helpful reference to other pre-demolition.

Keywords：Buildings；Blasting Demolition；Pre-demolition

1　引言

随着工程爆破技术的日益发展，越来越多建筑物的拆除采用了爆破的方法。然而，随着城市建设的深入及社会的进步，建筑物拆除爆破面临了更多的困难，爆破对象往往处于复杂的环境，或者爆破拆除的安全性与环境问题受到社会民众的质疑等，这些都要求爆破工作者进一步提高拆除爆破的可靠性和安全性。而预拆除技术作为建筑物拆除爆破技术中的重要工艺，越来越引起人们的重视，因为它在某种程度上可能直接影响爆破施工的成功与否及质量好坏。本文拟就预拆除技术的相关问题进行阐述。

2　预拆除的基本方法

2.1　预拆除的目的

预拆除的目的主要有以下几个方面：（1）拆除建筑物非承重部位，减少钻孔作业量及装药量，防止其对爆破效果带来负面影响；（2）对承重部位进行必要削弱，以减少钻孔工作量及装药量，使爆破效果大大提高，爆破公害得到有效控制，其中尤以砖混结构建筑物承重墙体的预拆除最为重要；（3）对建筑物某些特殊部位进行必要的削弱，从而降低楼房整体刚性或局部刚性，改善爆破效果。

2.2　非承重结构的预拆除

非承重结构的预拆除较简单，一般在钻孔前对结构进行分析，确定其为非承重部位，且根据设计

本文原载于 2001 年《第七届工程爆破学术会议论文集》。

要求可以拆除的,即可进行拆除。框架结构楼房的内外墙体,大部分属此类。非承重部位拆除后,利于我们对主体结构进行分析,且便于后续钻孔作业。

2.3　承重结构的预拆除

承重结构的预拆除是预拆除技术中的重点部分,亦是难点部分。尤其是砖混结构建筑承重墙体的预拆除,必须考虑结构的稳定性,以及预拆除后风荷载及自振频率的变化带来的不安定因素。相关人员已在这方面做了有益的理论探索,指出在承载力校核过程中,应将风荷载和自重荷载组合考虑,且自振频率的降低已濒于共振范围。所以,我们在对建筑物承重部位实施预拆除前,应充分重视荷载及自振频率将产生的变化。几种常见承重墙的预拆除形式见图1。

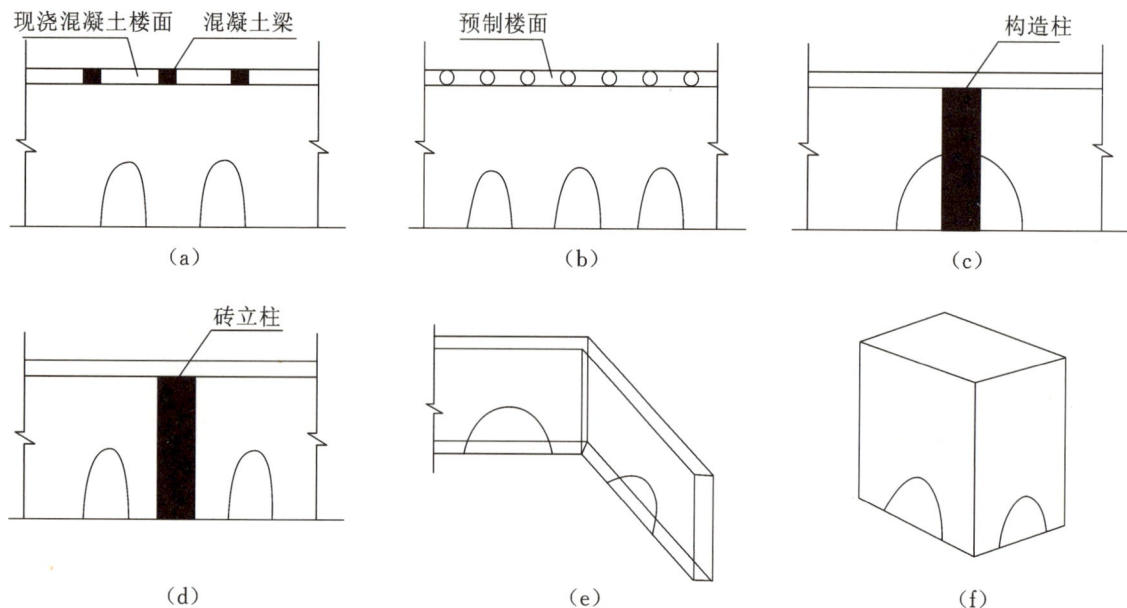

图1　几种常见承重墙的预拆除形式
(a)楼面为现浇混凝土楼面;(b)楼面为预制楼面;(c)构造柱部位;(d)砖立柱部位;(e)拐角部位;(f)电梯间

图1中预拆除部位及其大小、高度及预留的支撑面积,需经严格计算校核确定。在当前施工中,仅凭经验和直觉确定预留支撑面积的大小,显然是不够的。预留支撑面积的最小值与墙体高厚比有密切联系。

2.4　特殊部位的预拆除

为保证建筑物的塌落效果,对某些特殊部位进行预拆除是必不可少的,例如楼梯间、厚大的混凝土梁柱、混凝土楼面及混凝土屋架等。凡刚性较大且可能影响爆破效果、影响爆堆形态的部位均可考虑预拆除,主要目的是降低其刚性,为建筑物顺利倾倒创造条件。几种常见特殊部位的预拆除形式见图2。

混凝土梁的削弱方案一般有两种:一是剔除混凝土,露出钢筋;二是剥离上部钢筋并切断之。高大楼房上部混凝土柱若钻孔,不仅防护较困难,且外部柱钻孔装药均不方便,所以切断倾倒反方向抗拉钢筋不失为一种有效手段。轻型混凝土屋架因上部荷载较小,不易解体,会直接影响爆堆形态,可采用削弱整体刚性的方法。

3　预拆除的施工方法

预拆除的施工方法主要有:人工拆除法、机械拆除法和爆破法等。

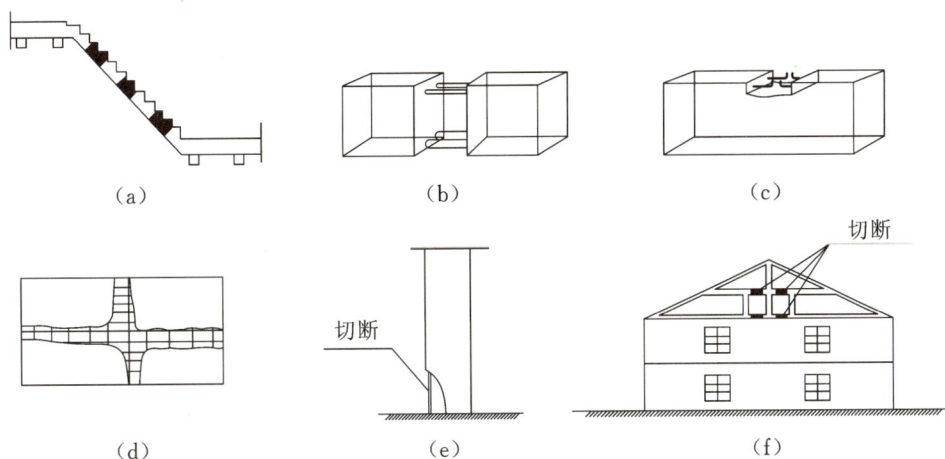

图 2 几种常见特殊部位的预拆除形式

(a) 楼梯；(b)、(c) 混凝土梁；(d) 混凝土楼面；(e) 混凝土柱；(f) 混凝土屋架

3.1 人工拆除法

人工拆除法是目前常见的方法。拆除对象主要是一般砖墙、较薄的混凝土楼板等。此方法效率较低，安全性较差。

3.2 机械拆除法

对于混凝土梁、混凝土柱和楼梯等部位可采用风镐进行机械预拆除。目前因液压破碎器（油炮机）的逐渐普及，许多劳动强度大、人工拆除较困难的部位多用油炮机拆除；但因其灵活性稍差且对主体结构附加的外荷载较大，拆除时要注意不影响相邻结构的安全。

3.3 爆破法

对于结构较牢固的部位可采用爆破法拆除。用爆破法进行预拆除，不仅可以检验爆破器材的质量，还可校核设计参数。但爆破部位、爆破规模应慎重考虑，以免对整体结构产生危害。

4 预拆除的安全技术管理

预拆除设计应由对建筑学、结构力学有一定了解的爆破技术人员承担；设计中应综合考虑结构本身的稳定性、风荷载的影响、自振频率的变化，以及预拆除后楼房放置时间的长短等因素，并保证具有足够的安全系数。

预拆除施工应由懂结构且熟悉本次爆破各项参数的有一定经验的技术人员负责。部分预拆除工作可以在钻孔前进行，而承重部位的预拆除以钻孔完毕后实施为宜，特别敏感部位宜在起爆前进行突击拆除。

预拆除施工的简要工艺流程框图如图 3 所示。

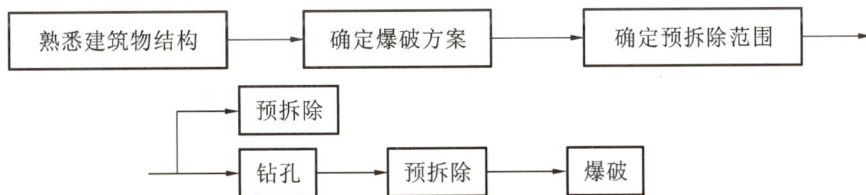

图 3 预拆除的简要工艺流程框图

5　工程实例

某厂有车间一栋,系高空间两层框架结构,长 44.46 m、宽 22.36 m、层高 6 m,层顶为混凝土屋架,楼房总高 19.90 m。厂房内部为 18 根 350 mm×350 mm 承重混凝土立柱,四周为 37 cm 厚砖墙,有 500 mm×700 mm 砖柱若干;现浇楼面板厚 12 cm,纵梁 180 mm×400 mm,横梁 300 mm×600 mm,见图 4。因楼房地处长江大堤旁,四周环境极复杂,拟采用内向倒塌的爆破方案。采取的预拆除措施有:

(1) 机械拆除外部楼梯;

(2) 对四周砖墙进行预拆除,见图 5(a);

(3) 对现浇楼面板及混凝土梁进行预拆除,见图 5(b);

(4) 对混凝土屋架进行削弱,见图 5(c)。

因预拆除处理得当,爆破效果十分理想;爆堆高度不到 2.0 m,四周建筑物及设施安然无恙。

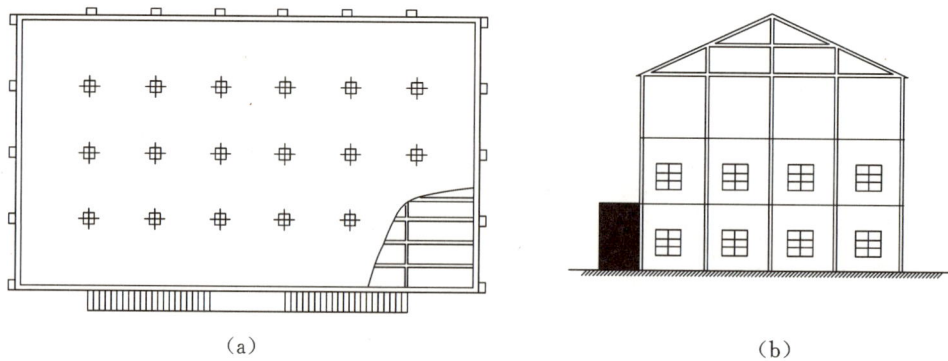

(a)　　　　　　　　　　　　　　　　　　(b)

图 4　楼房结构简图

(a)平面;(b)侧面

1.0 m 1.0 m　　1.0 m 1.0 m

2.1 m

(a)　　　　　　　　　　　　　　　　(b)

(c)

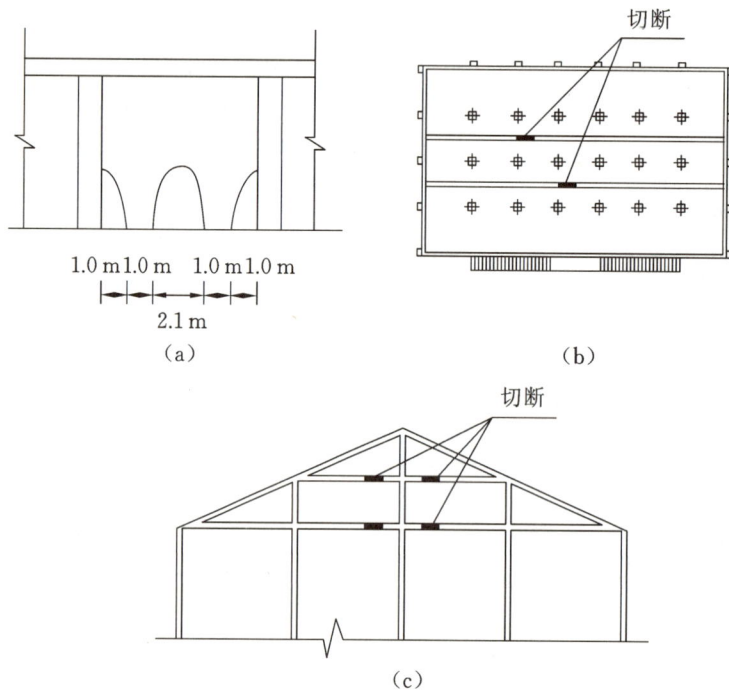

图 5　预拆除示意图

6　结束语

建筑物拆除爆破中的预拆除技术对拆除爆破施工质量、施工安全具有重要意义,在施工中应注意以下几方面问题:

(1) 精心设计,精心施工。做到专人设计,专人施工;务求安全、准确。

(2) 预拆除的方法应根据具体部位及材质等因素来确定。

(3) 承重部位预拆除的实施一般在钻孔完成后进行;局部部位的预拆除应在起爆前突击进行,且放置时间不能太长。

(4) 应考虑预拆除后天气情况给楼房稳定性带来的影响,如风荷载、雨天使楼房荷载增加等。

(5) 从理论上对预拆除技术进行深入的研究,建立完整、科学的规范技术,是我们今后应重视的研究课题。

三维重建技术在拆除爆破中的应用

谢先启[1]　刘昌邦[1]　贾永胜[1]　姚颖康[1,2]　黄小武[1]

(1. 武汉爆破有限公司,武汉 430023;2. 河海大学土木与交通学院,南京 210098)

摘　要:随着工程爆破行业迈向精细爆破时代,工程技术融合发展极大地推动了爆破技术的数字化、标准化、可视化。影像获取方式的多元化发展,推动了爆破技术的进步。以武汉市原新能酒店爆破拆除工程为案例,采用无人机等载体搭载相关测量设备,对爆破区域进行影像数据扫描,获取区间的影像数据,并通过三维重建软件进行后处理,快速获取爆破区域内的三维影像信息。实践证明:三维重建技术能够在爆破前为爆破工程的设计、施工和安全防护等方案的确定提供必要的信息支撑;在爆破后,数字化重现爆破效果,实现对爆堆各项参数的定量分析,从而多角度、全方位地评估爆破质量。采集的影像数据经过适当处理后还可作为档案长期保存,为后续相关爆破工程提供有效参考。

关键词:三维重建;工程爆破;无人机;数字化;爆破效果

Application of three dimensional reconstruction in blasting engineering

XIE Xianqi[1]　LIU Changbang[1]　JIA Yongsheng[1]　YAO Yingkang[1,2]　HUANG Xiaowu[1]

(1. Wuhan Explosion & Blasting Co., Ltd., Wuhan 430023, China;

2. College of Civil and Transportation Engineering, Hohai University, Nanjing 210098, China)

Abstract: With the development of Precision Blasting in blasting industry, the blasting technology has developed rapidly with an obvious tendency characterized by digitization, standardization and visualization. The pluralistic development of image acquisition mode promotes the advancement of blasting technology. Taking blasting demolition of Xinneng hotel as an example, the UAV aerial image-based three dimensional(3D) reconstruction technology was adopted. The images of the construction area was captured instantly by the high-speed camera, and then reconstructed by 3D model realistically in subsequent post-processing. The practice shows that in preliminary stage, the 3D reconstruction model provides necessary information for the project design, implementation and safety protection, while this model digitalizes the muck pile efficiently and evaluates the blasting effect quantitatively. Furthermore, by means of appropriate treatments, the image data can be preserved and provide valuable references for the similar blasting projects.

Keywords: Three dimensional reconstruction; Blasting engineering; UAV; Digitization; Blasting effect

　　当前,我国的城市建设已进入了大规模发展阶段,各地旧城改造和新区建设蓬勃兴起。其中,工程爆破技术由于经济、高效、低耗等特点得到了广泛应用,在新工艺、新材料和新设备的研发等方面取得了举世瞩目的成就。但与此同时,随着待拆建(构)筑物的数量急剧增多,规模显著增大,结构愈加复杂,这一技术也面临着日益严峻的挑战。在此背景下,"精细爆破"理念的适时提出,被认为是工程爆破领域发展新阶段的重要里程碑。

　　作为传统"控制爆破"理念的继承和发展,"精细爆破"更加侧重于对炸药爆炸能量的释放与介质破碎、抛掷等过程的有效控制。为实现这一目标,一方面,除了需要具备先进的设计方法、精确的理论

本文原载于《爆破》2017 年第 34 卷第 4 期。

模型和可靠的数值仿真外,还应准确掌握建(构)筑物的体量规模、尺寸大小及其周边环境概况等。另一方面,随着爆破技术的进步,对于爆破质量定量评价的要求也越来越高。很长一段时间内,上述特征信息和评价指标都是通过人工测量、摄影拍照和激光扫描等方式得到,基本满足了工程实际需要,但同时也存在着一些比较突出的问题,如获取的资料往往信息不全,只涵盖了建(构)筑物在二维视角下的局部信息,致使工程技术人员始终处于"管中窥豹"的状态,在一定程度上影响了"精细爆破"理念的推广实践。因此,获取并建立建(构)筑物真实、全面、准确的三维信息,进而客观、高效地评估爆破质量,这对爆破技术水平的进一步提升将是十分有益的。

近年来,随着我国空间信息技术的迅猛发展,无人机(Unmanned Aerial Vehicle,UAV)遥感航拍技术已取得了长足进步,逐步从研发阶段过渡到实用阶段。凭借着飞行灵活、操作简便、成本低廉等优势,这一技术被越来越广泛地应用于社会各个领域,其中,结合基于计算机视觉的三维重建技术建立建(构)筑物逼真的三维模型的方法日渐成熟,有效地填补了卫星、航空等遥感技术在某些特定应用范围内快速获取高分辨率影像资料需求上的空白,也为工程爆破领域内的相关工作提供了崭新的方法和思路。

1 无人机航拍三维重建技术

无人机航拍三维重建技术就是利用小型无人机操作灵活、视觉可控等优点,将其作为图像获取的载体,并结合计算机视觉中基于图像的重建方法进行现实场景的三维重建。

下面分别对无人机航拍和三维重建技术两方面内容进行简要的介绍。

1.1 无人机航拍

无人机航拍系统主要由飞行平台、传感器稳定云台、飞行控制系统和高速相机等几部分组成。进行航拍摄影时,一般可采取以下两种方式:(1)无人机在建(构)筑物的正上方飞行,相机竖直向下拍摄;(2)无人机在建(构)筑物的斜上方飞行,相机倾斜一定的角度拍摄建(构)筑物的侧面。

航拍前,根据爆破对象合理地规划无人机航拍路线是保证影像资料可靠性和三维重建模型精确度的基本前提,它主要涉及航向重叠度、旁向重叠度、影像分辨率、航高、航速、测区范围、曝光控制等参数的设置,如图1所示。

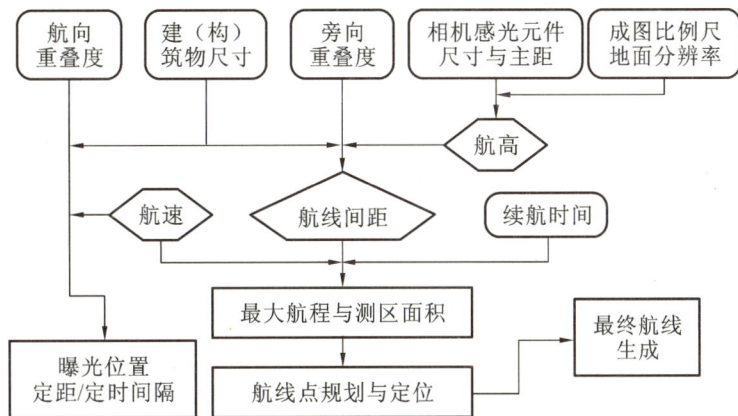

图1 无人机航拍路线规划流程示意图

航拍过程中,遥控飞机从拍摄区域的一角起飞,到达合适的飞行高度后,沿着既定航带飞行,相邻两幅影像的拍摄范围保持一定的航向重叠。待飞完一条航带后,再转入另一相互平行的航带,两个航带之间影像的拍摄范围也应保持一定的旁向重叠,然后再拍摄第三航带、第四航带……无人机航拍及路径示意图见图2。

这其中,航向重叠度和旁向重叠度的确定尤为重要。通常情况下,为避免无人机飞行平台姿态不稳时出现拍摄遗漏情况,同时提高后续定向与空中三角加密测量的全自动化,其航拍影像的重叠度应

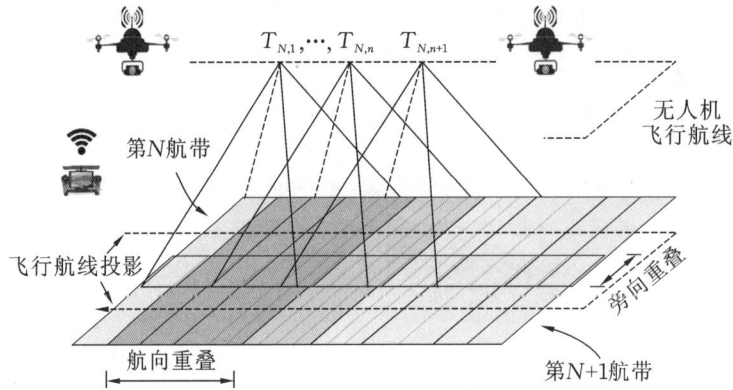

图 2　无人机航拍及路径示意图

稍高于传统航测,如航向重叠度应不小于 80%,且旁向重叠度不小于 30%。

1.2　三维重建技术

在过去的几十年里,随着自标定算法、特征点检测匹配算法、鲁棒性估计算法、运动恢复结构重建算法以及多视图立体匹配算法等技术的不断进步和完善,三维重建技术已取得了突破性进展。

具体来讲,三维重建技术一般是通过摄像机获取建(构)筑物的图像数据,对其进行预处理分析,然后提取每帧图像中的特征点进行匹配,并基于此,建立图像序列中各图像之间的相互关系,计算出各图像对应的相机位置和投影矩阵,实现从图像序列到可视化三维模型的还原,最终建立真实场景的三维信息,如图 3 所示。

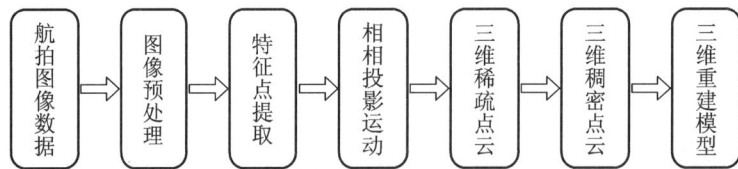

图 3　三维重建总体流程图

在模型重建过程的各个阶段中,以三维稀疏点云和三维稠密点云的重建尤为关键,主要涉及运动恢复结构重建算法(Structure From Motion,SFM)和多视图立体匹配算法(Multi-View Stereo,MVS)等技术的合理运用。其中,SFM 算法能够实现从一系列不同角度的图像中寻找相互匹配的点对,并根据它们在图像中的位置结合三角测量原理和相机的内外参数,计算得到对应场景在真实空间中的坐标,如图 4 所示;而 MVS 算法能够在此基础上,通过从剪影中恢复形状或利用光度一致性约束等方法,进一步将三维稀疏点云扩展成三维稠密点云,获得对建(构)筑物表面更为准确的描述,有效地提高实物场景的观感度和精确性。

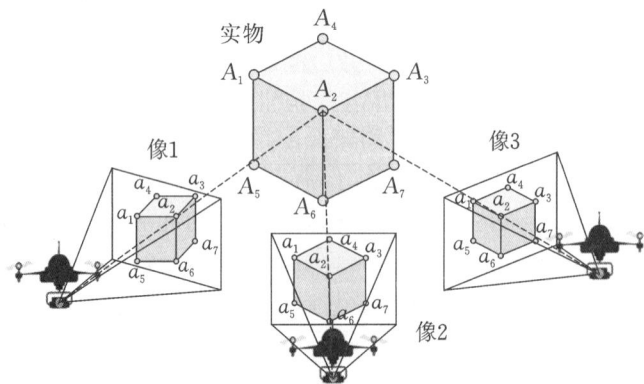

图 4　SFM 算法示意图

2 无人机航拍三维重建技术的优越性

大量工程实践表明,相比于传统的人工测绘和摄影测量等方式,将无人机航拍三维重建技术应用于工程爆破领域具有明显的优越性,归纳起来,主要体现在以下几个方面:

(1)较好地符合了爆破技术发展的趋势

现如今,数字化和智能化已成为各行各业发展的必然趋势,工程爆破行业也不例外。随着CAD、CAM、BIM等技术的发展,传统的工程平面图纸必将或正在被三维实体模型所取代,因此,基于无人机航拍的三维重建技术的应用正好符合了时代发展的大趋势,有利于推动爆破行业的可持续发展,使其进一步地向精细、智能、高效、安全、绿色爆破的方向前进。

(2)极大地满足了爆破设计施工的需求

无人机航拍三维重建技术通过非接触式的摄影测绘,能够有效克服人工/相机的局限,从不同角度捕捉还原平面视角下无法看到的部位和细节。此外,无人机相机拍摄的影像资料具有清晰度高、时效性强和场景特征丰富等特点,能够极大地提高爆破施工人员对建(构)筑物的整体布局和周边环境的了解和认识,为爆破工程的设计、施工和安全防护等提供必要的参考信息。

(3)明显地提高了爆破效果评估的效率

通过无人机航拍三维重建技术能够快速准确地获得各时段待爆建(构)筑物及其所在区域的三维实景,并在此基础上分析其轮廓形态的变化情况、全样本测量爆破结构面和爆堆形态,从而定量评价爆破效果,判定爆破参数的合理性,最终形成三维数字化的爆破质量评价体系。

3 工程应用

为更好地说明无人机航拍三维重建技术在工程爆破中应用的效果,下文将以武汉经济技术开发区新能酒店爆破拆除工程为例做进一步详细阐述。

3.1 工程简介

新能酒店位于武汉经济技术开发区东风大道与立业路之间,主楼为10层框架结构,平面呈"L"形,长53.41 m、宽37.91 m、高42.00 m,总建筑面积约20000 m^2。楼房周边紧挨有高架桥、地铁隧道和办公楼,以及电缆沟、供水管、天然气管道等各类地下管网,如图5所示。

图5 新能酒店及其周边环境航拍俯视图

3.2 无人机航线规划及爆破影像采集

在拆除爆破施工前,依据本工程已有的施工图纸和现场踏勘所掌握的基本情况,工程技术人员以新能酒店大楼为中心,设置了一个 200 m×200 m 的图像采集范围,如图 6 所示。

　　基于此,确定对于该工程,航拍时的飞行高度为 70 m,航向重叠率为 90%,旁向重叠率为 70%,最大航速为 6 m/s,拍照间隔时间为 2 s。同时,为确保能够获取到一个准确而完整的三维模型,先后进行了五个角度的拍摄,相机姿态如图 7 所示,最终共获取到有效图片 497 张。

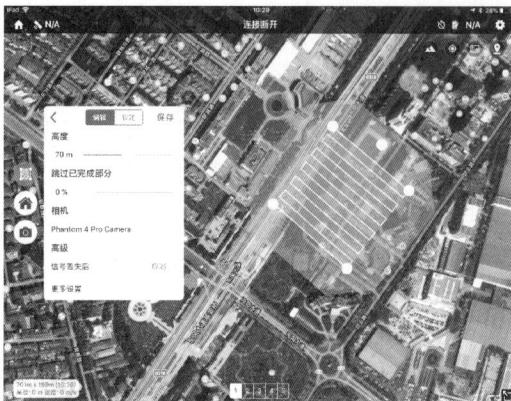

图 6　Altizure 界面下设置图像采集范围

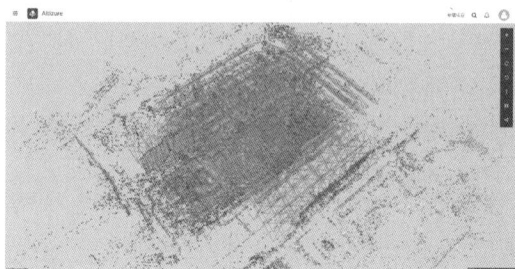

图 7　相机姿态

3.3　数据处理及爆破效果分析

　　图像数据获取完成后,将图像上传至 Altizure 网站,等待服务器生成三维模型,生成后的三维模型见图 8。在最终模型中,可直观地了解到待爆建(构)筑物周边的现状,测量任意点对点的距离,并校正前期测量数据的准确性,获取与设计方案相关的信息与数据。

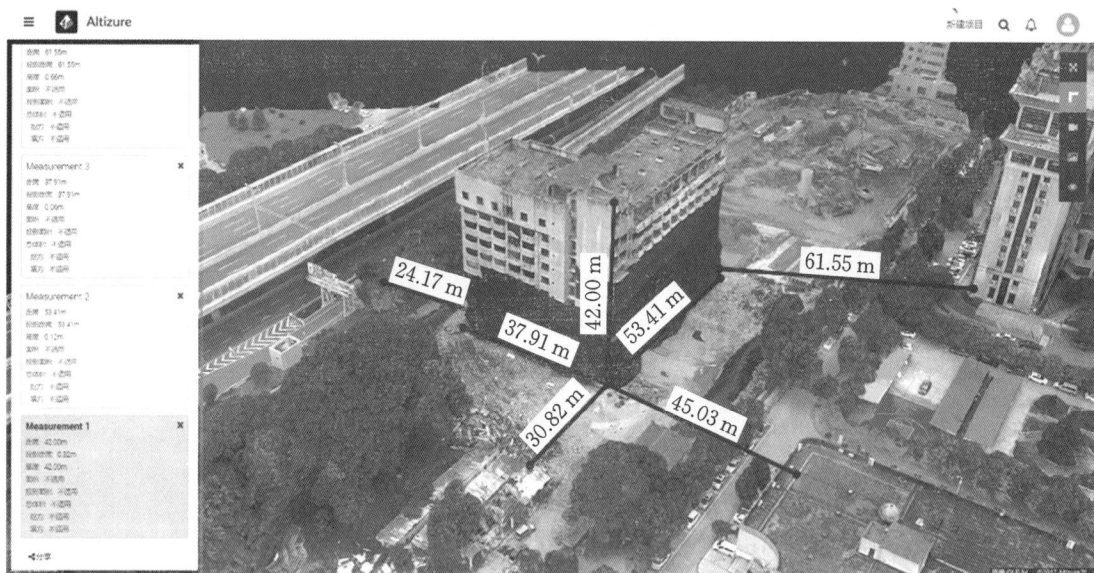

图 8　爆破前大楼的三维模型

　　爆破后,通过相同的方式对新能酒店爆破后的爆堆进行航拍扫描,得到有效图片 673 张。然后,再次通过 Altizure 网站新建项目重建爆堆的三维模型,如图 9 所示。在爆堆模型上,可以准确测得爆堆的倒塌距离、范围、高度和总体积,以及各构件的空中姿态等情况。

3.4　注意事项

　　上文详细地叙述了无人机航拍三维重建技术应用于工程爆破中的显著效果。然而,在此过程中,除了诸多常规事项外,还需额外注意以下几点:

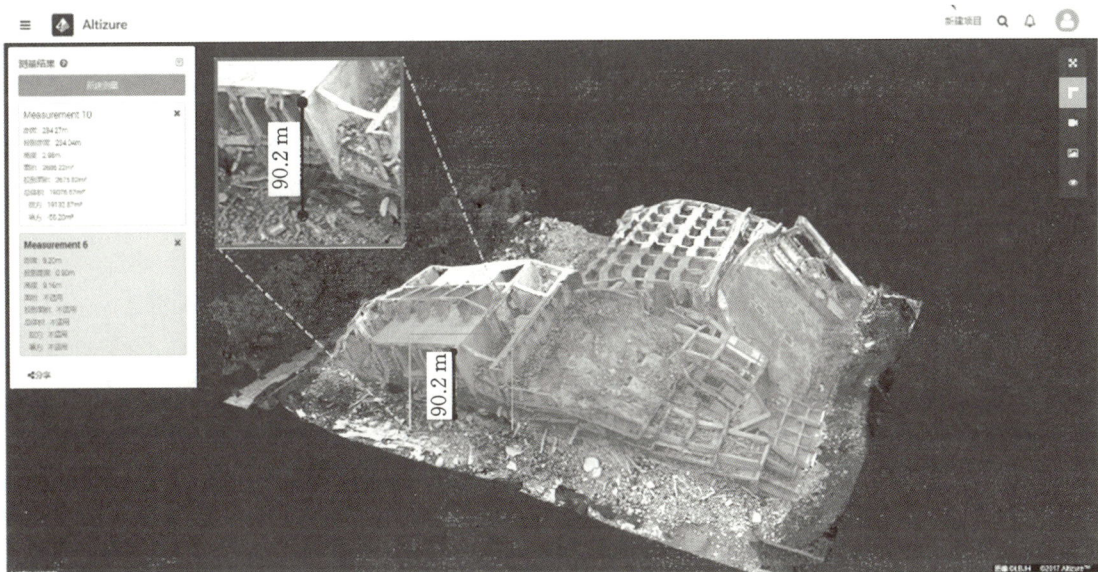

图 9　爆破后爆堆的三维模型

（1）在爆破施工现场进行无人机航拍时，每次飞行面对的地理环境和气象条件均各不相同，风速和风向的变化对无人机的飞行将产生一定的干扰，手动控制无人机使其不偏离预定航线并获得满足重叠率要求的影像将是十分困难的。鉴于现有的无人机大部分均具有开放的软件开发工具包，推荐使用第三方软件（如 Altizure）来规划飞行航线和控制影像采集。

（2）考虑到环境因素、GPS 信号漂移、无人机机械振动等因素的影响，无人机搭载的高速相机的绝对位置是时变的，不同时刻的三维数据相互间存在着缩放、旋转和平移。因此，无人机的立体视场范围应大于实际的爆破场地，利用周围不变的地物特征或预先布设的少量人造特征作为绝对控制，结合局部点云配准纠正，将所有三维数据纳入统一的坐标系内。

（3）工程区域内，高耸建（构）筑物、外在空间无线信号等会影响机载设备的正常工作，从而遮蔽和干扰无人机的航拍。因此，在对相机所拍摄的图片进行自动处理（包括影像配对、影像增强、特征匹配、三维生成等过程）时，需要施加一定的人工干预和引导。

4　结语

在工程爆破行业逐渐进入"精细爆破"的时代背景下，数字化、标准化和可视化的爆破施工已经成为行业发展的必然趋势。

无人机航拍三维重建技术具有非接触、全方位、效率高、成本低等特点，将其应用于工程爆破领域，能够在爆破施工作业中快速而准确地获取待爆建（构）筑物及其周边环境的三维模型，为爆破工程的设计、施工和安全防护等提供重要依据；同时，根据爆后爆堆形态的全样本测量分析，能够显著提高爆破效果评估的准确性和时效性。因此，针对拆除爆破工程特点，进一步开展相应三维重建技术和方法的研究，对推动工程爆破行业的可持续发展具有重要的意义。

Two dimensional simulation on explosion effects of multi-layer geomaterials using discrete element method

XIE Xianqi[1] LIU Jun[2] JIA Yongsheng[1] LUO Qijun[1]

(1. Wuhan Blasting Engineering Company, Wuhan, China;

2. Geotechnical Research Institute of Hohai University, Nanjing, China)

Abstract: It is a very complicated problem to simulate the blasting effects of multi-layer geomaterials. The particle-beam model in frame of DEM (Discrete Element Method) has been used to simulate the blasting effects of multi-layer geomaterials. The results show that the large deformations of geomaterials induced by blast can be simulated very well by the particle-beam model. The model can realistically reflect the fragments formation and flying away from matrix materials. The simulation results are approximately coincident with tests. So, the particle-beam model is a valid method to simulate mechanical behaviors with high loading rate.

Keywords: Geomaterials with multi-layer; DEM; Particle-beam model; Blast

1 INTRODUCTION

The main problem of the phenomenon of explosion and impact, etc. , is to simulate the process of fragmentation formation and movements under the high loading rate. The process of materials broken is that the strain energy gradually accumulates and then suddenly liberates. In the process of accumulating the strain energy, the materials produce deformation and the liberation of strain energy means the materials have broken up. Therefore, the process of fragmentation of materials can be considered as one that the materials changes from continuous state into dispersive state. During the stage of deformation, the materials present characteristics of continuous mediums. In this stage, the numerical methods based on continuous mechanics, for example finite element method, etc. , can be made full use to analyze the problem, whose precision is higher to simulate the deformation. But the method above-mentioned can not effectively describe for the fragmentations formation and movements of fragmentations. Therefore, it is necessary to develop new method to describe the stage of fragments formation and movements. At present, Kun, Herrmann and Xing Jibo has put out the beam-particle model and it is valid to simulate the two-dimensional fragmentation of brittle materials under the high loading rate.

In this paper, based on the study of Herrmann, Kun and Xing Jibo, the code of two-dimensional beam-particle model has been developed to simulate the explosion effects of multi-layer geomaterials. In this model, it assumed that the geomaterials were made up of particles and beams between the

本文原载于 2009 年《APS Blasting 1 New development on engineering blasting》论文集。

particles in contacts. The network of beams can reflect the strength of the materials. The contact forces and movements of every element can be solved by DEM (Discrete Element Method). The fragmentations formation and movements can be simulated by the disappearances of beams. The three layers of geomaterials were the concrete pavement, the cement stabilized layer and the clay foundation, respectively [named as the first layer (concrete layer), the second layer (cement stabilized layer) and the third layer (clay foundation)].

2　THE BASIC PRINCIPLE OF PARTICLE-BEAM MODEL

The object was discretized by particle elements (disc in this paper) in the particle-beam mode. The neighbored elements have been verified by contact algorithm, and the beams were exerted between elements in contact. So, a network of beams was formed in object (Fig. 1). The radius of each beam was the average radii of two connected elements, and the length was the distance between the centroids of the two elements. The fragmentation contained one particle element at least when the materials broke up. The contacts and the movements of elements were described by DEM.

2.1　The Contact Model Between Particles

The contact model of particles shows in Fig. 2, the normal and tangential force of contact can be calculated by the equation (1) and (2)

$$F_N = k_d \delta_{ij} + \eta_d V_{ij} \cdot \eta_{ij} \tag{1}$$

$$F_T = k_\tau \tau_{ij} + \eta_\tau V_{ij} \cdot t_{ij} \tag{2}$$

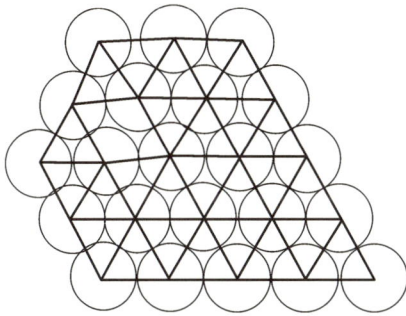

Fig. 1　Beam network in media　　　　　Fig. 2　Two particles in contact

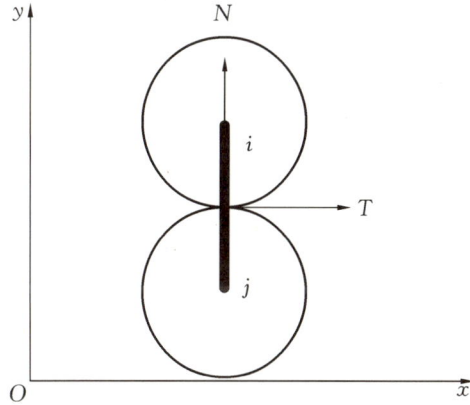

where k_d and k_τ represented the normal and shear stiffness of the particles, η_d and η_τ were the coefficients of viscous contact damping in the normal and shear directions, η_{ij} and t_{ij} represented the unit vectors in the normal and shear directions respectively, δ_{ij} and τ_{ij} represent contact depths in the normal and shear directions respectively. The contact forces exist only when $\delta_{ij} > 0$. The Coulomb law was used to simulate the transitions between static and sliding friction, i. e.

$$|F_T| = \min(|F_T|, \mu|F_N|) \tag{3}$$

where μ was the coefficient of friction, and the sign of shear forces in equation (3) preserved the same as the one in equation (2).

2.2　Motion Equations of Particles

The motion of particles is described by Newton's second law, i. e.

$$m_i \ddot{X}_i = \sum_{i=1}^{k_i} (F_{il}^N + F_{il}^T) \quad (l \neq i) \tag{4}$$

$$l_i \ddot{\theta} = \sum_{i=1}^{k_i} M_{il}^T \quad (l \neq i) \tag{5}$$

where m_i and l_i represent the mass and moment of inertia of particle i, l is a particle which contacts with particle i ($l = 1, 2, \cdots, k_i, l \neq i$, where k_i is the total number of particles contact with particle i), $\ddot{X}$ and $\ddot{\theta}$ are the acceleration and angular acceleration of particle i. For a spherical particle of radius R_i, $M_{il}^T = R_i \times F_{il}^T$ is a torque generated by tangential forces, R_i is a vector of magnitude R_i pointing from the mass center of the particle to the contact point.

2.3　Beam Model

The deformation of beam can be calculated by relative displacements of particles, then the force exerted on the beam can be calculated similar to the finite element method, see equation (6).

$$\boldsymbol{F} = \boldsymbol{K\delta} \tag{6}$$

where $\boldsymbol{F} = \begin{bmatrix} X_1 & Y_1 & M_1 & X_2 & Y_2 & M_2 \end{bmatrix}^{\mathrm{T}}$ represented the force matrix exerted on the endpoints of the beam, $\boldsymbol{K}$ was the stiffness matrix in the global coordinate [equation (7)], $\boldsymbol{\delta} = \begin{bmatrix} u_1 & v_1 & \theta_1 & u_2 & v_2 & \theta_2 \end{bmatrix}$ represented displacements matrix of the endpoints of a beam.

$$\boldsymbol{K} = \frac{E}{l} \left\{ \begin{array}{cccc} A\lambda^2 + \dfrac{12I\mu^2}{l^2} & A\lambda\mu - \dfrac{12I\mu\lambda}{l^2} & -\left(A\lambda^2 + \dfrac{12I\mu}{l^2}\right) & -A\lambda\mu + \dfrac{12I\lambda\mu}{l^2} \\ A\lambda\mu - \dfrac{12I\mu\lambda}{l^2} & A\mu^2 + \dfrac{12I\lambda^2}{l^2} & -\left(A\lambda\mu + \dfrac{12I\lambda\mu}{l^2}\right) & -A\mu^2 - \dfrac{12I\lambda^2}{l^2} \\ -\left(A\lambda^2 + \dfrac{12I\mu}{l^2}\right) & -\left(A\lambda\mu + \dfrac{12I\lambda\mu}{l^2}\right) & A\lambda^2 + \dfrac{12I\mu^2}{l^2} & A\lambda\mu - \dfrac{12I\lambda\mu}{l^2} \\ -A\lambda\mu + \dfrac{12I\lambda\mu}{l^2} & -A\mu^2 - \dfrac{12I\lambda^2}{l^2} & A\lambda\mu - \dfrac{12I\lambda\mu}{l^2} & A\mu^2 + \dfrac{12I\lambda^2}{l^2} \end{array} \right\} \tag{7}$$

where $\lambda = \sin\alpha$, and $\mu = \cos\alpha$, α is angle between x axis of local and that of global coordinate system, A is the cross section area of the beam, l was the length of the beam, and I was the moment of inertia of the beam.

To model fragmentation, it is necessary to complete the model with a breaking rule, according to which the overstressed beams break. In this research, The breaking rule advised by Kun was employed, see equation (8).

$$\left(\frac{\varepsilon}{t_\varepsilon}\right)^2 + \frac{\mathrm{Max}(|\Theta_1|, |\Theta_2|)}{t_\Theta} \geqslant 1 \tag{8}$$

where $\varepsilon = \dfrac{\Delta l}{l}$ is the longitudinal strain of the beam, Θ^1 and Θ^2 are the rotation angles at the two ends of the beam, and t_ε and t_Θ are the threshold values for the two breaking modes.

It is used dynamic relaxation method to iteratively solve the systems of linear equations of beam-particle model in two dimensions. First, calculate contact forces between particles in contact and the translation displacements and rotation displacements; secondly, calculate deformations of beams according to the relative displacements of particles; thirdly, calculate the forces of beams corresponding to their deformations and add the forces to particles at the ends of beams; at last, verify whether beams exist or not according to the breaking rule.

2.4　Determination of Blasting loading

The determination of blasting loading is very complicate problem in numerical simulation. In this study, an empirical equation has been employed to describe spatial distribution of blasting loading and variety with time according to the blasting similar principle, see equation (9).

$$\Delta p_m = \frac{0.76}{\overline{R}}\left(\frac{K}{8}\right)^{2/3} + \frac{2.25}{\overline{R}^2}\left(\frac{K}{8}\right)^{1/3} + \frac{6.5}{\overline{R}^3} \tag{9}$$

where $\overline{R}$ is scaled distance, $\overline{R} = \dfrac{R}{\sqrt[3]{W}}$, R is the distance away from the charge center, W is TNT equivalence of the charge, and K is the bulk modulus of media.

The range of explosion effect and duration can be expressed as follows

$$\left.\begin{array}{c} R_2 = R_1 \sqrt[3]{W_2/W_1} \\ t_2 = t_1 \sqrt[3]{W_2/W_1} \end{array}\right\} \tag{10}$$

where R_1, R_2, t_1, t_2 and W_1, W_2 are the range of explosion effect, duration and TNT equivalence of the same explosives type but different mass.

3　SIMULATED RESULTS

In this study, the mass of charge is 1.35 kg and the first layer is 0.25 m, numerical simulations and experiments have been completed for four different buried depths of charge, 0.5 m, 0.8 m, 1.1 m and 1.3 m, respectively. The parameters used in simulations can be seen in Tab. 1. The results of the simulation can be seen in Fig. 3 and Fig. 4.

Tab. 1　The parameters used in simulations

	Density $\rho/(\text{kg/m}^3)$	$t_\tau/\%$	t_θ/deg	Normal contract stiffness $k_N/(\text{N/m})$	Shear contract stiffness $k_T/(\text{N/m})$	Thickness/m
1st layer	2400	4	3	1.5×10^8	4×10^7	0.175
2nd layer	2300	3	2	5×10^7	2×10^7	0.4
3nd layer	1900	2	1	2.2×10^6	1×10^6	Infinity

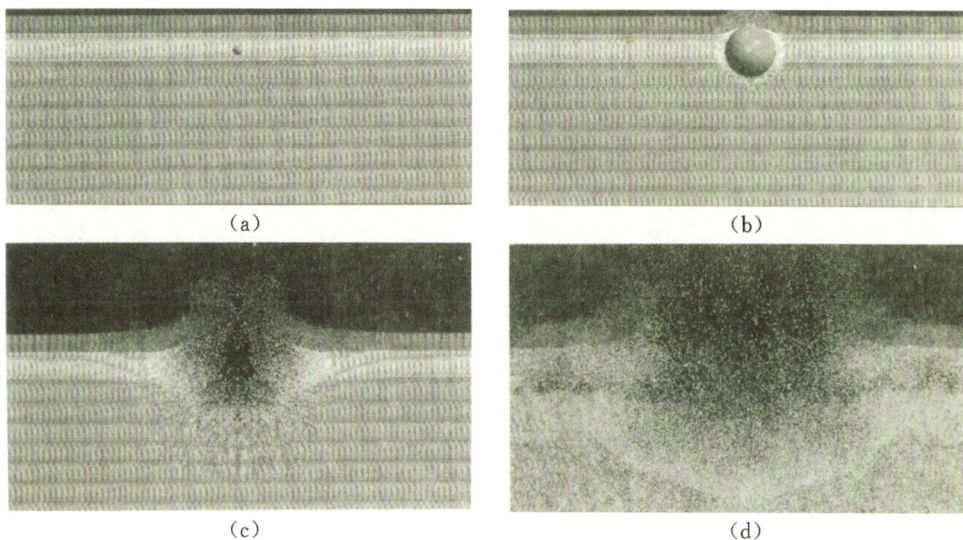

Fig. 3　The numerical simulation results of blasting in multi-layer geomaterials: charge 1.35 kg, buried depth of charge 0.5 m, the thickness of the first layer 0.25 m. The four configurations at (a) 0 ms, (b) 0.4 ms and (c) 8.4 ms, respectively. The expanding sphere [(a) and (b)] express variety of blasting loading

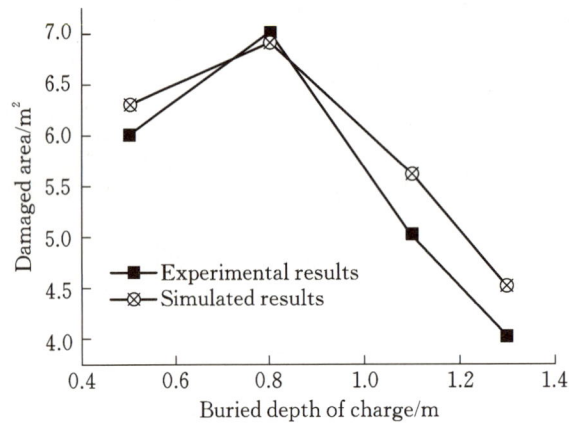

Fig. 4　The comparison of damaged area from numerical modeling and test, respectively

Fig. 3 shows that the simulation results can reflect the phenomenon of explosion, for example, it can reflect the breakage under blasting loading and the fragments flying away from the media. Fig. 4 indicates that the damaged area from simulation and experiment approximately approach to the same value, which means that the particle-beam model is very valid to simulate blasting process.

4　CONCLUSION

In this study, the particle-beam model has been used to simulate blasting process of multi-layer geomaterials. The results indicate that the particle-beam is an effective tool to simulate the problems such as explosion under high loading rate. It is very suitable to describe fragments formation, flying away, etc., phenomena which are difficult to describe by methods based on continuous mechanics. The comparison of simulated and experiment results also show the validity of particle-beam model.

拆除爆破数值模拟中钢筋混凝土构件的建模及参数取值方法

孙金山[1] 贾永胜[1,2] 姚颖康[1,2] 刘昌邦[1,2] 黄小武[1,2]

(1. 江汉大学爆破工程湖北省重点实验室,武汉 430056;2. 武汉爆破有限公司,武汉 430023)

摘　要:采用数值模拟方法对钢筋混凝土结构的拆除爆破方案进行分析时,数值模型的简化和参数的选择对模拟结果和计算效率的影响十分显著,从而影响拆除爆破数值模拟结果的可靠性。本文根据目前有限元法的技术水平,对钢筋混凝土构件数值模型的典型建模方法进行了评价,建议在建立大型数值模型时可忽略箍筋,但需考虑箍筋对素混凝土极限强度和应变的影响。基于拆除爆破现场试验数据,本文分析了楼房支撑区钢筋混凝土立柱的应变-时程曲线和应变率-时程曲线。试验结果显示:构件破坏过程中应变率存在强烈的波动性。数值模拟中采用应变率相关的本构模型时,应变率的强烈波动可能导致材料性能变化过于复杂,因此建议可采用应变率不相关本构模型,并应根据结构破坏阶段的平均应变率对材料参数进行取值。综合考虑箍筋效应和应变率效应,提出了拆除爆破数值模拟时混凝土和钢筋的参数确定方法,以及以最大应变为主的单元失效控制方法。

关键词:拆除爆破;数值模型;建模方法;材料参数取值;单元失效控制

Simplification and parameter selection of reinforced concrete component for numerical simulation of demolition blasting

SUN Jinshan[1]　JIA Yongsheng[1,2]　YAO Yingkang[1,2]　LIU Changbang[1,2]　HUANG Xiaowu[1,2]

(1. Hubei Key Laboratory of Blasting Engineering,Jianghan University,Wuhan 430056,China;

2. Wuhan Explosion & Blasting Co. ,Ltd. ,Wuhan 430023,China)

Abstract:When the numerical simulation method is used to simulate the demolition blasting plan of reinforced concrete structure,the simplification of the numerical model and the selection of parameters have a significant effect on the simulation reliability and calculation efficiency. According to the current of finite element method,the typical modeling methods of reinforced concrete components are evaluated. It is suggested that stirrups should be neglected in the large-scale numerical model,but the influence of stirrups on the ultimate strength and strain of plain concrete should be considered. Based on the field test data of a demolition blasting project,the strain time history curve and strain rate time history curve of reinforced concrete columns in the support zone of buildings are analyzed. The results show that there is a remarkable fluctuation of strain rate in the failure process. When the strain rate dependent constitutive model is used in numerical simulation, the fluctuation of strain rate may cause the variation of material properties to be too complex. It is suggested that the strain rate independent constitutive model should be used,and the material parameters should be selected according to the average strain rate in the failure process. Considering the effect of stirrups and strain rate,the method to determine the parameters of concrete and reinforcement in the numerical simulation of demolition blasting is proposed,and the method to control the erosion of element based on the ultimate strain is proposed.

本文原载于《爆破》2020 年第 37 卷第 3 期。

Keywords：Demolition blasting；Numerical simulation；Numerical modeling；Material parameters；Element erosion controlling

数值模拟已成为拆除爆破方案优化的重要技术手段,部分软件已基本能满足拆除爆破效果预测的要求。常用的数值模拟方法主要包括有限元法和离散元法等,其中应用最为广泛的是有限元法。在国外,针对实际拆除爆破工程的数值模拟研究成果较少公开发表,相关研究多侧重于建筑物的抗连续倒塌分析。Koji开发了三维有限差分程序,用于分析钢筋混凝土结构爆破拆除的物理过程;Feng提出了研究高层建筑在爆炸荷载作用下响应的三维数值方法;Kyei利用LS-DYNA研究了横向钢筋间距对钢筋混凝土柱抗爆性能的影响。近20年来,在我国城市更新和产业升级过程中拆除爆破市场潜力巨大,行业竞争激烈,为了提高爆破工程的安全性,常采用商业软件进行拆除爆破倒塌过程的预测和分析。

然而,由于拆除爆破工程的复杂性,数值模拟的结果与实际效果往往难以吻合。其主要原因是数值模型的简化、材料本构模型和参数的选择较为复杂,软件开发公司和科研人员未开展针对性的研究,缺乏建模和参数选取等方面的原则和依据,导致模型构建和参数选择受主观因素影响较大。这导致只有同时具备大量工程经验和计算经验的技术人员才能得到较为合理的模拟结果。

因此,建立合理的数值模型,选择合理的材料参数是拆除爆破数值模拟最重要的环节。结合研究团队的数值模拟和工程实践经验,对拆除爆破数值模拟过程中的钢筋混凝土的建模方法进行了分析和讨论。

1　钢筋混凝土构件的建模方式

钢筋混凝土结构主要由钢筋和混凝土材料组成。钢筋与混凝土相互协调变形,共同实现构件的承载功能,构件破坏时二者的破坏特征又表现出显著的差异性。在当前技术条件下,既要合理地简化模型,减少建模的工作量、减少计算时间,又要真实地模拟其受力破坏过程以得到完美的模拟结果,其技术难度较高。而寻找数值模拟效率和效果间的平衡方案对工程实践具有重要意义。

1.1　典型建模方式

目前,在拆除爆破数值模拟过程中,钢筋混凝土构建有限元数值模型的建模方式主要有以下三种:

1.1.1　钢筋弥散于混凝土单元的整体式模型

整体式模型把钢筋和混凝土包含在同一个单元之中,如图1(a)所示,即一个单元同时包含了混凝土和钢筋的特性。该模型有两种处理方式:一种是把钢筋混凝土视为连续均匀材料,单元采用混凝土-钢筋复合材料的本构关系,该方法把混凝土和钢筋对构件承载能力的贡献统一考虑,需要获得钢筋混凝土整体的应力-应变关系,不适用于复杂配筋构件的模拟;另一种方法是在单元中设置钢筋含量和角度等参数,并分别设置钢筋和混凝土的本构模型和参数,其适用性更好。整体式模型的优势在于建模简单、计算效率高,缺陷是难以准确模拟钢筋和混凝土失效的差异性。

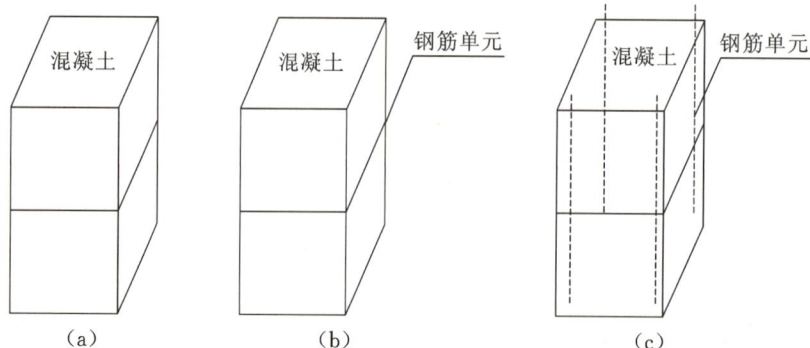

图1　典型钢筋混凝土构件建模方式

（a）整体式模型；（b）分离式共节点模型；（c）分离式自由度约束模型

1.1.2　钢筋与混凝土单元分离且共节点的模型

该模型常被称为分离式共节点模型,它采用不同的单元进行混凝土和钢筋的模拟。在该模型中,钢筋和混凝土之间可以插入联结单元来模拟钢筋和混凝土之间的黏结和滑移,若钢筋和混凝土之间黏结得很好,不会产生相对滑移,则可视为刚性黏结,如图1(b)所示。当黏结力超过一定的限值后,钢筋与混凝土之间可能会发生滑移。分离式共节点模型的优点是建模精细,模拟结果更可靠;缺点是建模复杂,必须进行网格的精细剖分才能建立钢筋网络。较为简化的方法是不考虑钢筋保护层,将钢筋设置在构件表面。

1.1.3　钢筋与混凝土单元分离且相邻节点自由度耦合的模型

该模型常被称为分离式自由度约束模型,与分离式共节点模型相似,该模型通过相邻节点自由度的耦合将钢筋单元约束在混凝土单元中,并使其协调变形,还可以模拟混凝土和钢筋间的滑移,如图1(c)所示。相较于分离式共节点模型,该方法可以在实体单元中任意位置建立钢筋单元,而不必通过切割实体来获得钢筋节点,建模过程更加简便。

1.2　建模方式选择的建议

拆除爆破过程中炮孔内爆炸荷载仅会造成结构局部的破坏,对于结构整体的失稳倒塌过程影响较小,而拆除爆破数值模拟的主要目标是对结构失稳和倒塌过程进行预测,计算立柱爆炸荷载是不经济的。因此,应根据爆破对象特征和爆破方案选择钢筋混凝土的合理建模方式:

(1) 对于烟囱、冷却塔等薄壁结构,钢筋的作用对结构失效过程影响显著,且钢筋数量不大,可采用分离式模型进行建模,并应对箍筋进行建模。

(2) 对于楼房等刚度较高、体积较大的建筑结构,在爆破切口附近的支撑区和跨间剪切区等部位,钢筋的作用较为显著,这些区域应采用分离式模型建模。其他受力简单且仅提供重力作用的构件可采用整体式模型建模。

(3) 当楼房结构的爆破模式较为复杂时,如采用原地坍塌和纵向逐跨坍塌等,钢筋对梁、柱结构的破坏过程影响显著,因此主要的梁、柱结构也应采用分离式模型,并建议采用分离式自由度约束模型以简化建模过程。

(4) 采用分离式模型进行大型复杂建筑物建模时,构件的轴向受力主筋可根据实际分布形态建模,也可以进行简化归并。而箍筋由于其形态和受力特征均较复杂,一般可忽略。

2　箍筋对构件参数的影响

建筑物的柱、梁和墙等矩形断面构件中,箍筋为近似封闭的矩形框。构件在截面上产生一定的横向变形时,箍筋会对核心混凝土产生约束力,使得中间的混凝土受到围压作用,构件整体的轴向承载力、延性等性能将得到提高(图2),因此,在采用分离式模型进行建模时,如忽略箍筋,则必须考虑箍筋对混凝土强度的贡献。

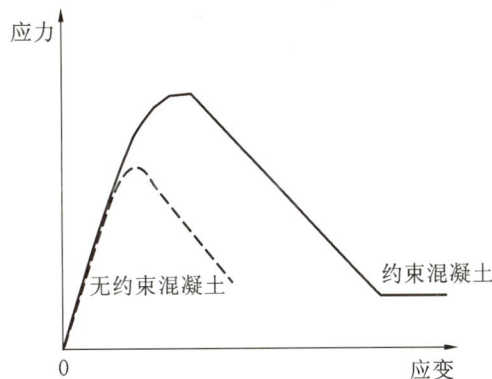

图 2　约束与无约束混凝土的应力-应变曲线

影响箍筋约束力的因素主要包括箍筋强度、体积配筋率、混凝土强度和配箍形式等。箍筋约束混凝土构件承载力的提高与体积配筋率和箍筋强度成正比,与混凝土强度成反比。为反映箍筋强度、体积配筋率、混凝土强度三个因素的影响特征,我国《建筑抗震设计规范》(GB 50011—2010)引入了配箍特征值 λ_v

$$\lambda_v = \frac{f_{yv}\rho_v}{f_{co}} \tag{1}$$

式中,f_{yv} 为箍筋屈服强度(MPa);ρ_v 为体积配箍率(%),f_{co} 为混凝土强度(MPa)。

针对配箍形式对约束混凝土构件承载力的影响,Daniel Cusson 等人提出了几何有效约束系数 k_e

$$k_e = \frac{A_e}{A_c} \tag{2}$$

式中,A_e 为核心区混凝土面积(mm^2);A_c 为构件截面面积(mm^2)。

对于常见的矩形箍筋,Mander 给出了 A_e 的计算公式,薛岩通过取 1.1% 的最小配筋率对 k 的计算公式进行了简化,对于正方形截面

$$k_e = 1.01 \times (1 + 0.015n)\left(1 - \frac{2}{n}\right)\left(1 - \frac{s}{2b}\right)^2 \tag{3}$$

式中,n 为 x 和 y 方向单侧布置纵向钢筋肢数之和;s 为箍筋纵向间距(mm);b 为方形截面边长(mm)。

对于长方形截面

$$k_e = 1.01a(1 + 0.015n)\left(1 - \frac{2}{n}\right)\left(1 - \frac{s}{2b}\right)\left(1 - \frac{s}{2c}\right) \tag{4}$$

式中,b 为长方形截面长边的边长(mm);c 为短边的边长(mm);a 为折减系数,当 $1 < b/c \leqslant 2$ 时,$a = 0.95$;当 $2 < b/c \leqslant 3$ 时,$a = 0.9$;当 $3 < b/c \leqslant 4$ 时,$a = 0.85$。

(1)压缩屈服强度

薛岩通过对 156 组箍筋约束混凝土柱轴压试验数据进行统计,拟合得到了综合考虑箍筋强度、体积配筋率、混凝土强度和配箍形式四个参数的箍筋约束混凝土构件强度 f_{cc} 经验公式

$$f_{cc} = (1 + 2.33\lambda_v k_e)f_{co} \tag{5}$$

此外,齐虎、钱稼茹、Hoshikuma、Park 等也提出了类似的经验公式,可根据实际情况选择合适的公式。

(2)极限压缩应变

根据强度与应变间的关系,压缩屈服时箍筋约束混凝土的峰值应变为

$$\varepsilon_{cc} = (1 + 9.6\lambda_v k_e)\varepsilon_{co} \tag{6}$$

式中,ε_{co} 为素混凝土极限压缩应变。

根据薛岩提出的约束混凝土本构模型,峰后应力达到 $50\% f_{cc}$ 和 $20\% f_{cc}$ 时的应变 ε_{50}、ε_{20} 为

$$\varepsilon_{50} = \varepsilon_{cc} + \frac{f_{cc}}{44 f_{co}}(\lambda_v k_e)^{0.6} \tag{7}$$

$$\varepsilon_{20} = \varepsilon_{cc} + \frac{2 f_{cc}}{55 f_{co}}(\lambda_v k_e)^{0.6} \tag{8}$$

箍筋侧向约束作用对混凝土抗拉强度和极限抗拉应变同样存在一定的影响,但其影响比对抗压强度的影响弱,因此,箍筋约束混凝土的抗拉强度和极限抗拉应变均宜采用混凝土的原始值。

3　应变率对材料参数的影响

钢筋和混凝土都是应变率敏感性材料,随着应变率的增加,材料的强度会增大,同时脆性也会增加。拆除爆破中结构的倒塌过程是典型的动力学问题,应考虑材料的应变率相关性。

3.1　应变率波动性对本构模型选择的影响

拆除爆破工程中,在部分承载构件爆破破坏后,结构中的应力将发生重新分布。图 3 为武汉大学

工学部 1 号教学楼拆除爆破工程中,最后一排底层立柱在失稳阶段的应变-时程曲线,在其前排立柱起爆后 170 ms 时间内,应变迅速增大,完成一次调整,随后发生波动且应变继续增加。而达到最大"附加"压应变后结构可能发生了失效并加速下坐,测点的"附加"压应变得以恢复。对应变-时程曲线进行求导后得到应变率-时程曲线,如图 4 所示,构件的应变率不断发生波动,波动范围为 $0 \sim 4 \times 10^{-2}/s$,最大应变率为 $10^{-2}/s \sim 10^{-1}/s$ 量级。

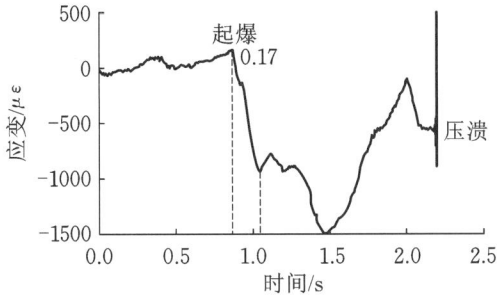

图 3　立柱混凝土应变-时程曲线　　　　　　图 4　立柱混凝土应变率-时程曲线

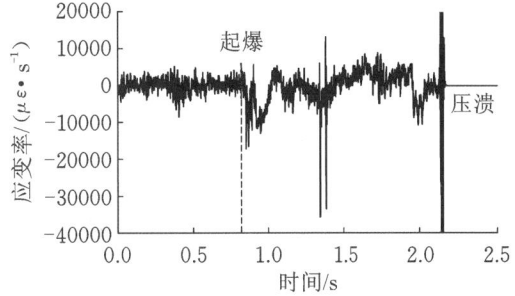

　　可见,拆除爆破工程中,构件应变率随时间的变化十分复杂,在某一短暂时间内应变率会很高,这与某一较长时间段内的平均应变率差别较大。而研究材料性能的动态试验中,大部分情况下采用实际平均应变率,由此提出的应变率相关本构模型也是基于平均应变率概念的。

　　因此,拆除爆破数值模拟过程中,构件不断波动的应变率与本构模型中的应变率概念可能并不相同,采用应变率相关本构模型可能会产生模拟效果失真的情况。因此,在该问题尚未解决的情况下,采用应变率不相关本构模型可能更为合理。而采用普通本构模型时,可以通过试算确定构件的平均应变率,再根据平均应变率调整材料的参数,重点保证构件在破坏阶段模拟的可靠性。

3.2　应变率对混凝土力学参数的影响

　　通常采用动载下钢筋混凝土参数特征值与静载下特征值的比值 DIF(Dynamic Increase Factor) 来表示钢筋混凝土材料动态性能的提高程度。

3.2.1　抗压强度

　　李敏进行了 C30 和 C50 混凝土在不同加载速率下的单轴抗压强度试验。C30 混凝土应变率从 $10^{-5}/s$ 变为 $10^{-4}/s$、$10^{-3}/s$,$10^{-2}/s$ 时,平均抗压强度分别提高了 7.1%、12.6%、19.5%。C50 混凝土平均抗压强度分别提高了 3.3%、6.5%、9.2%。

　　欧洲国际混凝土委员会提出了不同应变率条件下的 DIF 公式

$$\frac{f_{cd}}{f_{cs}} = \left(\frac{\dot{\varepsilon}_c}{\dot{\varepsilon}_{c0}}\right)^{\frac{1.026}{5+0.75 \times 10^{-6} f_{cu}}} \tag{9}$$

式中,f_{cd} 为动态抗压强度(MPa);f_{cs} 为静态抗压强度(MPa);f_{cu} 表示准静态混凝土立方体抗压强度(MPa);$\dot{\varepsilon}_c$ 为当前应变率,取值范围为 $\dot{\varepsilon}_{c0} < \dot{\varepsilon}_c \leqslant 30/s$,$\dot{\varepsilon}_{c0} = 3 \times 10^{-5}/s$。

3.2.2　抗拉强度

　　欧洲国际混凝土委员会推荐的混凝土动态抗拉强度的动力提高系数为

$$\frac{f_{td}}{f_{ts}} = \left(\frac{\dot{\varepsilon}_t}{\dot{\varepsilon}_{t0}}\right)^{\frac{1.016}{10+0.5 \times 10^{-6} f_{cu}}} \tag{10}$$

式中,f_{td} 为动态抗拉强度(MPa);f_{ts} 为准静态抗拉强度(MPa);$\dot{\varepsilon}_t$ 为当前应变率,取值范围为 $\dot{\varepsilon}_{t0} < \dot{\varepsilon}_t \leqslant 30/s$,$\dot{\varepsilon}_{t0}$ 为准静态应变率,取值 $3 \times 10^{-5}/s$。

3.2.3　弹性模量

　　应变率对混凝土弹性模量也有一定的影响,混凝土的动态弹性模量包括压缩模量和拉伸模量,压

缩模量的应变率敏感性更高,欧洲国际混凝土委员会给出了动态弹性模量的计算公式

$$\frac{E_{cd}}{E_c}=\left(\frac{\dot{\varepsilon}_c}{\dot{\varepsilon}_{c0}}\right)^{0.026} \tag{11}$$

$$\frac{E_{td}}{E_t}=\left(\frac{\dot{\varepsilon}_t}{\dot{\varepsilon}_{t0}}\right)^{0.016} \tag{12}$$

式中,$\dot{\varepsilon}_{c0}=5\times10^{-5}/s$;$\dot{\varepsilon}_{t0}=3\times10^{-6}/s$。

3.2.4　极限应变

一般而言,通过试验获得混凝土极限应变是十分困难的,因此以往的研究者很少分析应变率对混凝土极限应变的影响。混凝土失去承载能力时的应变量与其损伤状态相关,可以认为应变率不影响承载能力和损伤状态间的对应关系,即动载下混凝土失去承载力的最大应变与静载下的一致。

3.3　应变率对钢筋力学参数的影响

3.3.1　强度

李敏得到的试验结果表明:HPB235、HRB335 和 HRB400 钢筋应变率分别从 $2.5\times10^{-4}/s$ 变到 $2.5\times10^{-3}/s$、$2.5\times10^{-2}/s$、$2.5\times10^{-1.4}/s$ 时,屈服强度分别提高了 10.5%、13.0%、22.4%,抗拉强度分别提高了 3.7%、4.3%、4.9%。他提出钢筋强度为 235~430 MPa 时的 DIF 表达式为

$$\frac{f_{yd}}{f_{ys}}=1.0+(0.1709-3.289\times10^{-4}f_{ys})\ln\left(\frac{\dot{\varepsilon}_t}{\dot{\varepsilon}_{t0}}\right) \tag{13}$$

$$\frac{f_{ud}}{f_{us}}=1.0+(0.02738-2.982\times10^{-4}f_{us})\ln\left(\frac{\dot{\varepsilon}_s}{\dot{\varepsilon}_{s0}}\right) \tag{14}$$

欧洲国际混凝土委员会给出的热轧钢筋 DIF 表达式为

$$\frac{f_{yd}}{f_{ys}}=1.0+\frac{6\times10^6}{f_{ys}}\ln\left(\frac{\dot{\varepsilon}_s}{\dot{\varepsilon}_{s0}}\right) \tag{15}$$

$$\frac{f_{ud}}{f_{us}}=1.0+\frac{6\times10^6}{f_{us}}\ln\left(\frac{\dot{\varepsilon}_s}{\dot{\varepsilon}_{s0}}\right) \tag{16}$$

式中,f_{ys} 和 f_{yd} 为准静态和动态屈服强度(MPa);f_{us} 和 f_{ud} 为准静态和动态抗拉强度(MPa);$\dot{\varepsilon}_s$ 为钢筋实际应变率;$\dot{\varepsilon}_{s0}$ 为准静态应变率,$\dot{\varepsilon}_{s0}=5\times10^{-5}/s$。该公式是根据屈服强度为 400 MPa 的钢筋的试验结果得到的。

3.3.2　弹性模量及极限应变

钢筋弹性模量与应变率有一定的相关性,但李敏的试验结果表明 HPB235、HRB335 和 HRB400 弹性模量对应变率并不敏感,因此可以近似认为其是不随应变率变化的常量。

针对钢筋破坏时的最大延伸率(钢筋拉断后的伸长变形与量测标距的比值)或称极限应变,Soroushian 曾提出钢筋的极限延伸率的计算公式,而李敏的试验结果表明极限延伸率随应变率的增大而先增大后减小,应变率在 $10^{-2}/s$ 量级时 HRB400 动极限延伸率总体上与静荷载情况下接近。因此,也可以忽略应变率对钢筋极限延伸率的影响。

4　钢筋与混凝土力学参数的综合确定

研究表明,随着围压的增加,混凝土的应变率效应有降低的趋势,因此箍筋对钢筋混凝土的应变率敏感性存在一定影响;反之,应变率对箍筋效应的发挥也存在一定的影响。目前,此类研究较少,箍筋和应变率的相互影响特征可予以忽略。

因此,采用钢筋混凝土的整体式或分离式模型,不进行箍筋单元的建模时,综合考虑应变率效应和箍筋效应,钢筋混凝土的参数可采用表 1 和表 2 所列的公式进行计算。

表 1   忽略箍筋时混凝土参数计算方法

主要参数	计算方法(国际单位制)
抗压强度	$f_{cc} = f_{co}(1 + 2.33\lambda_v k_e)\left(\dfrac{\dot{\varepsilon}_c}{\dot{\varepsilon}_{c0}}\right)^{\frac{1.026}{5+0.75\times10^{-6}f_{cu}}}$
抗拉强度	$f_{tc} = f_{t0}\left(\dfrac{\dot{\varepsilon}_t}{\dot{\varepsilon}_{t0}}\right)^{\frac{1.016}{10+0.5\times10^{-6}f_{cu}}}$ $\varepsilon_{50} = \varepsilon_{cc} + \dfrac{f_{cc}}{44 f_{co}}(\lambda_v k_e)^{0.6}$ $\varepsilon_{20} = \varepsilon_{cc} + \dfrac{2 f_{cc}}{55 f_{co}}(\lambda_v k_e)^{0.6}$ $\varepsilon_{cc} = (1 + 9.6\lambda_v k_e)\varepsilon_{co}$
压溃失效应变	正方形截面:$k_e = 1.01\times(1+0.015n)\left(1-\dfrac{2}{n}\right)\left(1-\dfrac{s}{2b}\right)^2$ 长方形截面:$k_e = 1.01a(1+0.015n)\left(1-\dfrac{2}{n}\right)\left(1-\dfrac{s}{2b}\right)\left(1-\dfrac{s}{2c}\right)$
拉裂失效应变	$\varepsilon_{tcu} = \varepsilon_{tu}$
弹性模量	$E_{cd} = E_c\left(\dfrac{\dot{\varepsilon}_c}{\dot{\varepsilon}_{c0}}\right)^{0.026}$ $E_{td} = E_t\left(\dfrac{\dot{\varepsilon}_t}{\dot{\varepsilon}_{t0}}\right)^{0.016}$

注:式中,$\dot{\varepsilon}_{c0} = 5\times10^{-5}/s$;$\dot{\varepsilon}_{t0} = 3\times10^{-6}/s$。

表 2   受力主筋力学参数计算公式

主要参数	计算方法(国际单位制)
屈服强度	$f_{yd} = f_{ys}\left[1.0 + \dfrac{6\times10^6}{f_{ys}}\ln\left(\dfrac{\dot{\varepsilon}_s}{\dot{\varepsilon}_{s0}}\right)\right]$
峰值强度	$f_{ud} = f_{us}\left[1.0 + \dfrac{6\times10^6}{f_{us}}\ln\left(\dfrac{\dot{\varepsilon}_s}{\dot{\varepsilon}_{s0}}\right)\right]$
失效应变	$\varepsilon_{su} = \varepsilon_{s0}$
弹性模量	$E_{sd} = E_{s0}$

注:式中,$\dot{\varepsilon}_{s0} = 5\times10^{-5}/s$。

5   构件单元失效删除的控制

钢筋混凝土单元在受到拉伸、压缩、剪切等作用时将发生开裂、屈服,但其仍具有一定的残余承载力,即"屈服"不等同"失效"。当其完全破坏为散体时才完全失去承载能力,即失效。采用一般的有限元法进行数值模拟时,为了克服有限元法的缺陷,模拟钢筋混凝土的破坏时,需将一些失效和接近失效的单元进行删除,使数值模拟结果与真实的压溃、剪断等现象相似。

失效单元的删除控制对模拟结果存在显著的影响。对钢筋而言,虽然其拉压强度相近,但仅在拉伸状态下才能发生真正的断裂现象,在压缩作用下钢筋可发生屈服但不存在压缩断裂的情况。对混凝土而言,在发生拉伸断裂后再进行压缩时其可能仍具有基本完整的压缩承载力。因此,若简单地在单元达到极限强度或极限应变时将其删除,可导致模拟的误差。

另外,为了控制系统的能量,动力学数值模拟必须在计算过程中加入阻尼,而材料阻尼的存在使应力和应变峰值并不同步,应变滞后于应力,而应变对材料失效的影响大于应力。

　　因此,考虑钢筋和混凝土材料的特征以及二者的协调作用,建议通过设置极限应变阈值来控制材料的失效删除,即超过设定的应变量后单元才被删除。其中,受拉和受压钢筋的失效应变量可取极限拉应变。拉伸混凝土的失效应变量可取钢筋的屈服应变,因为钢筋未屈服时拉伸混凝土在荷载消失后仍可基本恢复原状,形态并不会发生强烈改变,但需将其残余拉伸强度设为很低的值。压缩混凝土的失效应变可取箍筋约束构件宏观极限压缩应变。

6　结论

　　计算机数值仿真技术是优化拆除爆破方案、提高工程安全性的重要手段。然而,数值模型的构建和材料参数的选择显著影响数值模拟结果的可靠性。本文结合部分工程的数值模拟经验,讨论了结构失稳倒塌模拟过程中钢筋混凝土构件的建模方式和材料参数选择的基本原则及方法:

　　(1)对于薄壁结构宜采用钢筋-混凝土分离式模型,并对箍筋进行建模;在大型建筑的支撑区、跨间剪切区、压溃区等应力集中区域钢筋作用显著,宜采用分离式自由度约束模型。

　　(2)采用分离式模型进行钢筋混凝土构件简化建模时,轴向受力主筋可根据实际形态建模,也可以进行简化归并,而箍筋一般可忽略。

　　(3)钢筋混凝土构件箍筋的约束作用和应变率效应会使混凝土参数发生改变,参数取值时应予以考虑,且可通过配箍特征值 λ_v、强度动态增强系数 DIF 综合确定。

　　(4)通过单元的应变阈值来控制其失效删除,钢筋的失效应变可取极限拉应变,拉伸混凝土的失效应变可取钢筋的屈服应变,压缩混凝土的失效应变可取箍筋约束构件宏观极限压缩应变。

城市基坑支撑梁爆破拆除
安全防护措施探讨

黄小武　贾永胜　姚颖康　刘昌邦　王洪刚　王　威　沈志浩

(武汉爆破有限公司,武汉 430023)

摘　要:爆破方法广泛用于拆除基坑工程中钢筋混凝土支撑梁,它显著提高了拆除效率,带来了可观的经济效益和社会效益。但是爆破滋生的诸如爆破振动、爆破飞石和爆破粉尘等有害效应也不容忽视。本文根据城市大型基坑支撑梁爆破拆除施工经验,研究分析了爆破振动、爆破飞石和爆破粉尘的产生机理,总结了几种常用的安全防护措施。爆破有害效应控制应从"主动控制"和"被动防护"两方面着手。主动控制即从布孔形式、装药结构和起爆网路3个方面优化爆破设计方案,控制爆破有害效应的源头;被动防护即从防护形式和防护材料两方面,最大限度地切断爆破有害效应的传播路径。

关键词:基坑;支撑梁;爆破拆除;安全防护

Discussion on safety protection of explosive demolition of support beam in city

HUANG Xiaowu　JIA Yongsheng　YAO Yingkang　LIU Changbang
WANG Honggang　WANG Wei　SHEN Zhihao

(Wuhan Explosion & Blasting Engineering Co. ,Ltd. ,Wuhan 430023,China)

Abstract:Blasting is the main method to demolish reinforced concrete support beam in foundation pit engineering,which improves the demolition efficiency significantly and brings considerable economic and social benefits. However,it also produces many harmful effect which can not be ignored,such as blasting vibration,blasting flyrock and blasting dust. According to explosive demolition experience of large foundation pit engineering in city,mechanism of production of blasting vibration,blasting flyrock and blasting dust are analyzed. Furthermore,few common safety protection methods are compared,harmful effect of blasting demolition should be controlled in two aspects,active control and passive protection. The active control includes holes arrangement and blasting network optimization,and the passive protection includes protection forms and protection material. By using these methods,the source of harmful effect of blasting can be controlled and the travel path of harmful effect of blasting can be cut off.

Keywords:Foundation pit;Support beam;Explosive demolition;Safety protection

　　钢筋混凝土支撑梁常用的拆除方法有人工破除、机械拆除、绳锯切割吊装和爆破拆除四种。爆破拆除法相比其他三种方法,拆除效率最高,经济效益显著,适合大规模支撑梁一次性整体拆除,其仍是钢筋混凝土支撑梁拆除的主流方法。采用爆破方法拆除钢筋混凝土支撑梁的技术难度不大,但是,爆破带来的诸如爆破振动、爆破个别飞散物、爆破粉尘等有害效应对周边环境影响较大。尤其是在城市复杂环境中,由于爆破振动和爆破粉尘过大,施工现场常常遭受周边居民的投诉而被迫停工。更严重

本文原载于《爆破》2018 年第 35 卷第 2 期。

的是,若爆破个别飞散物控制不力,将直接威胁周边行人和车辆的安全。因此,研究城市复杂环境下基坑支撑梁爆破拆除安全控制措施,具有重要的现实意义和应用价值。

近年来,很多学者对城市基坑支撑梁爆破拆除新技术进行了相关研究。钟冬望等采用 ABAQUS 软件计算支撑梁轴力弯矩等数据,找出关键节点,优化了深基坑支撑梁爆破拆除施工顺序。叶建军、操鹏等提出了轴向预埋孔爆破拆除新技术,克服了传统预埋孔方法中存在的炮孔过多、爆破器材消耗大、联网操作复杂、堵孔费时等缺点。何理等提出一种沿支撑梁轴向、径向同时预制炮孔的多向协同布孔技术及其装药方法,有效降低了爆破有害效应,提高了爆破作业的安全性与拆除效率,改善了爆破拆除效果。杜宗等在深基坑支撑梁爆破工程中利用粉尘浓度仪分别测试了采取不同降尘措施后 15 min 内爆破粉尘浓度,提出了综合降尘措施。城市基坑支撑梁爆破拆除新技术积极推动了爆破技术的发展和进步。

武汉爆破有限公司近两年在武汉地区实施了大量的支撑梁爆破拆除项目(图1、图2),其中,武汉光谷广场综合体项目基坑支撑梁爆破拆除工程的周边环境极为复杂。该项目位于武汉市东湖高新技术开发区光谷广场中心区域,2条主干道(鲁磨路—民族大道、珞喻东路—珞喻西路)、1条次干道(虎泉街)及1条光谷街在此相交形成6路环形交叉口。该中心区域每小时车流量为6500辆左右,要求支撑梁爆破拆除时,周边交通不中断。结合公司在城市复杂环境下实施大型基坑支撑梁爆破拆除的经验,本文研究分析了爆破振动、爆破飞石和爆破粉尘的产生机理和控制措施,并对一些传统的安全防护措施进行了总结和探讨。

图1 武汉光谷广场综合体项目基坑支撑梁爆破拆除

图2 武汉新世界中心基坑支撑梁爆破拆除

1 爆破振动控制措施

在钢筋混凝土支撑梁爆破拆除过程中,爆破振动的传播路径是:连杆→主梁→围檩→灌注桩(地下连续墙)→保护目标。从控制能量源头和传播路径两方面考虑,支撑梁爆破拆除爆破振动控制措施主要有:(1)控制最大单段药量;(2)优化支撑梁爆破的起爆顺序。其中,控制最大单段药量比较容易理解,其基本原理是依据萨道夫斯基公式,在确定炸药单耗的前提下,每个炮孔中的药量是定值,主要通过在连接爆破网路时控制"大把抓"导爆管的数量来控制最大单段药量。根据类似工程经验,支撑梁爆破孔网参数孔距 a 取 $40\sim60$ cm,采用单排或梅花形布孔,炸药单耗 q 取 $0.6\sim0.8$ kg/m³。另外,改变支撑梁爆破的起爆顺序,则是通过爆破网路设计,先起爆主撑与围檩的连接点,切断爆破振动的传播路径,以达到降低爆破振动的目的。经实践证明,措施(2)降低爆破振动的效果明显,施工效率更高,其具体过程和实际效果见图3、图4。

武汉光谷广场综合体项目基坑支撑梁爆破拆除工程中,在临近基坑底板和工地场外商业街放置 3~5台爆破振动测试仪,爆破振动监测结果如表1所示。

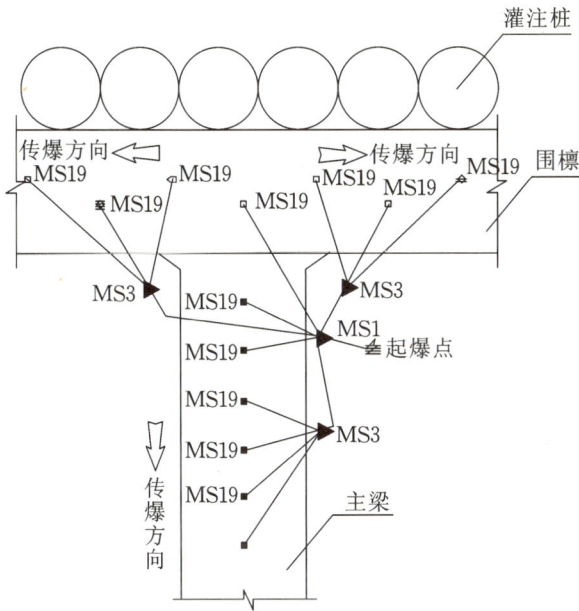

图 3　连接点处爆破网路

图 4　支撑梁爆破效果图

表 1　武汉光谷广场综合体项目基坑支撑梁爆破拆除工程周边建筑爆破振动峰值及主频

测试地点	爆心距离 R/m	通道方向	振动峰值/(cm/s)	振动主频/Hz
基坑底板	45	X	0.1031	63.9
		Y	0.1682	64.7
		Z	0.1727	63.3
世界城步行街	88	X	0.0308	16.3
		Y	0.0303	16.1
		Z	0.0261	17.0

　　经过监测,一次性爆破 800 m³ 钢筋混凝土支撑梁时,近区建(构)筑物的振动峰值为 0.17 cm/s 左右,振动主频为 63 Hz 左右,远区建(构)筑物的振动峰值为 0.03 cm/s 左右,振动主频为 17 Hz 左右,均在《爆破安全规程》(GB 6722—2014)规定的安全范围之内。因此,通过减小最大单段药量和设计合理的起爆网路,可以有效控制基坑支撑梁爆破拆除时产生的爆破振动,能够满足安全施工的要求。

2　爆破粉尘防护措施

　　支撑梁爆破粉尘主要产生于炸药能破碎混凝土的瞬间过程,爆破粉尘具有颗粒小、自重轻的特点,不仅对人体造成危害,还对环境产生一定的影响,在大规模爆破拆除支撑梁时需要重点控制爆破粉尘危害。现行的爆破粉尘防护措施主要从源头、传播途径和接受者 3 个方面控制。其中,爆破粉尘传播途径控制措施应用得最为广泛。从源头方面,可以采用水炮泥堵塞、爆破前浸湿支撑梁的方式减少尘源;从传播途径方面,可以采用爆炸水雾降尘,以及爆破后及时采用人工洒水和水雾喷淋系统降尘;从接受者方面,主要是给施工人员配备安全防护用品,减少爆破粉尘对人体的危害。相关降尘措施见图 5、图 6。

图 5　水雾炮喷雾降尘

图 6　基坑喷淋降尘系统

3　爆破飞石防护措施

相较于爆破振动、爆破粉尘和爆破噪声等爆破有害效应,支撑梁爆破拆除时爆破飞石对周边人员和车辆的安全威胁最大,它是安全防护的重点,也是难点。在城市复杂环境下,要严格控制爆破飞石的飞散。控制基坑支撑梁爆破拆除时产生的爆破飞石主要从控制爆破飞石的初始速度和飞散方向两方面着手。其中,爆破飞石的初始速度主要与单孔药量、最小抵抗线和堵塞长度 3 个因素有关,施工时要重点把握。与露天土岩爆破和楼房拆除爆破不同,基坑支撑梁多处于四面临空位置,爆破飞石的飞散方向具有随机性,飞散方向控制主要是引导爆破飞石向基坑底部飞散,严格控制爆破飞石从顶部和两个侧面 3 个方向飞出,以防击中周边过往的行人和车辆。目前,支撑梁爆破拆除工程中,爆破飞石的防护措施主要有覆盖防护和近体防护措施,以及综合防护措施,见表 2。

表 2　爆破飞石安全防护措施

序号	防护措施	工作量	防护效果	防护等级评价
1	悬挂密目安全网	最小	产生大量顶部和侧向爆破飞石	★☆☆☆☆
2	覆盖胶卷帘	一般	产生大量侧向飞石	★★☆☆☆
3	覆盖胶卷帘＋悬挂密目安全网	一般	产生少量侧向飞石	★★★☆☆
4	覆盖胶卷帘＋悬挂橡胶板＋悬挂密目安全网	较大	产生极个别飞石	★★★★☆
5	覆盖胶卷帘＋封闭顶板	最大	没有飞石	★★★★★

以上爆破飞石安全防护措施在基坑支撑梁爆破拆除工程中被广泛采用,基本能够满足安全施工的要求,但是,依然存在经济成本高、作业效率低等缺点。因此,钢筋混凝土支撑梁爆破拆除施工中,急需一种功能多样、便捷高效和可靠实用的安全防护装置,可以同时具备控制冲击波、爆破飞石和爆破粉尘等有害效应的功能。相关防护措施见图 7、图 8。

图 7　胶卷帘覆盖防护

图 8　胶卷帘＋橡胶板＋安全网综合防护

4 结语

爆破方法是一种拆除城市基坑工程中钢筋混凝土支撑梁的高效方法,适用于大规模一次性拆除钢筋混凝土支撑梁。爆破方法显著提高了拆除效率,为城市建设和改造工程带来了可观的经济效益。但是,爆破滋生的诸如爆破振动、爆破飞石和爆破粉尘等有害效应也不容忽视。根据钢筋混凝土支撑梁爆破拆除的技术特点,爆破有害效应控制应从"主动控制"和"被动防护"两方面同时着手。主动控制即从布孔形式、装药结构和起爆网路3个方面优化爆破设计方案,控制爆破有害效应的产生源头;被动防护即从防护形式和防护材料两方面,最大限度地切断爆破有害效应的传播路径。传统的安全防护措施基本可以满足安全施工的要求,但是,仍然存在经济成本高、作业效率低等缺点,需要从新技术、新材料方面加以创新,提高支撑梁爆破拆除安全防护装置的适用性和经济性。

框架结构楼房定向爆破拆除
后坐控制措施及应用

王　威[1,2,3]　贾永胜[1,2,3]　韩传伟[1,2,3]　黄小武[1,2,3]　韩　宇[1,2,3]　伍　岳[1,2,3]

（1. 江汉大学湖北（武汉）爆炸与爆破技术研究院，武汉 430056；

2. 爆破工程湖北省重点实验室，武汉 430056；3. 武汉爆破有限公司，武汉 430056）

摘　要：框架结构楼房在定向爆破拆除时容易产生后坐现象，对后侧保护目标构成巨大威胁。本文结合城市复杂环境下框架结构楼房定向爆破拆除设计施工实践，对控制框架结构楼房后坐的方法进行分析和探讨，并采用 LS-DYNA 动力学有限元软件对方法的合理性进行数值仿真验算。实践结果表明：采用抬高爆破切口至 2 层，切口后排立柱不钻孔爆破的方案，可以有效防止或减少框架结构楼体后坐现象，爆破后楼体 1 层后部立柱均保持完好，在 1 层和 2 层连接处折断，1 层前部立柱受楼体塌落冲击作用折断，楼体爆堆堆积高度与从 1 层爆破相比并无明显差异，爆破效果良好，并且前排底部立柱可以作为缓冲层大大消耗楼体塌落冲击的动能，削弱触地振动效应，减小塌落振动对周边环境的影响。

关键词：框架结构楼房；定向爆破；后坐；控制措施

Control measures and application of recoil in
directional blasting demolition of framed buildings

WANG Wei[1,2,3]　JIA Yongsheng[1,2,3]　HAN Chuanwei[1,2,3]

HUANG Xiaowu[1,2,3]　HAN Yu[1,2,3]　WU Yue[1,2,3]

（1. Hubei(Wuhan) Explosions and Blasting Technology Institute of Jianghan University,Wuhan 430056,China；

2. Hubei Key Laboratory of Blasting Engineering,Wuhan 430056,China；

3. Wuhan Explosion and Blasting Corporation Limited,Wuhan 430056,China）

Abstract：The phenomenon of recoiling is easy to occur in the demolition of framed buildings by directional blasting,which poses a great threat to the protection target of the rear side protection. Combined with the design and construction practice of directional blasting demolition of frame structure buildings in complex urban environment,the method of controlling the recoiling of frame structure buildings is analyzed and discussed,and the rationality of the method is verified by numerical simulation with LS-DYNA dynamic finite element software. Practical results show that the scheme of raising the blasting incision to the second floor and not drilling and blasting the columns behind the incision can effectively prevent or reduce the recoil phenomenon of the frame structure building. After the blasting,the columns of the first floor and the rear side of the building are maintained and broke off at the junction of the first and second floors. The front column of the first floor was broken off by the impact of the collapse of the building. The height of the blasting pile of the building is not significantly different from that of the 1st floor blasting. The blasting effect is good,and the front bottom column can be used as a buffer layer to greatly consume the kinetic energy of the collapse impact of the building,weaken the vibration effect of the ground contact,and reduce the impact of the collapse vibration on the surrounding environment.

Keywords：Frame building；Directional blasting；Recoil；Control measures

本文原载于《爆破》2021 年第 38 卷第 2 期。

楼房采用定向爆破方式拆除时,在楼房主体结构向预定方向倒塌的同时,通常伴有局部构件(梁、柱、板、墙体)向相反方向倾倒或塌落的后坐现象。相对于砖混结构楼房,框架结构楼房在定向爆破拆除时更容易发生后坐现象。当楼房倒塌相反方向的环境较好时,后坐不会造成不良的后果,并且可以利用楼房的后坐,减少楼房在预定倒塌方向的堆积距离。当楼房倒塌相反方向有保护目标(建筑物、市政设施或地下设施等)距离较近时,后坐将会对保护目标构成巨大威胁。

随着我国城市化进展的加快,多数待拆除建(构)筑物都是在人口稠密、环境复杂的区域,一般情况下都不允许楼房在倒塌时有过多的后坐。通过借鉴机械方式拆除框架结构楼房的实际操作经验,对控制框架结构楼房后坐的方法进行分析和探讨,结合武汉市洪山区华中科学生态城群楼爆破拆除项目设计施工实践,并利用数值模拟方法进行验证和对比,探究城市复杂环境条件下框架结构楼房爆破拆除后坐控制措施的方法和合理性,为城市复杂环境下框架结构楼房爆破拆除设计与施工提供新的思路。

1 框架结构楼房爆破后坐分析

框架结构楼房定向爆破时,通常前几排立柱爆破高度较大,后排立柱爆破高度较小(或不钻孔爆破)。在后排立柱爆破之前(或不钻孔爆破),前几排立柱已爆破并形成缺口,可认为此时楼房后排立柱已经从超静定结构变为静定结构,倒塌方向前侧已形成大悬臂结构,后排立柱除承受巨大的上部重力外,还承受巨大的偏心弯矩作用。

框架结构楼房前几排立柱爆破后,若后排立柱未钻孔爆破,后排立柱在弯矩作用下,首先在梁柱节点下的薄弱处或梁的后端薄弱处断裂。楼房倾斜一定角度,或倒塌方向爆破切口闭合时,在水平分力的作用下后排立柱向后倒塌,第一层梁和楼板向后位移,发生后坐。图1为一栋9层框架结构楼房,长60.0 m、宽12.9 m、高29.3 m,三排立柱,该楼采用定向倾倒爆破方案,爆破切口设置在1～3层,后排立柱未钻孔爆破。该楼爆破后,后排立柱向后倒塌,后坐距离约4.5 m。

传统设计施工时,更倾向于对框架结构楼房后排立柱采取松动爆破方式,认为此时可使后排立柱形成铰支点转动,可有效地避免(或减少)后坐。但是,大量的工程案例显示,定向倾倒爆破时多数情况下不会在后排立柱松动爆破后形成铰支点转动,反而后坐现象都非常严重,容易造成意想不到的后果。某大厦11层框架结构楼房,长42.3 m、宽14.3 m、高40 m,平行于倾倒方向三排立柱,前-中-后排立柱间距分别为7.8 m和6.5 m。立柱截面尺寸为400 mm×600 mm,配筋24 φ 25,箍筋 φ12@100。重点保护目标为楼房后侧地铁出入口,距离楼房8.1 m。该楼采用定向倾倒爆破方案,后排立柱

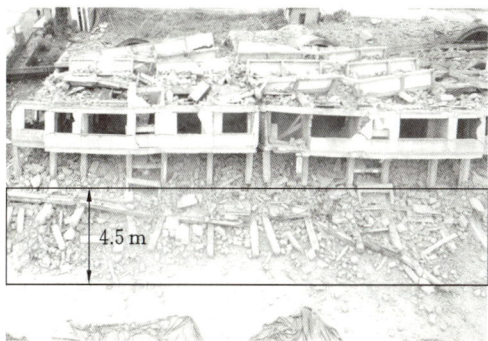

图1 框架结构楼房爆破后坐实例

钻2个25 cm孔,采用松动爆破法,目的是形成塑性铰。爆破后,后坐现象严重,对地铁出入口造成挤压破坏。出于安全考虑,地铁运营单位封锁该出入口近1个月,修复后再行开放。费鸿禄对10层框架结构楼房纵向定向爆破拆除进行数值模拟,显示该楼房后坐9.33 m,实际爆破后坐9.50 m。

对以上结果分析原因,发现是由于前排立柱爆破后,短时间内楼体构件(梁、柱、板)与2楼以上后排立柱基本未脱离,可将后排立柱1楼部分考虑为偏心受压构件,此时后排立柱爆破作用进一步地降低了其支撑强度,也降低了其抗弯强度。根据中国建筑科学院研究所提出的混凝土立方体抗剪强度 τ 与抗压强度 f_{cu} 的关系 $\tau = 0.3401 f_{cu}^{0.6103}$,可见立方体抗剪强度 τ 远小于抗压强度 f_{cu}。后排立柱松动爆破时,在爆破平面上产生了巨大的剪切力,此时后排立柱不足以支撑楼体上部巨大的重量和弯矩作用,将快速发生剪切破坏,产生斜向下戳的运动趋势,在后排立柱下戳运动过程中,地表和土体提供阻力,但若楼体重量较大,下戳立柱碰不到新的刚体支撑,会一直下戳,直至2楼底板接触地面。

2 控制后坐技术措施

目前高拆机在楼房拆除工程中的应用已经很普遍,通过分析数栋框架结构楼房的机械拆除发现,

其拆除切口并未设置在楼房一层,而是从二楼开始有序破除承重结构,一楼作为预留的缓冲层。二楼后排立柱不做处理,前排个别部位破坏程度不同,最后在安全位置破坏承重构件,使楼房安全倒塌,且不发生后坐。

将上文所述理念借鉴到框架结构楼房定向爆破拆除中,为防止楼房后坐,可采用底部楼层不爆破,抬高爆破切口,切口后排立柱不爆破的方案。并将这一理念应用到华中科学生态城群楼爆破拆除实践中,取得了成功。

3　应用实例

华中科学生态城项目群楼爆破拆除工程位于武汉市洪山区,群楼由原武汉光谷职业学院教学楼和宿舍楼组成。一期爆破拆除的四栋楼房为校园北区的两栋框架结构教学楼(A3 楼、A13 楼)和两栋砖混结构宿舍楼(A7 楼、E1 楼)。A3 楼西侧距园林场路人行道 1.0 m,距 PR160 中压天然气管道 5.0 m,北侧距待拆除 3 层民房 2.0 m。A13 楼东侧距幼儿园 31.7 m,北侧为幼儿园出入道路,距湖北工业大学商贸学院 7 层学生宿舍 9.8 m。环境图如图 2 所示。

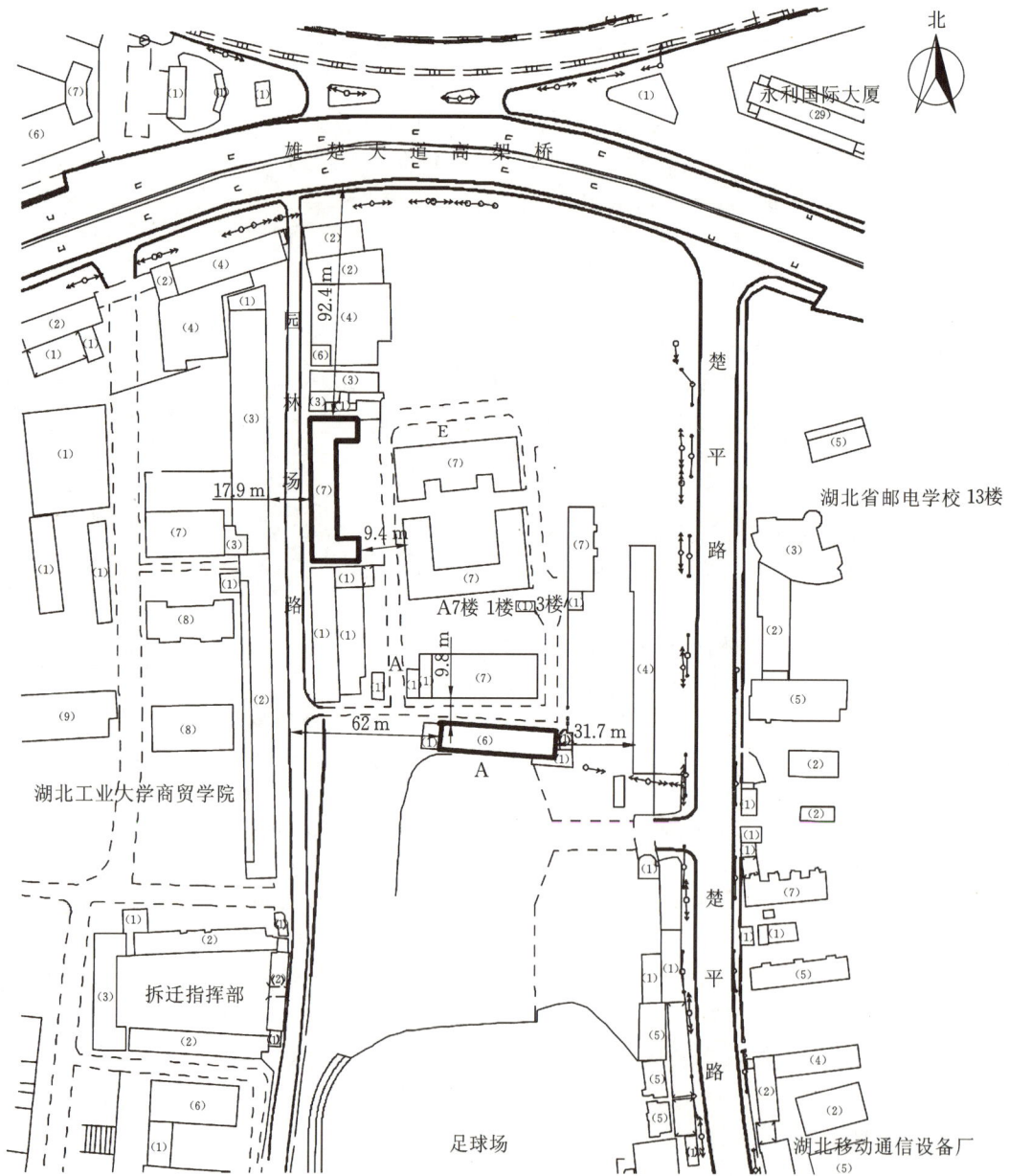

图 2　爆破周围环境示意图(单位:m)

A3 楼为 7 层框架结构,长 57.6 m、宽 18.7 m、高 25.2 m,共 4 排立柱,主要立柱截面尺寸为 400 mm×600 mm,楼房结构见图 3。A13 楼为 6 层框架结构,长 55.3 m、宽 10.8 m、高 24.5 m,主要立柱截面尺寸为 400 mm×600 mm,楼房结构见图 4。

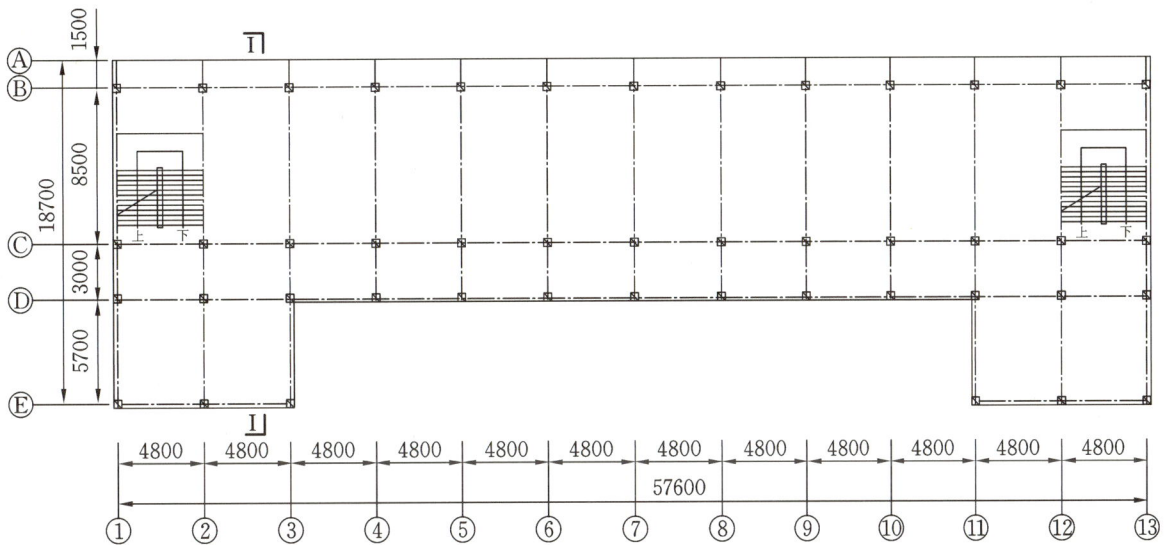

图 3　A3 楼结构示意图(单位:mm)

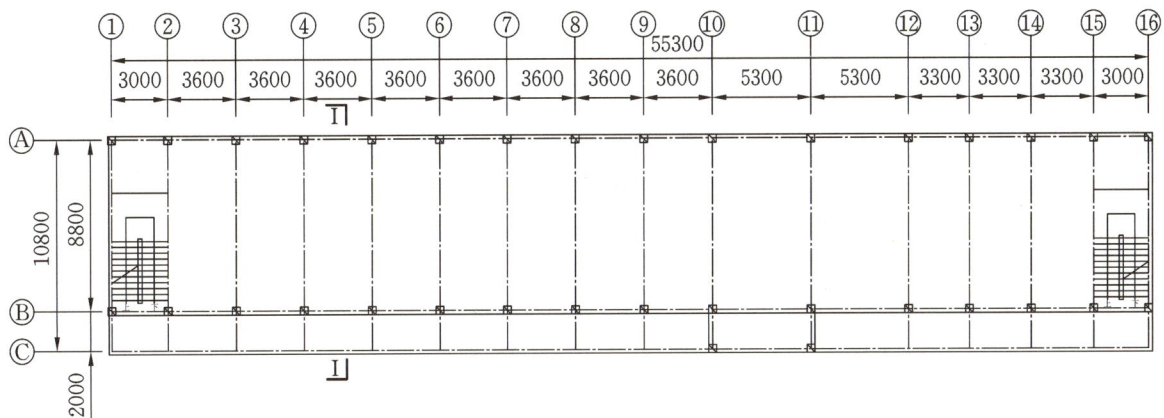

图 4　A13 楼结构示意图(单位:mm)

由于 A3 楼西侧为园林场路,A13 楼北侧为幼儿园和湖北工业大学商贸学院宿舍楼出入口,为了避免 A3 楼和 A13 楼楼体产生下坐,堵塞进出口通道,采取 A3 楼向东定向倒塌,A13 楼向南定向倒塌的方案。A3 楼的爆破切口布置在 1~4 层(1 层后两排立柱未钻孔爆破),前后排延期时间为 460 ms。A13 楼的爆破切口布置在 2~3 层。A3 楼和 A13 楼的爆破切口示意图分别如图 5、图 6 所示。

4　数值模拟分析

为验证爆破参数的合理性及楼房后坐控制方法的可行性,采用 ANSYS/LS-DYNA 动力学有限元软件,对 A3 楼倒塌过程进行数值仿真验算。根据上述案例中 A3 楼的实际结构参数,建立 7 层钢筋混凝土框架有限元模型,南北走向,3~7 楼保留非切口区域东西向填充墙体。采用整体式建模方法,不单独划分钢筋单元,以简化计算模型,提高运算效率。

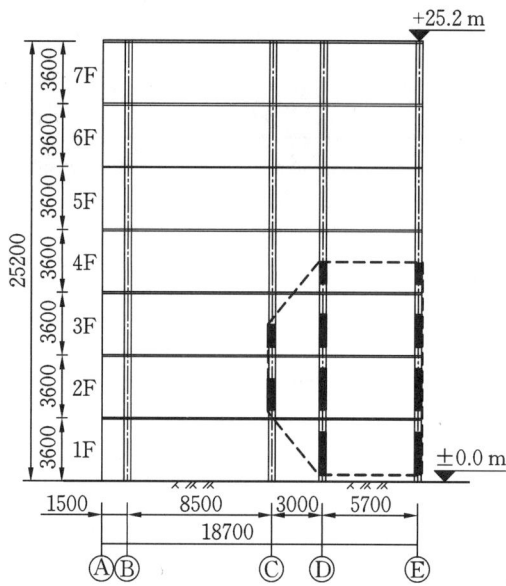

图 5　A3 楼爆破切口示意图(单位:mm)　　　　图 6　A13 楼爆破切口示意图(单位:mm)

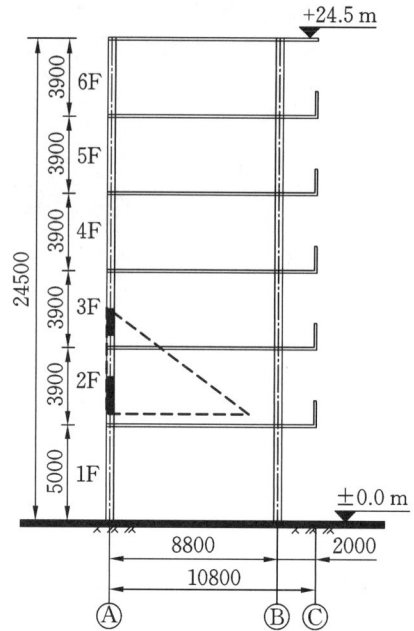

选用的梁、柱、板、墙单元类型均为 SOLID164,钢筋混凝土计算模型选用塑性随动硬化材料模型(* MAT_PLASTIC_KINEMATIC),地面设置为刚体。采用 8 节点六面体单元对模型进行网格划分,单元尺寸为 30 cm,整个模型划分得到的单元数为 230518,节点数为 418467。各结构钢筋混凝土材料的物理力学参数如表 1 所示。

表 1　材料的物理力学参数

名称	密度/(kg/m³)	弹性模量/GPa	泊松比	抗拉强度/MPa	抗压强度/MPa
梁、柱、板	2700	40	0.22	4.0	50
墙	2450	32	0.20	4.0	50
地面	2400	25	0.16	—	—

使用关键字 * MAT_ADD_EROSION 来控制楼房切口区域材料的失效,通过控制时间参数使各爆破按照设定的时刻依次失效。

数值模拟结果表明:A3 楼按照设计方向定向倾倒,整个倒塌触地过程历时约 8 s,倒塌过程如图 7 所示。可以看出,切口内各排立柱按照设置的延时时间瞬间失效,在 1 s 时刻形成完整的爆破切口。在重力作用下,上部楼体在 2 层后立柱支撑下向前倾覆,2、3 楼后排梁柱在压、弯、剪组合力作用下最先发生破坏,在交接点处折断。4 s 时,前部楼体开始触地,1 楼未爆破部分作为缓冲层与上部楼体相互碰撞,增加了破碎效果。8 s 时,楼房倒塌完全。

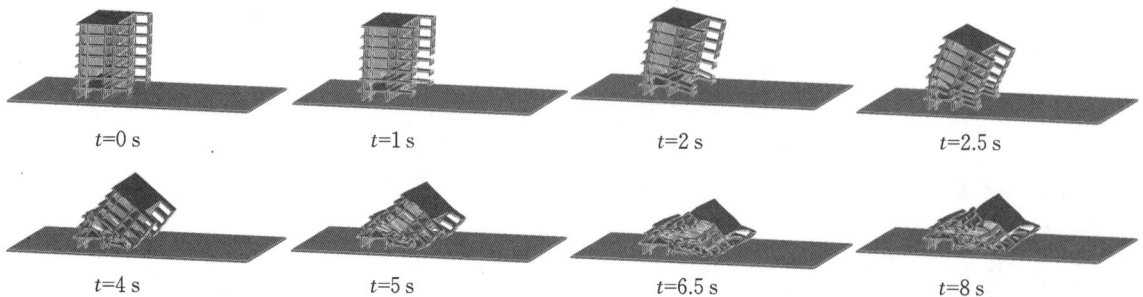

图 7　楼房模拟倒塌过程

从图 8 可以看出,楼房倒塌未发生后坐现象,二楼及以上结构充分解体,楼房爆堆集中,爆堆高度 13.6 m,表明上述楼房爆破拆除后坐控制方法合理可行。

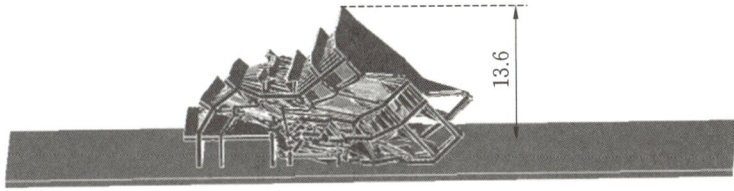

图 8　楼房模拟爆堆侧视图(单位:m)

5　爆破拆除实际效果

经过精心的设计、施工,楼房均按照预定方向定向倒塌,爆破没有对周边民房和天然气管道造成破坏。两栋框架结构楼房爆堆解体得较充分,满足机械破碎要求。如图 9 至图 12 所示,两栋楼房后侧 1 层立柱均保持完好,在 1 层和 2 层连接处折断,2 层以上向前倾覆,A3 楼后侧不到 1 m 处的院墙完好无损,A13 楼有部分小构件散落在楼体后侧 3 m 范围内,但整体结构均未产生后坐现象,也验证了该方案对于减少楼体后坐是行之有效的。

图 9　A3 楼整体爆破效果

图 10　A3 楼后侧效果图

图 11　A13 楼整体爆破效果

图 12　A13 楼后侧效果图

6　结语

(1)框架结构楼房定向倾倒爆破采取底层后排立柱弱爆破的方案,在实际爆破中基本上不会形成塑性铰和绕铰支点转动,楼体会产生后坐现象。

(2)对于 10 层左右高宽比较大的框架结构楼房,为防止或者减少楼体后坐,采用 1 层不爆破或者前部爆破,在2层及以上布设爆破缺口,2层后排立柱不爆破的方案是可行的。对于15层以上上部重量较大的楼房,可以抬高爆破切口到2层以上。

（3）部分爆破工程技术人员认为:与爆破切口置于1层相比,抬高爆破切口会导致爆堆太高。但通过对比两栋楼房的爆破效果,爆破后1层前部立柱受楼体塌落冲击作用折断破碎,楼体爆堆堆积高度与从1层爆破相比并无明显差异。

（4）底部未爆楼层可以作为缓冲层大大消耗楼体塌落冲击的动能,削弱触地振动效应,减小塌落振动对周边环境的影响。特别是在待爆楼房后侧有临近建(构)筑物和地下管线时不允许整体后坐的情况下,采用此方法可以减少风险,即使砸落几个楼房构件或碴块,也不会对保护目标造成很大破坏。

（5）为了改善爆破效果,降低爆堆高度,减少楼体后坐,可以对爆破切口内沿爆破倒塌方向的梁进行钻孔爆破,使其前端着地时折断,减小地面支撑力对后排立柱的作用。

露天深孔台阶精细爆破技术研究进展

谢先启[1,2]　黄小武[2,3]　姚颖康[1]　何　理[3]　伍　岳[2]

(1.江汉大学精细爆破国家重点实验室,湖北 武汉 430056;2.武汉爆破有限公司,湖北 武汉 430056;
3.武汉科技大学理学院,湖北 武汉 430065)

摘　要:21世纪以来,随着凿岩设备和爆破器材等新技术的进步与发展,露天爆破开采规模不断扩大,露天深孔台阶爆破技术进入了精细化的新阶段。近年来,露天深孔台阶爆破技术取得了较大的技术突破,创造了显著的社会效益和经济效益。基于精细爆破理念,总结叙述了露天深孔台阶爆破领域内智能爆破设计、露天凿岩设备、数码电子雷管、现场混装炸药、装药结构和起爆网路6个方面的研究进展。研究表明:①研发的智能爆破设计系统的种类较多,需结合生产实践加大推广力度,更好地辅助爆破工程设计;②我国露天凿岩设备的研发、制造能力相对发达国家还有很大的发展空间,需进一步提升凿岩设备自动化、智能化水平;③数码电子雷管和现场混装炸药提升了爆破器材的本质安全性,且有利于改善破岩效果和降低爆破振动;④装药结构和起爆网路是露天深孔台阶精细爆破技术的重要体现,但相关基础理论尚不完善,需加强多学科交叉融合,最终实现炸药能量的精确释放并提升能量利用率。在上述分析的基础上,总结了露天深孔台阶爆破技术的发展现状及存在的主要问题,并探讨了该技术的研究发展方向。

关键词:露天深孔台阶爆破;精细爆破;发展现状;研究展望

Study prospect of precision blasting technology in open-pit deep hole bench

XIE Xianqi[1,2]　HUANG Xiaowu[2,3]　YAO Yingkang[1]　HE Li[3]　WU Yue[2]

(1. State Key Laboratory of Precision Blasting,Jianghan University,Wuhan 430056,China;

2. Wuhan Explosions & Blasting Co.,Ltd.,Wuhan 430056,China;

3. College of Science,Wuhan University of Science and Technology,Wuhan 430065,China)

Abstract:Since the 21st century,with the progress and development of drilling equipment and blasting equipment,scale of open-pit blasting mining is expanding,and the open-pit deep-hole bench blasting technology enters a new stage of refinement. In recent years,open-pit deep-hole bench blasting technology makes great technological breakthroughs and creates remarkable social and economic benefits. Based on the concept of fine blasting,the research progress of intelligent blasting design,open-pit drilling equipment,digital electronic detonator,field mixed explosive,charge structure and initiation network in the field of open-pit deep-hole bench blasting are summarized and described. The study results show that:① There are many types of intelligent blasting design systems and the progress is obvious. It is necessary to increase the promotion efforts in combination with the production practice to truly achieve the goal of auxiliary engineering design. ② The manufacturing capacity of open-pit drilling equipment in China lags behind that of the developed countries in the world. It is necessary to develop the specifications and performance of the equipment and improve the level of automation and intelligence. ③Digital electronic detonators and field mixed

本文原载于《金属矿山》2022年第7期。

explosives enhance the intrinsic safety of blasting equipment, not only improve the safety of blasting equipment, but also help to improve rock breaking effect and reduce blasting vibration. ④The charge structure and initiation network are important embodiments of precision blasting technology, but the relevant basic theories are not perfect. It is necessary to strengthen the interdisciplinary integration, and ultimately achieve the accurate release of explosive energy and improve the energy utilization rate. The development status and main problems of open-pit deep-hole bench blasting technology are analyzed, and the research and development direction of this technology is discussed.

Keywords：Deep-hole bench blasting in open-pit mine；Precision blasting；Development status；Research prospect

露天台阶爆破是在地面上以台阶形式开挖的石方爆破作业,依据孔径、孔深分为深孔台阶爆破和浅孔台阶爆破。其中,露天深孔台阶爆破技术的开采空间广阔,方便应用大型机械设备,有利于实现机械化、自动化作业;同时,深孔台阶爆破的开采强度更高,生产规模大,便于引进新技术、新方法。因此,露天深孔台阶爆破技术生产效率高、经济效益好,在矿山、铁道、公路、水利水电等建设领域得到广泛应用。例如,2005 年 3 月,太原钢铁公司峨口铁矿开展了大区多排深孔毫秒爆破,一次性爆破 871 个炮孔,共使用炸药 398.7 t,爆破矿岩 130.3 万 t,成为当时我国冶金矿山爆破规模最大的深孔台阶爆破作业。2018—2021 年武汉爆破有限公司实施了鄂州花湖机场大规模石方爆破工程,采用 GPS、无人机、电子雷管等先进设备和器材,精准确定孔位、孔深、延期时间等关键爆破参数,量化设计、精心施工、精细管理,连续 3 个月炸药消耗量均超过 100 t/d,在高峰期 120 d 完成 2000 万 m³ 岩石的爆破与转运。21 世纪以来,随着钻孔、挖装和运输等大型设备的发展,以及数码电子雷管和现场混装炸药等新技术的发展与普及,露天深孔台阶爆破规模不断扩大,机械化、自动化、智能化水平不断提高,进入精细爆破发展阶段。

精细爆破是开启工程爆破高质量发展的里程碑,其核心思想是爆炸能量释放和介质破碎过程的精确控制。历经十余年的发展,精细爆破理念及其技术体系日趋完善,并在土岩爆破、拆除爆破和特种爆破三大工程爆破领域内广泛应用。实现精细爆破的途径主要有 3 个方面:(1)通过爆破效应的定量分析和准确预测进行量化设计;(2)采用现代化的施工与管理技术实施精细作业;(3)依托信息技术等实现爆破过程的监测与反馈。本研究基于精细爆破理念,主要从智能爆破设计、露天凿岩设备、数码电子雷管、现场混装炸药、装药结构和起爆网路等方面梳理了露天深孔台阶爆破技术的研究进展,并探讨了露天深孔台阶爆破技术的研究发展方向。

1　智能爆破设计

露天深孔台阶爆破设计内容主要包括基础数据和设计内容两大部分,前者是方案设计的依据,后者是详细的爆破参数。在获取爆区地形、地质数据的基础上,进行爆破参数设计、模拟分析和方案优化,实现定量化的爆破设计。

近年来,随着物联网、云计算、大数据、人工智能科技的不断进步,以及三维激光扫描(图 1)、无人机(图 2)等摄影测量技术的发展,可为露天深孔台阶爆破的定量化设计提供丰富的基础数据来源,采用预测分析和智能设计系统,使得大规模露天石方爆破设计日益精准化、可视化。施富强等利用三维激光扫描技术获取了爆破对象的三维点云数据,提取了每个炮孔的准确坐标,不仅避免了传统设计的人为误差,而且可测量爆堆的岩石粒径与任意剖面的坡面角度、长度,从而便于定量评价整体爆破效果,实现爆破设计数字化及爆破效果的数字化评估。刘宇使用低空无人机对露天煤矿台阶爆破区域进行扫描,基于多视图三维重建技术构建了待爆区域的实景三维点云数字模型。

图 1　露天矿山三维激光扫描模型

图 2　露天土岩无人机三维航拍模型

鄂州花湖机场大型石方爆破工程(图 3)中普遍采用无人机技术,该技术在三维摄影测量、开拓路线设计、爆破效果分析等方面发挥了重要作用,为爆破方案设计优化提供了重要支撑。利用三维激光扫描或无人机遥感技术采集爆破环境信息,周期短、时效强,能够快速且准确地计算爆区面积和体积,节省大量人力和时间。

(a)

(b)

图 3　鄂州花湖机场大型石方爆破工程
(a) 露天深孔台阶爆破;(b) 大型石方挖运场景

基于三维数字模型,为提高露天台阶爆破设计的科学性、规范性和便捷性,国内外不少学者针对露天台阶爆破先后研发了智能爆破设计系统,典型露天台阶爆破设计系统如表 1 所示。近年来,国外的爆破设计软件朝着智能化方向发展,特别是在爆破效果预测方面得到了有效应用,如 JKSimBlast、I-Blast、Maptek BlastLogic 等。其中,最具代表性的是澳大利亚澳瑞凯(Orica)公司研发的 SHOTPlus系列软件。该软件主要用于矿山日常生产爆破优化设计,目前已发展到了第 5 代(SHOTPlus 5),用户可根据需要设置三维爆破区域,指定炮孔尺寸及位置,选择炸药类型及装药方式,设计起爆网路及延期时间,通过关联电子起爆系统 i-kon 实现数字化起爆。国内在爆破设计系统方面的研究起步较晚,研发的软件大多是基于 CAD 环境下的二次开发,软件功能较为简单。结合生产需求,各大施工企业及科研院校相继研发了各具特色的爆破设计系统。例如,江西九江华易软件有限公司研发了爆破设计云系统(图 4),不仅具备 SHOTPlus 的设计功能,而且其软件界面和数学建模更加合理。中国葛洲坝集团易普力股份有限公司研发的 e-blast 三维露天矿山爆破设计软件,通过建立三维可视化模型,采用人机交互来编制爆破设计方案,实现自动爆破设计。基于 AutoCAD 二次开发系统,白润才等采用C++语言开发了露天矿爆破设计三维可视化系统,可通过多次演示优化出最佳的起爆顺序和爆堆形状,该系统具有较强的适应性和扩展性,显著提高了爆破管理水平与设计效率。赵明生等运用 VC 平台、STL 模板库和 OpenGL 图形库开发了露天台阶爆破智能化设计软件,实现了布孔和网路自动化设计。李泽华等基于 VC++中 MFC 开发框架,结合 OpenGL 开发相关图形引擎,实现了炮孔自动布置、网路自动连接、药量自动优化等功能。刘宇对开源点云处理工具 Cloud Compare 进行二次开发,研发了以三维点云数字模型为数据基础的露天矿精细爆破设计系统,使得爆破设计更加直观、形象,得到的精细爆破参数可更加具体地指导爆破施工。

表 1　典型露天台阶爆破设计系统

设计系统	开发机构	主要功能
BESTPOL	印度矿业学院	具备台阶地形图、钻孔布置及参数图等 15 个参数自动设计功能
爆破专家系统	澳大利亚 西部矿业学院	具备爆破方案设计、施工设备选择、爆破块度分布预测、矿石损失与贫化预测、钻爆参数敏感性分析及参数优化等功能
露天爆破设计 和咨询专家系统	美国俄亥俄矿业大学	具备爆破方案设计和爆破振动分析等功能,系统由两个相对独立的模块组成
爆破优化设计专家	美国爱达荷矿业学院	具备露天矿爆破方案优化设计和专家知识推理功能的爆破专家系统
ExPertir	法国巴黎高等矿业学院	系统以岩石最佳破碎为目标,由解决各种问题的不同模块衔接而成
SHOTPlus-i	Orica 公司	具备露天台阶抛掷爆破参数、爆破网路设计、爆破效果预测分析等功能,可自动生成设计报表和文件
Blast-Code	北京科技大学	具备根据地形、矿岩、炸药性能、岩石可爆性指数及台阶自由面条件自动进行爆破设计和效果预测等功能

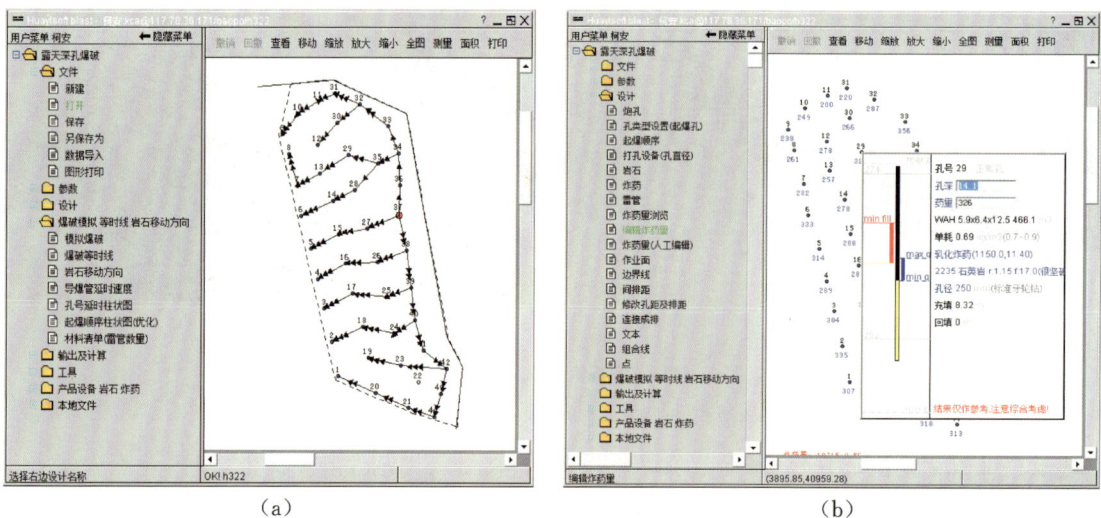

图 4　爆破设计软件界面

(a)起爆网路设计;(b)装药结构设计

作为智能爆破设计的重要环节,岩石爆破效果数值模拟预测及分析是实现爆破可视化设计的主要手段。露天台阶数值模拟方法及软件主要有澳大利亚澳瑞凯公司的 MBM 与 DMC 软件、美国 ITASCA 公司的 Blo_Up 软件,以及中国科学院力学研究所提出的 CDEM 方法。其中,MBM(Mechanistic Blasting Model)是一款基于有限元与块体离散元相结合的数值模拟软件,主要功能包括爆破诱发岩体损伤、破裂、破碎过程分析,爆破块度、抛掷过程分析,以及爆堆形成过程分析等,目前仅能计算二维问题。DMC(Distinct Motion Code)是基于颗粒离散元的露天矿爆破效果数值模拟软件,可以计算二维及三维爆破问题,主要功能包括模拟抛掷、堆积过程,预测爆堆形状、矿岩分选爆破效果等。CDEM(Continuum Discontinuum Element Method)是李世海团队自主研发的连续-非连续数值模拟方法,将连续介质模型与非连续介质模型进行有机结合,可精确施加爆炸载荷,实现爆破载荷下岩体破裂破碎、破碎块体间碰撞及堆积过程的高效计算(图 5)。目前,CDEM 可用于对岩石爆破破碎效果、三维爆堆形态及爆破振动等进行精确模拟及分析。

相比于依靠工程技术人员工程经验的传统爆破设计,利用智能爆破设计系统,可逐步实现爆破参数、装药结构和起爆网路的自动化、智能化设计,通过多种爆破方案对比分析,给出最优化爆破方案,并对爆破效果进行可靠预测,可在一定程度上降低人工设计强度。

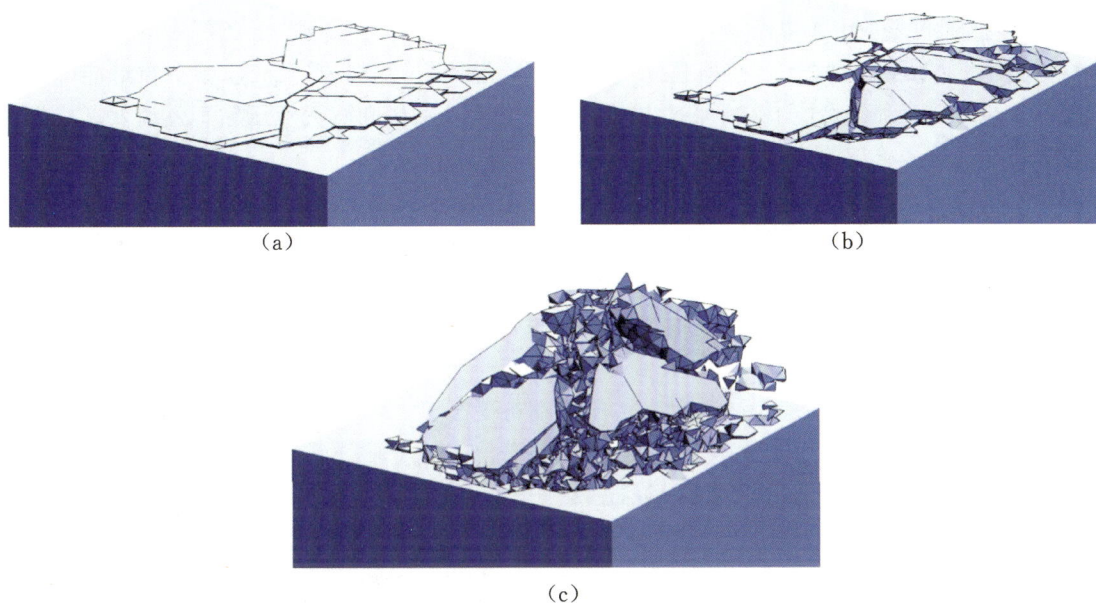

图 5　CDEM 方法模拟岩体破碎运动过程

(a)0.5 ms；(b)1.75 ms；(c)4.25 ms

　　近年来,露天深孔台阶爆破设计的数字化、智能化、可视化设计水平进步显著,面向爆破工程领域涌现出多款智能爆破设计系统,但大多数尚处在研发和优化完善阶段,软件产品的应用与推广方面效果不够理想。露天深孔台阶爆破设计系统的智能化程度还有待提高,可增加专家模块和共享数据平台,广泛借鉴参考类似工程案例,不断丰富数据库,并改进智能学习算法,提升设计系统的自主学习能力,以适应复杂多变的地质构造和工程环境。通过整合高校、科研机构及爆破作业单位等各方资源,面向工程爆破行业研发一套集爆破方案选择、爆破参数设计、起爆网路优化、爆破过程模拟、爆破效果预测和有害效应评估等功能于一体的智能化爆破设计平台。依托重大工程项目在行业内进行试用、应用,验证爆破设计系统的可靠性与精确性,并以推介会等形式加大爆破设计系统的商业推广力度。

2　凿岩设备与爆破器材

2.1　露天凿岩设备

　　目前,我国露天深孔台阶爆破凿岩设备主要采用潜孔钻机和牙轮钻机。20 世纪早期,比较先进的凿岩设备以进口为主,知名矿山设备供应商有瑞典的阿特拉斯·科普柯(Atlas Copco)、山特维克(Sandvik)、日本的古河、芬兰的汤姆洛克公司等。20 世纪 80 年代后期,各大厂商纷纷在中国开设生产基地,在很大程度上促进了机械化的凿岩设备在各大矿山的应用。其中,阿特拉斯·科普柯公司研制生产的 PowerROC 系列全液压潜孔式露天钻机(图 6),配置高风压空压机,适用于露天矿山、采石场等各种软岩、中硬岩及极硬岩石的钻孔,生产效率高,在业内广受好评。但是,由于国外设备采购价格及后期维修保养成本较高,并且备件服务不及时,进口设备在这些方面一直备受诟病。历经十余年发展,国产凿岩设备与进口设备的差距逐渐缩小,市场份额逐年增加。目前,国内有 330 多家钻机相关设备生产厂商,以河北、山东、广东和浙江企业数量最多,例如宣化金科、宣化邦达、浙江红五环、浙江开山等。

　　露天潜孔钻机有分体式和一体式两种。其中,20 世纪 50 年代国内分体式潜孔钻机由河北宣化地区生产,它在我国大直径深孔台阶爆破初期发挥了重要作用。但是,该型钻机的主要工作原理是靠气压驱动,钻机与空压机分离,钻机自动化程度低,工作效率不高,且操纵台外置,导致工人作业环境差,劳动强度大。21 世纪以来,随着社会环保意识的加强及相关制度的建立与实施,国内掀起了一体化钻机的制造高潮,涌现出了山河智能、志高机械、开山股份等多家研发、制造、生产厂家。近 10 年来,国内计算机技术、自动控制技术和传感器技术的快速发展,使潜孔钻机、露天液压钻机在节能、高效、作业精度和人机环境工程等性能上有了很大提高。一体化潜孔钻机和露天液压钻车逐渐发展成为大型高性能岩石快速钻爆施工的关键设备。

相比于潜孔钻机,牙轮钻机钻孔孔径更大、钻孔效率更高,是大、中型露天矿山钻孔的主要设备。目前世界上主要生产牙轮钻机的 3 家公司都在美国,分别为比塞洛斯公司(BE)、英格索兰(IR)公司和 P&H 公司。我国第一台达到国际先进水平的 YZ35 牙轮钻机由中钢集团衡阳重机有限公司设计制造,经过 40 多年的生产实践,该单位根据用户需求,不断对产品进行了更新换代和系列化研发与生产。

采用大直径露天钻孔设备时,钻孔效率比传统设备提高了 1 倍以上,配合大斗容的装载设备、电铲等,可提高生产效率,节约企业成本。例如,我国西藏巨龙铜业驱龙矿山应用 YZ-55D 高原型牙轮钻机(图 7),钻凿孔径为 310 mm,最大可钻深度为 20 m,最大钻进速度达到 2 m/min。

图 6　PowerROC 系列全液压潜孔式露天钻机　　　　图 7　YZ-55D 高原型牙轮钻机

近年来,国内外多家钻机公司陆续推出了一些新功能钻机,这些钻机自动化程度越来越高,在部分功能上基本实现了智能化。智能钻机系统依靠传感器在钻进过程中采集的转进速度、回转速度、轴向压力和扭矩等参数,确定岩石种类,并为爆破设计系统及炸药装填系统提供数据。20 世纪中期,美国、日本等国家已开始尝试建立工程岩体质量与钻进参数之间的定量关系。例如,美国的英格索兰公司研发的钻机检测系统(IRDMS)可以采集钻进速度、孔深、总进尺等参数,该公司研发的以 PLC 为基础的控制系统可监测钻机的钻进深度、钻进速度和回转速度。

总体而言,近年来随着设备智能化升级与工业物联网的应用,大型凿岩设备的施工效率显著提升,露天深孔台阶爆破凿岩设备正朝着大型化、自动化、智能化和绿色环保方向发展。然而,相比于国外先进设备,我国钻孔设备研发水平依然存在很大的提升空间,需进一步加强推进系统功率匹配节能技术、液压凿岩机、自动接卸钻杆、除尘净化以及液压先导集成控制等关键技术的研发和攻关。此外,我国还需汲取国外先进设备的发展经验,进一步研发机动灵活的露天凿岩设备,适应施工现场多变的工作环境,借助 5G、物联网技术完善凿岩设备实时通信、智能调度、协同控制等功能,不断提升露天潜孔钻机的智能化水平。

2.2　数码电子雷管

数码电子雷管具有延时精度高、安全性能好、网路可检测、延时可编程等优点,同时具备定位跟踪、密码绑定等安全监管优势,已经在露天深孔台阶爆破领域得到广泛应用。目前,瑞典的 Nobel,澳大利亚的 Orica,美国的 EB、Austin、SDI,法国的 Davey Bickford,日本的旭化成化学株式会社,南非的

AEL 和 Sasol 等诸多公司都相继推出了各自的数码电子雷管产品,并在全球范围内得到了广泛应用。自 2006 年我国自主研发高精度电子雷管"隆芯一号"以来,国内雷管厂家在相关政策鼓励下,纷纷开始研制电子雷管,北方邦杰、京煤化工、贵州久联、西安 213 所、湖北卫东、南岭民爆等企业也都生产了数码电子雷管产品,目前已获得生产许可的生产企业有 34 家,其中有 32 家生产企业(所属生产集团 23 家)已投入生产。据相关数据统计,截至 2021 年年末,我国电子雷管生产许可能力为 6.7 亿发,占雷管总产能 27.7 亿发的 24%(图8、图9)。2021 年 11 月,工业和信息化部发布的《"十四五"民用爆炸物品行业安全发展规划》进一步明确给出全面使用数码电子雷管的时间节点,即 2022 年 6 月底前停止生产、8 月底前停止销售除工业数码电子雷管外的其他工业雷管。相关政策文件的颁布和实施,将会提高民用爆炸物品行业的安全准入门槛,推动企业重组整合,大力化解工业雷管过剩产能。

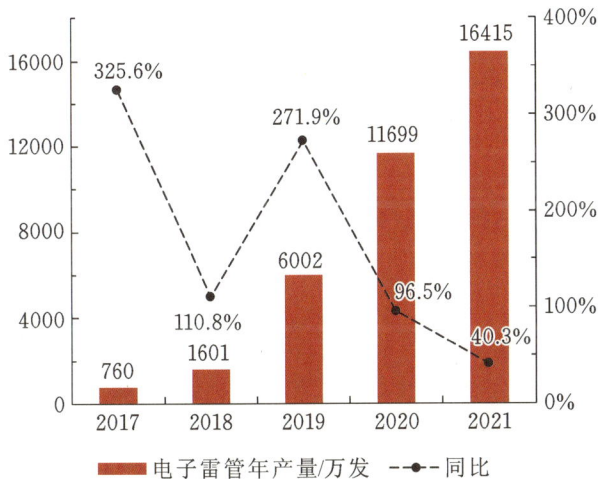

图 8　2017—2021 年电子雷管年产量变化

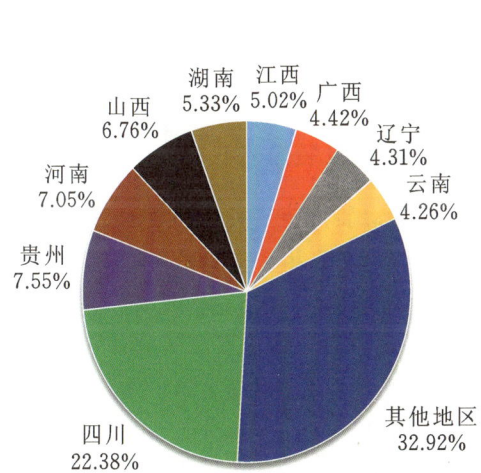

图 9　2021 年电子雷管地区产量结构

应用数码电子雷管,使得露天深孔台阶大规模"逐孔起爆"网路更加可靠,操作更加便捷。大量工程实践及监测数据证明,应用数码电子雷管能够优化孔间延时,不仅有利于改善爆破效果,而且大大提高了生产效率。王涛等在西藏玉龙铜矿成功实施了基于数码电子雷管的海拔 4650 m 以上冻土层区域 6 台阶排间岩石联合控制爆破。郭鹏杰在峨口铁矿爆破开采中应用数码电子雷管设计爆破网路,对比导爆管雷管网路的实际应用效果,表明数码电子雷管微差时间的控制精度高,在降低大块率、减少侧翻后翻、降低爆破振动与炸药单耗等方面效果显著。叶会师等在司家营露天矿山引入数码电子雷管,显著降低了露天采场台阶爆破振动并改善了爆破效果,保证了爆破作业安全可靠、采矿生产连续高效。何桃在新疆别斯库都克露天煤矿采用数码电子雷管优化了排间微差时间,降低了炸药单耗,取得了良好的社会效益与经济效益。

数码电子雷管产品的延时精度高,且可自主设置延期时间。近年来,相关学者以改善破岩效果和控制爆破振动为目标开展了数码电子雷管延期时间优选研究。钟冬望团队结合露天矿山生产实践,系统研究了爆破振动持时特征和微差爆破延期时间的优选方法,结合量纲分析理论和炸药爆炸能量分配理论,推导了爆破振动持时预测公式和逐孔起爆时孔间合理延期时间的计算公式,并应用隆芯一号数码电子雷管及铱钵起爆系统开展了现场试验和室内相似模型试验予以验证。谢先启院士团队结合鄂州花湖机场红砂岩石方爆破工程开展了电子雷管爆破振动监测试验,通过频谱分析讨论了地震波主振频率的演变规律,研究了叠加波列数与孔间延期时间对合成波形峰值振动速度的影响机制,提出了电子雷管延期时间的确定方法。杨仁树团队开展了延期时间对岩石破碎影响的数值模拟研究,认为合理的延时间隔不仅有利于台阶顶部岩石破碎块度控制,而且能够改善岩石破碎块度分布;同时,建立了精确延时逐孔起爆振动峰值预测模型,并应用数码电子雷管开展了深孔爆破试验验证了其可靠性。刘倩等从改善破碎效果和降低爆破振动两方面对国内外露天台阶爆破毫秒延期时间的研究成果进行了梳理,认为最优延期时间的计算公式和经验值较多,局限性较大,认为逐孔爆破间隔时间的确定方法将是毫秒延时间隔时间研究的主要内容。曹昂研究了孔间延期时间对岩石破碎度、不均匀性和合格程度的影响,结合数码电子雷管现场爆破试验数据,认为水工级配料爆破开采的最佳延期时间为 10～20 ms。

由此可见,采用数码电子雷管可主动控制爆破振动效应,有效改善岩石爆破效果,并且满足国家对民爆物品使用的精准管控要求。在城市等复杂环境下推广应用数码电子雷管,可以取得较好的社会效益和经济效益。然而,由于数码电子雷管的价格成本高,相关基础理论研究成果长期滞后于生产实践,导致其延时精准的优势尚未得到有效发挥。此外,数码电子雷管在小断面井巷、桩基爆破以及含水环境下的拒爆概率偏高,在拆除爆破领域大规模使用时操作复杂、流程烦琐,这些都严重影响了爆破安全和数码电子雷管的推广应用。因此,为有效落实工业和信息化部提出的"尽早实现电子雷管全面使用"的要求,早日达成"双碳"背景下"绿色、安全、智能、高效"的工程爆破愿景,数码电子雷管产品尚需提高雷管的抗冲击振动性能、网路的防水性能、大规模使用时的可靠性与操作便捷性,并进一步降低生产成本。

2.3　现场混装炸药

现场混装炸药是集原料运输、炸药混制、现场装填于一体的高科技产品,具有安全性好、计量误差小、装药效率高、生产成本低等优点,可更好地适应大规模露天深孔台阶爆破施工需求。现场混装炸药早期主要在南芬铁矿、平朔煤矿、哈尔乌素煤矿等国内大型露天矿山推广应用,现已逐渐向公路、铁路、机场建设和小型采石场转移,并取得了良好的经济效益和社会效益。现场混装炸药(乳化炸药、铵油炸药、粒装铵油炸药)是我国"十四五"时期产品结构调整的主要方向。据相关数据统计,截至 2021 年年末,我国现场混装炸药生产许可能力达 252 万 t,占总炸药产能的 41.6%(图 10)。现有混装车 690 辆,所属生产集团 48 家。2021 年现场混装炸药总产量为 136 万 t,产能利用率达 54%。由于各地区矿产类型和开采方式不同,现场混装炸药发展水平不均衡,主要集中在北方煤炭大省(图 11)。

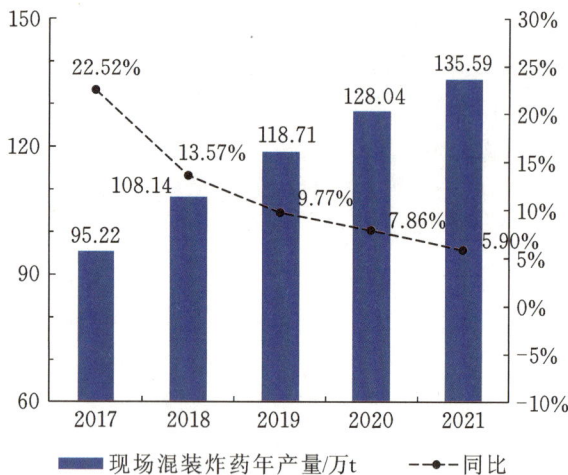

图 10　2017—2021 年现场混装炸药年产量变化

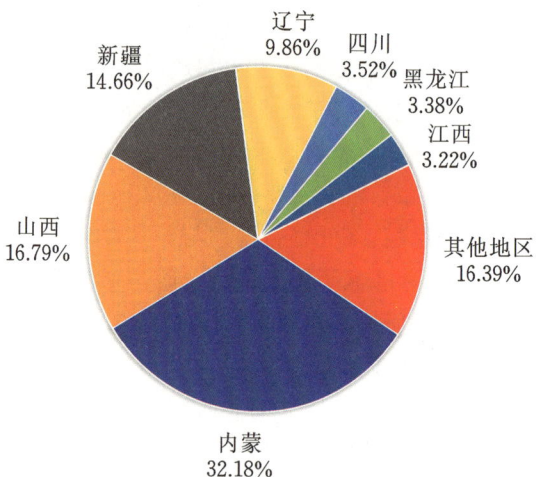

图 11　2021 年现场混装炸药地区产量结构

现场混装作业技术安全可靠,可从本质上消除成品炸药储存、运输和装药作业中发生遗失的安全隐患。通过混装车自身的定位系统和炸药流量计量系统,可实现爆破区域内炮孔定位、定量装药现场混装作业。现场混装装药每分钟可混制和装填炸药 250～300 kg,装填一个孔径 310 mm 的炮孔,平均只需 2～3 min,是人工装药工效的数十倍。此外,采用现场混装炸药自动监测系统,可针对不同性质的岩石动态调整炸药的组分,不仅提高了装药密度,而且在同一炮孔内可装填不同密度、不同种类的炸药,使炸药能量得以充分发挥,降低大块率,克服根底,改善爆破效果。赵明生等通过理论计算分析混装乳化炸药配方中不同组分含量对炸药的爆热、爆速、爆容的影响,结合现场试验分析了岩石爆破破碎块度,发现通过调整炸药组分中硝酸铵含量可改变炸药阻抗及爆轰参数,使炸药性能可根据不同岩石性质进行调整,实现炸药匹配的多样化。

现阶段,混装乳化炸药技术的研发与推广效果仍不理想,需要行政主管部门不断完善相关政策制度,进一步打破混装炸药的发展壁垒:①完善现场混装炸药车的生产、购买、销售审批制度;②明确硝酸铵溶液、乳胶基质的采购和运输审批流程;③加强现场混装炸药车的流动服务过程和炸药产品的流向监管。尽管目前国内工业炸药市场仍以包装型炸药为主,但是工业炸药现场制备、现场装填和爆破施工"一体化"技术已成为当今工业炸药生产技术的发展趋势。同时,民爆产品销售方式和途径也在发生变化,近些年由生产企业直供给用户的民爆产品销售量(直供量)占总销售量的比例逐年增加。未来,现场混装炸药技术的发展潜力巨大,应用前景非常广阔。

3 爆破施工技术

3.1 装药结构

装药结构是影响爆破效果和爆破有害效应的重要因素之一,通过选用合理的装药结构方式和装药参数,改变药卷周围不同性质的传爆介质,可有效控制炸药爆炸能量释放、分配和作用过程,从而提高爆破效率、控制有害效应、降低爆破成本。装药结构的形式多种多样,按照装药品种可以分为单一和混合装药,按照药卷与炮孔的径向关系可以分为耦合和不耦合装药,按药卷与炮孔的轴向关系可以分为连续和间隔装药;通过调整药包形状,还可以设计聚能装药结构。

近年来,围绕露天深孔台阶装药结构研究,顾文彬等从阻抗匹配角度对不同装药结构能量传递进行了理论分析,结合不同装药结构对爆破效果的影响及远区振动效应试验,得出了不同装药结构对爆破远区振动能量的影响规律。李桐等对爆炸作用下岩体变形及破坏特征进行了理论分析,得到不同耦合介质爆破时理论爆炸能量的传递效率,并结合数值模拟研究了岩体性质、炸药类别及不耦合装药系数对不同耦合介质爆破时爆炸能量传递效率差异的影响。李斌等提出了径向不耦合装药方法及操作要点,并开展了耦合装药、径向不耦合装药对比试验,表明径向不耦合装药能让爆炸更好地作用于破岩过程,爆后大块率、根底、挡墙下降超过2%,挖装效率提高26%。苟情情等开展了连续耦合装药、径向不耦合装药、中部空气间隔装药及水不耦合装药4组爆破试验,表明中部空气间隔装药爆破振动速度-时程曲线携带的能量最小、破坏力最小,水不耦合装药次之,但水不耦合装药爆破能有效降低岩石大块率及粉尘危害。此外,CHEN等研究了露天深孔堵塞段在爆破过程中的宏观运动规律,并提出了炮孔堵塞长度的优化原则。

总体而言,影响露天深孔台阶爆破效果的因素很多,相关理论研究尚不完善,通过调整装药结构以改善爆破效果是一种有效的技术途径。根据不同的爆破目的,爆破作业应注重炸药性能与岩石性质相互匹配,深入研究耦合介质、间隔位置、耦合系数等关键技术参数,设计科学的装药结构,不断改善爆破效果、降低生产成本、提升施工效率。

3.2 起爆网路

现阶段,露天深孔台阶爆破常用的起爆网路按照起爆顺序主要分为排间顺序起爆、排间奇偶式起爆、波浪式顺序起爆、"V"形顺序起爆、梯形顺序起爆、对角线顺序起爆、径向顺序起爆和组合式顺序起爆。随着数码电子雷管不断普及,炮孔起爆延时控制精度更高,逐孔起爆技术得到了广泛应用,不仅有效控制了爆破有害效应,而且显著提升了爆破效果。李峰将导爆管雷管应用于逐孔起爆网路设计中,结合雷管段别设置和延期误差确定出炮孔的最佳延期时间;结合Visual Basic编程语言和计算机辅助设计(CAD),开发了台阶爆破逐孔起爆网路设计系统,实现了延时爆破网路设计的可视化和智能化。于江浩等以神华北电胜利露天矿为研究对象,采用理论分析、ANSYS数值模拟等技术方法,分析了逐孔起爆技术的作用机理,并结合工程实际设计了合理的堵塞长度和起爆网路。王生楠阐述了逐孔起爆爆破的机理、特点,并结合公路爆破工程设计了逐孔起爆网路,改善了爆破块度并有效控制了有害效应。兰小平探讨了数码电子雷管逐孔起爆网路的最优延期时间,通过 5 次爆破试验调整优化了孔间、排间的延期时间,改善了爆破效果并提高了挖装效率和采场平整度。张万忠在新疆某大型露天矿山应用逐孔起爆技术,减少了网路连接时间,提高了生产效率,将爆破对周边的影响降到了最低。张光权等设计了导爆管雷管逐孔起爆网路,提出了孔内雷管起爆时间计算公式,并通过计算机编程设计快捷、方便地计算出了在既定延时导爆管雷管组合下各孔的起爆时间,清晰地显示出点燃阵面。

逐孔起爆网路不仅可以创造更多的动态自由面,增强爆炸应力波的反射,提升岩石碰撞破碎概率,充分利用炸药爆炸能量,从而改善爆破效果、优化石料块度,而且可以实现爆破振动、飞石等有害效应的精细控制。随着高精度导爆管雷管和数码电子雷管的广泛应用,逐孔起爆网路将逐步取代传统的非电导爆管排间微差爆破网路。

4　展望

近年来,随着大型凿岩设备和爆破器材的发展进步,在众多科研工作者和工程技术人员共同努力下,露天深孔台阶爆破技术取得了较大突破,露天深孔台阶爆破逐渐踏上了规模大型化、设计智能化、施工精细化的高质量发展之路,下一阶段还应聚焦爆破工程全生命周期,开展智能化设计、精细化施工、精准化管控研究。

(1) 在智能爆破设计方面,相关的智能爆破设计系统种类较多,可解决一般爆破工程项目中的爆破方案与爆破参数的优选问题,但目前软件产品研发深度与工程应用范围还较为局限。下一步需整合高校、科研机构及爆破作业单位等各方资源,面向工程爆破行业研发一套集爆破方案选择、爆破参数设计、起爆网路优化、爆破过程模拟、爆破效果预测和有害效应评估等功能于一体的智能化爆破设计平台。

(2) 引进、吸收并发展先进的工程爆破施工装备技术,提高爆破作业的机械化、自动化和智能化水平。施工设备的性能、规格、特征应能够适应复杂多变的施工环境,符合人体工程学设计并能提供优良的操作环境。我国露天凿岩设备研发、制造起步较晚,仍需继续借鉴国外优秀厂商的先进技术,不断提升凿岩设备的性能以及自动化、智能化水平。

(3) 推广应用数码电子雷管和现场混装炸药,不断提高爆破工程的安全性,加强爆破器材的本质安全,提升爆破工程的社会效益。数码电子雷管作为国家"十四五"时期重点推广应用的爆破器材,相较于导爆管雷管具有延时精度高、延期时间可调、方便安全管控等优点,在降低爆破振动、改善爆破效果方面具有明显优势;但其价格偏高,在狭小断面隧道爆破工程中的拒爆率较高,在一定程度上限制了产品的推广。此外,数码电子雷管在拆除爆破领域大规模使用时起爆的可靠性和适应性尚待进一步工程验证。由于数码电子雷管的推广应用,大规模逐孔起爆网路是未来发展的主流方向,围绕爆破振动效应控制和岩石破碎效果优化等需求,对相关技术需进一步深入研究。

(4) 探索装药结构、起爆网路等方面的新技术,加强化学、材料、力学等多学科理论的交叉融合,实现炸药爆炸能量释放过程的精细控制,提高炸药能量利用率,降低爆破有害效应。

(5) 开展工程爆破与云计算、物联网、大数据、高速移动互联网等现代信息化技术的融合发展,研发智慧监管平台,实现爆破器材生产、销售、运输、使用等全寿命周期的实时监管。

第 2 篇　拆除爆破·房屋建筑物

桥苑新村十八层倾斜大楼控爆拆除方案与技术设计

谢先启

（武汉爆破公司 武汉市 430015）

摘　要：本文介绍如何在时间非常紧迫的情况下，综合考虑各方面因素，确定对倾斜大楼实施爆破拆除的方案与技术设计。

关键词：桥苑新村；控爆拆除；十八层大楼

1　工程概况

　　桥苑新村 B 栋 18 层大楼，地处汉口闹市区，为新建商住楼。在结构封顶进入粉刷阶段时，由于大楼基础出现不均匀沉降，导致整栋大楼向北西方向发生严重倾斜。1995 年 12 月 22 日下午，大楼顶部已向 N15°W 水平位移约 1.4 m，并以每小时 2 cm 速度继续发展，至施爆前 12 月 26 日已倾斜 2.88 m。经计算，大楼预计在 12 月 28 日达到自然倾倒的临界状态。大楼业主决定采用控制爆破技术立即将大楼拆除，以确保周围建筑物和人员的安全。

　　大楼地面以上为 18 层，高 56 m，另有一层地下室。大楼平面布置呈"H"形，占地面积为 900 m²，建筑面积为 17100 m²，为剪力墙-方筒结构，承重墙体厚 20 cm，布设两层钢筋网，钢筋网尺寸为 15 cm ×15 cm，钢筋直径为 10～18 mm。大楼钢筋混凝土总重 3.24 万 t(含地下室)。大楼平面图见图 1。

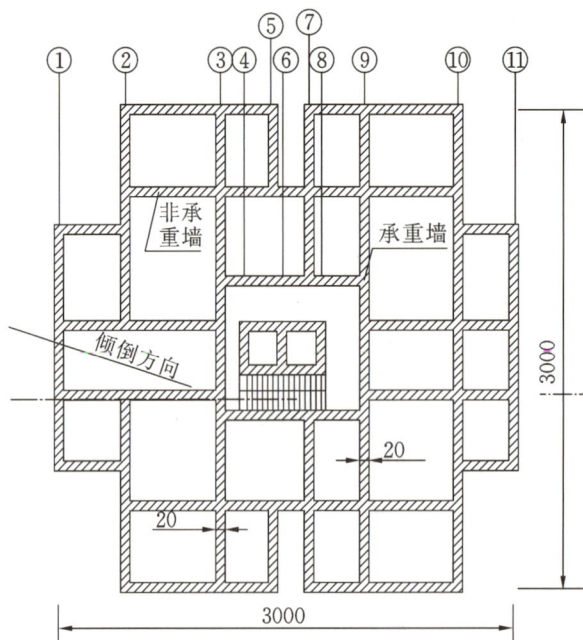

图 1　大楼(1～18 层)平面图(单位：mm)

本文原载于《爆破》1996 年第 13 卷第 1 期。

　　大楼东侧是某鞋厂生产车间,最近距离为 12.8 m;南侧是某汽配厂的修理车间,最近距离为 10.3 m;西侧为新三眼桥路,与其相距 45 m,与道路平行敷设的地上有高压电线路与通信线路,地下有煤气管道与自来水管道;北侧为新建两栋八层大楼,最近距离为 6.2 m。爆区环境示意图如图 2 所示。

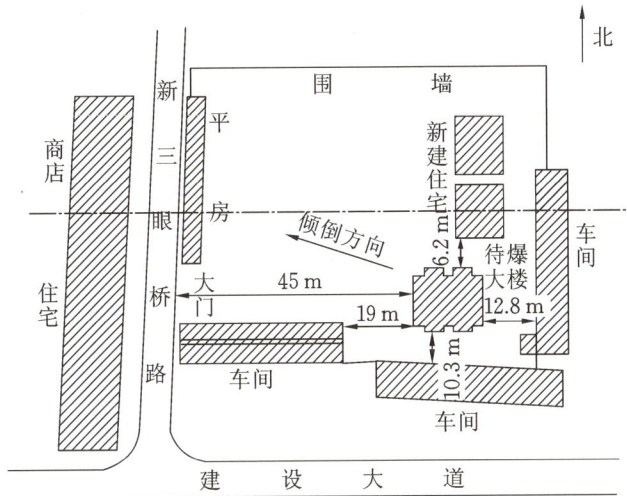

图 2　爆区环境示意图

2　总体方案

2.1　对方案的要求

　　(1) 以超常施工速度,在大楼可能自然倾倒前施爆。预计大楼将在 1995 年 12 月 28 日达到自然倾倒的临界状态,并随时可能在此时间以前突然加速倾倒。那么,在制定方案时,必须赢得时间,超常施工,将速度作为第一要素考虑。

　　(2) 技术可靠,措施得力,以确保周围人员财产和建筑物的绝对安全。大楼四周为工厂、商店和居民住宅,在确定方案时必须确保爆破时的飞石、冲击波和振动不对周围产生破坏和影响。

　　(3) 准确选择楼层,克服坍塌场地狭小、倾倒距离不够的困难。大楼地面以上高 56 m,根据爆区环境情况,只能朝西北方向进行定向坍塌,但大楼距新三眼桥路仅 45 m,显然坍塌距离不够,必须选择相应楼层进行折叠式坍塌。那么,在确定方案时必须选择最佳爆破楼层,解决倾倒距离的问题,处理好施工楼层高度,便于施工以及遇突变情况时人员安全撤离。

2.2　方案分析

　　大楼爆破方案的确定,主要取决于时间、环境、场地、施工、安全等因素。本单位提出了以下四种方案:

　　方案一:爆除 1 至 2 层楼,让大楼在向西定向坍塌的同时,向西北方向微倾。该方案的优点是:便于施工,便于防护,施工速度快,遇突变情况时施工人员撤离快,楼体宽高比大,便于倾倒。缺点是:爆渣坍塌范围大,坍塌后爆渣会覆盖到西侧路面,造成交通中断、路旁管线破坏,即会打断与道路平行敷设的高架通信、供电线路和地下埋设的煤气管道和自来水管道。

　　方案二:爆除 1 至 2 层楼和 9 至 11 层楼,让大楼在折叠后向西坍塌的同时,向西北方向微倾。该方案的优点是:施工场地能满足坍塌要求。缺点是:施工时间长,难以保证在 1995 年 12 月 28 日前准时起爆,折叠部分施工楼层过高,宽高比小,钻孔气压损耗大,钻孔速度慢,防护难度大,遇突变情况时施工人员不易撤离。

　　方案三:爆除 1 至 2 层楼和 6 至 8 层楼,让大楼在折叠后向西坍塌的同时,向西北方向微倾。该方案的优点是:施工场地能满足坍塌要求,折叠部分高宽比大于 1,钻孔气压损耗不大。缺点是:施工时间长,难以保证在 1995 年 12 月 28 日前准时起爆,虽楼层较方案二的低,但防护仍具难度。

方案四:在方案三的基础上做适当调整,即只爆除 6 至 8 层楼,1 至 2 层楼不进行爆破。该方案的优点是:最大限度地满足了时间要求。缺点是:大楼折叠坍塌后 4 至 5 层楼将受到破坏,1 至 3 层楼再爆破,施工将有一定难度。

2.3　实施方案

通过对时间、场地、施工、安全等因素进行反复分析和比较,权衡利弊,通过各参与爆破单位议论和专家论证,最后确定采用"半部西向倾倒"的爆破方案,其主要内容为:

(1)为争取时间,只爆除 6 至 8 层楼,让 6 至 18 层楼在向西坍塌的同时,向西北方向微倾,1 至 5 层楼待 6 至 18 层楼施爆清碴完后再行施爆。

(2)根据现有爆破器材,采用电雷管与非电雷管相结合的混合起爆系统,孔内孔外延时相结合,段与段之间延时间隔为 300～400 ms。

(3)采用沙袋砌墙作弹性防护层,与倾倒方向平行敷设,以减小第二次振动。

(4)承重墙体以垂直钻孔为主,平行钻孔为辅。

(5)大楼电梯间刚度大,但自身防飞石性能好,施爆时应彻底摧毁。

(6)6 至 8 层楼梯间采用外部装药,沙袋覆盖,与同层楼同步起爆。

(7)每层楼沿倾倒方向的最后一排承重墙不施爆,以保持相对稳定和倾倒方向准确。

(8)确保第 6 层楼钻孔、装药、联网在大楼自然倾倒前完成,处于起爆状态,并逐层向上发展至 8 楼,遇突变情况时只起爆 6 楼。

3　技术设计

3.1　技术处理

(1)施爆前用人工或风镐拆除所有非承重墙体。

(2)拆除内外所有水管等刚性构件。

(3)孔外延时网路用草袋覆盖,以防受到冲击波破坏和飞石破坏的影响。

3.2　技术参数

3.2.1　炮孔布置

根据墙体结构和实际操作情况,采用两种布孔形式,即与墙体垂直的钻孔形式(A)和与墙体平行的钻孔形式(B)

A 形式:孔距 $a=25～30$ cm;排距 $b=a$;孔深 $L=14$ cm。

B 形式:孔距 $a=25～30$ cm;孔深 $L=50～150$ cm。

大楼施爆总炮孔数量为 6000 多个。

3.2.2　开口高度

由于整个大楼自重大,根据剪力墙破坏后会迅速失稳这一特点,爆除 6 至 8 层楼作为总爆高,但每层楼墙体不布满孔,布孔选在墙面的中间部位。每层楼采用"＞"形布置形式,以相对提高爆高,具体开口高度 H 为:

第 6 层楼:①—③轴线 $H \geqslant 1.5$ m;④—⑧轴线 $H > 1.25$ m;⑨—⑩轴线 $H \geqslant 1.0$ m;⑪轴线不施爆。

第 7 层楼:①—③轴线 $H \geqslant 1.25$ m;④—⑧轴线 $H \geqslant 1.0$ m;⑨轴线 $H \geqslant 0.8$ m;⑩—⑪轴线不

施爆。

第 8 层楼：①—③轴线 $H \geqslant 1.0$ m；④—⑨轴线 $H \geqslant 0.8$ m；⑩—⑪轴线不施爆。

3.2.3 药量计算

单孔药量按 $q = KabH$ 公式计算，根据不同的部位选取不同的 K 值。周边墙取 $K = 4000$ g/m³，单孔装药量 $q = 50$ g；隔墙取 $K = 5000$ g/m³，单孔装药量 $q = 50 \sim 75$ g。装药时，50 g 和 75 g 交错分布。电梯间取 $K = 6000$ g/m³，单孔装药量 $q = 75$ g。施爆前在电梯间部位做实爆试验，证明以上参数合理。

大楼总装药量约为 360 kg。

3.2.4 起爆网路

根据大楼的结构特点、炮孔数量、现有爆破器材以及时间紧迫等情况，采用非电毫秒导爆管与电雷管相结合的起爆系统，孔内孔外延时相结合，具体情况为：

第 6 层楼：采用 3、5、8 段，延时为 950 ms → 1250 ms → 2350 ms，$\sum \Delta t \geqslant 1400$ ms，全部孔内延时。

第 7 层楼：采用 4、5、8 段，延时为 650 ms → 1550 ms → 2350 ms，$\sum \Delta t \geqslant 1700$ ms，全部孔外延时。

第 8 层楼：采用 4、5、8 段，延时为 650 ms → 1500 ms → 2350 ms，$\sum \Delta t \geqslant 1700$ ms，全部孔内延时。

网路采用"并—串—串"形式，即导爆管采用"一把抓"接法与电雷管连接，每束导爆管用两枚即发电雷管起爆，前后绑扎，两枚即发电雷管串联连接，然后串联于网路。第 6、8 层楼导爆管直接起爆药包，孔内延时；第 7 层楼导爆管起爆导爆索，导爆索起爆药包，孔外延时。

各楼层网路电阻：
$$R_6 = 426 \ \Omega \quad R_7 = 218 \ \Omega$$
$$R_8 = 406 \ \Omega \quad R_{\text{线}} = 20 \ \Omega$$
$$\sum R_{\text{总}} = 1070 \ \Omega$$

用 GM2000 高能脉冲起爆仪起爆。

3 爆破效果

经过 72 h 连续施工，大楼于 1995 年 12 月 26 日上午 10 时准时起爆。起爆时一瞬间，大楼先向下运动，随后向西北方向坍塌。从爆破效果看：(1)倾倒方向与设计倾倒方向基本一致；(2)冲击波和飞石对周围建筑物没产生任何危害；(3)由于采用了沙袋减振，产生二次振动时周围建筑物完好无损；(4)大楼坍塌后大部分剪力墙、梁已破碎拆断，对清碴有利。整个爆破效果完全达到了设计要求和预期目的。

外滩花园 8 栋楼房爆破拆除总体方案设计

贾永胜　谢先启　罗启军　韩传伟　严　涛　朱绍武

（武汉爆破公司,武汉 430023）

摘　要：武汉外滩花园 8 栋新建楼房具有不同的高度和结构,需要针对每栋楼房的特点和环境确定其爆破切口的参数和倾倒方向来进行爆破拆除。文中介绍了爆破的总体方案、爆破切口的布置、网路连接、起爆顺序、安全措施及地基液化的预防。爆破结果表明,在时间非常紧迫的情况下拆除大面积建筑群的爆破设计及各项安全防护措施是合理、可行的。

关键词：框架结构;拆除爆破;起爆顺序;爆破安全;地基液化

General blasting design for demolition of eight buildings in Waitan Garden

JIA Yongsheng　XIE Xianqi　LUO Qijun

HAN Chuanwei　YAN Tao　ZHU Shaowu

（Wuhan Blasting Engineering Company,Wuhan 430023,China）

Abstract：The eight new buildings in Waitan Garden, Wuhan, are different in their height and structure. The blasting cut and collapsing direction of every building are determined in the light of their features and conditions. In this paper,general blasting scheme,the arrangement of blasting cuts,the connection of priming circuit, firing sequence, safety precautions, the prevention of foundation liquidation are introduced. The blasting results show that the blasting design and various safety measures for demolition of the building group under the urgent situation are reasonable and feasible.

Keywords：Frame structure; Demolition blasting; Firing sequence; Blasting safety; Foundation liquidation

武汉外滩花园系武汉某房地产公司开发的住宅小区,共有 7 栋商住楼、1 栋写字楼和 11 栋别墅楼。因该建筑群影响长江行洪,拟将其拆除。其中 11 栋两层别墅楼采用机械法拆除;7 栋商住楼和 1 栋写字楼采用控制爆破法拆除。

1　工程概况

1.1　环境条件

待爆的 8 栋建筑(以下称 1# 至 7# 楼和写字楼)位于长江大堤内,沿江而建,北临长江防水墙 9.4～21.2 m;南面是长江。其中 1# 楼东临长江大桥 150 m,7# 楼西临造船厂 6.0 m。爆区环境条件见图 1。

1.2　楼房结构

8 栋楼房均为框架结构,底层均为架空层,总建筑面积 74400 m²。其中 1#、2#、4# 楼结构基本相

本文原载于《工程爆破》2002 年第 4 期。

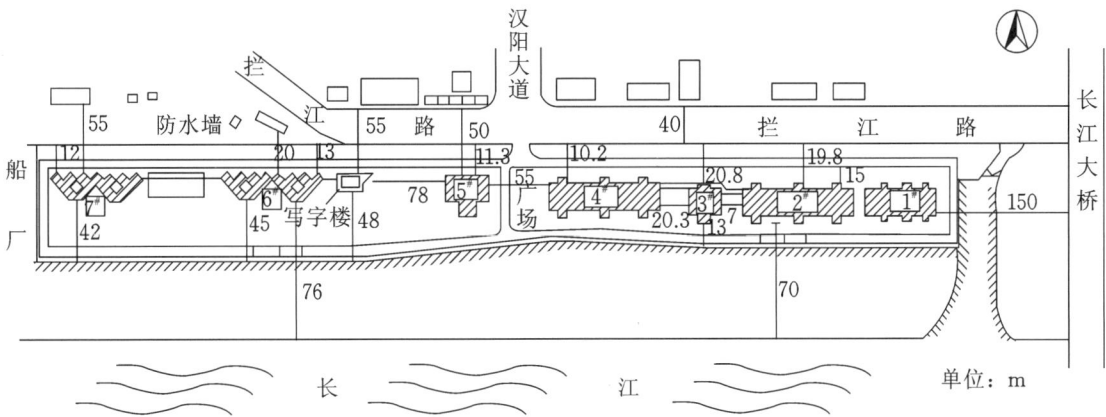

图 1 爆区环境示意图

同,均为 9 层 3 个单元;3# 、5# 楼结构基本相同,均为 13 层 1 个单元;6# 、7# 楼为异形阶梯框架结构,高 5~8 层,平面呈锯齿状;写字楼为 5 层框架结构。各楼房的结构见图 2,结构参数见表 1。

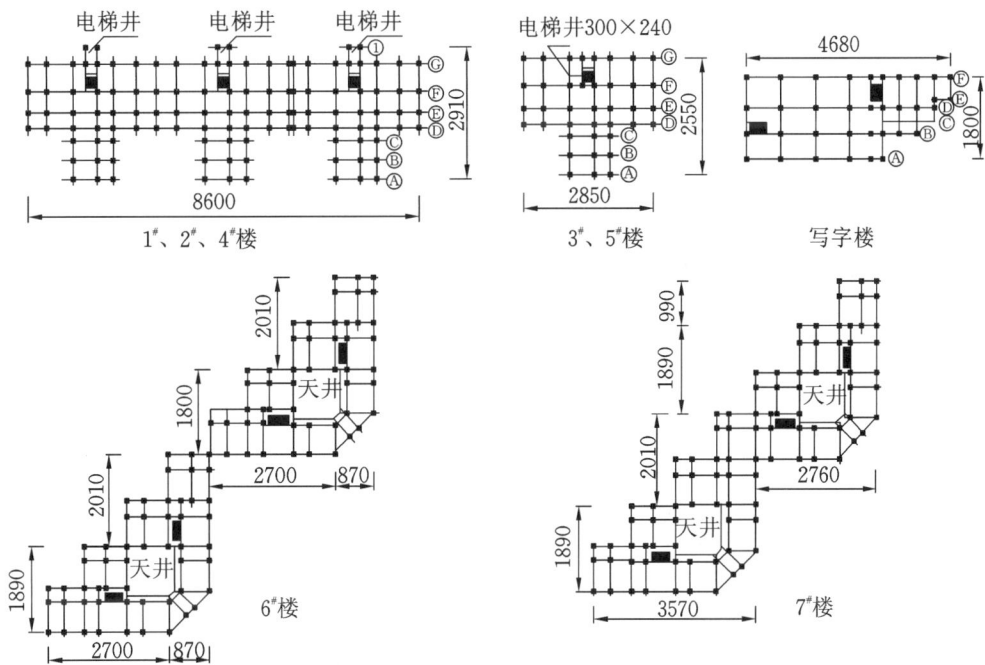

图 2 典型的结构平面图(单位:mm)

表 1 8 栋楼房的结构参数

楼房序号	立柱尺寸/(cm×cm)	层数	高度/m	电梯井/个	面积/m²
1#	40×40,40×50,45×45,50×50,共 102 根	9	31.7	3	12146
2#	40×40,40×50,45×45,50×50,共 102 根	9	31.7	3	14194.11
3#	50×50,50×60,60×60,共 34 根	13	49.8	1	7665
4#	40×40,40×50,45×45,50×50,共 102 根	9	31.7	3	14194.11
5#	50×50,50×60,60×60,共 34 根	13	49.8	1	7665
6#	50×50,共 110 根	8	32.6	—	8072.32
7#	50×50,共 96 根	8	32.6	—	7648.96
写字楼	50×50,50×70,50×70,共 32 根	5	27.0	—	2814.5

注:8 栋楼房均为框架结构,楼面为现浇混凝土。

2　爆破总体设计

2.1　工程特点

（1）待爆楼房均为新建,混凝土强度等级高,含筋率高,楼房刚性大;

（2）待爆楼房紧邻长江防洪墙和长江大桥等重要设施,必须严格控制爆破公害;

（3）该建筑群需限期拆除,由于受到居民搬迁的影响,爆破拆除施工工期十分紧张,必要时需多栋楼房同时爆破。

2.2　总体方案

（1）方案确定的原则:①根据工程特点,确定倒塌方案,既考虑爆破安全又力求拆除效率高;②根据居民搬迁情况,尽可能多栋楼房同时爆破。

（2）楼房倒塌方案见表2。

表 2　楼房倒塌方案

楼房序号	倒塌方案	方案主要内容
1#、2#、4#	切割分离,主、副楼大间隔延迟起爆,向南定向倒塌	①将轴ⓒ与轴ⓓ之间切开,使轴Ⓐ—轴ⓒ外伸部分(副楼)与轴ⓓ—轴ⓗ(主楼)完全脱离;②主、副楼均向南倒塌,但主楼迟于副楼1.2 s起爆;③副楼炮孔布置于一至三层;主楼炮孔布置于一至四层
3#、5#	向南定向倒塌	炮孔布置于一至四层
6#、7#	沿对角线向南定向倒塌	①机械拆除三层以下部分;②沿对角线排间、层间微差;③炮孔布置于一至四层
写字楼	向南定向倒塌	炮孔布置于一至四层

（3）各楼房爆破切口布置及倒向如图3所示。

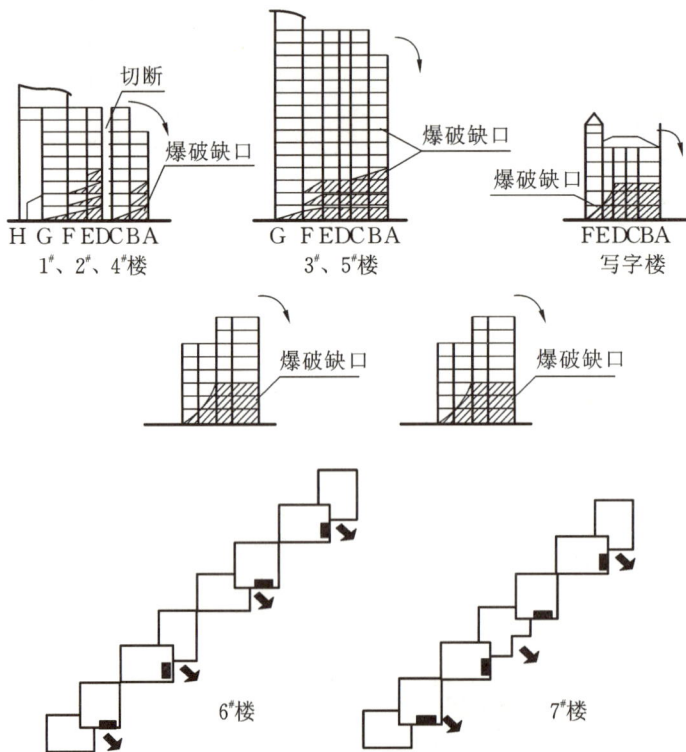

图 3　爆破切口布置及倒向

（4）爆破规模。根据现场实际情况，将 1# 楼、2# 至 4# 楼、5# 至 7# 楼及写字楼分 3 次爆破。各次爆破情况见表 3。

表 3　爆破规模统计数据

爆破时间	一次爆破楼号	总建筑面积/m²	非电导爆管用量/枚	炸药用量/kg
2002.1.25	1#	12146.00	3840	382
2002.3.16	2#、3#、4#	36053.22	8832	876
2002.3.29	5#、6#、7#、写字楼	26200.78	6714	674

3　起爆系统设计

3.1　起爆系统及网路联接

采用非电塑料导爆管雷管起爆系统。炮孔导爆管簇状并联（一把抓），并用两枚瞬发导爆管雷管击发；相邻立柱的击发导爆管以不超过 10 根为一束，由两枚串联瞬发电雷管击发；电雷管再串联接入主网路。网路联接形式见图 4。

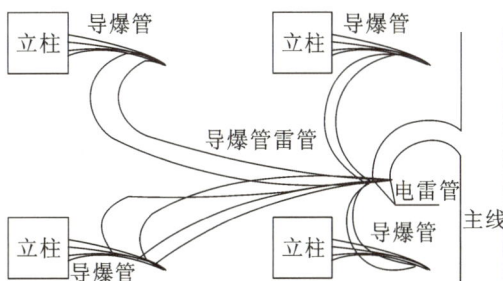

图 4　网路联接示意图

3.2　延期时间

根据类似工程经验，导爆管雷管段时间取 $\Delta t = 300 \sim 500$ ms，各段延期时间如表 4 所示。

表 4　各段延期时间

段别	延时/ms	段别	延时/ms	段别	延时/ms
MS1	50	MS5	1200	MS9	2500
MS2	300	MS6	1500	MS10	3000
MS3	600	MS7	1800	MS11	3500
MS4	900	MS8	2100		

3.3　时差分区方案

1# 至 5# 楼及写字楼底层时差分区方案见表 5。二层以上按层间 $\Delta t = 300 \sim 500$ ms 自下而上延迟起爆。6#、7# 楼底层时差（典型）分区方案见图 5。

表 5　1# 至 5# 楼及写字楼底层时差分区

楼房	轴线						
	Ⓐ	Ⓑ	Ⓒ	Ⓓ	Ⓔ	Ⓕ	Ⓖ
1#、2#、4#	MS1	MS2	MS3	MS7	MS8	MS9	MS11
3#、5#	MS1	MS2	MS3	MS4	MS5	MS6	MS9
写字楼	MS1	MS2	MS2	MS3	MS3	MS5	

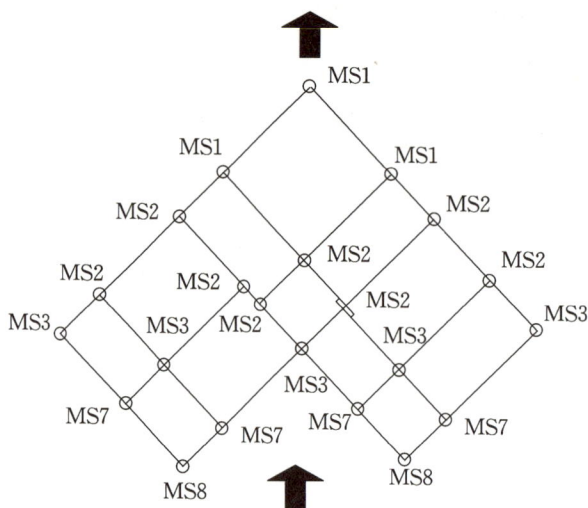

图5　6#、7#楼底层时差(典型)分区方案

4　安全技术措施

为确保长江大堤和附近居民及设施的安全,必须对震动、飞石进行有效控制;因爆破地点特殊,同时应考虑地基液化问题。

4.1　飞石的防护

沿楼房四周搭设双层竹笆墙进行近体防护,墙高6.0 m(二层楼高度);三层以上爆破部位用浸水草袋和麻袋捆扎进行覆盖防护。

4.2　震动的控制

震动控制的主要措施有:①严格控制单段最大起爆药量;②严格控制楼房塌落震动;③沿长江防水墙一侧开挖减震沟;④对震动效应进行监测,并根据震动实测值及时调整后续爆破参数。

4.3　地基液化的预防

具备一定条件的饱和砂土在一定强度的地震(包括自然地震和爆破地震)作用下,可能发生液化。地基液化是地基灾害的一个重要类型。外滩花园地质勘查情况表明,该段江滩位于长江现代河床高漫滩部位,地质情况较复杂。表层为填土层,填土层下为粉沙、粉土、粉质黏土混杂土层,下面为砾石碎石土;地表以下15 m深度范围内的饱和粉土为不液化土层。

为预防地基液化事故的发生,采取了以下措施:①严格控制爆破震动和塌落震动效应;②详细调查地质水文情况,调查黏土层的塑限指数I_p和液限指数I_l及细砂层的标准贯彻入击数N是否在液化范围;③严格按照《水工建筑物抗震设计规范》《建筑抗震设计规范》及《工业与民用建筑抗震设计规范》(注:以上规范为当时适用规范,现已废止或更新)等相关规范中相关规定,对液化进行规范性判别;④做好爆后现场判别工作。

5　爆破效果

本工程于2002年1月25日、3月16日和3月29日分3次对8栋建筑实施了爆破拆除,都达到了预期的爆破效果。1#、2#、4#楼爆堆最大高度为6.0 m,3#、5#楼爆堆最大高度为3.5 m;6#、7#楼爆堆最大高度为4.5 m;写字楼爆堆最大高度为3.0 m。各楼层几乎完全重叠,破碎效果也非常理想。

各楼房定向准确,未发生偏离,后坐亦得到有效控制。爆破飞石和震动亦控制得较好,相邻马路上未见飞石,防水墙亦安然无恙;防水墙处 3 次爆破最大垂直震动速度实测值分别为 0.83 cm/s、1.37 cm/s、2.87 cm/s。爆破工作取得了非常圆满的成功。

6　结束语

通过此次爆破,主要有如下体会:

(1)此次楼房爆破的切口高度的选取以及时差分区是比较成功的,但框架结构楼房的失稳机理、运动过程的控制以及爆堆形态的有效控制仍将是我们应重视的主要问题之一。

(2)根据楼房平面布局的不同,若采用沿对角线倒塌的方式,其时差控制、预拆除措施、破坏刚性的方案以及支撑区的选择均有别于常规的倒塌方式。因篇幅所限,笔者将另文详述。

(3)多幢楼房一次性爆破时,因炮孔数量多、网路联接复杂,采用可靠性高的起爆网路是爆破成功的关键因素之一。

(4)楼房倒塌时触地震动明显大于爆破震动,且频率较低;如何降低塌落触地震动的危害且能准确预测其强度是相当现实的研究课题。

(5)必须采取有效措施控制爆破时粉尘对环境的影响。

轻高框架结构大楼控爆拆除

谢先启

(武汉市政总公司科研所 湖北省武汉市 430015)

关键词：轻高框架；重心；失稳；控爆拆除

1 结构特点、周期环境和技术难度

1.1 结构特点

汉阳造纸厂锅炉车间大楼始建于 20 世纪 60 年代初，大楼长 46.5 m、宽 18 m、高 19.0 m，占地面积 837 m²。整个大楼由 22 根 600 mm×400 mm 立柱、13 根 400 mm×400 mm 立柱和 600 mm×300 mm 连续梁组成。大楼北部、东部为四层楼，楼面为现浇板，四层楼占地面积为整个大楼占地面积的 1/3，其余部分为高空间一层楼（图 1）。四台蒸发量为 20 t 的大型锅炉拆除后，楼内空虚，除梁、柱外，砖混砌体少。整个大楼自重荷载轻，为典型的轻高框架结构，由于大楼的北部为四层楼，大楼的自重荷载重心明显偏北。

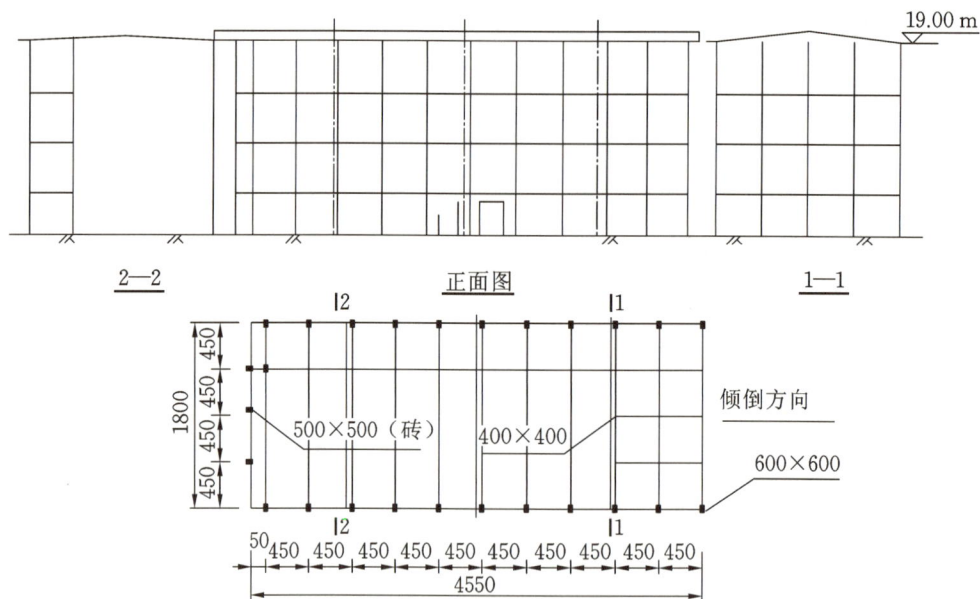

图 1 锅炉车间大楼平面图（单位：mm）

1.2 周围环境

距大楼北侧 3.8 m 处为厂区道路，是全厂唯一的一条载重车辆、造纸原材料进出厂专用路；11.8 m 处为第二造纸分厂，车间里有大量仪器仪表和设备。西侧 9 m 处有一条光纤通信电缆，架空 6 m，正在使用中；16.0 m 处为三漂工段车间。南侧距大楼 3.5 m 处有一高 45 m 的砖烟囱（待拆），8.0 m 处为厂材料仓库(图2)。厂方要求确保上述目标的绝对安全,相邻车间生产正常进行。

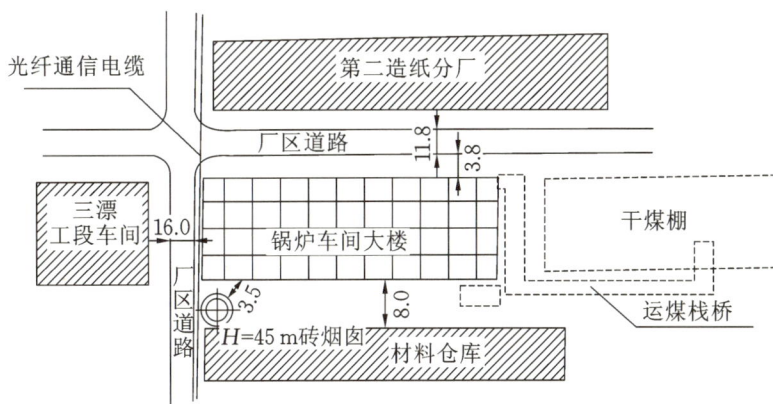

图 2　锅炉车间大楼爆破环境位置平面图(单位:m)

1.3　技术难度

根据大楼的结构特点和周围环境情况,施爆时要克服的技术难度主要有:

A. 北侧厂区道路和第二造纸分厂,限制了大楼向东定向倾倒时方向不能偏离,倾倒后除倾倒方向外,爆碴覆盖范围不得超过 3.8 m,否则,将影响厂区道路的正常通行和第二造纸分厂的安全以及相邻车间的正常生产。

B. 施爆时北侧第二造纸分厂车间生产照常进行,车间里有大量的设备、仪器仪表在运行和使用中,其允许振动速度$[V_\perp]<1.0$ cm/s,这就限制了爆破规模。

C. 大楼被切割成四个"孤立体"后,每一部分相对独立,除第一部分为四层楼外,其余三部分的北部 1/4 宽为四层楼,南部 3/4 宽为高空间一层楼,为轻高框架,这三部分的自重荷载重心明显偏北。由于立柱的失稳以及失稳速度均与立柱所承受的荷载有关,南北立柱采用相同断面尺寸、相同配筋、相同强度,在不同的荷载作用下,若采用相同爆高,必然会不同时、不同速失稳,这样就会造成倾倒方向的偏离。为了确保倾倒方向的准确性,使立柱同时、同速失稳,需要确定南北承重立柱失稳和解体所需爆高。

2　爆破方案和爆破设计

根据大楼的结构特点和周围环境的限制,只能采取由东向西纵向逐段倾倒的爆破方案,即沿纵向把大楼切割成四个互不相连的"孤立体",依次爆破倾倒,每一部分相对独立。这样就达到了化繁为简、化整为片、化大为小的目的,大大缩小了爆破规模,减小了一次爆破的工作量和防护覆盖的劳动强度,解决了施工与安全的矛盾。

2.1　确定立柱的不同爆高

大楼南北立柱大多为 600 mm×400 mm,配筋 6 Φ 20。其余立柱为 400 mm×400 mm,配筋 4 Φ 20。计算立柱失稳时,按最大断面对配筋最多的立柱进行验算。

$$H_{\min}=\frac{\pi}{2}\sqrt{\frac{EJN}{P_{\mathrm{m}}}}$$

式中　$H_{\min}$——承重立柱失稳的最小高度(cm);

　　　E——主筋的弹性模量(MPa);

　　　J——截面惯性矩(cm⁴);

　　　P_{m}——立柱承重荷载(kN);

N——立柱横断面布筋根数。

计算得:$H_{min}=150$ cm。

$H_{min}=150$ cm 只是立柱失稳的必要条件,倾倒触地后能否形成二次解体,将取决于框架下落时冲击地面后能否形成二次解体所需的高度,这便是充分条件。也就是说,要形成二次解体,框架倾倒后必须翻滚。通过计算,最后确定的爆高为:北边立柱沿倾倒方向的第一排为 4.0 m,第二排为 2.6 m,第三排为 0.8 m;南边立柱沿倾倒方向第一排为 4.4 m,第二排为 2.8 m,第三排为 0.8 m。立柱爆高确定后,用作图法进行了校核(图3)。通过作图可以看出,$GA \geqslant GB'$,证明框架失稳倾倒触地后能翻滚,形成二次解体。施爆后,也证实了这一点,大部分柱、梁、现浇板已基本解体破碎,并能满足机械清碴的要求。

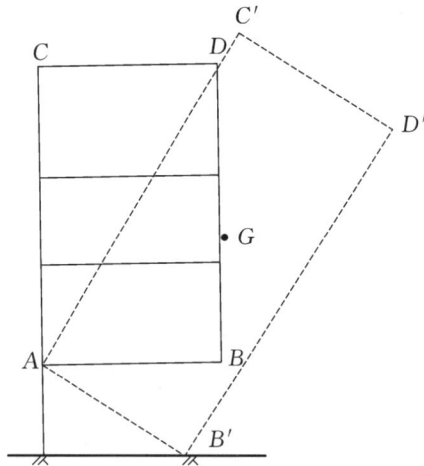

图3　框架倾倒分析图

由于南北立柱的设计爆破高度不同,起爆后南北立柱基本上同时、同速失稳。另外,对沿倾倒方向的第三排立柱只爆破疏松,使混凝土碎而不离,以形成铰链,对失稳后框架向偏离方向的运动有抑制作用,有效地保证了倾倒方向的准确性,较好地解决了大楼自重荷载重心偏北,倾倒方向容易出现偏差等问题。

2.2　炮孔布置和药量计算

立柱最大爆高 4.4 m,一楼空间高度能满足要求,根据立柱的断面尺寸和配筋情况,以及钻孔作业的方便,采用沿中心线左右相切的布孔形式。炮孔参数为:$W_{40}=20$ cm,$H_{40}=0.58D=24$ cm(D 为正方形立柱边长),$a_{40}=2W_{40}=40$ cm;$W_{60}=20$ cm,$L_{60}=H_{60}-W_{60}=40$ cm(H 为矩形立柱长边长),实爆时取 45 cm,$a_{60}=2W_{60}=40$ cm。布孔形式见图4。

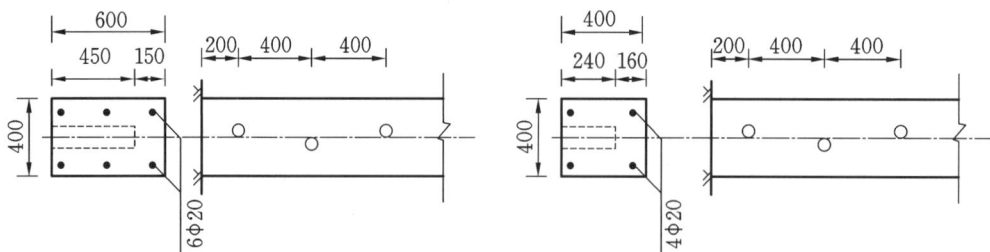

图4　600 mm×400 mm、400 mm×400 mm 立柱炮孔布置图(单位:mm)

立柱爆破单孔药量按下式计算

$$q=KBHa$$

式中　q——单孔装药量(g);

K——单位用药系数(g/m^3)；

B——爆破目标宽度(m)；

H——爆破目标高度(m)；

a——炮孔间距(m)。

则 400 mm×400 mm 立柱单孔装药量为 $q_{40}=25$ g；600 mm×400 mm 立柱单孔装药量为 $q_{60}=50$ g。400 mm×400 mm 立柱采用单药包，600 mm×400 mm 立柱用导爆索串联两个 25 g 药包。

2.3 控制爆破规模

采用三段孔外延时，北侧第二造纸分厂距大楼 11.8 m，爆破时车间生产人员不能撤出，生产照常进行，大量的设备、仪器仪表在运行和使用中，允许振动速度不得超过 1.0 cm/s。我们用质点的垂直振动速度作为破坏的判据，确定爆破规模。

根据计算最大药量为：$Q_{max}=3.2$ kg。

大楼切成四部分以后，最大一部分的起爆药量为 3.7 kg，药量已超过了允许的最大药量。为了确保北侧第二造纸分厂和南侧 45 m 高砖烟囱的安全，我们采用三段孔外延时爆破。每一部分沿倾倒方向的第一排立柱为第一段，$\Delta\tau=0.0$ s；第二排立柱为第二段，$\Delta\tau\approx1.0$ s；第三排立柱为第三段，$\Delta\tau\approx1.5$ s。采用三段孔外延时后，大楼爆破最大的一段药量为 1.875 kg，其振动速度 $V_\perp=0.70$ cm/s，$V_\perp=0.70$ cm/s $<[V_\perp]=1.0$ cm/s，北侧第二造纸分厂车间安全。

3 爆破安全和爆破效果

大楼倾倒共进行了四次大型爆破，每次爆破周围人员、道路、车辆和建筑物均安然无恙，大楼按设计方向倾倒，没有产生偏离，倾倒后的爆碴覆盖范围大多在 2.5 m 以内，厂区道路畅通。由于严格控制了爆破规模，车间质点垂直振动速度始终小于 1 cm/s，生产照常进行，不受任何影响。南侧 45 m 高砖烟囱和西侧 9 m 处光纤通信电缆完好无损。大楼爆破面临的技术难题得到了全面解决，爆破取得了圆满成功，厂方对爆破安全和爆破效果非常满意。

"矮而胖"楼房控爆拆除

谢先启　　贾永胜　　罗启军

（武汉爆破公司 武汉 430015）

摘　要：介绍一例"矮而胖"楼房控爆拆除工程的设计及施工，以期为同类施工提供借鉴。

关键词："矮而胖"楼房；控爆拆除；微差爆破

Design and practice for controlled explosive demolition of short and stout building

XIE Xianqi　　JIA Yongsheng　　LUO Qijun

（Wuhan Blasting Engineering Company Wuhan 430015）

Abstract：In this paper，the design and practice for controlled explosive demolition of short and stout building are introduced. These experiences can be used in similar projects in future.

Keywords：Short and stout building；Controlled blasting demolition；Millisecond blasting

建筑物的爆破拆除是利用炸药爆炸产生的能量来破坏建筑物主要受力构件的强度，使其失去承载能力，在自重作用下失稳倾倒，而在建筑物下落与地面相撞的过程中，又使建筑物的结构进一步解体破碎。因此，在爆破设计时必须考虑两方面的问题：一是如何保证整个建筑物的全部倾倒坍塌；二是如何保证建筑物构件借助自重能充分冲击破碎。

国内需拆除的旧建筑物，大部分高度均在 30 m 以内，其高宽比（H/L）数值较小，上部荷载较小，这些不利因素往往在影响楼房爆破的成败和破碎效果的好坏。更有甚者，出现厂（楼）房施爆后未能全部坍塌的情况，导致三层变二层、二层变一层的险情。

对于此类"矮而胖"的建筑物，特别是钢筋混凝土框架（排架）式建筑物的爆破拆除更应引起爆破工作者的重视。本文结合工程实践，介绍"矮而胖"框（排）架结构楼房爆破拆除采取的技术措施和积累的经验。

1　工程概况

武汉卷烟厂成品库及"1740"车间于 20 世纪 80 年代建成，根据厂家生产发展，需将其爆破拆除，重建新厂房。

1.1　周围环境

成品库及"1740"车间位于厂区内，二者通过 1 号天桥相连。东侧为厂区道路及架空管道，与架空管道的最近距离为 15 m；南侧为生产车间，通过 2 号天桥与成品库相连；西侧为厂区道路，与其最近距离为 24 m；北侧为"1740"主体部分，与其为无间隔刚性连接。爆区环境见图 1。

1.2　厂房结构

成品库为装配式排架结构，杯口基础，长 131.15 m、宽 24 m、高 11.14 m，占地面积 3147.6 m²，为

本文原载于《爆破》1999 年第 16 卷第 2 期。

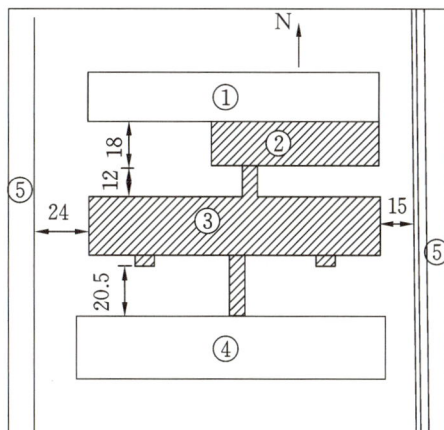

图1　爆区环境平面示意图(单位:m)
①"1740"主体;②"1740"车间(爆);③成品库(爆);④成品车间;⑤厂区道路

高空间两层楼,$H/L=0.46$,有承重立柱 116 根,立柱横断面尺寸多为 350 mm×350 mm,柱间距为 6 m。图2是成品库柱网平面图,图3是成品库剖面图。⓪—⑩轴线为一部分,⑪—㉑轴线为另一部分,⑩轴线和⑪轴线相距 0.75 m。周边墙大多为 24 cm 砖墙。

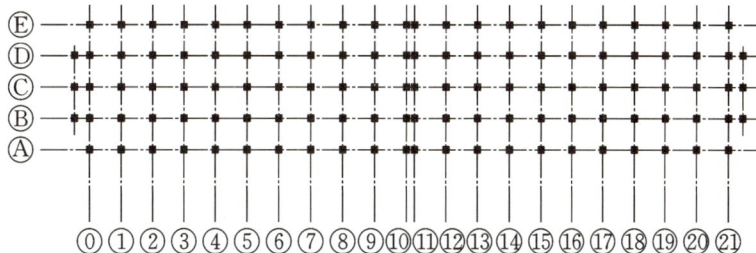

图2　成品库柱网平面图

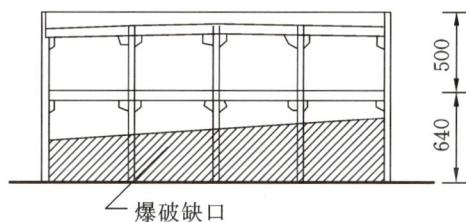

图3　成品库剖面图

　　"1740"车间为框架结构,长 67.6 m、宽 17.6 m、高 6.5 m,为高空间一层楼,$H/L=0.36$,承重立柱 24 根,立柱横断面尺寸为 560 mm×400 mm,周边墙体大多为 24 cm 砖墙,屋面与需保留的主体部分有施工缝,横梁与主体部分为刚性连接,后排承重立柱与主体部分墙体相距 2.6 m。图4、图5为"1740"车间平面及剖面图。

　　1 号、2 号天桥为现浇钢筋混凝土高强度框架结构,高 11.20 m,占地面积 432 m²,与相邻车间交接处有施工缝。

　　成品库、"1740"车间,以及 1 号、2 号天桥总建筑面积为 8376 m²。

2　爆破拆除总体方案

　　(1)预拆除。拆除所有落水管、电线电缆等影响坍塌的障碍物;人工、机械拆除楼梯及非承重墙体;人工、机械拆除 1 号天桥及"1740"车间与生产车间的连接部分,切断所有的刚性连接。

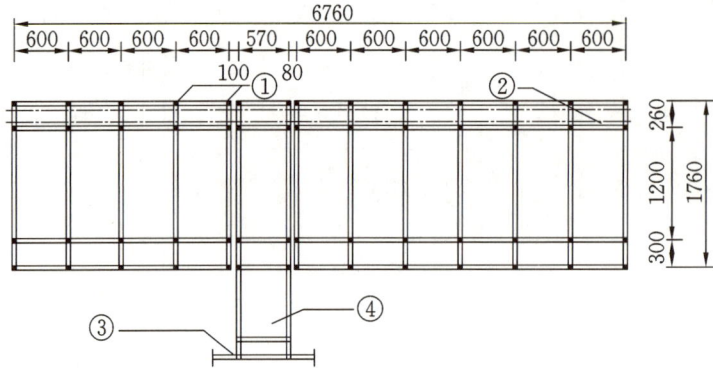

图4　"1740"车间平面图

①需保留的"1740"主体厂房立柱；②预切割线；③成品库前排立柱；④1号天桥

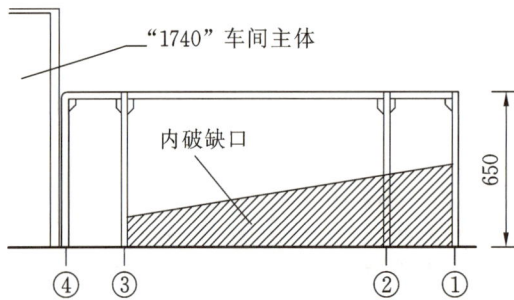

图5　"1740"车间剖面图

（2）倒塌方式。根据待爆建筑物所处环境位置、结构特点、几何尺寸、高宽比例、工期要求等条件，通过对各种方案分析比较，采用了以下方案：选用高精度 300 ms 间隔非电导爆管延时起爆，成品库向北定向坍塌；"1740"车间向南定向坍塌。

（3）安全防护。采用近体式遮挡防护，将爆破产生的飞石控制在允许的范围内，保障生产正常运行。

3　爆破参数的确定

3.1　成品库爆破参数

成品库为低矮的排架结构，考虑其与刚性框架结构有诸多不同之处，故在爆破参数的选取上亦有所不同，具体参数见表1。

表1　"成品库"爆破参数表

立柱轴号	断面/(cm×cm)	爆高/cm	孔深×孔距/(cm×cm)	药量/g	段别/段
Ⓔ	35×35	450	22×30	35	1
Ⓓ	35×35	400	22×30	30	2
Ⓒ	35×35	350	22×30	30	3
Ⓑ	35×35	300	22×30	30	4
Ⓐ	35×35	200	22×30	25	6

南侧两个砖混结构楼梯间经预处理后,与Ⓐ轴立柱同段起爆,单孔药量 25 g,表 1 中所列药量值均为 2 号岩石铵梯炸药用量。

3.2 "1740"车间爆破参数

表 2 中③′轴系指在第三排立柱上部靠楼面处布置三个炮孔,目的是增强楼房的塌落效果。实践证明,此方案是可行的。上部实际比下部炮孔延时 1800 ms,第三排立柱延时间隔大于 3000 ms。具体方案见图 6。

表 2 　"1740"车间爆破参数

立柱轴号	断面/(cm×cm)	爆高/cm	孔深×孔距/(cm×cm)	药量/g	段别/段
①	30×40	400	30×30	40	4,5
②	50×40	400	40×35	35+35	5
③	50×40	100	40×35	20+20	7
③′	50×40	共三孔	40×30	15+20	5

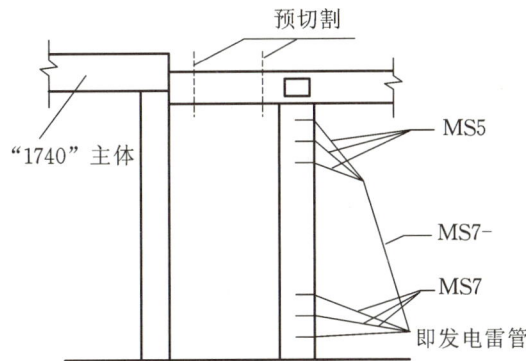

图 6 　第三排立柱特殊处理及孔外延时方案

4　爆破网路设计

4.1　延时大小的确定

为了使爆破安全、准爆,避免雷电、静电等不利因素影响,本工程采用非电起爆系统。关于延时间隔 Δt 的选取,根据我们对类似工程的分析总结,取 $\Delta t = 300$ ms,具体延时见表 3。

表 3 　延期时间表

段别	1	2	3	4	5	6	7	8
延时间隔(ms)	50	350	650	950	1250	1550	1850	2150

4.2　网路联结形式

所有网路均采用"并—串—串"形式,即导爆管采用"一把抓"接法与电雷管连接,每束导爆管用两发即发电雷管串联,然后再将串联电雷管接入网路。

5　爆破效果

爆破后的现场情况表明,成品库按预定方向准确倒塌,前冲约 5 m,爆堆最大高度为 3.5 m,后坐约 2 m,少部分立柱由于横梁与其焊接部位被拉脱,坍塌后与地面成一定的角度,这也是排架装配式结构与刚性框架结构不同之处。

"1740"车间前冲较小,基本上原地坍塌,后排立柱无后坐现象,效果理想,爆堆较低,屋面基本与地面接触。后排立柱经特殊处理后,爆后塌落较好,距后排立柱 2.6 m 处主体车间安然无恙。

由于合理装药并采取了一系列的防护措施,个别飞石的飞散基本上得到控制,各车间生产照常进行,爆破取得了圆满成功。

6　几点体会

一般认为"矮而胖"楼房,特别是 H/L 比值较小的楼房,采用控爆拆除难度大、效果差。但通过数例"矮而胖"楼房的控爆拆除实践,我们认为若采用合理的技术手段亦能达到理想的效果。

(1) 在不考虑其他因素的前提下,$H/L>1$ 是采用定向爆破的基本条件,但不是决定条件。一般情况下若 $H/L>1$,在实施定向坍塌爆破时难度较小,爆后破碎解体效果较理想。但对于 $H/L\leqslant 1$ 楼房的坍塌爆破,经过合理的技术处理后,亦能采用定向坍塌爆破,达到理想的效果。相反,在特殊结构的情况下,当 $H/L>1$ 时,若不做处理,也未必能达到理想的效果。

(2) "矮而胖"框架结构楼房在条件许可的情况下,应尽量采用定向坍塌。有些"矮而胖"楼房实施定向坍塌后,虽然前倾距离较少,与原地坍塌无多大区别,但定向坍塌方案与原地坍塌方案相比,其爆破效果大不一样。因为定向坍塌设计与原地坍塌设计在爆高、延时等方面有许多不同,施爆后,构件在失稳、运动、着地方面不同,其爆破效果亦不相同。

(3) "矮而胖"框架结构楼房采用定向爆破,选取合理的延时间隔时间特别重要。一般情况下,延时间隔过短很难达到预期的爆破效果,但也不是延时间隔愈长就愈好。排间延期时间的长短要依据爆体的结构、荷载、几何尺寸等因素确定,要以加速而不是抑制构件运动为前提。

(4) 对于"矮而胖"楼房的爆破,施爆前的预处理特别重要,可用人工、机械、爆破等方法进行预处理。

复杂环境下建筑群的控制爆破拆除

贾永胜　谢先启　严　涛

（武汉爆破公司,湖北武汉 430023）

摘　要:本文介绍了复杂环境下建筑群爆破拆除的设计与施工实例,并结合爆破效果进行了讨论,以期为同类工程提供借鉴。

关键词:建筑群;控爆拆除

Controlled blasting demolition of the buildings in complicated environment

JIA Yongsheng　XIE Xianqi　YAN Tao

（Wuhan Blast Engineering Company,Wuhan 430023,China）

Abstract:The design and implementation of controlled blasting the building in complicated environment are introduced. The blasting effectiveness is discussed. These experience can be referred in similar projects.

Keywords:Buildings;Controlled blasting

1　引言

拟拆除建筑群包括:国际印刷厂厂房(四层)、京华彩印厂彩印分厂(四层)、生产经营办(三层)、制版分厂(三层)(以下简称1、2、3)以及京华彩印厂三层食堂,总建筑面积近 8000 m^2。该建筑群位于车辆行人来往频繁的汉正街。北侧距万年路 17 m,东侧距民族路 24 m,南侧距大夹街批发市场最近处 5.1 m,西侧距居民区 30 m,爆破环境见图 1。

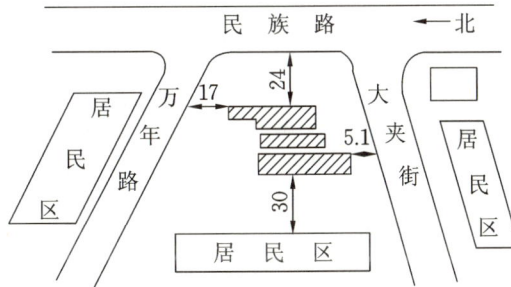

图 1　爆区环境示意图(单位:m)

本文原载于 2001 年《湖北省爆破学会第六届学术会议论文集》。

2　总体方案

主要安全要求：

（1）确保南侧 5.1 m 处商铺的安全，大楼倒塌时，必须保证方向准确，不得发生偏离；

（2）根据甲方要求，京华彩印厂爆破后坍塌范围不超过原建筑群水平投影周边 5 m，以确保已进场施工的桩基设备的安全；

（3）根据《爆破安全规程》，爆破振动（包括二次塌落振动）对邻近低矮民房的振速控制在 2 cm/s 以内；

（4）避免产生飞石，以确保人员、车辆及其他设施的安全；

（5）减少爆破噪声扰民，控爆时间选在白天进行。

根据以上要求，确定了以下总体方案：

（1）国际印刷厂向西定向倒塌，考虑到其南面紧靠大夹街商铺，故其北面爆高略高于南面，以保证倾倒时不波及商铺。

（2）待国际印刷厂爆破完毕后，在清碴的同时，对京华彩印厂实施钻孔作业，以争取时间。

（3）对京华彩印厂三幢大楼和食堂实施一次性爆破拆除。为减少相互之间的影响，拟将建筑的三个部分向不同方向倒塌，即京华1向东、京华2向西、京华3向北。

3　爆破设计与施工

3.1　楼房结构

该建筑群均为框架结构，一、二楼为现浇板，三、四楼为预制板，具体结构见图2。

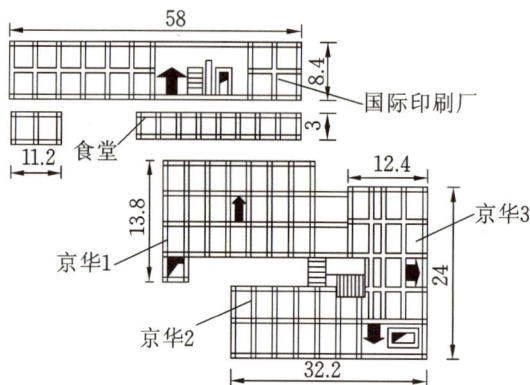

图 2　底层平面结构图（单位：m）

京华1、2、3 三者之间并非完全分离，而是由梁和楼梯相连接，如何正确处理这三者是确保爆破效果的关键之一。同时，京华 1 有一高约 25 m 的电梯井，类似于高耸筒式建筑物，其准确倒塌与否是爆破成败的关键之一，必须高度重视。

3.2　爆破参数

3.2.1　国际印刷厂定向爆破参数

其西向有约 30 m 的开阔地带，且其高宽比大于 1，因此适宜定向倒塌，即将底层两侧及内里三个方向的砖柱、混凝土柱、部分承重墙体充分破坏至足够高度。主楼第 3 排砖柱及附楼第 3 排砖柱刚性差，可不做处理，这样在延期起爆时，楼房本身将以此为铰链产生倾覆力矩而向西倒塌，具体参数见表1。

表 1 国际印刷厂定向爆破参数表

排号	尺寸	爆高/m	孔深/cm	药量/g	段数
1	砖柱 62 mm×37 mm	1.50	42	75+50	MS1
2	钢筋混凝土柱 40 mm×40 mm	1.70	25	50	MS2
3	承重墙 δ=50 mm	1.70	30	75	MS3
4	砖柱 37 mm×37 mm	1.50	25	50	MS4

3.2.2 京华彩印厂爆破参数

将 3 幢大楼第 1 层所有承重柱及承重墙全部炸毁,使之失去承载能力,同时 2、3、4 层中间钢筋混凝土柱亦爆破一定高度,一则破坏结构刚度,二则降低爆堆高度,增强爆破效果,然后通过层间微差来实现 3 幢大楼的定向倒塌,具体参数见表 2。

表 2 京华彩印厂爆破参数表

楼号	层号	部位	爆高/m	孔深(孔距)/cm	药量/g	段数
	1	前	3.2	35(40)	75	MS3
		中	3.2	30(40)	50	MS3
		后	2.5	35(40)	75	MS7
京华1	2	中	2.5	30(40)	50	MS6
	3	中	离楼面1 m布2孔	28(30)	35	MS6
	4	中	离楼面1 m布2孔	25(20)	20	MS6
	1	前	2.5	30(40)	50	MS4
		中	2.8	20(20)	30	MS4
		后	2.0	30(40)	50	MS7
京华2	2	中	1.5	20(20)	20	MS6
	3	中	离楼面1 m布2孔	20(20)	20	MS6
	1	前	3.0	20(25)	35	MS2,MS3
		中	2.8	22(25)	35	MS4
		后	2.8	22(25)	30	MS7
京华3	2	前	离楼面1 m布2孔	22(25)	20	MS5
		中	1.5	22(25)	20	MS5
		后	1.5	22(25)	20	MS7
	3	前	离楼面1 m布2孔	22(25)	20	MS6
		中	离楼面1 m布2孔	22(25)	20	MS6

3.2.3 食堂爆破参数

因食堂为单跨砖承重结构(前排为砖柱),上部均为预制板,结构简单、刚度差,仅在前排承重砖柱布孔,并用非电毫秒 1 段,使其先于京华 1、2、3 向西定向倒塌,主要是为京华 1 的倒塌提供空间。其爆高为 1.5 m,孔深 15～30 cm,单孔药量 30～50 g。

3.3 特殊部位处理

(1)依附于京华 1 的电梯井高 25 m,高于京华 1 且与京华 1 无紧密联结,加之东、南两个方向不能倒塌,所以必须保证其随京华 1 向西倒塌或在倒塌过程中于空中解体。为了解决上述问题,对其承重部位进行了最大限度的预拆除,并采用毫秒 7 段最后起爆。事实证明,以上措施是切实可行的。

(2) 对京华 3 的电梯井,在一楼四周布孔,段位同京华 3 的二排柱,并切断其与周围的联系。

(3) 所有楼梯间处理至二楼,以防对倒塌产生影响。

(4) 对京华 1 与京华 3 之间的连系梁在靠京华 1 一侧布孔,用 7 段实施爆破;而连系梁上的现浇钢筋混凝土板则用人工切割一条宽约 20 cm 的缝,使二者分离。

3.4　起爆网路

(1) 为使京华彩印厂整个起爆网路可靠,决定采用非电导爆管雷管与电雷管混联网路,即炮孔内用 1～7 段非电导爆管雷管实现微差,然后捆扎成束,用两发电雷管串联起爆。

(2) 根据类似工程经验,取时间间隔为 300 ms,具体延期时间如表 3 所示。

表 3　延期时间表

段位	1	2	3	4	5	6	7	8	9	10
延时/ms	50	350	650	950	1350	1750	2200	2600	3100	3600

4　爆破效果

起爆后楼房按预定方向准确倒塌,爆后观察,国际印刷厂定向准确,未发生任何偏差,两侧除砖柱(墙)倒塌堆积外溢的部分砖块,未对商铺等设施造成影响,整个爆堆平均高度约为 3.5 m,前倾最远距离为 15 m。而京华彩印厂坍塌效果相当理想,块度均匀,爆堆最大高度仅为 3 m,坍塌范围亦达到设计要求,且周围设施、人员均安然无恙。

从爆后情况来看,时差的选择和分区基本上是合理的。一次性爆破避免了防护工作的重复,减少了对周围交通、居民等的影响,缩短了工期,但应采取必要的防尘、降尘措施。通过这次爆破来看,控制粉尘是必要的。

复杂环境下框剪结构烂尾楼定向爆破拆除

贾永胜　黄小武　王　威　王洪刚　姚颖康　刘昌邦

（武汉爆破有限公司,武汉 430023）

摘　要：根据框架-剪力墙结构烂尾楼的结构特点,以及周边环境情况,本文采取"Ⅰ区、Ⅱ区依次向东定向倒塌"的总体爆破方案。由于倒塌空间有限,为减小大楼的倒塌距离,将Ⅰ区的爆破切口提高至5层,Ⅱ区延迟Ⅰ区460 ms起爆。研究者运用LS-DYNA动力学有限元软件,验证了爆破总体方案的合理性,计算得到的倒塌运动过程和堆积形态与实际效果比较吻合。结合现场踏勘情况,对大楼的爆破倒塌效果进行了详细分析,结果表明:采用"分区间隔延时"爆破拆除框剪结构大楼时,合理的爆破切口高度和延期时间是关键。在定向倒塌方案中,为降低爆堆高度,需要对梁结构进行爆破弱化处理。

关键词：框剪结构;爆破拆除;数值模拟;倒塌效果

Directional demolition blasting of unfinished building in complex situation

JIA Yongsheng　HUANG Xiaowu　WANG Wei　WANG Honggang

YAO Yingkang　LIU Changbang

（Wuhan Explosion & Blasting Co. ,Ltd. ,Wuhan 430023,China）

Abstract：According to surroundings and structure characteristics of the unfinished building with frame-shear structure to be demolished was divided into area Ⅰ and area Ⅱ. The blasting directional demolition scheme was that area Ⅰ and area Ⅱ would be collapsed to east direction in turn. Due to limited space and in order to reduce the length of blasting pile,blasting area of area Ⅰ was raised to the fifth floor,and delay time between the two areas was set 460 ms. The feasibility of the design project is verified by numerical simulation with LS-DYNA. After blasting,according to the blasting effect,a conclusion could be drawn that the simulation result of collapse process and shape of blasting pile agreed well with the actual blasting effect. And the results also showed that when demolishing frame-shear structure using "subarea delay time" demolition blasting method,the height of blasting area and delay time were the key points. In order to reduce the blasting pile height with directional collapse method,the beam structure should be weaken at first.

Keywords：Frame-shear structure;Explosive demolition;Numerical simulation;Collapse effect

1　工程概况

1.1　周边环境

武汉原新能酒店烂尾楼由1栋10层框架结构主楼和2～3层裙楼组成,长70.5 m、总宽67.5 m、高 42.0 m,总建筑面积 20396 m²。该大楼位于武汉市经济技术开发区东风大道和沌阳大道交汇处东北侧,东风大道与立业路之间。东侧距离围墙 29.2 m,距离立业路 32.8 m,南侧为建筑工地;西侧距离变电站 16.6 m,距离东风大道高架桥上桥匝道 23.9 m,距离东风大道高架桥主桥 33.2 m;北侧为中交二公院新建科研综合大楼项目施工工地,距离施工场地 8.0 m。烂尾楼周边地面结构环境如图 1(a)所示。大楼与东侧立业路和西侧东风大道的距离十分有限,需要严格控制爆堆的堆积范围。

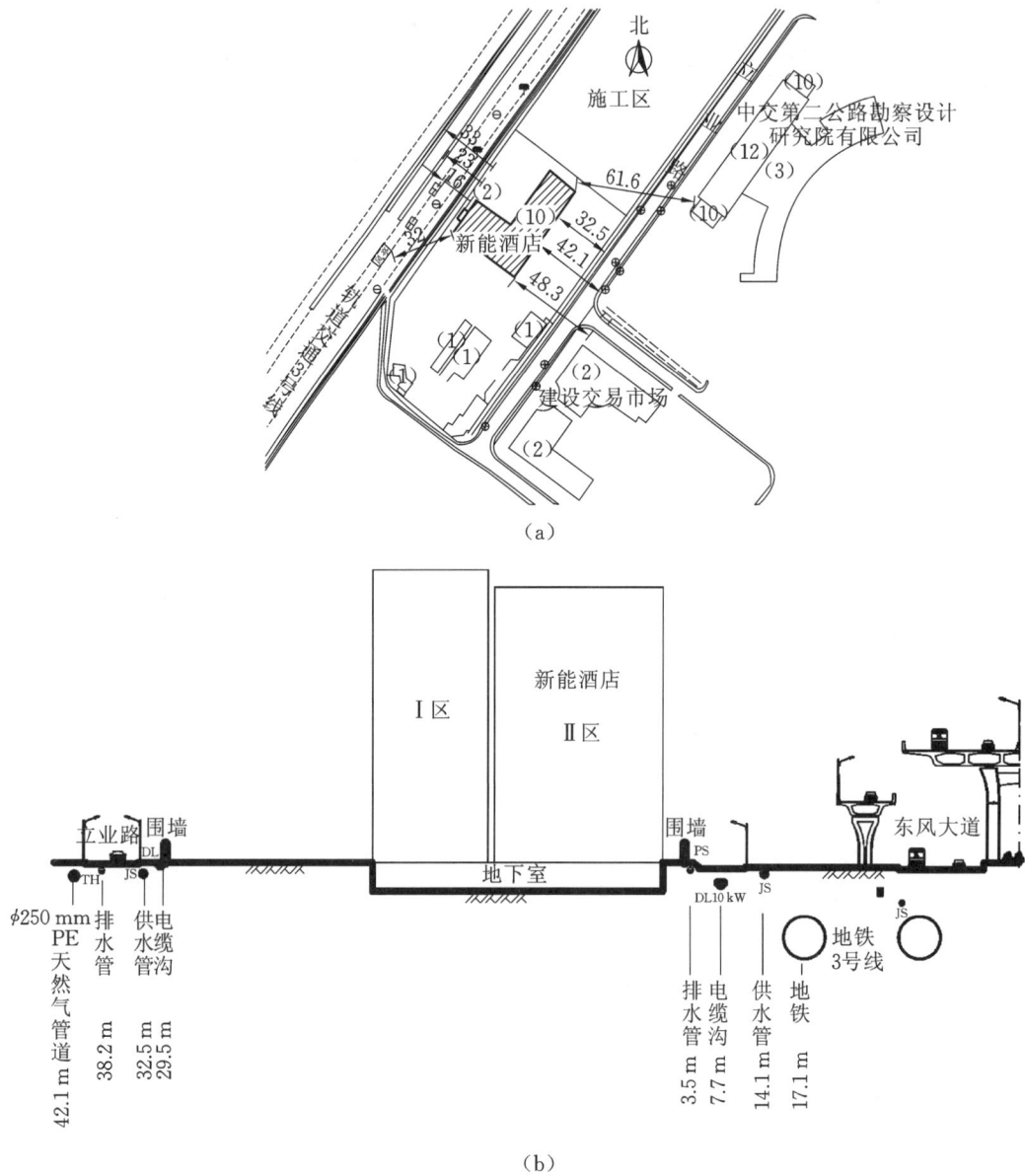

图 1　周边环境图(单位:m)
(a) 地面结构;(b) 地下设施和管线

　　烂尾楼东、西两侧道路下分布有电缆沟、供水管、天然气管道以及地铁 3 号线等市政设施及地下管网,东侧距电缆沟 29.5 m(10 kV),距供水管 32.5 m,距天然气管道 42.1 m(φ250 mm PE,埋深 1.5 m);西侧距电缆沟 7.7 m(10 kV),距供水管 14.1 m,距地铁 3 号线 17.1 m(φ6.0 m,埋深 6.6 m),烂尾楼周边地下结构设施和管线如图 1(b)所示。东侧天然气管道和西侧轨道交通 3 号线地铁盾构隧道对振动敏感,安全风险高,爆破拆除需要严格控制楼体倒塌时的触地振动。

1.2　大楼结构

　　烂尾楼主楼为框架结构,平面呈"L"形,长 53.4 m、宽 37.9 m、高 42.0 m,主楼由一条变形缝(宽度为

9 cm)划分为独立的东、西两部分,东侧部分简称Ⅰ区,西侧部分简称Ⅱ区。主楼设有 3 个楼梯、3 个电梯井,电梯井及楼梯部分为剪力墙,厚度为 25 cm。裙楼为 2～3 层框架结构,被数条变形缝分割为相对独立的 3 部分。楼板为现浇板,厚度为 10 cm。立柱尺寸主要为 500 mm×800 mm、800 mm×800 mm和 1000 mm×1000 mm。主梁的尺寸为 450 mm×600 mm,烂尾楼结构如图 2 所示。

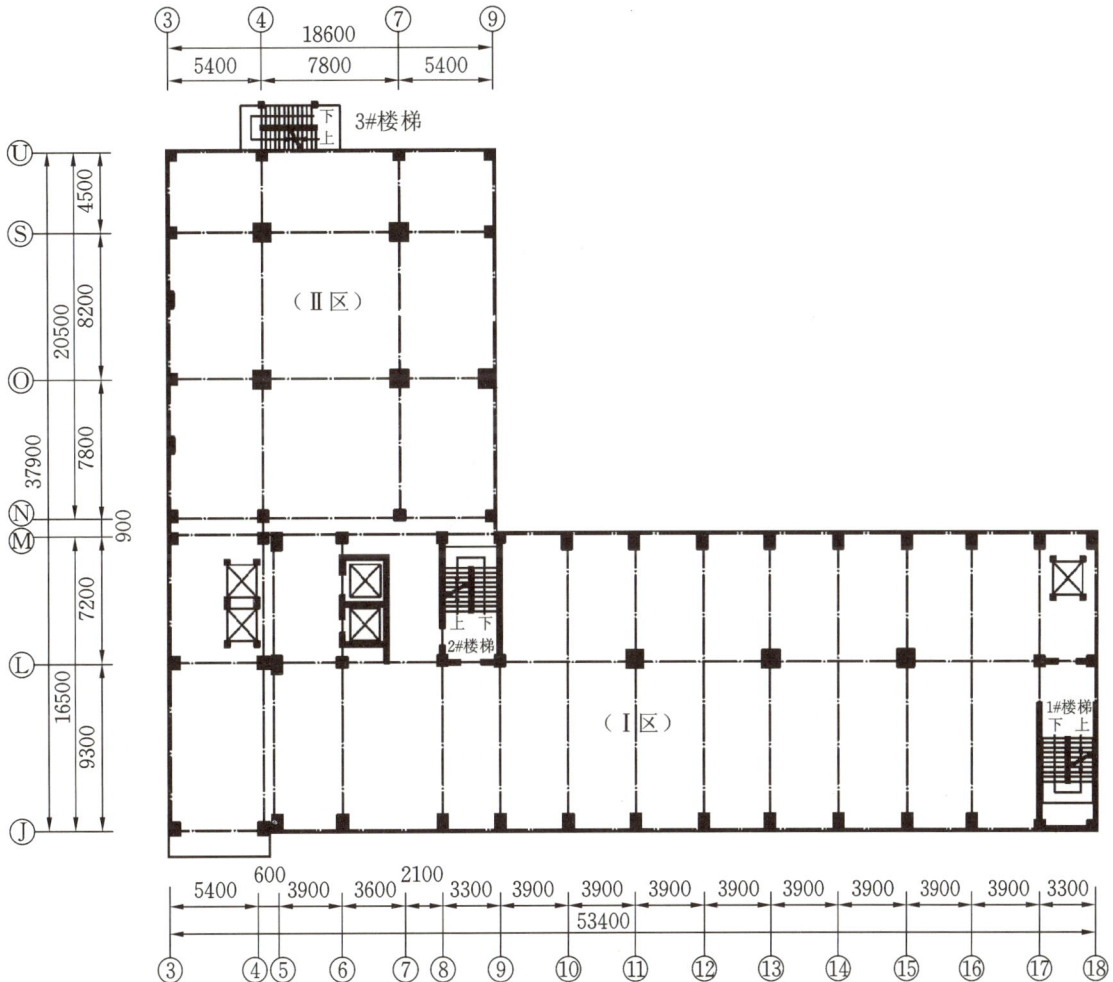

图 2　楼房平面图(单位:mm)

2　爆破方案

结合烂尾楼的周边环境和结构特征,为满足爆破效果,确保保护目标的安全,拟采用"裙楼机械拆除、主楼爆破拆除"的总体方案。其中,主楼采用"Ⅰ区、Ⅱ区依次向东定向倒塌"的总体爆破方案。

依据初弯曲压杆失稳模型计算公式,结合类似工程经验,本次立柱破坏高度取 0.6～2.4 m。为保证院墙和院墙外各类市政管线的安全,提高待爆楼房的爆破高度,爆破切口布置在第一层至第五层。此外,考虑到Ⅱ区顺着Ⅰ区倒塌的方向倾倒,并压在Ⅰ区的爆堆上,会导致Ⅱ区解体不充分。为改善爆破效果,根据楼房倒塌触地后"梁柱转换"的思路,选择在Ⅱ区的第六层至第十层前两跨之间的梁上钻 2～3 个炮孔进行爆破,削弱Ⅱ区的整体刚度,确保Ⅱ区倒塌触地后充分解体。爆破切口如图 3所示。

对于宽度小于 600 mm 的立柱采用单排布孔,剪力墙和 600 mm 以上的立柱采用梅花形布孔,综合采用连续装药和空气间隔装药结构。根据现场的试爆效果,1～3 楼立柱和剪力墙的炸药单耗控制在 1500～3000 g/m³,3 楼以上立柱和剪力墙的炸药单耗根据楼层高度依次减小 20%。

根据总体爆破方案,为确保起爆网路的安全准爆,采用非电导爆管雷管接力延时起爆网路。待爆

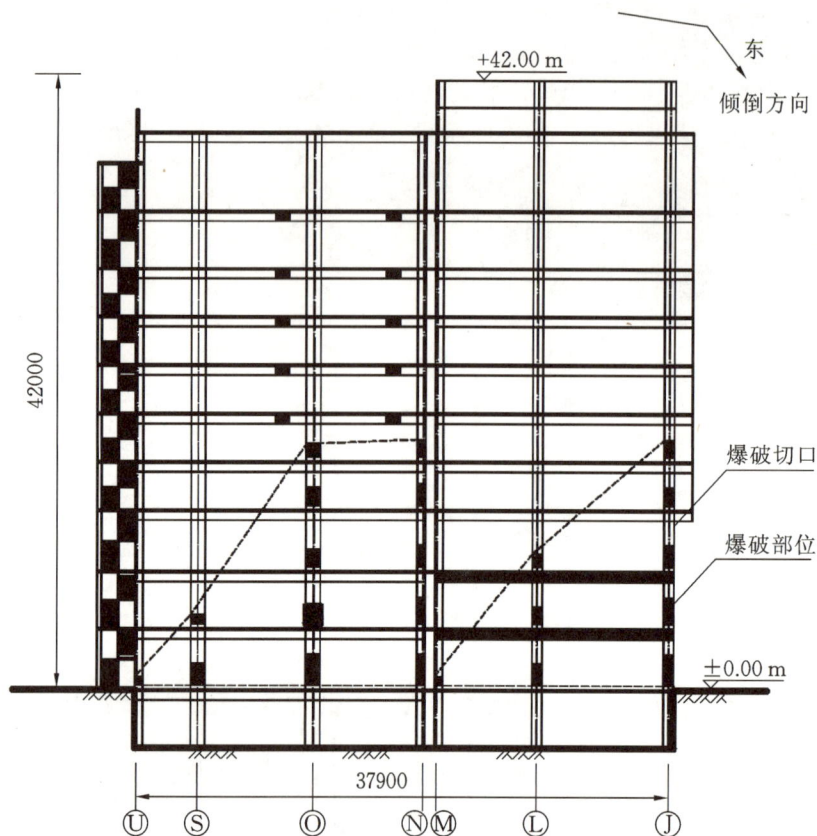

图 3　爆破切口图(单位:mm)

楼房所有立柱、剪力墙孔内均装设非电导爆管雷管 MS19(1700 ms)。Ⅰ区三排立柱之间延时310 ms，Ⅱ区四排立柱之间延时 310 ms，Ⅱ区延迟Ⅰ区 460 ms 起爆，剪力墙和梁上的炮孔，就近与相邻的立柱同时起爆，楼层之间不设时差。

3　安全防护措施

经过理论计算，在没有安全防护措施的情况下，待爆楼房塌落所产生的触地振动，诱发周边保护对象质点振动速度峰值均未超过《爆破安全规程》(GB 6722—2014)和相关行业标准所规定的安全允许值，能够保证保护目标的安全。为进一步降低结构塌落时的触地冲击振动效应，确保临近天然气、供水管等市政管道的绝对安全，施工时采取以下降振措施:

(1) 预拆除楼房内部填充墙，并削弱剪力墙；同时，设置排间时差，立柱逐排爆破，降低楼体单次倒塌触地的重量，见表 1。

表 1　起爆延期时间表(单位:ms)

楼层	轴号	Ⅰ区			Ⅱ区			
		Ⓙ	Ⓛ	Ⓜ	Ⓝ	Ⓞ	Ⓢ	Ⓤ
1～5 层	孔外	0	310	620	1080	1390	1700	2010
	孔内	1700	2010	2300	2780	3090	3400	3710

注:表中孔内时间表示孔内雷管起爆时刻。

(2) 在楼体塌落前方开挖 1.5 m 深的减振沟，并在触地中心堆筑缓冲墙，减小楼体塌落触地的冲击力。

(3) 在管沟上方铺设一层沙袋，防止个别飞散物击穿盖板，破坏管线，见图 4。

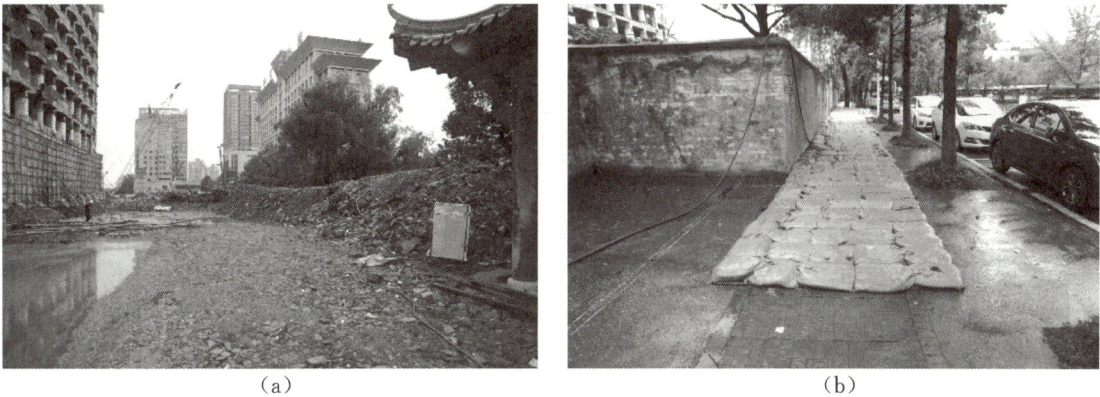

图 4　安全防护措施
(a) 堆筑缓冲层；(b) 铺设沙袋

4　数值模拟验证

为验证爆破拆除设计方案的合理性和关键爆破参数的可靠性，采用 LS-DYNA 动力学有限元程序对大楼的倒塌过程进行计算。有限元模型采用"分离式"建模，即综合考虑混凝土和钢筋两种材料的力学性能差异。混凝土单元选用 SOLID164 六面体实体单元，*MAT96 号材料模型（*MAT_BRITTLE_DAMAGE）。该本构关系描述的是各向异性脆性损伤材料模型，能够有效地模拟混凝土的力学特征及响应。钢筋单元选用 BEAM161 线型梁单元、动态弹塑性材料模型（*MAT_PLASTIC_KINEMATIC）。

大楼在失稳倒塌过程中，考虑到钢筋混凝土材料的实际受力并非单轴状态，且存在箍筋的横向约束，在参数设置时将混凝土的屈服强度提高 30%。为节省计算时间，建模时忽略建筑的楼板和墙体，把对应质量等效到混凝土立柱上。楼体的网格尺寸设为 20 cm，整个模型单元数为 175434，节点数为 379521。

数值模拟结果表明，大楼可以按照设计方向顺利倒塌。整个倒塌触地过程历时约 6.0 s，爆堆长64.4 m，宽 58.3 m，最大高度为 8.3 m，爆堆距离院墙 10.3 m。Ⅰ区整体解体效果较好，与Ⅱ区重叠的区域，由于两者碰撞挤压，解体得更为充分。Ⅱ区Ⓝ至Ⓞ轴、Ⓞ至Ⓢ轴之间，采取了炸梁弱化刚度处理措施，爆破解体效果有明显改善。相比之下，Ⓢ至Ⓤ轴之间，由于没有对梁进行处理，整体仍呈现完整的框架姿态。相比动态弹塑性材料模型，选用 *MAT96 号材料模型模拟混凝土材料（物理力学参数见表2），其破碎解体效果更为逼真，见图5、图6。

表 2　*MAT96 号材料模型物理力学参数

密度 $\rho/(kg/m^3)$	弹性模量 E/GPa	泊松比 ν	抗拉极限 f_n/MPa	剪切极限 f_s/MPa	断裂韧性 $g_c/(MN/m^{3/2})$	剪力传递系数 β
2500	30	0.17	3.5	14.5	0.8	0.03

5　爆破效果评价

烂尾楼的整体结构按照爆破设计方向顺利倒塌，圆满完成项目任务。爆破结束后，根据现场踏勘情况，Ⅰ区楼体倒塌解体破碎效果较好，Ⅱ区楼体倒塌后堆叠在Ⅰ区爆堆上，Ⓢ至Ⓤ轴之间 6~10 层楼体解体不彻底，还保持着部分框架结构。Ⅱ区楼体倒塌过程中，Ⓢ至Ⓤ轴起到了一定的支撑作用，后排未出现明显后坐现象。经现场测量，整个爆堆长 64.4 m，宽 58.3 m，高 8.3 m，爆堆头部按照设计砸在缓冲层上，院墙完好无损。

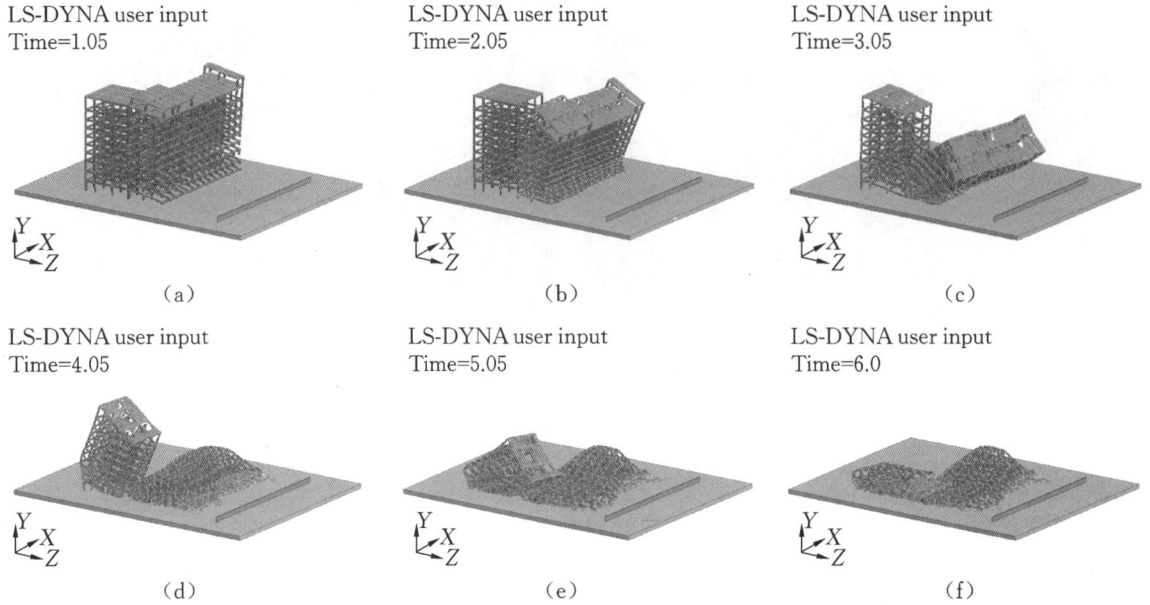

图5　大楼失稳倒塌运动过程

(a) $t=1.05$ s;(b) $t=2.05$ s;(c) $t=3.05$ s;(d) $t=4.05$ s;(e) $t=5.05$ s;(f) $t=6.0$ s

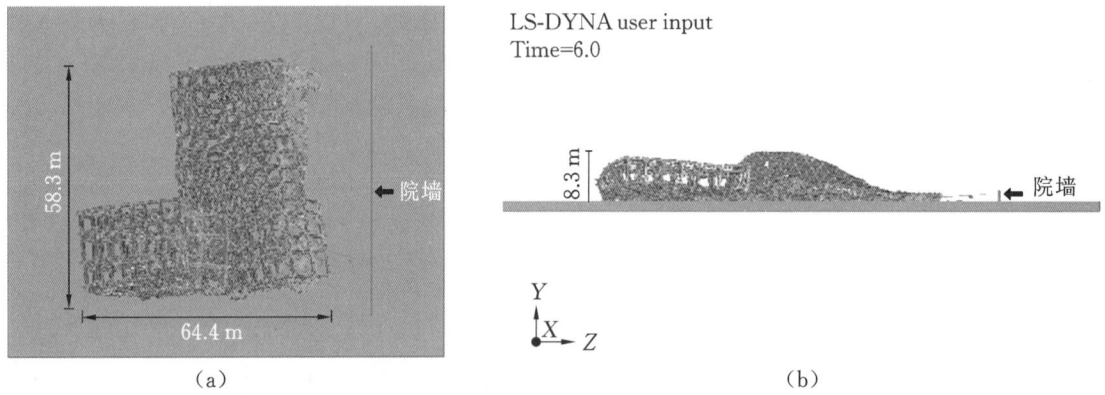

图6　爆堆形态及尺寸

(a) 俯视图;(b) 侧视图

　　经第三方安全监测,临近的轨道交通 3 号线轨面的振动速度峰值为 1.85 cm/s,主频为 2.2 Hz,振动数据在《爆破安全规程》(GB 6722—2014)允许的安全范围之内;同时,轨面也没有水平和竖直位移变化。爆破后,烂尾楼周边交通迅速恢复正常,东、西两侧道路下分布的电缆沟、供水管、天然气管道等市政管网,以及地铁 3 号线盾构隧道的运营安全未受到影响。大楼爆破拆除倒塌效果见图 7。

图7　大楼爆破拆除倒塌效果图

(a) 整体效果;(b) Ⅰ区;(c) Ⅱ区

6 结论

城市建(构)筑物爆破拆除逐渐趋于规模大型化、结构多样化和环境复杂化,爆破拆除工作的挑战性越来越强。本文结合武汉原新能酒店烂尾楼爆破拆除工程实践,得到如下结论,可为类似工程的爆破拆除工作提供参考:

(1) 在爆破对象周边倒塌空间受限的情况下,适当提高爆破切口高度,并对局部梁体进行爆破弱化处理,可缩小倒塌范围,增强解体效果。

(2) 对于大楼多个独立的分区,在同向倒塌运动过程中,0.5 s 左右的延期时差可以满足先后运动的需求,避免相互影响。

(3) 运用 LS-DYNA 动力学有限元软件,演算大楼失稳倒塌的运动姿态和最终的爆堆形态,选用＊MAT96 号材料模型模拟混凝土材料,使其解体破碎效果更加逼真。

Blasting demolition of 11-storey frame-structured reinforced concrete building under complicated surroundings

XIE Xianqi   JIA Yongsheng   LIU Changbang

(Wuhan Blasting Engineering Company, Wuhan 430023, China)

Abstract: The building which would be blasting demolished is of 11 storeys with a height 38.4 m and length of 53.0 m, the total floor area of 11000 m². The plane layout of the building looks like "⌒". It's located at the kerbside of the Wuluo Road with heavy traffic conditions. The building is 18 m north to a 8-storey resident building, 2.7 m west to a bounding wall, 6.5 m west to a 5-storey resident building, it is less than 2.0 m south to a $\phi300$ underground water pipe and 4.5 m to a electric wire pole and 9.0 m to a trolley pole. Especially, it is 4.0 m south to a new underground pass and 40.0 m northeast to a temple which should be protected successfully. In view of the characteristics of the structure and the surrounding status, the general blasting scheme is to separate the building into two parts and make them collapse to east one by one. At the same time, the effective safety protection measures are adopted. Total 89.6 kg of explosive and 1326 millisecond delay detonators are used in the project. The project is a good case of demolition blasting of high buildings on urban area.

1 INTRODUCTIDN

1.1 Surrounding Status

The building which would be demolished is located at the kerbside of the Wuluo Road with heavy traffic conditions. The surrounding is so complicated. The building is 16.0 m north to a 8-storey resident building, 2.8 m west to a bounding wall, 6.5 m west to a 5-storey resident building, it is less than 2.0 m south to a $\phi300$ underground water pipe and 4.5 m south to a electric wire pole and 9.0 m south to a trolley pole. Especially, it is 4.0 m south to a new underground pass and 40.0 m northeast to a temple. All items which are mentioned above should be protected carefully and successfully. See the Fig.1 and Fig.2 for the surrounding status.

1.2 General Structure Situation

The building is of 11-storey with height of 38.4 m and the total floor area of 11000 m², its plane layout looks like "⌒". The span is in 8 columns from east to west and 4 columns from north to south. The sizes of columns are 550 mm×550 mm and 600 mm×600 mm, the sizes of beams are 300 mm×500 mm and 250 mm×400 mm. There are one elevator shaft and two stair cases. The floor of elevator hall and middle corridor are make up of reinforced concrete(11 cm), and the floor of other parts are made of precast slabs. The building section and photo are presented in the Fig.3 and Fig.4 respectively.

本文原载于 2009 年《第九届国际岩石爆破破岩学术会议论文集》。

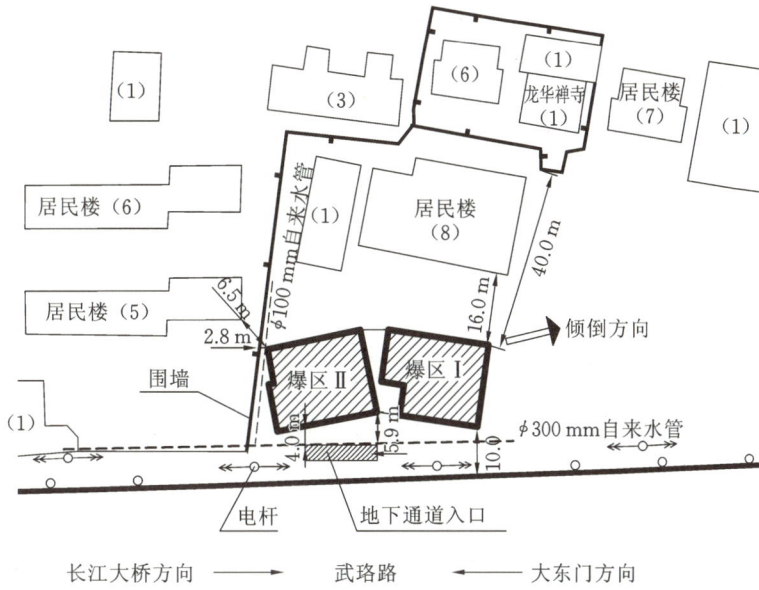

Fig. 1　Scheme of blasting surroundings

Fig. 2　Satellite photo of current surrounding (resource from：Google earth)

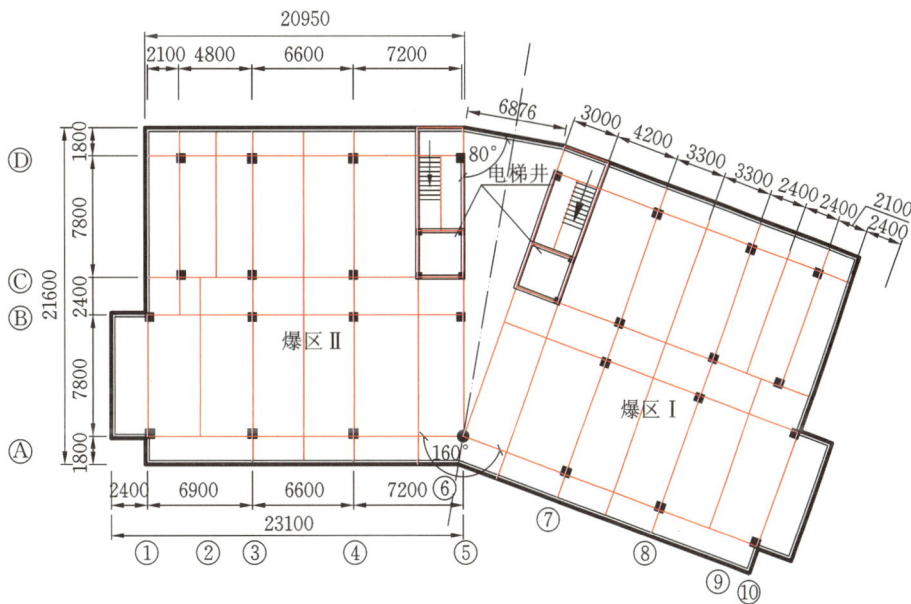

Fig. 3　Structure section(unit：mm)

Fig. 4　The photo of the building

2　GENERAL BLASTING SCHEME

2.1　Difficulties of the Blasting Demolition Project

① The strength of the building is too great to be destroyed easily when the building collapses.

② The surrounding is so complicated that the items around the building must be protected carefully and successfully. In order to make sure the safety demolition, we must control the muck pile, vibration, and other adverse blasting effects.

③ There is no field around to provide for collapsing except the eastern field. But eastern field is also limited.

2.2　General Blasting Scheme

In view of the structure situation and current surrounding, the contents of general blasting scheme are as follows:

① Separating the building into two parts by cutting at the elevator hall. (axis ⑤~⑦, see Fig. 5)

② Making the first part collapse to the diagonal line, and the second part collapse towards the east when the columns are blasted row by row.

③ The delay time of the two parts is 1.7 s.

④ Using several kinds of methods to protect the around items.

3　BLASTING DESIGN

3.1　Columns and Beams

① Blasting height of the columns

Calculating formula:

$$H = K(B + H_{min})$$

Where, H is the blasting height of the columns(m); K is a coefficient of collapse; B is the length of the section column(m); H_{min} is the minimum blasting height(m).

After calculating and modifying, the calculation results is shown in Table 1 and Table 2.

② Destroy method of the beams

Two vertical holes are arranged at the joint part of the beams and columns.

Table 1　Blasting height of columns(part Ⅰ)(m)

Initiation order	1	2	3	4
storey	Column number			
	D9 C9 B10	D8 C8 B8 A10	D7 C7 B7 A8	D6 B6 A7 and staircase column
1st	4.2	3.0	1.8	0.6
2nd	2.1	1.8	1.2	—
3rd	2.1	1.5	1.2	—
4th	1.5	1.2	—	—
5th	1.2	0.6	—	—

Table 2　Blasting height of columns(part Ⅱ)(m)

Initiation order	5	6	7	8
storey	Column number			
	D5 B5 A5 and staircase column	D4 C4 B4 A4	D3 C3 B3 A3	D2 C2 B1 A1
1st	4.2	3.0	1.5	0.6
2nd	2.1	1.8	1.2	—
3rd	2.1	1.5	1.2	—
4th	1.5	1.2	—	—
5th	1.2	0.6	—	—

3.2　Parameters of the Blasting Holes and Their Arrangement

The adopted parameters are shown in the Table 3.

The charge weight is the value of emulsion explosive.

Table 3　Blasting highness of columns

Columns section /(mm×mm)	Parameters			
	Minimax Burden W/cm	Hole spacing a/cm	Row spacing b/cm	Single hole charge weight q/g
550×550	27.5	30	40	160
600×600	30	30	45	200

4　DESIGN OF THE DELAY INITIATION NETWORK

4.1　Initiation Network Design

The outside hole-relay initiation network of minisecond delay detonator with shock-conducting tube was adopted. That is, the higher delay number of detonators(part Ⅰ, MS17; part Ⅱ, MS19) were put in the blasting hole, and the lower delay number(MS9, MS11 and MS13) were used to confirm the delay time(Fig. 5).

All of Nonel pipes have been assigned to several groups. Each groups of less than 20 pipes are initiated by 2 or 3 non-electric detonators. The same delay time groups were connected by the MS1 to make sure initiation absolutely. The whole network was fired by several instantaneous electric detonators.

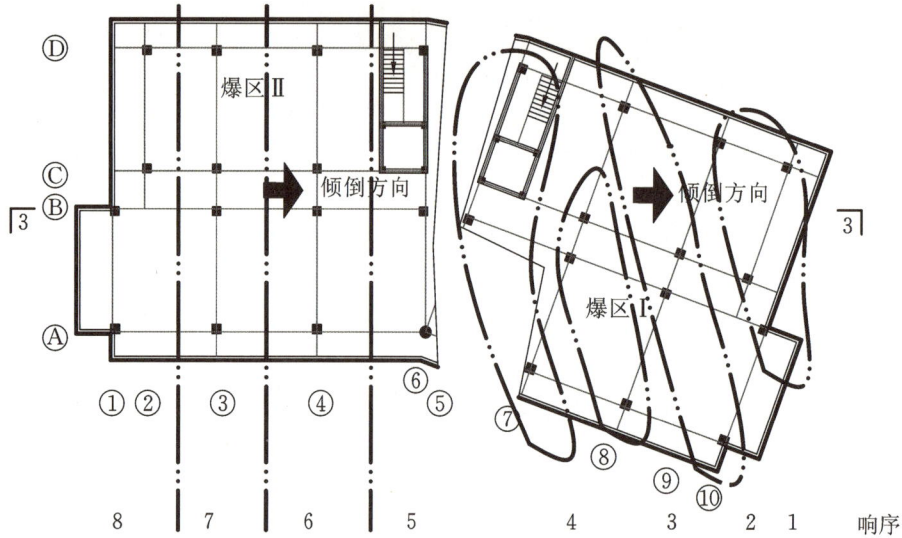

Fig. 5   The general blasting scheme and delay initiation network scheme

4.2   Adopted Delay Time

See Table 4.

Table 4   Delay time(ms)

8	outside	7	outside	6	outside	5	outside	4	outside	3	outside	2	outside	1			order
MS19 (inside hole, part Ⅱ)								MS17 (inside hole, part Ⅰ)								delay time of relay detonator	
3700	460	3240	650	2590	310	2280	1200	1080	310	770	460	310	310	0	the delay time of outside hole	0	1st
5400		4940		4290		3980		2280		1970		1510		1200	the delay time of inside hole		
		3470	880	2590	310					960	650	310	310	0	the delay time of outside hole	310	2nd
		5170		4290						2160		1510		1200	the delay time of inside hole		
				2900	310	2590						620	310	310	the delay time of outside hole	0	3rd
				4600		4290						1820		1510	the delay time of inside hole		
				2900	310	2590						620	310	310	the delay time of outside hole	310	4th
				4600		4290						1820		1510	the delay time of inside hole		
				3210	310	2900						930	310	620	the delay time of outside hole		5th
				4910		4600						2130		1820	the delay time of inside hole		

5   MAIN CONSTRUCTION CONTENTS

5.1   Pretreatment Contents

① Cutting the building at axis ⑤~⑦.

② Demolishing the western bounding wall, and rebuilding after the blasting.

③ Demolishing the wall of the elevator shaft and the stair from 1st floor to 8th floor, the wall in the blasting cuts was demolished and moved out the building.

④ In order to control the scope of muck pile, the southern and eastern balconies were demolished from 1st floor to 6th floor in advance(Fig. 6).

Fig. 6   The photo after pretreatment

5. 2   Test Blasting

The blast test was executed on different type columns. The charge weight of single hole was adjusted by the blast test results.

Fig. 7 is the different test results.

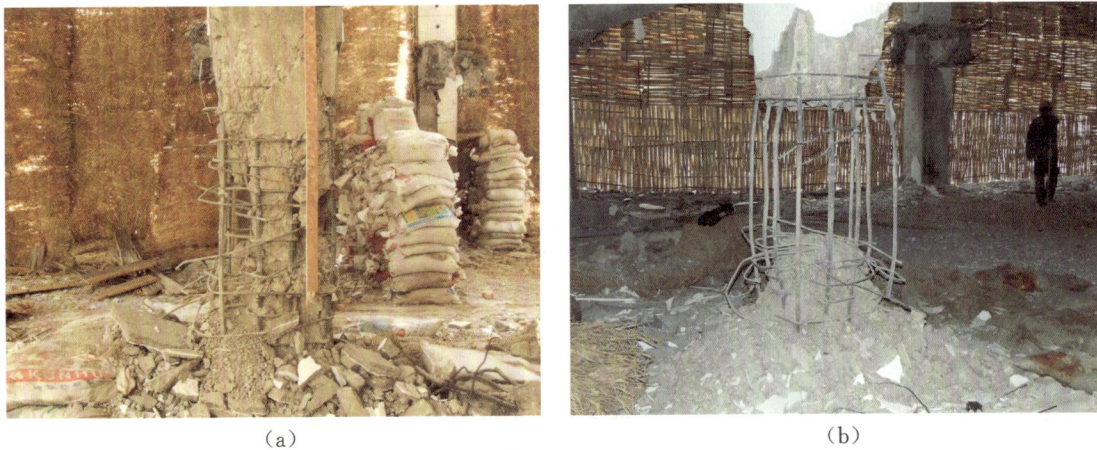

(a)   (b)

Fig. 7   Test blasting

5. 3   Flying-Stone

5. 3. 1   Flying-Stone

Three layers of near, middle and far measures in combination are provided to release the high risk of flying stones.

Near protection is the active protection in area of blasting cuts. The blasting columns are enveloped by straw bags, gunny sacks and iron wire nets, the effective thickness isn't less than 15 cm (Fig. 8).

Middle protection includes the bamboo wall around the blasting cuts. The bamboo wall covered with double layers bamboo rafts and straw bags is 9. 0 m high.

Far protection was adopted to protected the temple and municipal facilities. Two steel-tube walls covered with bamboo rafts and safety net are executed, the first one with length 80 m, and height 12 m, is located at the gate of the temple; the second one with length 100 m and height 12 m is put along the road.

5.3.2 Blasting Dust

The blasting demolition project was implemented in the downtown, so the blasting dust should be controlled. The main measures include wetting the building in advance, hanging the water cylinders which covered the blasting columns, spraying water after demolition(Fig. 9).

Fig. 8   Protection measure for columns

Fig. 9   The columns covered by water cylinders

5.3.3 Protection Measures for Important Facilities

① The underground pipes and lines were covered by steel plates with 2 cm thickness, and the steel plates were covered by 50 cm sand bags. See Fig. 10.

② The underground pass was stuffed by sand bags. Its exit was covered by steel plates. See Fig. 11.

③ The electric wire poles were fastened by steel tubes, and the poles roots were surrounded by sand bays.

④ The western power supply room was moved to 10 m away.

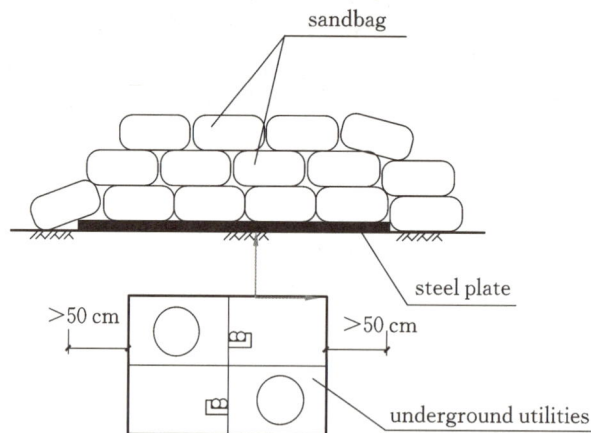

Fig. 10   Protection measure for underground lines

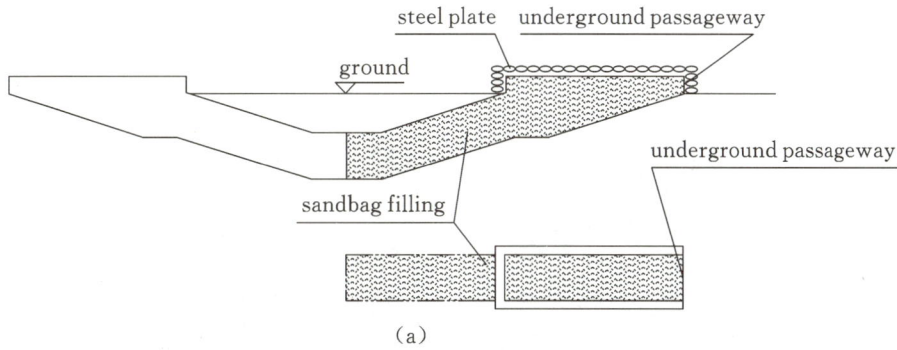

(a)

(b)

Fig. 11   Protection measure for underground pass

6   BLASTING EFFECT

6. 1   Blasting Process and Effects

The building collapsed at the allowed scopes within 5 s. The facilities and structures around the building hadn't any damages. The blasting process had completely been successful and got much praise from the public. Fig. 12 and Fig. 13 present the collapse process and effects.

6. 2   Discuss

① It is a feasible method to separate the building into several parts in advance when the building is located in a complicated surrounding and the field provided for collapse is limited.

② Different items which should be protected by different measures. The validities of the protection measures adopted in this project are verified by the practice.

③ The demolition blasting technology is one of the best methods for demolishing high buildings even if the buildings are under complicated conditions.

(a)　　　　　　　　　　　　　　　　　(b)

(c)　　　　　　　　　　　　　　　　　(d)

Fig. 12　The collapsing process

Fig. 13　Blasting effects

17 层框-剪结构大楼定向爆破拆除

谢先启[1]　贾永胜[1]　黄小武[1]　韩传伟[1]　姚颖康[1,2]　王洪刚[1,2]

(1.武汉爆破有限公司,武汉 430023;2.河海大学土木与交通学院,南京 210098)

摘　要:根据 17 层框-剪结构大楼的结构特点,采取将大楼分为 A、B 两部分延时 1.2 s 起爆,"向北定向倒塌"的总体爆破方案。依据现场试爆效果,炸药单耗定为 1.8 kg/m³,选用孔内 3400 ms、孔外 400 ms高精度导爆管雷管接力传爆。结合现场踏勘情况和影像资料全面分析了大楼 A 区和 B 区的倒塌效果。结果表明:采用"分区分段"爆破拆除框-剪结构大楼时,需要综合考虑各区之间的相互关系,以及剪力墙结构对倒塌效果的影响;为改善倒塌效果,应适当加强对剪力墙的预处理。此外,运用 LS-DYNA 动力学有限元软件,验证了爆破总体方案中切口高度和延期时间的合理性,计算得到大楼的爆破倒塌过程和堆积形态,与实际效果比较吻合。采用覆盖防护、近体防护、保护性防护措施和综合降尘手段,大大降低了个别飞散物和粉尘对周边建(构)筑物及周围居民的影响。

关键词:框-剪结构;爆破拆除;数值模拟;倒塌效果

Directional explosive demolition of 17-layer frame-shear structure building

XIE Xianqi[1]　JIA Yongsheng[1]　HUANG Xiaowu[1]
HAN Chuanwei[1]　YAO Yingkang[1,2]　WANG Honggang[1,2]

(1. Wuhan Blasting Engineering Co. ,Ltd. ,Wuhan 430023,China;
2. School of Civil And Transportation Engineering,Hohai University,Nanjing 210098,China)

Abstract:The 17-layer frame-shear structure was divided into area A and area B according to the structure characters. The delayed time of two areas is 1.2 s and the collapse direction is northward. The blasting parameters are given,as specific charge 1.8 kg/m³,the delayed time in the hole with 3400 ms and outside the hole with 400 ms by using high precision Nonel detonator. Collapse effect of area A and area B are analyzed on the basis of actual blasting effect and image data. The results show that by using "subarea-subsection" demolition blasting method,the correlation of different area and existence of shear walls should be considered. In order to improve the collapse effect,more shear walls should be pretreated. Furthermore,the collapse process and form of blasting muck pile from calculation are correspond with the actual effect and the feasibility of the design project is verified by using LS-DYNA. Adverse effects of blasting are controlled effectively by using covered protection nearby,protective protection measures and comprehensive dust fall method.

Keywords:Frame-shear structure;Explosive demolition;Numerical simulation;Collapse effect

1　工程概况

1.1　周边环境

湖北云鹤大厦为 1 栋 17 层框-剪结构楼房,总建筑面积约 17100 m²。大楼位于武汉市江岸区解

本文原载于《爆破》2016 年第 33 卷第 2 期。

放大道 2613 号,解放大道与百步亭花园路交汇处。大楼东侧紧邻解放大道,距架空电线 19.7 m,距车行道边线 25 m,距轨道交通 1 号线 35 m,距解放大道东侧居民楼 72 m。此外,大楼东侧地下分布有电力管沟、自来水管和通信管网等市政管线,周边环境较复杂,如图 1 所示。

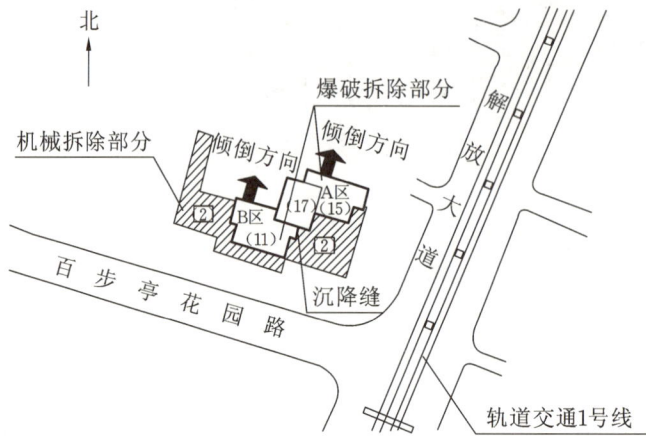

图 1　周边环境图

1.2　大楼结构

大楼平面结构为反 Z 字形,如图 2 所示。主楼长 49.3 m、宽 33.9 m、高 59.1 m,共设 3 个楼梯,建筑面积约为 11000 m²。大楼剪力墙较多,整体刚度较大,外墙采用 240 mm 厚砖砌体填充,内隔墙采用 115 mm 厚粉煤灰加气块砌块填充。主楼由两部分组成,A 区楼层高度为 15~17 层,B 区楼层高度为 11 层,两部分之间设有沉降缝,缝宽 100 mm。立柱尺寸主要有 600 mm×1000 mm、800 mm×800 mm、700 mm×700 mm、600 mm×700 mm 和 400 mm×800 mm,梁的尺寸为 500 mm×250 mm,剪力墙厚度为 250 mm,楼板厚度为 100 mm。

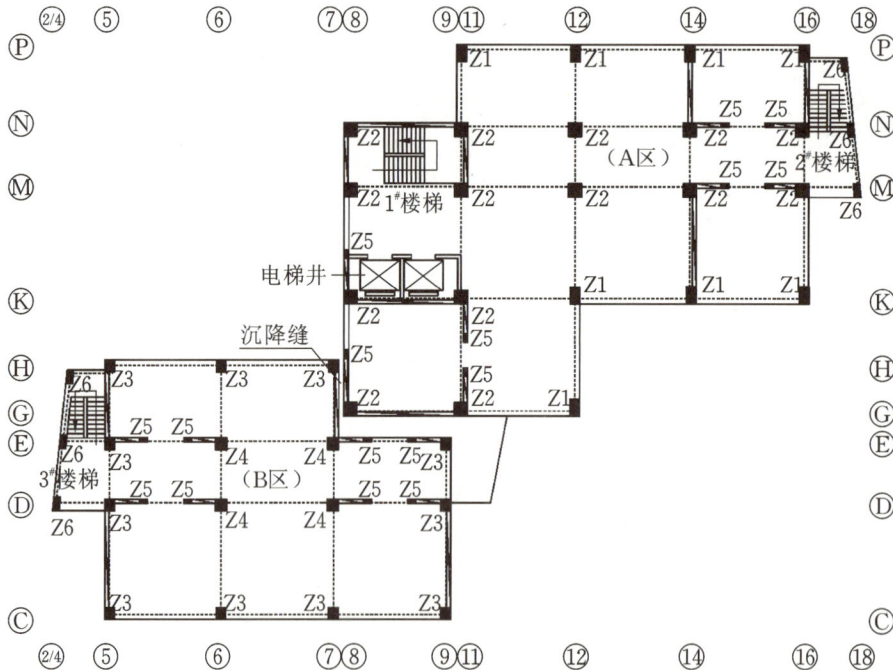

图 2　框-剪结构楼房平面图

2 爆破方案设计

根据待拆大楼的结构特点、周边环境和业主要求，拟采用"裙楼机械拆除、主体结构爆破拆除"的总体方案。其中，主体结构采用"分区大间隔延时、向北定向倒塌"的爆破方案。

2.1 爆破切口

依据初弯曲压杆失稳模型计算公式

$$P_{cr} = \frac{\pi^2 EI}{\left(\dfrac{a}{\Delta a}+1\right)(\mu H)^2} \tag{1}$$

式中，$\Delta a = \dfrac{[\sigma]d^3(\mu H)^2}{32\pi EI}$，其中 d 为立柱钢筋直径（mm），$[\sigma]$ 为钢筋屈服强度（MPa）；a 为压杆初挠度（mm）；P_{cr} 为临界荷载（kN）；H 为立柱破坏高度（m）；EI 为钢筋的抗弯刚度；μ 为杆端系数。本工程中，代表性立柱钢筋直径 $d=25$ mm，钢材的弹性模量取 $E=200$ GPa，屈服强度取 $[\sigma]=200$ MPa。爆破后，钢筋发生弯曲，跨中挠度 a 分别取 0、1 cm、5 cm、10 cm。钢筋上下两端均为固接，$\mu=0.5$。经计算，典型立柱的单根钢筋所受荷载分别为 420 kN、260 kN、380 kN，远大于立柱钢筋失稳临界荷载计算值。结合类似工程经验，立柱破坏高度取 0.5～2.1 m。爆破切口示意图见图 3。

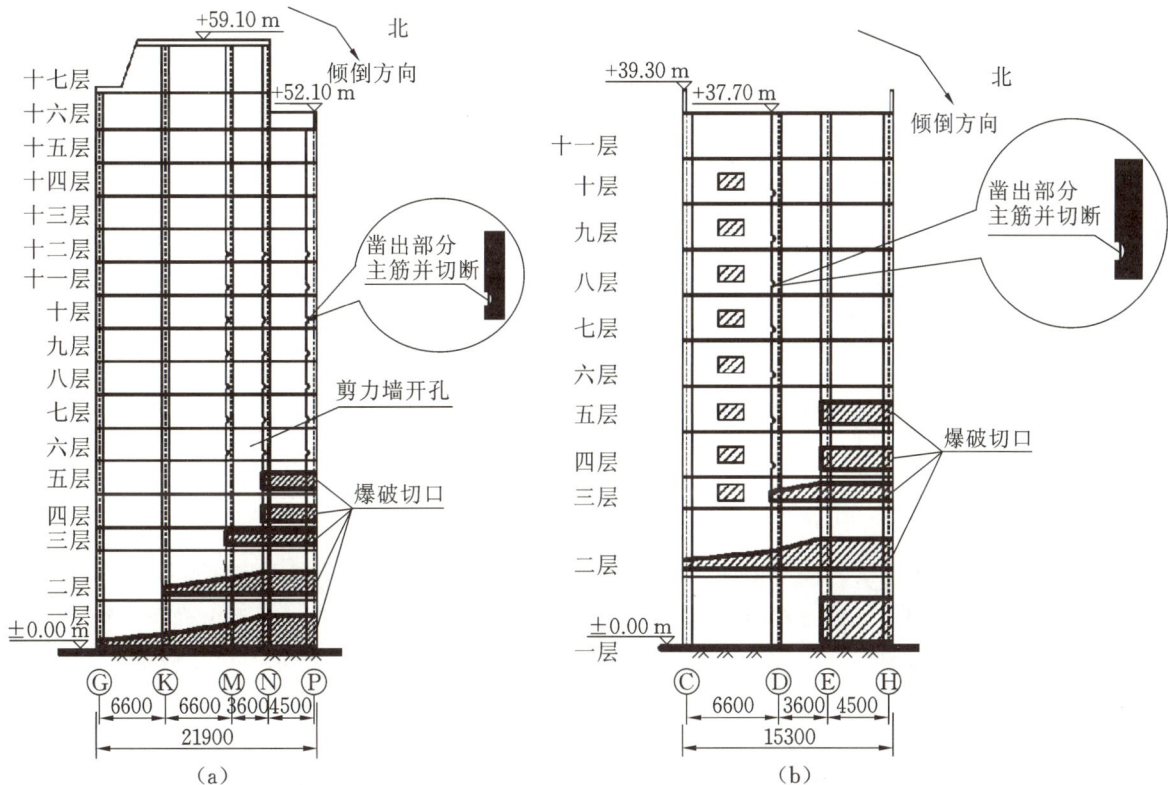

图 3 爆破切口示意图
(a) A 区；(b) B 区

2.2 孔网参数

400 mm×800 mm 截面立柱布置单排炮孔，其余类型的立柱间隔布置单排炮孔和双排炮孔，剪力墙采用梅花形布孔，炮孔间距为 30 cm，排距为 20 cm。根据现场试爆效果，炸药单耗取 1.8 kg/m³，对于配筋较高的区域，可适当提高装药量。装填炸药时，立柱的单排炮孔采用集中装药结构，双排炮孔采用空气间隔装药结构。

2.3　爆破网路设计

根据爆破拆除总体方案,为确保起爆网路安全准爆,采用非电导爆管雷管复式交叉(2+1)接力延时起爆网路。起爆网路选用南岭澳瑞凯高精度导爆管雷管,孔内装 11 段(3400 ms)、孔外用 3 段(400 ms)接力传爆,B 区较 A 区延迟 1.2 s(6 段)起爆。立柱起爆延期时间见表 1。

表 1　立柱起爆延期时间(单位:ms)

楼层		A 区(17 层和 15 层部分)					B 区(11 层部分)			
		ⓅP轴	ⓃN轴	ⓂM轴	ⓀK轴	ⒼG轴	ⒽH轴	ⒺE轴	ⒹD轴	ⒸC轴
第一层	孔外	0	400	800	1200	1200	2400	2800	—	—
	孔内	3400	3800	4200	4600	4600	5800	6200	—	—
第二层	孔外	0	400	800	1200	—	2400	2800	3200	3600
	孔内	3400	3800	4200	4600	—	5800	6200	6600	7000
第三层	孔外	400	800	1200	—	—	2800	2800		
	孔内	3800	4200	4600	—	—	6200	6200		
第四层	孔外	400	800	—	—	—	2800	2800		
	孔内	3800	4200	—	—	—	6200	6200		
第五层	孔外	800	800	—	—	—	2800	2800		
	孔内	4200	4200	—	—	—	6200	6200		

注:表中孔内时间表示孔内雷管起爆时刻。

2.4　预处理方案

考虑到框-剪结构大楼的剪力墙较多、刚度较大,为保证大楼顺利倒塌,对大楼进行了刚度弱化处理:(1)对爆破切口范围内的剪力墙予以全部拆除;(2)非爆破楼层剪力墙按"化墙为柱"进行刚度弱化处理;(3)1~3 层楼梯采用人工和机械相结合的方式全部拆除,3~6 层楼梯进行局部弱化处理;(4)剥离并割断前三排立柱中与倒塌方向相反一侧的纵筋和箍筋。

3　数值模拟验证

为验证爆破拆除设计方案的合理性和关键爆破参数的可靠性,采用 LS-DYNA 动力学有限元程序对大楼的倒塌过程进行计算。有限元模型采用"分离式"建模,即综合考虑混凝土和钢筋两种材料的力学性能差异。混凝土单元采用 SOLID164 单元,选用塑性随动硬化材料;钢筋单元采用 BEAM161 单元,选用塑性随动硬化材料。采用 8 节点六面体单元对模型进行划分,单元尺寸为 20 cm,整个模型单元数为 276510,节点数为 409040。大楼在失稳倒塌过程中,考虑到钢筋混凝土材料的实际受力并非单轴状态,且存在箍筋的横向约束,在参数设置时适当提高混凝土的屈服强度。为简化模型,采取把承重墙的质量等效到楼板混凝土中的方法,钢筋、混凝土材料的物理力学参数如表 2 所示。

表 2　材料的物理力学参数

名称	密度/(kg/m³)	弹性模量/GPa	泊松比	抗拉强度/MPa	抗压强度/MPa
钢筋	7850	210	0.30	$3.1×10^4$	$3.0×10^5$
梁、柱混凝土	2450	40	0.17	4.0	50
楼板混凝土	3600	40	0.17	4.0	50

数值模拟结果表明,大楼将按设计方向顺利倒塌(图 4)。整个倒塌触地过程历时约 10 s,爆堆长 85 m、宽 48 m,最大高度为 14.6 m(图 5)。其中,A 区后坐距离为 3.8 m,B 区后坐距离为 1.5 m。从大楼的倒塌效果来看,A 区倒塌触地后解体较充分,而 B 区的解体效果很差。其原因为 B 区较 A 区延迟 1.2 s 起爆,两区楼体在 6 s 时会接触碰撞,减小了 B 区楼体倒塌触地的冲量,从而影响了 B 区的解体效果。因此,在预处理施工过程中,应该加大对 B 区楼体刚度的削弱力度。

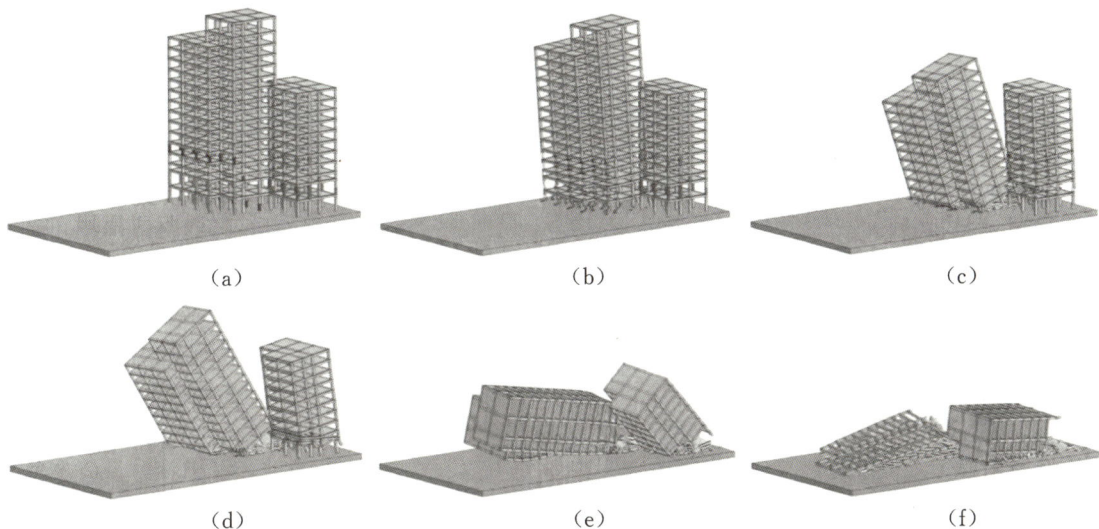

图 4　大楼倒塌触地过程

(a) $t=0.0$ s;(b) $t=1.5$ s;(c) $t=3.1$ s;(d) $t=3.9$ s;(e) $t=5.9$ s;(f) $t=10.0$ s;

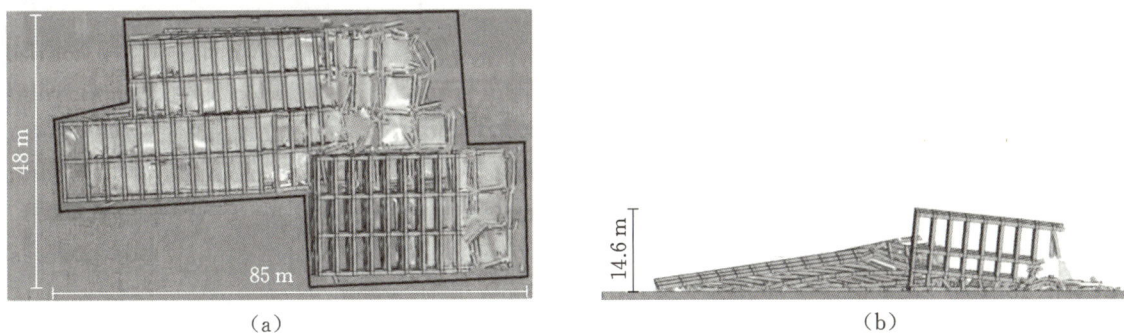

图 5　爆堆形态及尺寸

(a) 俯视图;(b) 侧视图

4　安全防护措施

城市建(构)筑物爆破拆除工程中,爆破有害效应主要包括爆破引起的振动、个别飞散物、空气冲击波、噪声和粉尘。根据大楼结构形式和周边环境,需要重点控制个别飞散物和爆破粉尘对周边建(构)筑物及周边居民生活的影响。

一方面,为控制爆破过程可能产生的个别飞散物对周边环境的影响,施工工程中采用了"三级防护"措施,即覆盖防护、近体防护和保护性防护。另一方面,爆破拆除产生的粉尘主要来源于混凝土破碎、建(构)筑物附着的粉尘和倒塌触地激起的扬尘。爆破拆除引起的粉尘影响范围较大,不仅污染环境,而且影响周边居民的工作与生活。在爆破拆除施工过程中,采取了清除尘源、爆炸水雾降尘和其他降尘措施,对粉尘危害进行了严格控制。

5　爆破效果及结论

根据现场踏勘情况,大楼的整体结构按照爆破设计方向顺利倒塌。A 区楼体在⑦号轴处断开,⑦至⑭号轴之间的结构解体得非常充分,⑭至⑯号轴之间的楼体呈"外翻"状,剪力墙结构依然完整。B 区楼体在Ⓔ至Ⓙ号轴之间受剪切作用发生断裂,整体结构比较完整,解体不明显。整个爆堆高度为 14.0 m、宽度为 52.2 m、长度为 78.0 m。

结合爆破影像资料可以发现,A 区和 B 区在失稳倒塌运动过程中都保持着较好的整体性。Ⓚ至Ⓜ号轴之间跨距较大,在延时失稳过程中,Ⓚ至Ⓜ号轴之间的梁发生了弯矩破坏。⑦至⑭号轴之间的楼体剪力墙结构较少,局部刚度较低,且受到 B 区后续倒塌的撞击,导致⑦至⑭号轴之间的楼体倒塌触地后受压破坏严重。一方面,B 区Ⓔ至Ⓙ号轴之间没有剪力墙结构,且 1 楼后两排立柱没有设置爆破切口,导致 B 区楼体在下坐和倒塌过程中在Ⓔ至Ⓙ号轴之间发生了剪切破坏。另一方面,B 区Ⓒ至Ⓙ号轴和Ⓔ至Ⓗ号轴之间剪力墙结构较多,局部刚度较大,并且 B 区倒塌触地后砸在 A 区的残渣上,减小了 B 区倒塌触地时的冲量,最终导致 B 区倒塌楼体解体不充分。大楼爆破拆除倒塌效果图见图 6。

图 6　大楼爆破拆除倒塌效果图
(a) 整体效果;(b) A 区;(c) B 区

通过爆破振动监测,得到临近的轨道交通 1 号线桥墩根部的振动速度峰值为 1.85 cm/s,主频为 2.2 Hz;东侧居民楼振动速度峰值为 1.4 cm/s,主频为 1.8 Hz。振动速度峰值均在《爆破安全规程》(GB 6722—2014)允许的安全范围内。爆破后,周边交通迅速恢复正常,临近的轨道交通 1 号线正常运营。爆破拆除工程中,个别飞散物防护得当,降尘措施有效,对周边建(构)筑物和周围居民的正常工作和生活影响较小。

结合此次 17 层框-剪结构大楼定向爆破拆除工程实践,可以得到如下结论:

(1) 框-剪结构大楼"分区分段"爆破拆除时,需要综合考虑各区之间的相互关系。局部剪力墙结构较多、刚度较大,会影响整个大楼倒塌触地后的解体效果,为提高框-剪结构大楼的倒塌效果,减小后期清碴的工作量,应适当加大对剪力墙的预拆除力度。

(2) 运用 LS-DYNA 动力学有限元软件,计算得到的建筑结构倒塌运动姿态和触地后爆堆形态与实际爆破效果基本吻合,应用数值模拟技术对指导爆破施工具有重要意义。

(3) 采用"三级防护"措施和综合降尘手段,大大降低了个别飞散物和粉尘对周边建(构)筑物及周围居民的影响。

分区多向倒塌爆破拆除
L 形组合框架结构楼房

谢先启　贾永胜　韩传伟　罗启军　王洪刚　严　涛　刘昌邦

（武汉爆破有限公司,湖北武汉 430023）

摘　要：文中介绍了采用纵向延时逐段定向倾倒并将定向倾倒和内向倾倒相结合的技术成功拆除一栋 L 形组合框架结构楼房的爆破拆除工程实例。楼房由中区、南区、北区三个相对独立的区域组成,中间有 10～15 cm 的施工缝。在倒塌的过程中,三个区域存在相互影响。针对楼房结构特点及周边环境,各区采用不同的爆破方案拆除。本文详细介绍了爆破切口的设计、爆破参数的选取,并对爆破效果进行了分析;同时,分析了影响楼房倒塌破碎效果的原因,提出了类似爆破拆除工程应注意的事项,为类似工程提供参考。

关键词：爆破拆除;组合结构;分区多向倒塌;振动控制

Divisional multi-direction blasting demolition of the "L" type combined frame structure building

XIE Xianqi　JIA Yongsheng　HAN Chuanwei　LUO Qijun

WANG Honggang　YAN Tao　LIU Changbang

（Wuhan Blasting Engineering Co. ,Ltd. ,Hubei Wuhan 430023）

Abstract：Longitudinal delay and segment by segment directional collapse combined with directional collapse and in-site collapse blasting demolition of a special-shaped frame structure building was introduced. The building was divided into 3 independent parts through the 10 ～ 15 cm wide construction joint. The 3 parts interacted on each other during the process of blasting. According to the characteristic of the structure and the surrounding of blasting area,each part was demolished by different blasting scheme. The design of blasting-cut,blasting parameters and the actual effect of blasting was introduced in detail. The reasons which influenced the fragmentation effect were analyzed. The matters in similar blasting projects were also mentioned. It has a certain reference meanings for similar projects.

Keywords：Blasting demolition;Combined structure;Multi-direction collapse;Vibration control

1　工程概况

待拆的楼房位于精武路东侧的西马后路北侧,该大楼为 7 层框架结构,整体呈异形。因精武路片区旧城改造项目需要以及为适应城市建设规划要求,需将其爆破拆除。

1.1　周围环境

楼房东侧距离第二十八中学围墙约 68 m;南侧距离电缆沟 3.0 m,距离循礼社区 9 层居民楼 18.0 m;西侧距离 7 层居民楼 10 m;北侧距棉花交易中心 41.2 m,距离围墙 15.8 m。具体见图 1。

本文原载于 2012 年第十届全国工程爆破学术会议论文集《中国爆破新技术Ⅲ》。

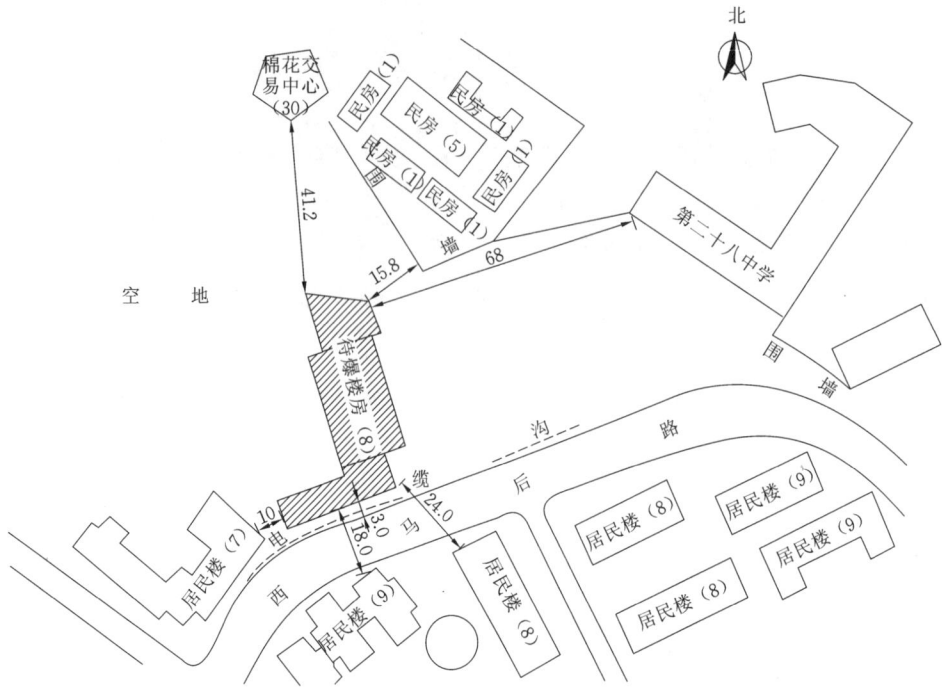

图 1   周围环境示意图(单位:m)

1.2   楼房结构

待爆破大楼为 7 层框架结构,平面呈不规则"L"形布置,东西长 47.89 m,南北长 38 m,高 22 m,总建筑面积约为 9000 m²。楼体由北至南可分为"北区、中区、南区"三个区,各区之间有 10～15 cm 施工缝,结构上无关联。立柱截面尺寸主要有 350 mm×500 mm、500 mm×500 mm 两种,梁截面尺寸为 350 mm×400 mm。有楼梯 6 个,楼板大部分为 12 cm 厚预制板,厨房、卫生间为现浇结构。结构与爆破方案示意图见图 2。

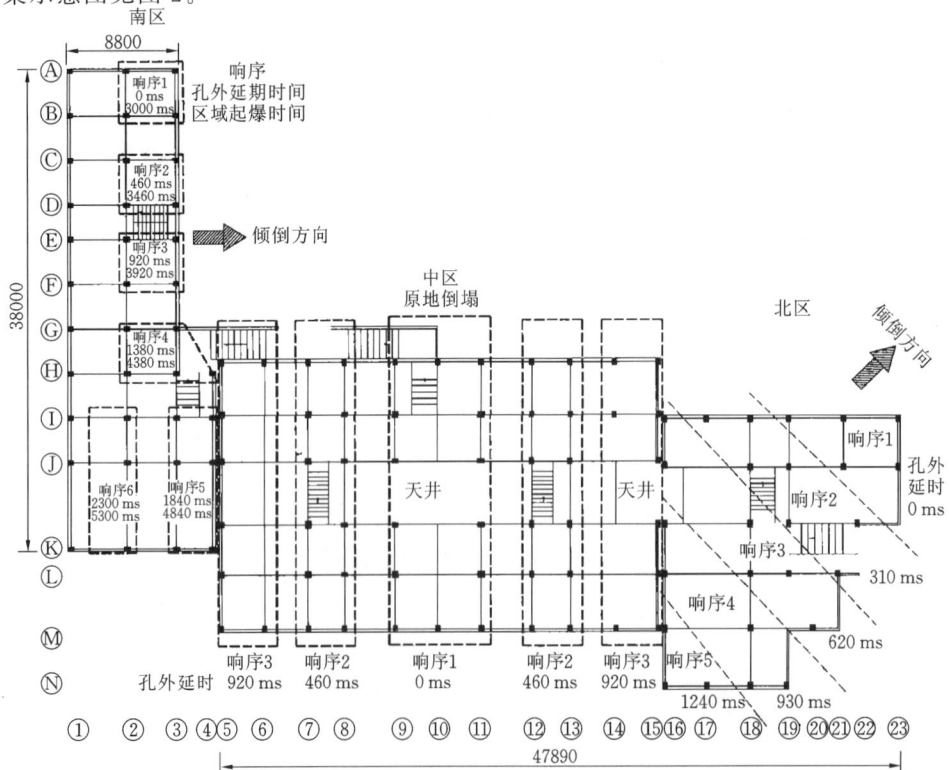

图 2   结构与爆破方案示意图(单位:mm)

2 爆破方案

2.1 技术难点

该工程的难点有：

（1）待拆楼房结构呈 L 形，并且由结构上无关联的三部分组成，结构复杂，单纯的定向倒塌方案可能导致南区侧向位移过大，会造成西马后路堆渣过多，影响居民出行。

（2）大楼南侧与西侧距离正在使用的地下电缆沟 3 m，在采取铺设钢板和沙袋防护措施的前提下，仍需控制坍塌范围。

（3）南侧 15 m 是居民小区，需控制爆破振动及塌落振动对其产生的影响。

2.2 拆除方案

根据周边环境条件，楼房西侧有一栋 7 层楼房，南侧为西马后路和 9 层居民楼，东侧、北侧、西北侧为拆迁后的空地，可以为大楼倒塌提供空间。根据大楼整体结构特点，拟采用"北区沿对角线方向向北偏西定向倾倒，中区向内定向倒塌，南区自西向东逐段向北定向倾倒"的爆破拆除方案。

2.3 爆破设计口

2.3.1 爆破切口

根据周边环境和楼房结构特点，大楼南区和北区在拆除时，其切口主要布设在 1～3 层，中区切口主要布设在 1～4 层。大楼的爆破切口高度具体见表 1。

表 1　爆破切口高度（单位：m）

层数	轴线区域												
	南区				中区			北区					
	①	②	③	④	⑤～⑥	⑦～⑬	⑭～⑮	Ⓘ	Ⓙ	Ⓚ	Ⓛ	Ⓜ	Ⓝ
一层	—	1.0	1.8	2.4	2.4	2.4	2.4	2.4	2.4	2.4	2.4	1.8	1.0
二层	—	0.6	1.8	1.8	1.8	1.8	1.8	1.8	1.8	1.8	1.5	1.0	—
三层	—	—	1.5	1.5	1.5	1.5	1.5	1.5	1.5	1.5	1.0	—	—
四层	—	—	—	—	1.2	—	—	—	—	—	—	—	—

2.3.2 爆破参数

立柱爆破参数见表 2。

表 2　孔网参数及爆破药量设计表

构件名称	尺寸 /cm×cm	最小抵抗线 w/cm	孔距 a/cm（主/辅）	排距 b/cm（主/辅）	孔深 l/cm（主/辅）	单耗 k/(g/m³)（主/辅）	单孔药量 q/g（主/辅）
立柱	35×50	17.5	30	—	30	1275	66
	50×50	20	30	—	35	1333	100

2.4 起爆网路设计

起爆网路北区分 5 个区域起爆，区间时差间隔 310 ms；中区为加快倒塌，分 3 个区域起爆，区间时差间隔 460 ms；南区分 6 个区域起爆，区间时差间隔 460 ms；上下楼层柱间不设时差间隔。起爆网路具体见图 2。

3　爆破安全

3.1　爆破振动

$$v = K\,(Q^{1/3}/R)^{\alpha} \tag{1}$$

式中,Q 为一次齐爆的最大药量,本工程中大楼共分为 12 段逐段爆破,一次齐爆的最大药量 $Q=40$ kg;R 为保护目标至爆点之间的距离(m);K、α 分别为与地震波传播地段的介质性质及距离有关的系数,本工程取 $K=32.1$、$\alpha=1.54$。

以南侧距离 18 m 的居民楼为保护目标点,最大一次齐爆药量中心至建筑物的最近距离取 22 m,经计算该民房的振动速度为 $v=1.83$ cm/s,小于《爆破安全规程》(GB 6722—2014)对安全允许振动速度的要求。

3.2　塌落振动效应

楼房爆破塌落振动计算公式如下:

$$v = K_1 \times [(MgH/\sigma)^{1/3}/R]^{\beta} \tag{2}$$

式中,v 为塌落引起的地表振速(cm/s);M 为下落构件质量(t);g 为重力加速度(m/s²);H 为构件中心的高度(m);σ 为地面介质的破坏强度(MPa),一般取 10 MPa;R 为观测点至冲击地面中心的距离(m);K_1、β 为衰减参数,分别取 $K_1=3.37$、$\beta=1.66$。

本工程中大楼距南南侧需要保护的居民楼最近处 18 m,塌落中心距居民楼约 28 m,大楼总质量约为 8400 t。本工程楼房是分为多段倒塌,M 取 700 t,重心落差 H 取 13 m,R 取 27 m,得出在该处塌落振动速度为 2.17 cm/s。南侧居民楼为框架结构,计算得出民房的塌落振动在允许振动范围内。

爆破时,对振动进行了监测。1 号测点在东北侧围墙处,距楼房边缘 15.8 m;2 号测点在南侧居民楼墙根处,距楼房边缘 24.8 m;3 号测点在南侧居民楼墙根处,距楼房边缘 18.0 m;4 号测点在北侧围墙内部,距楼房边缘 41.2 m。监测数据见表 3。

表 3　精武路拆除爆破监测数据

序号	仪器编号	距离/m	水平切向		垂直向		水平径向		合速度/(cm/s)
			峰值速度/(cm/s)	主频/Hz	峰值速度/(cm/s)	主频/Hz	峰值速度/(cm/s)	主频/Hz	
1	BE10552	15.8	1.92	3.0	2.35	3.1	3.62	2.4	4.01
2	BE10500	24.0	1.08	2.4	0.75	2.5	1.44	2.9	1.53
3	BE10498	18.0	0.60	3.0	1.45	3.1	1.52	2.4	1.81
4	3583	41.2	0.41	3.2	1.88	2.7	1.32	2.8	2.33

4　爆破效果与体会

4.1　爆破效果

起爆后,大楼北区沿对角线方向向北偏西倾倒,中区由中间向两侧依次向内倒塌,南区由西向东依次向北倒塌。北区楼房倒塌破碎效果比较好;中区临近北区部分 5～7 层楼体破碎不充分,爆堆约 9 m 高,临近南区部分因受南区倒塌挤压影响,爆堆较低;南区楼体西端倒塌未受中区影响,向西北翻转,爆堆较低,东端在倒塌过程中受中区的阻挡作用,造成南区南侧一排立柱外翻,即一排立柱向西侧内翻,向东侧外翻,呈麻花状(图 3)。南区东端坍散范围占用了部分路面,但未对居民楼造成影响。

（a）　　　　　　　　　　　　　　　（b）

图 3　爆破效果图

（a）中区爆堆；（b）南区南侧爆堆

4.2　几点体会

（1）将建筑物划分为若干区段,按照先后顺序起爆,能有效地降低爆破时的单响药量,有效控制爆破振动和塌落振动。

（2）分区楼体之间在分别定向爆破倒塌过程中存在相互作用,爆破时需合理安排起爆顺序及时差,减少楼体间的相互影响。对于组合结构楼房的分区多向爆破,区间起爆时差选择应根据各区倒塌历程不同,适当予以加大。

（3）中区部分楼体由于受两侧楼体的挤压或阻挡作用,塌落速度减缓或过程受到影响,造成 5～7 层楼层破碎不充分,应对未爆楼层采取增设爆点或降低刚性等措施。

（4）组合结构楼房的分区多向爆破拆除应在加强结构倒塌过程与相互间作用分析的基础上,科学确定倒塌方向、起爆时序、爆破高度等关键参数及预处理方案。

2栋混合结构楼房
纵向延时定向倾倒爆破拆除

谢先启　王洪刚　刘昌邦　贾永胜　严　涛

（武汉爆破公司,武汉 430023）

摘　要:本文介绍了采用纵向延时定向倾倒爆破拆除的2栋砖混结构楼房。通过采用纵向逐段延时与定向倾倒相结合的爆破设计方案,达到了使楼房在爆破倾倒过程中结构充分解体、减小爆破单响药量、降低结构触地振动的目的,同时对采用纵向延时方式与传统的整体定向倾倒方式的爆破振动和塌落振动进行了分析。爆破效果与设计方案吻合,达到预期爆破效果。

关键词:爆破拆除;定向倾倒;砖混结构;爆破振动;塌落振动

Demolition of two brick-concrete buildings by longitudinal delay and directional blasting

XIE Xianqi　WANG Honggang　LIU Changbang　JIA Yongsheng　YAN Tao

（Wuhan Blasting Engineering Company,Wuhan 430023,China）

Abstract:The longitudinal delay and directional explosive demolition of two brick-concrete buildings were introduced. The application of longitudinal delay and directional collapse blasting technique made structure collapse during the process of blasting demolition. The technique could effectively reduce the charge amount per delay and reduce the collapse vibration. Meanwhile,the blasting vibration and the collapse vibration were analyzed compared with the traditional collapse way. The blasting results were agreed with the blasting scheme and reached the anticipated targets successfully.

Keywords:Explosive demolition; Directional collapse; Brick-concrete structure; Blasting vibration; Collapse vibration

1　工程概况

1.1　工程环境

待爆破的2栋楼房位于精武路旁,北距印刷厂围墙2.3 m,距厂区内平房12.0 m,距居民楼24.0 m;西侧紧邻1栋2层楼房,距厂区围墙2.3 m,墙边有煤气管道穿过;南侧距地下煤气管道16.0 m,距10 kV架空电杆和变压器21.0 m;东侧距2层居民楼12.0 m,距精武路小学40.0 m。环境示意图见图1。

1.2　结构特征

爆破的2栋楼房均为混合结构,其中9层楼平面呈"锯齿"状布置,长41.7 m、宽15.5 m、高32 m,总建筑面积约为5400 m²。底部3层承重结构为24 cm厚混凝土砖墙承重,4层以上为24 cm厚普通

本文原载于《爆破》2011年第28卷第2期。

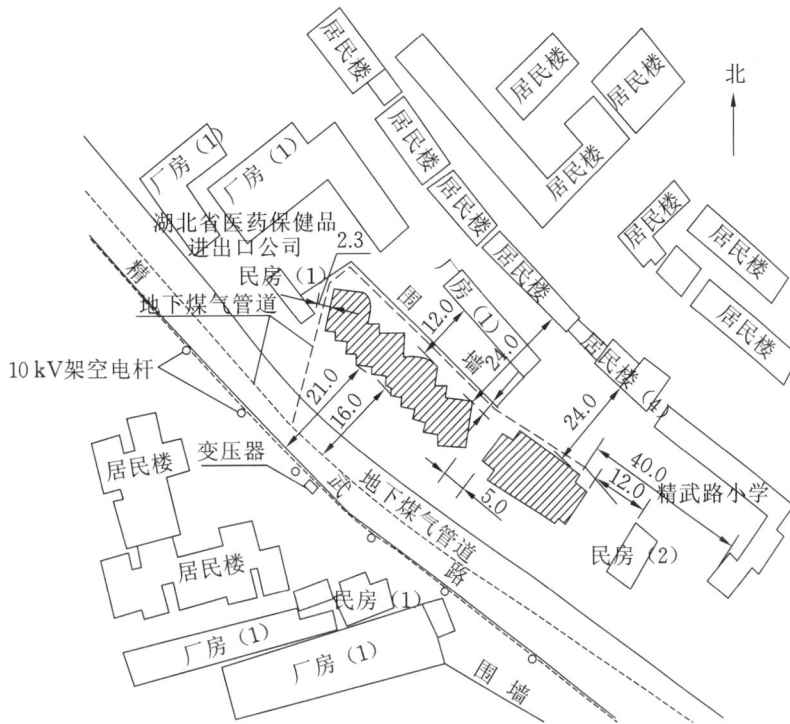

图 1   环境示意图(单位:m)

砖墙承重,每层都有圈梁,在楼房结构转角处有构造柱,楼板主要为 12 cm 厚预制板,有楼梯 3 个。

8 层楼为混合结构,1、2 层为框架结构,3 层以上为砖混结构,长 24 m、宽 13.5 m、高 30.3 m,总建筑面积约为 2600 m²。1~2 层立柱截面尺寸为 400 mm×400 mm,3 层以上承重墙均为 24 cm 厚墙,每层均有圈梁,在楼房结构转角处有构造柱,有楼梯 2 个,楼板为 12 cm 厚预制板。楼房结构示意图见图 2。

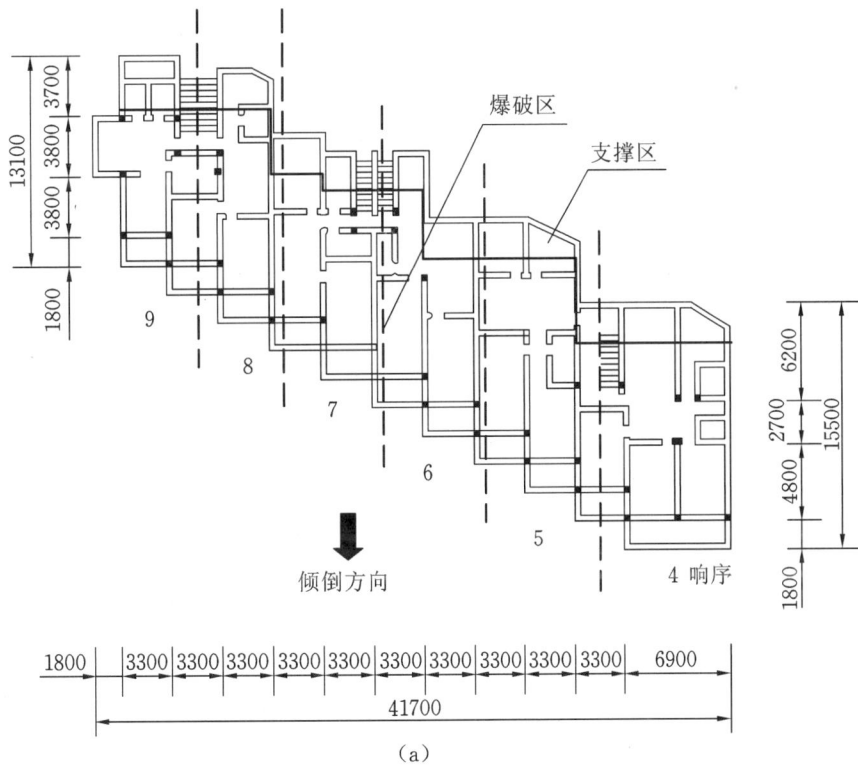

(a)

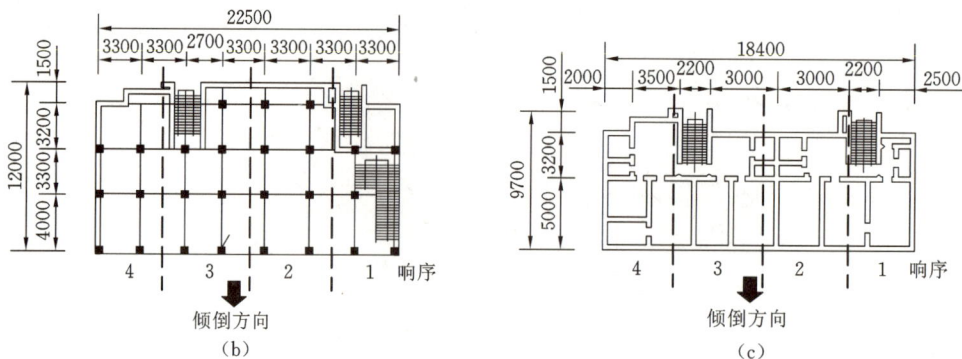

图 2　楼房结构示意图(单位:mm)

(a)9层楼结构图;(b)8层楼1、2层结构图;(c)8层楼3层结构图

2　爆破方案与设计

2.1　总体爆破方案

2栋爆破的楼房周边环境较为复杂,南侧距10 kV的高压线与北侧围墙均较近,需要控制楼房倒塌范围和楼房的后坐;楼房周边的地下煤气管道也需要重点保护。距离24.0 m处的居民楼抗振性能不高,需要严格控制爆破振动和塌落振动。

根据爆破楼房周边环境和楼房结构分析比较,决定采用整体"由东向西纵向延时、楼房逐段向南定向倒塌"的爆破方案。

2.2　爆破设计

(1)爆破切口

因大楼距离10 kV架空高压线较近,需严格控制倒塌的范围,因此需将爆破切口高度提高,2栋楼房的爆破切口均布设于1～3层。为减少后坐,2栋楼房1楼后部保留不小于2.5 m高的墙体作为支撑。爆破切口示意图见图3,切口高度见表1。

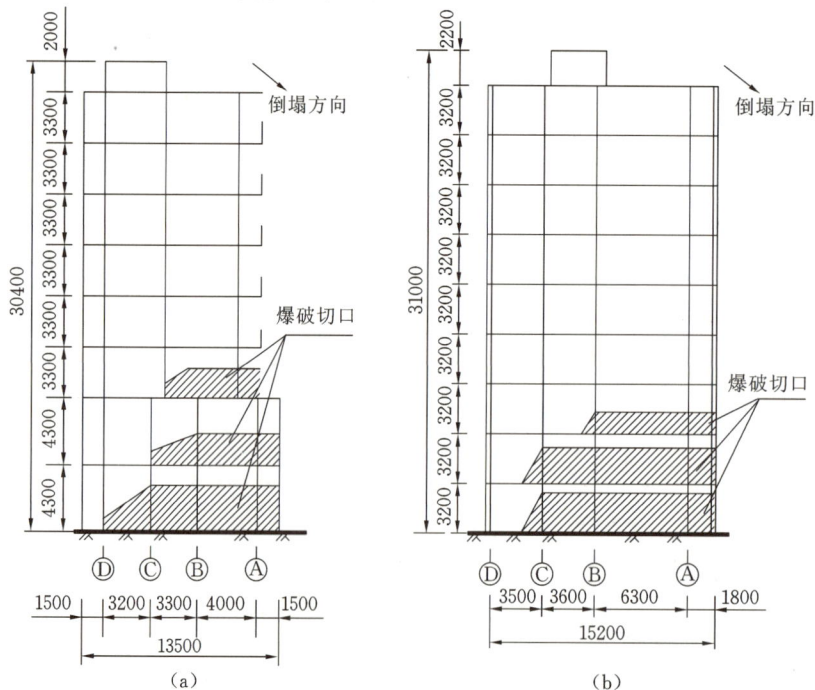

图 3　爆破切口示意图(单位:mm)

(a)8层楼房爆破切口;(b)9层楼房爆破切口

表 1　爆破切口高度 H（单位：m）

楼层	8 层楼房				9 层楼房			
	Ⓐ	Ⓑ	Ⓒ	Ⓓ	Ⓐ	Ⓑ	Ⓒ	Ⓓ
1 楼	2.4	2.4	2.4	0.6	2.4	2.4	2.4	—
2 楼	2.1	2.1	0.6	—	2.1	2.1	2.1	—
3 楼	1.2	—	0.6	—	1.2	1.2	—	—

（2）爆破参数

立柱、构造柱均沿中心线布孔，砖墙采用梅花形布孔的方式。爆破参数见表 2。

表 2　爆破参数表

构件名称	尺寸/cm	最小抵抗线 w/cm	孔距 a/cm	排距 b/cm	孔深 l/cm	装药量 q/g
构造柱	30×30	15	30	—	18	40
砖墙	24	12	30	30	16	33
立柱	40×40	20	30	—	24	50

2.3　起爆网路

2 栋楼房孔内均装高段位雷管，采用孔外低导爆管雷管接力延时起爆的方案。因楼房倒塌空间有限，为控制楼房的塌落范围，采取层间、排间无延期，一次形成爆破切口的方式。孔内装 MS17（1200 ms）。2 栋楼房均由东至西逐段爆破倒塌。8 层楼房采用 MS9（310 ms）导爆管雷管孔外接力起爆，9 层楼房采用 MS11（460 ms）导爆管雷管孔外接力起爆。雷管延时段别见表 3。

表 3　雷管延时段别表

响序	8 号楼房				9 号楼房					
	1	2	3	4	4	5	6	7	8	9
孔外时间/ms	0	310	620	930	0	460	920	1380	1840	2300
孔内时间/ms	1200	1510	1820	2130	1200	1660	2120	2580	2040	3500

3　安全设计

3.1　爆破振动

$$V = K \cdot k'(Q^{1/3}/R)^{\alpha} \tag{1}$$

式中，Q 为一次齐爆的最大药量（kg），本工程中 9 层楼分为 6 段逐段爆破，一次齐爆的最大药量为40 kg；R 为保护目标至爆点之间的距离（m）；K、α 分别为与地震波传播地段的介质性质及距离有关的系数；k' 为修正系数，根据观测，k' 值取 0.25～1.0，离爆源近且爆破体临空面较少时取大值，反之取小值。本工程取 $K \cdot k' = 7.06$，$\alpha = 1.57$。

以东侧距离 24.0 m 的居民楼为保护目标点，该民房的计算振动速度为 $V = 0.3$ cm/s，小于《爆破安全规程》（GB 6722—2014）中要求的安全允许振动速度。

如果本工程采用定向爆破，则 9 层楼分为 3 段爆破，一次齐爆的最大药量 $Q = 100$ kg，相应的民房的振动速度 $V = K \cdot k'(Q^{1/3}/R)^{\alpha} = 0.54$ cm/s。

由此可见,采用纵向逐段延时与定向倾倒相结合的爆破技术使得一次齐爆的最大药量 Q 降低 30 kg,爆破振动速度理论上降低了 0.21 cm/s。

3.2　塌落振动效应

楼房爆破塌落振动计算公式如下:

$$V_t = K_t \times \left[\frac{R}{(MgH/\sigma)^{1/3}} \right]^{\beta} \tag{2}$$

式中,V_t 为塌落引起的地表振速(cm/s);M 为下落构件质量(t);g 为重力加速度(m/s²);H 为构件中心的高度(m);σ 为地面介质的破坏强度,一般取 10 MPa;R 为观测点至冲击地面中心的距离(m);K_t、β 为衰减参数,分别取 $K_t=3.37$、$\beta=1.66$。

2 栋楼房中以 9 层楼房周边环境条件最为紧迫,其总质量约为 5400 t,本工程楼房分为 6 段逐段倒塌,塌落振动按照总质量的 1/6 计算,M 取 900 t,重心落差 H 取 12 m,以最近的东侧 24 m 的居民楼为保护对象,R 取 32 m,得出在该处塌落振动速度为 1.80 cm/s。可以看出,计算得出的塌落振动速度在允许振动范围内。

如果本工程采用定向爆破,则 9 层楼塌落振动按照总质量的 1/3 计算,M 取 1800 t,则居民楼的塌落振动速度为 2.64 cm/s。可见,采用纵向逐段延时与定向倾倒相结合的爆破技术使得楼房分段逐段触地,构件的触底振动得到有效控制,塌落振动速度理论上降低了 0.84 cm/s。

3.3　市政管线防护措施

对于楼房西侧地下煤气管道的防护,采取在其上部铺设 0.5 m 厚的沙袋,然后覆盖宽 2 m、厚 2 mm 的钢板进行覆盖的防护措施。10 kV 变压器在靠近拆除楼房一侧采取搭设竹排架、挂竹笆的主动防护措施,架空电线杆在靠近拆除楼房一侧采用垒砌沙袋墙阻挡防护措施,防止楼房倾倒时前冲的碴块对其造成冲击。

4　爆破效果与分析

起爆后,楼房东西向间出现了纵向结构剪切效果,达到了纵向结构剪切破坏的目的,纵向逐跨延时对结构倾倒时的剪切效果明显。楼体倒塌后爆堆主要集中在南侧马路前的 13 m 范围内,极少碴块散落在道路上,爆堆向东偏移 8 m,北侧没有出现后坐现象,西侧外移 2 m,未对西侧与北侧围墙造成破坏,也未对周边的架空电线及地下市政管网造成影响。爆堆最高为 6.0 m,爆破完全达到了预想效果。

本工程中 9 层楼房采用 MS11(460 ms)导爆管雷管孔外接力,爆破切口形成后,切口以上结构在倒塌过程中明显解体,而 8 层楼房采用 MS9(310 ms)导爆管雷管,切口以上结构解体不明显。这说明延长纵向跨间时间间隔有利于上部结构的解体。

采用纵向逐段延时的起爆网路与定向倾倒的爆破方式拆除混合结构或框架结构楼房,能有效地控制城市拆除工程中的因单响药量过大造成的过大爆破振动问题与结构整体触地产生的触地振动问题。

异形结构楼房纵向延时定向倾倒爆破技术

谢先启　贾永胜　韩传伟　严　涛　刘昌邦

(武汉爆破公司,武汉 430023)

摘　要：本文介绍了一座异形砖混结构楼房对纵向延时定向倾倒拆除爆破技术的应用。采用导爆管雷管孔内延时与孔外延时相结合的爆破网路,实现楼房爆破中南北纵向同期延时,使整栋楼房按设计逐步向东定向倾倒。该爆破技术能有效地减小拆除爆破时的最大单响药量,实现结构逐步塌落,从而减小塌落振动。

关键词：楼房;爆破拆除;纵向延时;定向倾倒;爆破网路

Longitudinal delay and directional collapse blasting technique for special-shaped building

XIE Xianqi　JIA Yongsheng　HAN Chuanwei　YAN Tao　LIU Changbang

(Wuhan Blasting Engineering Company,Wuhan 430023,China)

Abstract：A special-shaped brick and concrete building was demolished by the application of longitudinal delay and directional collapse blasting technique. This blasting technique was described in this paper. Blasting network of detonator delay in-hole and out-hole was adopted to make the building explosion delay at the same period both in the north and south. Then the whole building gradually collapsed eastward in line with the plan. The blasting technique could effectively reduce the maximum explosive charge of each blasting and made structure collapse one by one,thereby it reduced the collapse vibration.

Keywords：Building;Blasting demolition;Longitudinal delay;Directional collapse;Blasting network

1　引言

　　当前我国在楼房、厂房等建(构)筑物的爆破拆除过程中多采用整栋楼房同时向一侧定向倾倒,其产生的爆破危害相对较大,如在大型结构建筑爆破时最大单响药量较大,使得爆破振动与爆炸冲击波较严重,建筑倒塌时整体同时触地而造成振动较大等危害。采用纵向延时定向倾倒爆破技术,利用爆破网路将建(构)筑物分成若干段,可有效地减小爆破时最大单响药量、爆破振动与爆炸冲击波等多重数值,同时能在建(构)筑物塌落过程中促进其结构在空中分解、逐步触地,大大减小塌落振动的峰值;可有效地控制大型建(构)筑物在复杂环境下爆破时,其爆破振动与塌落振动等对周边建(构)筑物及市政设施的影响。

本文原载于《工程爆破》2010 年第 16 卷第 4 期。

2　工程概况

2.1　待爆楼房周边环境

被爆破拆除建筑为 8 层砖混结构楼,其东侧较为空旷,东北侧距厂房 14 m;南侧距电缆沟 5 m,距架空电信设施 7.2 m,距 110 kV 架空电杆 8 m(架空电线与楼房之间最近距离为 4 m),8.5 m 处是鹦鹉路;西侧距电缆沟 2.5 m,距 10 kV 架空电杆 4.8 m(架空电线与楼房相距 4 m),5 m 处是鹦鹉大道,28 m 处地下有天然气管道通过,42 m 处是加油站;北侧距 8 层楼房 30 m。爆区环境如图 1 所示。

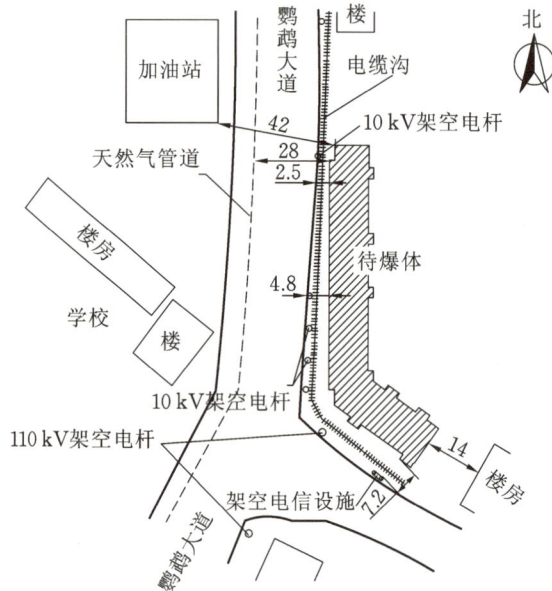

图 1　待爆楼房环境示意图(单位:m)

2.2　待爆楼房结构特征

该楼房为 8 层砖混结构,高 25.5 m,总建筑面积约为 6800 m²。平面布局呈异形结构,①至㉑轴长 61.1 m,㉑至㉘轴长 23.8 m,Ⓐ至Ⓒ轴宽 7.8 m,Ⓓ至Ⓕ轴宽 9.6 m。1 层Ⓑ轴与Ⓒ轴、Ⓓ轴与Ⓔ轴之间为框架结构,立柱尺寸为 50 cm×60 cm,楼房 1、2 层墙体为 37 cm 厚砖墙,3 层以上(含 3 层)墙体为 24 cm 厚砖墙,楼体中部设有沉降缝。楼房平面布局结构如图 2 所示。

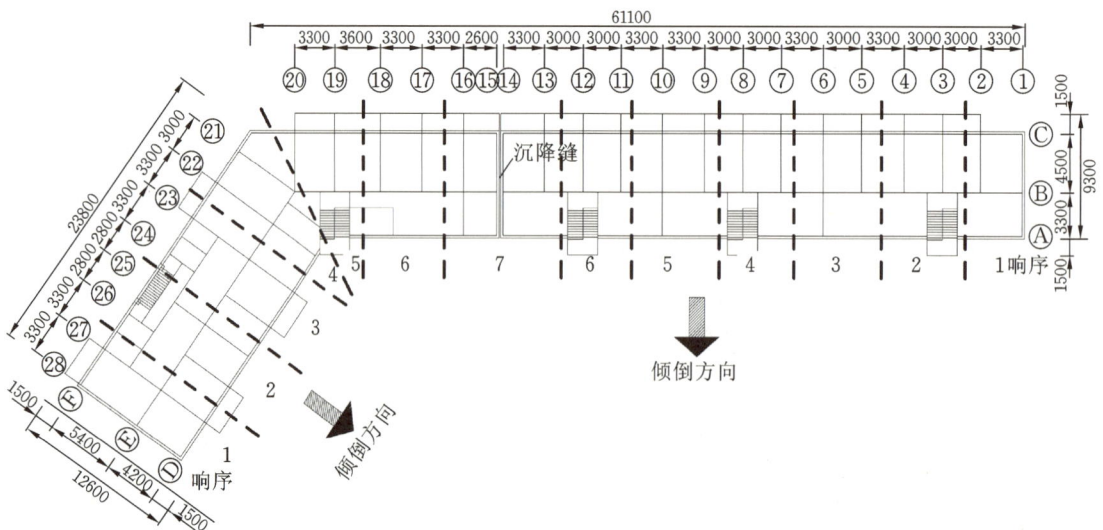

图 2　楼房平面布局结构示意图

3　爆破方案

3.1　总体爆破方案

由图1可以看出,只有东侧有场地可供楼房倒塌。从楼房结构可以看出,楼体长度较长,如采用整体定向爆破拆除,爆破最大单响药量较大,同时楼体塌落时产生的触地振动会较大,对周围市政设施可能造成影响。综合考虑楼房的周边环境、结构特征、爆破安全等多重因素,决定采用"选择南北纵向同时起爆向中间延时的爆破网路、楼体向东定向倾倒"的总体爆破方案,采用此方案可以控制爆破时最大单响药量,减小楼房坍塌时的触地振动。

3.2　爆破设计

(1) 爆破切口。切口布置于楼房的1～2层,采用三角形切口,见图3。为使楼房坍塌充分,墙体的爆破切口高度如表1所示。

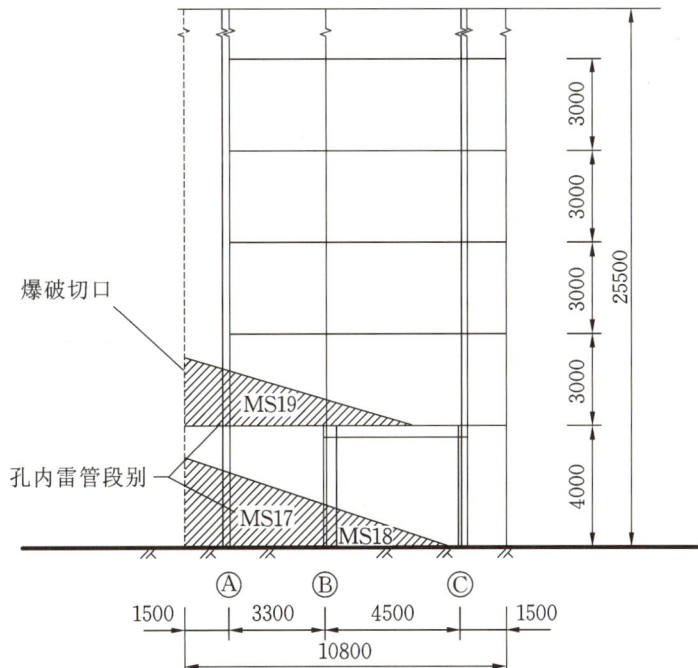

图3　爆破切口与孔内雷管装填分区示意图

表1　爆破切口高度(单位:m)

层数	Ⓐ、Ⓓ轴	Ⓑ、Ⓔ轴	Ⓒ、Ⓕ轴
1层	1.8	1.2	0
2层	1.2	0.6	0

(2) 爆破参数。立柱和砖墙的爆破参数如表2所示。

表2　爆破参数

部位	尺寸/cm	最小抵抗线 w/cm	孔距 a/cm	排距 b/cm	孔深 l/cm	单耗 k/(g/m³)	单孔药量 q/g
立柱	50×60	25.0	30	30	45	1500	135
砖墙	37	18.5	30	30	24	1200	40

3.3　起爆网路

起爆网路采用南北纵向同时起爆向中间延时的爆破网路,东西排间采用导爆管雷管孔内延时,南北纵向采用导爆管雷管孔外延时。具体方案为:

(1)倾倒方向1层前侧孔内装填 MS17 段(1200 ms)雷管,后侧孔内装填 MS18 段(1400 ms)雷管,2层全部装填 MS19 段(1700 ms)雷管,其装填分区如图3所示。

(2)从楼房的南北两侧同时起爆,纵向排间间隔时差采用 MS9 段(310 ms)导爆管雷管孔外接力传递,其延时爆破分区见图2。

雷管延时段别如表3所示。

表 3　雷管延时段别(单位:ms)

响序	1	2	3	4	5	6	7
孔外 MS9 段	0	310	620	930	1240	1550	1860
孔内 MS17 段	1200	1510	1820	2130	2440	2750	3060
孔内 MS18 段	1400	1710	2020	2330	2640	2950	3260
孔内 MS19 段	1700	2010	2320	2630	2940	3250	3560

4　爆破效果与体会

4.1　爆破效果

起爆后,楼体南北两侧同时开始逐步向东侧倒塌,楼房中部在南北两侧的扯动下向东侧倒塌较快,整个倒塌过程约为5 s。爆堆前冲18 m,南侧外移5.2 m,北侧外移4.6 m,楼体南部后侧爆堆向倾倒反方向的位移不到2 m,南部后侧的最后一排支撑立柱没有压垮。楼体北部后侧爆堆向倾倒反方向的位移为5 m,楼体北部的最后一排支撑立柱被压垮。这样造成南北两部分的后坐距离不同。西侧的电杆于起爆前在靠近待爆体一侧垒起了一道高1.5 m的沙袋墙,对电杆起到了很好的防护作用。在靠近楼体的电缆沟上铺设了一层厚度为2 mm的钢板,其对电缆沟起到了重要的保护作用。爆堆高度在南侧楼体拐角处达8 m,可能是楼体倾倒时拐角部位因倒塌方向不同,楼体相互挤压造成其移动速度减缓而自由下落。其他部位平均爆堆高5 m左右。爆破取得圆满成功,未对周边人员及建(构)筑物等造成危害。

4.2　几点体会

(1)采用纵向同时起爆的爆破网路使建(构)筑物实现逐步定向塌落,该方案对建(构)筑物爆破时的爆破振动与塌落振动有着很好的控制作用。

(2)从爆破时的振动监测数据分析可以看出,爆破时的爆破振动与塌落振动没有特别大的峰值出现,各波段间的峰值数值相接近(爆破时对距爆体楼房北侧50 m处的建筑物进行振动监测,其数值为0.203 cm/s,此值为监测到的楼房塌落振动时产生的最大值)。

(3)本次爆破对起爆顺序、单响药量以及倾倒时间进行了合理控制,较好地避免了楼房倾倒触地引起的振动叠加效应。

6 层砖混结构楼房折叠爆破拆除

谢先启[1]　贾永胜[1,2]　罗启军[1]　韩传伟[1]　刘昌邦[1]

(1.武汉爆破公司,武汉 430023;2.武汉理工大学资源与环境工程学院,武汉 43070)

摘　要:本文介绍了 1 栋 6 层砖混结构楼房的单向折叠爆破拆除实例。由于环境限制,该工程必须控制爆堆范围。采用双切口、自上而下延时起爆的单向折叠爆破方案;下部切口布于第 1 层,上部切口布于第 4 层,2 个切口间延时取 0.31 s。对非爆楼层的承重墙体进行了预处理,并对保护目标采取了合理的安全保护措施,使爆破达到了预期的效果。本文介绍了爆破参数选择、起爆网路、预处理、安全防护及空心砖墙的钻眼爆破方法等内容,可供类似工程参考。

关键词:单向折叠;砖混结构;空心砖墙;爆破拆除

Blasting demolition of 6-floor brick-concrete building by unidirectional folded collapse method

XIE Xianqi[1]　　JIA Yongsheng[1,2]　　LUO Qijun[1]　　HAN Chuanwei[1]　　LIU Changbang[1]

(1. Wuhan Blasting Engineering Company, Wuhan 430023, China;

2. School of Resources and Environmental Engineering, Wuhan University of Technology, Wuhan 430070, China)

Abstract: A practical example of successful demolition of 6-floor brick-concrete building by unidirectional folded collapse method was introduced. Because of harsh environment, the muck pile must be controlled. Unidirectional folded method with two blasting cuts and top to down delay ignition network was used. The top cut was designed at 4th floor, and the down cut was designed at 1st floor. The delay time between the two cuts is 0.31 s. Meanwhile some bearing wall in non-blasting floors was pretreated and the effective protective measures were used. The result showed that blasting design met the demolition requirement. The blasting parameters ignition network, pretreatment protective measures and the treatment method of the wallmade of hole-brick are introduced.

Keywords: Unidirectional folded collapse method; Brick-concrete structure; Wallmade of hole-bricks; Demolition blasting

1　工程概况

　　某小区 1 栋楼房封顶后发现施工质量存在问题,需要对其进行拆除。楼房东侧 5.0 m 是 8 层楼房,南侧 10.0 m 处地下有电缆沟通过。该楼房距架空电线、电杆 11.4 m,距田园大道车行道 13.8 m。西侧 4.0 m 是学校围墙,北侧紧靠学校围墙 4.8 m 是学校体育场看台。爆区具体环境详见图 1。

　　楼房为砖混结构,共 6 层。底层有 400 mm×400 mm 混凝土立柱 88 根,2 层以上为砖混结构,墙体拐角处均有构造柱,墙体为厚 24 cm 空心砖承重墙。2 层楼面为 10 cm 现浇板,其余均为预制板,楼房中部设有沉降缝。该楼长 68.9 m、宽 13.2 m、高 21.1 m,总建筑面积为 5456 m²。

本文原载于《爆破》2009 年第 26 卷第 1 期。

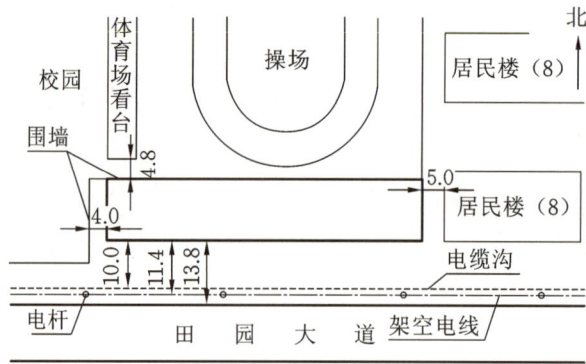

图 1　爆破环境示意图(单位:m)

2　爆破方案

2.1　总体设计

根据待爆楼房环境条件、结构特点及工期要求等因素,只有南侧有有限的场地可供楼房倒塌。经过充分论证后决定采用"向南定向折叠倒塌"的爆破方案,见图2。即切口布于楼房的1层与4层,对2层、3层、5层的墙体进行削弱处理。

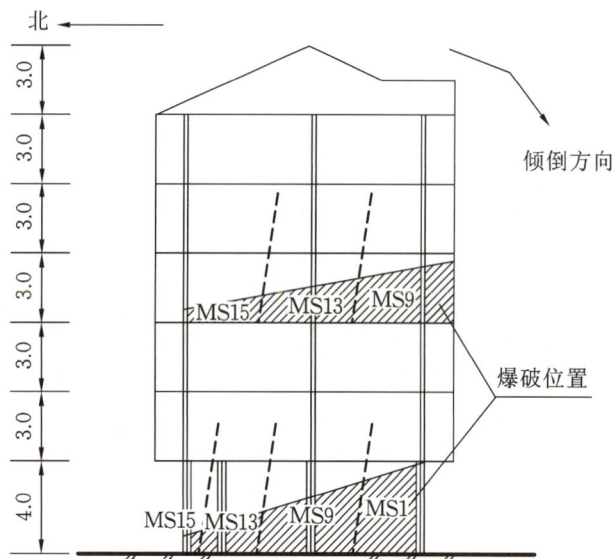

图 2　时差分区示意图(单位:m)

2.2　爆破参数设计

立柱采用沿中心线或左、右相切布孔。砖墙采用梅花形布孔。

单孔药量按公式:

$$q = kv \tag{1}$$

式中,q 为单孔药量,g;k 为炸药单耗,g/m³;v 为单孔破坏介质的体积,m³。

(1) 400 mm×400 mm 钢筋混凝土柱:排距 $b=30$ cm,孔深 $l_{垂直}=27$ cm,单耗 $k=1500$ g/m³。按式(1)计算得:$q=72$ g,实取 75 g。

(2) 墙体(24 墙空心黏土砖):$a=30$ cm,$b=25$ cm,$l_{垂直}=16$ cm,$l_{倾斜处}=22$ cm,$k=1200$ g/m³。按

式(1)计算得:$q=21.6$ g,实取 30 g,倾斜孔实取 40 g。

（3）构造柱:$b=25$ cm,$l_{垂直}=17$ cm,$k=1200$ g/m³。按式(1)计算得:$q=22.5$ g,实取 40 g。

采用密实装药结构。

2.3　空心砖的处理

由于墙体采用空心黏土砖砌筑,爆破前未找到相关材质爆破的文献资料参考。爆破前采用设计孔网参数在一堵墙上布设 8 个集中炮孔进行爆破试验,每孔装 30 g 炸药,试爆效果非常理想,墙体爆破部分完全抛出。说明空心黏土砖介质的爆破参数与普通黏土砖的爆破参数比较接近,爆破参数应可以相互借鉴。

2.4　起爆系统设计

（1）起爆方式

采用导爆管雷管起爆法和电力起爆法相结合的起爆方式,孔内采用导爆管雷管起爆,每 20～25 发孔内导爆管用 2 发 1 段(0 ms)导爆管接力出来,以减少电雷管的数量,再将 1 段(0 ms)接力导爆管集中在一起用 2 发电雷管起爆。全部电雷管联接成串联网路。

（2）区段划分及延期时间间隔

采用孔内延期导爆管雷管实现排间、层间微差起爆。时差分区方案见图 2。

3　爆破安全与校核

3.1　爆破振动效应

为控制爆破振动效应,采用了多段多区起爆技术,目的是降低最大一次齐爆药量 Q_{max}。爆破振动用式(1)校核:

$$Q_{max}=R^3\ (v/k'\cdot k)^{3/\alpha} \tag{2}$$

式中,Q_{max} 为一次齐爆药量,kg;R 为保护目标至爆点距离,m;v 为允许振动速度,cm/s;k 为与地质条件有关的系数,取 $k=200$;α 为地震波衰减系数,取 $\alpha=2.0$;k' 为修正系数,取 $k'=0.6$。

若以相邻楼房为保护目标进行振动校核,取 $v=5$ cm/s,$R=15$ m,经计算 $Q_{max}=58$ kg。本工程最大一响齐爆药量为 30 kg,所以爆破振动效应是安全的。

3.2　塌落振动效应

结构物在塌落过程中其构件冲击地面产生振动,为减少塌落振动危害,应尽量防止构件同时触地,即采用分段分区使构件依次触地来控制塌落振动。塌落振动由式(3)估算:

$$v=0.08\ (I^{1/3}/R)^{1.67} \tag{3}$$

式中,v 为塌落引起的地表振速,cm/s;R 为保护物离冲击点的距离,m;I 为构件触地冲量,$I=M(2gH)^{0.5}$(M 为塌落质量,kg;H 为重心落差,m)。

$R=15$ m,$M=150$ t,$H=10$ m,代入式(3),经计算:$v=3.4$ cm/s<5 cm/s,可见构件塌落触地冲击振动亦是安全的。

3.3　飞石

飞石的控制是此次爆破应注意的重点。防护形式采用"覆盖防护、近体防护和保护性防护相结合"的综合防护方案,即:

（1）4 楼构造柱爆破部位用浸水草袋捆绑,有效厚度不小于 15 cm;

（2）楼房四周用高强度竹笆墙封闭,墙体高度为 4.0 m,其中南侧、东侧及西侧用双层竹笆加草袋；

　　（3）对东侧居民楼的窗户进行遮挡防护。

3.4　市政管网防护措施

　　对南侧的电缆沟上面铺设 2 cm 厚的钢板，钢板下面敷设不少于 50 cm 厚的沙土。对电杆靠近楼体一侧码设不低于 1.2 m 高的沙袋墙进行挡护。对东侧的居民楼一侧码设 1.5 m 高的沙袋墙 1 堵，防止楼体侧移对居民楼产生影响，见图 3。

图 3　南侧防护图片

4　爆破效果

　　起爆后，楼房按预定方向倾倒（图 4），整体向南侧前冲 7.8 m，后侧主体未产生后坐，只有少许渣块散落在操场边，东侧靠近沙袋墙的碴块接近 80 cm 厚，由于有沙袋墙的缓冲保护，未对居民楼产生影响。爆破对西侧围墙也未产生影响。爆堆高度东侧最高为 3.5 m（图 5），西侧最高处达到 4.5 m，爆堆主要集中在楼房原址与楼房南侧 7.8 m 的区域内。爆破取得圆满成功。

图 4　爆破过程

图 5　东侧爆堆

19 层框-剪结构楼房双向折叠爆破数值模拟

谢先启[1]　孙金山[2]　贾永胜[1]　罗启军[1]　卢文波[3]

（1.武汉爆破公司,武汉 430023；2.中国地质大学（武汉）,武汉 430074；

3.武汉大学水资源与水电工程科学国家重点实验室,武汉 430072）

摘　要：武汉市某 19 层框-剪结构楼房,拟采用三次双向折叠与定向倾倒相结合的爆破方案进行拆除。本文采用多体运动学数值模拟技术,对不同工况下楼房的空中运动姿态进行了分析,为最终爆破方案的确定提供参考,实际的楼体折叠运动状态与计算机模拟的结果十分接近。该高楼的成功爆破表明,数值模拟技术将为苛刻条件下高层建筑物的精细控制爆破提供有益的参考。

关键词：拆除爆破；框-剪结构；高层建筑物；双向折叠爆破；数值模拟

Numerical simulation of bidirectional folded blasting demolition of a 19-storey frame-shear wall structure building

XIE Xianqi[1]　SUN Jinshan[2]　JIA Yongsheng[1]　LUO Qijun[1]　LU Wenbo[3]

（1. Wuhan Blasting Engineering Company,Wuhan 430023,China；

2. China University of Geoscience（Wuhan）,Wuhan 430074,China；

3. State Key Laboratory of Water Resource and Hydropower Engineering Science,

Wuhan University,Wuhan 430072,China）

Abstract：A 19-storey building in frame-shear wall structure was projected to be demolished by combining directional blasting and three times of bidirectional folded blasting. The present paper discussed the use of method of multi-body dynamic numerical simulation in analyzing the collapsing status of the building,which helped designer to determine the final blasting plan. The success of this project showed that results of numerical simulation quite agreed with the actual folding movement and could supply some helpful references to the demolition of tower building in tough environment.

Keywords：Demolition blasting；Frame-shear wall structure；Tower building；Bidirectional folded blasting；Numerical simulation

1　引言

近年来,拆除爆破技术在城市建设和工厂改造等项目中的应用日益增多,而随着计算机技术的发展,已经可以采用数值模拟技术对建筑物拆除爆破中的倒塌运动过程、爆破危害效应等进行分析预测。特别是在遇到爆破方案较为复杂的情况时,单纯的工程经验及经验公式难以满足工程需要,此时借助计算机模拟技术便可对许多复杂问题进行计算,为最终爆破方案的确定提供帮助。

近年来国内外许多学者针对拆除爆破模拟技术进行了一系列研究。目前,常用的数值模拟方法主要有有限单元法、多刚体动力学方法、DDA（Discontinuous Deformation Analysis）方法、离散单元法和复合方法等。本文就武汉市内某 19 层框-剪结构楼房的拆除,运用多刚体动力学数值仿真方法对其爆破方案进行了研究,为爆破方案的最终确定提供了参考。

本文原载于《工程爆破》2008 年第 14 卷第 4 期。

2　工程概况

2 栋待拆的高楼位于武汉市某部队生活区院内,均为 19 层框-剪结构,东西 A、B 两栋之间距离为 12 m,其结构完全相同,单栋平面呈"工"字形。每栋长 36.3 m、宽 30.05 m、高 63 m,横向有 15 排立柱,纵向有 8 排立柱。立柱尺寸为 550 mm×550 mm、500 mm×700 mm,剪力墙厚 250 mm。剪力墙、梁、柱尺寸自底部至顶部无变化,现浇楼板厚 10 cm,有电梯井和楼梯各 1 个,总建筑面积约 23000 m²。

为保证爆破效果,并为在城市狭小空间环境下高层楼房拆除爆破技术提供经验和参考,拟采用"切割分离,B 栋向北定向倒塌和 A 栋南部双向三次折叠倒塌、北部定向倾倒"的总体方案。即将"工"字形结构切开,使整栋楼房分为南北两部分,缝宽约 5 m;A 栋南部与北部同时起爆,B 栋的南、北两部分间隔 0.5 s 起爆;为降低振动,A、B 两栋楼之间延迟 1 s 左右起爆。

整个爆破方案中,A 栋楼房的双向三次折叠倒塌运动的控制是技术难点,为此确定了详细的爆破施工方案,并采用计算机模拟技术对爆破方案进行了优化校核。

3　高层建筑物拆除爆破倒塌过程数值仿真技术

建筑物拆除爆破是通过破坏建筑物的关键承重部位使其失去承载能力,使建筑物在自重作用下失稳倒塌,这个过程可视为结构由静力平衡系统转化为多体动力系统的过程。因此,要对建筑物拆除爆破的全过程进行分析,必须将拆除对象一方面作为结构来研究,另一方面又作为机构来研究。鉴于此,只有借助计算结构力学和计算多体动力学两种工具,才能更好地对建筑物的失稳和倒塌的全过程进行模拟。对结构的分析方法目前主要采用静力学分析方法以及有限元分析法,对机构的分析方法一般采用多体运动学和动力学分析方法。多体系统包括多刚体和多柔体,我们主要以多刚体动力学方法对拆除对象进行研究,其仿真过程如下:

(1) 通过简化将建筑物原型抽象为简单结构;

(2) 确定结构失稳后的形态;

(3) 将失稳后的结构抽象为多刚体系统,建立多刚体系统的模型;

(4) 运用计算机技术对多刚体系统模型进行数值求解,得到各阶段建筑物倒塌运动过程模拟结果,最终通过一系列的循环过程得到建筑物倒塌的全过程、倒塌范围以及堆积高度等参数。

在建筑物拆除爆破中,结构失稳的主要原因是关键承重部位在爆炸作用下破坏后,结构中某些构件的内力超过其极限抵抗力时造成结构的失稳。相应地,在模拟过程中可将该爆破破坏部位从整个结构中予以删除,实现结构整体失稳初始条件的模拟,而破坏后的结构也可以以摩擦接触或不同类型的"铰"连接来实现。

对于建筑物的触地冲击解体,由于其力学性质非常复杂,目前没有成熟的理论计算方法。庞维泰等曾对建筑物拆除爆破中的触地解体条件进行了研究。统计资料表明,要使建筑物落地后充分解体须有一定的落地速度。另外,建筑物落地解体,除了与速度有关之外,还与结构物的构造有关,常遇到的结构有现浇钢筋混凝土排架结构、刚架结构、板壳体整体结构(烟囱、水塔、煤气罐)、预制钢筋混凝土结构、砖石结构等。对预制件、砖结构,落地速度约为 6 m/s,一般现制排架结构约为 8 m/s,刚架或较强的排架结构须在 10 m/s 以上。实际模拟过程中,若结构触地时达到了使其充分解体的速度,则可将刚架结构转化为多刚体系统,以模拟结构的触地冲击解体及随后的堆积过程。

在承重部位起爆后,建筑物失稳,结构逐渐发生解体破坏,形成一个由钢筋相连的混凝土块体系统,进而结构将发生倒塌,触地解体,形成爆堆,在这个过程中,结构可抽象为由许多刚体彼此联结而成的多刚体运动系统。这个过程很难用连续介质力学来模拟,可采用多刚体运动学数值仿真技术进行描述,因此结构倒塌行为可采用多刚体运动学仿真系统来模拟。

4 19 层框-剪结构折叠爆破方案模拟与优化

4.1 数值模型的建立

根据该楼房的原设计方案,建立拟采用折叠爆破部分的三维实体模型(图 1),该模型主要由钢筋混凝土梁、柱、剪力墙和砖墙等部分组成,钢筋混凝土的密度取 2600 kg/m³,充填砖密度取 1500 kg/m³。根据各方案的切口位置和高度等设计参数,将楼房剖分为多个部分,在特定部位设置"铰",并根据实际情况设置铰的性质。

4.2 各工况下楼房折叠爆破倾倒过程模拟

根据初步拟定的总体方案,主要对 A 栋南部折叠倒塌过程以及南、北两部分运动过程中的相互关系进行了分析。分别对多种方案进行了研究,以期对工程方案进行比选和优化。为了实现折叠爆破节约倒塌空间、缩小爆堆范围以及降低触地振动的目的,将整个楼房分为较为均匀的三份比较合理,因此,主要拟定的几组方案如表 1 所示。

图 1 三维实体模型

表 1 折叠爆破方案

	第 1 组方案	第 2 组方案	第 3 组方案
楼层分段	上段共 6 层 中段共 6 层 下段共 7 层	上段共 7 层 中段共 6 层 下段共 6 层	上段共 7 层 中段共 7 层 下段共 5 层
上、中、下切口 起爆时差/s	0～0～0 0～0.5～0.5 0～0.7～0.7 0～1.0～1.0	0～0～0 0～0.5～0.5 0～0.7～0.7 0～1.0～0.5	0～0～0 0～0.5～0.5 0～0.7～0.7 0～1.0～0.7

(1) 第 1 组方案。上、中、下切口不同起爆时差的折叠运动状态模拟结果如图 2(a)至图 2(d)所示。

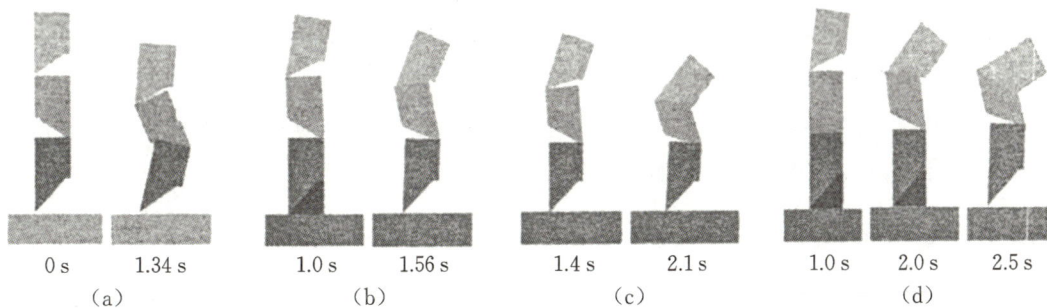

| 0 s | 1.34 s | 1.0 s | 1.56 s | 1.4 s | 2.1 s | 1.0 s | 2.0 s | 2.5 s |
| (a) | | (b) | | (c) | | (d) | | |

图 2 第 1 组方案上、中、下切口不同起爆时差的折叠运动状态的模拟结果

(a) 0 s～0 s～0 s;(b) 0 s～0.5 s～0.5 s;(c) 0 s～0.7 s～0.7 s;(d) 0 s～1.0 s～1.0 s

(2) 第 2 组方案。上、中、下切口不同起爆时差的折叠运动状态模拟结果如图 3(a)至图 3(d)所示。

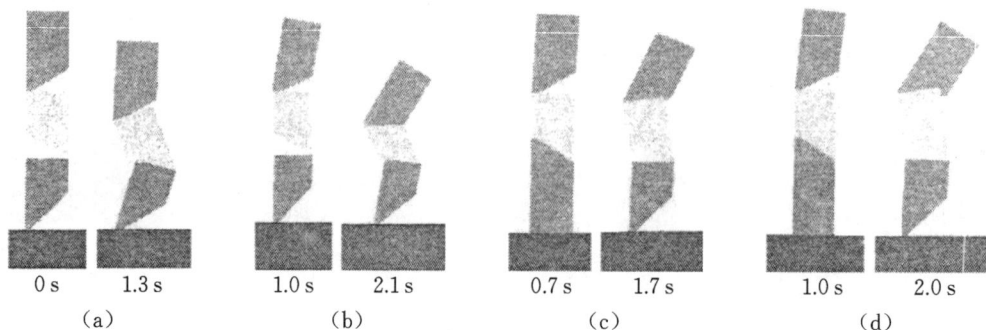

图 3　第 2 组方案 3 个切口不同爆时差的折叠运动状态的模拟结果

(a) 0 s～0 s～0 s；(b) 0 s～0.5 s～0.5 s；(c) 0 s～0.7 s～0.7 s；(d) 0 s～1.0 s～0.5 s

（3）第 3 组方案。上、中、下切口不同起爆时差的折叠运动状态模拟结果如图 4(a)至图 4(d)所示。

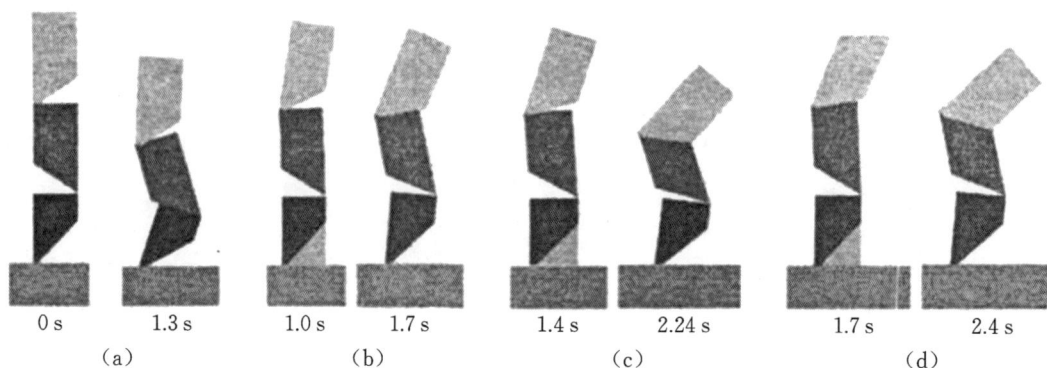

图 4　第 3 组方案 3 个切口不同起爆时差的折叠运动状态模拟结果

(a) 0 s～0 s～0 s；(b) 0 s～0.5 s～0.5 s；(c) 0 s～0.7 s～0.7 s；(d) 0 s～1.0 s～0.7 s

4.3　模拟结果讨论

以上三组基本方案的计算机模拟结果表明：

（1）当三种方案各切口同时起爆时，最上段大致处于直立状态，此时如上部发生后坐断裂或切口发生闭合时，将使上部运动状态难以控制。

（2）当切口间的起爆时差过长时，上段的倾倒角度将较大，切口过早闭合，这也将给倾倒方向的控制带来困难。

（3）通过理想状态下的计算机数值仿真可以得出，要保证整个楼房的折叠运动过程满足工程要求，上、中、下切口的起爆时差在 0.5～1.0 s 为宜。

（4）相对而言，采用"下长上短"的方案时，可以避免运动过程中的头重脚轻，防止上部楼房切口处的下坐破坏，有利于控制空中的运动状态。

4.4　爆破方案优化选择

通过上面的讨论可知，爆破方案的选择一是要避免上段塌落式后坐，保证初始阶段的倾倒方向；二是要使三段空中折叠运动过程及落地状态满足要求。确定合理的切口间起爆时差时，我们主要遵循以下几点原则：

（1）应使上部的切口先形成，保证下切口起爆时上部已有定向倾倒的趋势，在上、下切口时差选择过程中应使上部至少已偏转 1°～2°。

（2）在支撑断面整体发生屈服破坏以前，下部切口必须起爆。

（3）在切口位置确定的条件下，选择合理的起爆时差，使楼房落地前形成明显的"之"字形运动状态，保证落地时的运动方向。

另外，下切口起爆后，由于下段筒体产生加速度，上段筒体的后坐力会降低，说明缩短起爆时差有利于防止上段筒体的后坐，因此应尽量缩短上、下切口之间的起爆时差。

鉴于以上讨论，切口位置选取了上段 6 层、中段 6 层、下段 7 层的方案，考虑炸药起爆与爆破切口形成过程之间存在时间上的差异，起爆时差选择"上切口起爆 1.02 s 后，中部切口起爆；中部切口起爆 1.02 s 后，下部切口起爆"的方案。

5　折叠倾倒与定向倾倒部分空中运动状态校核

由于待拆除的 A 栋分为南北两部分，采用不同的爆破方式拆除，南部采用折叠爆破，北部采用传统的定向爆破方案。南北两部分间的间隔小于 7.7 m，为防止爆破过程中南北两部分运动相互干扰或发生碰撞，对二者的运动状态进行了校核。

爆破时，拟定南北两部分同时起爆，即折叠爆破部分的上切口和定向倾倒部分的下切口同时起爆。计算结果表明，当起爆后 2 s 左右，南部楼层顶板与北部最小间距为 4 m，如考虑楼顶的混凝土架则间距约为 2 m，可见同时起爆的方案满足要求。南北两部分空中运动状态模拟（未计楼顶框架）如图 5 所示。

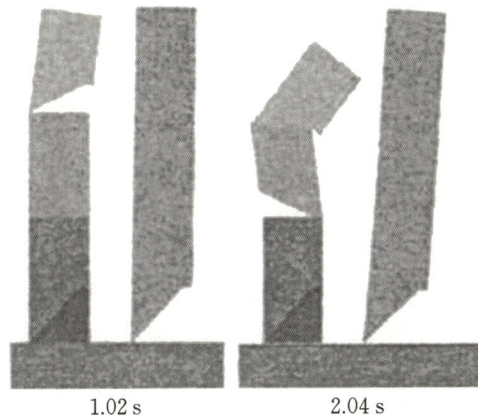

1.02 s　　　　　　2.04 s

图 5　A 楼南北两部分空中运动状态模拟

6　结论

利用高层建筑物拆除爆破数值仿真技术，对 19 层框-剪结构的三次双向折叠爆破拆除方案进行了研究。通过对不同方案的计算机模拟研究，确定了上段 6 层、中段 6 层、下段 7 层布切口，起爆时差选择"上切口起爆 1.02 s 后，中部切口起爆；中部切口起爆 1.02 s 后，下部切口起爆"的方案。同时，为防止南北两部分的空中碰撞，对两部分的空中运动状态进行了校核。计算表明，在正常运动过程中两部分的最小距离为 2 m 左右，不考虑楼顶的钢筋混凝土架则最小距离为 4 m 左右，因此该爆破方案可基本满足要求。

2007 年 12 月 28 日下午，2 栋 19 层楼房按照设计方案进行了爆破，成功地实现了东、西两栋楼的定向倾倒和双向三折叠倾倒。其折叠运动状态与计算机模拟结果十分接近。折叠倾倒部分的下部两段由于受到上部的冲击作用，解体较为完全，爆堆不超过原建筑占地范围 6 m。该高楼的成功爆破表明，数值模拟技术将为苛刻条件下高层建筑物的精细控制爆破提供有益的参考。

定向与双向三次折叠爆破拆除
两栋 19 层框-剪结构大楼

谢先启[1,2]　韩传伟[2]　刘昌邦[2]

(1. 武汉市市政建设集团,武汉 430023;2. 武汉爆破公司,湖北武汉 430023)

摘　要:武汉市王家墩商务区两栋 19 层相同框-剪结构大楼,高 63 m,设计将大楼切割成南、北两部分后,北侧主楼采用底部单缺口定向爆破方案;南侧附楼采用双向三次折叠爆破拆除方案,定向爆破与双向三次折叠爆破都取得了圆满成功。双向三次折叠爆破拆除框-剪结构大楼,在爆堆堆积范围控制、破碎状况等方面取得了不亚于原地塌落方案的良好效果,对于控爆拆除高层楼房具有理论意义和重要的参考价值。

关键词:框-剪结构;高层建筑;双向三次折叠爆破;切口间时差;切口位置

1　引言

目前国内绝大多数工程设计人员在爆破拆除严苛环境下的高层建筑时,倾向于采用原地塌落法,允许一侧有稍微倾斜时多采用分段解体原地倾斜塌落法(或称逐跨坍塌法、内爆法)、单向多次折叠法,如安徽合肥 17 层框-剪结构大楼采用原地塌落法,上海拆除 68 m 高框-剪结构大楼时采用内爆法(implosion),顶部前倾约 20 m。内爆法其实是原地塌落法的变异,只是少炸了几个楼层,相当于单向多次折叠法。对于双向交替折叠法爆破拆除超高层建筑,国内鲜见报道。1978 年,美国人杰克·卢瓦索在巴西爆破拆除一座高 32 层的大厦就是采用双向交替折叠的方式。爆破后,建筑物按预定要求塌落在周围不超过 6 m 的地方。武汉爆破公司于 2007 年 12 月 28 日在爆破拆除 2 栋相同结构的 19 层框-剪结构大楼时,将 2 栋大楼切割成南北两部分,1 栋楼的后半部分尝试运用双向三次折叠,取得了与原地塌落相同的效果,但其经济性、安全性更优。

2　工程概况

2.1　环境条件

待拆的 2 栋楼房东、西向并排而列,东边一座简称 A 栋,西边一座简称 B 栋,A、B 两栋之间距离为 12.0 m,A 栋楼房距北侧围墙最近处是 61.4 m;B 栋西侧距围墙 7.2 m,西南侧距变压器室 12.8 m,围墙外是鱼塘;南侧距待拆 7 层楼房 30.1 m,东侧为道路及绿化场,距两层临时楼房 54.4 m,距 6 层居民楼房 116.2 m。爆区环境示意图见图 1。

2.2　楼房结构

2 栋大楼均为 19 层,框-剪结构(图 2),单栋平面呈"工"字形,两边对称。单栋长 36.3 m、宽 30.05 m、

本文原载于 2008 年第九届全国工程爆破学术会议论文集《中国爆破新技术Ⅱ》。

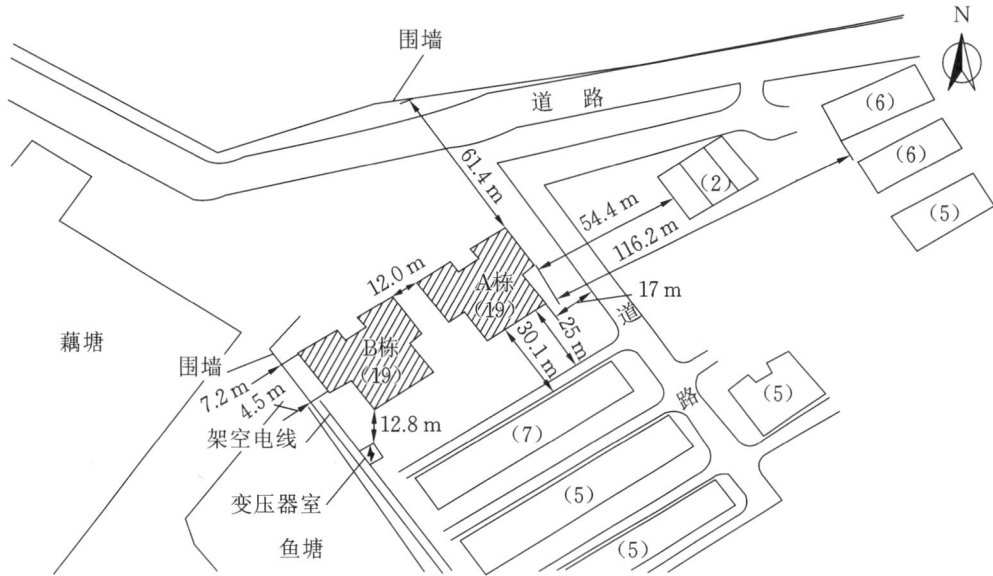

图 1　爆区环境示意图

高 63 m。横向有 15 排立柱,纵向有 8 排立柱。立柱尺寸分别为 500 mm×500 mm、500 mm×700 mm、700 mm×700 mm。剪力墙大多分布在Ⓑ轴至Ⓓ轴之间、Ⓕ轴至Ⓘ轴之间,剪力墙厚250 mm。剪力墙、梁、柱截面尺寸自底部至顶部无变化,楼板为现浇楼板,板厚 12 cm,有电梯井和楼梯间各 1 个,总建筑面积约 23000 m²。

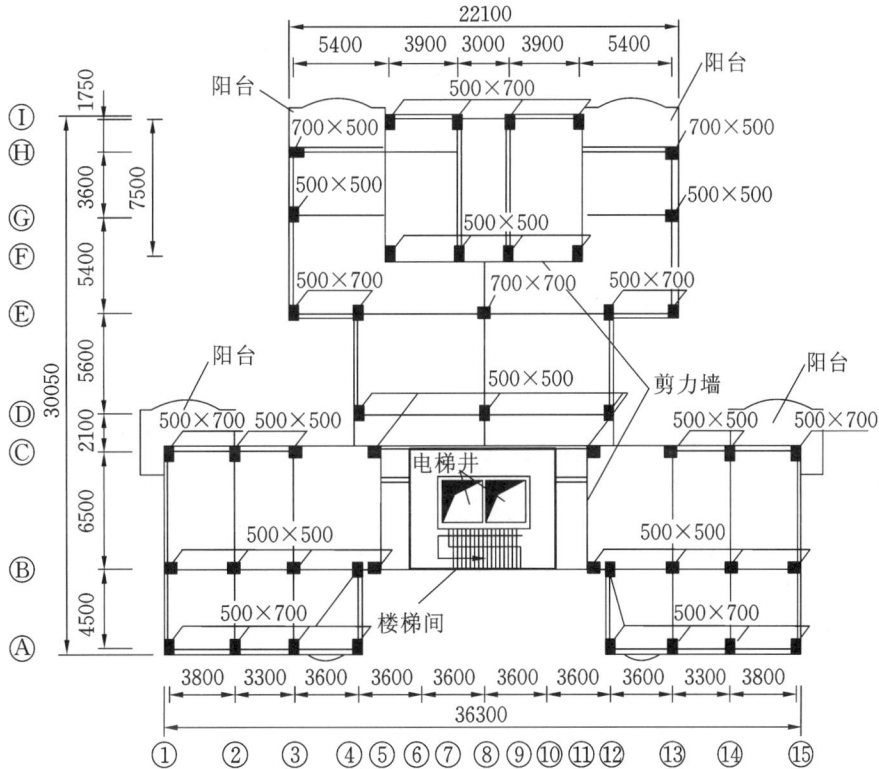

图 2　结构示意图(单位:mm)

3 爆破拆除设计方案

3.1 设计思想

从图 2 可以看出,A、B 两座高楼都可实施底部单缺口的向北定向倒塌方案,该方案设计可靠、施工方便且风险性较小,应是优先选用的方案。但由于整栋楼高宽比接近于 2,经计算,设计以下方案:重心偏出外边缘线,最前排Ⓐ轴需爆至 6 楼;Ⓓ、Ⓔ轴无剪力墙,在Ⓓ、Ⓔ轴间切缝(缝宽约 5 m),将整栋楼分成南、北两部分,北侧部分简称主楼,南侧部分简称附楼。经计算,主楼、附楼只需在底部爆破 1 层,即可实现定向倾倒。将这两种方案在减少剪力墙预处理、钻爆工作量、飞石防护、改善爆破效果、经济性、安全性等方面进行比较,后一种方案的优越性显然优于前一种方案。同时,在如此好的环境条件下,为在工程爆破领域做有益探索,以期与原地塌落方案做对比,决定对 A 座附楼采用南北双向三次折叠爆破拆除的方案。

3.2 爆破方案

将 A、B 两座高层大楼在Ⓓ、Ⓔ轴间切缝,缝宽约 5 m,将两栋楼分成南、北两部分。A、B 座主楼采用向北定向倾倒倒塌的爆破方案,采用三角形切口,爆至 4 层前排立柱。A 座附楼采用南、北双向三次折叠倒塌的方案,切口布于底部 1~4 层、中部 8~9 层、上部 14~15 层,三角形切口,上、下切口向北倾倒,中部切口向南倾倒。B 座附楼采用向北定向倒塌的方法,切口布于 2~4 层,为三角形切口。见图 3。

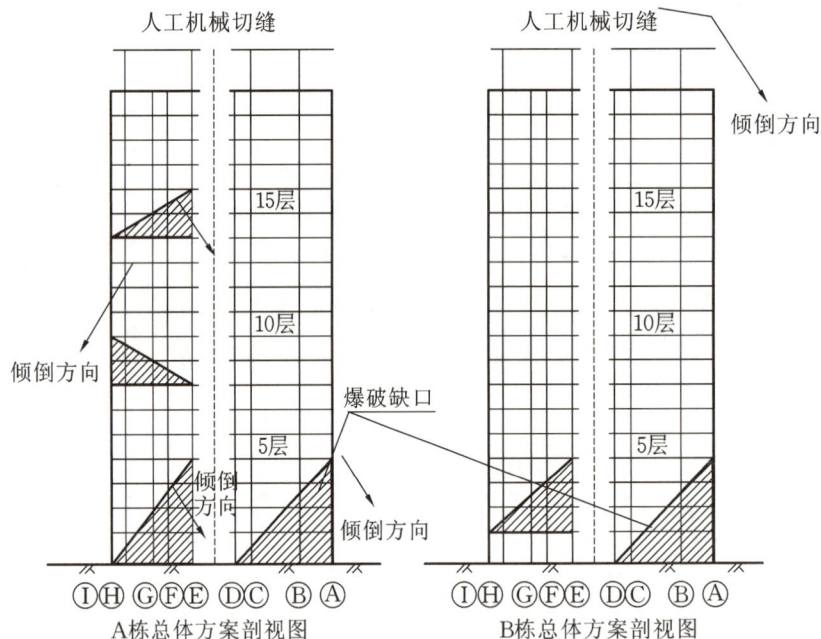

图 3　总体方案示意图

3.3 剪力墙处理

爆破缺口范围内的剪力墙用爆破切缝,气割钢筋后放倒。剪力墙处理原则:处理高度根据切口范围爆高而定,有的纵向剪力墙根据设计爆高要求将切口形状处理成三角形,处理宽度在靠近墙角、立柱、剪力墙柱外预留 0.5~1.0 m,1、8、14 层临近支撑区剪力墙只布 2 排炮孔,不做爆前预处理。需爆破切缝剪力墙,沿设计需处理部分墙体周边布 1 排炮孔即可,孔距为 20~25 cm,孔深 16 cm,爆破成缝后用气割钢筋。非爆楼层电梯井、楼梯、剪力墙、泡沫砖墙不做预处理。

3.4 爆破参数设计

500 mm×700 mm 截面立柱,孔距 30 cm,孔深 50 cm,试爆后药量为单孔 300 g,连续装药；500 mm×500 mm 截面立柱,孔距 30 cm,孔深 35 cm,试爆后药量为单孔 200 g,连续装药；700 mm×700 mm 截面立柱,2 排炮孔孔距 30 cm,孔深 50 cm,药量为单孔 300 g,采用分层与连续相结合的方式装药；剪力墙孔距 25 cm,排距 20 cm,孔深 16 cm,单孔药量 50 g。

3.5 爆破网路设计

孔内均为 MS19(1700 ms)导爆管雷管,孔外排间采用 MS11(460 ms)延时,相同切口层间无延时,A 座主楼与附楼上部切口同时起爆,附楼中部切口外接 MS16(1020 ms),底部切口外接 MS20(2000 ms),即中部切口延迟 1.02 s 起爆,底部切口延迟 2.0 s 起爆。B 座附楼外接 MS16(1020 ms),即 B 座附楼延迟主楼1.02 s起爆。为保证爆破网路可靠,均在每一切口前排立柱用 MS1(0 ms)导爆管雷管互搭。

3.6 安全防护

A、B 座 1 楼东、西侧搭设竹笆防护排架,2、3、4、8、9、14、15 层东、南、西三侧外围立柱用竹排、废旧木板、草袋进行捆扎防护,北侧基本无防护,另在东、南、西三侧的爆破楼层悬挂密目防护网。

4 爆破效果

A、B 两栋 17 层框-剪结构大楼共装乳化炸药 754 kg,孔内外雷管 9165 发。2007 年 12 月 28 日 15 时,两栋大楼连成一个网路实施了爆破。主楼起爆后下坐并向北定向倾倒,基本以 2 层后部作为转动铰翻转。B 座附楼从 2 层翻转倾倒于主楼背部,A 座附楼实现明显双向三次折叠。A 座附楼爆堆范围有限,主要集中在原楼体占地范围内,北侧 4～6 m,南侧 1～2 m,东、西两侧 2～4 m,15 层以下基本压碎,15 层以上部分横躺于原建筑楼体范围爆堆上方,解体不充分,其四周倒塌范围的控制效果超过了预期,见图 4。主、附楼倾倒方向一侧框架部分压垮,梁、柱折断。主楼在③～⑤轴、⑪～⑫轴间折断；主楼爆堆高约 8 m,附楼爆堆高约 10 m。

(a)　　　　　　　　　　　　　(b)

(c)　　　　　　　　　　　　　(d)

图 4　爆破过程及爆堆图片

5 结论

此次采用双向三次折叠法爆破拆除 19 层 63 m 高框-剪结构大楼,虽然带有初次试验性质,但爆破过程中仍有一些现象与特征值得我们认真探讨。根据现场对爆破过程多角度摄像资料的分析及爆后对现场爆堆的观察,我们认识到:

(1) 爆堆主要集中在原建筑的占地范围上方,堆积范围最大未超过 6 m。

(2) 15 层以下解体度高,基本压碎,15 层以上横躺,解体不充分。

(3) 空中扭腰姿态明显,形成明显"Z"形折线,中部切口以下形成边折边压垮现象,因而爆堆集中,空中折叠过程与高耸烟囱的双向三折有异同点。

(4) 对于双向三次折叠爆破上、中、下切口楼层的选择定位,切口间起爆延时间隔是十分关键的爆破参数,数值模拟与爆破设计人员的经验都非常重要,二者应有机结合。

(5) 双向三次折叠爆破在爆堆堆积范围控制方面不亚于原地塌落法、内爆法,但在经济性、安全性方面更佳。

(6) 非爆楼层剪力墙、砖墙可不做预处理,既减少了施工量和爆破量,又降低了钻爆、防护等方面成本,并对破碎效果的影响不大。

(7) 严苛环境条件下高层建筑物爆破拆除,应对双向交替折叠爆破法进行深入探讨和大胆尝试,并积极借鉴国外经验。

复杂环境下九层框架楼房的控爆拆除

谢先启 贾永胜 罗启军 韩传伟 严 涛 刘昌邦

(武汉爆破公司,湖北武汉 430023)

摘 要:武汉商场地处闹市区,相邻建筑物较多,拆除工期紧。本文介绍了武汉商场拆除的总体方案,讨论了爆破原理及要点以及采用的防护措施,并对后坐和爆堆情况进行了分析。

关键词:爆破拆除;复杂环境;后坐;振动

Controlled blasting demolition of a 9-storey reinforced concrete building in complicated environment

XIE Xianqi JIA Yongsheng LUO Qijun

HAN Chuanwei YAN TAO LIU Changbang

(Wuhan Blasting Engineering Company,Wuhan 430023,China)

Abstract:Due to complex environment of structures and short demolition time required, a macro disjoint blasting is adopted. The program of demolishing a 9-storey building is introduced, and the design principle and key points as well as the strict protection measures are discussed and analyzed.

Keywords:Blasting demolition;Complicated surroundings;Backlash;Tremor

1 工程概况

1.1 工程环境

武汉商场大楼因整体改造需要拆除。大楼地处市中心闹市区,大楼北侧距解放大道10 m,距解放大道立交桥45 m;东侧6.9 m处为2层商业网点,紧靠商业网点之外的是停车场和协和广场,2层商业网点和武汉商场之间的人行道下布设有自来水管;东南侧9.5 m处为4层楼的配电房和一个公共厕所。西南侧10.3 m为6层居民楼;东南侧7.8 m处为7层居民楼;西侧隔一条13 m宽的人行道就是武广大楼,武汉商场和武广大楼之间有一空中回廊在三楼处相连。人行道下布设有电信电缆、自来水管和排水管,旁边为电缆、电线标等,爆区周围环境非常复杂,具体环境见图1。

1.2 工程结构

拟拆除的武汉商场自北向南可分为两个部分,北面为始建于1959年的原"友好商场",层数为4~5层不等,结构为砖混与框架混杂,建筑面积为17000 m²,简称旧楼。南面为建于1990年的9层(两侧塔楼为10层)框架结构,长66.2 m、宽28.7 m,最高为47.55 m,底层立柱有550 mm×600 mm、550 mm×550 mm、550 mm×400 mm、750 mm×1000 mm等多种尺寸截面,且立柱断面尺寸自下而上由大变小。主梁尺寸有300 mm×1000 mm、300 mm×800 mm等几种。楼梯为厚10 cm现浇板。

本文原载于《爆破》2007年第24卷第1期。

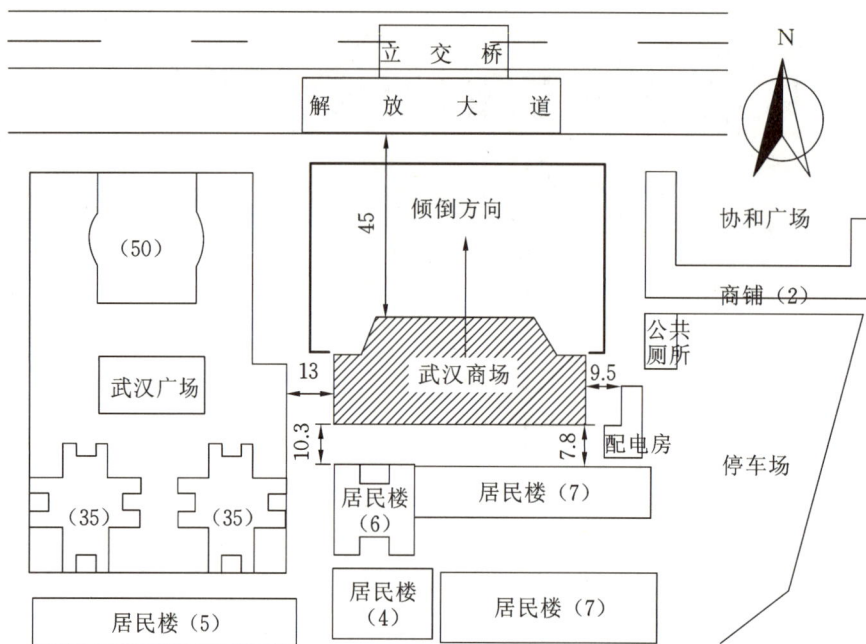

图1　爆破周围环境示意图(单位:m)

楼梯间和电梯井各2个,其中电梯井为框架式。该结构建筑面积为17000 m²,简称新楼。结构平面示意图见图2。

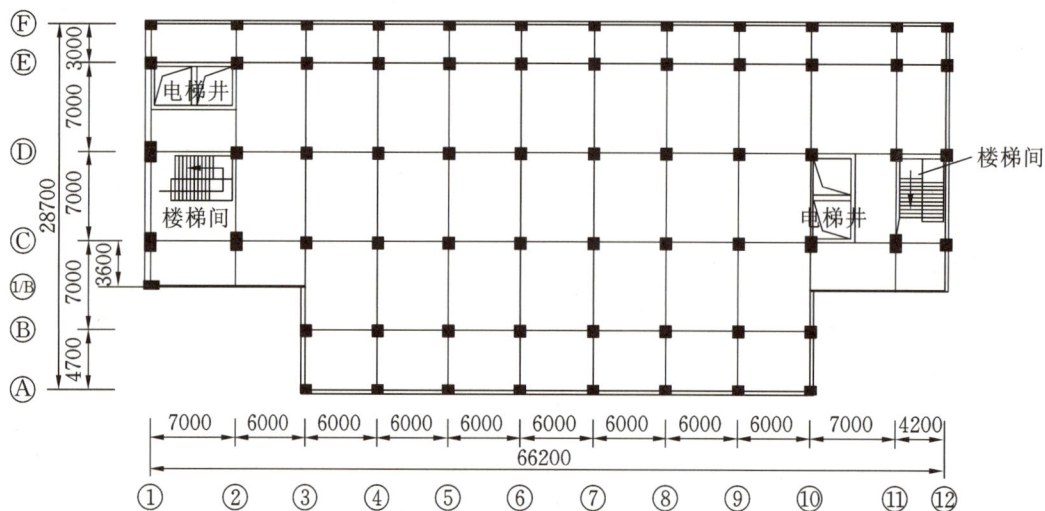

图2　结构平面示意图(单位:mm)

2　拆除方案的选择与确定

2.1　总体方案

北面旧楼环境苛刻,结构复杂,结合工期要求及减少对周边环境的影响,采用人工、机械拆除相结合的方法进行拆除。

南侧新楼在北面旧楼拆除的同时进行钻孔、防护等爆前准备工作,新楼北侧距解放大道有45 m的空间可供倒塌,拟采用定向爆破法拆除。

2.2 南面新楼方案设计的原则和要点

新楼混凝土强度高,结构坚固,整体稳定性好,楼房高宽比为1.66,适合定向倒塌。根据图纸和现场勘察情况进行全面设计论证,认为对该楼爆破拆除必须解决以下关键问题:

(1)爆堆控制

根据施工图纸估算,该楼混凝土量为6500 m³,折合成虚方则更多。另外,该楼外侧砖墙为外贴式,倒塌过程中的砖墙跟进完全与否,势必影响侧向与后向堆碴。

(2)重心不易偏移

该楼跨度大,重心偏低,爆破后重心不易偏出,会造成爆堆集中,影响侧向与后向碴块堆积,对后部7层居民楼会造成影响。

(3)坍塌振动控制

该楼高47.55 m,质量约为12000 t,周边建筑物密集,最为临近的7层居民住宅楼(砖混结构)距离大楼仅7.8 m,过大的爆破振动和塌落振动都会造成重大损失。

(4)飞石控制

该楼立柱配筋密集,势必要提高炸药单耗,对飞石的防护也是重要问题。

(5)地下室

地下室顶板大部分为现浇,小部分为预制板,地下室的存在对楼房倒塌及爆堆的影响不易预估。

2.3 新楼爆破总体方案

2006年1月份,该楼爆破方案经冯叔瑜院士、汪旭光院士及全国爆破界知名专家组成的专家组对方案进行充分论证后,一致同意新楼采用"向北定向倒塌,1—4层布设第一个爆破缺口,6—7层布设第二个爆破缺口,定向折叠倒塌"的爆破方案。

3 爆破参数设计

3.1 立柱的破坏高度

立柱的破坏高度 H 由式(1)确定:

$$H = k \cdot (B + H_{\min}) \tag{1}$$

式中,H 为承重立柱破坏高度,m;k 为与建筑物倒塌有关的参数,取 $k=2$;B 为立柱截面长边,m;$H_{\min}$ 为立柱最小爆破高度,$H_{\min} = \pi/2 \cdot [(EJN)/p]^{0.5}$。

为使楼房坍塌充分,经式(1)计算后,做适当调整,立柱的破坏高度见图3。

3.2 装药设计

3.2.1 单孔药量

按体积公式计算单孔药量:

$$q = k \cdot a \cdot b \cdot H \tag{2}$$

$$q = k \cdot a \cdot B \cdot H \tag{3}$$

式中,q 为单孔药量,g;k 为炸药单耗,g/m³;a 为孔距,m;b 为排距,m;B、H 分别为构件的破坏高度或宽度,m。以上装药值均为岩石乳化炸药用量。各立柱下面一个孔夹制作用大,应比设计装药量增大10%;二楼以上有弯折效应,单耗可依次递减10%。各部位药量见表1。

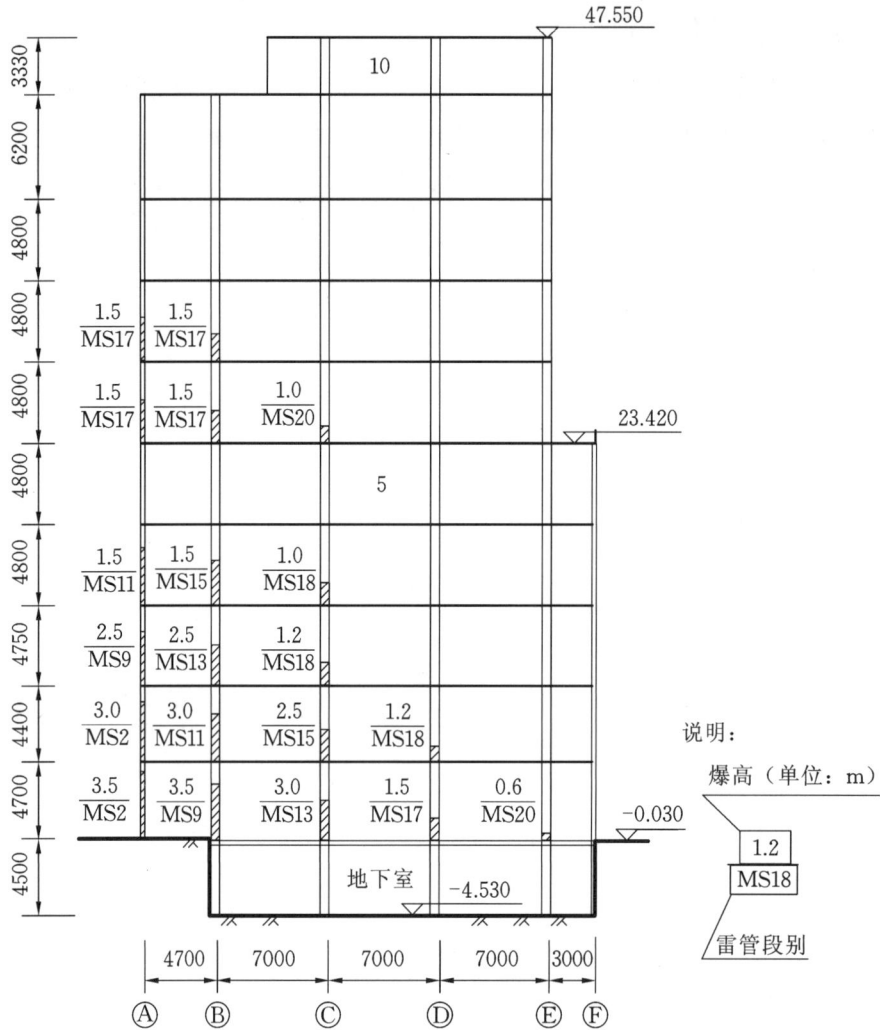

图 3　爆高及时差分区示意图(单位:mm)

表 1　爆破参数表

构件名称	尺寸/(cm×cm)	最小抵抗线 w/cm	孔距 a/cm	排距 b/cm	孔深 l/cm	单耗 k/(g/m³)	单孔药量 q/g
立柱	55×60	27.5	30	—	42	3000	297
	55×55	27.5	30	—	35	3000	272
	75×100	32.5	30	20	80	3000	675
梁	40×55	20	30	—	42	3000	198
	30×100	15	30	—	65	800	100
	30×80	15	30	—	50	800	75

　　装药时等截面立柱采用连续柱状装药结构,异形立柱采用空气不耦合装药结构。

3.2.2　试爆

　　装药前挑选 550 mm×600 mm、400 mm×550 mm、550 mm×550 mm 3 种尺寸立柱进行试爆,试爆单耗达到 3000 g/m³,根据试爆结果,对异形大断面立柱爆破部位钢筋进行剥离和预切割,但炸药单耗仍在 3000 g/m³ 左右。最后一排立柱底部剥离切割钢筋,不钻孔爆破,对 5、8 层非爆破立柱倾倒反向侧立柱剥离切断钢筋。

3.3 时差分区

时差分区见图3。

3.4 网路连接形式

网路采用导爆管雷管孔内延时,孔外用 MS1 导爆管雷管纵向接力,横向之间再采用 MS1 导爆管雷管搭接的复式网路。

4 安全设计

4.1 网路的安全防护

本工程采用先下后上的起爆顺序,且上部切口由孔外延期导爆管雷管点火;下部切口起爆后,楼房的倾倒、下坐等对上部网路带来安全威胁,故必须对上部网路采取相应的保护措施。上部网路除进行复式连接外,对孔外传爆雷管进行覆盖。

4.2 振动效应

4.2.1 爆破振动效应

为控制爆破振动效应,应严格控制最大一响齐爆药量 $Q_{\max}$

$$Q_{\max} = R^3 \cdot (v/k \cdot k')^{3/\alpha} \tag{4}$$

式中,$Q_{\max}$ 为一次齐爆药量,kg;R 为保护目标至爆点距离,m;v 为允许的振动速度,cm/s;k、α 分别为与地震波传播地段的介质性质及与距离有关的系数,取 $k=100$,$\alpha=2.0$;k' 为修正系数,取 $k'=0.5$。

以居民楼作为保护目标,取 $R=17.4$ m,$v=3$ cm/s,计算得到 $Q_{\max}=7.5$ kg。

本次爆破最大一次齐爆药量为 40 kg,因此,爆破振动对周边建筑不会产生影响。

4.2.2 塌落振动效应

楼体在塌落过程中冲击地面产生振动,且其强度比爆破振动要大、频率要低,对四周建(构)筑物危害更大,必须引起足够重视。为降低塌落振动效应的危害,应尽量防止构件同时触地,而采用分段分区使构件依次触地来控制塌落振动,同时采用多种有效措施控制塌落振动。

塌落振动由式(5)检算:

$$v = k_t \times [(mgH/\sigma)^{1/3}/R]^\beta \tag{5}$$

式中,v 为塌落引起的地表振速,cm/s;m 为下落构件质量,t;g 为重力加速度,m/s²;H 为构件中心的高度,m;σ 为地面介质的破坏强度,MPa,取 10 MPa;R 为观测点至冲击地面中心的距离,m;k_t、β 均为衰减参数,分别取 $k_t=3.37$、$\beta=1.66$。

大楼的总质量约为 12000 t,大楼倾倒时并非自由落体,故按总质量的 1/3 估算,重心落差 H 取 15 m,R 取 35 m,由式(5)计算得出在居民楼处塌落振动速度为 4.01 cm/s,在允许振动范围内。

4.2.3 减振措施

(1)将整幢大楼设计为向北倒塌,使楼房倒塌着地点远离居民楼。

(2)在爆破设计上,一是增加了一个爆破切口,使大楼空中解体,化整为零,降低单体冲击地面的总重量;二是一楼Ｅ轴立柱爆 2 孔,松动爆破,Ｆ轴立柱不钻孔爆破,利用其吸收楼房的倒塌势能,减少产生塌落振动的能量。

(3)在大楼倒塌着地部分铺设缓冲垫层。

(4)将大楼内部非承重墙体尽量拆除并将碴块运至地面,减少大楼质量。

4.3 飞石的防护措施

根据本工程的实际情况,并结合以往在闹市区成功进行楼房爆破拆除的经验,本工程飞石的防护措施拟采用"覆盖防护、近体防护和保护性防护"相结合的综合防护方案。

（1）下部切口2层以下（含2层）采用近体防护,距楼房1.5 m处搭设双层竹排架,排架上挂竹笆两层、草袋一层,在东、西两侧竹笆外侧挂竹跳板和帆布各一层。

（2）上部切口3、4、6、7层以覆盖防护为主。

（3）在所有爆破部分的立柱上先用浸水草袋捆扎,其捆扎厚度不小于15 cm,然后包裹麻袋,麻袋外侧再捆扎钢丝网。在该部位楼房四周再悬挂废旧帆布或地毯。

（4）大断面立柱四周采用沙袋防护。

（5）武汉广场一侧玻璃墙部分搭设钢管脚手架,铺设竹跳板,阻挡飞石和落碴。

4.4 粉尘

楼房爆破时产生的大量粉尘会对爆区周边一定范围内的环境卫生和空气质量带来影响,爆破前对楼房内各部位充分喷水湿透,并在爆破部位悬挂水袋,楼内每层放置6～8条10 t的装水袋。

5 爆破效果

大楼于2006年4月12日晚23时准时起爆,起爆后,大楼按设计要求倒塌。爆堆北侧前冲13.8 m,西侧碴块临近武广,但未对武广造成影响。东侧爆堆靠近配电房,北侧由于居民楼距大楼距离不同,爆堆影响不同,西南侧爆堆高8.0 m,东南侧爆堆临近居民楼,并对一外墙体造成了破坏;整体爆堆西低东高,西侧6.1 m,东侧6.9 m,另外,对居民楼的玻璃造成部分破坏。其他侧飞石、振动、爆堆都未造成影响。

6 振动效应监测

爆破时,在各重要目标布设监测点,对振动效应进行监测。监测位置及具体数据列于表2中。

表 2　振动效应监测数据

测点编号	测点部位	距离/m	仪器编号	水平横向振动		垂直向振动		水平纵向振动	
				峰值速度/(cm/s)	峰值频率/Hz	峰值速度/(cm/s)	峰值频率/Hz	峰值速度/(cm/s)	峰值频率/Hz
1	爆区后侧第1栋七层楼房1楼底板（临近武展侧）	10	BE8775	1.36	3.4	1.93	8.1	1.86	2.0
2	爆区后侧第1栋七层楼房1楼爆破公司驻地底板	12	BE7485	1.03	3.7	1.74	4.0	1.32	1.9
3	爆区后侧第2栋七层楼房1楼底板	38	BE8776	0.71	2.2	1.98	4.3	1.31	3.6
4	武广大楼后侧第1栋楼房1楼底板	15	BE8773	0.33	3.8	0.78	4.9	0.57	3.9
5	武广大楼临近爆区侧1楼底板	40	BE8778	0.69	2.6	0.48	5.7	0.34	4.7
6	武广大楼临近爆区侧大门立柱底部	60	BE7484	0.29	2.9	0.39	6.0	0.52	2.8
7	协和广场商铺楼1楼底板	28	BE10550	0.84	3.6	1.66	4.4	1.54	2.3
8	高架桥桥墩底部	60	BE8774	0.38	3.8	0.91	2.9	0.64	2.4
9	湖北广播电视大楼门口	90	BE7481	0.52	2.6	0.95	4.1	1.19	2.2

注:"水平纵向"为指向爆区方向。

7　几点体会

（1）对后部有需要控制振动和后坐的楼房建筑物进行方案设计时，折叠爆破不一定是最优方案，可能对控制塌落振动和后坐不利。

（2）最后一排底层立柱爆前剥离和切割钢筋，降低了强度，对控制后坐不利，倒数第二排立柱作支撑与预想效果不符。

（3）爆破前剥离倾倒反方向侧方柱钢筋对需要增大前冲距离以控制后坐的塌落触地振动不利。

（4）对大断面配筋密集的立柱切割外层钢筋可降低炸药单耗，有利于飞石防护。

（5）闹市区爆破拆除建筑物时控制飞石强度要加强，对立柱采用沙袋墙防护是很有效的一种措施。

（6）外墙的跟进与堆积和倒塌过程密切相关，增大前冲距离有利于后侧墙跟进。

（7）地下室顶板强度影响倒塌效果或爆堆堆积形态，对后坐也有一定影响。

（8）重心低、跨度大的建筑物爆破拆除采用单缺口定向爆破对前冲有利，倒塌方向后部有保护建筑物时，单个缺口爆破前冲远，有利于控制后坐和塌落振动。

（9）时差、爆高的选取有待进一步优化。

（10）塌落振动的控制有待进一步加强研究，仅靠增加爆破缺口和铺设垫层是远远不够的。

同济医院老门诊楼控爆拆除设计与施工

谢先启　贾永胜　韩传伟

（武汉爆破公司,湖北武汉 430023）

摘　要：本文详细介绍了同济医院老门诊楼控爆拆除的方案选择,爆破参数、起爆网络的设计,装药前的试爆,飞石飞散状况观测及飞石对防护材料的破坏性试验,为安全防范飞石危害和降低成本提供有力的依据,爆后结合现场勘测和倒塌过程摄像,对爆破的效果进行了分析和讨论。

关键词：复杂环境;连体建筑;安全防护;爆破拆除

Design and implementation of controlled blasting the old outpatient service building in Tongji hospital

XIE Xianqi　JIA Yongsheng　HAN Chuanwei

（Wuhan Blasting Engineering Company,Wuhan 430023,China）

Abstract：The demolition of cluster building was successfully performed by controlled blasting in special and complex environment,the experience in blasting program,technological parameters and layout of firing circuit were introduced in detail,measures such as the test of blasting before charging,the observing of fly stone,the destructive test of fly stone with protective material, avoiding endanger and lowering cost based on these works are taken. The blasting results combined the field observing after blasting and collapsing photography were analyzed,it can be applied to other similar projects.

Keywords：Complicated environment;Cluster of building;Safety and protection;Controlled blasting

1　工程概况

武汉同济医院老门诊楼建于 20 世纪 50 年代,系混合结构,由三部分组成。其中主楼(以下称楼A)为三层混合结构,呈"＜"型,长 31.8 m、宽 11.1 m、高 11.0 m,有 φ 500 mm 钢筋混凝土柱 4 根。西侧附楼与主楼刚性相连,均为二层砖混结构。其中西侧附楼(分成 B、D 两部分)呈"L"形,高 7.5 m,东侧附楼(以下称 C 楼)长 12.2 m、宽 11.1 m、高 7.5 m。A、B 和 C 楼的墙大部分为 24 墙,D 楼的墙为 37 墙,没有构造柱。楼面均由现浇板和"井"字梁组成,混凝土楼面厚 10 cm。结构平面示意图见图 1。

待拆楼房位于医院内,北侧 10.1 m 是锅炉房,南侧距 8 层传染病房最近处 2.0 m,西侧 4.4 m 是 18 层新门诊大楼(传染病房新门诊大楼正对爆区一侧密布窗户及玻璃),东侧距医院围墙 5.0 m。爆区环境条件极其复杂,详见图 2。

本文原载于《爆破》2001 年第 2 卷第 2 期。

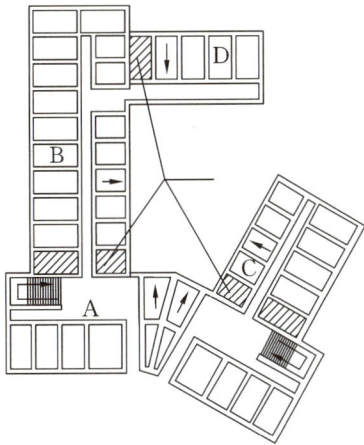

图1　楼房结构平面示意图　　　　图2　周围环境示意图(单位:m)

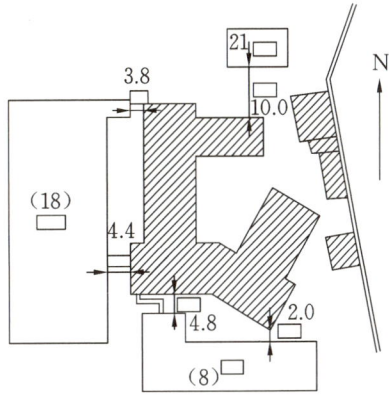

医院要求拆除工作必须安全、迅速,施工不得影响医院正常工作,特别是对相邻门诊大楼和传染病房不得有任何影响。

2　爆破方案

根据待拆楼房的特定环境条件、特定要求、结构特点、几何尺寸及工期要求等,做出以下决定:

(1)采用分块分区定向坍塌拆除方案,具体方案是A向北、B向东、C向西、D向南定向倒塌。

(2)四部分按时差顺序一次性爆破拆除。

(3)施爆时相邻病房、门诊医务人员和病人原则上不撤离,照常工作,但提前告知起爆时间。

3　爆破技术设计

3.1　预处理与预拆除

为实现四部分同时定向内合倒塌目的,将四部分之间的刚性连接切开,使其成为独立的爆体,拆除宽度不小于2.0 m。

对A楼现浇楼梯处理至3楼,以便降低楼房局部刚度,提高坍落效果,控制爆堆形态。

A楼南侧紧邻传染病房,为防止A楼倒塌后爆堆后坐滑移,影响传染病房的墙体安全,将A楼紧靠此处采用人工拆除一部分,拆除范围大约为6.0 m×5.8 m。

对非承重墙进行最大限度拆除,对承重墙进行必要的预拆除。

3.2　爆破参数设计

该门诊楼主要在一楼钻孔装药。由于砖墙的抗折性差,同时为减少飞石、冲击波对临近大楼玻璃等造成危害,A、B楼后侧墙体不钻眼施爆。在A楼二楼少量钢筋混凝土立柱钻孔装药进行松动爆破。该次爆破的孔网参数、单孔药量、爆破高度、起爆时间见表1。表中药量按 $q=KV$ 公式计算,V 为单孔破碎介质的体积,m^3;K 为炸药单耗,g/m^3,对于砖墙取 $800\sim1000$ g/m^3,对钢筋混凝土立柱取 600 g/m^3,采用 $2^\#$ 岩石铵梯炸药。

表 1　爆破参数表

区位		爆高/m	孔距/cm	排距/cm	孔深/cm	单孔药量/g	响序	间隔时间/ms	网路号
A	H_1	2.0	25	25	24	37.5	MS1	0	网路 2
	H_2	0.8	25	25	24	37.5	MS5	110	
B	H_1	2.0	20	20	15	30	MS5	110	网路 1
	H_2	1.6	20	20	15	30	MS8	250	
	H_3	0.8	20	20	15	30	MS10	380	
C	H_1	2.0	20	20	15	30	MS1	0	
	H_2	1.6	20	20	15	30	MS8	250	
	H_3	0.8	20/30	20	15/35	30	MS10	380	
D	H_1	2.5	20/30	20	15/35	30/35	MS1	0(1.5 s 后)	
	H_2	2.0	20	20	15	30	MS2	300(1.5 s 后)	
	H_3	1.6	20	20	15	30	MS3	600(1.5 s 后)	
	H_4	1.0	20	20	15	30	MS4	900(1.5 s 后)	
	H_5	0.8	/30	—	/35	/35	MS5	1200(1.5 s 后)	

注:"/"前为墙体,后为柱

3.3　试爆

在 B、C 楼内部墙体各选取 10 个炮孔进行了两次试爆:第一次单孔药量 25 g(设计值),爆后爆碴抛离墙体状况较差,爆碴主体飞散 2~4 m;第二次单孔药量 30 g(比设计值提高 20%),爆后爆碴抛离墙体状况良好,形成孔洞,爆碴主体飞散 3~6 m。确定砖墙单孔药量采用 30 g。

在 C 楼西侧墙体进行无遮挡防护条件下的试爆,观测个别飞石飞散状况,爆后爆碴主体散落 3~6 m,分布四周,观测人员未发现个别飞石飞越 A、B 楼对新门诊大楼、传染病房窗户玻璃造成危害。

在 A 楼西侧墙体进行防护条件下的试爆,观测飞石对防护排架的穿透性破坏。爆后爆碴受到竹跳板排架的遮挡,散落于排架与爆体之间,未发现爆碴穿透防护现象。

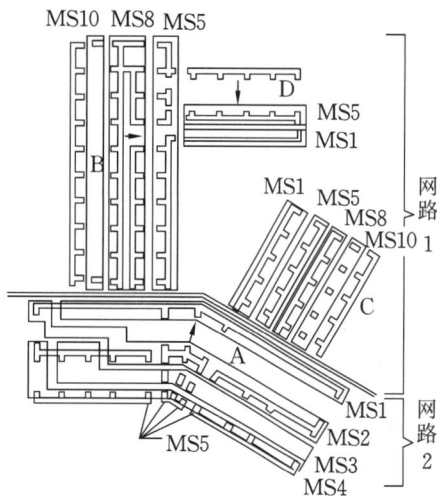

图 3　时差分区方案示意图

3.4　起爆网路

本次爆破采用"非电微差导爆管雷管"起爆系统,根据库存雷管种类、数量决定分成 2 个起爆网路,用 2 台起爆器起爆。B、C、D 楼划分为网路 1,采用辽宁华丰工厂生产的导爆管雷管;A 楼划分为网路 2,采用西安庆华工厂生产的高精度、宽间隔导爆管雷管。网路 2 在网路 1 起爆后 1.5 s 开始起爆,见图 3。

导爆管采用簇状并联,每 20 根为一簇,由 2 枚串联的即发电雷管击发,电雷管再串联接入主网路。

4　安全技术与防护措施

4.1　爆破飞石的防范

A楼西侧的新门诊大楼与南侧的传染病房密布窗户与玻璃,因此,防范飞石对玻璃及室内人员等造成危害,是本次爆破安全的重中之重。

A楼西侧一楼砖墙布置了炮眼,根据相关文献估算防护材料的临界厚度为2.1 cm,为防止飞石对玻璃造成危害及倒塌后爆堆对新门诊墙体造成危害,在紧靠门诊该楼墙体0.5 m处搭设一长43 m、高4.5 m的竹跳板(厚3~4 cm)防护排架,同时在A楼与B、C楼之间搭设一长37 m、高至二楼楼板的竹笆墙,防范飞石兼保护网路2。爆区外围0.5 m处搭设竹笆墙至二楼楼板,人工拆除后留下的孔洞及门窗等或悬挂竹笆或用废弃木板作加强遮挡式防护,钢筋混凝土立柱用2层草袋捆绑,防止飞石逸出。

4.2　振动效应

此次爆破单段最大药量为8 kg,按萨氏公式计算$V=3$ cm/s,按触地振动公式$V_c=0.08(I^{1/3}/R)^{1.67}$计算(式中,$I$为构件触地冲量,kg·m/s;$R$为保护物离冲击点距离,m),$V_c=2$ cm/s,可见振动不会对周边建筑造成危害。

4.3　空气冲击波

该门诊楼爆破主要是对一楼砖墙进行破坏,全部采用炮眼堵塞爆破,单孔装药量大部分为30 g,而朝向防护主体的一侧砖墙基本不进行钻眼施爆,因而产生的空气冲击波能量较少,再经过爆体本身及爆区外侧遮防护物的阻挡和吸收,不会产生危害作用。

5　爆破效果

2000年8月13日下午4时,对老门诊大楼实施爆破。起爆后A、B、C、D各部按起爆时差顺序及预定方向坍落。爆后测量,A部分爆堆高度为3 m左右,B、C、D部分为2 m左右。A部分西侧爆堆坍落至防护排架附近,造成排架局部损坏,但散落碴块仍离大楼外墙40 cm以上,A部分北侧爆碴距传染病房至少0.5 m。周边建筑物玻璃完好无损,可见对飞石的防护是成功的。楼房爆前进行了大量的预拆除,因而梁体等解体良好,无须二次爆破破碎。

待爆楼房就结构而言虽不复杂,但却有以下几点值得注意:

(1) 爆体就其本身而言是不能改变的,但爆破方案及设计可以是多样的,方案和设计如何围绕爆体进行,是每个爆破工作者应努力思考的问题。成功的爆破方案及各项设计参数不一定是最佳的,后面还有许多可以完善的地方。

(2) 对于连体异形楼房可采用切割分离的方法,然后根据倾倒场地条件采用不同方式爆破拆除。

(3) 城市拆除爆破炮眼数量较多,并且往往因为结构的特殊性,其坍落方式各异,这就对雷管类别及延时提出了更高的要求。若雷管段别受到限制,采用多网多台起爆器起爆不失为一个切实可行的方法,但对后爆网路必须采取切实有效的保护措施。

(4) 此次爆破的楼房均没有构造柱,这也是爆后坍塌效果较好的一个重要原因;若在砖混结构楼房中设有构造柱,则必须对构造柱进行必要的处理,方能达到满意的效果。

Blasting demolition of "L" shape frame structure building in downtown district

XIE Xianqi[1,2]　YAO Yingkang[1,2]　JIA Yongsheng[1]
LIU Changbang[1]　WANG Honggang[1]

(1. Wuhan Blasting Engineering Co. ,Ltd. ,Wuhan,Hubei,China;
2. College of Civil and Transportation Engineering,Hohai University,Nanjing,Jiangsu,China)

Abstract:Blasting demolition of 8-storey "L" shape frame structure building in downtown district was introduced in the paper. The building consisted of North-South parts and East-West parts,was divided into 2 independent parts by a 120 mm wide settlement joint in the corner. Based on characteristics of building structure and surrounding environment condition,the overall blasting demolition scheme that utilized settlement joint,reasonable delay and collapsed in the same direction was proposed firstly. According to the overall scheme,the relays initiating circuit was designed that the delay time between 2 parts of the "L" shape was 460 ms,the blasting demolition parameters and safeguard measures were also introduced detailed. Advises for similar building were given based on analyzing the building collapse process,the muck pile and vibration monitoring results,which has a certain reference meaning for similar projects.

Keywords:Blasting demolition;"L" shape frame structure building;Settlement joint;Collapse in the same direction;Initiating circuit

1　ENGINEERING SITUATION

The 8-storey frame structure building was located in intersection of two arterial roads in downtown district,would be demolished because of urban construction and development.

1. 1　Surrounding Environment

The surrounding environment of the blasting demolition building was complicated:A 2-storey building and a 7-storey residential building were located 4. 0 m and 22. 0 m east of the demolition building,in the south,the distance between electric cables,telecom cable,water supple pipe and the building was 4. 0~10. 0 m,besides,the major arterial and a 21-storey residential building was 15. 0 m and 48. 0 m form the building,the 10 kV electric cables and the minor arterial were situated 2. 5 m and 3. 0 m west of the building,a Flower & Pets market was 20. 0 m from the building,the vacant space in the north was widest. The surrounding environment of the blasting demolition building was shown in Fig. 1.

1. 2　Building Structure

The 8-storey frame structure building was built in 1980s,which was 45. 88 m long,28. 9 m wide and

本文原载于 2014 年《APS Blasting 4 New development on engineering blasting》论文集。

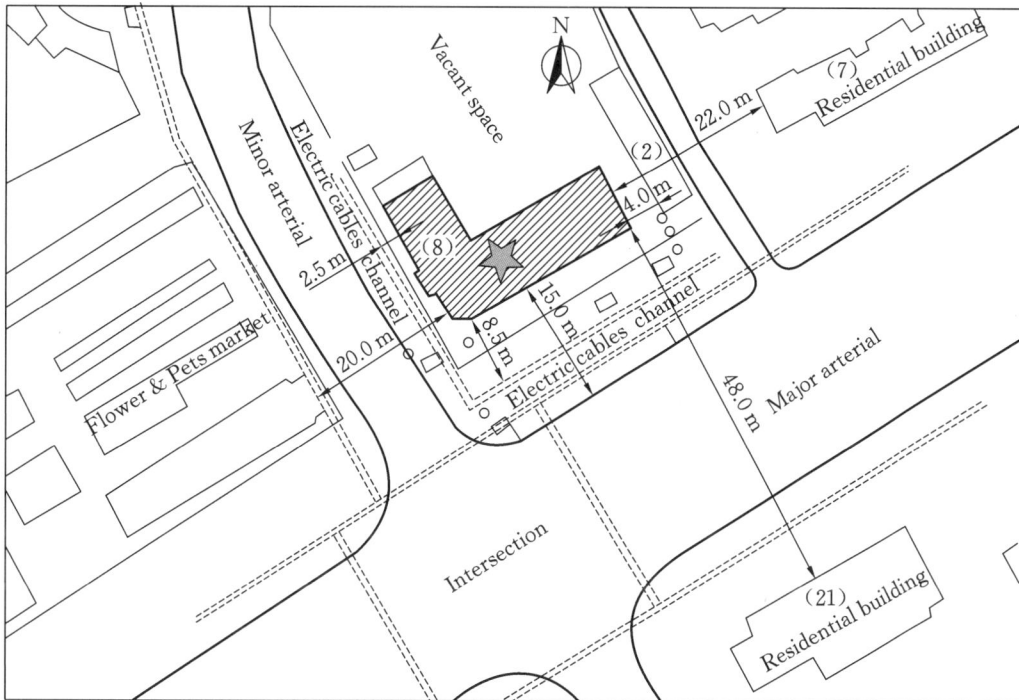

Fig. 1　Surrounding environment graph

the maximum height was 32.7 m, the total architectural area was almost 7000 m². The building consisted of North-South parts and East-West parts, looked like a "L", was divided into two independent parts by a 120 mm wide settlement joint in the corner. There were 3 staircases and 1 elevator well in the building. The section dimension of the building columns (LZ1, LZ2) was 400 mm×500 mm, reinforcement parameters of LZ1 was 10 ϕ 16 and ϕ 6@250, reinforcement parameters of LZ2 was 18 ϕ 25+2 ϕ 16 and ϕ 6@250. The planar graph of the building structure is shown in Fig. 2.

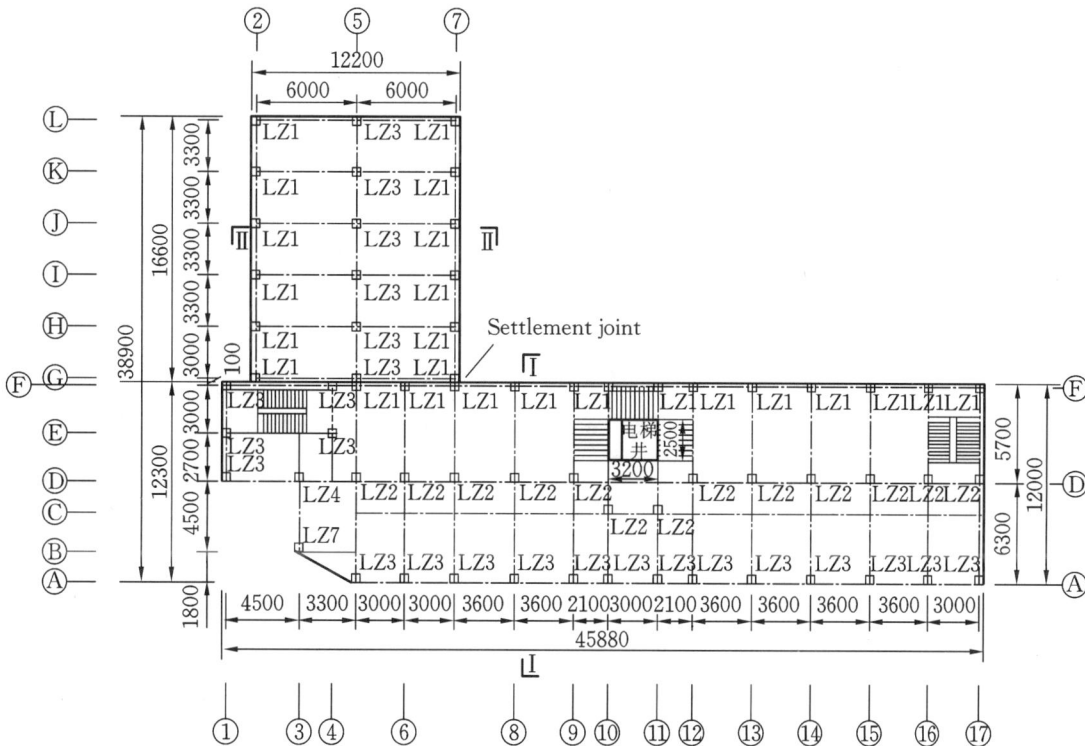

Fig. 2　Structure planar grap

2　BLASTING SCHEME

2.1　Difficulty Analysis

(1) The "L" shape building consists of two independent frame structure parts. It's difficult to collapse thoroughly, shear walls distributed around the elevator well enhanced the integral rigidity, which resulted in fragmentation difficulty in processes of collapse.

(2) The building located in the intersection of two arterial roads in downtown districts, the adjacent 2-storey buildings, residential buildings, electric cables channel, and arterial roads may be destroyed in process of blasting demolition, thus, blasting demolition risks were distinct.

(3) Flower & Pets market was 20 m from the blasting demolition building, passengers, large fishbowls, and especial pets were sensitive to blasting vibration, collapse vibration, flying debris and blasting shockwave. It's difficult to control each blasting adverse effect.

2.2　Overall Blasting Scheme

According to the building structure and the surrounding environment condition, two blasting schemes could be compared: (1) Directional collapse northward once; (2) Separated two parts of the "L" in the settlement joint firstly, and then directional collapse twice.

High blasting cut is indispensable for Scheme (1), which increased the workload of drilling and safety and projection directly, besides, the backward collapse distance and the blasting muck-pile range were larger than Scheme (2), which may be destroy protected objects. Transformed "L" shape building into two parts "1" building by preliminary demolition in settlement joint could decrease blasting vibration, collapse vibration and blasting muck-pile range, but preliminary demolition was long duration and unsafe, furthermore, twice safety evacuation and alert because of twice blasting demolition induced more adverse social influences.

Took safety, schedule, cost, social influence and other factors into account, overall blasting scheme of "utilize settlement joint, reasonable delay time, and directional collapse northward once" was adopted.

2.3　Blasting Cut

Based on the overall blasting demolition scheme, blasting cuts of two parts of the "L" shape building were $1^{st} \sim 4^{th}$ floor, blasting cut height of different floor and axis were shown in Tab. 1.

Tab. 1　Blasting cut height　　　　　　　　　　　　　(m)

Axis	Ⓛ	Ⓚ	Ⓙ	Ⓘ	Ⓗ	Ⓖ	Ⓕ	Ⓔ	Ⓓ	Ⓒ	Ⓑ	Ⓐ
1st floor	3.0	3.0	2.4	1.8	1.5	0.6	3.0	3.0	1.8	1.5	—	—
2nd floor	2.1	2.1	1.5	1.5	—	—	2.1	2.1	1.5	0.6	—	—
3rd floor	1.5	1.5	1.5	1.2	—	—	1.5	1.5	—	—	—	—
4th floor	1.5	1.5	1.2	—	—	—	1.5	1.5	—	—	—	—

2.4　Preliminary Demolition

2.4.1　Shear Walls

Transform shear walls into column by cutting method, the cutting height was $1^{st} \sim 6^{th}$ floor.

2.4.2　Staircases

Staircases located in support region should be destroyed partially, which means only the first step of different section staircase should be disposed that excavated the concrete and reserved the reinforcement, the dispose range was no less than 20 cm. Staircases located in cutting region should be destroyed entirely.

2.4.3　Non Bearing Walls

Non bearing walls located in cutting region should be demolished, but the exterior walls and support region non bearing walls should be reserved properly.

2.5　Blasting Parameters

Blasting parameters were shown in Tab. 2.

Tab. 2　Blasting parameters

Column	Dimension /mm	Minimum burden w/mm	Hole distance a/mm	Row distance b/mm	Hole depth l/mm	Unit charge k/(g・m^{-3})	Charge quantity per hole Q/g
LZ1,LZ2	400×500	150	300	—	350	1500	90
LZ3,LZ5,LZ6,LZ7	350×500	150	300	—	350	1500	75
LZ4	250×400	125	300	—	250	1300	40
Shear walls	200	70	300	300	130	1500	33

2.6　Initiating Circuit

Non-electric detonator with shock-conducting tube relay delay circuit of was used, high grade detonator of MS16(1020 ms) was set in each blasting hole, detonator of MS9 (310 ms) was arranged outside for independent part of the "L", detonator of MS11 (460 ms) was arranged in the settlement joint delay. Columns in the same axis of $1^{st} \sim 2^{nd}$ floor and $3^{rd} \sim 4^{th}$ floor initiating synchronously, detonator of MS9 (310 ms) was used between the same axis of $1^{st} \sim 2^{nd}$ floor and $3^{rd} \sim 4^{th}$ floor. Detailed delay time of the initiating circuit was shown in Tab. 3.

Tab. 3　Delay time　(ms)

Axis		Ⓛ	Ⓚ	Ⓙ	Ⓘ	Ⓗ	Ⓖ	Ⓕ	Ⓔ	Ⓓ	Ⓒ	Ⓑ	Ⓐ
$1^{st} \sim 2^{nd}$ floor	Outside relay	0	0	310	310	620	620	1080	1080	1390	1390	—	—
	Inside initiate	1020	1020	1330	1330	1640	1640	2100	2100	2410	2410	—	—
$3^{rd} \sim 4^{th}$ floor	Outside relay	310	310	620	620	—	—	1390	1390	—	—	—	—
	Inside initiate	1330	1330	1640	1640	—	—	2410	2410	—	—	—	—

3　BLASTING SAFETY

The "L" shape 8-storey frame structure building was located in intersection of two arterial roads in downtown district, all kinds of protective targets should be ensured safety, and thus the problem of blasting safety was predominant. Blasting adverse effects should be calculated and evaluated before initiating, and safeguards measures were indispensable in case of high blasting risks.

3.1　Blasting Vibration

Equation for blasting vibration as follows

$$v = K\left(\frac{Q^{1/3}}{R}\right)^{\alpha} \tag{1}$$

where　v——the ground vibration velocity, cm/s;

Q——the maximum charge of one initiating, kg;

R——the distance between protective target and blasting center, m;

K——empirical coefficient concerned geology condition, value range $50\sim350$;

α——attenuation coefficient of vibration wave, value range $1.3\sim2.0$.

Based on the blasting demolition scheme and surrounding environment condition, the ground vibration velocity of eastern 7-storey building (v_1), southern 21-storey building (v_2), western 10 kV electric cables channel (v_3) were taken as protective targets to evaluate.

According to equation (1), $Q = 30.9$ kg, $R_1 = 48$ m, $R_2 = 53$ m, $R_3 = 18$ m, $K = 32.1$, $\alpha = 1.54$, calculated $v_1 = 0.53$ cm/s, $v_2 = 0.41$ cm/s, $v_3 = 2.19$ cm/s, all were lower than safety allowable value of relevant regulation.

3.2　Collapse Vibration

Equation for blasting vibration as follows

$$v = K_t\left[\frac{(mgH/\sigma)^{1/3}}{R}\right]^{\beta} \tag{2}$$

where　v——the ground vibration velocity, cm/s;

m——the quality of the falling building component, kg;

g——the acceleration of gravity, m/s²;

H——the building component falling height, m;

σ——the failure strength of ground medium, MPa, generally 10 MPa;

R——the distance between protective target and ground center by impact, m;

K_t, β——attenuation coefficient, empirical value.

The same with blasting vibration evaluation, the ground vibration velocity of eastern 7-storey building (v_1), southern 21-storey building (v_2), western 10 kV electric cables channel (v_3) were taken as protective targets to evaluate.

The total quality of the 8-storey frame structure building was 7500000 kg, because of the relay delay initiating circuit, structural components collapsed and impacted the ground sequent, and thus the $m = 2500000$ kg. According to equation (2), $H = 13$ m, $R_1 = 45$ m, $R_2 = 53$ m, $R_3 = 26$ m, $K_t = 3.37$, $\beta = 1.66$, calculated $v_1 = 1.88$ cm/s, $v_2 = 1.43$ cm/s, $v_3 = 4.68$ cm/s, all were lower than safety allowable value of relevant regulation.

The 10 kV electric cables channel was located only 2.5 m west of the building, may be destroyed by collapsed structural components. Therefore, effective safeguard measures should be designed and implemented (Fig. 3). The safeguard measures as follows:

(1) Filled the electric cables channel with fine sand.

(2) Laid steel plate above the electric cables channel cover board, the thickness of the steel plate

was 20 mm, and the laid range exceeded the channel edge 50 cm.

(3) Paved fine sand above the steel plate, the thickness of the fine sand was 30 cm.

3.3　Flying Debris

The generate principle of flying debris was correlated with blasting parameters and unit charge. Equation for flying debris as follows

$$L_f = 70k^{0.58} \tag{3}$$

where　L_f——debris flying distance without any safeguard measures, m;

　　　k——unit chare, kg/m^3.

According to blasting parameters and equation (3), $k=1.5$ kg/m^3, calculated $L_f=87$ m, effective measures must be implemented.

To shield off flying debris, a comprehensive scheme adopting covering and proximal safeguard combined with protective safeguard was designed (Fig. 4).

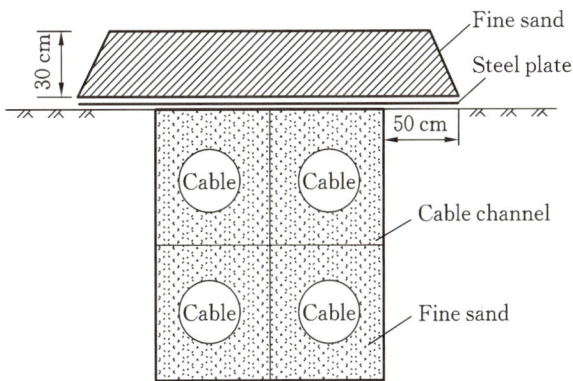

Fig. 3　Safeguards measures sketch map

Fig. 4　Flying debris safeguard

(1) Covering safeguard: specific columns of 1st~2nd that located in external of the building and all columns adjacent to Flower & Pets Market should be wrapped with three layers of quilts and one layer of bamboo raft from inside to outside.

(2) Proximal safeguard: Put up a double layer bamboo shelves 1.0 m from outside of the building, than hanging two layers of dense-mesh protection networks from top to the ground, the height of the proximal safeguard was 6.0 m.

(3) Protective safeguard: For protecting large glass facilities in Flower & Pets Market, hanging 3.0 m high two layers of dense-mesh protection networks along the wall of the market.

4　BLASTING VIBRATION MONITORING

According to regulations of the *Safety Regulations for Blasting* (GB 6722), ground particle vibration velocity around key protective targets should be monitoring. Monitoring point arrangement was shown in Fig. 5.

Mini-Mate Pro4 (made in Canada) was chosen as the blasting monitoring instrument. Monitoring results were shown in Tab. 4, vibration waveform of 1$^{\#}$ monitoring point was shown in Fig. 6.

As shown in Fig. 6, the duration time of monitoring vibration was longer than blasting vibration, blasting vibration and collapse vibration lasted 7. 5 s, compared with blasting vibration, collapse vibration with characteristics of lower frequency and higher velocity.

As shown in Fig. 5 and Tab. 4, value of 1[#] monitoring point is the most among 8 points, but lower than allowable value of relative regulations.

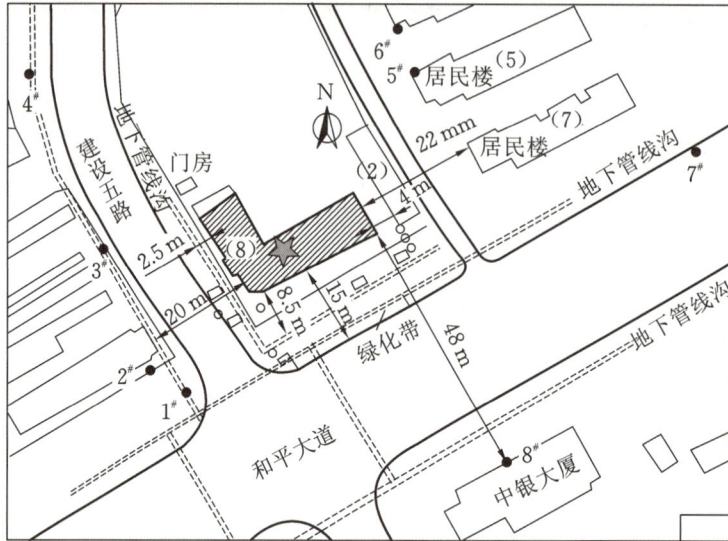

Fig. 5　Planar graph of monitoring point

Tab. 4　Vibration monitoring data

Monitoring point	Horizontal tangential		Horizontal radial		Vertical	
	Velocity /(cm/s)	Frequency /Hz	Velocity /(cm/s)	Frequency /Hz	Velocity /(cm/s)	Frequency /Hz
1[#]	0.58	3.0	1.8	6.1	0.72	7.3
2[#]	0.54	3.9	0.89	3.9	0.35	2.9
3[#]	0.21	3.75	0.21	3.75	0.21	3.75
4[#]	0.04	3.67	0.09	3.13	0.1	4.14
5[#]	0.13	3.59	0.06	3.98	0.31	3.48
6[#]	0.44	6.4	1.83	6.2	0.39	7.3
7[#]	0.44	3.3	1.05	3.5	0.33	2.1
8[#]	0.51	3.7	0.91	3.1	0.51	4.1

5　BLASTING EFFECTS AND EXPERIENCE

5.1　Blasting Effects

As the live video shown, the "L" shape 8-storey frame structure building collapsed in accordance with blasting scheme: After initiating 3. 0 s, two independent parts of the building separated from the settlement joint, there was no collided in the air and deviation from the design direction, which indicated 460 ms delay time was reasonable (Fig. 7).

The blasting muck-pile form was shown in Fig. 8, all structural components collapsed and

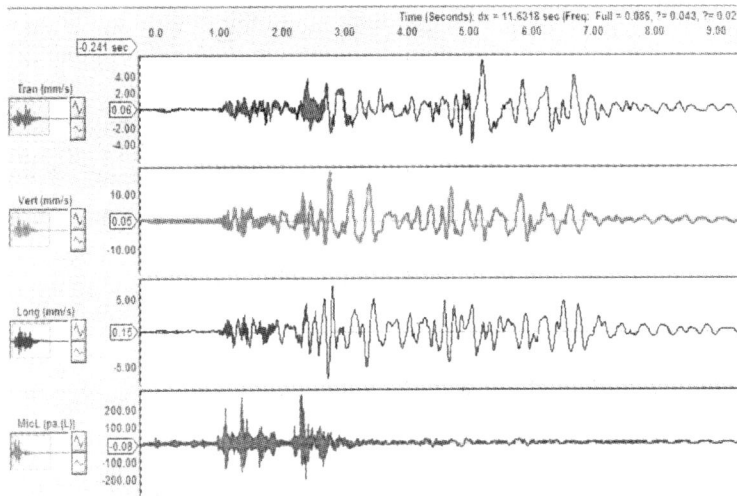

Fig. 6   Vibration waveform of 1$^{\#}$ monitoring point

(a)   (b)   (c)

Fig. 7   Collapse process

(a)$t=1.5$ s;(b) $t=2.5$s;(c) $t=3.5$ s

(a)   (b)

Fig. 8   Blasting muck-pile form

(a) Whole form;(b) Cross range form(east side)

fragmentized, the blasting muck-pile exceeded the horizontal projection of the building only 2.0 m in the east, 3.0 m in the south; under the influence of blasting muck-pile superposition of two independent parts of the building, the muck-pile exceeded the horizontal projection of the building reached 4.0 m; because of effective safeguard measures, the 10 kV electric cables channel, adjacent residential building, large fishbowl of the Flower & Pets Market and other protective targets were intact, the blasting demolition proved successful.

5.2 Experience

(1) The collapse direction and space of "L" shape building were limited because of which located in intersection of two arterial roads in downtown district, the blasting demolition scheme should be determined by the structure of the building and surrounding environment conditions.

(2) The settlement joint of the "L" shape building should be utilized in blasting demolition, blasting cut height and delay time of the settlement joint are key parameters, should pay more attention.

(3) Cross-range of the blasting muck-pile could be controlled effectively via end wall preliminary demolition.

(4) Collapse vibration could be decreased effectively via relay delay circuit, the comprehensive safeguard system consisted of covering and proximal safeguard combined with protective safeguard can control flying debris in limited range.

Demolition blasting technique for directional collapse in segments of building with frame construction

XIE Xianqi   JIA Yongsheng   LIU Changbang

(Wuhan Blasting Engineering Company, Wuhan, Hubei, 430023, China)

Abstract: Directional collapse of the whole building is mostly adopted in demolition blasting. Although the construction way of this mode is simple and economical, it has its inherent disadvantages. For instance, the blasting charge for single shot cost a lot while the detrimental effect such as blasting vibration, impact vibration, demolition noise and air shock wave become hard to control. It's difficult for structure to disintegrate and the power of backlash is too much. In this paper, the demolition blasting technique for directional collapse of an 8-floor building with frame construction is presented. The relay initiating network with primer detonators, of which delay both in hole inside and outside are combined, is introduced. The building divided into several sections where the delay blasting was initiated in sections respectively. Without transformation of traditional blasting cut, the building collapsed towards a certain side in segments from one section to another. The building fully disintegrated in the air and the segments fell to the ground in turn. This way effectively not only reduced the detrimental impact, but also improved the demolition effect. Simultaneity, the control over shape of blast piles is obtained and the backward gets mitigated.

Keywords: Demolition blasting; Frame construction; Directional collapse in segments; Longitudinal delay

1 INTRODUCTION

The primary collapse modes of demolition blasting include: Directional collapse, vertical collapse, folded collapse and span-by-span collapse. The selective of blasting scheme depends on various factors like building structure, environment conditions, blasting instruments and so on. Directional collapse has been widely adopted due to its convenient construction technique, easy operation and low cost. However, immediately the spot conditions got restricted, the distinct disadvantage emerged. For instance, the blasting charge for single shot cost a lot while the detrimental effect such as blasting vibration, impact vibration, demolition noise and air shock wave become hard to control. It's difficult for structure to disintegrate and the power of backlash is too much. It will be of critical applicable value in project in case the mode premised on convenient collapse technique and low construction cost, avoids high requirement of technique and expensive cost of folded collapse and longitudinal collapse in segments. During a group buildings blasting in a city, the demolition blasting technique was applied to directional collapse of a frame construction building with L shape and 8 floors. The blasting effect achieves an ideal objective which could offer reference to demolition blasting for similar buildings in the future.

本文原载于 2011 年《APS Blasting 3 New development on engineering blasting》论文集。

2 PROJECT OVERVIEW

2.1 Surroundings Situation

The east side of the demolished No. 4 building is 2 m from No. 5 building. These two buildings were connected by stairs (without any structure conjunction). The south side was 50 m from a primary school,west side 60 m from the road,north side 5.5 m from No. 6 building. The sketch map of surroundings of blasting section is shown in Fig. 1.

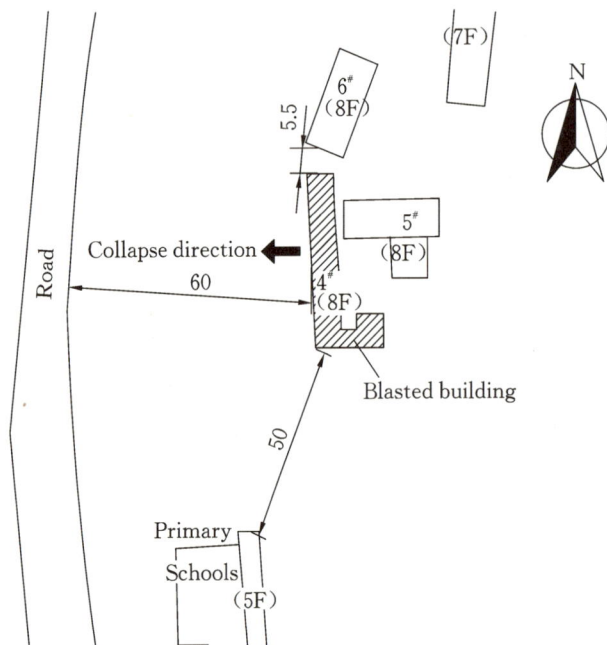

Fig. 1   View of blasting section surroundings (unit:m)

2.2 Building Structure

The demolition blasted building with 8-floor frame construction,took on a L shape in whole. It's 28 m in height,59.35 m in length along south-north and 14.95~24.6 m along eastwest,with the total construction area nearly 8382 m². The column section measured 300 mm×450 mm. There were 5 stairs,most of which consisted of 12 cm prefabricated boards. The structures of kitchen and toilet are cast-in-place. The building structure plan is shown in Fig. 2.

3 BLASTING SCHEME

3.1 General Blasting Scheme

Seen from Fig. 1,there is open space for collapse at the west side of building to be demolition blasted. Due to magnitude length of the building,if building collapsed toward west in whole,it could result in an excessive amount of blasting charge for single shot,powerful impact vibration,great blasting noise and shock wave and difficult disintegration of building. Taking comprehensive considerations of immediate surroundings and structure characters of building,the demolition blasting scheme of directional collapse,towards west in segments was determined. The building was

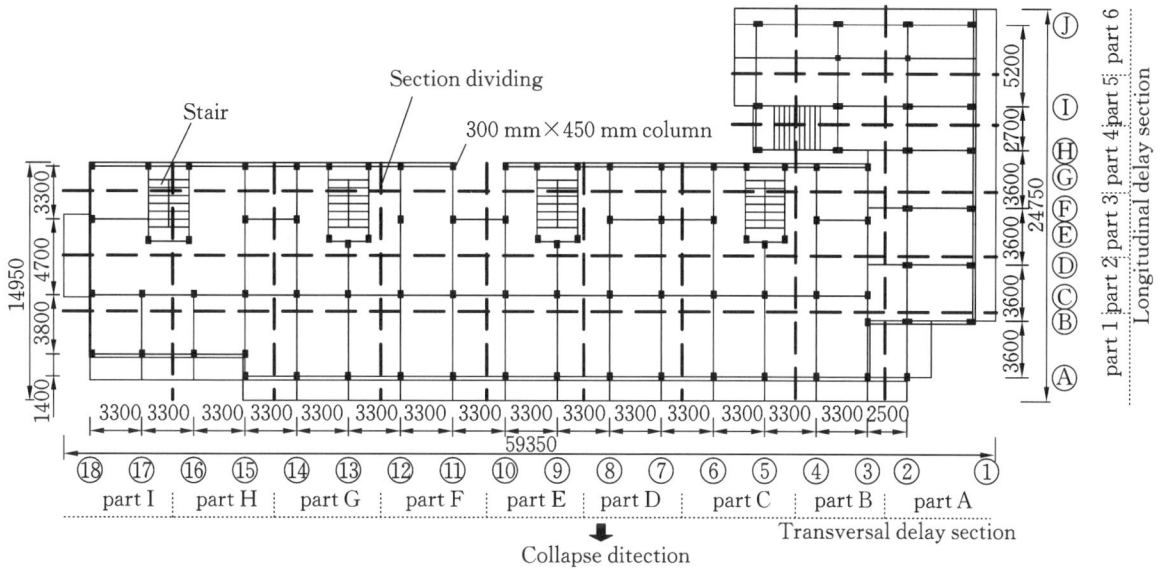

Fig. 2   View of building structure and network section（unit：mm）

plotted out into 9 sections along direction of south-north and 4~6 east-west where the blasting was initiated in turn section by section. Taking full use of the time interval, the planed effect would be achieved. The building would move outside in segments according to the scheme. Compared to directional blasting, the longitudinal column in support plot can be employed as underpinning, which added the column quantity, so that backlash got effective control. The demolition blasting cuts were as the same as the one of traditional directional collapse. The blasting cuts were collocated on floor 1~3 where all the masonry wall had been demolished other than the residual walls around floor 3 after the column was chopped for. The stairs of the floor where cuts were collocated on were disposed of by weakening. All the stairs of floor 1 were removed while those of floor 2 and floor 3 were cut into two segments with machine.

3. 2   Blasting Parameters Design

（1）Blasting height of column（Tab. 1）.

Tab. 1   Blasting height of column（unit：m）

Blasting section Floor	1	2	3	4	5	6
1st floor	2. 4	2. 4	2. 4	0. 6/2. 4	2. 4	0. 6
2nd floor	1. 8	1. 8	1. 2	—/1. 8	1. 5	—
3rd floor	1. 5	1. 5	—/1. 5	—/1. 5	1. 5	—

（2）Disposal of blast holes.

Blast holes were disposed along the direction of long side and at the central lines of columns.

（3）Parameters of hole network.

Both the last hole parameter and charging capacity are seen in Tab. 2.

Tab. 2   Hole network parameter and charging capacity

Column size/（cm×cm）	Burden line of least resistance w/cm	Line space b/cm	Hole depth l/cm	Powder factor /（kg/m³）	Charging per hole q/g
30×45	15	30	28	1234	50

Charging was adopted in manner of continuum of columns. In this project, 76 kg 2$^{\#}$ rock emulsion explosive were selected, as well as 1520 blast holes drilled and 1696 primer detonators employed in total.

(4) Blast initiating network.

The demolished building collapsed towards west in segments from south to north meanwhile delay conducted from west to east in 4～6 sections, among which 310 ms (millisecond 9 sect) delayed, and from south to north in 9 sections, among which 460 ms (millisecond 11 sect) delayed. Time interval wasn't taken into account between the upper and lower floors. Initiating blast was at the southwest. The initiating times in each section are seen in Tab. 3 and the network conjunction sketch map is seen in Fig. 3.

Tab. 3　Section delay initiating blast timetable(unit:ms)

Section	A	B	C	D	E	F	G	H	I
1	0	460	920	1380	1840	2300	2760	3220	3680
	(3000)	(3460)	(3920)	(4380)	(4840)	(5300)	(5760)	(6220)	(6680)
2	310	770	1230	1690	2150	2610	3070	3530	3990
	(3310)	(3770)	(4230)	(4690)	(5150)	(5610)	(6070)	(6530)	(6990)
3	620	1080	1540	2000	2460	2920	3380	3840	4300
	(3620)	(4080)	(4540)	(5000)	(5460)	(5920)	(6380)	(6840)	(7300)
4	930	1390	1850	2310	2770	3230	3690	4150	4610
	(3930)	(4390)	(4850)	(5310)	(5770)	(6230)	(6690)	(7150)	(7610)
5	1240	1700	2160						
	(4240)	(4700)	(5160)						
6	1550	2010	2470						
	(4550)	(5010)	(5470)						

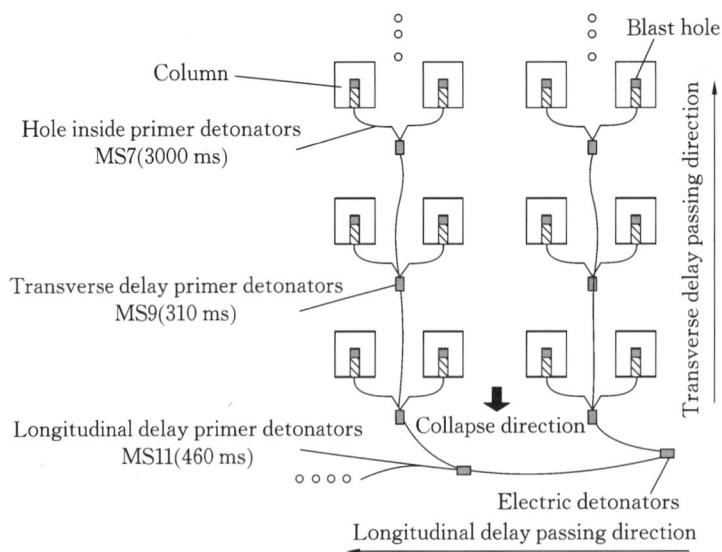

Fig. 3　Network conjunction sketch map

Sections of network are shown in Fig. 2.

4 BLASTING EFFECT AND CONCLUSIONS

4.1 Blasting Effect

The building was disintegrated in segments in the air and collapsed in segments in turn towards west from south to north(Fig. 4). The whole collapse course last 6 s or so when the blast pile moved outside to the east 1. 5 m, south 7 m, west 12 m and north 2 m. The maximum blasting charge for single shot was limited within 5 kg. Frequency peak values of relatively high didn't occurred in blasting vibration while those in collapse vibration were also close to each other with intervals of 300~500 ms. Since the phenomenon of backlash wasn't invoked in the part of framework structure, the majority of back chips were the pieces of sliding wall bricks.

(a)   (b)

(c)   (d)

Fig. 4   Blasting effect

(a) Before blasting; (b) About 4 s after blasting; (c) About 5 s after blasting; (d) Blasting piles effort

4.2 Conclusions

(1) The multi-objectives including cutting the blasting charge for single shot, building collapse in segments and felling to the ground in turn, reducing blasting noise and air shock wave could be achieved premised on no increase in construction cost by means of demolition blasting technique for directional collapse in segments of building.

(2) During the course of blasting, the peak value of maximum vibration reached 1. 02 cm/s, measured 30 m away from the west side of building. According to analysis of the monitored vibration data wave band, there was no peak value of relatively high both in blasting vibration and collapse vibration. All the peak values of wave band were approximate.

(3) The key to blasting vibration control lie plotting out building reasonably. The selective of

rational time interval could well control the vibration folded effect aroused by building collapse and fall to the ground.

(4) Demolition blasting in sections and segments enable the supporting section at back of building collapse to combine the conjoined ones for synchronous support thereby strengthening the effect of the supporting section and mitigating the problem of inadequate intensity.

(5) One or more blast cuts could be added in places on the upper floors. Taking advantage of the rational time interval between the cuts on the upper and bottom, the technique for unilateral folded collapse in segments can be carried out which could improve the collapse effect of demolition blasting of large buildings and reduced the detrimental impact.

砖混结构楼房逐段向内倾倒爆破拆除

刘昌邦[1,2]　贾永胜[1,2]　黄小武[1,2]　孙金山[1]　姚颖康[1]　伍　岳[1,2]

(1. 江汉大学 爆破工程湖北省重点实验室,武汉 430056;2. 武汉爆破有限公司,武汉 430056)

摘　要:针对异形砖混结构楼房爆破拆除及其定向倒塌空间不足的技术难题,基于某 7 层"凹"形砖混结构楼房爆破拆除工程实践,本文提出了"原地坍塌和定向倾倒相结合"的逐段向内倾倒爆破拆除方法。通过创新设计爆破切口、孔网参数和爆破网路,实现了预期的爆破拆除效果。笔者运用 ANSYS/LS-DYNA 有限元分析软件,模拟分析了楼房倒塌过程,验证了设计方案的科学性。结果表明:楼房中部楼体先触地,两侧楼体逐段向内倾倒,基本无后坐现象,可按设计方案坍塌,模拟结果与爆破结果基本一致;两侧拐角及南北中部区域有爆堆溢出楼房原址范围,需重点考虑该位置的倒塌空间余量,并采取有效的安全防护措施。采用逐段向内倾倒方案爆破拆除异形砖混结构楼房,达到了减小楼房塌落堆积范围、改善破碎解体效果的目的。

关键词:爆破拆除;砖混结构楼房;向内倾倒爆破;爆破效果;数值模拟

Blasting demolition of brick-concrete structure building by piecewise and inward collapse

LIU Changbang[1,2]　　JIA Yongsheng[1,2]　　HUANG Xiaowu[1,2]

SUN Jinshan[1]　　YAO Yingkang[1]　　WU Yue[1,2]

(1. Hubei Key Laboratory of Blasting Engineering,Jianghan University,Wuhan 430056,China;

2. Wuhan Explosions & Blasting Co. ,Ltd. ,Wuhan 430056,China)

Abstract:Aiming at the technical problems of the irregular brick concrete structure building demolition by blasting and the lack of directional collapse space,a demolition method of in-situ collapse combined with directional toppling was proposed based on a blasting demolition engineering practice of a 7-storey "凹" style brick-concrete structure building. By innovative design of blasting cut,hole network parameters and blasting network,an expected blasting demolition effect was achieved. Using ANSYS/LS-DYNA finite element analysis software,the process of building collapse was simulated and the scientific nature of the design scheme was verified. The results show that the middle part of the building touches the ground first,and the two sides of the building are collapsed piecewisely and inwardly. There is basically no recoiling phenomenon,and it can collapse according to the design scheme. The simulation results are basically consistent with the blasting results. In the corner on both sides and north-south and central area,the explosion pile overflowed the original site of the building,so it is necessary to pay attention to the collapse space margin at this location, and take effective safety protection measures. By the method of piecewise and inward collapse, the demolishing of the special-shaped brick-concrete structure building has achieved the purpose of reducing the collapse accumulation range of the building and improving the disintegration effect.

Keywords:Blasting demolition;Brick-concrete building;Inward collapse blasting;Blasting effect; Numerical simulation

本文原载于《爆破》2021 年第 38 卷第 3 期。

随着我国城镇化建设的快速发展,许多老旧的砖混结构楼房逐渐被高层框架、剪力墙、框-剪和筒体结构楼房取代。目前,城市中砖混结构楼房拆除改造项目比较普遍。其中,大部分砖混结构楼房改造项目位于城中村,地理位置敏感,周边环境复杂,对拆除过程中的倒塌效果控制及安全文明施工要求极高。

作为砖混结构楼房拆除的重要手段,爆破拆除技术正在不断更新与发展,并被运用于实际工程。近年来,爆破拆除技术多用于拆除高大、高耸、超长单体建(构)筑物,以及大规模群体建(构)筑物。由于倒塌空间和爆破有害效应的限制,砖混结构与低矮框架结构单体建筑拆除市场则经常被机械方式抢占。因此,有必要进一步创新发展城市复杂环境下砖混结构爆破拆除技术,从而提高爆破拆除技术的安全性与应用范围。杨元兵将一栋"L"形砖混结构楼房分割为两个独立体,分别采用定向倾倒方式进行爆破拆除,达到预期效果。谢先启等采用纵向延时定向倾倒拆除爆破技术,对异形砖混结构楼房实施爆破拆除,实现结构逐步塌落,有效控制了塌落振动。程良玉等通过 ANSYS/LS-DYNA 有限元分析软件,对 8 层受损砖混楼房进行爆破拆除倒塌过程模拟,提出增强预留支撑体强度设计措施。罗福友等提出一种排间、列间和层间分区三向延时起爆网路,并将其成功应用于一栋 8 层砖混楼房爆破拆除,解体效果良好,散落距离短。马世明等基于一栋抗震加固砖混楼房,采用增加爆破切口高度、机械预拆除等技术措施,达到良好的爆破效果。

砖混结构楼房虽楼层不高,但结构形式多样,整体刚度和稳定性较差,无法进行大规模预拆除。因此,需要对爆破拆除技术逐步进行改进和创新,以满足城市复杂环境下砖混结构楼房拆除工程安全高效、经济环保等高要求。结合某 7 层"凹"形砖混结构楼房,提出一种"原地坍塌和定向倾倒相结合"的逐段向内倾倒方法,通过提高爆破切口高度,预留足够强度的支撑体,合理控制爆破延期时间,使得中部楼体先触地,两侧楼体逐段向内倾倒,以达到减小楼房塌落堆积范围、降低触地冲击振动的效果。并采用 ANSYS/LS-DYNA 有限元分析软件,对该楼房倒塌过程进行了数值模拟分析,验证了该爆破拆除技术的科学性和实用性,可供类似砖混结构楼房爆破拆除工程参考借鉴。

1　工程案例

1.1　工程简介

待拆楼房为 7 层砖混结构,平面呈"凹"形,长 48.6 m、宽 32.3 m、高 23.1 m,建筑面积为 7163.72 m²。其中,一层墙体为 240 mm 厚混凝土砖墙,二层及二层以上为蜂窝形 240 mm 厚红砖墙,房屋拐角处有构造柱。走廊外侧钢筋混凝土立柱截面尺寸为 400 mm×400 mm,楼板为预制空心板,板厚 120 mm,设有 2 个楼梯。具体结构如图 1 所示。

楼房东侧距围墙 7 m,距 7 层住宅楼 17.7 m;南侧距围墙 4.5 m,距 7 层学生宿舍楼 22.1 m;西侧距商铺 13.9 m,距 7 层待拆教学楼 19.4 m;北侧距 7 层待拆学生宿舍楼 8.0 m。具体环境如图 2 所示。

1.2　爆破拆除方案

(1) 爆破方案

待爆楼房地处城市闹市区,周边环境较为复杂,可供定向倾倒的空间有限,且楼房倒塌堆积范围需严格控制。此外,爆破振动、塌落触地振动、个别飞散物和空气冲击波等爆破有害效应均需严格控制。根据待爆楼房的结构特征及周边环境情况,可考虑以下两种爆破方案:(1)整体向北定向倒塌的爆破方案;(2)南侧中间部分向内坍塌、东侧部分向西定向倒塌、西侧部分向东定向倒塌的爆破方案。方案 1:楼房倾倒时与北侧待拆宿舍楼会相互碰撞,影响结构塌落运动速度,进而影响楼房破碎解体效果,且楼房东西两侧高宽比小,预拆除和钻孔施工工作量大。方案 2:可充分利用楼房内部空间,爆堆堆积效果类似原地坍塌,楼房爆破拆除后碴块堆积范围集中,且施工工作量较方案 1 少。综上,选取

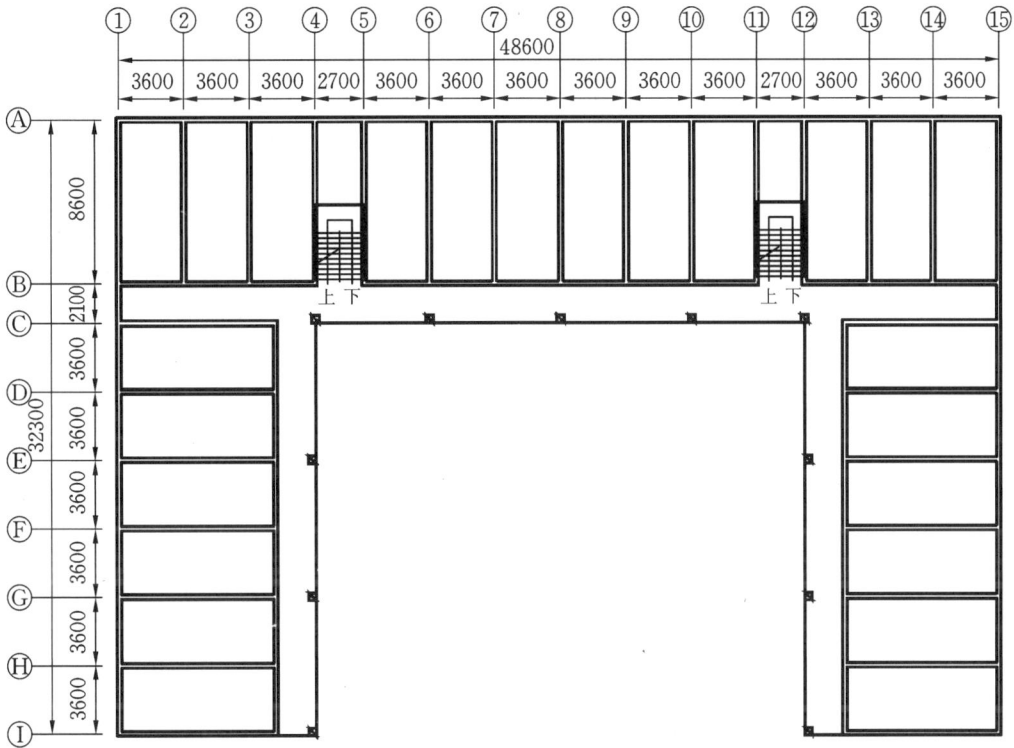

图 1   结构平面图(单位:mm)

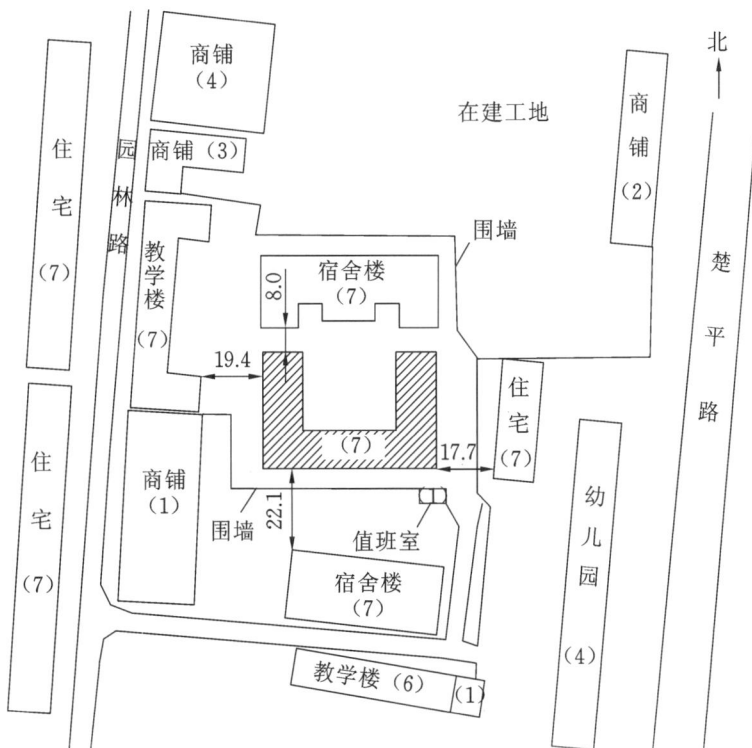

图 2   周边环境图(单位:m)

方案 2,即南侧中间部分向内坍塌、东侧部分向西定向倒塌、西侧部分向东定向倒塌的爆破方案,既可以控制楼体构件塌落的堆积范围,又能控制塌落触地振动等有害效应。

(2)爆破切口

结合楼房的结构特征,爆破切口设置在 1 至 3 层、5 层和 6 层,如图 3 所示。多个切口可有效划分楼房整体的重力势能,减小触地冲击力。爆破切口主要分布在1至2层,3层及3层以上主要破坏构造柱。1层东西两侧留有足够的支撑区,纵向预留宽度为2 m,各楼层立柱爆破切口高度见表1。为了降低楼房整体刚度,将楼梯弱化处理,即将上下楼梯第一踏步位置处混凝土破碎,但保留楼梯钢筋,承重墙处理采用"化墙为柱"的方式,即将墙体处理成孔洞,既不影响结构自身稳定性,又可以减少爆破钻孔工作量,原则上预拆墙体长度不超过该墙体长度的1/3。

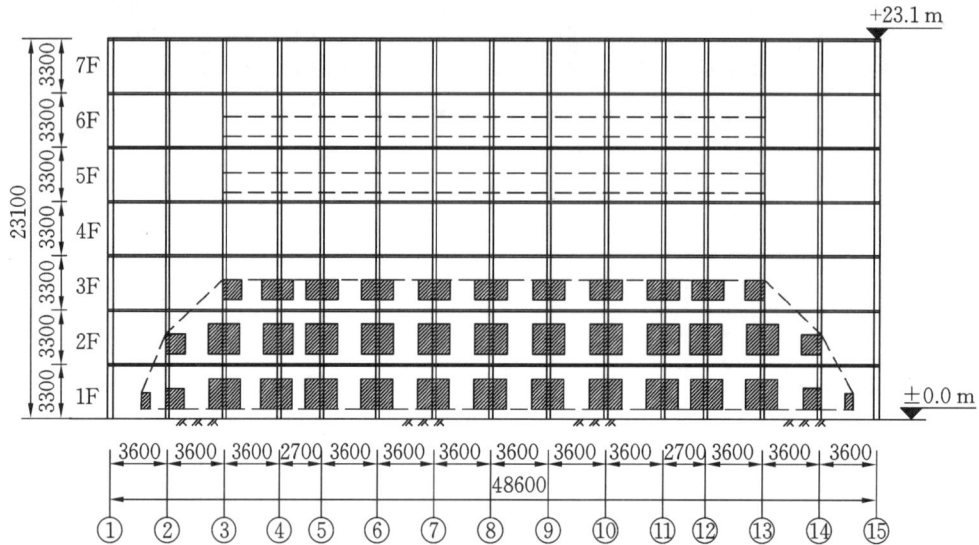

图3　爆破切口示意图(单位:mm)

表1　爆破切口高度(单位:m)

轴号	②	③	④	⑤~⑪	⑫	⑬	⑭
第六层	—	0.6	0.6	0.6	0.6	0.6	—
第五层	—	0.6	0.6	0.6	0.6	0.6	—
第三层	—	1.2	1.2	1.2	1.2	1.2	—
第二层	0.6	1.8	1.8	1.8	1.8	1.8	0.6
第一层	1.2	1.8	2.1	2.1	2.1	1.8	2.1

（3）孔网参数

待拆楼房爆破切口内的立柱截面尺寸均为400 mm×400 mm,设计单排炮孔,炮孔间距30 cm,孔深23 cm;构造柱尺寸为240 mm×240 mm,设计单排炮孔,孔距30 cm,孔深18 cm;墙面采用梅花形布孔,孔距30 cm,孔深15 cm;根据现场试爆效果,炸药单耗取1.5 kg/m³,对于配筋较高的区域,适当提高装药量。炸药装填采用连续装药结构。爆破参数见表2。

表2　爆破参数表

立柱尺寸/mm	最小抵抗线 w/cm	孔径 d/cm	孔距 a/cm	排距 b/cm	孔深 l/cm	单耗 k/(g/m³)	单孔药量 q/g	布孔方式	装药结构
400×400	20	40	30	—	23	1041	50.0	单排布孔	连续装药
240×240	12	40	30	—	18	2100	50.0	单排布孔	连续装药
240 mm 砖墙	12	40	30	35	15	1488	37.5	梅花形布孔	连续装药

（4）爆破网路

控制各区间的起爆顺序与延期时间是按设计方案爆破拆除楼房的核心,起爆网路采用孔内装

MS19(1700ms)段非电导爆管雷管、孔外装 MS9(310 ms)段非电导爆管雷管接力延时起爆网路。中间楼体同纵排各楼层墙体同时起爆，⑦轴、⑧轴、⑨轴墙体最先起爆，依次向东西两侧区间对称同步延期；东西转角两侧楼体以预拆除的孔洞为界，将东西向承重墙划分为不同的爆破区域，由走廊立柱开始分别向后部墙体方向延期。起爆延期时间见表3。

表3 爆破延期时间(单位:ms)

轴号	②	③	④	⑤	⑥	⑦～⑨	⑩	⑪	⑫	⑬	⑭
孔外	1550	1240	930	620	310	0	310	620	930	1240	1550
孔内	3250	2940	2630	2320	2010	1700	2010	2320	2630	2940	3250

2 数值仿真验算

2.1 材料模型及力学参数

采用 ANSYS/LS-DYNA 大型有限元程序，对该砖混楼房向内倾倒过程进行仿真计算，验证爆破设计方案的可行性，分析楼房在爆破切口形成后的失稳倒塌效果。根据待爆楼房的实际结构尺寸，建立 7 层砖混结构有限元模型。为了提高建模和计算效率，数值模拟采用整体式建模，在不影响计算精度的情况下对计算模型进行简化，不考虑炸药爆炸的过程，忽略构造柱及楼梯间等狭小结构提升楼房整体刚度的影响。

楼房结构的墙体及楼板单元均采用 SOLID164 单元，结构材料使用动态弹塑性模型(＊MAT_PLASTIC_KINEMATIC)，地面设置为刚体(＊MAT_RIGID)，并固定其所有的平动和转动自由度，刚性地面必须具备足够的刚度，以保证倒塌散落的结构不致穿透地面。采用 8 节点六面体单元对模型进行网格划分，砖块单元尺寸为 18 cm×17 cm×12 cm，整个模型划分得到的单元数为 805688，节点数为 1342497。接触形式采用自动单面接触，自动识别楼房倒塌时各部件之间以及楼房与地面之间的碰撞接触。楼房构件材料的物理力学参数如表 4 所示。

表4 构件材料的物理力学参数

名称	密度/(kg/m³)	弹性模量/GPa	泊松比	抗拉强度/MPa	抗压强度/MPa
墙体	2200	30	0.15	2.0	10.5
楼板	2400	25	0.20	5.5	40.0
地面	2400	25	0.16	—	—

由于砖混构件材料为典型的脆性材料，在爆炸荷载作用下，更多发生的是受拉破坏，故选用第一强度理论来判断材料是否失效，使用关键字＊MAT_ADD_EROSION 来定义材料的失效条件。爆破切口墙体通过时间参数控制使之按照设定的时刻依次失效；其余主体结构部分发生断裂或破碎的阈值，通过定义失效主应变控制，本次计算设置失效主应变值为 0.025。最后给整体楼房施加重力加速度荷载，建好的模型如图 4(a)所示。

2.2 楼房倒塌过程分析

楼房倒塌过程数值仿真如图 4 所示，0.6 s 时，楼房中部⑦至⑨轴各爆破层承重墙体被爆破拆除，中部楼体应力重新分布，由于楼板有一定的刚度，中部楼体并未开始解体。0.9 s 时，⑤至⑥轴、⑩至⑪轴爆破楼层承重墙体失效，中部楼体跨度变大，各楼层开始向下塌落，两侧楼梯间平台薄弱点处被剪切破坏，在楼梯间出现明显的竖向错位。同时，两侧转角走廊处的墙体出现裂缝。1.7 s 时，两侧楼体爆破切口内承重墙逐排失效,开始向内倾倒。3 s时,中部楼体相继坍塌触地,两侧拐角楼体向内倾倒并叠加在中部楼体上,倒塌过程中相互碰撞,充分破碎;同时,两侧楼体继续向中部空地倾倒。6.5 s时,整个楼房构件完全触地,解体充分。

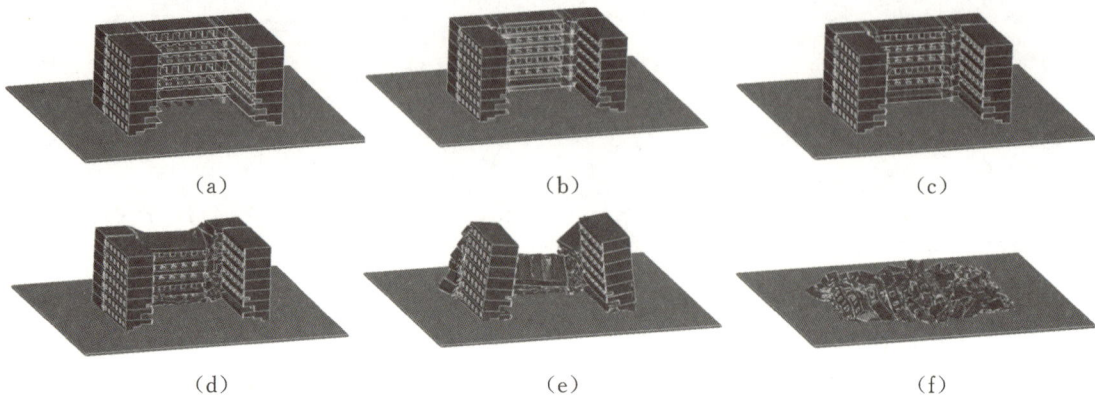

图 4　楼房倒塌过程数值仿真

(a) $t=0.0$ s;(b) $t=0.6$ s;(c) $t=0.9$ s;(d) $t=1.7$ s;(e) $t=3.0$ s;(f) $t=6.5$ s

计算结果表明,该砖混楼房可按照设计向内倒塌,自中部切口开始爆破至完全触地,总历时约 6.5 s。爆堆效果如图 5 所示,爆堆高 7.15 m。可以发现,中部楼体原地坍塌后会向四周挤压,图 5(a)中挤压区域 1、2、3,爆堆较楼房原址挤压距离最大的位置主要在两侧拐角处(区域 2 和区域 3);两侧楼体向内倾倒触地,无后坐现象,但两侧楼体顶层在中间空地区域相互接触碰撞后,爆堆向北侧挤压,且范围较远,最远距离达 4.64 m,见挤压区域 4。因此,需重点考虑这几处区域的倒塌空间的富余量。

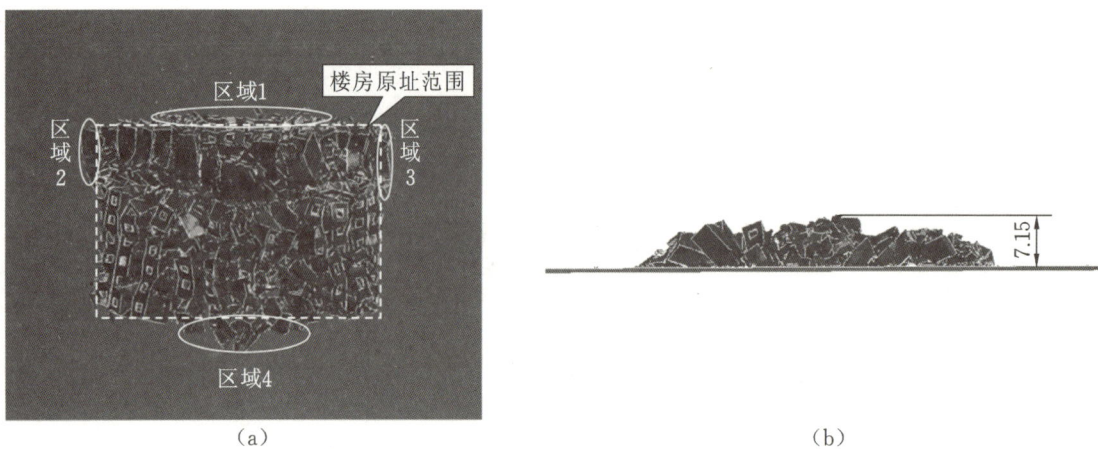

图 5　楼房模拟爆堆形态及尺寸(单位:m)

(a)俯视图;(b)主视图

3　实际爆破效果

起爆后,楼房中部⑤~⑩轴楼体原地向内坍塌,坍塌过程中呈现明显的"M"形,随后东西两侧楼体同时向内倾倒,楼房按照设计方案向内倒塌,解体充分,整个倒塌解体过程历时约 6 s(图 6)。

对爆破拆除后的楼体进行航拍和实测,得到楼房的爆堆形态,如图 7 所示。楼房爆破拆除后的主体都堆积在原址范围内,仅中部楼体南侧及两侧转角处有碴块溢出,未挤压到后方墙体。爆堆整体呈现中间低、两头高的形态,最大高度约 6.5 m。

楼房实际爆破效果与数值模拟效果的对比结果见表 5。可以表明,该砖混楼房爆破切口的形成和闭合、大楼的倒塌过程等与数值模拟预测结果基本一致,塌落范围以及破坏特征较吻合,证明了砖混

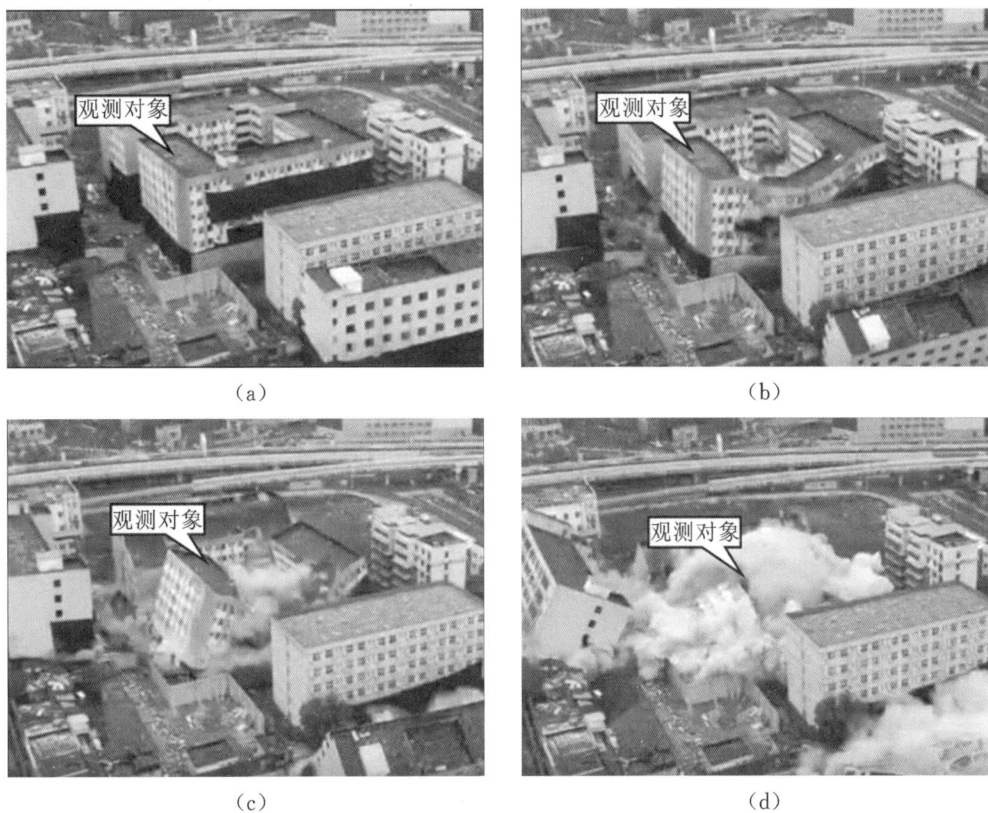

（a）　　　　　　　　　　　　　（b）

（c）　　　　　　　　　　　　　（d）

图 6　楼房爆破拆除失稳倒塌过程

（a）　　　　　　　　　　　　　（b）

图 7　楼房爆堆效果图

（a）俯视图；（b）主视图

结构楼房逐段向内倾倒爆破拆除方法的合理性与可行性。

表 5　爆破效果对比

对比项目	数值模拟结果	实际爆破效果
倒塌方式	与设计方案一致	与设计方案一致
倒塌触地时间/s	6.5	6.0
后坐情况	无后坐现象	无后坐现象
爆堆高度/m	7.15	6.5

4　结论

基于某 7 层"凹"形砖混结构楼房爆破拆除工程实践,笔者提出一种"原地坍塌和定向倾倒相结合"的逐段向内倾倒爆破拆除方法。通过合理地控制爆破延期时间,使得中部楼体先触地,两侧楼体向内倾倒,大大减小了楼房塌落堆积范围,降低了触地冲击振动,为复杂环境下异形结构砖混楼房爆破拆除提供了新的设计思路。

(1)运用 ANSYS/LS-DYNA 有限元分析软件,采用合理的材料模型及物理力学参数,较好地模拟了砖混结构楼房爆破拆除失稳倒塌过程,验证了该技术方案的可行性,实现了爆破方案可视化设计。

(2)楼房倒塌后在其转角及南北两侧中部位置,碴块会溢出楼房原址范围,在实际爆破施工时,需重点考虑该位置的倒塌空间大小,并采取有效的安全防护措施。

(3)通过提高爆破切口高度,预留足够强度的支撑体,楼房爆破拆除后未发生明显的后坐现象,且破碎解体充分。

框架结构楼房逐跨向内倾倒爆破拆除

刘昌邦[1,2,3]　贾永胜[1,2,3]　黄小武[1,2,3]
伍　岳[1,2,3]　孙金山[1,2,3]　姚颖康[1,2,3]

(1. 爆破工程湖北省重点实验室，武汉 430056；2. 江汉大学湖北(武汉)爆炸与爆破技术研究院，武汉 430056；

3. 武汉爆破有限公司，武汉 430056)

摘　要：为提高爆破拆除的安全性，拓宽爆破拆除的应用范围，笔者结合工程案例提出了框架结构楼房"逐跨向内倾倒"的爆破拆除技术。通过无人机搭载夜视相机摄影观测和动力学有限元数值模拟计算，分析了框架楼房爆破拆除倒塌运动过程与爆堆形态，研究了逐跨向内倒塌爆破拆除的技术要点。通过布置 4 层爆破切口，自中间向两侧逐跨延时 310 ms 依次起爆，主动控制楼体的运动姿态，确保楼房可靠地连续倒塌，实现集中爆堆、充分解体和降低振动的目标。经研究发现：两侧楼体在倒塌过程中既有纵向运动又有横向运动，构件间的碰撞挤压概率增加，承重构件由单一的受压破坏转化为形式多样的弯剪破坏。与传统定向爆破拆除技术相比，逐跨向内倒塌爆破拆除技术在控制倒塌姿态、促进爆堆解体和削弱触地振动等方面更具优越性，为城市复杂环境下建筑物爆破拆除提供了新的设计思路。

关键词：爆破拆除；框架结构楼房；爆破效果；摄影观测；数值模拟

Span-by-span inward collapse blasting demolition of frame structure building

LIU Changbang[1,2,3]　　JIA Yongsheng[1,2,3]　　HUANG Xiaowu[1,2,3]
WU Yue[1,2,3]　　SUN Jinshan[1,2,3]　　YAO Yingkang[1,2,3]

(1. Hubei Key Laboratory of Blasting Engineering, Wuhan 430056, China；

2. Hubei(Wuhan) Explosions and Blasting Technology Institute of Jianghan University, Wuhan 430056, China；

3. Wuhan Explosions & Blasting Co., Ltd., Wuhan 430056, China)

Abstract：In order to improve the safety and broaden the application of blasting demolition, a technology of "span-by-span inward collapse blasting demolition" for the frame structure building is proposed combined with engineering cases. The collapse movement process and pile shape of blasting demolition were analyzed. Furthermore, the technical points of span-by-span inward collapse blasting demolition were studied through photographic observations of UAV equipped with night vision cameras and dynamics finite element numerical simulation. During the blast operation, four layers of blasting cuts were initiated sequentially from the middle to both sides with a delay time of 310 ms, which actively controlled the movement posture and ensured the reliable continuous collapse of the building. Those measures could realize the goals of concentrated blasting piles, full dismantlement and reduce vibrations. According to research, there are both longitudinal and transverse movements during the collapse of the buildings on both sides. Thus, the probability of collision and extrusion between the components increases, and the load-bearing components change from a single compression failure to various forms of bending and shear failures. Compared with traditional directional blasting demolition technology, blasting demolition of span-by-span inward collapse has more advantages in controlling the collapse posture, promoting the dismantlement of the

本文原载于《爆破》2020 年第 37 卷第 4 期。

blasting piles，and reducing the touchdown vibrations. It provides a new design idea for blasting demolition of buildings in complex urban environments.

Keywords：Blasting demolition；Frame building；Blasting effect；Photographic observation；Numerical simulation

拆除爆破技术因其具有安全高效、经济环保等优点，在城市楼房拆除工程中得到广泛应用。在已有的拆除爆破技术中，定向倾倒方式设计原理最为简单，施工更加方便，备受国内爆破工程师们的青睐，往往作为高层楼房拆除工程的首选。而随着我国城市化建设的快速发展，高层、异形框架结构建筑逐渐增多，高架桥、地铁管线及城市地下管网错综复杂，城市复杂的环境对爆破拆除技术提出了更高的要求，传统定向爆破受到更多的限制。

探索建(构)筑物爆破拆除失稳倒塌机理，研发爆破拆除新技术，通常采用缩尺寸物理模型试验、数值模拟和全尺寸建(构)筑物测试等方法。开展拆除爆破模型试验具有很高的危险性，不仅需要花费高额的成本，而且对试验条件要求很高。数值模拟在这一领域的优势毋庸置疑，既节省了大量的资金，也避免了试验测试中可能出现的各种危险。然而，构建精细化的数值模型，精准选取材料的物理力学参数并设置合理的失稳破坏法则，主要依赖仿真工程师的计算经验，且计算结果与实际工况仍有差距。现阶段，通过动态应变监测、高速摄影观测等试验手段，在待拆除建(构)筑物上开展原位试验，分析梁、柱、板等构件的破坏失效，以及整个结构的失稳倒塌，仍是一个研究拆除爆破新技术的重要方法。

Loizeaux 和 Osborn 研究了四个实际建筑物的内爆法(Implosion)爆破拆除连续倒塌过程，分析了几个结构系统的倒塌机制。Sasani 等对一个实际的 10 层钢筋混凝土结构进行了爆破拆除试验研究，认为楼板在结构倒塌过程中形成空腹效应，抑制了结构的解体垮塌。Matthews 等对某两层钢筋混凝土原型结构在爆炸作用下的反应进行了试验研究，认为建筑框架在重新分配荷载时保持线弹性。贾永胜等通过典型工程案例和多刚体动力学模拟，进行了高层楼房折叠爆破拆除关键参数研究，得出了单项折叠和双向折叠模式各自的最佳切口布置方式及起爆时差确定方法。李勇等通过对一复杂环境下多跨不规则框架结构大楼成功实施爆破，阐明了逐跨坍塌爆破技术的可行性。王洪刚等采用纵向逐跨坍塌技术对武汉虹锦公寓进行了爆破拆除，框-剪结构楼房解体充分，爆堆范围较小。在众多高层楼房爆破拆除案例中，折叠爆破、纵向逐跨爆破等技术的应用，都有效解决了楼房倒塌空间受限的难题。如今，越来越多的高层建筑周围地面上下遍布着各类保护设施，可供建筑物爆破拆除的倒塌空间范围越发狭小，且需严格控制塌落触地振动、个别飞散物和爆破粉尘等有害效应。

因此，进一步发展高层建筑爆破拆除倒塌模式，创新爆破拆除系列新技术，对提高爆破拆除的安全性、扩大爆破拆除的应用范围具有重要的理论与实践意义。结合某 7 层框架楼房爆破拆除工程实践，提出了框架结构楼房"逐跨向内倒塌"爆破拆除技术。它是对原地坍塌和纵向逐跨坍塌方式的进一步改进，其基本原理是通过改变立柱起爆顺序，合理控制爆破延期时间，使得建筑中间部位先触地，两边结构向内挤压倾倒，以达到减小构件塌落堆积范围、降低触地冲击振动的效果。通过红外摄像技术对楼房失稳倒塌过程进行动态观测，并对该楼房倒塌过程进行了数值模拟分析，验证了"逐跨向内倒塌"爆破拆除技术的科学性和实用性，可供类似爆破拆除工程参考借鉴。

1 工程案例

1.1 工程简介

待拆楼房为 7 层框架结构，长 43.65 m、宽 14.1 m、高 32.4 m，建筑面积为 6002.96 m²。楼房横向共 3 排立柱，纵向共 13 排立柱，内设 1 个电梯井，2 个楼梯间。主要立柱截面尺寸为 450 mm×600 mm，楼板为现浇板，板厚 120 mm，填充墙体为 240 mm 厚砖墙。具体结构如图 1 所示。

楼房东侧距 10 kV 电缆沟 1.0 m，距下正街 36.4 m，距 1 层民房 6.7 m；东南侧距 10 kV 电缆沟 1.0 m，南侧距围墙 24.6 m，距 110 kV 变压电站 41.0 m；西侧距电缆沟 1.0 m，距 9 层楼房 27.8 m；北侧距 10 kV 电缆沟 2.0 m，距围墙 7.9 m，距架空电线 8.7 m，距转车楼路 10.0 m，距 9 层楼房 22.4 m。

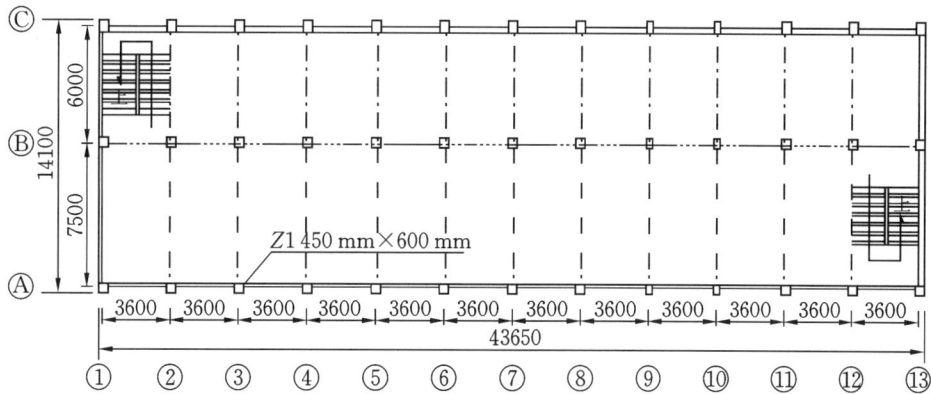

图 1 结构平面图(单位:mm)

具体环境如图 2 所示。

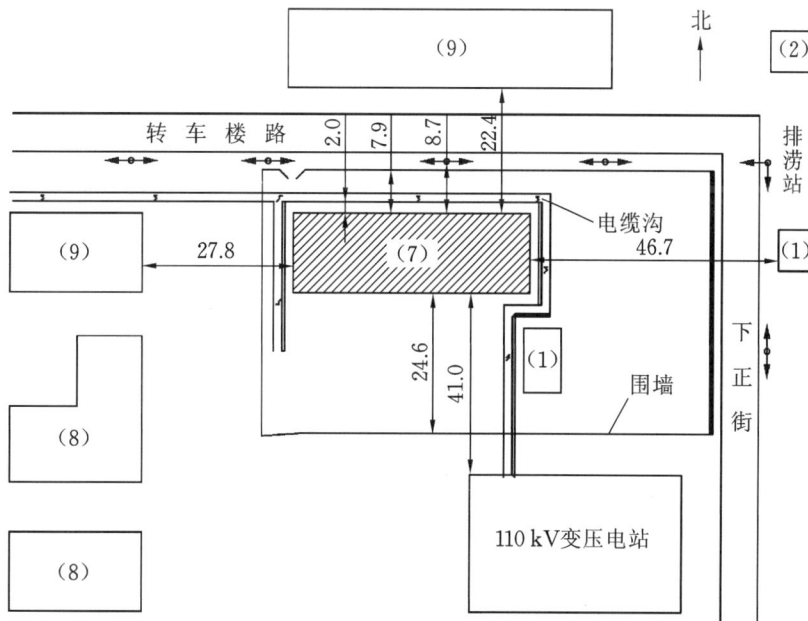

图 2 周边环境图(单位:m)

1.2 爆破拆除方案

1.2.1 总体方案

待爆楼房为框架结构,强度大、刚度高,地处城市闹市区,四周均有保护目标,可供定向倒塌的空间不足,且楼房倒塌堆积范围需严格控制。楼房爆破拆除对爆破振动与塌落触地振动、个别飞散物等有害效应均需严格控制。根据待爆楼房的结构特征及周边环境情况,可考虑以下两种爆破方案:(1)向南侧定向折叠爆破;(2)逐跨向内倾倒爆破。方案 1:楼房倾倒前冲对南侧围墙、110 kV 变压电站等保护目标的安全风险较高,楼房后坐极易导致北侧电缆沟受损;同时,楼房倾倒触地产生的振动对周边的建(构)筑物、市政管网等构成安全威胁。方案 2:楼房爆破堆积范围类似于原地坍塌,楼房爆破后砌块堆积范围较为集中;楼房在倾倒过程中其结构在空中发生剪切、弯折破坏,构件逐跨依次落地,削弱楼房触地引起的冲击、振动。综上,拟选取方案 2,采用逐跨向内倾倒爆破拆除的总体方案,既可以控制构件塌落的堆积范围,又能控制塌落振动等有害效应。

1.2.2 爆破切口

结合楼房的结构特征,爆破切口设置在 1~2 层、4 层和 6 层,如图 3 所示。多个切口可有效划分楼房整体的重力势能,减小触地冲击力。①轴和⑬轴作为支撑区,仅对 1 层进行松动爆破。各楼层立柱切口高度见表 1。为了降低楼房整体刚度,将电梯井的填充墙全部拆除,将 1～2 层楼梯全部拆除,将 3 层以上楼梯弱化处理,即将上下楼梯第一踏步位置处混凝土破碎,破碎宽度不小于 20 cm,但保留楼梯钢筋。

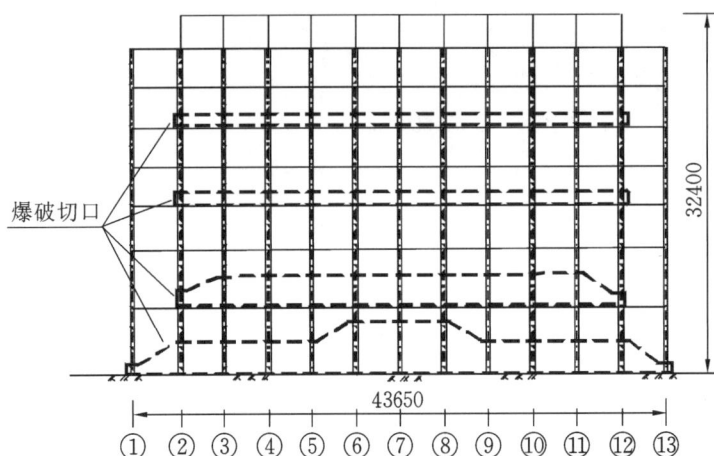

图 3　爆破切口示意图(单位:mm)

表 1　爆破切口高度(单位:m)

轴号	①	②	③～⑤	⑥～⑧	⑨～⑪	⑫	⑬
第六层	—	0.9	0.9	0.9	0.9	0.9	—
第四层	—	0.9	0.9	0.9	0.9	0.9	—
第二层	—	1.2	2.1	2.1	2.1	1.2	—
第一层	0.6	1.2	2.1	4.5	2.1	1.2	0.6

1.2.3　孔网参数

待拆楼房的立柱截面尺寸均为 450 mm×600 mm,布置单排炮孔,炮孔间距 30 cm,孔深 40 cm。根据现场试爆效果,炸药单耗取 1.5 kg/m³,对于配筋较高的区域,适当提高装药量。炸药装填采用连续装药结构,见表 2。

表 2　爆破参数表

立柱尺寸/mm	最小抵抗线 w/cm	孔径 d/cm	孔距 a/cm	排距 b/cm	孔深 l/cm	单耗 k/(g/m³)	单孔药量 q/g	布孔方式	装药结构
450×600	22.5	40	30	—	40	1500	120	单排布孔	连续装药

1.2.4　爆破网路

逐跨向内倒塌爆破拆除模式的设计核心就是要控制立柱的起爆顺序与延期时间,起爆网路采用孔内装 MS19(1700 ms)段非电导爆管雷管、孔外装 MS9(310 ms)段非电导爆管雷管接力延时起爆网路。同纵排各楼层立柱同时起爆,⑥至⑧轴首先起爆,依次向两边立柱对称同步延期,立柱起爆延期时间见表 3。

表 3　爆破延期时间(单位:ms)

轴号	①	②	③	④	⑤	⑥～⑦	⑧	⑨	⑪	⑫	⑬
孔外	1550	1240	930	620	310	0	310	620	930	1240	1550
孔内	3250	2940	2630	2320	2010	1700	2010	2320	2630	2940	3250

1.3 楼房失稳倒塌过程

为实现夜间观测楼房爆破拆除失稳倒塌过程,采用无人机搭载夜视相机,在距离起爆中心 500 m 远处倾斜拍摄,摄影效果如图 4 所示。从组图中可以看出,楼房在起爆后按照设计方案自中间向两侧依次逐段倒塌。由于楼房⑥至⑧轴爆破切口高度相对①至⑤轴和⑨至⑬轴的爆破切口更高,给中部爆堆腾出了更大的空间,导致楼房在坍塌过程中呈现明显的"M"形。采用无人机搭载夜视相机可实现大规模宏观夜间拍摄,可清晰捕捉建筑失稳倒塌过程中(楼房塌落触地之前)的轮廓、姿态。楼房塌落触地后,瞬间激起浓厚而翻滚的粉尘,影响进一步观测。

待尘埃落定及天亮后再次踏勘爆破现场,开展航拍和实测,发现楼房爆破拆除后的爆堆形态,如图 5 所示。楼房的主要构件在爆破拆除后几乎都堆积在原来的范围,仅有少量碴块外溢。爆堆整体呈现中间低、两头高的形态,最大高度约 6.5 m。

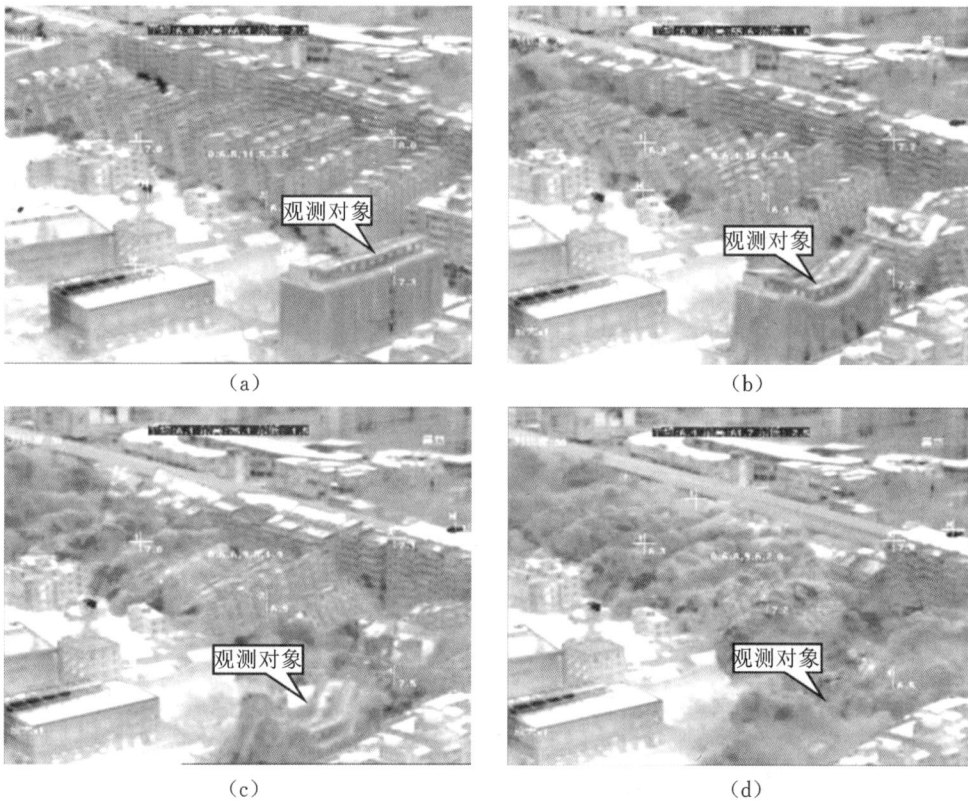

(a)

(b)

(c)

(d)

图 4 楼房爆破拆除失稳倒塌过程

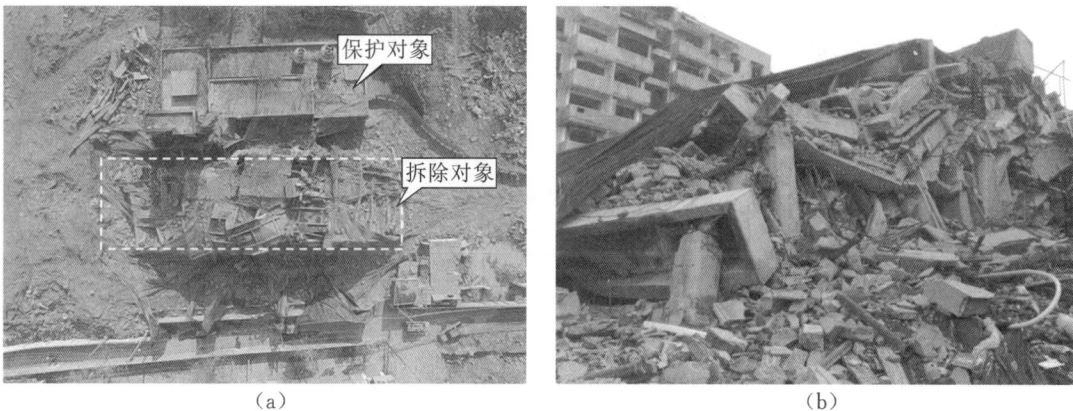

(a)

(b)

图 5 楼房爆堆效果图

(a)俯视图;(b)侧视图

2　内塌式爆破拆除技术分析

2.1　数值仿真验算

采用 ANSYS/LS-DYNA 大型有限元程序,对该楼房逐跨向内倒塌模式进行仿真验算,探究框架楼房内塌式爆破拆除技术的科学性,分析楼房倒塌过程中的力学机理。根据上述工程案例中楼房结构参数,建立 7 层钢筋混凝土框架有限元模型。为了研究楼房爆破倒塌时的宏观变形情况,钢筋混凝土结构采用整体式建模,即不将钢筋单独划分,大大减少结构的单元数目,提高运算效率。同时,在不影响计算精度的情况下对计算模型进行简化,适当提高混凝土的屈服强度;其次,把承重墙的质量等效到楼板混凝土中,不考虑楼梯间、厨房、卫生间等狭小结构对楼房刚度的提升。

结构的梁、柱、板单元均采用 SOLID164 单元,钢筋混凝土计算模型选用塑性随动硬化材料模型,地面设置为刚体。采用 8 节点六面体单元对模型进行网格划分,单元尺寸为 40 cm,整个模型划分得到的单元数为 54563,节点数为 106103。接触形式采用自动单面接触,自动识别楼房各部件之间以及楼房与地面之间的碰撞接触。钢筋混凝土材料的物理力学参数,如表 4 所示。

表 4　材料的物理力学参数

名称	密度/(kg/m³)	弹性模量/GPa	泊松比	抗拉强度/MPa	抗压强度/MPa
梁、柱、板	3000	40	0.20	4.0	50
地面	2400	25	0.16	—	—

使用关键字 ∗ MAT_ADD_EROSION 来控制材料的失效,爆破立柱通过时间参数控制使之按照设定的时刻依次失效。当楼房爆破切口形成后,建筑物逐步倾倒并伴有结构破坏。结构主体部分发生断裂或破碎的阈值,通过定义失效应变(本次计算设置失效应变值为 0.045)控制。

计算结果表明,框架楼房按照设计逐跨向内倒塌,自立柱爆破到完全触地历时约 5 s。爆堆形态与实际工程楼房的爆堆形态相似,均在保护区域范围以内。爆堆如图 6 所示,长 44.97 m、宽 15.43 m、高 7.24 m,其面积为楼房原址占地面积的 1.14 倍。

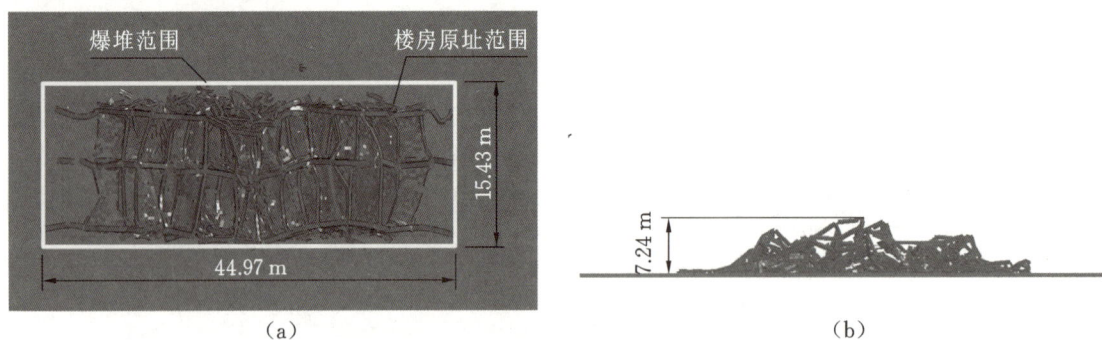

图 6　楼房模拟爆堆形态及尺寸

(a) 俯视图;(b) 主视图

2.2　技术要点分析

从楼房倒塌过程(图 7)中可以看到,当楼房中部⑥至⑧轴各爆破层立柱拆除后,中部楼体的梁结构跨度突然变大,并由负弯矩变为正弯矩,继而发生弯曲变形、破坏。在⑤轴、⑨轴的立柱拆除后,可明显看到在梁节点处出现断裂区,同时,立柱等承重结构逐渐向中间方向拉拽,产生一定的倾斜。随着两侧立柱按照设定的时刻逐跨拆除后,这一变化趋势越来越明显。因此,承重构件的受力形式发生了较大改变,由之前的受压状态变为受剪、弯、压组合力状态。根据钢筋混凝土材料的力学特性可知,楼房构件更易在弯、剪作用下发生破坏,从而使爆堆解体得更加充分,便于后续清碴作业。

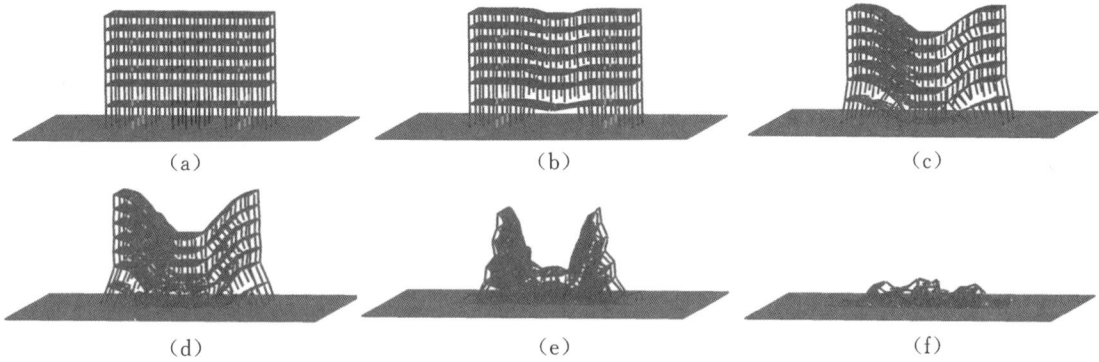

图 7   楼房倒塌过程数值仿真
(a) $t=0.0$ s;(b) $t=0.31$ s;(c) $t=1.3$ s;(d) $t=1.68$ s;(e) $t=2.52$ s;(f) $t=5.0$ s

分别在楼房的⑦轴、⑩轴和⑬轴立柱顶部选取三个节点进行位移分析,1#、2#、3#点分别对应节点 102966、104139 和 27762,绘制 X、Y 方向上的位移-时间曲线,如图 8 所示。

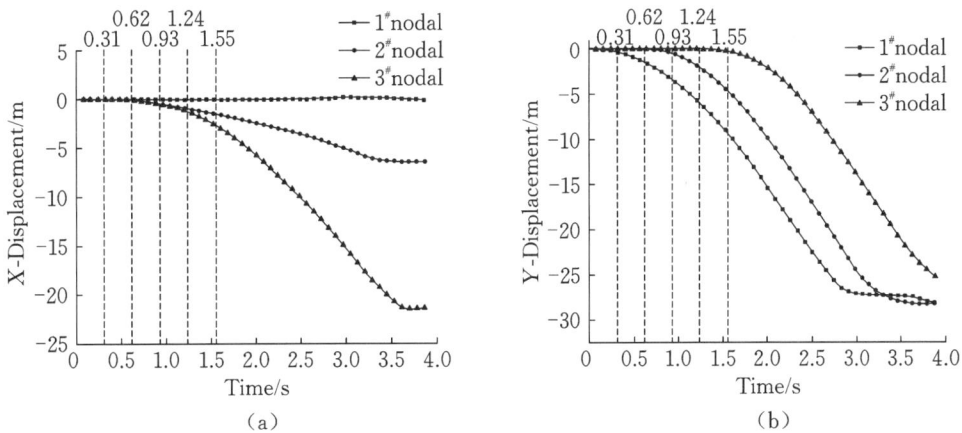

图 8   代表性节点的位移-时间曲线
(a) X 方向;(b) Y 方向

从图 8 中可以看出,1# 节点在 X 方向位移几乎为 0,在⑥至⑧轴立柱起爆后,开始在重力作用下垂直下落,在 2.8 s 时 Y 方向位移趋于平缓,此时该节点附近楼体开始与下层构件接触碰撞。2# 节点在 0.62 s 开始出现 X、Y 方向位移,而⑩轴各层立柱起爆时刻为 0.93 s,说明该区域楼体提前受到中部楼体塌落产生的拉力作用而开始破坏变形,再结合该区域楼体倒塌过程变形分析,⑨至⑪轴区域的楼体倒塌时受力较为复杂,由单纯的受压状态变为受剪、弯、压组合力状态。3# 节点在 0.62 s 开始出现 X 方向位移,而在 1.24 s 开始出现 Y 方向位移,最终 3# 节点在 X 方向位移较大,达到 20 m,在 Y 方向位移小于 1#、2# 节点,说明两侧楼体最开始受到水平拉力作用向内部倾倒,之后倒塌在中部楼体爆堆上,充分解体。由此,从中部向两侧可将逐跨向内倒塌过程中的框架楼房划分为"垂直塌落受压破坏区、挤压倒塌组合力破坏区、向内倾覆受拉破坏区"三个区域。

从能量耗散的角度来看,采用逐跨向内倒塌模式,使两侧楼体在倒塌过程中既有纵向运动又有横向运动,左右、上下不同方向构件间的碰撞挤压概率明显增加,大大消耗了楼房的重力势能,不仅改善了楼体解体破碎的程度,而且减小了楼体塌落冲击的动能,削弱了触地振动效应。

因此,框架结构楼房逐跨向内倒塌爆破拆除的技术要点在于,通过合理地设计爆破切口和延期时间,主动控制楼体的运动姿态,使楼体承重构件由单一的受压破坏转化为形式多样的拉、弯、剪破坏,确保楼房可靠地连续倒塌,实现集中爆堆、充分解体和削弱振动的目标。

3　结论

与传统定向爆破拆除技术相比,逐跨向内倒塌爆破拆除技术在控制倒塌姿态、促进爆堆解体和削弱触地振动等方面更具优越性,不仅提高了爆破拆除的安全性,而且拓宽了爆破拆除的应用范围。通过摄影观测和数值模拟,研究了框架楼房爆破拆除倒塌运动过程与爆堆形态,分析了逐跨向内倒塌爆破拆除的技术要点,得到如下结论:

(1)框架结构楼房逐跨向内倒塌爆破拆除的关键技术是通过合理地设计爆破切口和延期时间,主动控制楼体的运动姿态,确保楼房可靠地连续倒塌,实现集中爆堆、充分解体和降低振动的目标。

(2)框架结构楼房逐跨向内倒塌过程中,两侧楼体在倒塌过程中既有纵向运动又有横向运动,构件间的碰撞挤压概率增加,承重构件由单一的受压破坏转化为形式多样的拉、弯、剪破坏,不仅改善了楼体解体破碎的程度,而且削弱了塌落触地的振动效应。

(3)无人机搭载夜视相机可实现大规模宏观夜间拍摄,能清晰捕捉建筑失稳倒塌过程中的轮廓和姿态。运用动力有限元数值计算方法,较好地还原了框架结构楼房逐跨向内倒塌的爆破拆除失稳倒塌运动过程,并解释了主要建筑构件的破坏失效机理。

异形结构楼房纵向逐跨空中解体爆破拆除

刘昌邦[1,2,3]　贾永胜[1,2,3]　黄小武[1,2,3]　余伟成[1,2,3]　姚颖康[1,2,3]　江国杰[1,2,3]

(1.江汉大学湖北(武汉)爆炸与爆破技术研究院,武汉 430056;2.爆破工程湖北省重点实验室,武汉 430056;

3.武汉爆破有限公司,武汉 430056)

摘　要:对比异形结构楼房单切口定向爆破拆除方法,"纵向逐跨、空中解体"爆破拆除技术为城市复杂环境下异形建筑物爆破拆除提供了新的设计思路。通过高速摄影观测,发现楼房的断裂区域主要位于结构刚度高低过渡的位置和邻近支撑区的一侧,剪切、拉伸、弯矩破坏对结构整体失稳垮塌具有重要的诱导作用。本文采用三维模型重建技术,全方位地分析了楼房的爆堆形态,发现爆堆堆积范围是楼房占地面积的 1.24~1.42 倍,楼房爆破效果近似于原地倒塌。根据塌落触地振动监测结果,结合楼房纵向逐跨塌落触地的特点,单次触地质量取总质量的 1/5,塌落触地振动的预测值与实测值误差仅为 8.96%。

关键词:爆破拆除;空中解体;爆破效果;三维重建;触地振动

Blasting demolition technology of longitudinal collapse and aerial disintegration for special-shaped building

LIU Changbang[1,2,3]　JIA Yongsheng[1,2,3]　HUANG Xiaowu[1,2,3]

YU Weicheng[1,2,3]　YAO Yingkang[1,2,3]　JIANG Guojie[1,2,3]

(1. Hubei(Wuhan) Explosions and Blasting Technology Institute of Jianghan University, Wuhan 430056, China;

2. Hubei Key Laboratory of Blasting Engineering, Wuhan 430056, China;

3. Wuhan Explosions & Blasting Co. ,Ltd. ,Wuhan 430056, China)

Abstract:Compared with the demolition by single-incision directional blasting of special-shaped buildings, the blasting demolition technology of "longitudinal collapse and aerial disintegration" provides a new design idea for the blasting demolition of special-shaped buildings in complex urban environments. Through high-speed photography observations, we found the fault zone of the building was mainly located at the transition position of structural stiffness and the span of the adjacent support area. Shear failure, tensile failure and breaking bending moment have important inducing effects on the overall instability and collapse of the whole structure. The three-dimensional model reconstruction technology was adopted to analyze the muck pile in all directions. It showed that the muck pile accumulation range was 1.24 ~ 1.42 times of the building area, and the blasting effect of the building was similar to vertical collapsing blasting. According to the monitoring results of touchdown vibration, and combined with the characteristics of the longitudinal span-by-span blast, the single contact mass was 1/5 of the total mass, and the error between the predicted value and the measured value of collapsing vibration was only 8.96%.

Keywords:Blasting demolition; Air disintegration; Blasting effect; Three-dimensional reconstruction; Touchdown vibration

本文原载于《爆破》2019 年第 36 卷第 3 期。

近年来,各种异形结构建筑在爆破拆除工程中频繁出现,其具有刚度高、高宽比小、解体困难等特点,这给常规的定向爆破拆除技术带来了诸多挑战。就爆破环境而言,临近的高层建筑、高架桥、道路等地面保护目标鳞次栉比,天然气、给排水、电力、交管等各种市政管线纵横交错,地铁轨道交通等地下重点保护目标四通八达,这给爆破拆除安全带来了诸多挑战。因此,如何在定向倒塌空间受限的情况下确保异形结构建筑爆破拆除的可靠与安全,已经成为亟须研究解决的工程难题。

查阅该领域的研究动态,可以发现国外学者公开发表了一些与爆炸有关的公共安全及重要设施安全等问题的研究成果,很少涉及建(构)筑物爆破拆除基础理论与技术,即使国内网络上盛传着许多国外建(构)筑物爆破拆除的精彩视频,但是几乎没有任何相关文章作详细报告。国内学者结合工程实践,针对城市复杂环境下异形结构楼房爆破拆除,围绕结构预处理、爆破切口、延期时间等技术手段,给出了许多很好的解决方案。张建平、费鸿禄、曲广建等人结合一栋双 Y 形截面的 14 层框架-剪力墙楼房的爆破拆除实例,提出了支撑区宽度和定向切口高度的确定方法,解决了高宽比小、截面惯性矩大的异形截面楼房定向爆破的技术难题。崔晓荣、郑灿胜、温健强等人结合一幢 12 层不规则的框-剪结构大楼的定向爆破拆除,提出利用定向爆破初期的倾倒趋势和对后排倾倒翻转支撑构件的方位调整来改变倾倒方向,从而达到安全定向爆破倒塌的目的。易克、李高锋、张文杰等人结合威海市香威大酒店危楼爆破拆除工程,采用横向切割与定向爆破综合技术,达到了采用较小的爆破切口爆破拆除较小高宽比楼房的目的。马洪涛、孟祥栋、毕卫国结合闹市区异形框架楼的爆破拆除,采用了合理的分区与爆破网路延时,减少了结构不对称对定向爆破的影响,达到了预期的爆破效果。

在众多异形结构楼房爆破拆除案例中,爆破工程师们主要采取了以下技术思路:(1)采用人工、机械切缝将异形结构处理成单个或多个规则结构,再按照常规的定向爆破技术予以拆除;(2)采用定向大切口,提高楼房倒塌的倾覆力矩,实现楼房的整体定向倾倒。运用以上技术方法,工程师们取得了预期的爆破效果,也收获了可观的经济效益。然而,随着爆破环境的日益复杂化,东、南、西、北、下都环绕着各类保护目标,我们正在逐渐失去定向倒塌空间。如何在定向倒塌空间受限的情况下,高效、安全地开展异形结构楼房爆破拆除工程,是爆破工程技术人员需要解决的现实问题。本文结合武汉市凯风大厦爆破拆除工程,探讨"纵向逐跨、空中解体"爆破拆除技术,以期为类似工程项目提供新的设计思路。"纵向逐跨、空中解体"的技术目标是让建筑物在失稳倒塌的过程中尽可能多地产生剪切、拉伸和弯矩破坏,将重力势能尽量转化为结构自身破坏解体的内能,不仅缩小爆堆的堆积范围,而且降低塌落触地冲击与振动。

1　工程简介

待拆楼房位于武汉建设大道与妙墩路交汇处的北侧,为一栋 12 层框架-剪力墙结构楼房,平面呈"凸"字形,长 30.6 m、宽 20.3 m、高 40.1 m,总建筑面积约为 5500 m²。楼房横向共 3 排立柱,纵向共 10 排立柱,内设 1 个电梯井,1 个楼梯间。主要立柱截面尺寸为 500 mm×600 mm、500 mm×500 mm,主梁尺寸为 500 mm×250 mm,电梯及楼梯部分设有剪力墙,剪力墙厚度为 250 mm,楼板为现浇板,板厚 120 mm。具体结构如图 1 所示。

楼房东侧为空地,距 9 层待拆楼房 26.9 m,距建设大道青年路公交站 54.8 m;南侧距 6 层楼房 20.7 m,距 2 层楼房 21.4 m,距建设大道 45.0 m;西侧距 7 层楼房 8.5 m;北侧距 8 层待拆楼房 1.3 m,距地铁 7 号线出入口 28.0 m。南侧沿建设大道布设有电缆沟、天然气管道、通信管道等市政设施及地下管线,距电缆沟(110 kV 两条回路,10 kV 数条回路)41.0 m,距离供水管(φ300 mm,铸铁)42.5 m,距天然气管道(φ400 mm 钢管,中压)45.0 m。具体环境如图 2 所示。

2　技术难度与方案选择

待爆楼房平面为异形结构,剪力墙占比大,强度大、刚度高,难以倒塌解体。楼房地处城市闹市

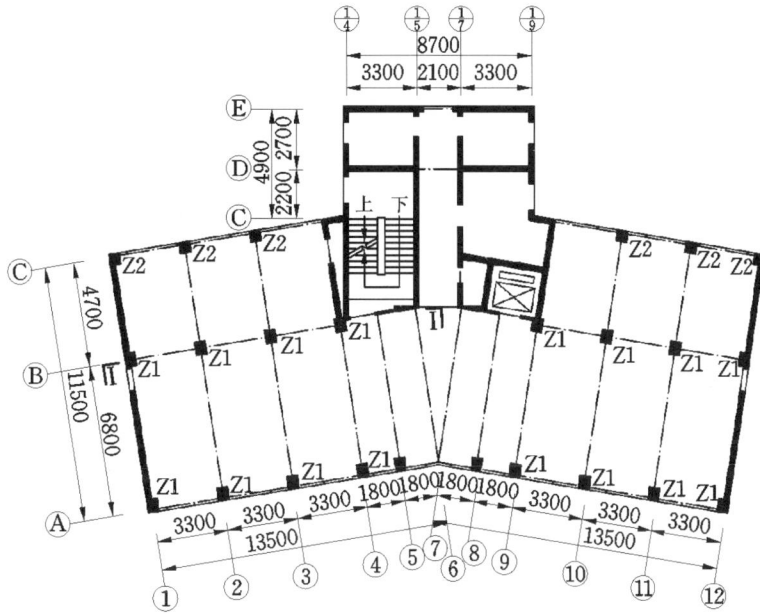

图 1　结构平面图(单位:mm)

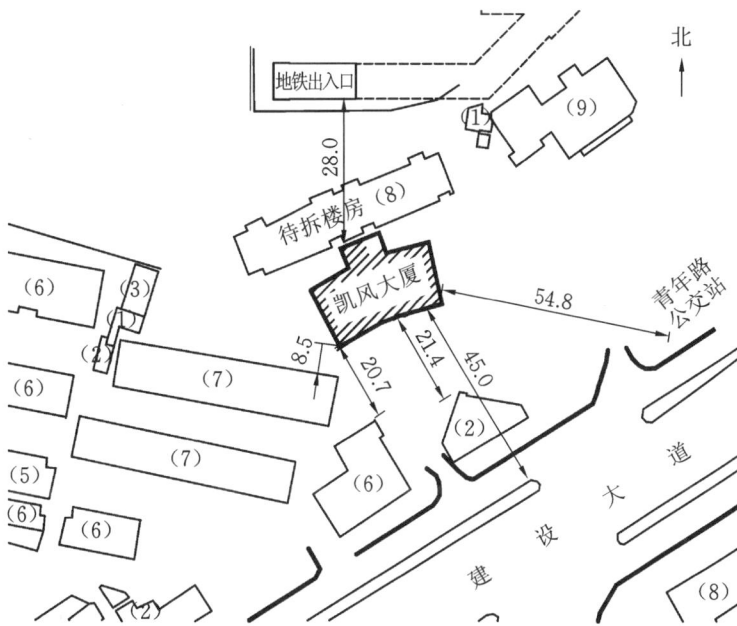

图 2　周边环境图(单位:m)

区,南侧、西侧和北侧均紧邻保护目标,定向倒塌空间不够,楼房倒塌堆积范围需严格控制。此外,楼房南侧建设大道沿线布设有电力、给排水和天然气等多种浅埋市政管网,且北侧紧邻 8 层楼房和地铁7 号线出入口,爆破振动与塌落触地振动需严格控制。

　　根据待爆楼房的结构特征及周边环境情况,可考虑以下两种爆破方案:(1)向南侧定向折叠爆破;(2)向东侧纵向逐跨坍塌。若采取方案 1,南侧 6 层楼房的安全风险高,楼房后坐极易导致北侧楼房受损;同时,楼房倒塌后难以解体,触地冲击大,对南侧天然气管道的安全构成威胁。若采取方案 2,楼房倒塌效果近似原地坍塌,爆堆的堆积范围更加集中,触地冲击能够得到缓解。综上,拟采取一定的技术措施,实现楼房向东侧“纵向逐跨、空中解体”,既能改善爆破效果又可控制爆破有害效应,为以后类似工程提供新的设计思路。

3　关键技术参数

3.1　爆破切口

对于设计爆破切口,一方面,要考虑降低楼房爆破倒塌后的堆积高度,通过布置多个切口,均匀地释放楼房的重力势能;另一方面,要考虑楼房的纵向剪切、弯矩和拉伸破坏,以及西侧后坐控制。结合待爆楼房的结构特征,爆破切口主要设置在1～3层、6～7层;电梯井爆破区域设置在1～8层;①～②轴作为支撑区,仅对1层进行松动爆破。楼房爆破切口如图3所示。

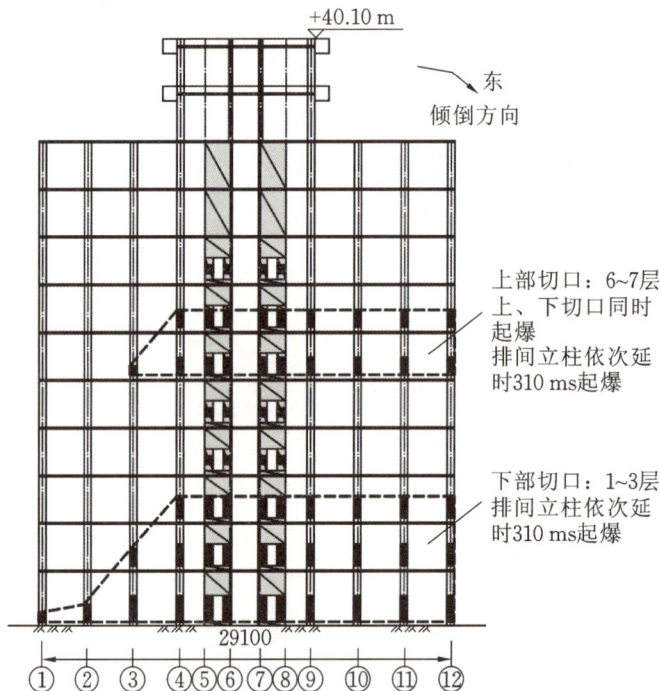

图3　爆破切口示意图(单位:mm)

3.2　爆破参数

针对不同尺寸的立柱与剪力墙,按照1500 g/m³左右的炸药单耗进行单孔装药量设计,并根据现场试爆效果及时调整主要构件的装药量,具体爆破参数如表1所示。

表1　爆破参数表

立柱尺寸/mm	孔距 a/cm	排距 b/cm	孔深 l/cm	单耗/(g/m³)	单孔药量 q/g	布孔方式
500×500	30	—	32	1773	133	单排
500×600	30	—	39	1667	150	单排
400×600	30	—	38	1389	100	单排
剪力墙	30	30	18	1778	40	梅花形

注:1～3层底部5个炮孔装药量增加10%,6～7层炮孔装药量减小10%。

3.3　起爆网路

起爆网路采用孔内装高段位非电导爆管雷管、孔外装低段位非电导爆管雷管接力延时起爆网路。

所有立柱、剪力墙孔内均装非电导爆管雷管 MS19(1700 ms),同排立柱同时起爆,排间延时310 ms 起爆。

4 爆破效果分析

4.1 倒塌运动过程

采用美国 IDT 公司研发的 Y7-S2 型超高速摄像机观测楼房爆破拆除倒塌过程,其画幅的分辨率为1920×1080,最高采样率为9000 fps,考虑现场实际光线情况,采样率设置为200 fps,即每帧采集间隔时间为 5 ms。通过回放高速摄影视频,可以看到第 1227 帧,主起爆网路开始点火;第 1254 帧,底部切口东侧有飞石携黑色密目安全网向外飞溅;第 1298 帧,顶部切口东侧有飞石携黑色密目安全网向外飞溅;第 1450 帧,楼房⑨~⑩轴之间的外墙开始出现裂纹,⑩~⑫轴开始"下沉"并往西侧回拉;第 1660 帧,楼房②~③轴之间的外墙开始出现裂纹,③~⑫轴进一步"下沉",并在①~②轴支撑作用下向东侧偏转;第 2285 帧,楼房完全淹没在爆破粉尘之中。

楼房从起爆到完全被爆破粉尘淹没,整个过程历时 5.29 s,其中,自起爆后约 1.1 s 楼体才开始运动。楼房垮塌过程中在⑨~⑩轴和②~③轴之间出现了两条明显的"断裂带",这对楼房整体垮塌、解体起到了至关重要的诱导作用。结合楼房的结构特征,可以看出:⑨~⑩轴之间的"断裂带"处于邻近电梯井的一跨,正是结构刚度高低过渡的位置;②~③轴之间的"断裂带"处于邻近支撑区的一跨,弯矩作用最大。楼房失稳垮塌过程见图 4。

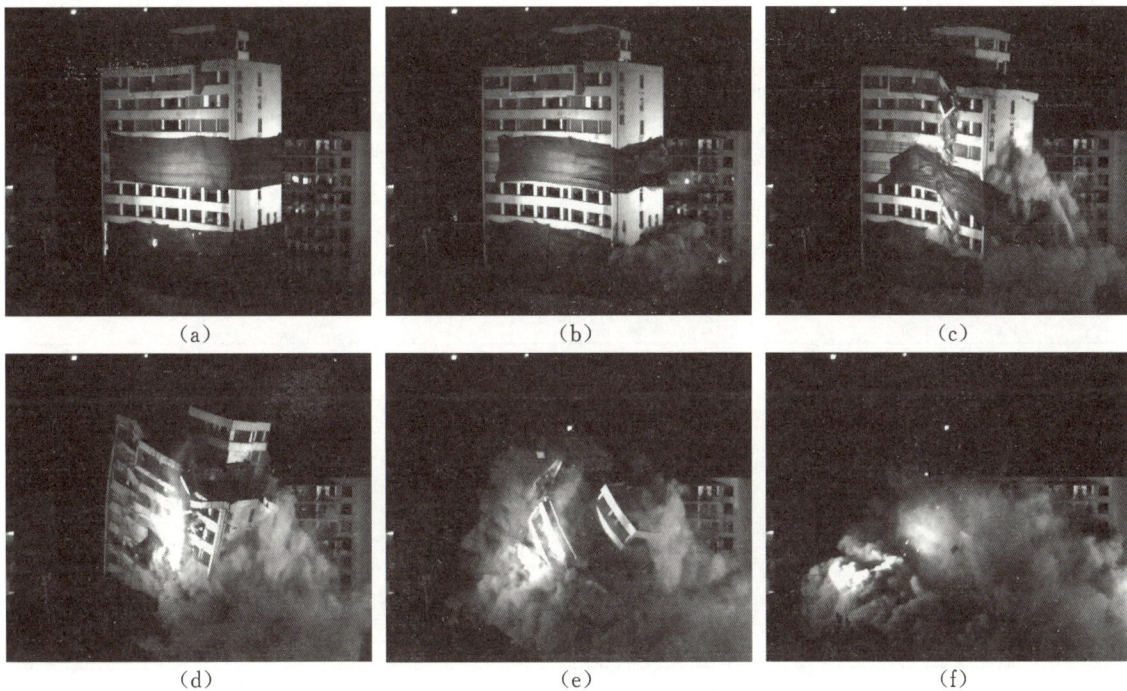

图 4 楼房失稳垮塌过程

(a) $t=0.0$ s;(b) $t=1.0$ s;(c) $t=2.0$ s;(d) $t=3.0$ s;(e) $t=4.0$ s;(f) $t=5.0$ s

4.2 爆堆形态分析

通过无人机对楼房爆破前后的姿态进行扫描,并运用三维重建技术建立楼房的三维数字模型,全方位地分析楼房爆堆形态。经过测量,楼房爆堆长 43.5 m、宽 25.1 m,最大高度 11.7 m,体积 3716 m³。东侧溢出 11.7 m,南侧溢出 3.1 m,西侧溢出 1.2 m,北侧溢出 1.7 m。爆堆长度是楼房高度的 1.08 倍,是楼房长度的 1.42 倍,爆堆宽度是楼房宽度的 1.24 倍。由此可见,采用"纵向逐跨、空中解体"爆破拆除技术,楼房的倒塌解体效果较好,爆堆堆积在安全控制范围之内。三维重建模型见图 5。

（a）　　　　　　　　　　　　　　　　　（b）

图 5　三维重建模型

（a）爆破前后叠加对比；（b）爆堆形态

4.3　振动监测结果

为评价爆破振动与塌落触地振动对周边保护目标的影响,在保护目标上布置 TC-4850 爆破振动监测仪,实时记录振动数据。读取振动监测结果,如表 2 所示。其中,振动峰值为 0.28~1.82 cm/s,主频为 3.74~9.20 Hz,振动监测结果在安全允许范围之内,且振动形式主要表现为塌落触地振动。

根据公司在武汉地区多年的振动监测结果,经回归分析得到建筑物爆破拆除塌落触地振动计算公式中 $K_t = 3.37$,$\beta = -1.66$。本次工程案例中,楼房总建筑面积为 5500 m²,总质量约为 6875 t,根据纵向逐跨塌落触地特点,单次触地的质量取总质量的 1/5,重心高度取 17 m,塌落触地振动的预测值与实测值的平均误差仅为 8.96%。

表 2　塌落振动预测值与实测值对比

保护目标	距离 R/m	K_t、β	M/t	[V]允许 /(cm/s)	V预测值 /(cm/s)	V实测值 /(cm/s)	主频 /Hz	预测误差 /%
电缆沟	43.1			7.0	1.69	1.82	8.33	7.69
电缆接头井	110.0			3.0	0.36	0.28	3.74	22.22
天然气管道	51.8	$K_t = 3.37$ $\beta = -1.66$	1375	3.0	1.24	1.32	9.20	6.45
地铁隧道	68.0			3.0	0.79	0.73	3.98	7.59
8 层居民楼	98.1			2.0	0.43	0.69	4.73	60.47

注:表中距离为楼房塌落触地中心至保护目标间距离。

5　结论

通过高速摄影观测、三维模型重建和振动监测,分析了异形建筑物爆破拆除失稳垮塌的运动过程,对比了楼体爆破前后的形态,评估了塌落触地振动的影响,验证了"纵向逐跨、空中解体"爆破拆除技术的科学性,可以得到如下结论,以供类似工程参考:

（1）楼房失稳垮塌后的断裂区域主要位于结构刚度高低过渡的位置和邻近支撑区的一侧,剪切、拉伸、弯矩破坏对结构整体失稳垮塌具有重要的诱导作用;为改善爆破拆除效果,应创造和利用这些潜在的"断裂区域"。

(2)"纵向逐跨"爆破拆除后,爆堆堆积范围为楼房占地面积的 1.24～1.42 倍,爆破效果近似原地坍塌方案。

(3)根据楼房纵向塌落触地的特点,单次触地质量取总质量的 1/5,塌落触地振动的预测值与实测值接近,误差仅为 8.96%。

复杂环境下楼房纵向逐跨坍塌爆破技术应用

王洪刚[1,2,3]　姚颖康[1,2,3]　王　威[1,2,3]　刘昌邦[1,2,3]　钱　坤[1,2,3]

(1. 江汉大学湖北(武汉)爆炸与爆破技术研究院,武汉 430056;2. 爆破工程湖北省重点实验室,武汉 430056;
3. 武汉爆破有限公司,武汉 430056)

摘　要：本文介绍了复杂环境下框-剪结构楼房的纵向逐跨坍塌爆破工程实践,设计在楼房 1～4 层、6 层和 8～9 层布设切口,电梯井及楼梯间的剪力墙采取"化墙为柱"的方式进行处理,通过在楼体各区间设置合理的爆破延期时间来使楼体框架各节点处产生弯矩,充分利用楼体结构间剪切、拉伸来改善楼体的解体效果,爆破后楼房按照要求倒塌,运用三维重建技术分析爆堆形态,发现爆堆占地面积为 1632 m²,与定向倾倒相比爆堆堆积的范围较小。解体效果较好的爆堆高度约为 8.5 m,与原地倒塌相比,爆堆堆积范围相似,但破碎效果要更好。

关键词：爆破拆除;纵向逐跨;爆破效果;三维重建

Application of vertical span by span collapse explosive demolition technique in complex environment

WANG Honggang[1,2,3]　YAO Yingkang[1,2,3]　WANG Wei[1,2,3]
LIU Changbang[1,2,3]　QIAN Kun[1,2,3]

(1. Hubei(Wuhan) Explosions and Blasting Technology Institute of Jianghan University,Wuhan 430056,China;
2. Hubei Key Laboratory of Blasting Engineering,Wuhan 430056,China;
3. Wuhan Explosions and Blasting Corporation Limited,Wuhan 430056,China)

Abstract：The paper introduces the technique of vertical span by span collapse explosive demolition of frame-shear structure building in complex environment. Blasting cuts were arranged in layers 1～4, 6 and 8～9. Shear walls in elevator shafts and stairwells were treated to columns. Selecting the reasonable blasting parameters between the spans,shear failure,tensile failure and breaking bending moment has important inducing effects on the overall instability and collapse of the whole structure. After blasting the building collapsed according to the requirements,the blasting achieved the expected effect. Three-dimensional reconstruction technology was used to analyze the shape of explosive pile. It was found that the explosion pile covered an area of 1632 m²,which was smaller than that of directional collapse. The height of explosive pile with good disintegration effect was about 8.5 m,compared with vertical collapsing,the blasting heap stacking range was smaller,which was similar to the in-situ collapse effect.

Keywords：Explosive demolition;Vertical span by span;Blasting effect;Three-dimensional reconstruction

近年来,逐跨坍塌爆破方案已经广泛地应用于各类高宽比不大的建筑物拆除中,相对于传统的定向倾倒和原地坍塌,逐跨坍塌可有效地减小爆破时最大单响药量、爆破振动和塌落振动的峰值,并且能促进建筑物的结构破坏,改善爆破效果。但是对于复杂环境下高宽比大的高楼,国内外学者还是更倾向于采用传统的定向爆破手段来实施拆除爆破施工,而较少采用逐跨坍塌爆破技术。

查阅逐跨坍塌爆破技术相关的研究动态,李勇、汪浩结合一主体高 33 m、长轴方向 30 跨、短轴方向 3 跨的框架结构大楼的爆破拆除实践,阐明了如何在复杂环境下对多跨框架不规则高楼进行逐跨坍塌。刘昌帮、贾永胜、黄小武等人通过"凸"字形结构楼房爆破拆除实践,结合高速摄影观测、三维模型重建分析了异形建筑物爆破拆除失稳垮塌的运动过程,对比了楼体爆破前后的形态,验证了纵向逐跨爆破拆除技术的科学性。为了进一步验证纵向逐跨坍塌技术的实用性,本文以武汉市江汉四桥拓宽项目虹锦公寓房屋爆破工程为例,介绍了纵向逐跨爆破拆除技术的使用情况,为城市复杂环境下建(构)筑物的爆破拆除提供了新的设计施工思路。

1 工程概况

拟拆除楼房位于武汉市中山大道与沿河大道之间的硚口路东侧,为 11 层框架结构楼房,长 42.0 m、宽 16.5 m、高 51.0 m,总建筑面积为 6950 m²。楼房横向 4 排立柱,纵向 8 排立柱,设有 2 个电梯井,2 个楼梯间。主要立柱截面尺寸为 400 mm×400 mm、600 mm×600 mm、600 mm×1000 mm、700 mm×800 mm、800 mm×800 mm,主梁尺寸为 500 mm×250 mm,电梯及楼梯部分设有剪力墙,剪力墙厚度为 250 mm,楼板为现浇板,板厚 120 mm。具体结构如图 1 所示。

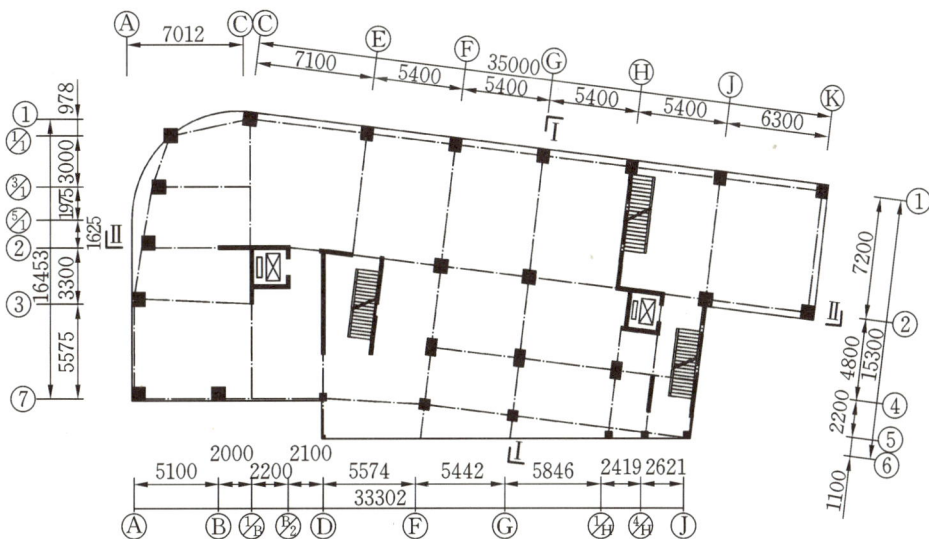

图 1 结构平面示意图(单位:mm)

大楼东侧有大量砖混结构民房,经过迁改后待拆楼房距民房最近,为 23.8 m,距 7 层居民楼 12.0 m;南侧为长堤路,距民房最近,为 25.0 m,距新建月湖桥引桥桩基础 22.0 m;西侧紧邻硚口路,距新建月湖桥引桥工地 13.0 m,距引桥桩基础 16.5 m,距新建桥墩 34.0 m,距保留的月湖桥引桥 44.8 m,距越秀星汇云锦大楼 92.4 m;北侧为拆迁后的空地。具体环境图见图 2 所示。

2 爆破方案

2.1 总体方案选择

待拆楼房东侧、北侧多为砖混结构民房,抗振性能差,西侧有需保护的月湖桥新建桥墩和桩基础,只有南侧可为楼房倒塌提供场地,但是南侧 22.0 m 处有新建月湖桥引桥桩基础,25.0 m 处有需要保护的砖混结构民房,因此楼房倒塌堆积范围需严格控制。结合楼房结构特征和周边环境条件,拟采用"向南纵向逐段倒塌"的总体方案。

2.2 爆破切口

结合待爆楼房的结构特征,本次爆破切口设置在 1～4 层、6 层和 8～9 层。为了改善爆破效果,降低楼房爆破后的堆积高度,电梯井爆破区域设置在 1～8 层;①～Ⓚ轴作为支撑区,仅对 1 层进行松动爆破。爆破切口示意图如图 3 所示,切口高度见表 1。

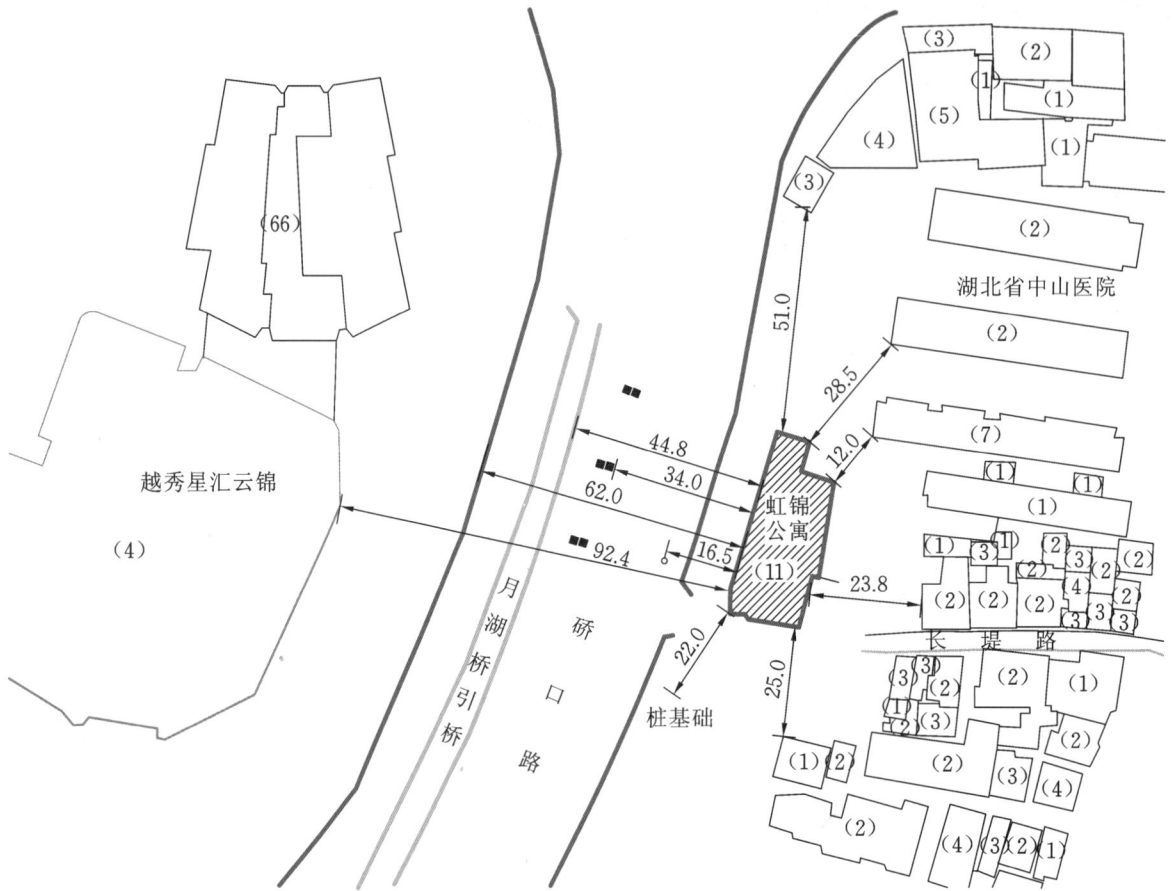

图 2　周边环境示意图(单位:m)

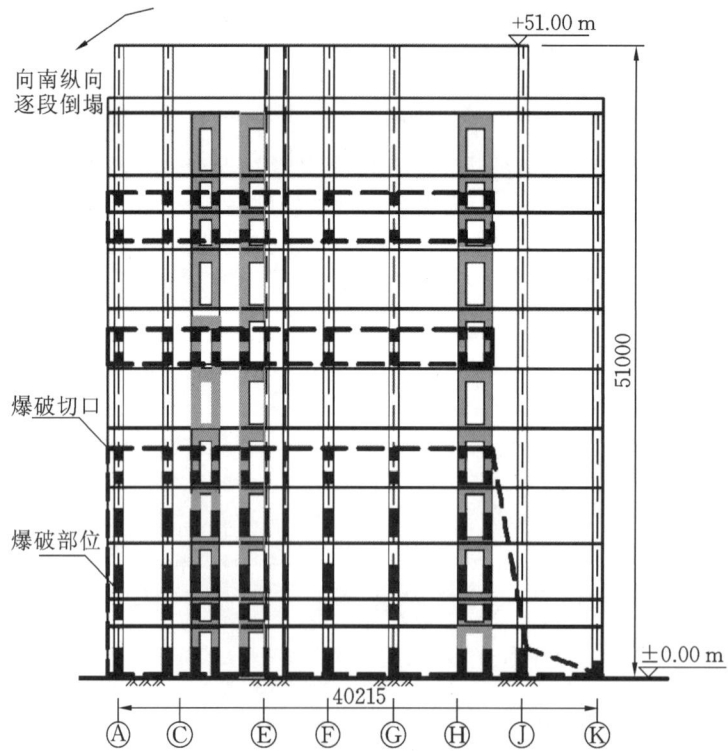

图 3　爆破切口示意图(单位:mm)

表 1   切口高度(单位:m)

轴号	Ⓐ	Ⓒ	Ⓔ~Ⓙ	Ⓚ
6~9 层	0.90	0.90	0.90	0.90
4~5 层	0.90+0.90	0.90+0.90	0.90+0.90	0.90+0.90
3 层	1.20+1.20	1.20+1.20	1.20+1.20	1.20+1.20
2 层	1.20+1.20	1.20+1.20	1.20+1.20	1.20+1.20
1 层	2.10+1.20	2.10+1.20	2.10+1.20	2.10+1.20

2.3   预处理

待爆楼房按照如下步骤进行预处理:拆除 1~2 层全部外墙与内墙以及 3 层以上的切口范围内的内墙;拆除 1~3 层全部楼梯,3 层以上楼梯弱化处理;1~11 层电梯井及楼梯间的剪力墙采取"化墙为柱"的方式进行处理,将 5~7 层、10~11 层立柱倒塌方向反方向及两侧的钢筋剥出并用氧割切断。

2.4   爆破孔网参数

针对不同尺寸的立柱与剪力墙,按照 1500~2000 g/m³ 单耗设计单孔装药量,并根据现场试爆效果,调整主要构件的装药量,于 5 楼及以上楼层仅实施松动爆破,炸药单耗为 1200 g/m³ 左右。具体装药量与装药结构见表 2。

表 2   爆破参数表

立柱尺寸/mm	最小抵抗线 w/cm	孔径/mm	孔距 a/cm	排距 b/cm	孔深 l/cm	单耗/(g/m³)	单孔药量 q/g	布孔方式	装药结构
400×400	20.0	40	30	—	24	1500	72	单排布孔	连续装药
600×600	30.0	40	30	—	39	1500	162	单排布孔	连续装药
600×1000	30.0	40	30	—	75	1800	160+160	单排布孔	间隔装药
700×800	35.0	40	30	—	53	2000	336	单排布孔	连续装药
800×800	20.0	40	30	—	60	2000	400/90+90	梅花形布孔	连续/间隔装药
250 mm 剪力墙	12.5	40	30	30	15	1800	40	梅花形布孔	连续装药

2.5   爆破延期时间设计

起爆网路采用孔内装高段位非电导爆管雷管、孔外装低段位非电导爆管雷管接力延时起爆网路。待爆楼房所有立柱和剪力墙均装非电导爆管雷管 MS19(1700 ms),同排立柱同时起爆,Ⓐ轴首先起爆,Ⓑ、Ⓒ(⑰、⑳)轴延迟Ⓐ轴 310 ms 起爆,Ⓓ、Ⓔ轴延迟Ⓑ、Ⓒ(⑰、⑳)轴 310 ms 起爆,Ⓔ轴延迟Ⓓ、Ⓔ轴 310 ms 起爆,Ⓖ轴延迟Ⓕ轴 310 ms 起爆,Ⓗ(⑱、㉑)轴延迟Ⓖ轴 310 ms 起爆,Ⓙ、Ⓚ轴延迟Ⓗ(⑱、㉑)轴 310 ms 起爆。如表 3 所示。

表 3   爆破延期时间表(单位:ms)

楼层		轴 号						
		Ⓐ、Ⓑ、Ⓒ	⑰、⑳、Ⓓ、Ⓔ	Ⓕ	Ⓖ	Ⓗ、⑱、㉑	Ⓙ	Ⓚ
1 层	孔外	0	310	620	930	1240	1550	1860
	孔内	1700	2010	2320	2630	2940	3250	3560

续表3

楼层		轴　号						
		Ⓐ、Ⓑ、Ⓒ	⑩、⑳、Ⓓ、Ⓔ	Ⓕ	Ⓖ	Ⓗ、①Ⓗ、②Ⓗ	Ⓙ	Ⓚ
2层	孔外	0	310	620	930	1240	1550	—
	孔内	1700	2010	2320	2630	2940	—	—
3层至4层	孔外	310	620	930	1240	1550	—	—
	孔内	2010	2320	2630	2940	3250	—	—
6层	孔外	620	930	1240	1550	1860	—	—
	孔内	2320	2630	2940	3250	3560	—	—
8层	孔外	620	930	1240	1550	1860	2170	—
	孔内	2320	2630	2940	3250	3560	3870	—
9层	孔外	620	930	1240	1550	1860	—	—
	孔内	2320	2630	2940	3250	3560	—	—

3　爆破效果及体会

3.1　爆破效果

起爆后,楼房按照预定方向逐跨倒塌,从孔内雷管开始起爆到楼房完全被爆破粉尘淹没,整个过程历时约5.0 s。起爆后约0.8 s,楼体Ⓐ轴至Ⓑ轴区间开始出现垂直向下运动,Ⓑ轴和Ⓒ轴区间首先出现了明显的剪切效果,由于Ⓗ轴处存在电梯井,结构坚固,Ⓖ轴处剪切效果最为明显,电梯井后部楼体立柱在前部梁、柱的扯动下向南倾覆倒塌,后侧主体未产生后坐,未对侧后方的7层楼房造成影响,爆破完全达到了预想效果,如图4所示。

图 4　爆破过程示意图

(a) $t=0.0$ s;(b) $t=1.0$ s;(c) $t=2.0$ s;(d) $t=3.0$ s;(e) $t=4.0$ s;(f) $t=5.0$ s

通过无人机对楼房爆破后的姿态进行扫描,并运用Altizure三维重建技术建立楼房爆堆的三维模型,如图5所示。从模型中可以看到,楼体前半部分倒塌后解体效果非常好,电梯井后侧楼体由于未装药爆破,在前部梁、柱的扯动下向南侧倾覆倒塌后仍旧保持了较完整的结构。经过测量,楼房爆堆长63.2

m、宽 31.8 m,最大高度 13.4 m,其中解体效果较好的爆堆高度约为 8.5 m,上部未解体框架结构高度约为 5.0 m。爆堆占地面积为 1632 m²,约楼房占地面积的 2.3 倍。爆堆前冲 17.2 m,东侧外移 9.7 m,西侧外移 5.6 m。爆堆长度是楼房高度的 1.24 倍,是楼房长度的 1.50 倍;爆堆宽度是楼房宽度的 1.92 倍。楼房倒塌后未对周边建(构)筑物造成危害。

(a)　　　　　　　　　　　　　　(b)

图 5　三维重建模型

3.2　几点体会

(1)采用纵向逐跨倒塌爆破技术,可使建筑物产生两次比较充分的解体;第一次势能以突加载荷形式转化成弯曲破坏能,使建筑物框架各节点处产生弯矩而解体破坏;第二次为建筑物构件坍塌触地冲击而解体,使框架整体得到理想的破坏效果。在实际施工中,可以通过在各区间设置合理的爆破延期时间来使建筑物框架各节点处产生弯矩,充分利用楼体结构间剪切、拉伸来改善楼体的解体效果。

(2)与定向倒塌相比较,采用纵向逐跨倒塌爆破技术楼房破碎效果较好,爆堆堆积的范围较小;与原地倒塌相比较,爆堆堆积范围相似,但楼体的破碎效果要更好,爆堆的高度更低。

(3)采用纵向逐跨倒塌爆破技术,能使建筑物结构在塌落过程中逐步触地,减小塌落振动对周边环境的影响。爆破中对起爆顺序、单响药量以及倾倒时间的合理控制,可以避免楼房倾倒触地引起的振动叠加效应。

复杂环境下"H"形8层框架结构楼房同向爆破拆除

王洪刚　韩传伟　王　威　徐华建　于　伦

(武汉爆破有限公司,武汉 430023)

摘　要:"H"形结构楼房由独立的3部分组成,各部分之间的距离仅0.4~0.7 m。为控制楼房爆破振动以及塌落振动对城市轨道交通线的影响,楼房采用向南同向定向爆破倒塌的方案进行拆除。为减少倒塌过程中3部分相互作用对楼体倒塌时的空中姿态以及倒塌后的爆堆形态的影响,确保楼房的爆破效果,采用人工预先拆除楼体间的阳台、合理选择各部分之间的爆破时差等综合措施。爆破后楼房按照要求倒塌,爆破达到了预期效果。

关键词:爆破拆除;框架结构;定向倒塌;振动控制;倒塌效果

Directional explosive demolition of "H" type eight-layer frame-structured reinforced concrete building

WANG Honggang　HAN Chuanwei　WANG Wei　XU Huajian　YU Lun

(Wuhan Blasting Engineering Co. ,Ltd. ,Wuhan 430023,China)

Abstract: The"H"type building was divided into 3 independent parts,the distance between each part was 0.4~0.7 m. In order to reduce the influence caused by blasting and collapse vibration on urban rail transit,each part of the building was demolished by the same direction to south. In order to obtain a good blasting effect and to reduce the interaction among the 3 parts during the process of collapse and the influence of blasting muck pile,manual and mechanical methods were used to demolish the balcony of buildings. Meanwhile,the reasonable delay time was proposed. The monitoring data showed that all of the buildings were collapsed as designed expectation in blasting. Finally,the blasting project caused no damage to the surrounding protection objects.

Keywords: Explosive demolition;Frame structure;Direction collapse;Vibration control;Collapse effect

1　工程概况

1.1　周围环境

楼房位于武汉市京汉大道与民意四路交汇处。大楼东侧4 m处是待拆除的8层居民楼;南侧是拆迁后的空地,距待拆除的6层居民楼84 m;西侧距原装潢学校5层楼58 m;北侧距1层民房6 m,距待拆8层居民楼16 m,距京汉大道52 m,距地铁1号线66 m。周围环境见图1。

1.2　楼房结构

楼房为8层框架结构居民楼,平面整体呈"H"形,由相互独立的三部分组成,依次为南区、中区和北区。楼房长53.4 m、宽44.6 m、高25.8 m,立柱截面主要尺寸有500 mm×500 mm 和600 mm×600 mm两种,楼板为现浇板,厚10 cm。楼房结构见图2、图3。

本文原载于《爆破》2017 年第 34 卷第 4 期。

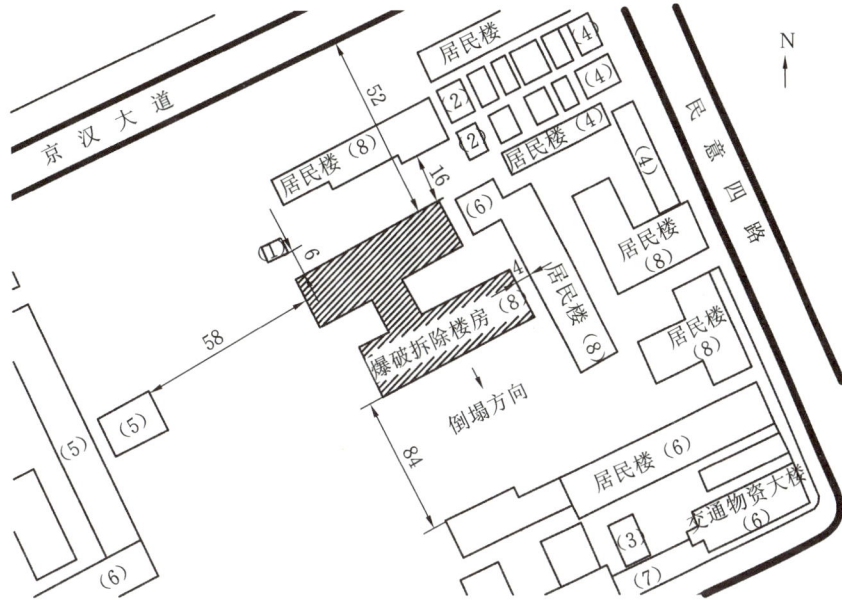

图 1　周围环境平面示意图(单位:m)

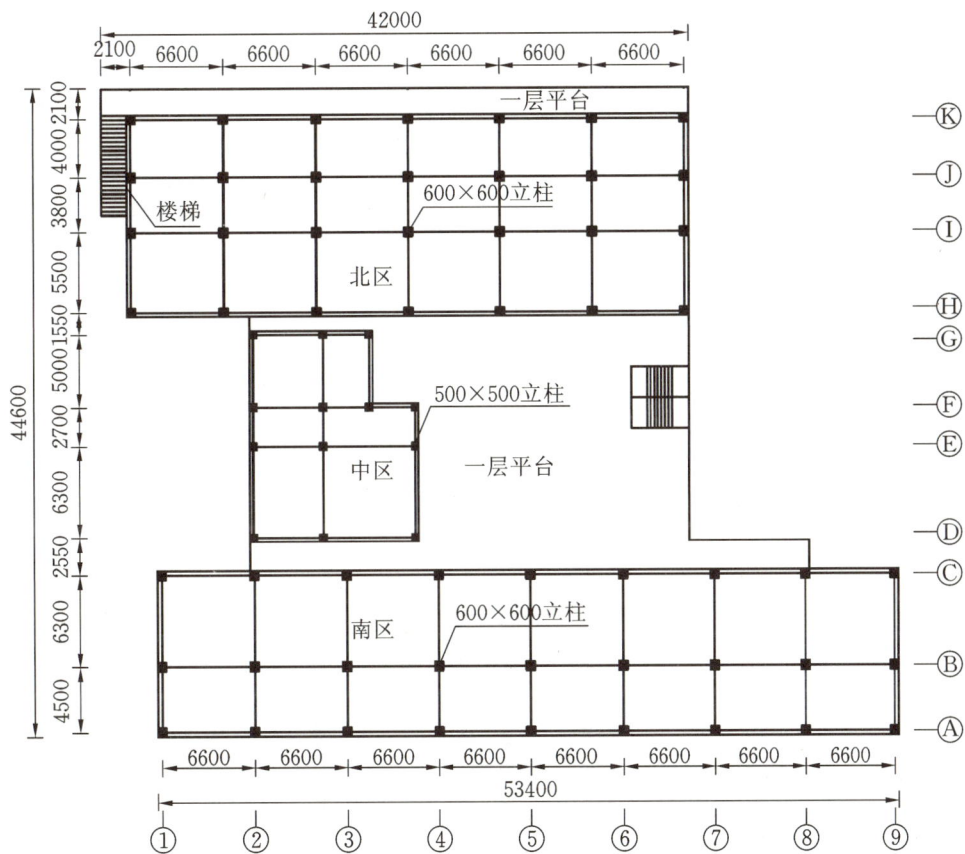

图 2　楼房平面图(单位:mm)

2　爆破拆除方案

2.1　工程特点

楼房各部分之间的距离小,倒塌过程中存在相互影响,空中姿态控制难度大。

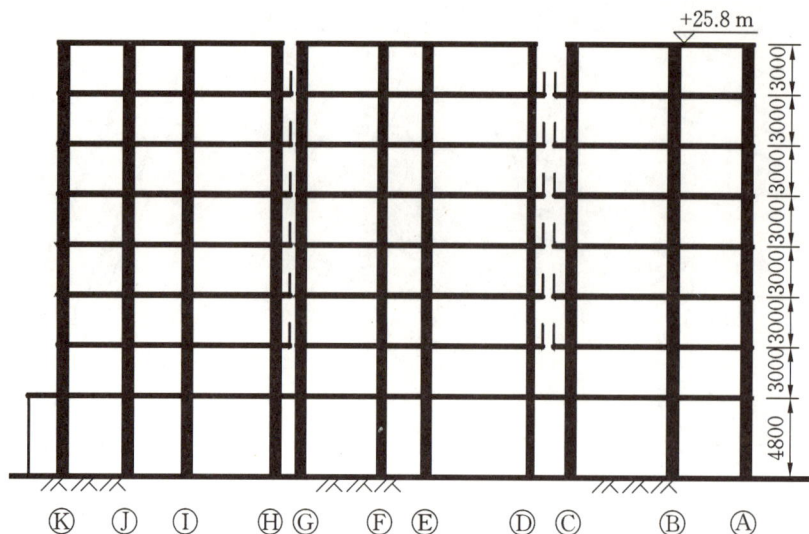

图3　楼房立面图(单位:mm)

可供选择的倒塌方向有限,楼房北侧、东侧均有楼房未拆除,只有南侧和西侧可以为楼房倒塌提供场地。

楼房倒塌后存在爆堆堆叠现象。

2.2　爆破总体方案

根据楼房的环境,楼房西侧和南侧可以为倒塌提供场地,为了确保楼房倒塌效果,大楼采用"整体向南定向倒塌"的爆破方案,该方案可最大限度地降低对轻轨的影响。

3　爆破设计

3.1　爆破切口设计

本次爆破南区切口布设在1～3层,中区切口布设在1～3层,为防止倒塌后爆堆堆积过高,确保北区的破碎效果,北区布设2个切口,分别布设在1～3层、6层。切口布设见图4。切口范围内立柱高度见表1。

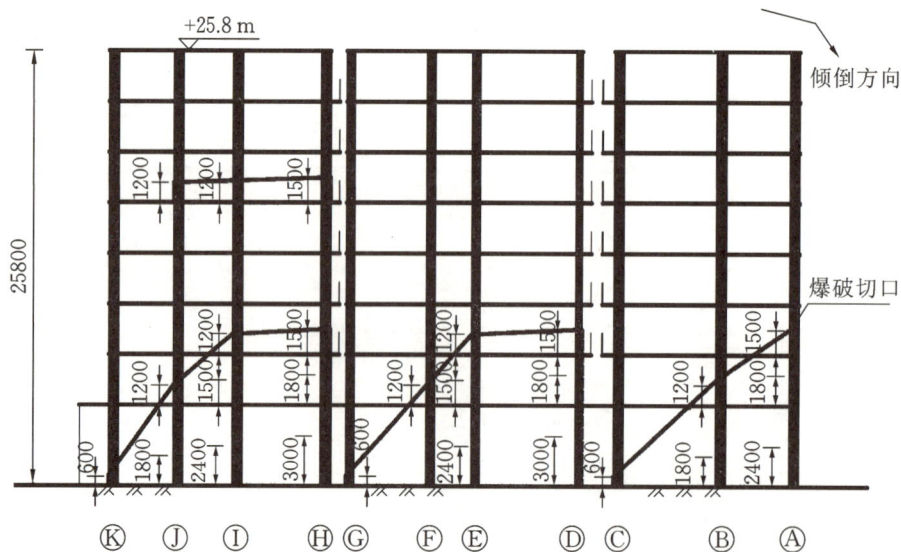

图4　爆破切口示意图(单位:mm)

表 1　爆破切口高度(单位：m)

楼层	南区			中区				北区			
	Ⓐ轴	Ⓑ轴	Ⓒ轴	Ⓓ轴	Ⓔ轴	Ⓕ轴	Ⓖ轴	Ⓗ轴	Ⓘ轴	Ⓙ轴	Ⓚ轴
1层	2.4	1.8	0.6	2.4	1.8	1.2	0.6	3.0	2.4	1.8	0.6
2层	1.8	1.5	—	1.8	1.5	—	—	1.8	1.5	1.2	—
3层	1.5	—	—	1.5	1.2	—	—	1.5	1.2	—	—
6层	—	—	—	—	—	—	—	1.5	1.2	1.2	—

3.2　爆破参数

立柱爆破参数见表 2。

表 2　孔网参数及爆破药量设计表

构件名称	尺寸/cm	最小抵抗线 w/cm	孔距 a/cm	排距 b/cm	孔深 l/cm	单耗 k/(g/m³)	实际单孔装药量 q/g
立柱	50×50	25	30	—	35	1333	100
立柱	60×60	30	30	—	45	1389	150

3.3　爆破网路

孔内采用 MS16(1020 ms)导爆管雷管，每排同时起爆，排间自南向北采用 MS9(310 ms)导爆管雷管接力延时，其中Ⓒ、Ⓓ轴间与Ⓖ、Ⓗ轴间采用 MS11(460 ms)接力延时的起爆网路。为保护爆破网路安全，在Ⓒ、Ⓓ轴和Ⓖ、Ⓗ轴间悬挂 1 层防护网，层间采用 MS7(200 ms)导爆管雷管接力延时起爆。

网路分区见图 5，每响爆破时间见表 3。

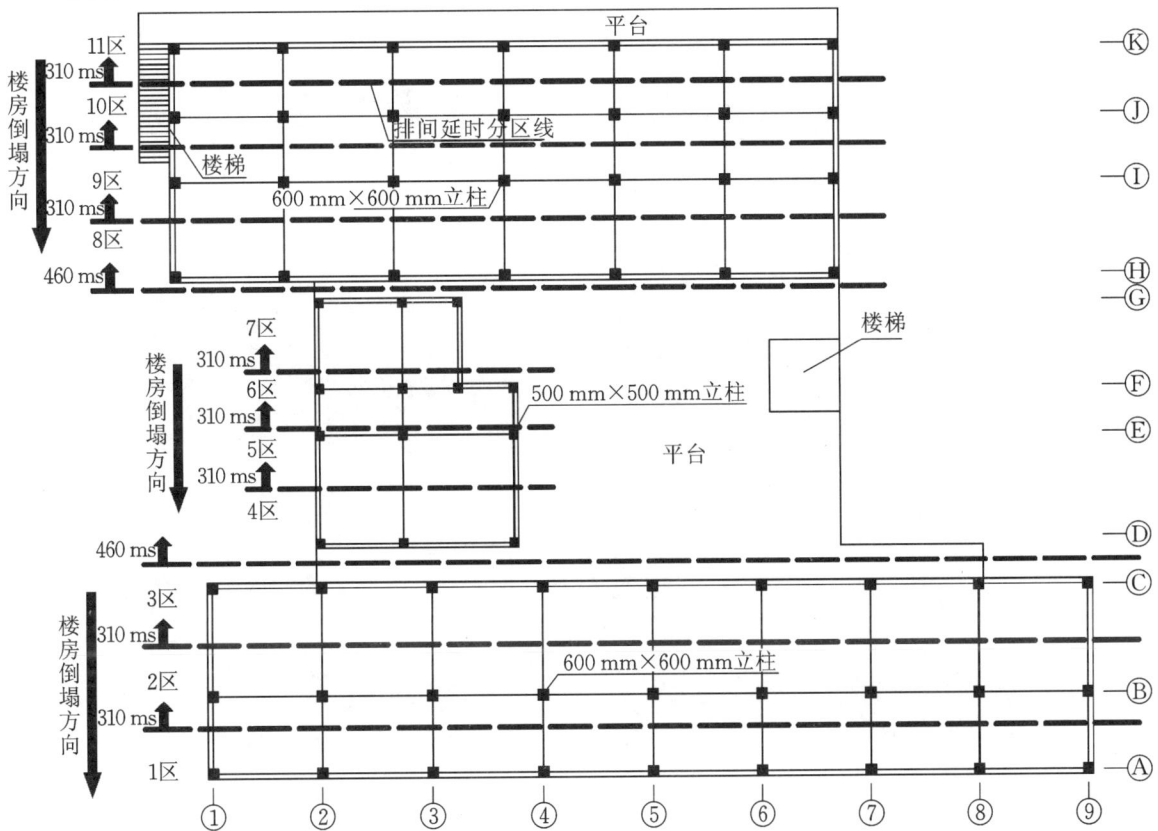

图 5　网路分区示意图

表 3　延期时间表(ms)

楼层	1 区	2 区	3 区	4 区	5 区	6 区	7 区	8 区	9 区	10 区	11 区
1 层	0	310	620	1080	1390	1700	2010	2470	2780	3090	3400
	1020	1330	1640	2100	2410	2720	3030	3490	3800	4110	4420
2 层	200	510	—	1280	1590	1900	—	2670	2980	3290	—
	1220	1530	—	2300	2610	2920	—	3690	4000	4310	—
3 层	400	—	—	1480	1790	—	—	2870	3180	—	—
	1420	—	—	2500	2810	—	—	3890	4200	—	—
6 层	—	—	—	—	—	—	—	3330	3640	3950	—
	—	—	—	—	—	—	—	4350	4660	4970	—

4　爆破效果与体会

4.1　爆破效果

　　起爆后,大楼南区首先向南倾倒,中区和北区依次向南倒塌。南区楼房倒塌破碎效果比较好;中区楼体倒塌后堆叠在南区爆堆上,破碎效果良好;北区楼体倒塌解体后堆积在中区爆堆上,爆堆最高约 9 m,楼房北区靠近东侧部分未与其他楼体重叠堆积部分爆堆较低。北区楼体倒塌后,后排未出现明显后坐现象,北侧 6 m 处的民房完好无损,见图 6。

图 6　爆破照片
(a)爆破前;(b)大楼南区倾倒;(c)南区触地,中区开始倾倒;
(d)中区触地,北区开始倾倒;(e)爆破后;(f)北区倾倒

4.2 几点体会

（1）多个相互独立的分区楼体之间在同向定向爆破倒塌过程中存在相互作用，爆破时需合理安排起爆顺序及时差，减少楼体间的相互影响，区间起爆时差选择应根据各区倒塌历程不同适当予以调整。

（2）中区楼体倒塌后爆堆堆积在南区爆堆之上，北区楼体倒塌后爆堆堆积在中区爆堆之上，在其触地过程中首先对先倒塌的爆堆进行压缩，使得之前的爆堆解体得更加充分，同时也使得楼体的触地冲击能得到有效缓解，有效降低触地振动。

由于受两侧楼体的挤压或阻挡作用，塌落速度减缓或过程受到影响，造成 5～7 层破碎不充分，应对未爆楼层采取增设爆点或降低刚性等措施。

（3）组合结构楼房的分区多向爆破拆除应在加强结构倒塌过程与相互间作用分析的基础上，科学确定倒塌方向、起爆时序、爆破高度等关键参数及预处理方案。

第 3 篇　拆除爆破·高耸构筑物

双向折叠爆破拆除 100 m 钢筋砼烟囱

谢先启　贾永胜　罗启军　韩传伟　严　涛

(武汉爆破公司,湖北武汉 430023)

摘　要:采用双向折叠控制爆破技术,成功拆除 100 m 钢筋混凝土烟囱,为国内成功实施的首例。采用双向折叠控制爆破技术拆除高耸钢筋混凝土烟囱有 2 个关键技术问题:(1)上部切口位置;(2)上下切口起爆时差。在工程实践中,上部切口位置为 30 m,上下切口时差 2.2 s,爆破后折叠倒塌及破碎效果都很理想。

关键词:双向折叠爆破;100 m 钢筋混凝土烟囱;上部切口位置;上下切口起爆时差;倒塌及破碎效果

Demolition 100 m-high reinforced concrete chimney by bidirection folding blasting

XIE Xianqi　JIA Yongsheng　LUO Qijun　HAN Chuanwei　YAN Tao

(Wuhan Blasting Engineering Company,Wuhan 430023,China)

Abstract:A 100 meter high chimney with reinforced concrete structure was demolished by means of a bidirection folding blasting technology. Everything went exactly as planned. It is the first and successful example in China. To achieve two-folding collapsing, the following key questions are solved:(1)The location of the upper cut,(2)How long was the time between the upper and the lower cut . In engineering:(1)the upper cut at 30 m,(2) $\Delta t = 2.2$ s. The folding collapsing postures were perfect and the chimney was fully fragmented.

Keywords:Bidirection folding blasting;100 m-high reinforced concrete chimney;The upper cut location;The time interval between the upper and lower cut ;Collapsing effect

1　工程概况

1.1　工程周边环境

　　100 m 钢筋混凝土烟囱(注:本文标题中"砼烟囱"即为"混凝土烟囱")位于武汉市原阳逻化肥厂厂区内,因土地开发需将其拆除。烟囱东侧 120 m 处为马路,马路外侧为民居;距烟囱南侧 18 m 为 4 层民房;西侧 14 m 为废弃水池,75 m 处有一架空电线,120 m 外是长江;北侧 80 m 有一池塘,东北方向 54 m 处有一废弃砖烟囱。爆区环境见图 1。

1.2　结构特征

　　该烟囱高 100 m,为钢筋混凝土筒式结构,因建成后该厂即停产,故该烟囱未使用。烟囱筒身采用 C30 钢筋混凝土整体滑模浇筑,内衬为红砖砂浆砌筑而成。筒身布单层钢筋网,0~10 m 范围内竖向钢筋为 φ28,环向钢筋为 φ18,间距均为 200 mm。+1.0 m 标高处,烟囱外直径为 7.8 m,混凝土壁厚 40 cm,内衬红砖厚 24 cm,隔热层为 10 cm,钢筋保护层为 10 cm。在烟囱底部正东、正西方向各有一高1.8 m、宽 1.0 m 的出灰口;在+5.6 m 标高处,正南、正北方向各有一高 4.8 m、宽 3.2 m 的烟道口。+30.0 m标高处外直径 6.57 m,混凝土壁厚 30 cm,内衬红砖厚 12 cm,隔热层为 5 cm,竖向钢筋为 φ22,环向钢筋为 φ18,间距为 20 cm。烟囱结构见图 2。

本文原载于《爆破》2004 年第 21 卷第 3 期。

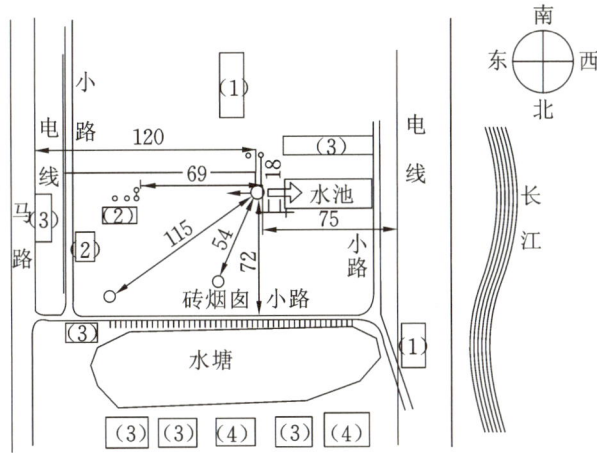

图 1　爆区环境示意图(单位:m)

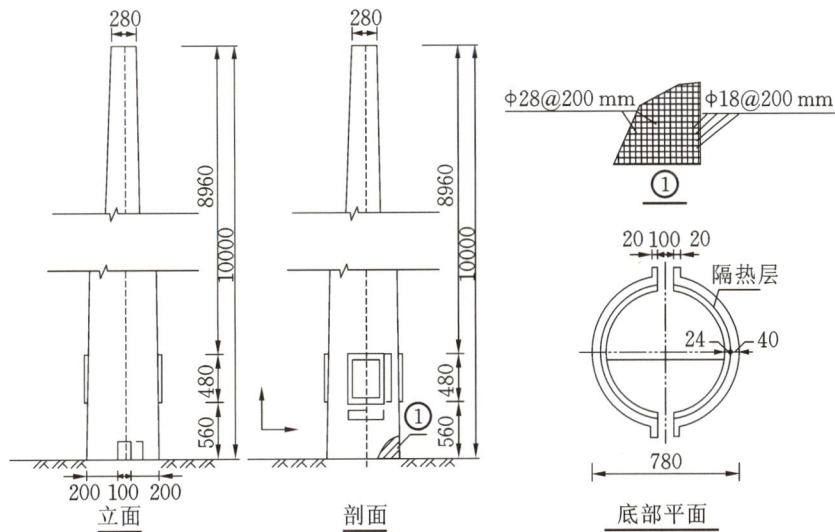

图 2　烟囱结构示意图(单位:cm)

2　爆破方案的确定

对于高耸建筑物采用定向爆破,施工速度快、成本低,从图 1 可以看出,四周环境条件较好,有多个方向可供倒塌。考虑到为今后苛刻条件下高烟囱折叠爆破积累经验,拟采用"双向折叠倒塌"的总体倒塌方案。折叠倒塌时上部筒体定向倾倒与正常底部切口定向倒塌的原理基本相同,但对于定向准确性的控制,其影响因素较多,控制难度较大,故在选择双向折叠倒塌的方向及上部切口位置时应综合考虑环境因素及烟囱本身结构特征(如烟道位置、筒身强度等)。

该烟囱拟采用"东西向双向折叠倒塌"的方案,即上部切口布置在 +30.0 m 标高处,向正西倒塌;下部切口布置在 +1.0 m 标高处,向正东倒塌。采用先上后下的起爆顺序。

3　爆破切口设计

3.1　切口形式

该工程上下切口均采用正梯形切口。

3.2 切口圆心角 θ

切口圆心角直接决定切口的展开长度,而切口长度决定了倾覆力矩的大小。切口偏长,倾覆力矩偏大,支铰易于破坏,不利于烟囱的平稳倒塌。通常情况下,爆破切口的长度是以烟囱重力引起的截面弯矩(M_P)应等于或稍大于预留支撑截面极限抗弯力矩(M_R)为主要依据来确定的。参照类似工程经验,取如下切口圆心角:

(1)+30.0 m 标高处切口圆心角 $\theta_1=220°$;

(2)+1.0 m 标高处切口圆心角 $\theta_2=225°$。

3.3 切口高度 H 和展长 L

1)切口高度 H

据一般工程经验,$H=(1/6\sim1/4)D$,其中 D 为切口处外径。+1.0 m 标高处外直径为 7.8 m,而 +30.0 m 标高处外直径为 6.57 m,H 值取值如下:

(1)+30.0 m 标高处切口高度 $H_1=1.5$ m;

(2)+1.0 m 标高处切口高度 $H_2=3.5$ m。

2)切口展长 L

(1)+30.0 m 标高处切口展长:

$L_1=(220°/360°)×20.64=12.6$ m;

(2)+1.0 m 标高处切口展长:

$L_2=(225°/360°)×24.49=15.31$ m。

3.4 切口闭合角 α

切口闭合角 α 取值如下:

(1)+30.0 m 标高处切口闭合角 $\alpha_1=25°$;

(2)+1.0 m 标高处切口闭合角 $\alpha_2=30°$。

3.5 定向窗

用风镐开凿定向窗,并修凿到设计尺寸,保证两侧定向窗在同一高程,窗内钢筋全部割掉。+30.0 m 标高处定向窗尺寸为宽 1.2 m、高 0.56 m 的三角形缺口。+1.0 m 标高处定向窗尺寸为宽 1.5 m、高 0.87 m 的三角形缺口。

3.6 支撑区的处理

上、下支撑区均经强度校核,符合稳定性要求。下部支撑区出灰口用高标号水泥砂浆砌 75 cm 厚砖墙砌筑并抹面,养护期不少于 5 d。

爆破切口的相关参数均见图 3。

4 爆破设计

4.1 上切口位置及切口爆破参数

根据钻爆施工的可行性,经过折叠倾倒过程烟囱的运动学理论校核,选取上切口位置为 +30.0 m 标高处。上部切口的爆破设计参数为:

炮眼直径 $d_1=40$ mm;炮眼深度 $l_1=0.68×\delta_1=0.68×30=20.4$ cm(δ_1 为爆破切口部位的烟囱壁

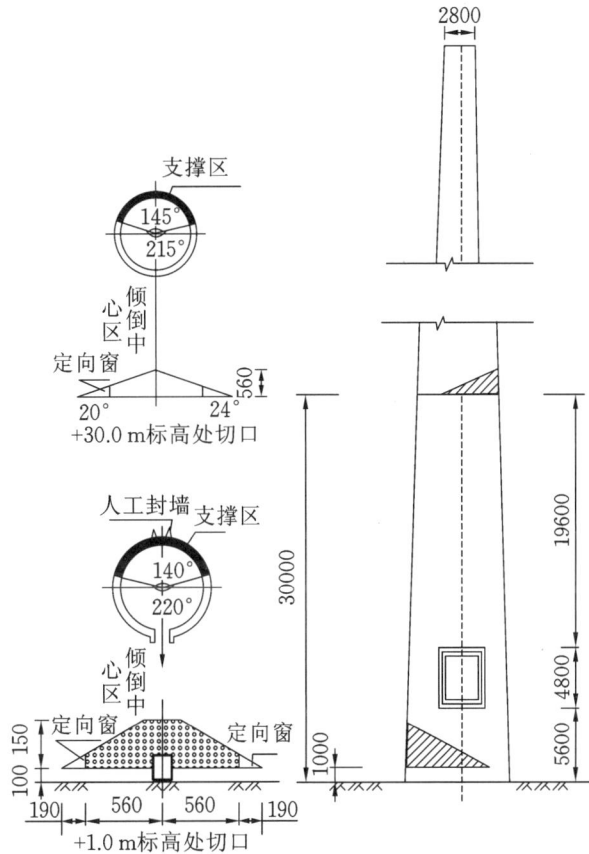

图 3　爆破缺口示意图(单位:mm)

厚);炮眼间距 $a_1 = 30$ cm;炮眼排距 $b_1 = a_1$;单孔药量 $q_1 = K_1 a_1 b_1 \delta_1$,取单耗 $K_1 = 2000$ g/m³,则 $q_1 = 54$ g。

+30.0 m 标高处切口共布炮孔 159 个,装药时下 3 排 90 个炮孔,单孔装药 100 g,上 3 排 69 个炮孔,单孔装药 60 g。

4.2　+30.0 m 标高处切口内衬处理

此处内衬为 12 cm 砖墙,将其预处理,使其化墙为柱,在内衬与筒壁间布设少量外部装药,与筒壁炮眼同网同段起爆。

4.3　+1.0 m 标高处切口爆破参数

炮眼直径 $d_2 = 40$ mm;炮眼深度 $l_2 = 0.68\delta_2 = 28$ cm;炮眼间距 $a_2 = 35$ cm;炮眼排距 $b_2 = 35$ cm;炮眼排数 $N_2 = 3.5/0.35 + 1 = 11$ 排;单孔药量 $q_2 = K_2 a_2 b_2 \delta_2$,取 $K_2 = 2000$ g/m³,则 $q_2 = 100$ g。

+1.0 m 标高处共钻 274 个孔,下 5 排 152 个孔,单孔装药 150 g,上 4 排 122 个孔,单孔装药 100 g。

4.4　+1.0 m 标高处切口内衬爆破参数

内衬经预处理后,钻孔并与 +1.0 m 底部爆破缺口筒身同网同段起爆。

内衬爆高 $H_3 = 2.4$ m,取 $l_3 = 16$ cm,$a_3 = b_3 = 30$ cm,$q_3 = 50$ g。共布孔 9 排,实钻炮孔 300 个。该工程均采用 2# 岩石乳化炸药。

4.5　预处理

(1)上、下切口处切断烟囱避雷针。

（2）＋4.6 m 标高处烟道分割墙爆前拆除。

（3）＋4.6 m 标高处烟道分割墙横梁钻垂直孔 6 个，与＋1.0 m 标高处切口内衬一同爆破，单孔药量 100 g。

5　起爆网路

5.1　上下切口时差

根据理论分析并参照类似工程经验，取上下切口起爆时差 $\Delta T = 2.2$ s。

5.2　网路联接形式

上切口孔内均采用毫秒 1 段导爆管雷管，每 20 根捆成一束，每束由 2 发瞬发电雷管起爆，电雷管串联接入主网路。下切口采用孔内外联合延时起爆的方法，即孔内装毫秒 16 段导爆管雷管，然后每 20 根捆成一束，每束捆 2 发毫秒 16 段导爆管雷管，孔外延时 16 段导爆管雷管约 10 根捆成一束，束与束之间用 1 段毫秒导爆管雷管互联，每束捆 2 发毫秒 1 段导爆管雷管，然后将毫秒 1 段导爆管雷管捆成 1～2 束，每束捆 2 发瞬发电雷管，将电雷管串联接入主网路。

用 GM-300 起爆仪点火起爆。

5.3　下部切口网路的安全防护

因下部切口迟于上部切口较长时间，由孔外延迟起爆，则下部切口必须采用有效措施保证其在起爆后不受上部切口起爆后带来的安全威胁。首先，将下部网路尽量贴于筒身并用帆布覆盖，然后在切口上部脚手架上设置多层防坠落平台，在烟囱内部原烟道分隔处脚手架上设置防坠落平台。

6　爆破效果

6.1　烟囱折叠倒塌过程

上部缺口起爆后，上部 70 m 站立；2.2 s 后，下部缺口爆破，下部 30 m 向东倾倒，上下两部分形成了复合运动，即形成了下部向东、上部向西的折叠倒塌过程。下部历时 6.5 s 后先着地，上部 70 m 继续运动，约 1.5 s 后全部着地，烟囱整个折叠倒塌过程历时约 8 s。倒塌过程见图 4。

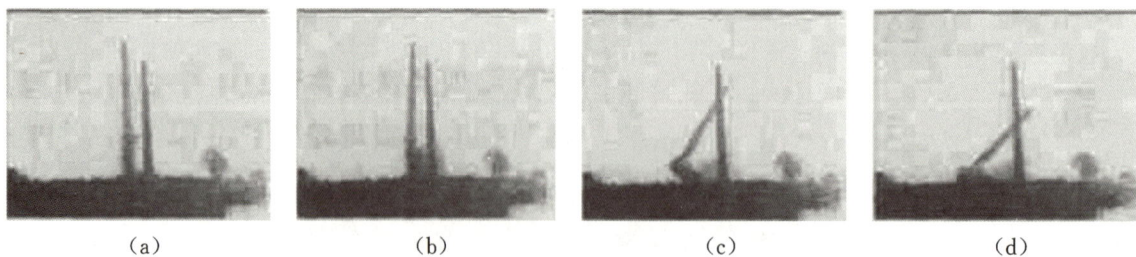

（a）　　　　　　　　（b）　　　　　　　　（c）　　　　　　　　（d）

图 4　烟囱折叠倒塌过程

(a)$t=0$ s；(b)$t=2.5$ s；(c)$t=5.0$ s；(d)$t=6.5$ s

爆破前进行的烟囱折叠运动模拟与实际情况吻合得很好。落地瞬间两段筒体相互位置的模拟也与实测结果基本一致。

6.2　倾倒方向控制结果

经爆后测量,下部 30 m 实际倾倒中心线与设计中心线基本完全重合;上部 70 m 除与下部重叠 30 m 外,其余 30 m 实际倾倒中心线与设计中心线相比,向西北方向偏移约 30′,这可能是因为该部分落入水池中,因水池高低不平而略有侧移。

因此,可以认为本次钢筋混凝土烟囱双向折叠定向倾倒爆破过程中倾倒方向得到了非常好的控制。

6.3　烟囱折叠效果及爆堆形状

爆破后发现,烟囱完全按设计要求实现了双向折叠爆破,下部 30 m 完全重叠在一起。实测堆积范围为:从烟囱中心计,向东侧倒塌长度 31.2 m,向西侧倒塌长度 38.4 m,向东侧倒塌部分完全重叠在一起;除东侧最上层 21.6 m 龟裂外,其余大部分破碎情况良好,混凝土筒体破碎,钢筋大部分与混凝土脱离。

爆堆高度:烟囱原中心部位爆堆高 2.8 m,东部距离 31.2 m 处爆堆高 1.2 m,自烟囱中心向西侧部分破碎充分,钢筋与混凝土完全脱离,爆堆高度不足 0.5 m。烟囱顶部跌入水池。

实测爆堆范围和爆堆堆积高度数据表明:(1)上下两部分筒体在倾倒过程中折叠得非常成功;(2)在整个烟囱的折叠倾倒过程中,上部切口部位的支撑筒壁没有发生压溃式后坐或塌落,从而确保了烟囱按设计方向倾倒。

150 m 钢筋砼烟囱爆破拆除技术与分析

谢先启

(武汉爆破公司,武汉 430023)

摘　要:在长 162 m、宽 44 m 的狭长区域内完成 150 m 烟囱定向爆破拆除,必须精确定向并有效控制前冲。本文介绍了黄石电厂 150 m 钢筋混凝土烟囱爆破拆除的设计与施工,并结合爆破效果分析了烟囱偏转和筒体因拉断脱离而引起前冲的原因并提出预防改进措施,可供类似工程参考。

关键词:烟囱;拆除爆破;前冲;偏转

Blasting technology and effect analysis in demolition of a reinforced concrete chimney of 150 m height

XIE Xianqi

(Wuhan Blasting Engineering Company,Wuhan 430023,China)

Abstract:When a chimney of 150 m is demolished by directional blasting in a long and narrow area with dimensions of 162 m long and 44 m wide,directional precision and moving-up must be controlled effectively. Design and implementation of directional blasting for demolition of a reinforced concrete chimney with a height of 150 m in Huangshi Power Plant were introduced in this paper. According to the blasting effect,the reasons of deviation and moving-up were analyzed,and at the same time,the corresponding improvement was given. The experience obtained from the project can be used as a reference for similar projects.

Keywords:Chimney;Blasting demolition;Moving-up;Deviation

1　工程概况

1.1　周边环境

　　待拆除的 150 m 钢筋混凝土烟囱位于湖北华电黄石发电股份有限公司厂区内,烟囱周边环境十分复杂:东北侧 13 m 为生产使用的 180 m 烟囱,南侧约 162 m 为保留的 13 号胶带走廊,北侧 8 m 为停用的电除尘器,西侧 18 m 为正在使用中的 6 号、9 号胶带走廊。烟囱只有南侧方向一个长 162 m、宽 44 m 的狭长范围内可供倒塌。烟囱爆破环境如图 1 所示。

1.2　烟囱结构

　　该烟囱为钢筋混凝土筒式圆形结构,建于 1975 年,烟囱筒身采用 200# 混凝土整体滑模浇筑,烟囱底部外径 13.14 m,壁厚 55 cm,+6.00 m 以下无内衬。筒身 0～6.0 m 为双层钢筋网,+6.00 m 以上为单层钢筋网。烟囱底部北面和南面各有一个出灰口,高 2.5 m,宽 1.8 m,+6.00 m 处北面和南面各有一个烟道,高 10.3 m,宽 4.8 m。+6.00 m 处为井字梁支撑的积灰平台,下部为钢制灰斗,井字梁放在筒壁的牛腿上。该钢筋混凝土烟囱筒身混凝土体积为 1117.55 m³。

　　本文原载于《工程爆破》2008 年第 14 卷第 1 期。

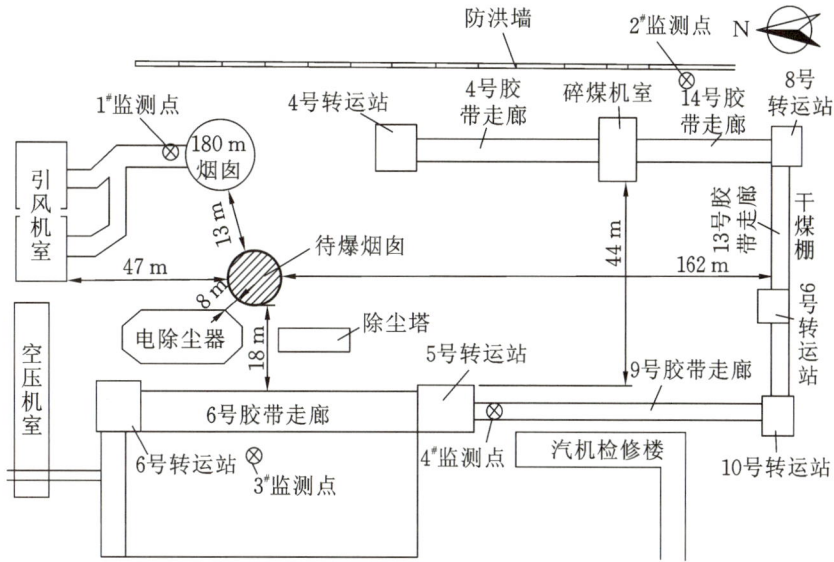

图 1 烟囱爆破环境示意图

2 爆破方案与设计

2.1 爆破方案的确定

根据待拆烟囱的周围环境,只有南侧拆除部分建构(筑)物后有约长 162 m 的空地可供烟囱倒塌。结合烟囱结构特征及爆破安全要求,有以下三种方案可供选择:

(1) 方案Ⅰ:切口布置于底部 +1.2 m 处,向南定向倾倒;

(2) 方案Ⅱ:切口布置于 +17.5 m 处,向南定向倾倒;

(3) 方案Ⅲ:切口布置于 +1.2 m 和 +17.5 m 处,南、北双向折叠倒塌。

综合考虑工期、倒塌长度等多方面因素,决定采用方案Ⅰ,即"切口布置于底部 +1.2 m 处,向南定向倾倒"的拆除方案。经现场测量,为避开南侧 162 m 处 9# 转运站,让烟囱倒塌在 9# 胶带走廊下部,决定采用向南偏东 2°的定向倒塌爆破方案。爆前对积灰平台处灰斗进行处理。

2.2 爆破切口设计

(1) 切口形状与位置。为严格控制烟囱的倒塌方向,防止后坐,本工程采用正梯形缺口。爆破切口布于烟囱底部 +1.2 m 处,不仅施工方便,飞石亦易于防护且利于烟囱切口的定向转动,有效地控制了烟囱下坐。此外,将支撑区 2.5 m×1.8 m 出灰口用槽钢支撑。

(2) 切口长度及切口圆心角。切口圆心角直接决定切口的展开长度,而切口长度决定了倾覆力矩的大小。通常情况下,爆破切口的长度是以烟囱的重力引起的截面弯矩(M_P)应等于或稍大于预留支撑截面极限抗弯力矩(M_R)为主要依据来确定的。经专家论证,切口圆心角以 210°～220°为宜,取 216°。实测 +1.2 m 处外周长为 40.95 m,爆破切口长度 $L = 40.95$ m×0.6 = 24.57 m。

(3) 切口高度。与烟囱的材质和筒壁厚度有关,设计要求切口高度 h 满足:

$$h \geqslant (3.0 \sim 5.0)\delta \tag{1}$$

式中,δ 为爆破切口部位的烟囱壁厚(m)。将相关数值代入式(1),可得 $h \geqslant 1.65 \sim 2.75$ m。为保证烟囱顺利倒倒,并参照国内外 150 m 烟囱爆破切口高度,经专家论证,以 2.2～2.8 m 为宜,实取 $h = 2.4$ m。

(4) 定向窗。切口闭合角 α 取值为 25°,用水钻取芯形成定向窗轮廓,采用风镐、手锤、凿子修凿到设计尺寸,并保证两侧定向窗在同一高程,窗内钢筋全部割掉。爆破切口参数如图 2 所示。

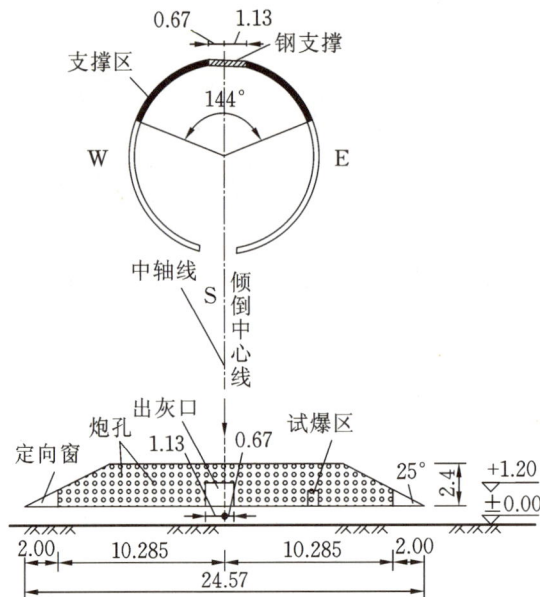

图 2　爆破切口和炮孔布置展开图(单位:m)

2.3　爆破参数设计

(1) 炮孔参数设计。炮孔直径 40 mm,深度 $l=0.68 \times 0.55=37.4$ cm,施工中取 40 cm。试爆时,不回填装乳化炸药 150 g,共装 9 个炮孔,爆后筒壁内侧钢筋暴露凸起,混凝土脱离,外侧破裂,混凝土未脱离钢筋,效果不是很理想。决定上部 3 排炮孔回填至 38 cm,底部 4 排炮孔不回填。炮孔间距取 $a=$ 30 cm,排距取 $b=40$ cm;共 7 排炮孔,再考虑一些其他的因素,实钻炮孔 436 个。

(2) 装药参数。单孔药量计算式 $q=Kab\delta$,K 为单耗,取 $K=3000$ g/m³,则 $q=198$ g,取 200 g,本工程采用 2# 岩石乳化炸药。经试爆后,上部 3 排孔装药量为 200 g,下部 4 排单孔装药量为 250 g,共用炸药约 90 kg。

2.4　安全设计

(1) 飞石防护。爆破飞石的飞散距离是划定爆破安全警戒范围和确定防护等级的主要依据。本次爆破防飞石采用近体防护,在距烟囱爆破切口 1 m 处搭设竹排架防护,底部码沙袋约 1.5 m 高,上部用竹跳板再用帆布覆盖。

(2) 防止塌落飞溅。在爆破倾倒方向长 162 m、宽 40 m 范围内的建(构)筑物爆前要拆除,并在此方向 60～160 m 范围内铺设 11 道高 2.0～3.5 m,宽 2～3 m、长 18～38 m 减振砂墙。

3　爆破效果及其分析

3.1　爆破效果

2007 年 9 月 12 日下午 4 时 38 分实施爆破,爆后烟囱实现定向倾倒,向西偏离原定中心线约 3°,倾倒历时 12 s,坍落振动和飞石对周边基本无影响。9# 煤栈桥完好无损,相邻的 180 m 烟囱安然无恙,倾倒正前方 162 m 处的转运站受到烟囱顶部碴块冲击,造成部分墙体破坏,但该建筑主体结构稳定、立柱完好。烟囱筒体则自出灰口以上 15 m 内出现破裂和局部变形,牛腿受到破坏,积灰平台在烟囱倾倒运动过程中脱落,落在烟囱基础原处,筒身 15～40 m 处钢筋与混凝土脱离,钢筋暴露,占地宽度范围为 1/2 烟囱周长,两侧未出现钢筋拉断、混凝土与内衬外溢现象,140 m 以上钢筋混凝土散落。烟囱爆破与倾倒过程中筒体约 78 m 处出现断裂,可能为施工过程中混凝土浇筑停顿造成的间隔连接界面。烟囱倒地过程中,依次与沙袋减振墙碰撞,加速了筒身的破碎和脱离,实测时在几个码沙袋墙处发现了类似现象。烟囱爆堆在 78 m 处出现断裂,断开长度 16.7 m;117 m 处断开长度 6.77 m;130 m 处断开长度 3.86 m;145 m 以上完全碎裂。支撑区出灰口加固槽钢因未与筒身钢筋焊接,爆破时被冲出,基本上未起作用。

3.2 烟囱倾倒方向偏移分析

(1)烟囱倾倒方向偏移可能是倾倒中心线后部出灰口两侧受拉区钢筋不对称造成的,中心线偏出灰口中轴线西侧约 23 cm。烟囱微倾时,在因支撑区钢筋混凝土抗剪强度不够而发生先下坐后倾倒的过程中,受拉钢筋数量及作用力大小不对称。

(2)受支撑区后侧地质情况影响,爆破切口定于 +1.2 m 处,地面自然标高 +0.5 m 处,+0.5 m 以下情况不明。从烟囱倒塌后根部翻起和支撑区破碎的情况来看,西侧地质松软,东侧较坚实。烟囱西侧遭破坏的钢筋混凝土少、东侧多,下坐时造成向西侧稍倾。

(3)施工不够精细造成误差。东侧定向窗比西侧定向窗高 1 cm,经计算该误差引起烟囱头部向西偏移约 12 cm,可能加快了烟囱倾斜。

(4)烟囱历经 30 多年风雨,年久失修,腐蚀严重,并且爆破时的风向也可能是发生烟囱倒向偏移的原因。

3.3 烟囱倒地筒身脱节原因分析

(1)78 m 处烟囱本身浇筑混凝土不连续造成的自然界面,使得该处在烟囱倾倒过程中造成断裂,兼之受该处筒体下部与沙袋墙接触时落差的影响,加速了筒身折断与脱节。

(2)70 m、117 m、130 m、145 m 处由于沙袋墙落差对烟囱筒身脱节影响较大。

3.4 烟囱前冲较大原因分析

(1)烟囱本身结构原因使烟囱局部出现断开现象。

(2)沙袋墙落差加快了烟囱筒身折断,造成钢筋拉断,造成前冲约 8.0 m。

(3)受场地落差影响,在 140 m 处的场地东低西高,高差约 3 m,造成烟囱上部在此处断裂后被撕碎而前冲。

3.5 振动监测结果与分析

由水利部长江科学院工程质量检测中心提供的此工程爆破振动监测数据,如表 1 所示。

表 1 爆破振动监测数据

测点编号	测点部位	仪器编号	水平纵向振速		竖直向振速		水平横向振速	
			爆破	触地	爆破	触地	爆破	触地
1#	东侧 180 m 烟囱基础上	SEIS3581	1.78	0.51	7.62	1.02	3.81	1.02
2#	集控室基础上	SEIS3579	3.05	0.50	4.57	1.02	3.56	1.02
3#	爆区西侧厂房内基础上	BE10514	6.86	1.14	8.76	1.27	5.59	1.52
4#	6# 胶带走廊基础上	SEIS3587	2.03	3.56	2.54	3.30	0.76	1.78

注:振动速度的单位为 mm/s。

根据爆后对振动结果的分析可以得知:出现实际坍塌振动值小于计算理论数值可能是烟囱在触地前在空中已经分解,距烟囱 90 m 以上的倾倒场地为新填埋的碴块,在场地上铺设的沙袋墙较密,以及所有场地上均铺设了 50 cm 厚的黄沙等因素造成的。

4 结语

该 150 m 高钢筋混凝土烟囱定向爆破拆除时,虽然前冲对转运站墙体造成了部分破坏,但危害不大，并未对电厂正常生产造成影响，相较于烟囱成功实施定向爆破而言，可谓瑕不掩瑜、美中稍嫌不足。

150 m 高钢筋混凝土烟囱在底部采用单切口方式成功实施定向爆破，这在全国范围内可以说是首例。150 m 以上高耸烟囱倒塌发生的偏移、脱节、前冲现象，值得爆破界同行深思。本文提出的一些看法仅起抛砖引玉的作用，希望爆破界同行提出宝贵意见。

参加本工程设计施工的人员有贾永胜、罗启军、韩传伟、严涛、程良奎、刘昌邦等同志。

75 m 高砖烟囱控爆拆除

贾永胜　谢先启　严　涛

（武汉爆破公司,湖北 武汉,430015）

摘　要:本文介绍了 75 m 高烟囱的爆破设计及爆破效果,并对一些技术问题提出了建议,为类似工程提供参考。

关键词:烟囱;拆除爆破;技术设计

Explosive demolition of a 75 m-high chimney

JIA Yongsheng　XIE Xianqi　YAN Tao

（Wuhan Blasting Engineering Corporation,Wuhan,Hubei,430015,China）

Abstract:The design and effectiveness of explosive demolishing the 75 m-high chimney is introduced, and some technological proposals are put forward. The experience can be as reference to similar engineering.

Keywords:Chimney;Demolition blasting;Design

2000 年 3 月,受湖南某电厂的委托,我们成功地对该厂高 75 m 砖烟囱进行了控爆拆除。为总结经验并为类似烟囱爆破拆除提供借鉴,现将该烟囱拆除爆破的原始条件、设计参数及对爆后出现相关问题的讨论分述如下。

1　工程概况

1.1　结构特点

该烟囱系砖混圆形结构,高 75 m,底部外径 9.62 m,壁厚 0.89 m;下部 15 m 内衬厚 0.24 m,上部 60 m 内衬厚 0.12 m;隔热层厚 0.05 m。该烟囱烟道架高于 5.0 m,故 5.0 m 处有一钢筋混凝土灰斗（漏斗）,厚度 0.15 m;此外,下部 15 m 经加固维护,在原烟囱外壁加铺一层钢筋混凝土,厚 0.15 m,单层布筋。烟囱结构见图 1。

1.2　环境条件

该烟囱位于电厂厂区内,北侧距旧厂房 14 m,南侧距车间 30 m,距厂区道路 19 m,西侧距煤栈桥 92 m,东侧距生产车间 35 m。此外,在烟囱与旧厂房之间有麻石除尘器 8 座,亦需一并拆除,具体环境条件见图 2。

2　方案与技术设计

2.1　爆破方案

2.1.1　总体方案

根据烟囱所处环境条件,宜采取向西侧定向倒塌的方案。实施定向倒塌前,先采用定向爆破法将处于烟囱倾倒方向的麻石除尘器予以拆除。

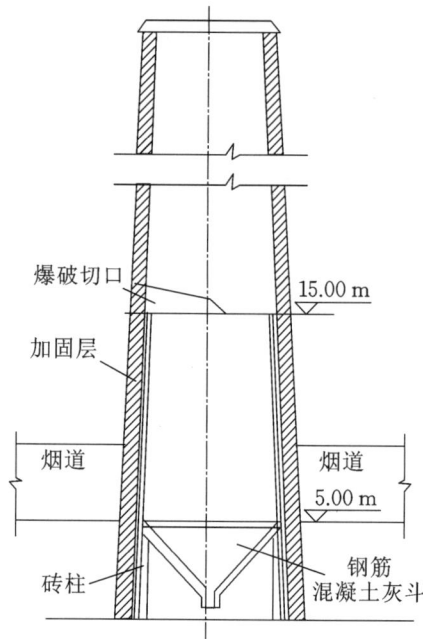

图 1　烟囱结构示意图(单位:cm)

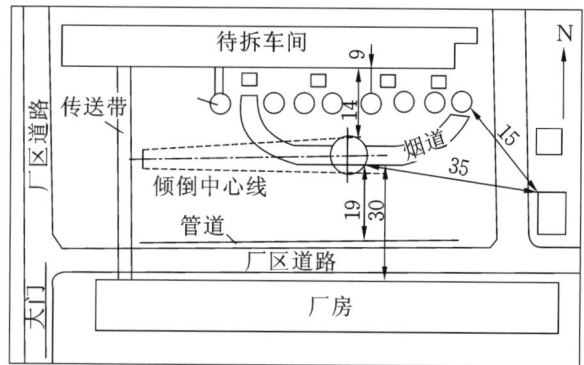

图 2　爆区环境示意图(单位:m)

2.1.2　爆破缺口位置的确定

从烟囱结构图上可以看出,烟囱下部 15 m 结构复杂,有多种附属结构。若在底部布置缺口,必须先将这些附属结构清除掉;加之下部 15 m 经加固维修,介质的同一性发生了变化,若在底部施爆,则必须考虑两种介质同时失稳,这样增大了施工难度和施工风险。因为该烟囱较高,方向稍偏则将影响四周保护建筑。综合考虑多方因素,决定搭设 15 m 高脚手架,将爆破缺口布置于 15 m 处,先使上部 60 m 向西侧定向倒塌后,再采用爆破法与机械拆除法联合进行拆除。

2.2　技术设计

2.2.1　切口形状

采用正梯形切口,两侧开凿三角形定向窗。

2.2.2　切口高度 H

一般取 $H=(1.5\sim3.0)\delta$,δ 为爆破切口部位的烟囱壁厚,实取 $H=1.6$ m。

2.2.3　切口长度 L

取圆心角 $\alpha=210°$,$L=15.6$ m。

2.2.4　孔网参数

孔深 $L_0=0.65\delta=42$ cm,孔距 $a=40$ cm,排距 $b=a=40$ cm。

15 m 处烟囱尺寸及切口展开图见图 3。

2.2.5　单孔药量 q

取 $q=100$ g,共打孔 155 个,总装药量 $\sum Q=14.98$ kg,经计算 $\sum Q/V=1217$ g/m³。

2.2.6　内衬的处理

爆破部位内衬仅为 0.12 m,其厚度较小,但为防止其对倾倒产生影响,仍将其相应部位用风镐削成数个小窗口,并在小窗口间的支承部位设外敷药包,外敷药包与主炮孔同时起爆。处理内衬共用炸药 3.2 kg。

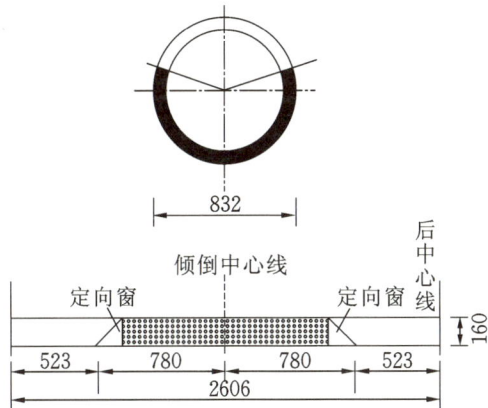

图3 切口展开图(单位:mm)

2.2.7 起爆方法

采用非电塑料导爆管雷管起爆,每孔内放置2发导爆雷管,然后每20根导爆管一束,用2枚即发电雷管串联起爆,再将电雷管串联接入网络。

3 爆破施工与防护

在施工前,对倒塌方向用经纬仪准确测定。炮孔位置、定向窗位置经严格检查,确保按设计施工。15 m脚手架用毛竹搭成,并保证作业面宽度和强度,用7655型凿岩机钻孔。

因切口位于地面以上15 m处,飞石防护需引起重视,考虑到环境条件,在脚手架外侧距烟囱1.5 m处搭设竹跳板墙,其高度超过上排炮孔0.5 m。爆后通过观察,飞石均控制在15 m以内。

4 爆破效果及相关问题讨论

4.1 爆破效果

起爆后,爆破缺口瞬间形成,而缺口上部出现掉砖现象,形成一个比设计效果大很多的缺口,烟囱站立约1 s后,出现明显的下坐现象;当烟囱向设计方向倾斜约15°时,烟囱下坐已近10 m。当烟囱倾倒至40°时,上部有明显折断现象。然后烟囱向西按预定方向倒塌,共历时7 s,烟囱倒塌完毕。经爆后测量,烟囱向西倒塌长度50 m,爆堆比较集中,烟囱完全解体,四周建筑安然无恙,也未影响厂家的正常生产,爆破取得了令人满意的效果。

4.2 相关问题的讨论

(1)此次爆破,烟囱出现了较明显的下坐,且下坐时间较早、较长,这应引起重视。对于类似的直径大、上部载荷大的厚壁烟囱,在布置爆破切口时,应确保足够的支撑面积,α不应小于210°。

(2)设置梯形切口加上三角形定向窗,使得烟囱定向准确。尤其是定向窗的导向作用非常明显。

(3)通过多例烟囱爆破观察发现,在爆破切口形成的瞬间,切口上部砖体均出现下塌现象,形成比设计要大很多的切口,所以爆破切口高度取1.5~2.0倍壁厚已足够。

(4)砖烟囱倾倒的运动过程与钢筋混凝土烟囱明显不同,并非通常认为的刚体定轴转动,而是烟囱从底部到顶部依次触地,近似于平面运动。其坍塌后倾倒距离往往小于其高度,所以在确定坍塌范围时,应考虑到这个问题。

(5)炸药单耗不宜过大,根据材质强度及爆破部位壁厚,将单耗控制在500~800 g/m³为宜。

冷却塔爆破拆除失稳机制与变形破坏特征研究

谢先启[1,2]　姚颖康[1,2]　贾永胜[1]　罗启军[1]
韩传伟[1]　刘昌邦[1]　黄小武[1]

(1. 武汉爆破有限公司,武汉 430023;2. 河海大学土木与交通学院,南京 210098)

摘　要:冷却塔为高耸薄壁结构,爆破拆除失稳机制复杂。依托高 70 m 钢筋混凝土冷却塔爆破拆除工程,通过多点无线高清摄像观测、支撑区动应变监测等手段,研究了冷却塔爆破拆除失稳过程中塔体的变形破坏特征和支撑区人字柱的应力演变机制。研究结果表明:切口区人字柱爆破时,首先,产生向上的脉冲荷载,脉冲荷载沿塔壁传向支撑区人字柱,使其首先承受动态拉伸荷载;然后,支撑区人字柱首先整体向下压缩,然后发生回弹振荡;重力矩重新分配后,靠近切口区的人字柱承受应变率为 $10^{-3}/s \sim 10^{-2}/s$ 量级的动态附加压应力,人字柱与圈梁连接点产生压剪破坏;随着人字柱破坏范围的扩大,塔体转动轴逐渐后移,支撑区后部人字柱最终在圈梁节点处发生弯折破坏。

关键词:冷却塔;爆破拆除;失稳机制;应变测试;摄像观测

Study on instability mechanism and deformation characteristics of hyperbolic cooling tower explosive demolition

XIE Xianqi[1,2]　YAO Yingkang[1,2]　JIA Yongsheng[1]　LUO Qijun[1]
HAN Chuanwei[1]　LIU Changbang[1]　HUANG Xiaowu[1]

(1. Wuhan Explosion & Blasting Co. ,Ltd. ,Wuhan 430023,China;
2. College of Civil & Transportation Engineering,Hohai University,Nanjing 210098,China)

Abstract:The hyperbolic cooling tower is a high rise thin-walled structure,the instability mechanism in blasting demolition process is complicated. Combined with a $H=70$ m hyperbolic cooling tower blasting demolition project,the instability mechanism of columns in support zone and deformation-failure characteristics of the tower were studied by high-definition camera observation and strain monitoring. In cutting zone blasting,the upper part of the tower was loaded with an upward pulse load,and the pulse load would be transmitted to columns in support zone through the tower wall. As a result,the columns was subjected to additional dynamic tensile stress. Subsequently,columns in support zone were compressed downwards and then rebounded. After the gravity moment redistribution,columns near the blasting cut were subjected to comparable high strain rate($10^{-3}/s \sim 10^{-2}/s$) pressure,and the connection point between the columns and the ring beam had a compressive-shear failure. With the failure region expansion of the columns,the rotary axis of the support zone continuously moved backwards,and columns of backside were not destroyed by impact compression,but the bending failure came into being at the upper and lower nodes.

Keywords:Hyperbolic cooling tower;Blasting demolition;Instability mechanism;Strain testing;Video observation

---

本文原载于《爆破》2017 年第 34 卷第 2 期。

目前,废弃火力发电厂中的双曲线钢筋混凝土冷却塔多采用爆破方式进行拆除。钢筋混凝土冷却塔具有体积大、塔壁薄、高细比小、重心低等特点,爆破拆除时,易发生后坐、坐而不倒等现象,事故发生率较高。部分学者和工程技术人员对冷却塔失稳倒塌机理进行了分析,其结果有助于在工程实践中优化爆破设计方案,保证爆破效果。针对冷却塔的失稳机制与变形破坏特征问题,工程技术人员多从工程设计角度开展技术探讨,深入地进行理论或试验研究的相对较少。

综上所述,目前针对冷却塔爆破过程中结构支撑区荷载的调整过程以及人字柱的失稳机制及变形破坏特征的研究相对较少。本文研究者依托高 70 m 冷却塔爆破拆除工程项目开展了现场试验研究,参考相关研究成果,结合摄像分析和应变测试技术,对冷却塔可靠失稳倒塌情况下的支撑区失稳破坏机制和变形破坏特征进行了分析。

1 爆破方案

待爆破拆除的冷却塔高 70 m(图 1),底部外径为 54.9 m,壁厚 500 mm,顶部外径为 32.6 m,壁厚 120 mm。0.00~5.00 m 标高为人字形立柱支撑结构,立柱截面尺寸为 400 mm×400 mm,高度为 5.0 m,共 40 对,80 根;人字柱上部为环形圈梁,高 2.0 m,厚度为 500 mm。冷却塔和人字柱混凝土强度等级均为 C30。

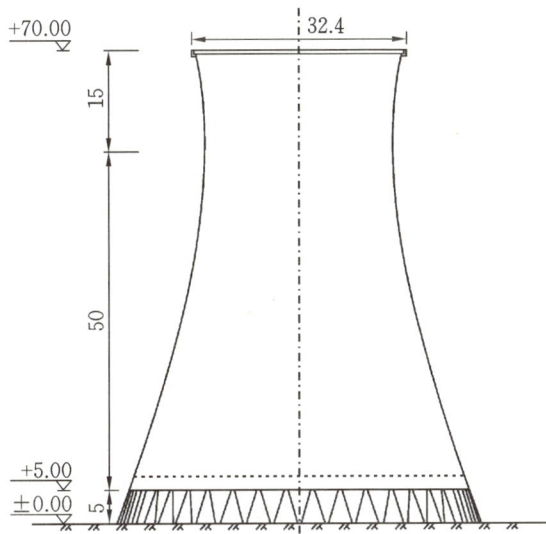

图 1 冷却塔结构图(单位:m)

本次爆破采用预开卸荷槽、爆破人字柱的定向爆破方案。爆破缺口展开呈正梯形,圆心角为 216°,爆破至人字柱与圈梁连接部位。需要爆破人字支撑柱 22 对,44 根;保留的支撑区人字柱共 18 对,36 根。爆破缺口弧长 95.83 m,支撑区弧长 63.88 m(图 2)。

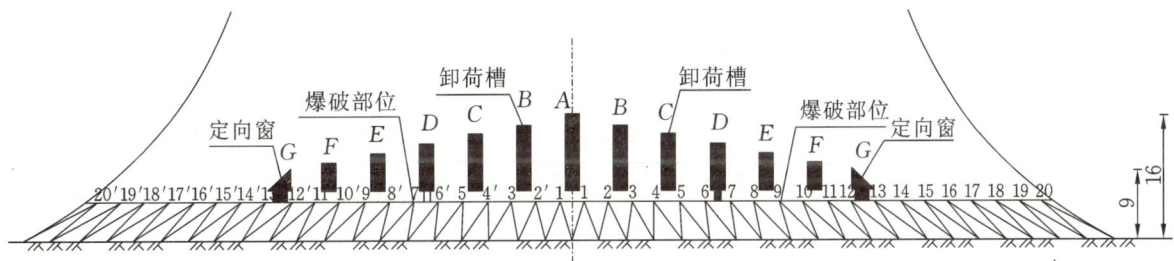

图 2 爆破切口展开图(单位:m)

圈梁不爆破,爆前采用机械破除,为防止炸而不倒的情况发生,切口区上方塔壁采用机械开凿 11

条竖向卸荷槽,卸荷槽宽 20 cm,中部卸荷槽处理高度为 16.0 m。切口区两侧末端预开凿 2 条与水平面夹角呈 45°的定向窗。

2　监测方案

2.1　无线摄像观测

为观测冷却塔失稳破坏过程中人字柱及上部塔壁的宏观变形破坏过程,在冷却塔内部和外部布设了红外阵列筒形网络高清摄像机对其进行视频摄像。

其中,在冷却塔支撑区外侧 15 m,以中心线为准,左右对称,共布置 5 台摄像机,观测支撑区变形破坏特征。在冷却塔内部布置 3 台摄像机,观测切口区中部和两侧的变形破坏特征。视频观测采集分辨率为 1080P,采集频率为 60 帧/s。

2.2　应变监测

为研究冷却塔爆破拆除的失稳力学机制,采用应变片与动态应变测试系统监测爆破失稳过程中支撑区人字柱的应变变化情况。

为分析支撑区人字柱的破坏过程以及应变变化情况,在冷却塔支撑区的 16 对人字柱中选择布置 16 个应变片,其中 8 号、9 号测点布置于同一人字柱。应变片采用 100 mm 长 120 Ω 的 BX120-100AA 混凝土应变片。应变片位于人字柱距地面 1.5 m 高度处,除 8 号、9 号测点应变片布置在人字柱前后侧外,大部分应变片平行于人字柱中轴线粘贴在立柱两侧,应变数据采用 DH3817 动静态应变测试仪进行采集,采样频率为 1 kHz,应变测点布置如图 3 所示。

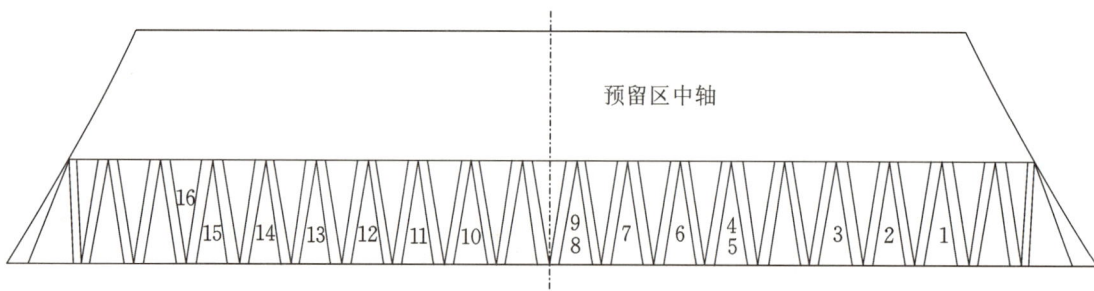

图 3　应变测点布置示意图

3　塔体变形破坏宏观现象分析

视频观测结果显示,冷却塔自炸药起爆至完全倒塌触地历时约 7 s,倒塌效果良好,解体充分。各阶段的变形破坏特征分述如下。

3.1　切口区起爆

观测结果表明,起爆后约 0.1 s,人字柱和圈梁部位的炸药即可将混凝土破碎抛掷,伴生大量粉尘和飞散物。破坏过程中炮孔孔口填塞端先发生抛掷(图 4),立柱外侧包裹的防飞散物无纺布被瞬间扯碎,向四周飞散,其在运动过程中能保持片状,在一定程度上降低了个别飞散物的运动速度(图 5)。因此,防个别飞散物的覆盖防护材料应具有一定强度。

须高度重视的是,受雷管延期精度影响,立柱的起爆时间并不同步(图 4)。因此,工程实践中应充分考虑雷管延期精度因素,设计合理起爆网路,保证起爆网路的可靠性。

图 4 人字柱起爆瞬间(0.12 s)

图 5 立柱覆盖防护材料无纺布破坏瞬间(0.16 s)

3.2 支撑区失稳

人字柱起爆后约 0.5 s,切口区下边缘开始产生明显的向下运动趋势,逐渐发生整体失稳,同时伴随着支撑区失稳破坏。支撑区的失稳主要是人字柱的破坏所致,但由于圈梁截面尺寸较大且承载力较高,破坏现象主要发生在人字柱与圈梁的连接部位(图 6)。人字柱破坏时首先产生与其轴线呈小于 45°夹角的裂纹,随后节点完全破碎,圈梁继续向下运动塌落,但残留人字柱依然保持直立(图 7)。塔体继续向下运动时,圈梁与切口两侧区域保留的人字柱发生错断,并使其自底部向塔体中心发生弯曲折断[图 8(b)]。

(a)   (b)

图 6 支撑区人字柱破坏初始阶段

(a) 右侧人字柱;(b) 左侧人字柱

受覆盖的密目安全网影响,支撑区后部的人字柱观测效果较差。通过图像处理并前后对比发现,支撑区后部人字柱破坏远滞后于前部,最后端的人字柱破坏程度不如前端强烈,其破坏是因为塔体顶部向切口区发生偏转,人字柱与圈梁和基础节点处发生弯折破坏(图 9)。冷却塔失稳过程中,未出现

图7　支撑区人字柱上部完全破坏

（a）

（b）

图8　残留人字柱与圈梁错断

（a）右侧人字柱；（b）左侧人字柱

建（构）筑物爆破拆除过程中常见的后坐现象。

图9　支撑区后部人字柱

3.3　塔体空中解体

由于冷却塔爆破切口高度不大，因此在塔体产生一定倾斜时切口上边缘即接触到地面。触地后正中间卸荷槽顶部右侧立即产生一横向裂缝[图10（a）]，裂缝呈压剪破坏特征且破坏强烈，大量混凝土碎块自裂缝挤出。随后，横向裂缝迅速沿水平方向传播，形成连接各卸荷槽顶点的横向贯通裂缝[图10（b）]。随着倾倒角度的增大，横向主裂缝逐渐扩展，至切口闭合时裂缝扩展至切口边缘，并继续向塔体后部扩展[图10（c）]，最终贯穿至塔体支撑区中心线。

受冷却塔近体防护措施影响以及安全警戒限制，未能观测到左侧切口内裂缝的形成和扩展过程，外部摄像头观测到的左侧塔壁裂缝扩展现象不是十分显著（图11）。

在横向裂缝延伸至切口区边缘的同时，塔体中上部形成一条竖向裂缝，随后裂缝左右两侧塔壁向中轴线方向变形，该裂缝迅速向上、下两个方向扩展，上部扩展至塔顶，下部则与横向裂缝相交。最终

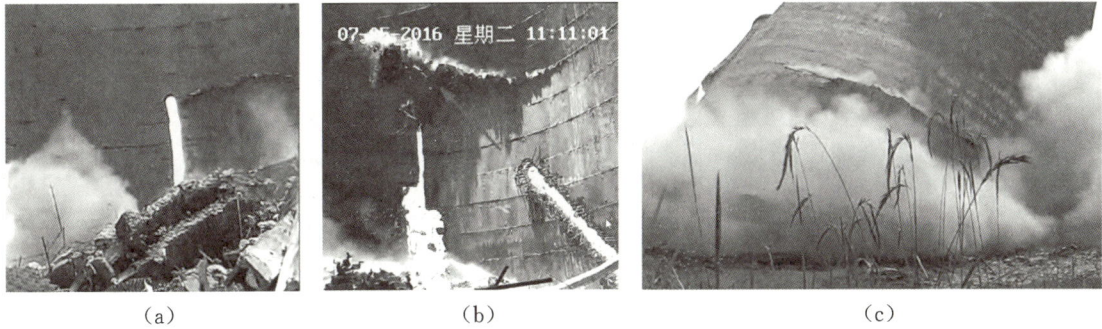

图 10 右侧塔壁横向裂缝扩展过程

(a)裂缝起裂部位;(b)裂缝扩展至切口边缘;(c)裂缝延伸至塔体后部

塔壁发生扭曲变形,迅速塌落至地面(图 12)。

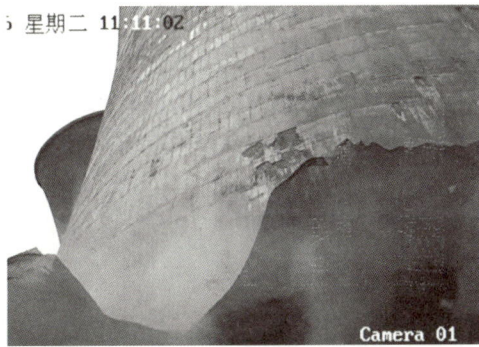

图 11 左侧塔壁

图 12 横向裂缝与纵向裂缝

现场摄像观测结果表明,塔壁预先开凿的多条竖向卸荷槽,显著降低了塔壁的整体刚度,当圈梁触地时塔体出现横向裂缝和竖向裂缝并发生扭曲变形,保证了塔体的可靠失稳。竖向卸荷槽起到了提高爆破切口高度的作用,解决了塔体重心低、失稳难的问题。

此外,由于结构及其材料的非均一性,塔壁的变形和破坏具有一定的随机性,这往往是工程经验类比、理论分析以及数值模拟等研究手段所难以预测的,工程实践中应对结构失稳过程进行多方案、多参数和多手段的分析与预测。

4 人字柱应变特征分析

4.1 起爆阶段

冷却塔人字柱中炸药爆炸时,冲击波、应力波和爆炸产生的气体将混凝土破碎并向外抛掷,部分爆炸应力波将通过圈梁向塔壁和支撑区人字柱传播。

在该阶段,44 根人字柱爆破时的冲击波首先作用于圈梁,提供一"上抬"脉冲荷载,脉冲荷载以弹性波形式在塔体中迅速传播。该荷载在爆破切口上部的塔壁中以"压缩"脉冲形式出现,而在支撑区人字柱中则以"拉伸"脉冲形式出现。

监测数据表明,靠近切口区人字柱的测点最先监测到拉伸信号,如图 13 中代表第 1 测点和第 15 测点轴向应变的 wave1 和 wave15 曲线所示(第 16 测点应变片受爆破冲击波作用后失真,未取得有效数据)。其中,wave15 达到峰值时刻要比 wave1 早 15 ms,这可能是切口两侧起爆雷管存在的延期误差造成起爆时间不同所导致的。与距离爆破切口较远的人字柱相比,第 1 测点和第 15 测点的拉应变峰值要早于其他测点 10~25 ms。

对 wave1(图 14)进行分析可知,首个波形的应变上升时间约为 10 ms,半周期的时间约为 20 ms,

据此可推断人字柱炮孔压力作用时间大约为 20 ms。

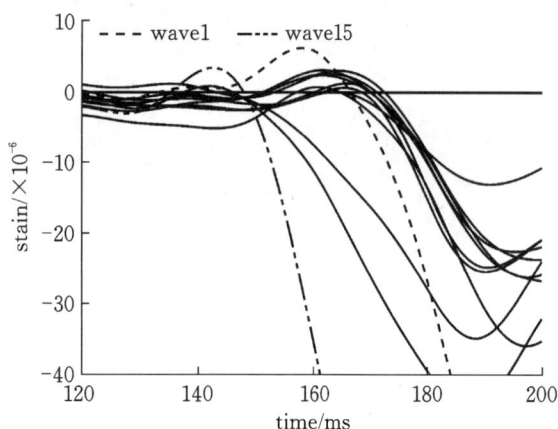

图 13 起爆阶段支撑区人字柱应变曲线

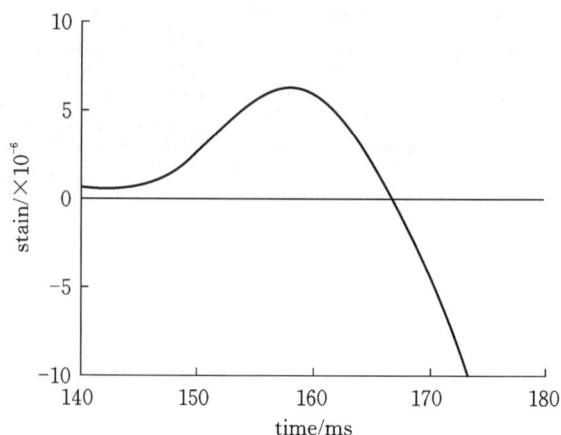

图 14 起爆阶段 1# 测点应变曲线

同时,应变监测结果表明,人字柱受爆炸冲击作用产生的拉应变值较小,wave1 的峰值约为 6 $\mu\varepsilon$,按 C30 混凝土弹性模量为 30 GPa 计算,附加拉应力为 0.18 MPa,该附加拉应力远远低于人字柱所承受的静态压应力。因此,人字柱仍以承受压应力为主,切口区爆破产生的"上抬"作用不会对支撑区人字柱造成实质性损伤,但可引起塔体的振动。

分析后续测点应变曲线发现,人字柱未断裂前,应变曲线中存在高频的应变波动,表明爆炸荷载形成的应力波仍继续在塔体和人字柱中振荡,并与塔体和人字柱后续的应变相叠加。

4.2 塔体应力动态调整阶段

在切口区爆炸冲击作用消失以后,支撑区人字柱破坏以前,塔体的自重荷载将发生动态调整,支撑区人字柱应变也随之变化。监测结果表明,人字柱的应变动态调整过程可划分为前期(Ⅱa)和后期(Ⅱb)两个阶段。

(1) 人字柱动态加载及恢复期(Ⅱa)

图 15 中 Ⅱa 区间为人字柱动态加载及恢复期。

受爆炸冲击压缩的部分塔壁在切口区人字柱爆破完成瞬间立即发生卸荷回弹,切口区人字柱承受的动荷载更为显著。与此同时,上部塔体部分重力荷载由切口区 44 根人字柱转移至支撑区的 36 根人字柱。

两种荷载调整过程均属弹性变形调整,二者耦合在一起同时发生,且弹性变形过程时间短暂。其压应变变化过程如图 15 中 170~190 ms 区间所示,应变增加过程持续时间仅为 20 ms,应变增量为 25 $\mu\varepsilon$ 左右。其中,靠近爆炸切口区的 1 号和 15 号测点的压应变增加幅度较大,应变增量接近 200 $\mu\varepsilon$,压应力约为 6 MPa,该部位的应力集中效应相对显著,而靠近切口区人字柱的应变增量会更高。因此,若爆破技术参数设计不合理,支撑区最前端立柱便可能在该阶段出现应力集中而发生破坏,进而导致相邻人字柱的破坏,最终可能造成塔体的整体下坐。

动态加载完成后,结构仍处于弹性状态,其变形会立即恢复,使得其增加的压缩应变逐渐恢复至零。

在该阶段各人字柱变形趋势基本一致,应变量也较为接近。监测数据表明,在人字柱应变动态调整前期,重力倾覆力矩尚未开始作用,塔体还未形成整体倾覆运动趋势,仅发生支撑区人字柱的应力应变动态调整。

(2) 人字柱回弹阶段(Ⅱb)

支撑区人字柱压应变恢复后,其应变变化过程并不会停止,而是在惯性力的作用下又发生回弹变形,如图 15 中 Ⅱb 阶段所示。在该阶段,大部分人字柱出现附加拉应变,主要发生在 260 ms 左右。但最靠近切口的两个测点因前期压应变绝对值较大,其回弹变形发生在 320 ms 时刻,发生时间相对滞后。

分析支撑区人字柱应变监测曲线形态特征可知,支撑区前部人字柱具有拉伸趋势,如图 16 中测点 1、3、4、12、13、15 应变曲线所示。而后部人字柱则先在零值附近振荡,随后呈现压缩趋势,如图 15 中Ⅱb 阶段应变增量为负值的测点曲线以及图 16 中测点 7、9、10、11 曲线所示。这表明塔体支撑区人字柱具有整体绕中性轴向倾倒反方向回弹转动的趋势。但由于塔体重量和倾覆惯性很大,回弹变形仅局限在支撑区附近,上部塔体的塌落、倾覆变形的趋势不会发生改变。

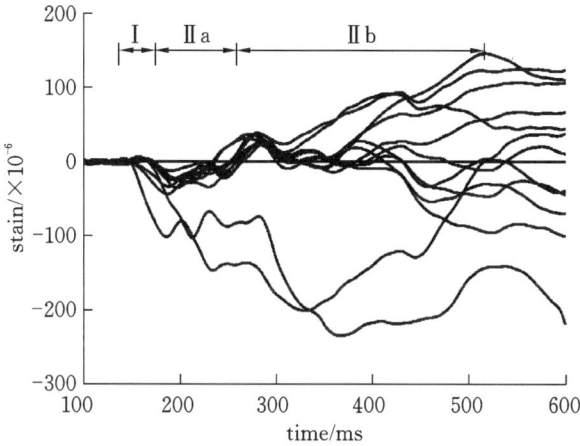

图 15　应力动态调整阶段应变曲线

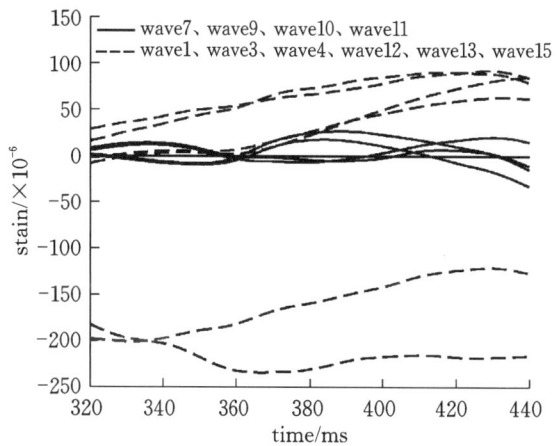

图 16　320～440 ms 应变曲线

4.3　塔体重力矩重新分配与人字柱破坏阶段

塔体支撑区向倾倒反方向发生短暂回弹后,塔体将再次向前转动,该阶段塔体重力所形成的倾覆力矩也开始发生作用,使塔体发生倾覆运动,倾覆力矩在支撑区人字柱间重新分配。该阶段主要发生在图 17 中约 540 ms 以后时间,即实际起爆后约 400 ms 以后的时间。

(1) 支撑区前部人字柱

进入该阶段以后,支撑区前部人字柱压应变依次迅速增大,且在 200～300 ms 后的时间内达到峰值。如图 17 所示,测点 1 的应变在约 800 ms 时刻由 140 $\mu\varepsilon$ 增大到 1900 $\mu\varepsilon$,其应变速率达到 5.8×10^{-3}/s,按照弹性模量 30 GPa 计算,附加的动应力峰值达到 57 MPa,超过混凝土的静态极限承载能力。但与视频监测结果对比发现,应变片粘贴处的人字柱中部实际并未破坏,宏观破坏点主要发生在圈梁与人字柱的连接部位,说明该处附加动应力更高。

此外,监测数据表明,邻近的人字柱间应变相互影响:最先破坏的人字柱压应变逐渐增大但尚未达到峰值时(如图 17 中 wave13 所示),相邻人字柱压应变开始增大(如图 17 中 wave12 所示),而其后的人字柱则出现拉伸趋势(如图 17 中 wave11 所示),即中间的人字柱充当了杠杆支点的作用,其前侧立柱的冲击下移将导致后侧立柱的“相对”上抬。该阶段支撑区人字柱应变变化特征表明塔体失稳倾倒过程中相邻人字柱在同一时刻的变形特征并不一致。

人字柱的压应变达到峰值后,将以高频波动形式逐渐向零值恢复(图 18),此后在圈梁塌落冲击过程中出现多个应变峰值。

(2) 支撑区后部人字柱

支撑区后部人字柱在塔体回弹的短暂阶段中作为塔体旋转的支撑区,承受应力调整所导致的附加压应力。进入塔体重力矩重新分配阶段后,由于塔体结构尺寸较大而刚度相对较小,其不同部位的运动和变形并不一致。当支撑区前排人字柱受压破坏时支撑区后部人字柱仍承受附加压应力,如图 19 中 500～1000 ms 时间区间测点 7、9、10 的应变曲线所示。随着人字柱的不断破坏,塔体转动轴不断向后移动,最后侧的 7 号和 10 号测点处人字柱会承受一定程度的冲击压缩作用,但应变量相对较小。而最后侧的 9 号测点所在人字柱则始终承受附加的拉应力。

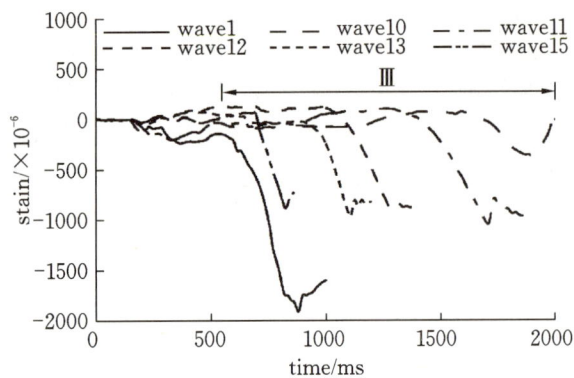

图 17 支撑区前部人字柱应变曲线

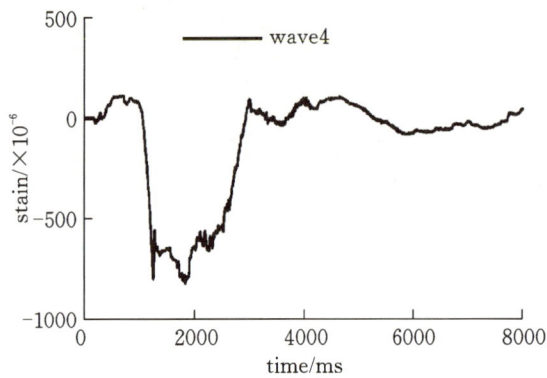

图 18 4 号测点应变曲线

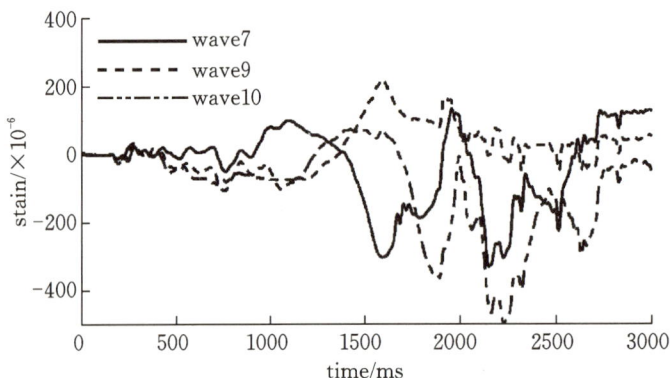

图 19 支撑区后部人字柱应变曲线

支撑区后部人字柱受冲击时,其应变峰值不大,冷却塔破坏形式主要表现为塔体整体向前倾倒,人字柱最终在圈梁或节点处发生折断,破坏时间大约在起爆后 1700 ms。

5 结论

本文通过对高 70 m 钢筋混凝土冷却塔的视频摄像资料和支撑区人字柱应变监测数据的分析研究,对冷却塔的变形破坏特征和失稳力学机制进行了分析,主要结论如下:

(1)冷却塔人字柱爆破瞬间,切口区域圈梁会受到短暂的向上脉冲荷载,从而引起塔体的强烈振动。

(2)爆破切口形成瞬间,塔体应力发生动态调整,支撑区人字柱首先整体向下压缩,随后发生回弹振荡。该阶段紧邻切口区的人字柱将承受较大的冲击荷载,应变率达到 $10^{-3}/s \sim 10^{-2}/s$ 量级。切口过大时或支撑区强度不足时,冷却塔在该阶段存在整体下坐的可能性。

(3)应力动态调整后期,塔体自重对支撑区所产生的重力矩在人字柱之间动态分配,紧邻切口区的人字柱将承受高应变率的附加压应力,人字柱与圈梁连接点将产生典型的压剪破坏。支撑区后部人字柱最终的破坏形式为弯折破坏。

(4)塔体整体倾倒时的转动轴位于正在失稳破坏的人字柱后方相邻的人字柱上,并随倾倒加剧而迅速后移。

(5)爆破切口区域上部的多条卸荷槽在塔体失稳倾倒过程中,可诱导产生贯通的横向裂缝,具有显著提高爆破切口高度的作用,可保证冷却塔的可靠失稳倾倒。

排架结构主厂房和 2 座高烟囱的同时爆破拆除

谢先启　韩传伟　刘昌邦　贾永胜　徐建华　于　伦

（武汉爆破公司,武汉 430023）

摘　要:本文介绍了如何在复杂环境下对某电厂发电机组排架结构主厂房和两座钢筋混凝土烟囱实施一次爆破拆除。对主厂房两侧山墙采用时差、爆破切口高度、预拆除及钢丝绳捆绑相结合的综合措施,有效地控制了两侧墙的外翻。本文叙述了主厂房和两座钢筋混凝土烟囱的爆破设计和安全防护措施。爆破后,厂房与烟囱迅速按设计方向倾倒,周边建(构)筑物及设施安然无恙,取得了良好的爆破效果,达到了安全、精细和快速爆破的目的,为以后类似爆破工程提供了参考。

关键词:主厂房;排架结构;钢筋混凝土烟囱;爆破拆除;安全设计

Simultaneous demolition blasting of a main workshop with bent structure and two high chimneys

XIE Xianqi　HAN Chuanwei　LIU Changbang　JIA Yongsheng　XU Jianhua　YU Lun

(Wuhan Blasting Engineering Company,Wuhan 430023,China)

Abstract: Simultaneous demolition blasting of the main workshop of generating units and two reinforced concrete chimneys in a power plant was introduced under the complex conditions. Comprehensive measures to the gables on both sides of the main workshop were taken such as the time difference,blasting cut height, pre-demolition and steel wire ropes tied,which effectively controlled them toward out collapse. Moreover, blasting designs and protective measures of the main workshop and two reinforced concrete chimneys were described. The main workshop and chimneys dumped rapidly according to the design direction after initiation and surrounding buildings and facilities were safe after blasting. Good blasting effect was achieved. Safe, precise and fast blasting purpose was reached. The experience of the project provided some references for the future similar blasting projects.

Keywords: Main workshop;Bent structure;Reinforced concrete chimney;Blasting demolition;Safety design

1　工程概况

1.1　周边环境

工程的拆除范围为主厂房和两座分别为 80 m 高、120 m 高的钢筋混凝土烟囱。主厂房东侧 23.3 m 处为新建发电机组的主厂房,17.6 m 处是架空管道;东南侧 20.6 m 处是控制室;南侧 55.2 m 是 110 kV 升压站;西侧 10.5 m 处是在建的机加池及新建机组配套构筑物;西北侧 29.2 m 处是储煤罐;北侧 12.9 m、28.8 m 处是与厂房同时拆除的 80 m 高、120 m 高钢筋混凝土烟囱。两座烟囱相距 32.5 m, 120 m 高烟囱北侧 16.2 m 处是输煤栈桥;南侧距 110 kV 升压站 149.3 m;80 m 高烟囱北侧 12.5 m 为新建的架空蒸汽管道。爆区环境如图 1 所示。

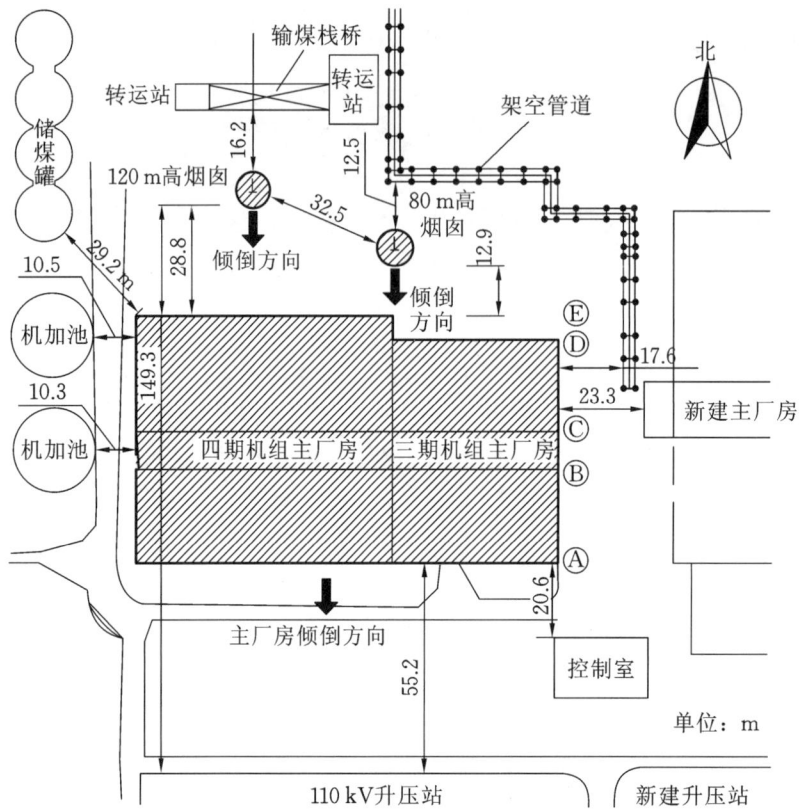

图 1　爆区环境示意图

1.2　工程结构

1.2.1　主厂房结构

主厂房分 2 次建成,时称三、四期机组主厂房。三期机组主厂房建于 20 世纪 60 年代,东西方向共 7 跨,每跨 6 m,南北方向共 3 跨,由南向北依次为 24 m、9 m、24 m。最南侧一跨为汽机房,高 24.95 m;最北侧一跨为锅炉房,高 38.25 m;中间的一跨为除氧煤仓间,高 28.75 m。主体结构为排架结构,Ⓐ、Ⓑ、Ⓒ、Ⓓ轴立柱为预制钢筋混凝土,其截面尺寸分别为 45 cm×90 cm、45 cm×110 cm、45 cm×110 cm、45 cm ×150 cm(立柱 2 m 以上部分延伸成为 2 个 30 cm×45 cm 钢筋混凝土"回"字形立柱),汽机房东侧山墙为 4 根 40 cm×60 cm 预制钢筋混凝土立柱,锅炉房东侧山墙为 4 根 40 cm×70 cm 预制钢筋混凝土立柱,东、南及北侧外墙为悬挂的空心墙板,西侧与四期机组主厂房对接,在Ⓑ轴与Ⓒ轴间+13.5～+24.0 m 处有 4 个煤斗。四期机组主厂房建于 20 世纪 80 年代,东西方向共 10 跨,每跨 7 m,南北方向共 3 跨,由南向北依次为 24 m、9 m、30 m。南侧一跨为汽机房,高 24.95 m;北侧一跨为锅炉房,高 45.65 m;中间的一跨为除氧煤仓间,高 33.43 m。汽机房和锅炉房为排架结构,除氧煤仓间为框架结构,Ⓐ、Ⓔ轴立柱为预制钢筋混凝土,Ⓑ、Ⓒ轴立柱为现浇钢筋混凝土,截面尺寸分别为 50 cm×90 cm、50 cm×120 cm、50 cm×130 cm、50 cm×200 cm(立柱 2 m 以上部分延伸成为 2 个 40 cm×50 cm 钢筋混凝土"回"字形立柱),汽机房西侧山墙为 4 根 40 cm×70 cm 预制钢筋混凝土立柱,锅炉房西侧山墙为 4 根 50 cm× 100 cm 预制钢筋混凝土立柱,南侧与北侧外墙为悬挂的空心墙板,西侧为砖墙,东侧与三期主厂房对接,在Ⓑ轴与Ⓒ轴间+13.5～+24.0 m 改为钢梁,有 6 个钢煤斗(爆破前已预拆除)。

1.2.2　80 m 高烟囱结构

80 m 高烟囱为钢筋混凝土筒式圆形结构,烟囱筒身采用 C20 混凝土浇筑,标高±0.00～+2.50 m 处外直径为 9.94 m,壁厚 35 cm;标高+2.50～+5.00 m 处外直径为 9.69 m,壁厚 35 cm。标高±0.00～

+5.00 m 为双层布筋,外层竖向布筋为 φ14@150 mm 钢筋,环向箍筋为 φ14@100 mm;内层竖向布筋为 φ10@100 mm 钢筋,环向箍筋为 φ10@150 mm。烟囱东西两侧有烟道口和出灰口,两两相对,结构与配筋完全相同。+5.00 m 处烟道口几何尺寸为 8100 mm×3700 mm,±0.00 m 处出灰口几何尺寸为 2500 mm×1800 mm。+5.00 m 处设"井"字梁,上有积灰漏斗。

1.2.3　120 m 高烟囱结构

120 m 高烟囱为钢筋混凝土筒式圆形结构,烟囱筒身 40 m 以下采用 C30 混凝土浇筑,40 m 以上采用 C20 混凝土浇筑;标高 0.00 m 处外直径为 9.26 m,壁厚 50 cm。±0.00~+5.00 m 处为双层布筋,外层竖向布筋为 φ25@200 mm 钢筋,环向箍筋为 φ14@200 mm;内层竖向布筋为 φ14@20 mm 钢筋,环向箍筋为 φ14@200 mm。±0.00 m 与 +5.00 m 处烟囱东西两侧有烟道口和出灰口,两两相对,结构与配筋完全相同。+5.00 m 烟道口几何尺寸为 8550 mm×3510 mm,±0.00 m 出灰口几何尺寸为 2500 mm×1800 mm。+5.00 m 处设"井"字梁,上有积灰漏斗。

2　爆破方案

2.1　总体爆破方案

根据主厂房和烟囱的结构特征及其周边倒塌环境可以看出,仅南侧有空地可供主厂房与烟囱定向倾倒爆破拆除。三期、四期机组主厂房采用由南向北逐跨定向爆破,向南倾倒;120 m 高烟囱及 80 m 高烟囱采用向南定向倾倒爆破。爆破方案如图 2 所示。

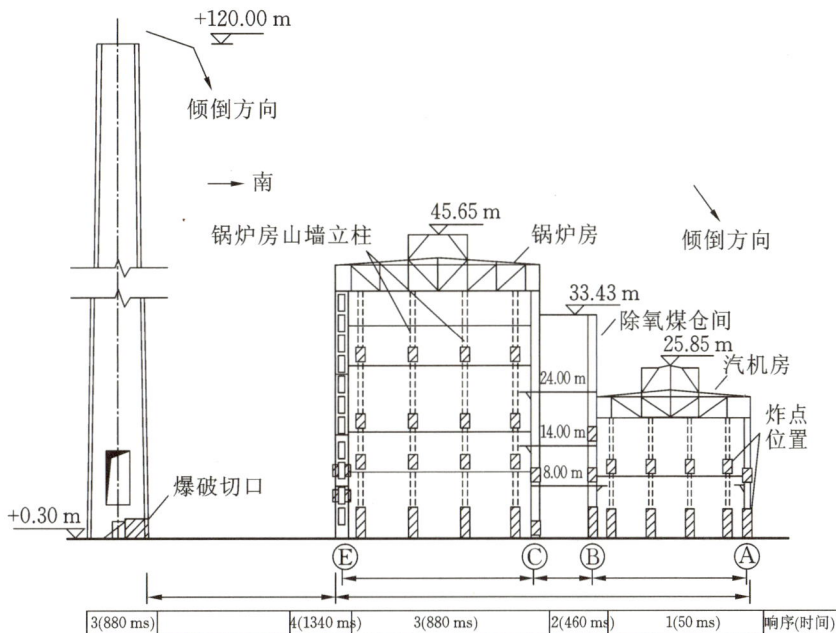

图 2　爆破方案图

主厂房各排立柱炮孔采用毫秒导爆管雷管,Ⓐ至Ⓓ轴依次为 MS3(50 ms)、MS11(460 ms)、MS15(880 ms)、MS15(880 ms)+MS11(460 ms)(因当地无 15 段以上导爆管雷管),Ⓔ轴立柱炮孔采用的导爆管雷管段位同Ⓓ轴,由南向北起爆,Ⓐ轴与Ⓔ轴的起爆时差为 410 ms,Ⓑ轴与Ⓒ轴的起爆时差为 420 ms,Ⓒ轴与Ⓓ(Ⓔ)轴的起爆时差为 460 ms。汽机房的东西两侧山墙用 MS3 段雷管,先于除氧煤仓间起爆,使其错动塌落破碎,减小除氧煤仓间翻转阻力。锅炉房的东西两侧山墙立柱用 MS15 段雷管。80 m 高烟囱与 120 m 高烟囱均采用 MS15 段雷管,与厂房的Ⓒ轴立柱同时起爆,但其倾倒触地时间较厂房落地时间要长,烟囱落地时厂房已经完成塌落,厂房残碴对烟囱的倾倒触地冲击起缓冲作用。

2.2 预拆除及控制山墙外翻措施

为控制锅炉房两侧山墙爆破时的塌落外翻,采用了以下综合控制措施:

(1)山墙底层钢筋混凝土立柱增加爆高。

(2)ⓒ轴与ⒹⒺ轴的起爆时差适当拉长,有利于锅炉房东西两侧山墙坍塌,并使其在ⓒ轴的拉动下向内塌落,减少外翻。

(3)在2层以上有施工平台处立柱上布设炮孔进行爆破,切断立柱整体性。

(4)8 m平台以下墙体全部拆除,8 m平台以上山墙体进行削弱处理,减小山墙重量。

(5)靠近ⓒ轴、ⒹⒺ轴山墙立柱分别用钢丝绳于ⓒ轴、ⒹⒺ轴上的第2根立柱进行捆绑加固,控制山墙外翻以避免对周边建(构)筑物造成破坏。

3 爆破设计

3.1 主厂房爆破设计

主厂房立柱和两侧山墙的爆破高度见表1,其爆破参数如表2所示。

表1 主厂房爆破高度(单位:m)

位置	Ⓐ轴、汽机房两侧山墙	Ⓑ轴	ⓒ轴	ⒹⒺ轴	锅炉房东侧山墙
一层	4.0	5.2	1.6	1.2	4.0
+8.00 m平台	1.5	2.0	1.2	1.2	1.5
+13.50 m、+14.00 m平台	—	2.0	—	—	1.2
+24.00 m平台	—	—	—	—	1.2

表2 主厂房爆破参数表

立柱尺寸(cm×cm)	最小抵抗线 W/cm	排距 b/cm	孔深 L/cm	炸药单耗/(g/m³)	实际单孔装药量/g
45×90	22.5	40	70	1234	100+100
45×110	22.5	40	90	1515	100+100+100
30×45	15	30	28	987	40
50×90	25	40	70	1111	100+100
50×120	25	40	100	1250	100+100+100
50×130	25	40	110	1153	100+100+100
40×50	20	35	30	942	66
40×60	20	35	37	1190	100
40×70	20	35	50	1357/1020	66+66/100
50×100	25	40	80	1200	80+80+80

(1)爆破高度。立柱的破坏高度按 $H=k(B+H_{\min})$ 计算,式中 H 为承重立柱破坏高度,m;k 为与建筑物倒塌有关的参数,取 $k=2$;B 为立柱截面长边,m;$H_{\min}$ 为立柱最小爆破高度,m。为使主厂房坍塌充分,经上式计算后做适当调整,立柱的破坏高度如表1所示。

(2)爆破参数。所有炮孔沿其截面短边的中心线布单孔,孔直径均为4 cm,孔深根据立柱截面不同,按公式 $L=(0.6\sim0.8)B$ 计算,B 为立柱截面的长边长度(单位:m),但所留部分长度一般也不大

于最小抵抗线 W 值。根据所炸立柱截面、布筋情况及类似工程经验,炸药单耗取 $q=1000\sim1500$ g/m³,最终单耗根据试爆情况、装药结构形式及便于分割药包的数值等进行调整确定。单孔药量按 $Q=q\cdot V$ 计算,式中,Q 为单孔药量,g;k 为炸药单耗,g/m³;V 为单孔破坏的体积,m³。主厂房爆破参数如表 2 所示。

本工程所使用炸药均为 2# 岩石乳化炸药,主厂房总装药量为 328 kg。

3.2 80 m 高烟囱爆破设计

(1) 切口位置在靠近烟囱底部标高 +0.50 m 处。

(2) 切口形状采用正梯形切口。

(3) 切口圆心角 θ 直接决定切口的展开长度,而切口长度决定了倾覆力矩的大小。切口偏长,倾覆力矩偏大,支铰易于破坏,不利于烟囱的平稳倒塌。通常情况下,爆破切口的长度是以烟囱的重力引起的截面弯矩(M_P)应等于或稍大于预留支撑截面极限抗弯力矩(M_R)为主要依据来确定的。切口圆心角 θ 取 216°。

(4) 切口高度 H。据类似工程经验,$H=(1/6\sim1/4)D$,其中 D 为切口处外直径。烟囱底部外直径为 9.94 m,经计算 80 m 高烟囱的 H 值为 1.66~2.48 m,实际取值为 2.7 m,防止烟囱后坐影响切口高度。

(5) 切口展开长度:$L=(216°/360°)\times9.94\times3.14=18.73$ m。

(6) 切口闭合角取值:$\alpha=30°$。

(7) 定向窗:采用风镐与钻机结合开凿定向窗,定向窗角度为 30°,校正两侧定向窗后角点在同一高程,窗内钢筋全部割掉。

烟囱爆破切口展开图如图 3 所示。

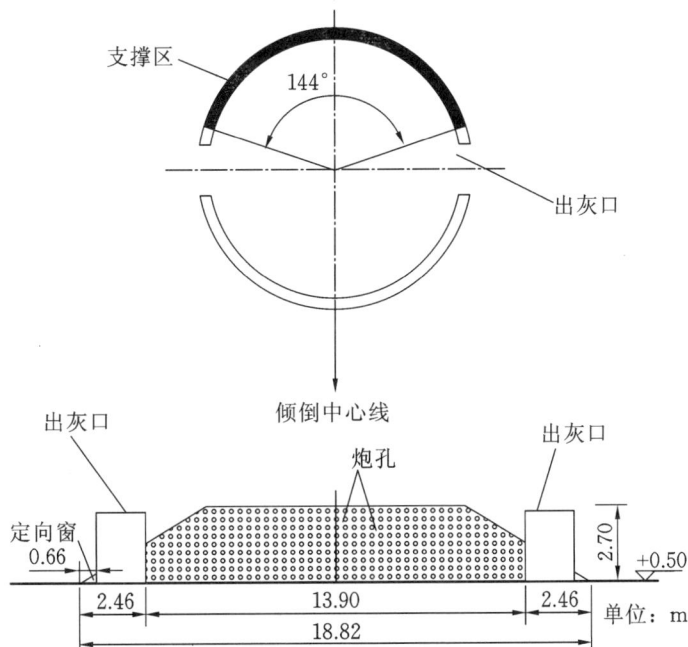

图 3 80 m 高烟囱切口展开示意图

80 m 高烟囱的爆破参数如下:孔距为 30 cm,排距为 30 cm,孔深为 22 cm,最小抵抗线为 17.5 cm,炸药单耗为 2380 g/m³,单孔装药量为 75 g,炮孔数为 367 个,总装药量为 27.5 kg。

单孔装药量为根据试爆后调整的实际装药数据,炮孔直径均为 4 cm。

3.3　120 m 高烟囱爆破设计

（1）切口位置在靠近烟囱底部标高＋0.30 m 处。

（2）切口形状采用正梯形切口。

（3）切口圆心角 θ' 取 216°。

（4）切口高度 H'。根据类似工程经验公式计算，120 m 高烟囱的 H' 值为 1.54～2.31 m，实际取值 3.15 m。提高爆破切口主要是因为该烟囱的内外钢筋布设强度密度较大，切口较低势必会影响其切口形成速度，影响倾倒效果。

（5）切口展开长度 $L' = (216°/360°) \times 9.26 \times 3.14 = 17.44$ m

（6）切口闭合角 $\alpha' = 30°$。

（7）定向窗：采用风镐与钻机结合开凿定向窗，定向窗角度为 30°，校正两侧定向窗后角点在同一高程，窗内钢筋全部割掉。

120 m 高烟囱切口展开示意图类似于图 3（略），其爆破参数如下：孔距为 35 cm，排距为 35 cm，孔深为 34 cm，最小抵抗线为 25 cm，炸药单耗为 2448 g/m³，单孔装药量为 150 g，炮孔数为 331 个，总装药量为 49.65 kg。

其中单孔装药量为根据试爆后调整的实际装药数据，炮孔直径均为 4 cm。

3.4　起爆网路

主厂房起爆网路采用电雷管与导爆管雷管相结合的起爆网路，网路延时由孔内导爆管雷管完成。孔外采用 MS1 段雷管将邻近立柱的孔内导爆管集中成一束，减少电雷管使用数量。各部位雷管延时时间如表 3 所示。

表 3　各部位雷管延时时间

响序	1	2	3	4
部位	Ⓐ轴及汽机房山墙立柱	Ⓑ轴立柱	Ⓒ轴与锅炉房山墙及 80 m 高和 120 m 高烟囱	Ⓓ轴和Ⓔ轴立柱
雷管段别	MS3	MS11	MS15	孔内 MS15＋孔外 MS11
起爆时间/ms	50	460	880	1340
雷管数量/发	1398	702	1020＋367＋331	360

4　安全设计

4.1　减振措施

建（构）筑物在塌落过程中冲击地面产生振动，其强度比爆破振动大、频率低，对四周建（构）筑物危害更大，必须引起足够重视。为降低塌落振动效应的危害，应尽量防止构件同时触地，确保周边建（构）筑物的安全。在 120 m 高烟囱超出厂房部位的触地点铺设 3 道减振墙，在 80 m 高烟囱前侧堆筑 1 道减振墙，减振墙高 3.0 m、宽 4.0 m，减振墙长度为倾倒中心线±8°范围。厂房部位可以利用厂房的爆堆进行减振，可有效地降低触地振动；利用碴块作柔性垫层，可达到较好的减振效果。

4.2　飞石

（1）厂房立柱爆破部位以包裹覆盖防护为主，即在爆破立柱四周先用竹跳板捆扎，然后用麻片包裹 1 层，再用草帘包裹 2 层，其捆扎厚度不小于 15 cm，爆破切口四周再悬挂防护网。

（2）烟囱爆破切口采用近体防护，距烟囱外侧筒壁 1.0 m 处搭设 3.5 m 高的竹排架，竹排架上挂竹跳板，再在竹排架内侧挂 2 层草帘。

（3）塌落溅石防护措施。在堆筑的减振墙之间铺设 1 层草帘防止烟囱触地产生飞溅。

4.3　其他防护措施

新建主厂房周围的门窗采用棉被等材料进行封堵，防止对门窗造成破坏。升压站及变压器等设施采用靠近爆体一侧搭设钢管防护排架，排架上挂双层钢丝网等防护措施，防止爆破飞石及二次飞溅对设施造成损坏。

5　爆破效果与体会

5.1　爆破效果

起爆后，主厂房迅速向下塌落，有向南倾倒趋势，80 m 高烟囱倾倒触地时间约 6 s，120 m 高烟囱倾倒触地时间约 10 s。主厂房爆堆向东偏移 7 m，向南前冲约 8.5 m，汽机房西侧山墙向西偏移约 10 m（接近新建机加池外墙），锅炉西侧房山墙向西偏移 6 m，山墙上部形成了向厂房内倾倒的趋势，被压在厂房的①轴下面。主厂房北侧后坐约 4 m，整个①轴全部向南倾倒。

5.2　体会

（1）烟囱、厂房一次同时爆破，能利用厂房爆堆对烟囱倾倒起到触地缓冲作用，减少单独爆破烟囱敷设减振墙的施工量。而厂房顶部的防水层使得爆堆顶部有一层很好的防飞溅保护层，减少了二次飞石的产生。

（2）排架厂房两侧的山墙外翻问题不容忽视，从爆破后汽机房与锅炉房西侧的山墙爆堆外移距离可以看出，采用钢丝绳对较高的锅炉房山墙进行捆绑牵引，其山墙外移距离明显小于高度较低的汽机房山墙。由此说明，排架架构的外山墙如果不采取必要措施，其外翻的概率是非常大的，建议读者们在类似工程中加以注意。

100 m 钢筋砼烟囱爆破拆除

谢先启[1]　刘昌邦[1]　贾永胜[1,2]　罗启军[1]　韩传伟[1]

(1.武汉爆破公司,武汉 430023;2.武汉理工大学资源与环境工程学院,武汉 430070)

摘　要:本文介绍了 1 座 100 m 高钢筋混凝土烟囱的爆破拆除。根据环境与结构特征,烟囱倾倒方向采用沿烟囱烟道口中轴线向北偏转 20°的定向爆破拆除施工方案,为同类工程拆除提供一定的经验借鉴。

关键词:钢筋混凝土;烟囱;爆破拆除

Blasting demolition of a 100 m reinforced concrete chimney

XIE Xianqi[1]　LIU Changbang[1]　JIA Yongsheng[1,2]　LUO Qijun[1]　HAN Chuanwei[1]

(1. Wuhan Blasting Engineering Company,Wuhan 430023,China;

2. School of Resource and Environment Engineering,Wuhan University of Technology,Wuhan 430070,China)

Abstract: The blasting demolition of a 100 m high reinforced concrete chimney was introduced. Based on the environmental and structural characteristics, the blasting construction adopted the directional blasting demolition of 20 degrees northward along the central axis of the chimney flue. Similar projects could get some experience from this paper.

Keywords: Reinforced concrete;Chimney;Blasting demolition

1　工程概况

1.1　周围环境

　　该烟囱位于武汉市某热电厂,烟囱东南面距灰浆管道 4.6 m、架空管线 13.0 m、水处理池 15.2 m;南面距引风机房 10.0 m;西面距锅炉车间 24.1 m,109.3 m 处是架空氢气管道;北面为空地。烟囱爆破环境如图 1 所示。

1.2　烟囱结构

　　烟囱为钢筋混凝土筒式结构,建于 20 世纪 60 年代,烟囱筒身采用 C18 混凝土整体滑模浇筑,烟囱内衬由耐火砖砌筑而成,在+0.00 m 标高处,烟囱外径 9.71 m,混凝土壁厚 0.42 m,内径 8.87 m,+5.00 m 标高以下无内衬,+0.00～+1.25 m 标高处有梯形环状圈梁保护基础部分;+5.00 m 标高处烟囱外径 9.21 m,混凝土壁厚0.38 m,内径 8.45 m,隔热层厚 0.08 m,耐火砖厚 0.24 m;在+100.00 m 标高处烟囱外径6.4 m,混凝土壁厚0.16 m,混凝土内径 5.34 m。烟囱底部+0.50 m 处设有检修门两个,结构尺寸为宽 1.8 m、高2.5 m;+5.00 m 处设有烟道口两个,结构尺寸为宽 4.9 m,高 8.1 m。+5.00 m 处为井字梁支撑的积灰平台,中部为钢制灰斗。井字梁放在筒壁的牛腿上。

本文原载于《工程爆破》2009 年第 15 卷第 4 期。

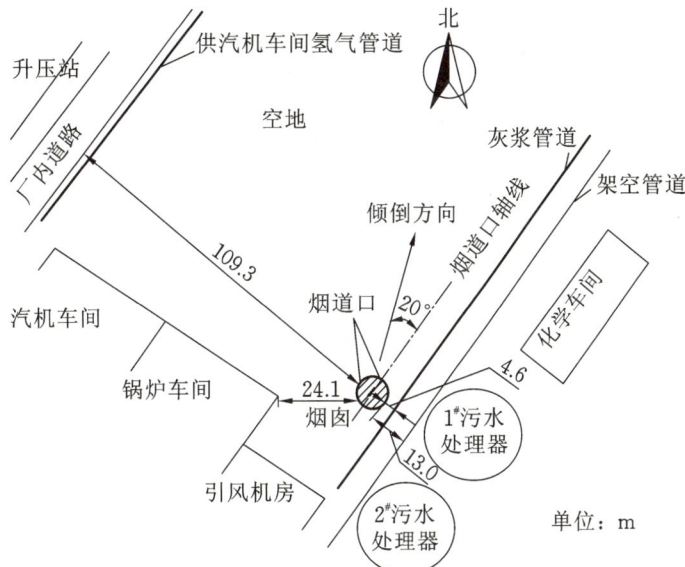

图 1 烟囱爆破环境示意图

2 总体拆除方案

2.1 爆破难点分析

（1）烟囱高、势能大,倾倒后对地面冲量大。

（2）烟囱结构对称方向环境复杂,需要偏转一定角度定向倾倒,对烟囱倾倒方向控制精度要求高。

（3）待拆烟囱地处电厂厂区,拆除施工不得影响电厂正常生产。

2.2 拆除方案

烟囱爆破时倾倒方向需要尽量避开位于烟囱东侧一线的灰浆管道。根据烟囱周边环境与结构特征,采用"切口布于底部+1.25 m 处,沿烟道口中轴线向北侧偏转 20°定向倾倒"的总体拆除方案。此方案烟囱的后部支撑区烟道口两侧支撑面积处于非对称,出灰口两侧支撑区支撑面积分别为 1.54 m² 与 2.96 m²,支撑区两侧结构处于绝对的不对称,需对支撑区部分出灰口进行加固,增强出灰口部位的抗压强度,使支撑区两侧的支撑强度尽量平衡。

3 爆破设计

3.1 切口形状

烟囱在倾倒过程中,宜使其切口逐渐闭合,常见的切口展开图有矩形、三角形、梯形等。对于高度较小的烟囱,其切口展开图通常为矩形;但对于高烟囱,如果采用矩形切口线,则有爆前因预留支撑部位不对称而坐塌的危险,较理想的切口线是使烟囱在爆破初始阶段倾倒较平稳缓慢,因此切口线宜为梯形。根据以往拆除 100 m 级烟囱的成功经验,本次爆破的设计切口形状为正梯形。

3.2 切口长度与圆心角

切口圆心角直接决定切口的展开长度,而切口长度决定了倾覆力矩的大小。切口偏长,倾覆力矩偏大,铰支易于破坏,不利于烟囱的平稳倒塌。通常情况下,爆破切口的长度是以烟囱的重力引起的截面弯矩（M_P）应等于或稍大于预留支撑截面极限抗弯力矩（M_R）为主要依据来确定的。针对烟囱倾倒方向偏转所造成的后侧支撑区不对称结构特征,取圆心角 $\theta=212°$,+1.25 m 处外径为 9.565 m,切口弧长 $L=$(9.565π)÷360×212=17.69 m。爆破切口展开图如图 2 所示。

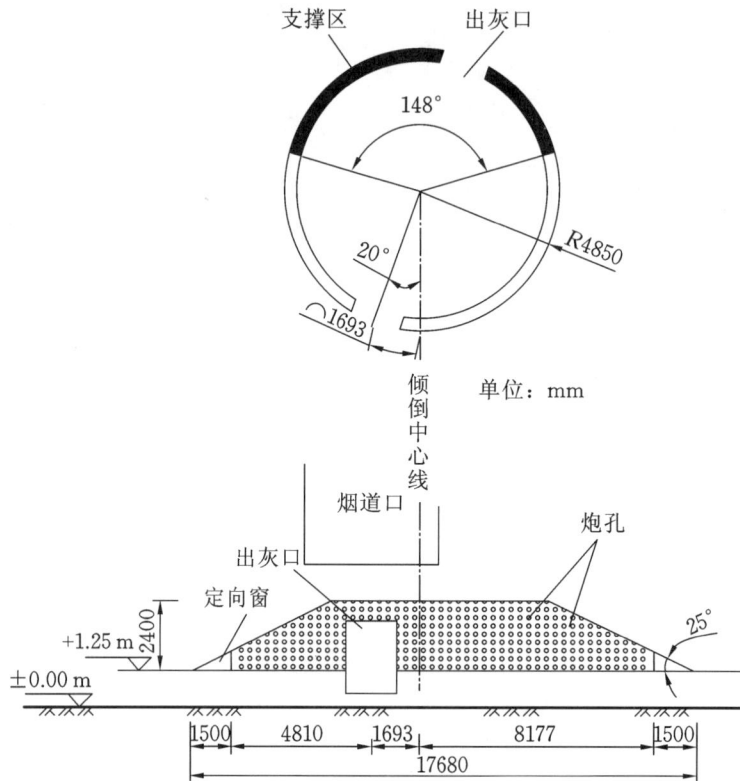

图 2　爆破切口和炮孔布置展开图

3.3　切口高度

根据以往类似的工程经验,一方面考虑到切口尺寸大,烟囱初始倾倒的速度快,会使其倒地时动能较大,尽量使烟囱解体;另一方面考虑到较大的切口有利于爆后切口内混凝土脱离钢筋,不至于阻碍倾倒铰支的顺利形成。本次爆破的切口高度选为 2.4 m。

3.4　定向窗

为了确保烟囱能按设计方向倒塌,除正确选取爆破切口的形式和参数以外,还应该保证支承区的对称,开凿定向窗是保证支承区对称的主要技术措施,根据确定的切口形状,定向窗为三角形,三角形底边长为 1.5 m、高为 0.87 m。采用人工风镐、手锤、凿子修凿到设计尺寸,并保证两侧定向窗在同一高程,窗内钢筋全部割掉。

3.5　孔网参数

炮孔直径 $d=40$ mm,炮孔深度 $l=0.68×42=28.6$ cm,炮孔间距 $a=0.8δ$(壁厚)=33 cm,取 $a=$30 cm,炮孔排距 $b=a=30$ cm,炮孔排数 $N=2.4/0.3+1=9$ 排。

3.6　装药参数

单孔药量 $q=Kabδ$,取 $k=3000$ g/m³,则 $q=112.5$ g。经试爆后药量调整为切口下部 3 排每孔装 120 g,上部 6 排每孔也装 120 g。

3.7　网路设计

每孔内装两发导爆管雷管,装药填塞完毕后,就近将约 20 根导爆管捆成一束,每束用两发瞬发导爆管雷管并联,然后孔外瞬发导爆管雷管"大把抓"后用电雷管串联接入网路,用 GM-300 起爆仪起爆。

3.8　倾倒方向后侧支撑区处理

针对烟囱倾倒方向后侧支撑区支撑强度不够的问题,采用以下几种方法对其进行处理:

(1) 将烟囱倾倒方向后侧 2.5 m×1.8 m 出灰口采用厚 72 cm 的水泥砖砌堵,砌好后用水泥砂浆内外粉刷,养护 5～7 d。

(2) 在烟囱倾倒方向筒体内侧后部搭设一排竹排架,防止爆破飞石对支撑区筒壁造成破坏,降低抗压强度。

(3) 在砌好的沙袋墙外侧堆砌土袋,防止爆破气浪在爆破瞬间将其推出。

(4) 对烟囱+5.00 m 积灰平台上的煤灰与矿渣混凝土进行清理,减轻底部重量。

(5) 用挖掘机将周围建筑物拆除下来的建筑碴块堆在烟囱倾倒方向后部支撑区外侧,可防止烟囱翻转时钢筋拉断带起的钢筋对后侧建筑造成损害。

4　安全设计

4.1　飞石防护

本次爆破对飞石进行防护的具体措施是:①近体防护。在烟囱爆破切口处搭设双排竹排架,在排架间底部 2 m 采用沙排垒砌做缓冲防护,2 m 以上在排架内挂跳板防护,外部再用防护网包裹防护。②保护性防护。烟囱东侧有两座污水处理站,对其下部的控制室外侧采用搭设双排竹排架、外侧挂设跳板的方式进行防护,防止爆破飞石对其造成危害。

4.2　减缓触地振动与防止触地飞溅防护

根据周边环境得知,烟囱倾倒两侧均有须保护的灰浆管道与管线,需要采取减振防护措施。具体做法是:利用倾倒场地上的泥土,沿烟囱倾倒中心线两侧±8°范围、倾倒中心线 40～100 m 区域用挖掘机垒砌 6 道高 3 m、底宽 4 m 的减振缓冲土堤。

高烟囱在倾倒触地过程中与地面产生的碰撞容易造成触地飞溅,本工程的具体做法是:先将预计倾倒范围内的砖石清理出去,再在倾倒中心线的两侧±8°范围、40～100 m 区域内铺盖一层安全防护网,防止触地时产生的飞石飞溅。

5　爆破效果

烟囱爆破效果如图 3 所示。

爆破后,对架设在烟囱后侧的录像资料进行分析,烟囱起爆后站立约 3.5 s 开始偏移,烟囱从起爆到完全落地历时 13.6 s,在偏移过程中后坐与下坐过程不明显。爆后对爆堆范围进行测量:烟囱向前倾倒距离为 109 m,其中烟囱+60 m 处断开约 10 m,+50 m 以上筒体下部产生外翻现象。烟囱倾倒方向向左侧偏移约 3°,整个倒塌在减振缓冲堤上。烟囱筒体全部坍塌破碎,爆堆最高处为 3.1 m。爆后对烟囱烟道口两侧支撑区部分进行观察,其支撑面积小的一侧钢筋混凝土明显比支撑面积大的一侧破碎严重。在后部出灰口所砌砖墙外部码设的土袋对增加其强度起到了一定作用,爆后所砌砖墙部位有明显的筒体下坐时对砖墙的剪切痕迹。

图 3　爆破效果图

联体水泥筒仓定向爆破拆除

谢先启　韩传伟　贾永胜　罗启军　刘昌邦

（武汉爆破公司，武汉 430023）

摘　要：某公司的大型水泥联体筒仓，由于城市建设要求，需要进行爆破拆除。针对联体筒仓刚性大、重心偏低等特点，对圈梁、漏斗和积灰平台提前进行了处理，降低了筒体刚性，提高了重心高度，保证了筒仓顺利倾倒。本文着重论述了筒仓爆破切口高度计算、炮孔参数设计、施工方法和安全防护措施，为同类建筑物爆破拆除提供参考和依据。

关键词：联体筒仓；定向爆破；爆破效果

Directional blasting demolition of linked cement silos

XIE Xianqi　HAN Chuanwei　JIA Yongsheng　LUO Qijun　LIU Changbang

(Wuhan Blasting Engineering Company, Wuhan 430023, China)

Abstract：Because of lower center of gravity and bigger rigidity of the linked silos which needed to be demolished, the circle beam and funnel and terrace platform needed to be disposed in advance. The directional collapsing was successful by raising the height of center of gravity and reducing the rigidity of the silos. The calculation of blasting cut's height, parameters design of powder chamber, safety protection measures were introduced mainly. The example can be referenced for the blasting demolition of the similar buildings.

Keywords：Linked silos；Directional blasting；Blasting effect

1　工程概况

因土地开发需要，拟拆除某公司散装水泥仓库。1#、2# 钢筋混凝土筒仓因结构坚固、高度大，需采用控制爆破拆除。

1.1　周边环境

水泥筒仓位于某散装水泥仓库院内。东侧 40 m 处是厂房，东北侧 52 m 处是居民小区，南侧 2.8 m 处是平房，西侧 9.5 m 处是仓库铁路专线，北侧 15.0 m 处是 6 个待拆钢筋混凝土储罐。爆破环境如图 1 所示。

1.2　筒仓结构

1#、2# 两个筒仓为钢筋混凝土结构，两个筒仓外围相切，为刚性连接结构，建于 20 世纪 90 年代中期。筒仓圆筒体高 31.0 m，筒仓顶部工作室高 7 m，总高 38 m。单仓外径 15.6 m，壁厚 0.3 m，10.0 m 水平处有混凝土漏斗，7.0 m 处是井字梁组成的积灰平台。每个筒仓 +5.6 m 标高处有高 2.0 m、厚 0.6 m

圈梁一道,圈梁下由 11 根异形柱及筒壁支撑。筒壁为双层布筋,竖向钢筋为φ18,环向钢筋为φ12。支撑柱竖向为 25 根φ25 钢筋,圈梁环向主筋为φ25 钢筋。1#、2# 单个筒仓容积为 5475 m³,总容积为10950 m³,混凝土实体体积约为 1500 m³。

2 爆破方案

2.1 爆破方案思路

要使建筑结构倒塌,则至少满足两个条件,即结构的承重立柱偏心失稳和重心偏移而导致结构倾倒触地解体。要使结构能在重力矩作用下顺利实现倾倒着地解体,基本的几何关系就是要求爆破切口上下沿完全闭合时的结构重心偏移至结构体外。积灰平台和漏斗不仅使筒仓刚性大增,还降低了重心高度,要顺利实施倾倒,势必要提高炸高。将漏斗预拆除炉渣混凝土清除完毕、井字梁爆破卸载,并将圈梁下部筒壁用油炮机部分预拆除后,可将重心提高,有利于筒仓倾倒。圈梁用油炮机打开缺口,有利于筒仓着地时变形,相当于变相提高炸高。在完成这些工作的情况下,要满足重心偏移到结构体外,前排炸高仍需约13 m,于是在积灰平台上部筒壁上布设炮孔,高度 2 m,这样炸高达到 10 m,基本可满足筒仓翻转的条件。爆破方案如图 2 所示。

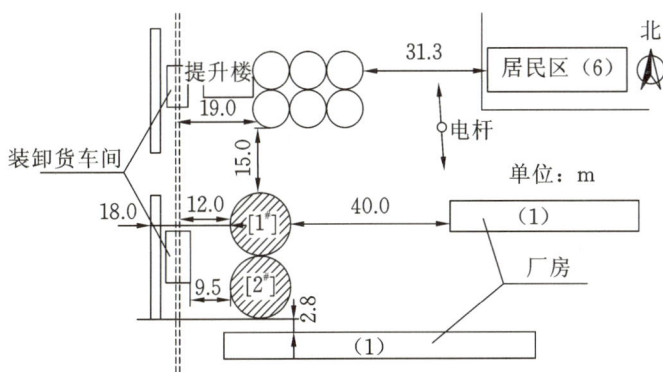

图 1　爆破环境示意图　　　　　　　　　图 2　爆破方案示意图

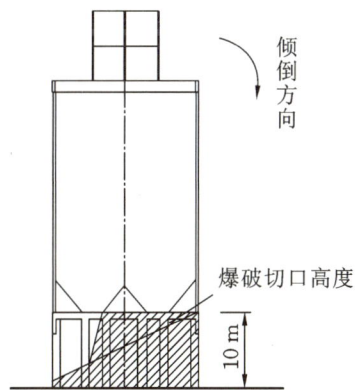

2.2 漏斗及积灰平台预处理

漏斗壁为 8 cm 耐磨混凝土,用风镐大锤破碎,将混凝土碎块及炉渣混凝土清至地面。利用积灰平台作为工作面,钻凿筒壁炮孔。积灰平台由 500 mm×800 mm、500 mm×1400 mm、500 mm×1800 mm、800 mm×1800 mm 四种梁垂直相交组成,在梁上钻凿炮孔,先于筒仓爆破,使混凝土基本与钢筋脱离。

2.3 圈梁及筒壁预处理

用油炮机将圈梁打断,保留部分布设炮孔爆破。圈梁以下筒壁倾倒闭合角范围内用油炮机拆除小部分,不拆除支撑柱部分,保留钻孔爆破。

2.4 爆破参数

筒壁采用正梯形切口,闭合角 $\alpha=33°$。经计算,炸高 $H=\tan\alpha\times15.6$ m$=10.13$ m,取 $H=10.0$ m,即切口上部位于圈梁上方。

爆破参数如表 1 所示。

表 1　爆破参数

部位	截面尺寸 /cm	最小抵抗线 /cm	孔网参数 /cm	孔深 /cm	炸药单耗 /(g/m³)	单孔药量 /g	装药形式
支撑柱	50×50	25	30	35	3000	225	连续柱状
井字梁	50×100	25	30	80	2000	300	3 段间隔
筒壁	30	20	30×30	20	2000	54	连续柱状

注:本工程采用 2# 岩石乳化炸药。

2.5　爆破网路

（1）起爆方式:采用导爆管雷管起爆和电力起爆相结合的起爆方式,炮孔内的装药采用导爆管雷管起爆,每 20～25 发孔内导爆管用 2 发 1 段（0 ms）导爆管接力出来,以减少电雷管用量,再将 1 段（0 ms）接力导爆管集中一起用 2 发电雷管起爆。全部电雷管连接成串联网路,用高能起爆器起爆。

（2）区段划分及延时间隔:采用孔内延期导爆管雷管实现排间毫秒延时起爆。从东到西每排立柱孔内雷管为同一段,分别为 MS1（0 ms）、MS11（460 ms）、MS15（880 ms）、MS17（1200 ms）、MS19（1700 ms）。爆破网路如图 3 所示。

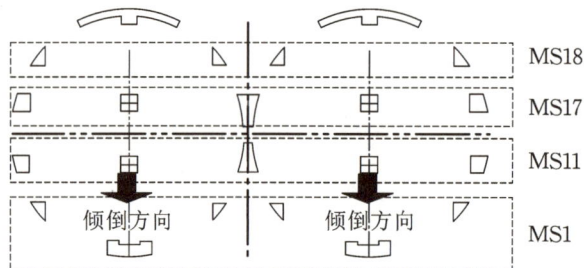

图 3　爆破网路

3　安全设计

3.1　减振措施

（1）在筒仓与居民楼间开挖深 3 m、宽 2 m 的减振沟。
（2）挖出的泥土堆放在筒仓倾倒范围内作为缓冲层。

3.2　飞石防护

飞石的控制是此次爆破安全的重点,采取的主要措施如下:
（1）近体防护:在筒仓爆破部位离筒壁 50 cm 处搭设竹排架,排架挂双层竹笆和双层草袋;朝向居民区方向的炮孔,用竹跳板代替竹笆,并挂帆布。
（2）覆盖防护:对部分支撑柱用浸水草袋捆扎后再用麻袋包覆,最后用钢丝网包覆。

图 4　爆堆后侧效果

4　爆破效果

起爆后,筒仓按设计向西定向倾倒,翻转平躺,筒体破碎解体不充分。倾倒方向后侧支撑区有明显下坐与钢筋拉断屈服痕迹,由于采取了多重防范爆破飞石和降低振动措施,飞石与爆破振动未对周边环境造成影响,爆破取得圆满成功(图 4)。

38 m 高倒锥形钢筋砼水塔控爆拆除

谢先启[1]　刘昌邦[1]　贾永胜[1,2]　罗启军[1]　韩传伟[1]

(1.武汉爆破公司,武汉 430023;2.武汉理工大学资源与环境工程学院,武汉 43070)

摘　要:本文介绍了复杂环境下对 1 座 38 m 高倒锥形水塔的定向控制爆破拆除,论述了倒锥形水塔爆破拆除的爆破设计和爆破切口参数。通过精心组织施工并采取有效的安全防护,水塔起爆后完全按照设计倾倒方向倒塌,爆破产生的飞石和二次飞溅控制得较好,未产生飞散危害,达到预期的爆破效果。爆破实践表明,对于小直径建(构)筑物的爆破拆除,适当提高切口高度对其顺利倾倒是有利的,值得类似工程参考。

关键词:控制爆破;倒锥形水塔;钢筋混凝土;防护

Controlled blasting demolition of 38 m high reverse cone-shape RC water-tower

XIE Xianqi[1]　LIU Changbang[1]　JIA Yongsheng[1,2]　LUO Qijun[1]　HAN Chuanwei[1]

(1. Wuhan Blasting Engineering Company,Wuhan 430023,China;

2. School of Resource and Environment Engineering,Wuhan University of Technology,Wuhan 430070,China)

Abstract:The demolition of a 38 m high reverse cone-shape water-tower under complicated circumstances by controlled blasting is introduced. The blasting scheme, blasting design, blasting cutting parameters and the safety precautions are discussed. The desired blasting result is attained. The practice shows that the higher gap is beneficial to guarantee the structures with smaller diameter collapse effectively in the similar engineering.

Keywords:Controlled blasting;Reverse cone-shape water tower;Reinforced concrete;Protection

1　工程概况

1.1　周边环境

　　某单位因改为无塔供水,其院内原供水的水塔废弃,其场地已规划修建 1 栋宿舍楼,需对水塔进行拆除。水塔东侧 28 m 处是校园道路,55 m 处是宿舍楼;东南侧为拆除房屋后的空旷场地,南侧 15 m 处是道挡土墙,高差 2 m,27 m 处是 2 层门面,西侧 2 m 处是道路,9.6 m 处是宿舍楼;北侧 15 m 处是围栏和道路。另水塔四周有花草、树木、假山、雕塑等,周围无地下管道和地面架空电缆。爆区环境示意图见图 1。

1.2　结构特征

　　该水塔塔身高 38 m,为钢筋混凝土筒式圆形结构,底部直径 2.4 m,底部筒身壁厚 18 cm,筒身底部 ±0.0～+5.0 m 采用 30# 钢筋混凝土浇筑,+5.0 m 以上采用 250# 钢筋混凝土浇筑。水塔底部 +5.0 m 以下筒身为外侧布单层钢筋网,竖向钢筋为 φ2,间距 10 cm,环向钢筋为 φ8,间距为 18 cm。钢筋保护层为 2 cm。在水塔底部正东侧有一高 1.8 m、宽 0.6 m 的检修门。+28.0 m 处以上是水柜,

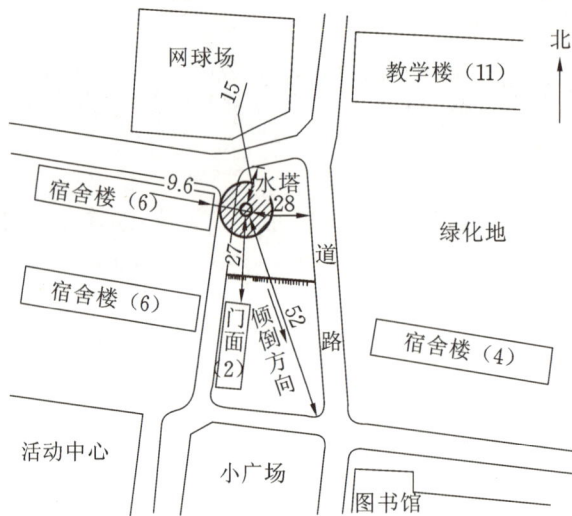

图 1　爆区环境示意图(单位:m)

半径为 6.82 m。水塔钢筋混凝土体积约为 91 m³。

2　爆破设计

2.1　总体方案

该水塔周围环境较为复杂,只有东南面一个方向有一定空间可供其倒塌。考虑周边环境及水塔本身的结构特点,决定采用 S30°E 定向倾倒的爆破方案。实施爆破前需将水塔四周 10 m 范围内及倾倒中心线两侧 5 m 范围内花草、树木进行移植。

2.2　爆破切口设计

2.2.1　切口形式

根据工程的特点,此次爆破的切口采用正梯形切口。

2.2.2　切口圆心角 θ

切口圆心角直接决定切口的展开长度,而切口长度决定了倾覆力矩的大小。切口偏长,倾覆力矩偏大,铰支易于破坏,不利于水塔的平稳定向倒塌。通常情况下,爆破切口的长度是以水塔自重力引起的截面弯矩(M_P)应等于或稍大于预留支撑截面极限抗弯力矩(M_R)为主要依据来确定的。参照以往的类似工程经验,切口圆心角 $\theta=216°$。爆区切口展开图见图 2。

2.2.3　切口高度 H 和展开长度 L

(1)切口高度 H

据一般工程经验,$H=(1/6\sim1/4)D$,其中 D 为切口处外径。塔身外径为 2.4 m,取 $H=1/4\times2.4=0.6$ m。实际施工中取的切口高度为 1.2 m,主要是考虑切口范围内的布筋较密且钢筋较粗,爆破切口形成后其高度过低不利于切口弯矩的迅速形成,造成爆体下坐,故提高了切口高度。

(2)切口展开长度 L

切口展开长度 $L=(216°/360°)\times2.4\times3.14=4.52$ m。

2.2.4　切口闭合角 α

根据以往爆破工程的经验,取切口闭合角 $\alpha=30°$。

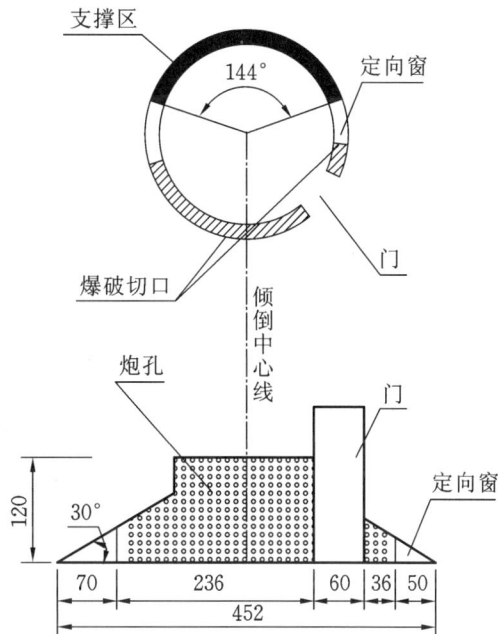

图 2 爆破切口展开图(单位:cm)

2.2.5 定向窗

用风镐开凿定向窗,并人工采用风镐、手锤、凿子修凿到设计尺寸,并保证两侧定向窗在同一高程。窗内钢筋全部割掉。

2.3 爆破参数设计

2.3.1 孔深、孔距、孔形的确定

(1)最小抵抗线 W

最小抵抗线 W 是筒壁厚度 δ 的 $1/2$,即 $W=0.09$ m。

(2)孔网参数

炮眼直径 $d=40$ mm;孔距 $a=(1\sim2)W$,取 $a=0.2$ m;排距 $b=a=0.2$ m,取 $b=0.2$ m。采用矩形方式布孔,总共钻孔 72 个。

(3)炮孔深度

炮孔深度 $L=W+1/2$ 装药长度,为 0.115 m,实取 $L=0.12$ m。

2.3.2 药量计算

(1)药量单耗 K

K 值通常根据爆体介质的强度、临空面的破坏强度来确定。由于其结构相对特殊,需一次性使爆破切口迅速形成,且必须使切口范围内的钢筋弯曲变形,本次爆破的单耗取 $K=300$ g/m^3。

(2)单孔药量 $Q_{单}$

$Q_{单}=Kab\delta=21.6$ g,实际装药时下部 3 排单孔装药为 30 g,上部 4 排单孔装药为 25 g。

(3)总装药量 $Q_{总}$

$Q_{总}=$ 下 3 排孔数×30+上 4 排孔数×25=1.99 kg。本次爆破采用乳化炸药。

2.3.3 装药方式与起爆网路

每孔内装 2 发 1 段导爆管雷管,采取连续柱状装药方式。装药堵塞完毕后,将约 20 根导爆管捆成 1 束,每束用 2 发瞬发电雷管传爆,然后将电雷管串联接入主线,用 GM-30 起爆仪起爆。

3　爆破安全

3.1　爆破振动安全估算

根据爆区环境可见,受爆破振动影响最大的是爆体西侧宿舍楼。宿舍楼距待爆水塔 9.6 m,允许的振速 $V_允$＝3 cm/s,在此条件下所允许的齐发最大装药量为 Q,由下式确定:

$$Q=R^3\left(\frac{V}{KK'}\right)^{3/a}$$

式中,R 为爆破中心到建筑物的距离,m,本设计中 R＝10 m;$V_允$ 为建筑物安全振动速度,取 $[V_允]$＝3 cm/s;K、α 为地震波传播介质的系数,根据工程实际,类比相关工程,取 α＝2.0,K＝200;K' 为衰减系数,由于装药比较分散,取 K'＝0.5。

最终计算得到 Q＝4.5 kg。而本次水塔爆破共用药量 1.99 kg,可见水塔爆破时炸药爆炸产生的振动不会对西侧宿舍楼造成危害。

3.2　塌落振动效应

对于高耸建筑物的倒塌,必须预防二次振动的危害。建筑倒塌冲击地面引起振动的大小与被爆体的质量、刚度、重心高度和触地点土层条件等有关,根据中科院的检验公式:

$$V_C=0.08\times(I^{1/3}/R)^{1.67}$$

式中,V_C 为爆破坍塌物触地引起的地表振动速度,cm/s;R 为坍塌物重心触地点距建筑物的距离,m;I 为坍塌物触地冲量,I＝$M(2gH)^{1/2}$,M 为坍塌物的质量,kg,g 为重力加速度,m/s²,H 为爆破坍塌建筑物重心落差,m。

由待爆水塔的高度并查找相关资料,初步估算可知,待爆水塔质量大约为 2.3×10^5 kg,重心高度约20 m,水塔重心触地处距宿舍楼 20 m。水塔触地冲量 I＝4.5×10^6 kg·m/s,代入公式,可算出宿舍楼的地表振动速度 V_C＝2.69 cm/s,该值小于宿舍楼的允许振动速度,因此水塔倒塌的触地振动不会对宿舍楼造成危害。

3.3　爆破飞石防护

因水塔筒壁较薄,且钢筋级配比较大,为使爆破缺口瞬间形成,本次爆破装药单耗较大,必须对飞石采取防护措施。具体做法是:近体防护,在靠水塔爆破部位垒 1.5 m 高的沙袋墙,沙袋墙上部用竹跳板扎成竹排封盖,再在排架上部铺设帆布。

3.4　倒塌溅渣的防护措施

爆前将倒塌范围内碴块清理干净。在倒塌中心线两侧 8 m 及倒塌中心线前方离水塔 42 m 处搭设竹笆防护墙,高度 5 m,在倒塌中心线方向上距水塔 28～42 m 处铺沙袋 1 层,宽度 16 m,在倒塌范围内铺设稻草。

4　爆破效果

起爆后,水塔矗立了约 3 s 开始出现微倾,随后开始下坐并伴随倾斜,约 6 s 时触地,从起爆到触地过程约 11 s。水塔完全按照设计方向倾倒。水塔筒身只出现了几道裂痕,水塔触地后产生的冲击较大,由于爆前对倒塌场地进行了处理,二次飞石未对周边建(构)筑物造成威胁。爆破切口周围飞石未超过 5 m 范围。水塔倾倒过程见图 3。

(a)　　　　　　　　　　　　　　　　　(b)

(c)　　　　　　　　　　　　　　　　　(d)

图 3　水塔倾倒过程

（a）起爆前；（b）起爆 5 s 后；（c）起爆 7 s 后；（d）起爆 10 s 后

高大烟囱定向爆破中的下沉现象及引起事故的原因分析与对策探讨

谢先启[1,2]　韩传伟[2]　刘昌邦[2]

(1.武汉市市政建设集团,武汉 430023;2.武汉爆破公司,武汉 430023)

摘　要:本文通过对两例高100 m以上烟囱定向爆破拆除的倒塌过程录像和底部残留筒体破碎状况进行分析,认为高大烟囱定向倾倒初始时期存在两个主要特征——微倾与下沉,由此分析该现象可能引起的事故或后果。国内目前应用的绕中性轴转动的刚体动力学理论对该现象难以解释,本文在刚体动力学基础上,提出了烟囱下沉引起倾而不倒或倒半截现象的改进方法,并借鉴国外经验,提供了国外烟囱爆破拆除的新思路、新方法、新技术,以期为爆破工程技术人员提供参考,并殷切希望加强理论研究,尤其是烟囱倒塌初始阶段的研究。

关键词:高大烟囱;爆破拆除;微倾与下沉;事故后果

1　高大烟囱定向爆破拆除存在的问题

1.1　目前国内高大烟囱定向爆破拆除的理论

对于高大烟囱的定向爆破拆除,目前国内仍沿用定轴转动的刚体力学理论,即假设支撑区有中性轴存在,以中性轴两侧划分为受压、受拉区,以受压区钢筋混凝土压碎、受拉区钢筋与混凝土拉断及重心偏移出烟囱底部外边缘线作为保证倾倒的充分必要条件。在大量的工程实践中,经过严格的计算,在满足上述条件的情况下,仍会出现偏差及种种事故,如爆而未倒或只倒上半截、下半截倾而未倒或反向倾倒等现象。这些出现的问题值得相关研究人员深入探讨。

1.2　高大烟囱定向爆破中的微倾下沉现象

我公司在爆破拆除武昌电厂100 m、黄石电厂150 m钢筋混凝土烟囱时,均发现有严重的下沉现象,现分别予以说明。

武昌电厂100 m高烟囱采用底部单缺口定向爆破拆除,切口设在底部+1.0 m处,切口角220°,炸高3.8 m,梯形切口,爆后经观察与分析认为,烟囱爆后整体先发生微倾而后下沉,微倾持续时间短,倾斜的角度也很小。下沉原因主要是预留区(定向窗后部)钢筋混凝土首先发生剪切破坏,剪切角约呈45°,呈"⌐"形(图1)。定向窗底部外缘处擦伤2~3 cm,根本无啮合过程发生,该过程应该是微倾下沉(伴随外移)、触地、倾倒。起爆至下沉开始约2 s,下沉开始至触地1~2 s,下沉距离3~5 m,在该过程中,烟囱上部偏移较小,在倾倒趋势已定的情况下,下沉触地后随着定向窗上斜面的依次触地或后部(支撑区以上)触地面积的依次加大而导致烟囱的倾斜,下沉后根本不是绕着中性轴转动,或者中性轴存在的时间很短,只在微倾阶段前有一定作用。经观察发现,支撑区里侧钢筋剪断,外侧钢筋因下沉而剥离,并在烟囱倾倒到一定角度后再拉断。该烟囱由于后部基座大、埋深浅(或地面较硬,为厂房地坪),烟囱下沉后,后部支撑区以上筒体压碎现象明显,一直到井字梁处(标高+5.0 m处)(图2)。这一现象也说明了后部支撑区钢筋切割存在弊端,主要是降低了钢筋混凝土的抗剪强度,加速了下沉,因此钢筋的切割与否应引起重视。

本文原载于2008年第九届全国工程爆破学术会议论文集《中国爆破新技术Ⅱ》。

图 1   100 m 后部支撑区爆后效果

图 2   100 m 下沉至井字梁处

黄石电厂 150 m 高烟囱采用底部单缺口定向爆破,切口设在底部+1.2 m 处,切口角为 216°,爆高为 2.4 m,梯形切口,6 m 处为井字梁,爆后偏移 3°,且 78 m 以上部分在倾倒过程中也发生断裂(休息平台,现浇停顿处)。该烟囱爆后预留区水平线上、下筒体部分产生的现象类似于武昌电厂 100 m 高烟囱,高速摄像显示,爆后下沉很快(图 3),灰尘扩散也快。该烟囱基础埋深较深,且上部土质松软,爆后观察,预留支撑区上部筒体压碎面积远小于武昌电厂 100 m 烟囱(图 4),后部土壤掘了大坑,土壤外翻,支撑区上、下筒体部分出现剪切及钢筋剪、拉断现象(图 5)。

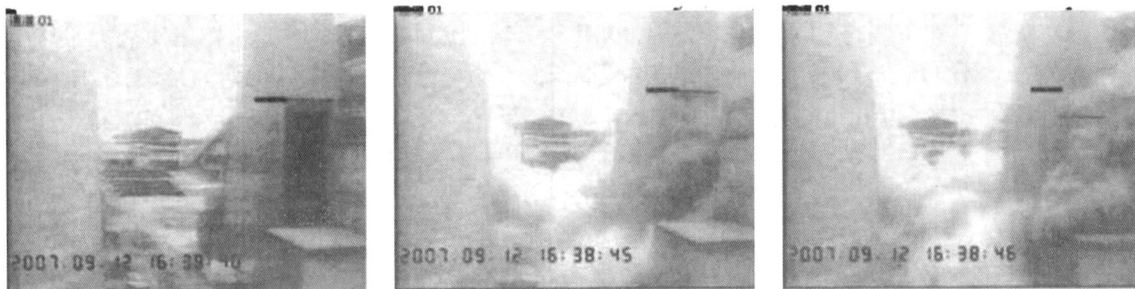

图 3   150 m 烟囱爆破快速下沉过程

图 4   150 m 烟囱爆后根部效果

图 5   筒体下沉造成土壤翘起

通过这两例现象分析,笔者认为高大烟囱定向爆破过程中,中性轴即使存在也只存在很短的时间,即只在微倾阶段起一定作用。支撑区钢筋混凝土的剪切破坏在很短时间内完成,上部主体偏移很小。支撑区中心线确定了剪切破坏的对称性,触地后地质和结构本身的因素会影响定向准确性,通过触地的先后顺序(或触地面积的不断扩大)实现定向倾倒。

应该说,对于高大烟囱定向爆破,筒体在起爆后微倾,后部支撑区因承受烟囱巨大的自重而发生钢筋混凝土的剪切破坏,造成筒体的整体下沉,下沉后倾倒。该说法应该是对烟囱等高大建筑物倒塌过程的正确描述。

2　出现的事故及原因分析

查阅 20 世纪 80 年代以来烟囱爆破实例,经常发现烟囱爆裂口形成后发生烟囱未倒或仅上半截倒塌而下半截未倒或反向倾倒的现象。发生该现象的基本原因应该是:(1)预留区过小;(2)炸高不够;(3)结构本身原因(强度过小,存在薄弱面,或由于砖结构中现浇梁的存在)。

2.1　出现爆而未倒或上半截倒塌而下半截倾而未倒原因分析

其首要原因应该是支撑区预留面积小,爆破缺口形成的瞬间,预留区由于烟囱筒体自重大,首先发生剪切破坏而下沉(坐),下沉的加速度大,支撑区水平面以上筒体很快被压坏,切口来不及闭合或闭合角很小(图 6)。

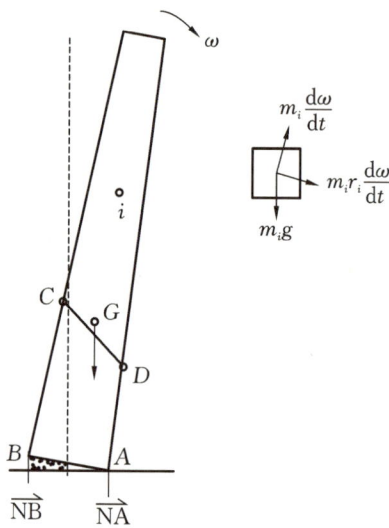

图 6　烟囱倾倒示意图

由于下沉很快,当 A 点触击地面时,烟囱的倾倒运动突然受阻,在惯性作用下,C 点处受拉弯作用或剪切作用而开裂,进而形成切断裂缝,把烟囱分为上、下两段,下段烟囱的重心未超出 A 点(在 AB 之间),因此下段未倾倒。保留区的支撑体强度越差(或自重越大),烟囱垂直下坐运动的加速度越大,A 点冲击地面(或缺口下部残留筒壁)时的速度越大,冲击反力也越大,烟囱倾倒运动受阻也越明显,则受惯性力的作用,烟囱越容易受拉弯(或剪切)而断裂,而且切口闭合越早,烟囱倾斜角越小,剪切断裂面将出现于越高的地方,直至整个烟囱未能倾倒。

CD 断裂面的出现部位与烟囱结构本身有关。烟囱在修建施工过程中,因施工间断造成不连续性,如修建休息平台而造成混凝土浇灌间断时间过长,那么必然存在钢筋连接、混凝土连接的薄弱点和缝隙,在烟囱长期使用过程中此处经受的腐蚀、风化等作用比较大,对该处强度削弱较大,因此,在烟囱倾倒过程中该处往往易发生折断。另一个原因是 A 点触地后,造成筒体应力重新分布,促使筒体某部位剪应力突然增大而发生断裂使上半截倾倒。

2.2　高大烟囱反向倾倒原因分析

德国 Spremberg 于 1999 年 7 月 10 日在 Schwarze Pumpe 电厂爆破拆除三根高大烟囱时,两根倒向正确,第三根出现较大偏差,倒向附近的建筑物,引起较大破坏,其录像分析显示:烟囱下沉的同时伴随朝设计方向微倾,平衡或稳定很短时间后,朝错误方向倒塌。垂直下沉距离 3.4 m(±0.2 m),起爆后至下沉和微倾开始历时 1.72 s,至下沉触地历时 2.92 s。

通过对武昌电厂 100 m 高烟囱倒塌过程的录像和底部残留筒体破坏状况进行观察分析后认为:该烟囱支撑区钢筋混凝土受剪切破坏而导致烟囱筒体微倾下沉,伴随后坐或外移,后坐或外移距离一般为底部筒壁壁厚。由于筒身自重大,下沉很快(图 7),BC 部分很快触地或触及坚硬基础,触地则下陷,触及基础时 BC 部分首先压碎,在 BCD 部分继续下陷或 BCD 部分快速压碎的同时,DA 某部位与底部残留筒体接触碰撞,阻止了烟囱的前倾,而 BCD 部分继续下陷或破碎,则对朝设计方向微倾的筒体起了反作用。BCD 部分下陷或压碎过大,可能造成反向倾倒、下陷或压碎的不均匀性,可能造成方向出现偏差,下陷或压碎恰好在某一部位中止,则可能造成倾而不倒或倒半截现象。

3　相关对策探讨

　　高大烟囱发生爆而未倒或倒半截的现象时,后期处理的风险较大,增加了很多不确定性。解决的方法应从以下几个方面着手:

　　(1) 减少切口角,增大支撑区面积(以中性轴划分受压、受拉区,并以受压区钢筋混凝土破碎、受拉区钢筋拉断作为保证倾倒条件,应深入探讨);

　　(2) 适当提高爆破切口高度或增大切口爆高(重心移出外缘线而未考虑下沉压碎钢筋混凝土、减小闭合角现象,应引起重视);

　　(3) 烟囱周边地质情况应引起重视(周边为埋置浅的基座、厂房基础等,加快下沉,造成筒体混凝土破碎,变相减小了闭合角);

　　(4) 后部钢筋切割应引起重视,以不切割为宜(切割钢筋、减小抗剪强度现象应引起重视);

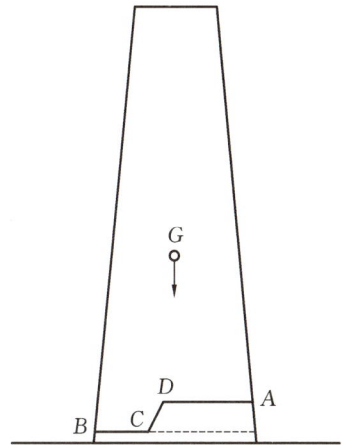

图 7　反向倾倒原因示意图

　　(5) 借鉴国外经验,引入不同方法或理论,见图 8 和图 9。

　　图 8 所示为德国 Spremberg 于 1999 年 7 月 10 日爆破拆除 3 根钢筋混凝土烟囱所用方案,两根倒向准确,一根倾倒方向出现偏差。

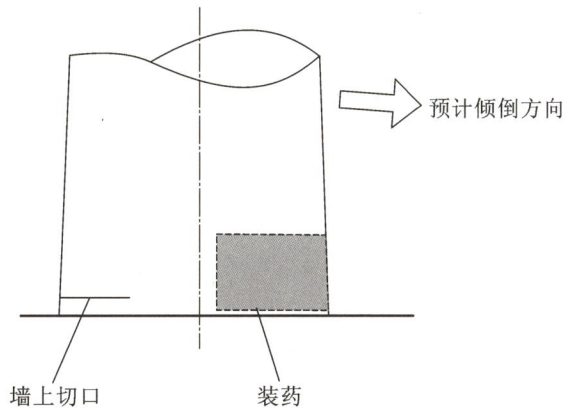

图 8　德国 Spremberg 烟囱爆破拆除方案

　　图 9 所示为 1994 年 2 月 23 日德国汉堡爆破拆除 150 m 高烟囱所用方法。该烟囱底部 135 m 为钢筋混凝土,上部 15 m 为砖结构,爆破后发生翻转,定向准确,切缝处上、下面保留完整,啮合器运转良好,啮合器上、下部钢筋混凝土未见丝毫破坏,上部 15 m 砖烟囱随主体翻转至一定角度后断开,爆破非常成功。

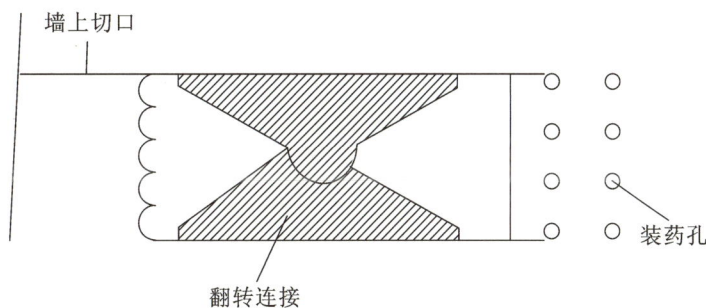

图 9　德国汉堡烟囱爆破方法

钢筋混凝土烟囱爆破拆除的
下坐及早期断裂预测

孙金山[1,2]　　谢先启[1,2]　　贾永胜[1,2]　　姚颖康[1,2]

刘昌邦[3]　　韩传伟[3]　　王洪刚[3]　　黄小武[3]

（1.江汉大学精细爆破国家重点实验室,湖北 武汉,430023;

2.江汉大学爆破工程湖北省重点实验室,湖北 武汉,430023;

3.武汉爆破有限公司,湖北 武汉,430023)

摘　要：钢筋混凝土烟囱爆破拆除时发生的下坐与空中断裂现象严重影响工程安全,为分析该现象发生的机制并对其进行预测,对一 180 m 高烟囱的下坐和空中断裂过程进行了观测和分析。基于混凝土的压缩全应力-应变曲线特征,分析了烟囱支撑区的破坏过程,构建了烟囱失稳下坐的判别模型。通过建立烟囱下坐冲击作用下爆破切口以上烟囱的动力响应模型,分析了下坐冲击附加动应力波在烟囱中的传播特征。研究结果表明,考虑混凝土全应力-应变曲线特征和支撑区横截面应力和应变分布特征时,倾覆力矩与抵抗力矩的比值 f 可作为失稳下坐的判别条件之一;烟囱发生下坐的必要条件是支撑区最小残余承载力小于烟囱的自重。烟囱在下坐结束阶段,获得一定初速度的烟囱冲击基础时将产生冲击荷载,并在烟囱中部引起大于底端应变的应变,即产生动应变高程放大效应,该效应是导致烟囱发生早期断裂的主要原因。烟囱的高度越高,下坐冲击历时越短,则动应变高程放大效应越显著,发生断裂的风险也越大。随着烟囱高度增加,烟囱最危险截面所处高度也随之增大,将由烟囱中下部移至烟囱中上部。

关键词：钢筋混凝土烟囱;爆破拆除;空中断裂;下坐;预测模型

Prediction of sinking down and early breaking for blasted reinforced concrete chimney

SUN Jinshan[1,2]　　XIE Xianqi[1,2]　　JIA Yongsheng[1,2]　　YAO Yingkang[1,2]

LIU Changbang[3]　　HAN Chuanwei[3]　　WANG Honggang[3]　　HUANG Xiaowu[3]

（1. State Key Laboratory of Precision Blasting Engineering,Jianghan University,Wuhan 430023,Hubei,China;

2. Hubei Key Laboratory of Blasting Engineering,Jianghan University,Wuhan 430023,Hubei,China;

3. Wuhan Explosions & Blasting Co.,Ltd.,Wuhan 430023,Hubei,China)

Abstract：The support part collapse and breaking in air of reinforced concrete chimney during blasting demolition seriously affect the engineering safety. To analyze the mechanism of these phenomenon and distinguish them,the monitoring and analysis of a 180 m chimney were carried out. Based on the characteristics of the full stress-strain curve of concrete,the progressive failure process of the support part is analyzed,the static equation of the cross section is constructed,and the discrimination model of the instability and support part collapse of the chimney is proposed. By establishing the dynamic response model of the chimney above blasting notch under the bottom impact,the propagation characteristics of the additional dynamic strain wave in the chimney are analyzed. The results show that the ratio f of gravity moment to resisting moment can be used as the criterion of instability determination considering the distribution characteristics of stress and strain in the cross

本文原载于《爆炸与冲击》2022 年第 42 卷第 8 期。

section of support part. The compression failure of the concrete in the support part is almost inevitable under large eccentric compression. The necessary condition to prevent support part collapse of the chimney is that the minimum residual bearing capacity of the support part is not less than the weight of the chimney. When the chimney with a certain initial velocity impacts the foundation at the end of the support part collapse, the impact load will be generated, and the dynamic load will cause the strain in the middle of the chimney greater than the strain at the bottom. The elevation amplification effect of dynamic strain is an important reason for the breaking in air of chimney. The higher the height of the chimney is, the shorter the impact duration is, the more significant the dynamic strain elevation amplification effect is. With the increase of the height of the chimney, the height of the most dangerous section of the chimney will move from the middle and lower part of the chimney to the middle and upper part of the chimney.

Keywords: Reinforced concrete chimney; Blasting demolition; Breaking in air; Sinking down; Prediction model

目前,废弃的钢筋混凝土烟囱主要采用爆破技术进行拆除。近年来,在拆除约 180 m 的高烟囱时,部分烟囱会发生严重的下坐问题,并在起爆不久后便发生中部断裂,且上、下段有时会发生分离,上段烟囱的倒塌方向可能失控,而由于下段烟囱的重心位置发生了改变,容易导致烟囱下半段向相反方向倒塌或"炸而不倒",如图 1、图 2 所示,该现象引起的安全风险极高。

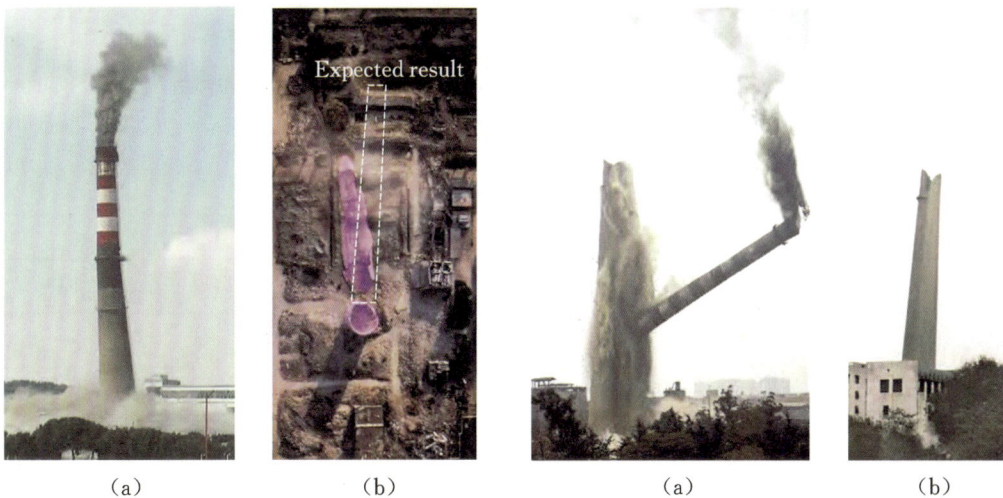

图 1 萧山热电厂 180 m 烟囱
(a)倒塌过程;(b)倒塌结果

图 2 成都热电厂 210 m 烟囱
(a)倒塌过程;(b)倒塌结果

烟囱爆破拆除过程涉及爆破切口形成、支撑区破坏、应力重分布和结构动力响应等诸多方面,其力学机制较为复杂。针对烟囱爆破切口形成后支撑部位的破坏机制问题,褚怀保等观测了爆破切口形成后保留筒壁的受力状态,认为爆破切口形成后存在 0.5～3.0 s 的荷载重新分布和中性轴形成的过程。郑炳旭等观测了 6 座钢筋混凝土烟囱切口的支撑区,认为支撑区在爆破后承受自重突加的荷载,容易引起烟囱下坐;切口端先受压破坏,而后中性轴受拉,呈现大偏心受压脆性断裂特征。郑炳旭等还分析了切口自重突加载荷引起的支撑区受压范围,认为切口圆心角宜取 210°～230°。徐鹏飞等认为爆破切口形成后 2～3 s 的中性轴稳定时间是烟囱预防过早下坐和形成定向倾倒趋势的关键。言志信等建立了钢筋混凝土烟囱爆破后支撑区的应力计算模型,提出引入冲压系数来考虑突加荷载的影响。

针对高烟囱爆破过程中的"空中折断"问题,杨建华等建立了烟囱任一截面的内力分布和极限承载力模型,认为高度超过 150 m 的钢筋混凝土烟囱在倾倒角度超过 40°～60°后,均可能在离顶部约 1/3 高度处发生断裂,烟囱高度越大,折断发生的时间越早。言志信等认为烟囱折断发生的位置和时间与切口形状及材料的力学性能密切相关。唐海等认为烟囱在倾倒过程中主要发生弯曲破坏,首次折断的部位约在烟囱高度的 1/3 处,强度不大的烟囱可能会有多次折断。侯吉旋等认为质量均匀分布烟囱的断裂点距离顶部 1/3 处,而对于上细下粗的烟囱,断裂点将会下移。

针对烟囱结构在纵波作用下的动力响应问题,王云剑通过试验研究了烟囱断裂位置与冲击波作用周期和烟囱固有周期之间的关系。Francisco 等采用三维有限元模型分析了砌体烟囱在地震作用下的破坏现象,得到了结构的破坏模式、最大应力和位移特征。Wolf 等研究了核电站典型烟囱在地震和冲击荷载作用下的响应特征。John 等根据 10 座烟囱在地震作用下的非线性特征,提出了钢筋混凝土烟囱的非线性动力分析方法。Wei 等根据 115 m 高钢筋混凝土烟囱的地震动力响应,提出了一种新的三维推覆分析方法。Fabio 等对地震中砖砌烟囱破坏问题进行了分析,阐述了烟囱上部的剪切破坏机制。

综上所述,许多学者对钢筋混凝土烟囱爆破拆除的失稳、倒塌、运动过程,以及烟囱地震响应等问题开展了大量研究,但是关于烟囱爆破拆除过程中的下坐及其诱发的早期断裂问题研究得较少。本文通过对一座 180 m 钢筋混凝土烟囱的运动和断裂过程的观测与分析,对烟囱爆破拆除的下坐和早期空中断裂现象进行了分析和讨论,研究了失稳、下坐和早期断裂的判别或预测方法。

1 烟囱下坐及其诱发空中断裂的案例

1.1 爆破方案

爆破拆除的钢筋混凝土烟囱高 180 m,0.00~25.00 m 高程混凝土标号为 C40,25.00~180.00 m 高程混凝土标号为 C30,烟囱主要结构尺寸见表 1。烟囱横截面轴向配筋为双层配筋,环向配水平箍筋。7.25 m 高程处分布有两个烟道口并设有积灰平台,大烟道尺寸为 5.9 m×10.4 m,小烟道尺寸为 5.9 m×5.4 m;东、西方向各有两个检修门,尺寸均为 2.4 m×2.4 m。

表 1 烟囱主要结构尺寸

高程/m	筒壁外半径/cm	筒壁内半径/cm	筒壁厚度/cm	隔热层厚度/cm	内衬厚度/cm
0.00	812	757	55	0	0
7.25	776	721	55	10	23
20.00	712	662	50	10	23
30.00	662	617	45	10	23
45.00	617	575	42	10	12
60.00	572	533	39	10	12
75.00	527	491	36	10	12
90.00	482	449	33	10	12
105.00	460	430	30	10	12
120.00	437	410	27	10	12
135.00	415	391	24	10	12
150.00	392	370	20	10	12
165.00	392	372	20	10	12
180.00	392	372	20	10	12

烟囱采用正梯形爆破切口,如图 3 所示。切口布设在烟囱底部 0.50 m 高程处,高 4.4 m,爆破切口的圆心角为 220°,底边展开长 30.95 m。切口两侧布设定向窗,底边长 3.0 m,张开度为 30°。爆破前用钢筋混凝土对西侧检修门进行封堵。爆破切口区共布置 634 个炮孔,乳化炸药总装药量为 136 kg,炮孔内安装延期时间为 3400 ms 的导爆管雷管。

1.2 监测方案

为分析烟囱的失稳破坏过程,在烟囱支撑区外侧布置一套动态摄影测量系统。该摄影测量系统由高精度工业相机、基准尺、测量标志、计算软件和电脑组成,先利用测量相机采集目标点的 X、Y、Z 坐标值,再利用目标点做点线面的标准拟合等。将 2 台工业相机对称安装在支撑区背侧地面的支座上(图 3),相机的分辨率为 4872×3248 像素,采集频率为 1000 s^{-1}。经标定,动态摄影测量系统的测量误差标准值小于 3 mm。

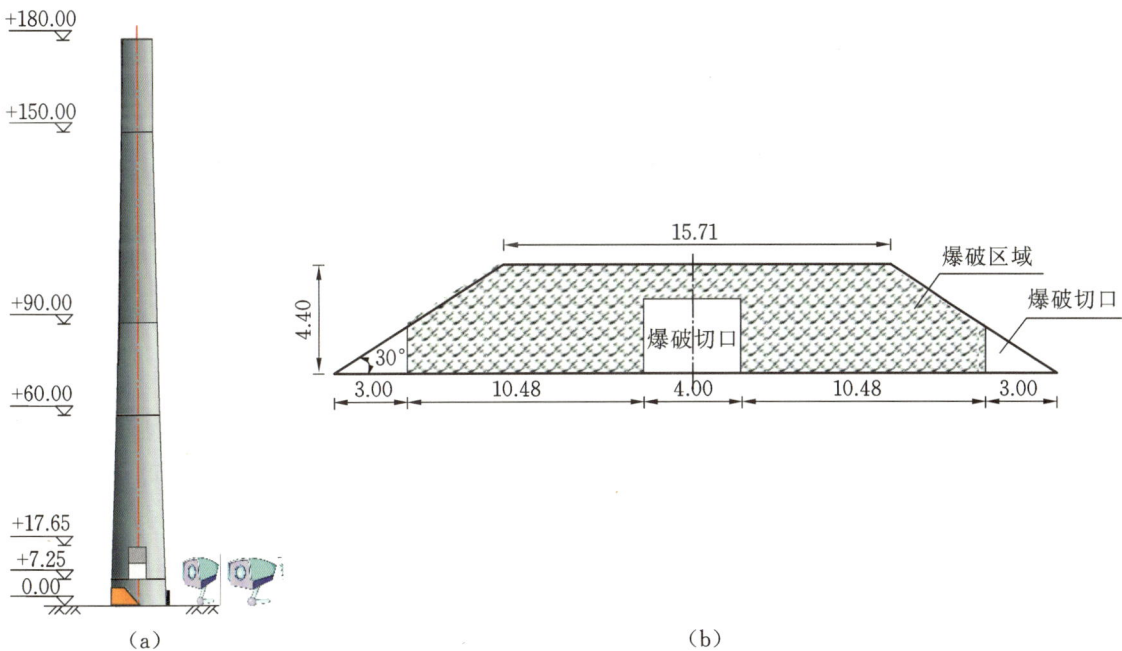

图 3 爆破方案(单位:m)
(a) 爆破切口设置;(b) 爆破切口参数

同时,在支撑区外围地面上布置 2 个普通监控摄像头,分辨率为 1280×960 像素,采集频率为 25 s^{-1}。在爆破远区,则采用无人机在空中对爆破过程进行视频录像。

1.3 下坐过程

由爆破过程的监测视频可知,起爆后切口两侧的混凝土受到强烈挤压而发生破坏。起爆后约 0.5 s,支撑区产生了与水平方向夹角为 45°的裂缝,见图 4(a)。伴随着主裂缝的扩展,大量的混凝土不断从筒壁挤出、脱落。起爆后约 1.2 s,裂缝沿着混凝土薄弱部位扩展,见图 4(b)。起爆后约 1.8 s,支撑区的主裂缝贯通,见图 4(c)。起爆后约 2.5 s,爆破切口完全闭合,见图 4(d)。

监测结果显示,在支撑区后部裂缝扩展速度较快,混凝土破坏也较强烈。在裂缝产生、扩展至贯通的过程中,支撑区后部未观测到明显的拉裂缝产生,表明该烟囱支撑区的破坏方式主要是压剪破坏。

烟囱贯穿裂缝形成后,支撑区无法承受上部结构的荷载而发生整体下坐。下坐过程中,烟囱筒体不断与底部残余结构及地面发生剧烈碰撞,筒体底部混凝土被压碎、挤出,并堆积在烟囱周围。起爆约 4.0 s 后,烟囱下坐过程结束。整个下坐过程中,烟囱下坐速度先增大,然后迅速减速至零,共历时约 2 s,下坐总高度约为 10 m。与此同时,烟囱在下坐过程中还产生了轻微转动,但总体转动角度不大,下坐结束时烟囱转动角度大约为 3°。

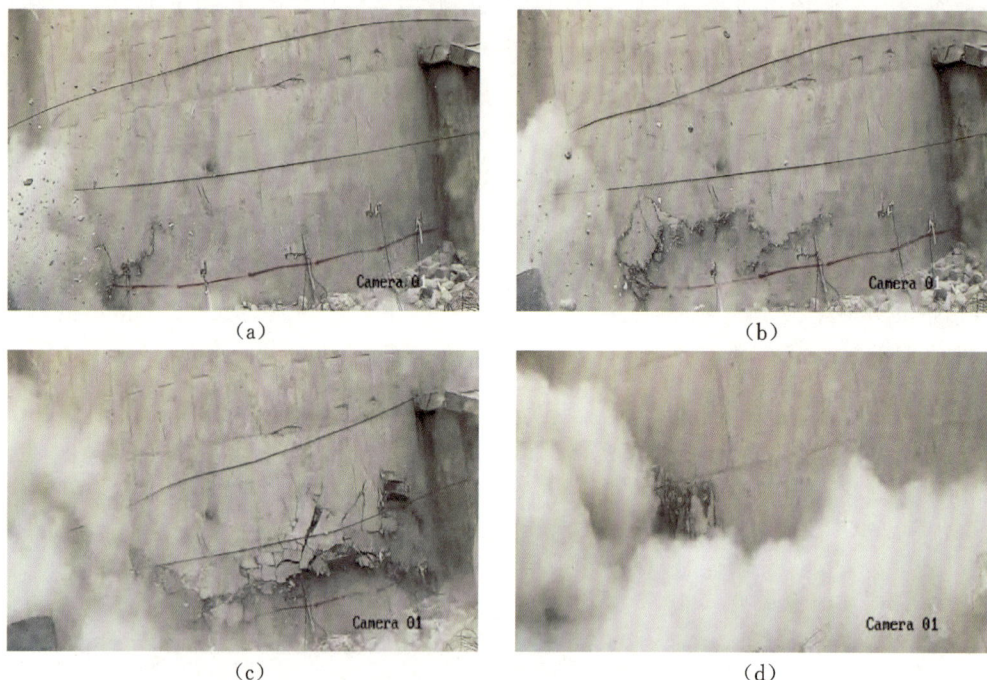

图 4 烟囱支撑区裂纹扩展过程

(a) 0.5 s;(b) 1.2 s;(c) 1.8 s;(d) 2.5 s

通过摄影测量,获得了烟囱下坐过程的位移-时程曲线,如图 5 所示。测量数据表明,烟囱爆破后下坐量先随时间缓慢增长,随后快速增加,最后则逐渐停止。下坐位移-时程曲线对时间 t 进行一次和二次微分后,可以近似获得下坐速度-时程曲线(图 6)和加速度-时程曲线(图 7)。在下坐开始后的 1.0~1.5 s,下坐的速度可达 10 m/s,而向下运动的加速度最大可接近 10 m/s²。下坐运动减速时,向上的加速度最大可接近 30 m/s²。因此,烟囱在下坐运动过程中可能经历多次"失重"和"超重"效应。而"失重"和"超重"的变换速度较快,这在烟囱中诱发压缩应力波,可能造成烟囱的持续下坐。当下坐量较大时底部破碎的钢筋混凝土能起到显著的缓冲作用,"超重"效应逐渐减弱,直至下坐停止。

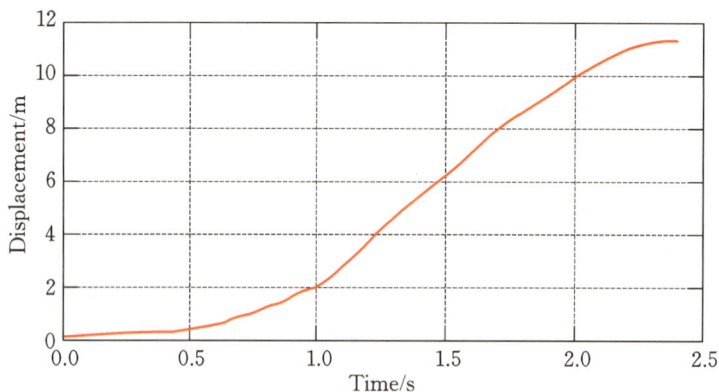

图 5 烟囱下坐过程的位移-时程曲线

1.4 空中断裂过程

烟囱在下坐结束时,其中部发生了断裂,断裂位置约在 90.00 m 高程处。断裂后的上半段筒体继

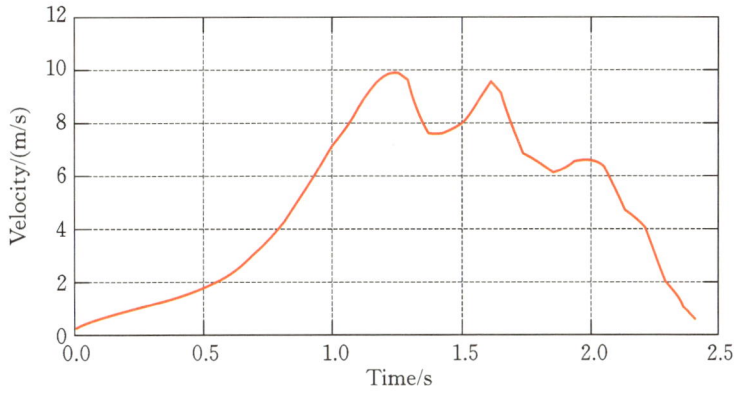

图 6 烟囱下坐速度-时程曲线

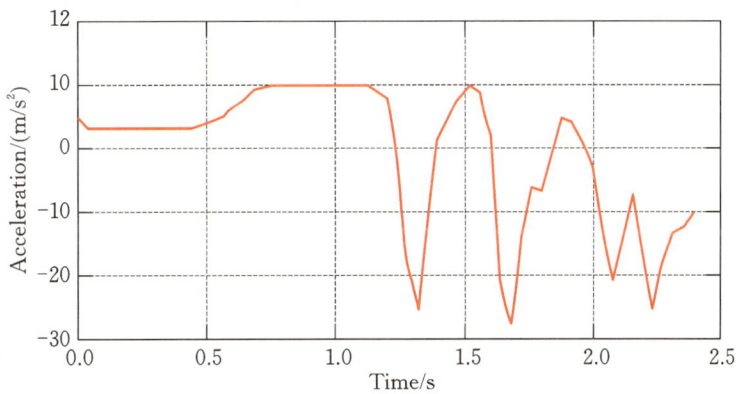

图 7 烟囱下坐加速度-时程曲线

续向原倒塌方向发生转动。起爆后约 12 s 时,烟囱上、下两部分筒体分离,上部分筒体在其原初速度的基础上加速下落;下部分筒体由于重心位置未偏出筒体的投影区且倾倒动能不足,导致无法继续倾倒[图 8(d)]。

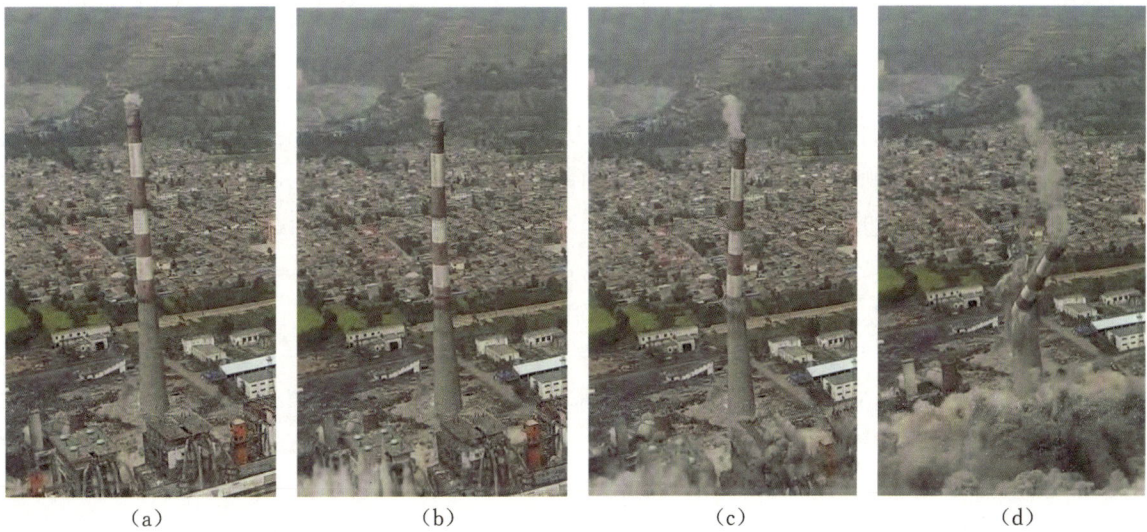

(a)　　　　　　(b)　　　　　　(c)　　　　　　(d)

图 8 烟囱空中折断过程

(a) Time a;(b) Time b;(c) Time c;(d)Time d

2　烟囱失稳下坐的预测

2.1　失稳下坐时支撑区演化过程

根据烟囱支撑区的受力特征与现场观测结果,同时考虑混凝土受压破坏过程的全应力-应变曲线特征(图9),支撑区的失稳下坐过程可分为以下阶段:

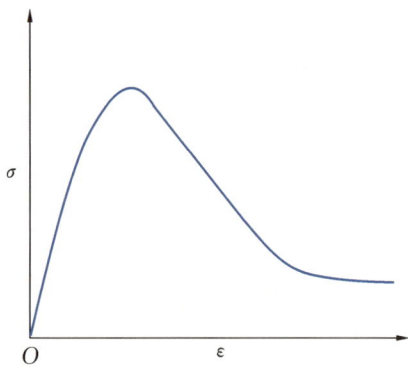

(1)起爆后应力瞬态调整

爆破切口形成瞬间,支撑区将发生应力瞬态调整,爆破切口部分承受的荷载将迅速向支撑区混凝土上转移。

(2)支撑区正截面抗弯承载力达到峰值

应力瞬态调整完成后,保留的支撑区变为大偏心受压构件[图10(a)]。钢筋与混凝土将发挥材料最大承载性能以抵抗倾覆力矩和竖向压力。根据大偏心受压构件的受力变形特点,在支撑区横截面上距离中性轴最远位置处的应力和应变最大,同时,由于混凝土的屈服应变远低于钢筋的屈服应变,靠近定向窗的支撑区混凝土最先发生压缩屈服,此时整个截面的抵抗力矩达到峰值或接

图9　混凝土典型应力-应变曲线

近峰值[图10(b)]。若支撑区抵抗力矩大于倾覆力矩,则混凝土将不再进一步破坏,烟囱则不能顺利倾倒;若支撑区抵抗力矩小于倾覆力矩,则混凝土将进一步破坏,烟囱则可继续发生转动。

(3)支撑区正截面受压承载力达到峰值

当烟囱失稳倾覆时,随着其转动角度的增大,支撑区截面上的应变将持续增大,且中性轴位置发生变化。当支撑区中性轴消失时,整个支撑区横截面均呈受压状态。由混凝土的全应力-应变曲线特征可知,混凝土达到屈服状态后,随着应变的增大其承载能力将不断降低直至达到一定的残余强度,变为塑性材料。因此,中性轴刚刚消失时,截面上各处混凝土的压应力分布与其应变相对应,分别处于混凝土全应力-应变曲线上的不同应力值,此时支撑区断面达到其最大竖向承载力[图10(c)]。

(4)支撑区塑性铰的形成或下坐

受倾覆力矩的作用,混凝土的应变还将持续增大,因此一般情况下整个支撑区最终将变成"塑性铰",此时,支撑区的混凝土仅剩余残余承载力[图10(d)至图10(f)]。当烟囱的重量小于或等于支撑区的残余承载力时,烟囱则匀速破坏、缓慢下坐、持续转动。当烟囱的重量大于支撑区竖直向残余承载力时,烟囱将获得一定的竖向加速度进而加速下坐,并同步发生转动,但由于下坐速度快、历时短,下坐过程中烟囱偏转角度一般较小。

2.2　支撑区受力及失稳判别

爆破拆除烟囱时,为了提高爆破切口设计的可靠性,需对不同设计方案进行对比和失稳判别。为了简化计算,传统的失稳判别力学模型通常假定受拉区和受压区完全达到极限承载状态,这与支撑区的实际受力状态存在显著差异。支撑区中性轴附近的应力和应变均较小,而在前后边缘处应变最大(但应力不一定最大)。

在起爆后短时间内,支撑区筒壁处于小应变状态,因此,可认为中性轴处竖向应变为零,中性轴两侧混凝土的应变与到中性轴的距离呈线性关系。即混凝土受压区外边缘屈服应变为 ε_c,将逐渐减小至中性轴处的零。

如图10(a)所示,设烟囱支撑区横截面上单侧受压区(受压区的1/2)对应的弧度为 β,其在极坐

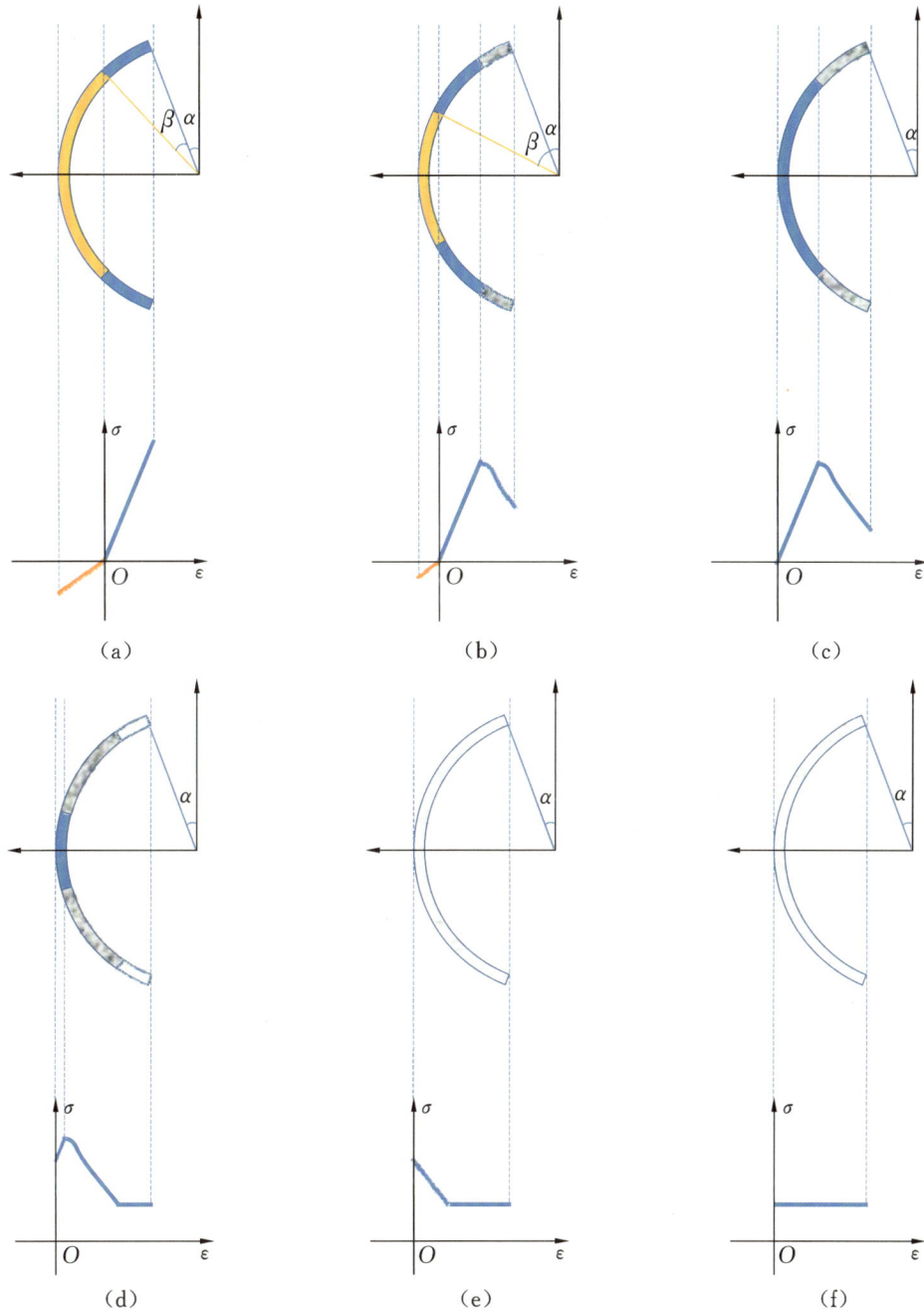

图 10 支撑区不同区域混凝土的应力与应变状态示意图

(a) Case a;(b) Case b;(c) Case c;(d) Case d;(e) Case e;(f)Case f

系下的起始弧度为 α,单侧受拉区(受拉区的 $1/2$)对应的弧度则为 $\pi/2-\alpha-\beta$,其起始弧度为 $\alpha+\beta$。设筒壁外半径为 r_1,内半径为 r_2,则在受压区中极角为 $\alpha+\phi$ 处混凝土应变 ε_ϕ 可表示为

$$\varepsilon_\phi = \frac{\varepsilon_c}{\bar{r}[\sin(\alpha+\beta)-\sin\alpha]} \times \bar{r}[\sin(\alpha+\beta)-\sin\phi] \tag{1}$$

式中,ε_c 为混凝土的屈服应变;$\bar{r}$ 为筒壁外半径 r_1 和内半径 r_2 的平均值,m;ϕ 为支撑区横截面某点的极角弧度值,rad。

设支撑区筒壁微元体的弧度为 $\mathrm{d}\phi$,微元体面积则为 $\delta\bar{r}\mathrm{d}\phi$,则受压区承受竖向压力的合力 P_{pc} 为:

$$P_{pc} = \int_\alpha^{\alpha+\beta} \varepsilon_\phi E_c \delta\bar{r}\mathrm{d}\phi = \int_\alpha^{\alpha+\beta} \frac{\sin(\alpha+\beta)-\sin\phi}{\sin(\alpha+\beta)-\sin\alpha} \varepsilon_c E_c \delta\bar{r}\mathrm{d}\phi \tag{2}$$

式中，δ 为支撑区筒壁的厚度，m；E_c 为混凝土的弹性模量，GPa。

同理，已知支撑区筒壁单根钢筋的极角时，也可得到单根钢筋的压力、拉力及其合力。然而在爆破设计过程中钢筋的定位难度较大，逐根钢筋的受力计算也较烦琐，因此可将钢筋网等效为薄壁圆筒进行计算，忽略钢筋保护层厚度时，将钢筋网等效为钢筒后，等效钢筒壁厚 δ_{s1} 和 δ_{s2} 可表示为：

$$\left.\begin{aligned} \delta_{s1} &= \frac{A_{s1}}{\Delta s_1} \\ \delta_{s2} &= \frac{A_{s2}}{\Delta s_2} \end{aligned}\right\} \tag{3}$$

式中，A_{s1}、A_{s2} 为支撑区底部截面外侧和内侧竖向主筋截面面积，mm；Δs_1、Δs_2 为外侧和内侧钢筋的间距，m。

类似式（2），可得内、外侧钢筋筒受到竖向压力的合力 P_{ps} 为：

$$P_{ps} = \int_{\alpha}^{\alpha+\beta} \frac{\sin(\alpha+\beta)-\sin\phi}{\sin(\alpha+\beta)-\sin\alpha}\varepsilon_c E_s \delta_{s1} r_1 \mathrm{d}\phi + \int_{\alpha}^{\alpha+\beta} \frac{\sin(\alpha+\beta)-\sin\phi}{\sin(\alpha+\beta)-\sin\alpha}\varepsilon_c E_s \delta_{s2} r_2 \mathrm{d}\phi \tag{4}$$

式中，E_s 为钢筋的弹性模量，GPa。

同理，支撑区的受拉区混凝土受到的竖向拉力 P_{tc} 为：

$$P_{tc} = \int_{\alpha+\beta}^{\frac{\pi}{2}} \frac{\sin\phi-\sin(\alpha+\beta)}{\sin(\alpha+\beta)-\sin\alpha}\varepsilon_c E_c \delta\overline{r} \mathrm{d}\phi \tag{5}$$

受拉区钢筋受到的竖向拉力 P_{ts} 为：

$$P_{ts} = \int_{\alpha+\beta}^{\frac{\pi}{2}} \frac{\sin\phi-\sin(\alpha+\beta)}{\sin(\alpha+\beta)-\sin\alpha}\varepsilon_c E_s \delta_{s1} r_1 \mathrm{d}\phi + \int_{\alpha+\beta}^{\frac{\pi}{2}} \frac{\sin\phi-\sin(\alpha+\beta)}{\sin(\alpha+\beta)-\sin\alpha}\varepsilon_c E_s \delta_{s2} r_2 \mathrm{d}\phi \tag{6}$$

应指出的是，切口区爆破后裸露钢筋骨架也具有一定的承载能力，但在工程实践中爆破切口高度往往较高，且爆炸荷载使竖向钢筋发生弯曲。因此，切口区爆破后钢筋骨架竖向承载能力较低时，其贡献的竖向承载力可忽略。

假定应力重新调整后，烟囱处于临界失稳状态且受压区边缘应变恰好达到屈服应变，此时处于静力平衡状态，且未发生加速转动，则烟囱的重量 G 与支撑区竖直向力的合力为零，得到平衡方程：

$$2P_{pc} + 2P_{ps} - 2P_{tc} - 2P_{ts} = G \tag{7}$$

式中，G 为烟囱的总重量，GN。

将式（2）、式（4）、式（5）、式（6）代入式（7），化简得：

$$\frac{\varepsilon_c}{2}\csc\left(\frac{\beta}{2}\right)\sec\left(\alpha+\frac{\beta}{2}\right)\left[(\pi-2\alpha)\sin(\alpha+\beta)-2\cos\alpha\right]\left[\delta\overline{r}E_c + E_s(r_1\delta_{s1}+r_2\delta_{s2})\right] = G \tag{8}$$

式（8）为超越方程，无解析解。为了方便工程应用，通过泰勒级数对三角函数进行展开并进行化简后解得 β 的近似解为：

$$\beta \approx \frac{V+\sqrt{W+V^2}}{10U(\pi-2\alpha)} \tag{9}$$

式中

$$U = \delta\overline{r}E_c\varepsilon_c + E_s\varepsilon_c(r_1\delta_{s1}+r_2\delta_{s2})$$

$$V = 48G - 5\pi U(8+3\alpha) + 4U(3+20\alpha+6\alpha^2)$$

$$W = 40U^2(\pi-2\alpha)(4+\alpha)\left[4\times(3+\alpha^2)-5\pi\alpha\right]$$

在工程设计过程中，先初步确定 α 后可通过试算法解得方程（8）的中受压区对应的弧度 β，或通过近似解式（9）计算 β，进而可确定中性轴位置，并可进一步对烟囱能否失稳进行验算。

同样，在与式（7）相同的基本假定下，设 $\theta = \alpha+\beta$，1/2 受压区混凝土所产生的抵抗力矩 M_{pc} 为：

$$M_{pc} = \frac{2(\alpha-\theta)(\cos2\theta-2)+2\cos\alpha(\sin\alpha-4\sin\theta)+3\sin2\theta}{4(\sin\theta-\sin\alpha)}\varepsilon_c E_c \delta\overline{r}^2 \tag{10}$$

将钢筋等效为钢筒后，1/2 受压区钢筋产生的抵抗力矩 M_{ps} 为：

$$M_{ps} = \frac{4\theta - 4\alpha + 2(\alpha - \theta)\cos2\theta + 2\cos\alpha(\sin\alpha - 4\sin\theta) + 3\sin2\theta}{4(\sin\theta - \sin\alpha)}(\varepsilon_c E_s \delta_{s1} r_1^2 + \varepsilon_c E_s \delta_{s2} r_2^2) \quad (11)$$

1/2 受拉区钢筋产生的极限抵抗力矩 M_{ts} 为：

$$M_{ts} = \frac{(\pi - 2\theta)(\cos2\theta - 2) + 3\sin2\theta}{4(\sin\alpha - \sin\theta)}(\varepsilon_c E_s \delta_{s1} r_1^2 + \varepsilon_c E_s \delta_{s2} r_2^2) \quad (12)$$

烟囱要打破静力平衡状态而发生加速转动时，重力形成的倾覆力矩要大于抵抗力矩。忽略受拉区混凝土产生的抵抗力矩时，烟囱的失稳条件为：

$$G\bar{r}\sin\theta > 2M_{pc} + 2M_{ps} + 2M_{ts} \quad (13)$$

定义倾覆失稳系数 f 为：

$$f = \frac{GF\sin\theta}{2M_{pc} + 2M_{ps} + 2M_{ts}} \quad (14)$$

由式（10）至式（12）、式（14）可计算烟囱的失稳系数 f。

根据混凝土应力、应变特征及其在支撑区横截面上的分布规律，设支撑区边缘处混凝土刚进入塑性状态时，$f = 1$；假定受压区全部进入塑性状态且混凝土材料为理想弹塑性材料时，$f = 2$；假定受压区一半面积进入塑性状态且混凝土为理想弹塑性材料时，$f = 1.5$。显然，$f = 1.5 \sim 2$ 时可满足失稳的要求；而 $f > 2$ 时倾覆力矩过大，可能导致支撑区快速压溃而发生下坐。

2.3 烟囱下坐预测

根据 2.2 节的分析，烟囱支撑区满足倾覆失稳条件后，将发生加速转动，而由于钢筋混凝土的不断屈服，其抵抗力矩将变得越来越小，因此截面的中性轴将不断发生移动以发挥材料的最大承载潜能，当钢筋最终被拉断或者中性轴消失时，支撑区正截面将主要受压缩作用。

混凝土在受压屈服后承载能力将随着应变的增大而持续降低，最终将达到其残余承载力。由于烟囱爆破切口常常采用正梯形切口，会形成变截面的支撑区，因此设支撑区下侧最小截面面积为 A_{cmin}，上侧最大截面面积为 A_{cmax}，则支撑区残余承载力与烟囱重量存在以下三种情况：

（1）烟囱重量大于支撑区最大残余承载力时，烟囱会发生显著加速下坐直至支撑区完全压溃消失。支撑区和爆破切口消失后，如新形成的断面较为平整，则烟囱重心在水平面的投影落在新截面的形心附近，倾覆力矩将急剧减小甚至消失，烟囱可能发生炸而不倒的现象，其判别条件表示为：

$$G > A_{cmax}\sigma_{cr} \quad (15)$$

式中，σ_{cr} 为支撑区混凝土的残余强度，MPa；A_{cmax} 为支撑区上侧最大截面面积（采用正梯形切口时），m^2。

（2）烟囱重量大于支撑区最小残余承载力，且小于最大残余承载力时，烟囱先发生加速下坐直至重量和支撑区残余承载力相等时再发生减速下坐，直至达到新的平衡。此时，支撑区可能部分保留，也可能因烟囱惯性力作用而全部压溃，因此，顺利倾倒和炸而不倒的现象均可能发生，其判别条件表示为：

$$A_{cmin}\sigma_{cr} < G < A_{cmax}\sigma_{cr} \quad (16)$$

式中，A_{cmin} 为支撑区下侧最小截面面积（采用正梯形切口时），m^2。

（3）烟囱重量小于支撑区最小残余承载力时，烟囱因支撑区混凝土的压溃挤出而发生向下的位移，可能会发生短暂的下坐，但支撑区残余截面的不断增大将阻止下坐的进一步发生，烟囱得以顺利倾倒，其判别条件表示为：

$$G < A_{cmin}\sigma_{cr} \quad (17)$$

3 下坐诱发空中断裂的预测

烟囱空中断裂现象的宏观特征表明，发生"下坐"现象时支撑区底部截面将与基础碰撞，碰撞接触面上必然产生较高的动态压应力和应变并向烟囱顶部传播。假设烟囱筒体中有一压缩应力波传播，仅分析烟囱切口以上且远离切口区部分时，该部分可简化为经典的变截面一维直杆力学模型。同时，仅考虑一个波动信号从底端到达顶端的应力波传播过程时,可忽略应力波在两端边界处的入射和反射等过程,进而可方便地对其动力学过程进行理论求解。

因此,当烟囱下坐导致切口闭合、支撑区消失时,在烟囱烟道口以上部分的横截面上将作用一个轴向脉冲荷载,在满足平截面假定条件时,取烟囱的一段微元体进行分析,如图 11 所示。

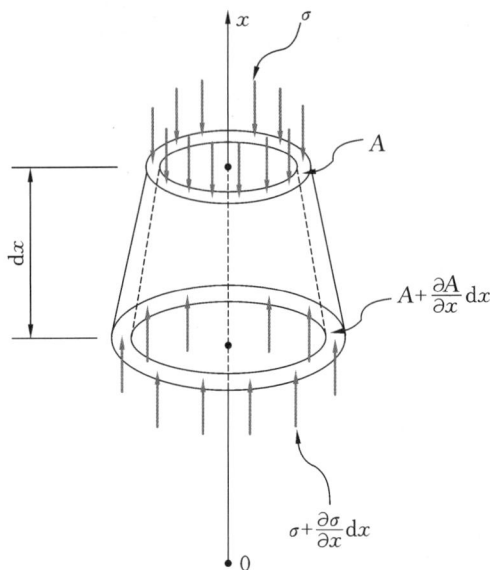

图 11 不受应力集中效应影响的烟道口以上烟囱微元体模型

根据达伦贝尔原理,微元体的受力平衡方程可表示为:

$$\sigma A + \left(\sigma + \frac{\partial \sigma}{\partial x}\mathrm{d}x\right)\left(A + \frac{\mathrm{d}A}{\mathrm{d}x}\right) = \frac{1}{2}\rho\left[A + \left(A + \frac{\mathrm{d}A}{\mathrm{d}x}\right)\right]\mathrm{d}x\frac{\partial^2 u}{\partial t^2} \tag{18}$$

式中,σ 为烟囱横截面上的竖向应力,MPa;A 为烟囱的横截面面积,m^2。为获得微分方程的解,设烟囱横截面面积随烟囱高度 L 连续变化,可表示为:

$$A = \kappa \mathrm{e}^{-\frac{\lambda x}{L}} \tag{19}$$

式中,κ、λ 为系数;x 为横截面距离地面的高度,m;L 为烟囱总高度,m。

将式(19)代入式(18)中,化简并略去高阶项后,方程(18)简化为:

$$A\frac{\partial \sigma}{\partial x} + \sigma\frac{\mathrm{d}A}{\mathrm{d}x} = \rho A\frac{\partial^2 u}{\partial t^2} \tag{20}$$

化简得:

$$\frac{1}{A}\frac{\partial(\sigma A)}{\partial x} = \rho\frac{\partial^2 u}{\partial t^2} \tag{21}$$

设钢筋混凝土材料为线弹性,则将 $\sigma = E_c\frac{\partial u}{\partial x}$ 代入式(21),得波动方程:

$$\frac{\partial^2 u}{\partial x^2} + \frac{1}{A}\frac{\partial u}{\partial x}\frac{\mathrm{d}A}{\mathrm{d}x} = \frac{1}{C_p^2}\frac{\partial^2 u}{\partial t^2} \tag{22}$$

式中,C_p 为钢筋混凝土中声波波速,m/s,其中 $C_p = \sqrt{E_c/\rho}$。

在任意时刻,烟囱顶部为自由边界,其应变始终为 0,得烟囱上端边界条件为:

$$\frac{\partial u}{\partial x}\bigg|_{x=L} = 0 \tag{23}$$

当 $t = 0$ 时,烟囱底端脉冲荷载为零,任意截面的位移为零;设 t 时刻烟囱底端的运动速度为 v_t,得烟囱下端边界条件为:

$$\left.\begin{array}{l} u\big|_{t=0} = 0 \\ \dfrac{\partial u}{\partial t}\bigg|_{x=0} = v_t \end{array}\right\} \tag{24}$$

在式(24)中,v_t 为变量,需确定其数值方可求解波动方程。设 $t=0$ 时,烟囱运动速度为 v_0,并逐渐降低至零。根据碰撞冲击作用过程的特征,且为了便于方程的求解,计算三角函数拟合的 v_t:

$$v_t = \frac{v_0}{2} + \frac{v_0}{2}\cos\left(\frac{\pi t}{t_0}\right) \tag{25}$$

式中,t_0 为烟囱速度由 v_0 降低为零时所经历的时间,s。

根据本节的分析,烟囱在下坐运动过程中,需克服支撑区的残余承载力而发生加速运动,其加速度 a 约为:

$$a = \frac{G - A_c\sigma_{cr}}{m} \tag{26}$$

式中,A_c 为支撑区截面面积(可取平均值),m^2。

设下坐高度为 h,根据运动距离、速度和加速度间的关系,v_0 可表示为:

$$v_0 = \sqrt{2ah} \tag{27}$$

由式(26)、式(27)可得:

$$v_0 = \sqrt{2h\frac{G - A_c\sigma_{cr}}{m}} \tag{28}$$

烟囱速度由 v_0 降低至零的过程中,设 F 为基础提供的减速阻力,根据动量守恒定律得:

$$mv_0 = Ft_0 \tag{29}$$

烟囱下坐后筒壁与基础的接触面为整个圆环形截面时,接触面上的力先增大,直至达到混凝土的动态屈服强度后,再减小至烟囱的重力。因此,取接触力的近似平均值时,F 的取值范围为:

$$F \in \left(\frac{\eta\sigma_c A_0 + G}{2}, \eta\sigma_c A_0\right) \tag{30}$$

式中,σ_c 为混凝土抗压强度,MPa;η 为混凝土抗压强度动态提高系数;A_0 为烟囱底端筒壁横截面面积,m^2。由式(28)、式(29)和式(30)得 t_0 的取值范围为:

$$t_0 \in \left(\frac{mv_0}{\eta\sigma_c A_0}, \frac{2mv_0}{\eta\sigma_c A_0 + G}\right) \tag{31}$$

以式(23)至式(31)为边界条件,可解方程(22)得到 $u(x,t)$ 的近似解,由 $\frac{\partial u}{\partial x}$ 可得高度 x 处烟囱横截面上的竖向应变。

根据上述公式可对下坐一定高度的烟囱进行动力学分析,估算烟囱横截面上的应变值,当一定高度范围内筒壁应变均大于混凝土的压缩屈服应变时,则可判定烟囱将发生早期空中断裂现象。

4 案例分析与讨论

以上述第 1 节中的 180 m 高烟囱为例对预测模型进行验证。该烟囱质量约为 8600 t,截面面积函数中 $\kappa = 24.5$、$\lambda = 1.5$。混凝土密度取 2500 kg/m^3,混凝土屈服强度标准值取 $\sigma_c = 26.8$ MPa,弹性模量取 $E_c = 32.5$ GPa,泊松比取 0.17,钢筋弹性模量取 200 GPa。切口烟囱底端外半径为 8.12 m,内半径为 7.57 m,壁厚 0.55 m。爆破切口设计圆心角 $\omega = 220°$,支撑区下边缘展开长度约 33.56 m,截面面积为 18.46 m^2;上边缘展开长度约 18.31 m,截面面积为 10.07 m^2。外侧钢筋截面面积为 254.5 mm^2,内侧钢筋截面面积为 153.9 mm^2,间距均为 0.2 m。爆破切口参数如图 3 所示。

4.1 失稳判别

根据式(9)至式(10)可在初选切口圆心角后对支撑区中性轴位置进行计算,进一步计算支撑区受压比例,计算结果如图 12 所示,圆心角 ω 取 180° ~ 230° 时受压区占整个支撑区的比例为 32% ~ 34%。由式(14)计算得到切口圆心角超过 190° 时失稳系数满足 $f > 1.5$ 的要求(图 13)。而该工程爆破方案确定的切口圆心角为 220°,失稳系数 $f = 2.53$,说明切口圆心角偏大,倾覆力矩远大于抵抗力矩,一旦切口角部混凝土失效,受压区必然向受拉区快速扩展,很难避免下坐现象的出现。

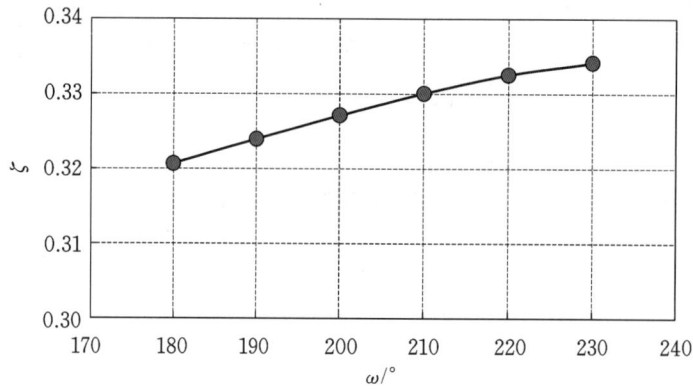

图 12　切口圆心角 ω 与支撑区受压占支撑区比例 ζ 关系图

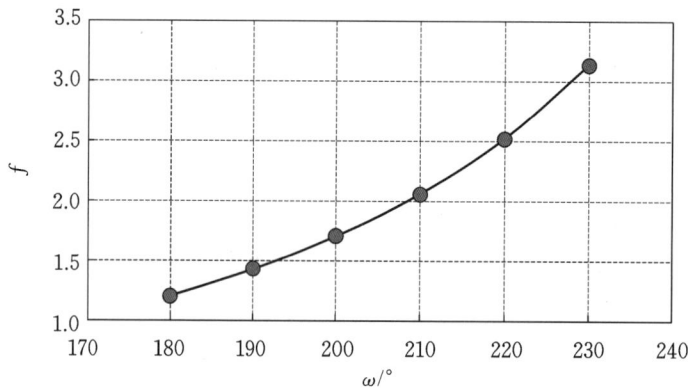

图 13　切口圆心角 ω 与烟囱倾覆失稳系数 f 关系图

4.2　下坐判别

已知烟囱自重 G，根据爆破切口形状取支撑区下部的最小截面面积 $A_{cmin} = 10.07\ \mathrm{m}^2$，上部最大截面面积 $A_{cmax} = 33.56\ \mathrm{m}^2$，取混凝土残余强度 $\sigma_{cr} = 0.2\sigma_c = 5.36\ \mathrm{MPa}$ 时，得：

$$G = 84.28\ \mathrm{MN}$$
$$A_{cmax}\sigma_{cr} = 179.88\ \mathrm{MN}$$
$$A_{cmin}\sigma_{cr} = 53.98\ \mathrm{MN}$$

因此，烟囱支撑区静态残余承载力满足以下条件：

$$A_{cmin}\sigma_{cr} < G < A_{cmax}\sigma_{cr}$$

计算结果表明，该工程原设计方案将发生下坐现象，且支撑区横截面面积较小的下半部分的破坏将导致烟囱加速下坐，而横截面面积较大的上半部分则使下坐减速，但当减速产生的加速度超过 $-9.8\ \mathrm{m}^2/\mathrm{s}$ 时，下段支撑区也将承受大于 $2G$ 的荷载，整个支撑区可能完全被压溃，此时爆破切口将因下坐而完全闭合，倾覆力矩也将消失，烟囱存在"炸而不倒"的风险。因此，预测结果与烟囱实际下坐情况基本吻合。

4.3　下坐诱发空中断裂的判别

设烟囱自重与支撑区残余承载力相等时，对应的支撑区横截面面积为 $28.58\ \mathrm{m}^2$，截面距离切口底边 $1.44\ \mathrm{m}$，切口总高度 $5\ \mathrm{m}$，则可能发生加速下坐的距离为 $2.96\ \mathrm{m}$，取 $3\ \mathrm{m}$ 进行计算时，由式（28）计算得到加速下坐可能获得的最大初速度约为 $v_0 = 7.67\ \mathrm{m/s}$。分别取 $\eta = 1$ 和 $\eta = 1.5$，由式（31）计算得到烟囱下坐由 $7.67\ \mathrm{m/s}$ 减速至零时所需的时间所处区间为：

$$t_0 \in (0.060\ \mathrm{s}, 0.163\ \mathrm{s})$$

在 t_0 取值区间内分别取不同的时间值，由式（22）计算 $u(x,t)$ 及 $\dfrac{\partial u(x,t)}{\partial x}$。

计算结果表明(图14),在烟囱下坐结束阶段,若其历时较短时(如 $t_0 = 0.06$ s),随着烟囱横截面所处高度的增加,其竖向(烟囱轴向)峰值应变呈现出先增大后减小的趋势,呈现出"应变高程放大效应"。而若下坐结束历时较长(如 $t_0 = 0.15$ s),则"应变高程放大效应"消失,此时随着高度的增加,应变持续减小。

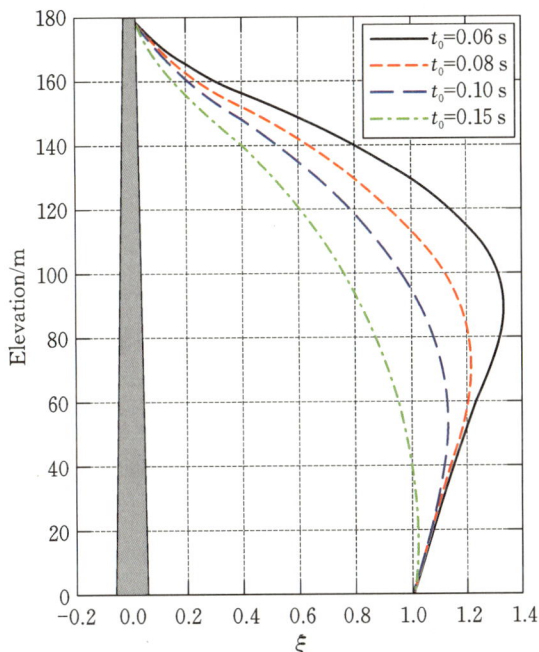

图 14 减速过程对轴向应变放大系数 ξ 的影响

定义烟囱某处横截面与底部冲击断面上轴向峰值应变的比值为该处动应变放大系数 ξ,下坐结束阶段历时较短时,峰值应变出现的相对位置较高,例如 $t_0 = 0.06$ s 时 ξ 最大值出现在约 90 m 高度处,$t_0 = 0.10$ s 时 ξ 最大值出现在约 60 m 高度处。

因此,$t_0 = 0.06 \sim 0.10$ s 时,存在 $\xi > 1$ 的可能,发生空中压溃的概率较高(忽略动应变衰减情况下)。本 180 m 烟囱空中折断位置大约位于 90 m 处,与 $t_0 = 0.06$ s 的情况较吻合。

4.4 讨论

由上述 180 m 烟囱下坐诱发空中断裂的案例可知,下坐产生的冲击荷载可造成烟囱损伤甚至断裂。为了分析其他常见钢筋混凝土烟囱的断裂风险,对 5 种典型烟囱进行了分析。假定烟囱下坐碰撞基础的最大速度为 3m/s,经历 0.06 s 后速度降为零。忽略附加动应变沿烟囱轴线逐渐衰减,计算结果表明(表2):随着烟囱高度增加,烟囱的最大动应变放大系数 ξ 由 1.093 增加到 1.728。烟囱的高度越高,动应变放大系数越大,发生断裂的风险也越大。并且随着烟囱高度的增加,烟囱最大动应变放大系数所处的相对高度也随之增加,由烟囱中下部提升至烟囱中上部。实际上,当考虑附加动应变随传播距离发生衰减时,高烟囱发生空中断裂的可能性较高,而矮烟囱发生空中断裂的可能性较低。

表 2 不同高度烟囱的最大动应变放大系数表

序号	烟囱高度/m	烟囱截面面积随高度变化函数	ξ	最大动应变所处高度/m
1	90	$A = 7.46e^{-0.017x}$	1.093	30
2	120	$A = 10.34e^{-0.014x}$	1.241	50
3	150	$A = 20.70e^{-0.012x}$	1.383	80
4	180	$A = 22.35e^{-0.011x}$	1.522	110
5	210	$A = 32.05e^{-0.011x}$	1.728	140

注:表中 180 m 高烟囱为一般的等截面烟囱,与第 2 节案例烟囱形状存在一定差异。

由前述分析可知,避免烟囱下坐或者避免"硬着陆"是预防烟囱早期空中断裂的重要措施,具体可采用以下方法:

(1)优化爆破切口形状,改梯形切口为三角形切口或喇叭形切口,使支撑区截面面积逐渐过渡至整个圆环截面,增大支撑区的极限承载力,避免支撑区瞬间被整体压溃。

(2)优化爆破切口的圆心角,在满足倾覆条件时,需考虑支撑区的残余承载力,通过增大支撑区截面面积减小烟囱下坐的速度。

(3)必要时应对支撑区混凝土进行加固,提高其抗压强度。

5　结论

高烟囱爆破拆除过程中,常出现下坐且中部断裂的现象,严重影响爆破安全和爆破效果。结合典型钢筋混凝土烟囱爆破拆除工程,分析了烟囱下坐和空中断裂的宏观特征,并研究了其力学机制,构建了判别力学模型,得到如下结论:

(1)传统的烟囱爆破设计方法认为支撑区轴心受压极限承载力大于烟囱的重量即可预防支撑区的压溃,然而支撑区实际处于大偏心受压状态,因此,正截面轴心受压稳定条件不能作为下坐判别条件。

(2)爆破切口形成后,基于混凝土的全应力-应变曲线特征以及应力和应变在支撑区横截面的分布特征,倾覆力矩与抵抗力矩的比值 f 应作为切口设计的控制条件之一;且 $f>2$ 时支撑区受压截面面积过小,可能使其发生强烈压缩破坏而导致烟囱下坐。

(3)大偏心受压作用下支撑区混凝土的压缩破坏不可避免,支撑区最小残余承载力小于烟囱的重量是判别下坐的必要条件。

(4)高度超过 100 m 的混凝土烟囱在下坐结束阶段,其底端与基础发生碰撞而产生冲击荷载作用,在烟囱中部诱发的应变值可能大于其底端的失效应变,即诱发动应变高程放大效应,该现象是导致烟囱发生早期断裂的主要原因。

(5)烟囱的高度越高,下坐冲击历时越短,则动应变高程放大效应越显著,烟囱发生断裂的风险也越大。且随着烟囱高度的增大,烟囱最大动应变放大系数所处的相对位置也随之变化,将由烟囱中下部移至烟囱中上部。

第4篇　拆除爆破·桥梁

Blasting demolition of urban viaduct 3.5 km (2.175 mile) in length

XIE Xianqi   JIA Yongsheng   YAO Yingkang

LIU Changbang   HAN Chuanwei

(Wuhan Blasting Engineering Co., Ltd., Wuhan, Hubei, China)

Abstract: The viaduct, 3.5 km in total length, consists of main bridge and approach road. The main bridge composed of prestressed concrete hollow slab with pretensioning method is 3.0 km (1.864 mile) long. The piers made of reinforced concrete double-columns are in 180 rows, 360 piers in total. The viaduct is located in downtown area where the environment is extremely complicated. Alongside the viaduct, there are a mass of buildings and structures. Moreover, various municipal pipelines approximately 32 in quantity including a ϕ720 mm (28.346 in) high pressure nature gas pipeline are buried under the viaduct. The overall scheme for demolition blasting of main bridge combined with mechanical demolition of approach road was proposed. One-time initiating blasting was used in main bridge. From center to southern and northern ends, the delay blasting implemented on piers row upon row lasts 24.77 s and 21.52 s in total respectively. In consequence, the viaduct collapsed in whole while the adverse effects of blasting get effective control and various pipelines underground are safe. During blasting process, ten blasting vibration monitoring lines were disposed within 200 m (656.2 ft) alongside the viaduct, as a result, the law of vibration attenuation was obtained. Meanwhile, items such as dust concentration of blasting and ground stress were monitored in real time.

Keywords: Urban viaduct; Blasting demolition; Relay initiation; Adverse effects of blasting control

1 PREFACE

The viaduct has the advantages of huge carrying capacity, rapid traffic diverging, safety and reliability, ect. It is available for alleviating urban traffic jam and improving moving efficiency. However, with the acceleration of the urbanization process, some viaducts built in the 1980's or 1990's, are being gradually revealed the ills of traffic function, load degree, running security and so on. A potential safety hazard may occur to the city. Therefore, the urban traffic layout and construction are in urgent need of safe, effective and economical demolition technology of viaduct. By comparison with mechanical and manual demolition, the blasting demolition has been the first choice of viaduct demolition due to the virtues of slight influence to traffic, high security, high efficiency and low engineering cost.

The Zhuanyang viaduct is located on Dongfeng Avenue in Wuhan Economy and Technology Development Zone (WETDZ), Hubei Province. It was built and opened to traffic in 1997. It was 4-lane two-way and 3.5 km (2.175 mile) in total length, the design speed of which is 40 km/h (24.856 mile/h). As social economy developing, the amount of cars increase rapidly. As a result, the

本文原载于 2014 年《APS Blasting 4: New development on engineering blasting》论文集。

existing viaduct cannot meet the using requirement, meanwhile there is no side of the verge and crash proof placed on the center and both sides of viaduct, so the potential safety hazard may exist. Based on the comparison and research on technique and economy, the decision of demolishing the existing viaduct and expressway reconstruction was made.

2   ENGINEERING PROFILE

2. 1   Surroundings

The Zhuanyang viaduct lies north and south across the Wuhan Economy and Technology Development Zone (WETDZ). It is the traffic throat within southwest where five urban arteries cross under it. The surroundings are extremely complicated: abundance of residential and office buildings and plants are distributed alongside the viaduct. The high voltage wires of 110 kV across the viaduct, and the high voltage tower stands only 24 m (78. 744 ft) from viaduct. There are 32 pipelines in total buried under the viaduct, such as high pressure gas pipe of ϕ720 mm (28. 346 in), water pipe of ϕ800 mm (31. 496 in) and high voltage wire of 110 kV. The surroundings of the Viaduct is shown in Fig. 1.

Fig. 1   Surroundings of the Zhuanyang Viaduct

2. 2   Viaduct Structure

The Zhuanyang Viaduct, 3500 m (2. 175 mile) in total length, consists of main bridge and approach road. The main bridge 3000 m (1. 864 mile) long is constructed as simply supported and continuous rigid frame structure. The north and south approach road with structure of U-shaped concrete gravity retaining wall is built 500 m (1640. 5 ft) in length.

The main bride has 22 sections of which the length ranges 128 m (419. 968 ft) to 144 m (472. 464 ft). The group of 8~9 bridge openings is regarded as one section. There are 180 bridge openings in total including 26 bridge openings with the span of 18 m (59. 058 ft), 154 bridge openings of 16 m (52. 496 ft) and one bridge opening of 15. 5 m (50. 856 ft). The main bridge composed of prestressed concrete hollow slab with pretensioning method is made of C40 concrete. The piers with the structure of reinforced concrete double-columns are made of C30 concrete, of which the cross-section is 550 mm×1000 mm (21. 654 in×39. 37 in). The foundation of main bridge is designed as spread foundation of C25 concrete, see Fig. 2.

3   OVERALL DEMOLITION SCHEME

3. 1   Difficulty Analysis

(1) The fundamental theory and design scheme of blasting demolition of urban viaduct is not yet

Fig. 2　Viaduct structure

mature;

(2) There's no precedent case for one-time blasting demolition of the urban viaduct 3500 m (2. 175 mile) in total length, of which the main bridge is 3000 m(1. 864 mile) long;

(3) The viaduct across five urban arteries is of heavy traffic, so that it's difficult to ensure traffic flow during the periods of blasting demolition;

(4) Safeguards should be introduced to ensure the safety of pipelines underground, especially some of which are not deeply buried;

(5) The demolition project has features such as long working plane, huge work amount, limit construction period and tough management.

3. 2　Overall Scheme

In accordance with the engineering structure and surrounding features of the viaduct, the overall scheme for demolition blasting of main bridge combined with mechanical demolition of approach road was proposed. The demolition blasting scheme adopted drilling hole and initiating blasting in support components of the viaduct, which caused the superstructure instable and falling down to the ground. In sequence, the following disposal of blasting debris was carried out.

One-off initiating blasting was used in main bridge. From center to south and north ends, the delay blasting was implemented to piers row upon row. During the periods of construction, to determine various blasting parameters and safeguard and to ensure the whole stability of viaduct and safety of traffic, it is necessary to build a 1:1 physical model for test and numerical simulation.

4　PHYSICAL MODEL TEST

At present, the study on theories involved and key technique of blasting demolition of urban viaduct in complicated surroundings is not yet mature. The risk is relatively high provided that the blasting height of piers, unit volume consumption of explosive, delay time of initiating circuit and safeguard are determined just depending on the experience formula. The 1:1 physical model test is effective to be used for research on blasting instability mechanism of piers, determining blasting parameters and working out safeguard.

4. 1　Model Design

According to the design drawings of viaduct and actual conditions on site, firstly we pick out the typical piers, and then built 12 detached piers as well as a 1:1 one-stride physical model with the same measurements, concrete intensity and reinforcement distribution in the test field. As shown in Fig. 3, one precast concrete pipe and cast iron pipe are respectively buried under 1. 5 m (4. 922 ft) of the ground of 1:1 one-stride physical model.

Through groups of detached pier blasting physical model test, the holes parameters of blasting instability of piers, charge mode and optimal safeguard can be determined effectively. The optimal delay of each row of piers can be further determined in 1:1 one-stride physical model blasting test meanwhile the research into deformation effect generated by underground pipelines made of different materials under load of blasting and collapse vibration is conducted.

During the process of model built, pieces of apparatuses such as strain gauge, earth pressure gauge, accelerometer and blasting vibration meter(Fig. 4) were buried or disposed in piers, pipelines and soil under model, through which the further study on blasting destructive mechanism and adverse effects were carried out. When model test blasting occurs, the high-speed cameras from different angles capture the whole process of viaduct collapse. Combined with measurement data, the quantitative research on blasting destructive mechanism and collapse process can be implemented. Moreover, the method of dedusting by blasting water fog is employed to get the blasting dust under control.

Fig. 3　1:1 one-stride physical test

Fig. 4　Fix strain gauge

4. 2　Test Results

4. 2. 1　Blasting Parameters and Safeguard Methods

By means of 12 groups of detached pier blasting physical model tests, the optimal blasting parameters and safeguard methods of C30 reinforced concrete rectangle piers with cross-section of 550 mm×1000 mm(21. 654 in×39. 37 in) were obtained: (1)Along the center line in long side of piers, holes of 40 mm(1. 575 in) in diameter are arranged with an internal of 300 mm(11. 811 in). The minimum blasting burden ranges from 250 mm(9. 843 in) to 300 mm(11. 811 in) while the blast hole depth ranges from 700 mm(27. 559 in)to 750mm(29. 528 in). (2)The rock emulsion explosive with diameter of 32 mm(1. 26 in) was chosen for the test. The optimal charge mode is: the five holes on the bottom were charged with explosive of 400 g (0. 882 pound) in quantity, the three holes in the middle of 300 g (0. 661 pound) with an air internal of 20 cm (7. 874 in), and the holes on the top of 240 g (0. 529 pound) with air internal of 26 cm (10. 236 in). (3) The safeguard not only to blast the piers into fragments as required but also to control the flying debris is as follows: from inside to outside, the piers are wrapped with three layers of quilts, one layer of wire mesh and one layer of bamboo raft, around bottoms the sand bags piles up to 1. 0 m (3. 281 ft) high. Proximal safeguard adopts hanging two layers of dense-mesh protection networks from the guardrails to ground alongside the viaduct. Fig. 5 shows pier blasting physical model tests process and results.

(a)　　　　　　　　(b)

Fig. 5　Pier blasting physical model tests

4. 2. 2　Delay Time Between Rows

In physical model test of detached pier, it can be clearly observed by high speed camera that piers keep swaying when blasting occurs. The vibration velocity waveform of particles also illuminates that the swaying of piers will cause the particles vibration around. The peak value is many times bigger than that caused by blasting while smaller than that by deck impacting the ground. The vibration continues after blasting and the time of horizontal vibration lasts longer than that of vertical. Most of the peak values of horizontal vibration last in the order of $200 \sim 300$ ms (Fig. 6).

The analysis shows that if the initiating occurs at internal of 250 ms between each row of piers, the particles vibration overlapping each other caused by piers blasting is able to be avoided. It is, therefore, suggested a choice of MS8 detonators (delay of 250 ms) for initiating in relays between the rows of piers.

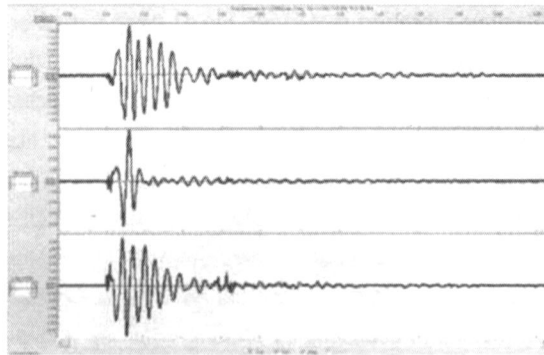

Fig. 6　Velocity waveform of blasting vibration

4. 2. 3　Overall Instability of One-Stride Model

In 1:1 one-stride physical model test, high speed cameras are arranged respectively at front and on the side of the model (Fig. 7, Fig. 8) to observe the process of losing stability. Detonators of MS16 are set in holes while in reference of the test results of detached pier model, outside holes detonators of MS8 in relays are used.

Fig. 7　High speed photograph at front

Fig. 8　High speed photograph on the side

As shown in high speed photographs, the piers wrapped around with three lays of quilts and one layer of dense mesh wire net are almost intact. 120 ms after initiating, piers begin to fall, while after 250 ms, the distance in decline reaches as high as 10% of pier height. At this moment the center of gravity of deck slab tilts to the side of first initiating, but not too much to influence the stability of piers in back row. So the use of detonators of MS8 for initiating in relays proves reasonable.

In 1:1 one-stride physical model test, two piers in front row, in one of which the reinforcement stirrup is cut while in the other reserved, are used to verified the stirrup function in blasting demolition of piers. Seen from Fig. 8, it is obvious that the pier with broken thick stirrup is much easier to lose stability than that without. Provided that one side was cut while the other was not, it is possible to cause the deck slab incline towards the side of broken stirrup. In actual work, the property can be made use of to keep the important parts away from the inclined slab.

4.2.4　Monitoring Stress and Strain of Underground Pipelines

In light of the physical model test scheme, one precast concrete pipeline and one cast iron pipeline are buried respectively 1.5 m(4.922 ft) depth under the ground of 1:1 one-stride physical model, meanwhile the strain gauge is set as required to monitor the strain and stress state of underground pipes affected by vibration from blast and collapse. Based on the measurement data, the axial and hoop stress can be figured out. The monitoring and computing results are in reference to Tab. 1.

Tab. 1　Monitoring results of stress and strain of underground pipelines

Spot Number	S01	S02	S03	S04	S05	S06	S07	S08	S09	S10
Spot location	Cast iron pipeline (axial)	Cast iron pipeline (hoop)	Cast iron pipeline (axial)	Cast iron pipeline (hoop)	Cast iron pipeline (axial)	Cast iron pipeline (hoop)	Concrete pipeline (axial)	Concrete pipeline (hoop)	Concrete pipeline (axial)	Concrete pipeline (hoop)
Maximum strain/$\mu\varepsilon$	33.01	54.98	22.91	53.31	67.21	—	15.27	85.53	16.80	13.95
Maximum stress/MPa	4.85	8.08	3.37	7.83	9.87	—	0.59	3.34	0.66	0.54

As shown in Tab. 1, the max compressive stress of concrete pipeline which appears at S08 reaches 3. 34 MPa and the max tensile stress appears at S09 reaches 0. 66 MPa. The max pull stress of iron pipeline which appears at S05 reaches 9. 87 MPa. All the values are within the permitted range and a certain margin exists.

Based on the analysis of measurement data of strain, it is assumed that the security control criterion of blasting demolition is appropriate and the pipelines are safe and sound in that no destructive influence are made to the precast concrete pipelines and cast iron pipelines buried during the process of blasting demolition.

4.2.5　Test of Blast Water Fog Dedust

Blast water fog dedust is the method disposing explosive bags under water bags where abundance of water fog forms by means of blasting can be used for dedusting. The bags used in test are 5 m (16. 405 ft) long, 0. 9 m (2. 953 ft) wide and 0. 15 m (5. 906 in) high with water filled. In test, rock emulsion explosive are selected. The 3 or 4 charges , each one of which is 50 g(0. 11 pound) in weight, are uniformly laid under water bags. The instantaneous detonators are used for initiating at the same time. To observe the range of water fog, one high speed camera is arranged respectively at front and on the side of water bags for record. As shown in Fig. 9 and Fig. 10, a comparison between blasting fog effect of three and four charges is illustrated.

Fig. 9　Three explosive bags　　　　　　　　Fig. 10　Four explosive bags

Draw a comparison between blasting fog effect of 3 and 4 charges, it is found that: (1) The column-shaped water fog aroused by 4 charges initiating have wider spread and longer last in air; (2) After 4 charges blast, the water fog ranges in the order of 10 m (32. 81 ft) along the bags axes, as well as along the perpendicular to the bags axes [5 m(16. 405 ft) respectively on each end], so it is concluded that the fog forms by single water bag blasts in test can cover a range of 100 m^2 (1. 196 yd^2) or so; (3) Observing the video captured by high speed camera, it is found that the fog in air lasts for 1. 6 s at the least and column-shape fog forms 50 ms after initiating.

5　NUMERICAL SIMULATION

In order to not only directly find out the expected effect of blasting, but also continuously, dynamically and repeatedly see the detailed process of collapse in whole and breaks in part. Meanwhile the information obtained from the simulation feeds back into design, so the blasting design scheme gets rectified and improved. In this paper, software of SLM-DEM is employed to simulate the process of blasting demolition of viaduct.

5.1   Model Building

Geometry model mainly includes deck slab, piers and road surface as well as road foundation. All the measurements are derived from the original design drawings of viaduct. During the process of model building, the simplification of geometry properties with no effect on structure computing is made so it is convenient for time computing by means of mesh generation. To obtain the whole process of viaduct collapse and observe the load on the ground, select six-stride viaduct for calculating on basis of the computing times of model. The finite element model of six-stride viaduct is shown in Fig. 11, of which there are 37321 units and 58577 nodes.

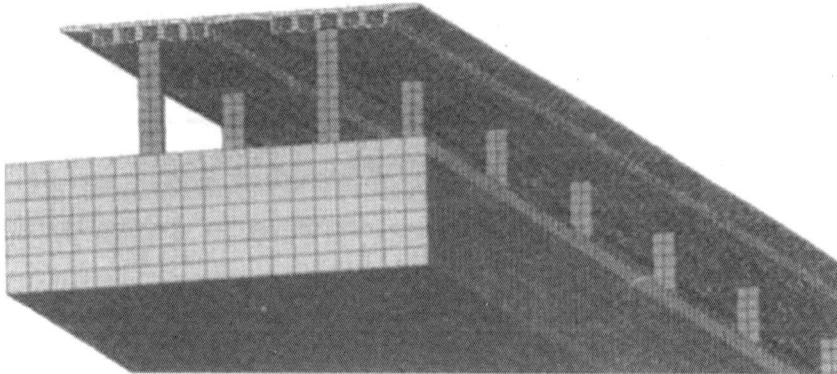

Fig. 11   Mesh generation of six-stride viaduct

5.2   One Stride Collapse Simulation

The deck slabs of each stride are precast blocks. The deck slabs of adjacent stride are joint together with wet-joint of which the intensity is lower than the precast blocks. Therefore, when one end of piers is blasted, first of all, the section without support of deck slab falls down owing to gravity, which ruptures the wet-joint of the other end. The expansion joint used in adjacent deck has the same failure mechanism with the wet-joint. It can be seen from numerical simulation result that deformation of one end of deck occurs about 200~300 ms after initiating, then after 1.3 s one end drop to the ground, in sequence, 1.6 s later the other falls down. Eventually, a hush follows 1.7 s later.

5.3   Collapse Process

According to the computing times of model, six strides of viaduct are selected for calculating so as to obtain the course of viaduct collapse. See Fig. 12.

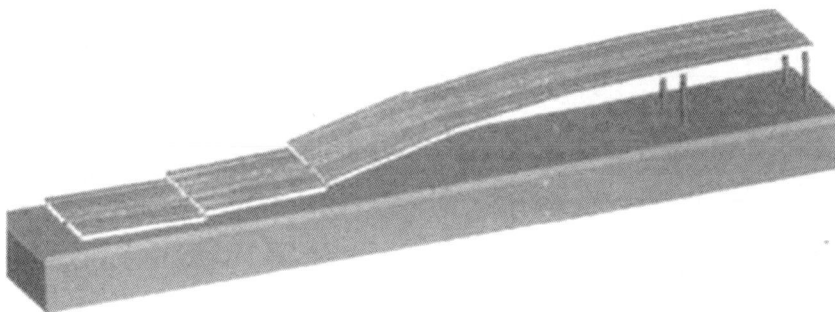

Fig. 12   Continuous collapse of multi-stride viaduct

5.4　Simulation Result Analysis

(1) Collapse process analysis：The simulation result indicates that three rows of piers break and drop to the ground. Due to the box girders concreted into the piers with certain intensity, they collapse in whole rather than fall rapidly following piers break. However, once it gets bent in juncture, the corresponding box girders associated with piers which blasted in advance drop to the ground and break away from juncture immediately. It's possible that the adjacent box girders overlap each other after they fall down to the ground, but not too much. Seen from the pile shape, the muck pile is comparatively flat. The box girders don't overturn in air. Due to the low center of gravity, there is no fly rocks scattered as well. Seen from the collapse course and pile shape, the blasting scheme can be realized, that is, the demolition of the viaduct is able to go smoothly.

(2) Impact of drop to the ground：To estimate the impact generated the moment viaduct collapsed and impacted the ground, in simulation, the resultant per unit of road surface is recorded, when the first stride demolished by blasting drops to the ground. When deck slabs hit the ground, the maximum impact of each stride measures in the order of 22500 kN(5062.51 bs).

(3) Delay time：Conclusion drawn from physical model test shows that the blasting interval between each adjacent pier measures 250 ms. Because the process of piers blasting has not been taken into account in simulation, the broken piers will not be involved in following computing during the model building. In simulation it is found that by mean of 250 ms delay in initiating and blasting row upon row, the purpose of blasting demolition of the whole viaduct can be achieved. The interval of delay blasting proves rational.

6　BLASTING PARAMETER

6.1　Blasting Parameters

Blasting parameters are shown in Tab.2. ϕ32 mm (1.26 in) PVC tube is used to control the charge interval. The charge structure is shown in Fig.13.

Tab.2　Viaduct pier blasting parameter

Hole diameter /(mm/in)	Section Area /(cm/in)	Burden /(cm/in)	Distance between Holes /(cm/in)	Hole depth /(cm/in)	Quantity of explosive per hole /(g/pound)	Charge form	Remark
40/1.575	55×100/ 21.65×39.37	30/11.811	30/11.811	70/27.56	400/0.882	Continuous charge	5 holes at the bottom
		25/9.843	30/11.811	75/29.53	(150+150)/ (0.331+0.331)	Interval charge [interval of 20 cm (7.874 in)]	3 holes in the middle
		25/9.843	30/11.811	75/29.53	(120+120)/ (0.265+0.265)	Interval charge [interval of 26 cm (10.236 in)]	Remaining holes at the top

6.2　Initiating Circuit Design

The initiating in relays circuit of delay outside detonators is used. To realize delay blasting between rows in relays, for each hole high grade detonator of MS16 (1020 ms) is set in and outside low grade detonator of MS8 (250 ms) is arranged. Besides, in the very front of the circuit, three instantaneous detonators are used for initiating. See Fig. 14.

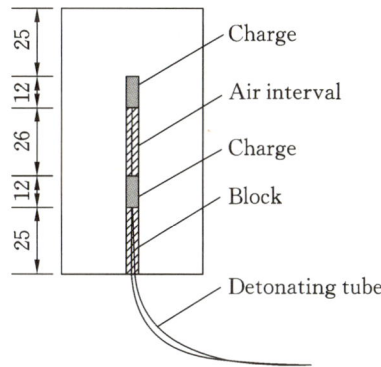

Fig. 13　Interval charge structure chart(unit:cm)

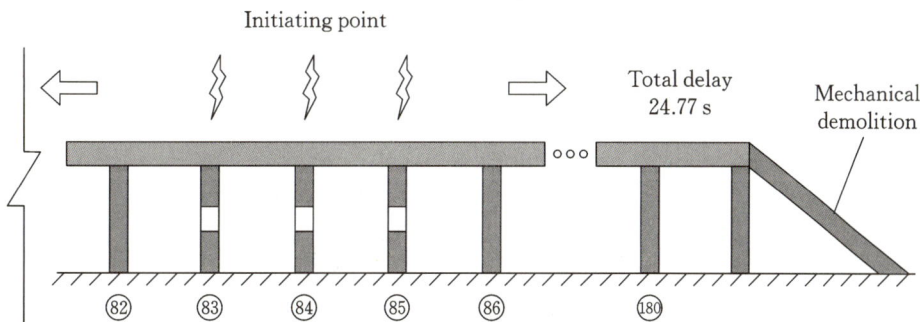

Fig. 14　Initiating circuit schematic diagram

7　SAFEGUARD METHODS

The Zhuanyang Viaduct is located on artery where problem related to security is extremely obvious owing to the heavy traffic, crowd people and complicated underground pipelines. So it is necessary to take blasting safety into delicate account and make relevant steps in order to reduce adverse effects on surroundings to the maximum extent.

7.1　Underground Pipeline Safeguard

Based on the results of physical model test and numerical analysis, the vibration from blast and collapse of viaduct did no harm to various underground pipelines. However, in order to ensure absolute safety of the underground pipelines, initiative and passive measures were taken as required by proprietors concerned.

(1) Initiative vibration reduction: Through reducing blasting height of piers nearby the underground pipelines, the pier top, cap beam and deck first directly impact the allowance of the bottom of the piers rather than the ground where they rest against the piers. As a result, the impact on underground pipelines caused by viaduct superstructure weakens initiatively.

(2) Passive safeguard: ① To protect gas pipelines, they are laid from bottom to top in sequence with a layer of sand bags about 2 m(6.562 ft) wide and 20 cm(6.562 ft) thick, a 2 cm (0.787 in) thick steel plate of 2 m(6.562 ft) wide and four layers of abandoned tires. In addition, stack up sand bags forming a protection wall of 0.6 m (1.969 ft) high and 1.5 m (4.922 ft) wide respectively on each side of the plate, see Fig. 15. ② To protect drain pipelines, stack up sand bags forming a

protection wall of 0. 6 m(1. 969 ft) high and 1. 5 m(4. 922 ft) wide respectively, along each side of the pipelines. ③ To protect the pipelines of electricity power and telecom, first arrange a layer of sand and steel plates on the pipelines and then along each side of the pipelines, stack up sand bags forming a protection wall of 0. 6 m(1. 969 ft) high and 1. 5 m(4. 922 ft) wide, aimed at vibration reduction which extend 16 m (52. 496 ft, the horizontal width of the viaduct) at the least.

7. 2　Safeguard against Flying Debris

To shield off flying debris, a comprehensive scheme adopting covering and proximal safeguard combined with protective safeguard is introduced. It is verified by physical model test that the safeguard not only to blast the piers into fragments as required, but also to control the blasting flying debris is as follows: From inside to outside, the piers are wrapped with three layers of quilts, one layer of wire mesh and one layer of bamboo raft, around bottom the sand bags piles up to 1 m (3. 281 ft) high. Proximal safeguard adopts hanging two layers of dense-mesh protection networks from the guardrails to ground alongside the viaduct (Fig. 15).

Fig. 15　Pipeline safeguards

7. 3　Safeguard against Dust

By experience and test, the comprehensive safeguards against dust in demolition blasting of viaduct can be determined: (1)To clean and wash the deck before charging and forming circuit. (2) On the sensitive regions where transformer substation is sited, water fogs and drops brought about to absorb dust when water bags have been cracked hit by flying debris in blasting. (3) The large water bags, each one of which is 6 m (19. 686 ft) long, 0. 9 m(2. 953 ft) wide and 0. 15 m(5. 91 in) high with water filled, are laid within 100 m² (1. 196 yd²) on the viaduct. Four exclusive bags are used for initiating blasting. The initiating blasting of water bags are 250 ms prior to the front row of piers (Fig. 16, Fig. 17).

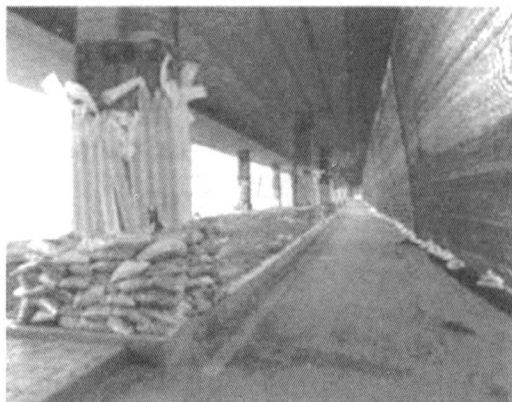

Fig. 16　Fly debris safeguard

Fig. 17　Dust safeguards

8 BLASTING VIBRATION MONITORING

8.1 Monitoring Scheme

The monitoring scheme includes such items as: (1) Vibration effects during blast and collapse; (2) Earth vibration and dynamic earth pressure(induced) caused by viaduct collapse and impact; (3) Air shock wave and noise; (4) Blasting dust.

8.2 Monitoring Results Analysis

(1) Analysis of ground vibration velocity: To monitor the velocity of ground vibration, ten inspector trunks and 49 measuring points were set. The monitoring result shows that: ① The max peak value of vibration velocity of measuring points associated with the residential and commercial buildings and transformer substation of 110 kV distributed alongside the viaduct are all within the permitted ranges. ② Each peak value which appears along the vertical is much higher than that along the horizontal. The max monitoring value in constructions reaches 1.15 cm/s (0.453 in/s). ③ The peak value of vibration velocity around 15 m (49.215 ft) away from the viaduct approaches or exceeds 2 cm/s (0.7874 in/s). The max reaches 2.39 cm/s (0.941 in/s) in the first stride at initiating, however, the further the less. The vibration velocities beyond a distance of 60 m (196.86 ft) are all less than 1 cm/s (0.3937 in/s). ④ The vibration dominant frequency ranges 3.8~100 Hz. The statistics suggest that vibration dominant frequency of 90% measuring points is within 10 Hz. Only one point dominant frequency is less than 4 Hz (the value is frequency corresponding to the minimum spectrum characteristic period of Wuhan Aseismatic Design Code). ⑤ Along the same inspector trunk, the dominant frequency declines as the distance grows.

The max vibration effect caused the moment viaduct block dropping to the ground. The vibration caused by viaduct collapse has a correlation with gravitational potential energy, namely the quality and the height of viaduct block. It declines as the spread distance extends.

By means of regression calculation of monitoring data, the empirical formula for vibration velocity generated by viaduct impacting the unprotected concrete ground is as follows:

$$v \approx 3.55 \left[\frac{R}{(MgH/\sigma)^{1/3}} \right]^{-1.33} \tag{1}$$

where v——the ground vibration velocity, cm/s;

M——the quality of falling viaduct block, kg, for this project, select the quality of single stride;

g——the acceleration of gravity, m/s^2;

H——the viaduct block height, m;

σ——the failure strength of ground medium, MPa, generally 10 MPa;

R——the distance between measuring point and ground center by impact, m.

(2) Monitoring result analysis of dynamic earth pressure: Because of the protective cushion, the courses of viaduct block dropping to the ground are divided into two stages, one is called "impacting the cushion" and the other is called "finally dropping to the ground". Therefore, the max peak value splits into two peak values which drops the max single peak value. The peak value of earth pressure reaches 53.66 kPa (7.781 psi), the moment viaduct block impacts productive cushion while that comes out at 41.40 kPa (6.003 psi) when the block finally drops to the ground. However, in 1:1 model test, the measuring value of earth pressure appears 111.6 kPa (16.182 psi) in the same depth,

namely, the max peak value approximates 48% of model test and the impact drops by about 52%. So it's obvious that the protective cushion has a great effect.

(3) Monitoring result analysis of air shockwave and noise: Monitoring result analysis of air shockwave and noise proves that: ① Beyond 29 m (95.149 ft) away from viaduct, the peak value of air shockwave reaches 496 Pa(0.07192 psi), much less than the permitted value for safety of human body and constructions, 2000 Pa (0.29 psi). ② The max noise in constructions reaches 142.4 dB, although which exceeds the permitted value of 120 dB, the persons has withdrawn from the constructions to security zone already. Therefore, blasting does no harm to persons and constructions.

(4) Monitoring results analysis of dust. The monitoring result analysis of dust indicates that: ① In form of puff dust keeps diffusing and diluting. Within 0 to 30 min after blasting, the dust content reaches the max and the nearer they close to the spot, the more dust content grows, which indicates that at this time, the puff center approximates the blast spot. ② Within 30 to 90 min after blasting, the dust content dramatically drops. Meanwhile, within the range of 120 m(458.52 ft) around the blast spot, the nearer they close to the spot at a distance of 120 m(458.52 ft), the more dust content grows, which illuminates that during this time, the puff center transfers approaching to measuring point of 120 m(458.52 ft). ③ Within 90 to 150 min after blasting, the dust content keeps almost the same within the range of 120 m around the blast spot, but by comparison to the background value which is considered high. At this moment, the whole measuring zones are covered by dust and puff. Basically, the fluctuation scales of dust is as the same as that of puff. Thus, the puff keeps diluting rather than transfers and expands.

9　BLASTING EFFECT

The viaduct initiated blasting punctually at 22'o clock on 18th May, 2013. The viaduct tumbled longitudinally rows and rows like failing dominoes within 24.77 s. In less than 30 min after blasting, the safety of constructions around and running status of various municipal pipelines were checked carefully by technical personnel and the proprietors, no destruction was caused at all. The blasting proves successful and the effect is well. The blasting process and effect of viaduct are illustrated in Fig. 18 and Fig. 19.

Fig. 18　Blasting course of viaduct

(a)   (b)

Fig. 19   Blasting effect of viaduct

10   CONCLUSIONS

(1) It is proved that demolition blasting technique used for one-time demolishing viaduct over 3.0 km (1.864 mile) long in city is feasible, credible and economical.

(2) The relay shock-conducting tube initiation system was used in this demolition successfully. The total delay time of south part reaches 24.77 s. It is, therefore, shown that this initiating method can satisfy the demand for safety and accurate by demolition blasting using ultra-long-delay initiating circuit in city.

(3) The measures taken to protect underground pipelines, shield off flying debris and control dust are reasonable, which is able to meet safety and environment protection requirements proposed by urban blasting.

(4) Physical model test, numerical simulation and blasting monitoring, all of which are regarded as systematic methods to solve the difficulties faced with blasting demolition of urban viaduct in complicated environment, are effective in ensuring safety. All the same, the fundamental theories involved need to be studied even further and deep yet.

复杂环境下城市超长高架桥
精细爆破拆除关键技术研究

谢先启[1,2]　贾永胜[1]　姚颖康[2]　孙金山[2]　吴新霞[3]　刘昌邦[2]

(1. 武汉市市政建设集团有限公司,武汉 430023;2. 武汉爆破有限公司,武汉 430023;3. 长江科学院,武汉 430014)

摘　要:针对复杂环境下城市高架桥爆破拆除工程的特点,本文提出了精细爆破的关键技术。本文提出采用墩柱爆后钢筋骨架的初弯曲压杆失稳力学模型和高架桥连续塌落动力学模型等进行关键参数的定量化设计,运用水压爆破技术对多室箱梁进行爆破破碎,采用"宽间隔、长延时、互动有序"非电接力交叉复式起爆网路可确保超长延时起爆网路的安全准爆,采用物理模型试验方法对爆破方案、关键参数等的合理性进行验证,采用多种综合防护技术进行有害效应的预测与控制,采用专业化、协同化、精细化、执行力(SCPE)的项目管理方法进行爆破拆除工程的精细管理。该精细爆破关键技术可为复杂环境下城市高架桥爆破拆除工程实践提供参考。

关键词:高架桥;爆破拆除;精细爆破;失稳模型;起爆网路;有害效应控制

Key technologies of precision demolition blasting of ultra-long urban viaduct in complicated surroundings

Xie Xianqi[1,2]　Jia Yongsheng[1]　Yao Yingkang[2]

Sun Jinshan[2]　Wu Xinxia[3]　Liu Changbang[2]

(1. Wuhan Municipal Construction Group Co. ,Ltd. ,Wuhan 430023,China;

2. Wuhan Blasting Engineering Co. ,Ltd. ,Wuhan 430023,China;

3. Changjiang River Scientific Research Institute,Wuhan 430014,China)

Abstract: Key technologies of precision blasting were put forward based on characteristics of urban viaduct blasting demolition in complicated surroundings. Initial bending instability mechanics model of reinforcing steel bar frame of blasting fragmented pier and sequenced collapsed dynamics model were established for quantitative blasting design. Technologies of water pressure blasting were applied in multi-cell box girder fragmentation. The initiation network of non-electric duplication crossover was adopted for safety and reliability of ultra-long delay. The rationality of blasting scheme and parameters were validated by physical model test. Adverse effects were forecasted and controlled by integrated protective technologies. Specialization,Cooperation,Precision,Execution (SCPE)project management method was put forward for precision management. Key technologies of precision demolition blasting can provide reference for similar projects.

Keywords: Viaduct; Blasting demolition; Precision blasting; Instability model; Initiation network; Adverse effects control

1　前言

随着我国社会经济的发展,城市建设规模不断扩大,交通基础设施亟须升级改造,其中,部分城市

本文原载于《中国工程科学》2014 年第 16 卷第 11 期。

高架桥存在通行能力不足、设计缺陷或工程质量等问题,需对其进行拆除。城市高架桥通常地处闹市区,且结构形式复杂多样,拆除施工对交通、环境影响极大。

拆除爆破具有高效快捷、安全经济的优点,特别适合高架桥的拆除。然而,城市高架桥爆破拆除技术体系尚未形成,相关的基础理论、关键技术以及管理体系等是工程爆破行业亟待解决的重要科学技术问题,对其开展系统的研究具有重要的理论意义和工程实用价值。本文针对城市高架桥爆破拆除过程中存在的问题,提出了采用爆破方案的定量化设计、超长起爆网路、爆破有害效应控制和项目管理等关键技术,以期为工程实践提供参考。

2　高架桥连续垮塌机理与动力学模型

在城市高架桥拆除爆破工程中,为降低塌落振动对周边环境的危害,一般采用逐跨连续塌落的方式进行拆除。对桥体塌落过程的分析是准确预估桥梁塌落过程,确定总体爆破方案,选择合理跨间起爆时差的重要前提。城市高架桥主要分为连续简支梁桥、连续梁桥、连续刚架桥和组合体系桥等,其失稳塌落机制各有差异。

2.1　简支梁桥

简支梁是梁式高架桥结构最常见的一种形式,桥梁桥跨结构搭接在桥墩上,其拆除爆破过程中需破坏承重的桥墩,桥跨结构在未破坏桥墩的支撑作用下,绕支撑点做旋转运动。对多跨简支梁桥而言,每跨结构是相对独立的,因此其连续垮塌过程可视为单跨简支梁塌落过程在空间和时间上的延续。当每跨间隔一定时间顺序起爆时,其空间形态如图1所示。

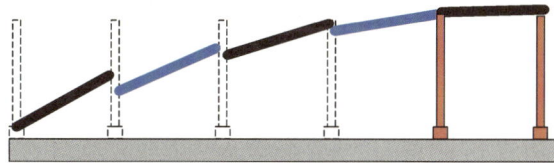

图 1　简支梁桥连续垮塌空间形态

根据桥体的塌落过程,可采用下述动力学模型对其运动姿态进行预测,为爆破时差的选择提供依据。

2.1.1　杆摆运动阶段

桥体角加速度与其倾角的近似关系方程为

$$I \cdot \frac{\mathrm{d}^2\theta}{\mathrm{d}t^2} = G\frac{L}{2}\cos\theta \tag{1}$$

式中,I 为桥面的转动惯量,$\text{kg} \cdot \text{m}^2$;$\theta$ 为桥面转动角度,°;t 为时间,s;G 为单跨上部结构重量,kN;L 为桥的跨度,m。方程的初值条件为:$t=0$ 时,$\theta=0$,$\frac{\mathrm{d}\theta}{\mathrm{d}t}=0$。

2.1.2　转动和自由落体复合运动阶段

上部结构绕质心的转动角速度为

$$\omega = \frac{\mathrm{d}\theta}{\mathrm{d}t} \tag{2}$$

上部结构任意一点的竖直向速度为

$$V_{xy} = \frac{L\omega}{2}\cos\theta_1 + gt_2 + \omega \times l_x \times \cos\theta_2 \tag{3}$$

式(2)至式(3)中,$t=t_1$,t_1 为前后桥墩的起爆时差,s;l_x 为上部结构任意一点到质心的距离,m;θ_2 为上部结构自由落体 t_2 时间后转动的角度,°。

2.2　连续梁桥或连续刚架桥

对多跨的连续梁桥或连续刚架桥等上部结构为整体的桥梁结构而言,相邻单跨结构是相互影响、相互作用的,因此其连续垮塌过程也是连续的,当每跨间隔一定时间顺序起爆时,其空间形态如图 2 所示。整个塌落过程可分解为两个阶段:落地前和落地后。

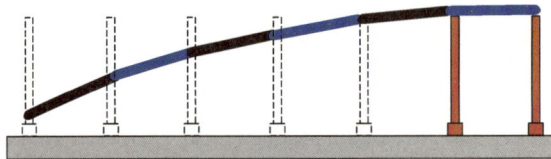

图 2　连续梁桥连续垮塌空间形态

2.2.1　落地前

研究表明,对上部结构为连续整体的高架桥结构而言,其连续垮塌的过程仍可近似为单跨简支梁桥塌落过程在空间和时间上的延续(图 3)。每跨塌落的运动形态通过近似公式计算后,再进行转角的修正,即可获得连续简支梁桥和连续梁桥的多跨连续塌落过程的近似解。

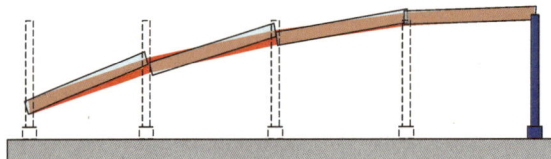

图 3　简支梁桥和连续梁桥连续垮塌形态对比

2.2.2　落地后

由于连续梁桥和连续刚架桥的上部结构是连续的,因此,单跨桥面落地后,将会对后部的塌落过程产生影响。由于落地冲击过程和多连杆运动十分复杂,该过程难以用解析公式进行简化求解,需通过复杂的数值模拟进行分析。

2.3　组合体系桥

组合体系桥常见的结构组合主要有简支梁桥＋连续梁桥、简支梁桥＋刚架桥和连续梁桥＋刚架桥。上述分析表明,当前后跨的起爆时差(起爆间隔)不大时,都可近似为连续简支梁桥的塌落过程,通过适当的修正即可满足工程设计的需要。而当前后跨的起爆时差较大,即上部结构落地时转角较大时,则应进行专门的分析。

3　墩柱爆破高度

选取合理的高架桥桥墩爆破高度是确保建(构)筑物失稳的关键。目前,爆高的选取一般依据简化的计算模型或经验公式。具有代表性的立柱失稳模型有等直压杆模型和小型刚架模型等。其中,欧拉等直压杆模型应用最为广泛。欧拉等直压杆模型的优点是模型简单且计算方便,但模型没有考虑上部约束的影响,也未真实反映钢筋骨架的实际初始状态,计算结果误差较大。为此,应采用更为合理的爆破后裸露钢筋骨架的失稳力学模型。

3.1　爆破后裸露钢筋的形态特征

实践表明,爆破后墩柱裸露钢筋的形态并非真正的等直压杆,而是形成一定的弧度。

对于简支梁桥或连续梁桥而言,其桥墩的顶部与上部结构呈搭接状态,墩柱顶部无竖向约束,爆破时爆炸力将钢筋弯曲的同时,可将其上半部分向下拉伸,从而使钢筋的弯曲更为显著[图 4(a)]。

刚架桥墩柱的顶部与上部结构呈刚性连接状态,即墩柱顶部不能自由地垂直向下移动,特别在墩柱的爆破瞬间,上部结构对墩柱具有强烈的限制作用,因此,爆破时桥墩受力钢筋弯曲程度较小,如图 4(b)所示。

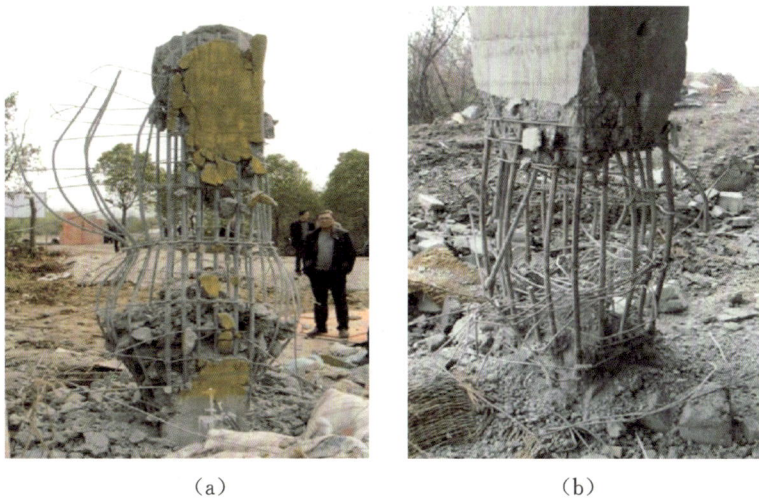

（a）　　　　　　　　　　　　　　　　（b）

图 4　墩柱爆破后的钢筋骨架

（a）顶部无约束；（b）顶部有约束

3.2　计算爆高的初弯曲压杆力学模型

鉴于爆后钢筋骨架的实际形态,可将建(构)筑物墩柱爆破时的钢筋骨架简化为初始呈弯曲状态的压杆(图 5),即爆破后钢筋骨架呈"灯笼状",单根钢筋在其中部具有明显的弧度,下端为固定端,上端不能转动但可以上下移动,同时上端承受竖直向的集中荷载,在集中荷载超过弧形钢筋的临界屈曲荷载时,则产生大变形。

经力学分析,可得初弯曲压杆的临界失稳荷载的近似表达式,同时考虑压杆两端约束条件的不同,则其临界荷载可表示为

$$P_{cr} = \frac{\pi^2 EI[\sigma]d^3}{[\sigma]d^3\mu^2 l^2 + 32a\pi EI} \tag{4}$$

式中,P_{cr} 为压杆临界荷载,kN；EI 为钢筋的抗弯刚度,N/mm；$[\sigma]$ 为钢筋屈服强度,MPa；μ 为杆端系数(两端固定取 0.5,两端铰支取 1,一端固定一端铰支取 0.7,一端固定另一端自由取 2)；l 为初弯曲压杆的高度(上下约束间的垂直距离),mm；a 为初弯曲压杆中部的初始挠度,mm；d 为钢筋直径,mm。

4　多室箱梁的水压爆破技术

高架桥箱梁结构强度高、刚度大、破碎难,爆破触地后需进行二次破碎,功效低,噪声、粉尘污染较严重,应采用集破碎、塌落、减振、降尘于一体的高架桥箱梁结构水压爆破技术进行爆破破碎。通过合理确定药包布置方式、爆破参数和起爆时间,实现箱梁结构的解体破碎,可解决传统拆除方法工效低、噪声大、污染重的难题(图 6)。

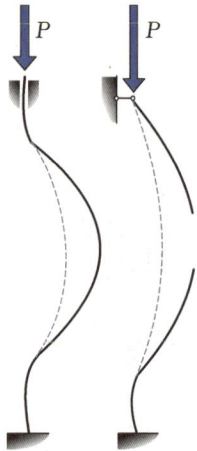

图5　初弯曲压杆失稳模型示意图
（虚线表示压杆初始形态）

图6　多室箱梁水压爆破破碎形态

5　超长延时起爆网路

　　起爆网路是爆破工程的"生命线"。超大型高架桥爆破拆除起爆网路与常规爆破网路相比，具有起爆线路敷设长度大、节点多，起爆网路总延期时间长和可靠度要求极高的特点。

　　工程实践中应采用以导爆管起爆网路为基础的"宽间隔、长延时、互动有序"超长非电接力交叉复式起爆网路。

　　超长非电接力交叉复式起爆网路为避免长距离传爆网路在传爆过程中其单一线路遭受破坏而停止传爆，将每个接力点的雷管分成两组，逐点搭接，以提高传爆可靠性。此外，对于高精度雷管采用专用卡子连接，每一雷管最多只能传爆6发雷管，即接力点上同时传爆6发雷管，如果支线需要3发雷管去引爆孔内雷管，则主线只有3发接力雷管（即3发并联），即使单发雷管的起爆概率为 $P_0 = 0.95$，到第100个接力点时的起爆概率只有0.9876，因此，需考虑采用交叉搭接来提高各接力点的传爆概率。超长延时起爆网路（局部）见图7。

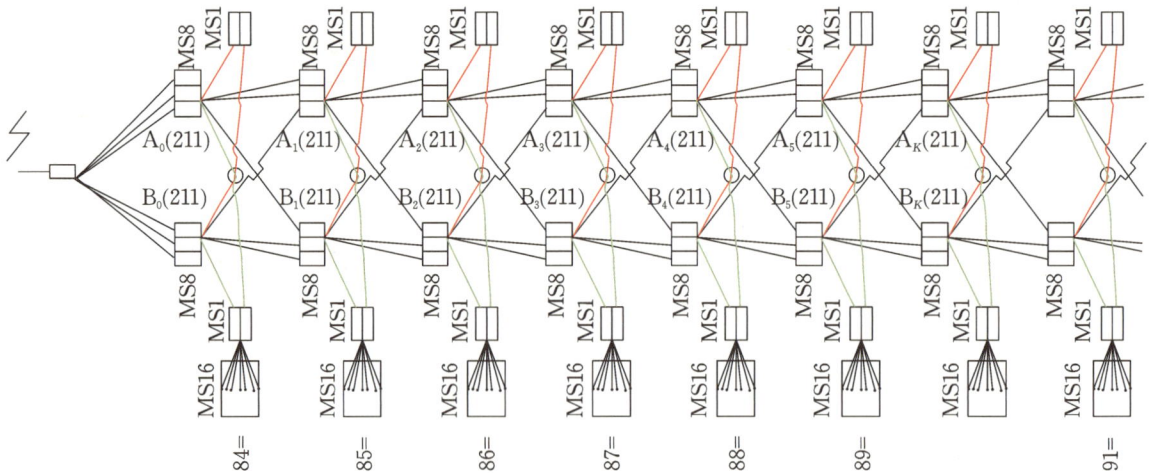

图7　超长延时起爆网路（局部）

6　物理模型试验技术

　　复杂环境下城市高架桥爆破拆除仍具有一定的风险，而现场试验的难度和风险也较高，因此为了验证爆破方案、桥墩爆高、炸药单耗、跨间延期时间等参数的合理性和可靠性,应在实施城市高架桥爆破拆除方案前,进行物理模型试验。

6.1 模型构建

根据墩柱的结构特征,同时考虑尺寸效应对试验结果的影响,采用1:1的几何相似比可更好地模拟实际的爆破状态。因此,宜选取有代表性的桥墩(图8)和单跨或多跨桥体(图9),以1:1的几何相似比进行模型制作。

(a)	(b)

图8 独立墩柱模型

图9 1:1单跨桥体物理模型

模型试验中,桥墩的钢筋、混凝土及其他主要组成部分的材料力学性能应力求与原型一致,而对结构承载力和爆破效果影响较小的局部构造、附属结构等细部结构可予以简化处理。

模型的制作应按原施工图设计进行,并进行标准养护,待强度与结构原型基本一致时方可进行试验。模型制作时可在适当的部位预留炮孔,便于后期装药,省去钻孔环节。

6.2 试验方案

根据爆破设计方案构建好试验模型后,待模型养护至标准强度后进行试爆。

爆破时应采用与实际爆破时相同的雷管和炸药进行爆破,以便同时检验爆破器材的性能和可靠度。

试验时还应同时对爆破飞石和冲击波防护措施的有效性进行验证。试验过程中应采用多种测试手段对模型的破坏过程和结构的动力响应进行测试,如超动态应变测试、爆破振动和噪声监测等。

7 爆破有害效应综合控制技术

城市高架桥地处交通要道,交通流量大、人员密集,周边地下管网现状复杂,安全问题尤为突出,必须通过对有害效应的准确预测和制定可靠的防护措施,最大限度地减少爆破对周边环境的影响。

7.1 触地冲击荷载与触地振动

7.1.1 预测方法

塌落体的触地冲击与振动效应是拆除爆破的主要危害,爆前需通过预测其冲击荷载和振动速度制定相应的防护方案。预测时可采用简化的触地冲击荷载预测模型[式(5)]和基于动量守恒定律的触地振动预测模型[式(6)],为制定切实可行的塌落冲击与振动效应的防护方案提供了科学依据。

$$F_{max} = 2\pi m f V_0 \tag{5}$$

式中, F_{max} 为碰撞时的最大冲击力, kN; m 为塌落体质量, kg; f 为塌落振动频率, Hz; V_0 为塌落体落地速度, m/s。

$$V_R = \left[\frac{4m_1 V_1 (1 - \sin\phi)}{\rho L w^2 R \cot\phi (2e^{\pi\tan\phi}\sin\phi + e^{\pi\tan\phi} + \sin\phi - 1)} \right]^\beta \tag{6}$$

式中, V_R 为塌落体触地振动速度, m/s; m_1 为塌落体质量, kg; V_1 为塌落体落速度, m/s; ϕ 为塑性区内摩擦角, °; ρ 为塑性区平均密度, kg/m³; L 为冲击作用下塑性区的长度, m; R 为距离振源长度, m; w 为倒塌体宽度, m。

7.1.2 防护措施

触地冲击和振动的控制主要通过塌落模式和爆破参数的优化,精确控制爆破破坏及失稳过程,可使桥面塌落触地速度降低约 40%。

同时,通过在地面倒塌区域不同部位铺设多道不同高度、厚度的减振缓冲墙,利用缓冲墙降低构件下落高差,利用缓冲材料对下落构件进行缓冲、削弱,达到减轻构件动能所造成的冲击和触地振动的目的,并避免桥梁构件塌落时对保护对象的直接冲击,保证地面、地下管线以及邻近建(构)筑物的安全。

7.2 飞石与冲击波

爆破飞散物主要通过优化爆破参数和被动防护进行控制,例如,控制一次起爆药量与炸药单耗,精确钻凿立柱炮孔,合理选用装药结构(空气间隔装药、不耦合装药),确保堵塞质量和长度,使每个药包的爆炸能量都能得到充分利用。另外,应采用多层次包裹阻隔技术,即先对桥墩墩柱覆盖防护,采用先包裹 3 层棉被,再围上 1 层钢丝网,然后再用竹排进行覆盖包裹的多重捆绑防护;然后从桥面两侧护栏向下悬挂 2 层密目网至地面,从而彻底阻挡覆盖防护中飞出的爆破碎块(图 10)。

7.3 爆破粉尘

爆破粉尘对环境影响较大,而高架桥线路长,爆破时粉尘影响范围更广,为了在爆破过程中降低爆破粉尘对环境的影响,可采用"点面结合、多点驱动、同网超前"的爆炸水雾降尘技术。

在桥面或桥墩两侧上铺设水袋,利用微型药包爆炸产生的爆生气体在使水袋破裂的同时使水雾化,以吸附爆破粉尘(图 11)。

图 10　有害效应综合防护　　　　　图 11　爆炸水雾降尘水袋

为保证药包安放时不受水袋挤压,铺设水袋时在水袋底部放置一组专用装药管道,在水袋灌满水后再进行装药施工。所有水袋下部均安装导爆管雷管进行延时爆破,水袋超前桥墩起爆。

同时,在爆破装药联网前对桥面进行清扫和洒水冲洗;在变电站等敏感地段,在墩柱四周悬挂水袋,利用爆破飞散物击破水袋产生的水雾和散落水吸附灰尘。

8　爆破工程精细管理

城市高架桥拆除爆破工程项目具有涉及专业广、组织管理难度大、工期紧张、工程涉爆、安全风险高等特点,传统的建设工程项目管理思想与方法难以满足复杂环境下拆除爆破工程项目管理的要求。

在实际施工组织中施工方应贯彻爆破工程项目全寿命周期管理的理念,明确全寿命周期组成内容以及各阶段的工作目标与任务。

采用基于本质安全原理的拆除爆破工程风险管理体系,应用定性分析与定量计算相结合的危险源辨识与评价方法,综合采用无源、有源安全措施或多层次安全防护,将风险降低至可接受水平。

运用以专业化(specialization)、协同化(collaboration)、精细化(precision)和执行力建设(execution)为核心的拆除爆破工程 SCPE 项目管理方法,进行爆破项目的全程精细化管理。

9　工程实例

9.1　工程概况

武汉市沌阳高架桥,总长 3500 m,由主桥和引道两部分组成。其中,主桥长 3000 m,为先简支、后刚构-连续体系,南北引道共长 500 m,为重力式混凝土 U 形挡墙结构,采用爆破方式进行拆除。

主桥共 22 联,联长为 128~144 m,每 8~9 孔为 1 联,共 181 孔,其中 18 m 跨径 26 孔,16 m 跨径 154 孔,15.5m 跨径 1 孔。主桥上部构造为先张法预应力混凝土空心板,混凝土强度 C40;桥墩为双柱式矩形钢筋混凝土桥墩,截面尺寸为 550 mm×1000 mm,混凝土强度 C30;主桥基础为 C25 混凝土扩大基础。

高架桥下部有 5 条城市干道与其相交,周边环境极其复杂:桥体两侧分布有大量居民楼、企事业单位办公楼和工厂厂房;桥体上部横跨 110 kV 高压线,高压铁塔距桥体仅 24 m;桥体地下分布有 ϕ720 mm 高压天然气管道、ϕ800 mm 自来水管和 110 kV 高压线等各种市政管线,共计 32 根。

9.2　总体方案与爆破参数

根据沌阳高架桥工程结构和周边环境特点,确定总体拆除方案为引桥机械拆除、主桥原地坍塌爆破拆除。

主桥采用一次点火起爆,自中间分别向南北两端对墩柱实施逐排延时爆破,排间延时取 250 ms,墩柱爆破高度取 3~8 m。

该方案设计了"宽间隔、长延时、互动有序"非电接力交叉复式起爆网路,爆破延时总长达 24.77 s。

根据高架桥设计图纸和现场实际情况,选取有代表性的桥墩,按相同的截面尺寸、混凝土强度和配筋情况在试验场共建造了 12 个独立墩柱和一跨 1:1 单跨物理模型,验证了设计方案和参数的合理性和准确性。

采用"主动与被动、刚性与柔性、近体与远区相结合"的冲击、振动及飞石综合防护技术和爆炸水雾降尘技术,采用了以专业化、协同化、精细化和执行力建设为核心的 SCPE 项目管理方法,实现了精心施工。

沌阳高架桥于 2013 年 5 月 18 日晚 22 时整准时起爆,高架桥在 24.77 s 内顺利实现多米诺骨牌式逐排纵向倒塌。爆破后 30 min 内,技术人员和管线权属单位对周边建筑物和各类市政管线运营情况进行了认真检查,均未出现破坏,爆破效果良好,爆破取得圆满成功(图 12 至图 14)。经检索,该桥是目前国内外采用爆破方式拆除的最长城市高架桥梁。

图 12　沌阳高架桥爆破拆除

图 13　爆炸水雾

图 14　沌阳高架桥爆破效果

10　结语

近年来,为完善基础设施建设,提升城市功能,需对许多高架桥进行拆除。但高架桥结构及其所处环境复杂,必须采用精细爆破的技术进行爆破拆除。本文对城市高架桥精细爆破拆除关键技术进行了介绍。

(1)针对定量化设计,可采用墩柱爆后钢筋骨架的初弯曲压杆失稳力学模型和高架桥连续塌落动力学模型进行关键爆破参数的确定。

(2)高架桥箱梁结构应采用集破碎、塌落、减振、降尘于一体的高架桥箱梁结构水压爆破技术进行爆破破碎。

(3)对城市高架桥进行爆破拆除时,应确保其网路的可靠性,宜采用"宽间隔、长延时、互动有序"非电接力交叉复式起爆网路,并进行标准化和精细化的网路敷设作业。

(4)针对有害效应控制,应采用"主动与被动、刚性与柔性、近体与远区相结合"的冲击、振动及飞石综合防护技术和"点面结合、多点驱动、同网超前"的爆炸水雾降尘技术,确保周边居民的安全,减少对环境的污染。

(5)针对复杂环境下的施工组织,应采用项目全寿命周期管理模式,建立基于本质安全原理的拆除爆破工程风险管理体系,采用以专业化、协同化、精细化和执行力建设为核心的 SCPE 项目管理方法,进行精细管理。

大型拆除爆破工程 SCPE 项目管理方法研究与实践

谢先启　贾永胜　姚颖康　刘昌邦　韩传伟

（武汉爆破有限公司,武汉 430023）

摘　要：大型拆除爆破工程项目具有周边环境复杂、安全风险高、管理任务繁重、组织难度大、工期紧张等特点。基于现代项目管理思想,本文提出了大型拆除爆破工程项目全寿命周期管理模式,阐明了不同阶段的管理目标与主要任务;提出了 SCPE 项目管理方法,阐述了专业化、协同化、精细化和执行力建设的内涵、管理目标与实施思路;最后简要介绍了 SCPE 项目管理方法在 3.5 km 武汉沌阳高架桥爆破拆除工程中的应用效果。

关键词：拆除爆破项目;项目管理;全寿命周期;SCPE 项目管理方法;沌阳高架桥

Study on SCPE project management method of large-scale explosive demolition projects

XIE Xianqi　JIA Yongsheng　YAO Yingkang　LIU Changbang　HAN Chuanwei

(Wuhan Blasting Engineering Co. ,Ltd. ,Wuhan 430023,China)

Abstract：The characteristics of large-scale explosive demolition project includes complicated surrounding condition, high safety risks, onerous management task and difficulty in construction organization. The total life cycle management mode of large-scale demolition blasting project was established based on model project management ideology, and management objects as well as primary tasks of different phases of the life cycle was illustrated. SCPE project management method was put forward, and the connotation, management object and actualize route were expatiated. Finally, the effects of SCPE management method applied in 3.5 km Wuhan Zhuanyang Viaduct blasting demolition project were introduced briefly.

Keywords：Explosive demolition project; Project management; Total life cycle; SCPE project management method; Zhuanyang Viaduct

　　拆除爆破项目大都位于闹市区、繁忙的工厂或矿场,外部环境特定且复杂,是一种高风险的涉及爆炸物品的特殊工程项目。拆除爆破工程项目管理就是运用项目管理的基本思想和方法,充分考虑拆除爆破作业的特殊性,通过项目策划和项目控制,实现项目的质量、进度、成本、安全与环境管理各项预期目标。

　　大型拆除爆破工程项目具有周边环境复杂、安全风险高、管理任务繁重、组织协调难度大、工期紧张等特点,现有项目管理方法难以实现预期目标。本文依托目前世界上爆破拆除的最长桥梁——3.5 km 武汉沌阳高架桥爆破拆除工程,探索研究了适用于大型拆除爆破工程的项目管理模式与方法。

1　全寿命周期管理模式

　　城市拆除爆破工程项目全寿命周期包括项目决策、现场调查、爆破设计、现场实施和爆破总结等

本文原载于《爆破》2015 年第 32 卷第 3 期。

阶段,如图1所示。拆除爆破项目管理最重要的目标体系是:危险源控制、进度目标、质量目标、成本目标,以及贯穿全过程的安全目标。各目标互相联系和影响,其中一方的变化必然会引起另外目标的变化。

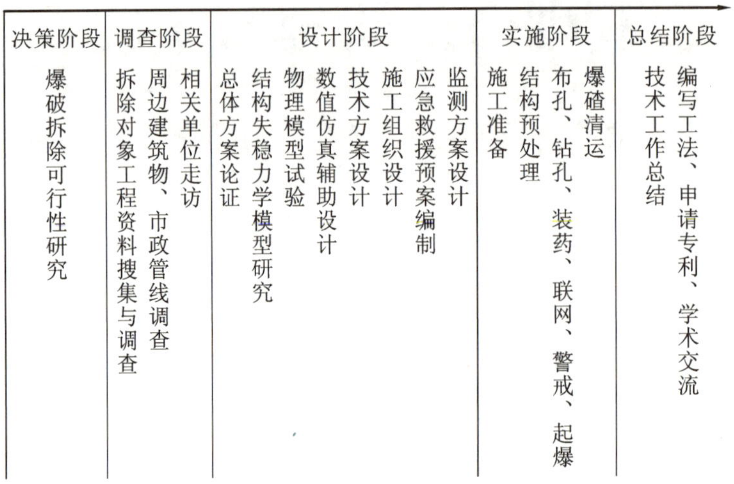

决策阶段	调查阶段	设计阶段	实施阶段	总结阶段
爆破拆除可行性研究	相关单位走访 周边建筑物、市政管线调查 拆除对象工程资料搜集与调查	总体方案论证 结构失稳力学模型研究 物理模型试验 数值仿真辅助设计 技术方案设计 施工组织设计 应急救援预案编制 监测方案设计	施工准备 结构预处理 爆破清运 布孔、钻孔、装药、联网、警戒、起爆	编写工法、申请专利、学术交流 技术工作总结

图 1　拆除爆破工程项目全寿命周期组成

拆除爆破工程项目决策阶段的主要任务是项目可行性研究,目的是对建(构)筑物拆除的必要性、技术可行性、经济合理性和实施可能性进行综合研究,初步给出技术经济比选方案,为业主和投资、规划、建设等行政主管部门提供建设性意见。

爆破拆除工程项目通常处于闹市区,与周边建筑物毗邻或相接,周边布设有各种市政管网,外部环境复杂且要求严格。调查阶段的主要任务是调查拟拆除建(构)筑物工程结构与使用状况、调查拟拆除建(构)筑物周边环境与地下管网分布状况、走访周边或沿线相关单位,目的是充分考虑工程概况和项目周边环境的特点与要求,确保项目后期设计和施工达到预期爆破效果,实现工期、成本、安全和环境保护等目标。

设计阶段主要任务包括总体方案论证、技术方案设计、施工组织设计、应急救援预案编制等。但目前拆除爆破理论尚不成熟,不像建筑工程那样有一套系统的设计方法和行业规范。因此,重要、特殊的拆除爆破工程还应进行结构失稳机理研究、物理模型试验和数值仿真辅助设计,编制专项监测方案,目的是设计出安全、可靠、经济的爆破拆除方案。

施工阶段是拆除爆破项目管理的核心阶段,主要包括施工准备、结构预处理、爆破施工和爆碴清运等工作。该阶段,应结合拆除爆破项目工程特点,充分运用项目组织、质量管理、进度管理、成本管理、安全与环境管理和风险管理等项目管理方法,实现项目预期目标。

《爆破安全规程》(GB 6722—2014)规定爆破项目结束后,爆破员应填写爆破记录,重大工程爆破结束后,工程技术人员应提交爆破总结。复杂工程爆破结束后,除按规程要求对设计方案、参数及爆破效果进行评述、对施工组织及安全管理工作进行总结外,还应按照"企业主导、强化创新、重点突破、跨越发展"的行业中长期发展指导思想,结合工程实际,对结构爆炸破坏失稳机理、模型试验、数值仿真和有关安全控制与环境保护的新理论、新技术进行总结、提炼,形成系统理论与技术,及时编写工法、申请专利,指导和推动工程爆破行业科技进步,提升核心竞争力。

2　SCPE 项目管理方法

拆除爆破工程 SCPE 项目管理方法是指充分考虑项目的复杂性、特殊性,以专业化(Specialization)、协同化(Collaborative)、精细化(Precision)和执行力(Execution)理念为指导,运用现代项目管理理论中的项目组织、安全管理、成本管理、质量管理和进度管理等方法,实现预期爆破效果,有效控制爆破有害效应,最终实现各项预期目标的项目管理方法。SCPE 管理理念与项目目标、管理内容的相互关系如图 2 所示。

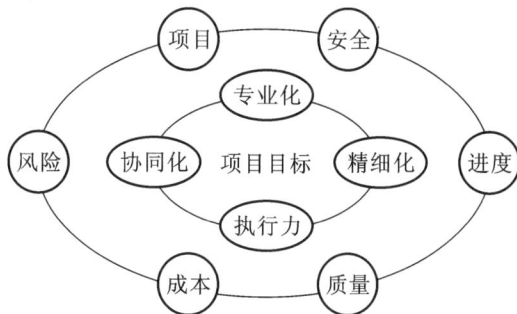

图 2 SCPE 项目管理体系图

2.1 专业化管理(Specialization)

社会化分工演进到一定阶段带来专业化,专业化促使技术进步,分工和专业化使作业人员精力集中在某项操作上,能够较快地提高其操作的熟练程度,降低失误,提高生产率。工作中若不断变换作业内容会损失很多时间,分工和专业化节约了这种时间,同时极大节约了人力资源,有效地利用了工作场所。分工和专业化可降低组织管理工作的复杂程度,减少管理层次,缩小管理宽度,降低管理成本,提高管理效率。

(1)拆除爆破工程专业化管理内涵

20 世纪 80 年代以来,拆除爆破已形成范围广泛、门类众多、结构复杂的综合体系,拆除对象涉及建(构)筑物、基础、地坪、废旧人防工事、大型群体筒形结构、水下围岩和挡水岩坎及船坞等,拆除爆破方法有炮孔爆破、水压爆破、静态膨胀剂、预裂(光面)爆破和聚能爆破等方法,拆除技术涉及炸药工艺、爆炸力学、结构力学、材料力学、弹塑性力学、建筑学、安全工程和工程项目管理等知识。

近年来,拆除爆破工程项目逐渐呈现出拆除对象规模越来越大、结构越来越复杂、环境越来越苛刻、安全风险越来越高等特点,传统的拆除爆破工程项目管理理念和方法已难以适应复杂环境下大型拆除爆破项目的组织与管理,专业化管理便应运而生。拆除爆破工程专业化管理内涵有三个方面:一是作业人员专业化;二是作业标准专业化;三是管理体系专业化。

(2)拆除爆破工程项目专业化管理目标和思路

拆除爆破工程项目专业化管理目标:①人才专业化,拆除爆破工程涉及炸药工艺、爆炸力学、结构力学、建筑学、安全工程和工程项目管理等学科,企业或组织应引进或培养相关专业人才组成二级公司或部门,以满足复杂环境下大型拆除爆破工程项目的可行性研究、失稳机理分析、模型试验、数值仿真、方案设计、结构预处理、现场管理和有害效应监测反馈等各个工作环节对专业人才的基本需求;②作业标准专业化,根据《爆破安全规程》、设计方案和施工组织设计,针对拆除爆破工程项目各个工作环节,编制有针对性的作业指导书,明确工作流程、工艺要求、作业标准,并定期组织各类专业人才参加学习考核;③管理体系专业化,企业或组织应建立健全各项管理制度,完善工作流程分解,明晰职责机构,做到管理体系专业化。

拆除爆破工程项目专业化管理思路如图 3 所示。

2.2 协同化管理(Collaborative)

"协同"一词来自希腊文,其含义是一门关于协作的科学,或者是一个系统的各个部分(子系统)协同工作。1965 年,H. 伊戈尔·安索夫(H. Igorre Ansoff)在《公司战略》一书中首次提出了协同的概念。从管理的角度,安索夫借用投资收益率(ROI)确立了"协同"的经济学含义,表达了 1+1>2 的理念,即企业的整体价值大于企业各独立组成部分价值的简单总和。

```
                    ┌──────────────────────┐
                    │  排除爆破项目专业化管理  │
                    └──────────┬───────────┘
         ┌───────────────┬─────┴──────┬────────────────┐
    ┌────┴────┐    ┌─────┴──────┐  ┌──┴───────┐
    │ 人才专业化 │    │ 作业标准专业化 │  │ 管理体系专业化 │
    └────┬────┘    └─────┬──────┘  └──┬───────┘
```

| 爆破专业技术人员 | 建筑专业技术人员 | 力学研究人员 | 安全工程技术人员 | 项目管理人员 | 前期调查任务书 | 爆破方案设计体系 | 预处理作业指导书 | 爆破作业指导书 | 公司组织机构 | 综合管理体系文件 | 大兵团作战机制 | 项目组织管理 |

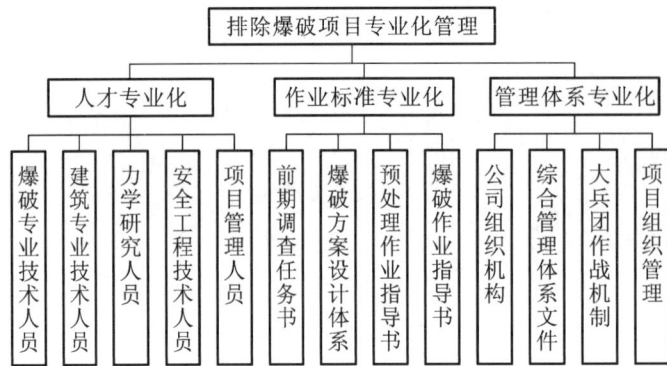

图 3　拆除爆破工程项目专业化管理思路

（1）拆除爆破工程协同化管理内涵

协同化管理是指企业或组织基于所面临的复杂系统的结构功能特征，运用协同学原理，根据实现可持续发展的期望目标对系统实现有效管理，以实现系统协调并产生协同效应。协同管理就是通过对该系统中各子系统进行时间、空间和功能结构的重组，使其具有"竞争-合作-协调（Competition-Cooperation-Coordination）"的能力，其协同效应远远大于各子分系统之和。

拆除爆破工程协同化管理是指运用协同学基本原理，将企业或组织内外部各种资源关联起来，通过建立"竞争-合作-协调"的协同运行机制，使各子系统产生协同效应，最大化开发利用有限资源，共同完成拆除对象的安全爆破。

拆除爆破工程协同化管理具有以下几点特征：①协同化管理以拆除爆破工程项目为研究对象；②"竞争-合作-协调"的协同运行机制，是协同化管理区别于常规拆除爆破工程项目管理的基本特点；③参与拆除爆破工程项目的各子系统在组织上相对独立，各子系统具有不同的工作目标，它们是为实现共同的项目目标而组成的一个临时系统。因此，协同化管理必须通过特定适用的项目组织形式，协调各自工作行为，以实现系统整体目标。

（2）拆除爆破工程项目协同化管理思路

拆除爆破工程项目协同化管理涉及企业层、项目层和作业层等三个层次。

企业层的主要功能是制定企业重大战略、发展方针，进行拆除爆破基础理论研究、安全控制与环境保护关键技术研究、企业内外重要资源协调，塑造企业文化，获得可持续发展能力等。

项目层的主要功能是紧密围绕企业层制定的战略方针，依托理论研究成果和关键技术，最大限度地利用企业内外资源，确立拆除爆破工程项目安全、质量、成本、进度等预期目标，通过项目组织和管理活动顺利实现各项目标。

作业层的主要功能是根据分项工程特点，发挥专业优势，接受项目层管理，执行项目管理过程中的具体要求，通过执行力建设、专业化管理、精细化管理，顺利实现项目各项工作的具体目标。

拆除爆破工程项目实践中，企业层、项目层和作业层之间存在着协同和冲突的关系。为顺利实现项目各项预期目标，低层次要与高层次保持步调一致，以高层次确定的功能和目标为中心；反过来，高层次要为低层次提供人员、技术、设备和社会资源，提供制度保障。

2.3　精细化管理（Precision）

现代管理学认为，科学管理有三个层次：第一层次是规范化，第二层次是精细化，第三层次是个性化。

精细化管理是对规范化管理的进一步提升，是一种管理理念，一种管理文化。它以规范化为前提、系统化为保证、数据化为标准、信息化为手段，以提高企业效率和效益为目的，通过现代管理模式，对管理对象实施准确、完整、精细、快捷的规范与控制。

（1）拆除爆破工程精细化管理内涵

近年来，拆除爆破趋向高层化，结构形式和倒塌形式也趋于多样化，拆除爆破作业更加注重安全控制、环境保护。但是，目前拆除爆破理论研究落后于工程实践，拆除爆破设计中各项参数的选择仍主要依靠半经验、半理论公式和设计人员的经验，项目管理水平与顺利完成大型建（构）筑物的爆破拆除所应具备的管理水平还存在一定差距。

拆除爆破精细化管理是指将项目精细化管理的普遍性与拆除爆破行业的特殊性紧密结合起来，运用科学的精细化管理方法，实现拆除爆破工程项目的安全、高效、经济、环保等目标。

（2）拆除爆破工程精细化管理思路

①严格执行相关法律、法规：严格执行国家标准《爆破安全规程》（GB 6722—2014）、《中华人民共和国民用爆炸物品安全管理条例》等与工程爆破相关的标准、法规；严格按照施工要求进行施工管理和控制，通过对劳动力、设备、材料、资金、技术、方案、资料、信息的优化处理，实现拆除爆破工程项目的安全、质量、成本和进度目标。

②建立和完善相应管理体系：为了实现拆除爆破工程各项项目管理目标，有效开展各项管理活动，必须建立和完善安全、成本、质量、进度和风险管理体系。

③强化过程管理：精细化管理在过程管理中体现为实行刚性的制度，规范人的行为，强化责任的落实，形成良好的执行文化。

2.4 执行力（Execution）

2003 年，拉里·博西迪和拉姆·查兰在《执行：如何完成任务的学问》一书中首次提出执行（Execution）概念，指出执行是一种暴露现实并根据现实采取行动的系统化方式，指出执行的三个核心流程：人员流程、战略流程和运营流程，并以此三个流程构建执行力。

拆除爆破工程项目管理执行力建设，就是指企业层、项目层和作业层分别贯彻落实企业或组织的战略方针、理论研究成果、关键技术、爆破设计方案和规范规程的精神意志和操作实践能力，它是将理想设计方案转化为现实执行的效果好坏的具体体现，其强弱程度直接关系到拆除爆破作业的安全和各项预期目标的实现程度。拆除爆破工程项目管理执行力建设金字塔模型见图 4。

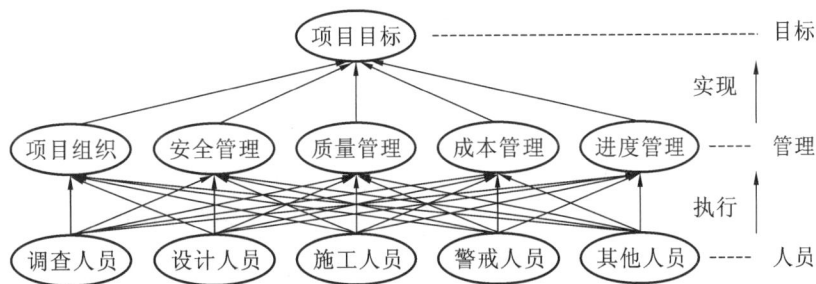

图 4　拆除爆破工程项目管理执行力建设金字塔模型

拆除爆破工程项目管理可通过以下途径提升执行力：

（1）做好项目规划，明确项目目标。结合具体拆除爆破工程项目，在认真调查和前期工作基础上，做好项目计划，明确项目必须实现的安全、质量、成本和工期目标。好的项目目标应该能够体现 SMART 原则，即具体（Specific）、可测量（Measurable）、得到各方认同（Agreed）、可实现（Reality）和有时限（Timely）。

（2）建立和完善切实可行的规章制度。规章制度是企业实施科学管理的依据，是完成各项任务、实现企业发展目标的重要保证。近年来，各爆破企业不断加强了项目管理的内控机制建设，建立了项目设计管理、安全管理、成本管理、质量管理、进度管理和信息管理等制度，基本覆盖了拆除爆破项目管理的每一个角落。但是，这些规章制度在执行的过程中，存在执行不到位的现象，因为存在一些空洞的、没有实际操作性的管理制度和措施。爆破企业应结合"质量、安全、环境"三位一体综合体系文件,根据标准化、协同化、精细化管理要求,对各工种、各环节工作标准进行细化、量化,努力形成有鲜明针对性和操作性的规章制度。

(3)落实问责制度,强化监督考核。具有鲜明针对性和可操作性的规章制度固然重要,但只有落实到位,才能收到预期效果。因此,必须落实问责制度,强化监督和考核。监督考核能有效地避免执行者在工作中的惰性,对执行者工作完成情况进行全面考核,对执行者来说是一种无形的鞭策和驱动。监督和考核相辅相成,紧密结合,是对强执行力的有效保障。

(4)提高项目经理管理能力。好的执行力必须拥有高效的管理者,没有一个执行能力强、善于协调执行的项目经理,就不会有执行能力强、善于执行的项目管理团队。拆除爆破工程项目涉及的技术行业、部门、机构很多,项目经理是一个综合性很强的岗位,不但要求熟悉业务,而且要求有很强的综合协调能力。

3　SCPE 项目管理方法实践

2013 年 5 月 18 日 22 时,武汉爆破有限公司采用爆破方法一次性成功拆除了 3.5 km 沌阳高架桥,该工程是迄今为止国内外采用爆破方法拆除的长度最大、环境最复杂、施工难度最大的钢筋混凝土高架桥梁,在桥梁长度、技术难度、安全防护、施工组织和理论创新等方面均开创了业内先河。

该工程在项目管理方面具有以下特点和难点:①工期紧。根据武汉市政府统一部署安排,3.5 km高架桥爆破拆除计划工期仅 30 d,全面封闭施工现场供爆破单位实施装药、联网、爆前检查等特殊作业的时间仅为 36 h。②难度大。拆除爆破工程不像建筑工程那样有一套系统的设计方法和行业规范,爆破设计难度大。高架桥拆除爆破涉及桥梁、结构、道路、安全和爆破工程等多项作业内容,项目组织管理难度大,沌阳高架桥横跨 5 条城市主干道,交通流量大,作业期间须确保交通顺畅,交通组织难度大。③风险高。高架桥两侧分布有大量居民楼、企事业单位办公楼和工厂厂房,桥体上部横跨110 kV 高压线,地下分布有 $\phi720$ 高压天然气管道、$\phi800$ 自来水管和 110 kV 高压线等各种市政管线,共计 32 根。工程涉爆,安全风险高,任何环节的微小纰漏都会带来灾难性事故,须确保万无一失。④任务重。桥梁长 3.5 km,共 360 根墩柱,炮孔数量达数千个,装药量近 2 t,起爆网路总长近 10 km,各类防护材料数千吨,施工任务极其繁重。

针对项目管理存在的难点和特点,充分考虑项目的复杂性、特殊性,武汉市市政建设集团有限公司、武汉爆破有限公司运用 SCPE 项目管理方法对拆除爆破工程的项目组织、安全、成本、质量、进度和风险进行了全寿命周期管理和研究,具体体现为以下几点:

(1)根据专业化管理内涵与思路,将技术复杂且工期、成本压力较大的沌阳高架桥拆除爆破项目按工作结构分解成桥面系预处理、桥墩落水孔注浆、安全防护、爆破作业和综合协调等多个子项目,充分发挥集团公司下属的桥梁、路桥、隧道、城建、机械化、科研、工程管理和爆破等专业二级子公司在桥梁工程、结构工程、注浆加固、脚手架搭设、施工机械管理、技术攻关、项目管理和爆破设计与施工等方面的专业优势。与此同时,根据集团管理制度、工作流程等专业化管理体系,明晰了参与各专项工作子公司的目标与职责。

(2)根据协同化管理内涵与思路,采取平衡矩阵式组织形式(图 5),充分发挥了职能原则的纵向优势和对象原则的横向优势,将其下属各子分公司的专业化、协同化、执行力和多种优势临时性地有机地结合在一起,同时交叉作用。与此同时,依靠其多年积累的"大兵团作战机制"在企业管理、项目组织、项目管理、沟通协调和工作效率上的优越性,使企业层、项目层和作业层产生了高度协同效应。

(3)秉承精细爆破理念,实施精细化管理。设计阶段,工程技术人员为定量化确定桥墩装药高度、炮孔深度、炮孔间距、炸药单耗、爆破与塌落振动等拆除爆破设计核心内容,建立了 1:1 单跨和 12 根不同类型墩柱的物理模型,并针对炸药单耗、防护形式、振动效应以及地下管线冲击破坏效应等关键科学技术问题进行系统研究。与此同时,采用 SLM-DEM 对高架桥逐排垮塌的不同工况进行数值仿真,进一步优化了各项爆破参数。在施工阶段,现场作业人员根据配筋情况,将 180 排桥墩细分为 43 种类型,明确每个桥墩的炮孔深度、炮孔间距、装药形式等爆破参数,按照质量管理要求,挂牌作业,严格

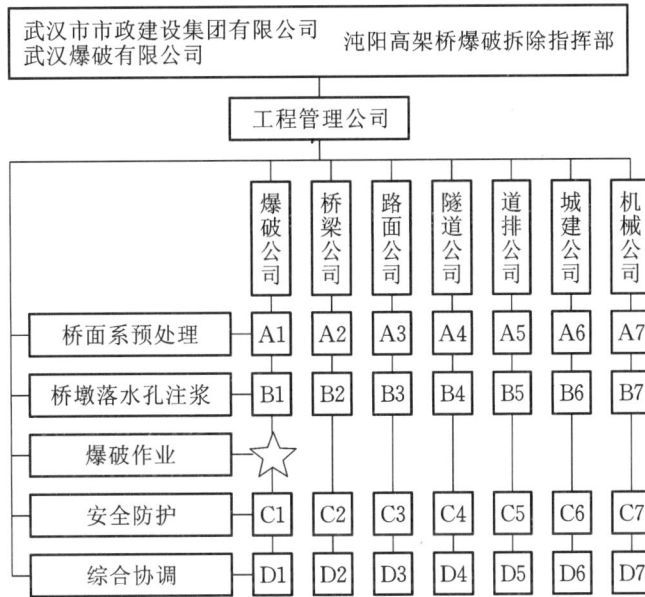

图 5　沌阳高架桥项目组织机构

执行过程管理,确保各环节施工质量与爆破安全。

(4) 根据执行力建设内涵,在项目立项之初,便依据 SMART 原则,明确了项目必须实现的安全、质量、成本和工期目标。在实施过程中,项目根据集团公司综合管理体系文件,对各环节工作进行量化考核,通过每天的工作例会强化监督和考核,严格落实问责制度,保障了良好的执行效果。

宜春大桥爆破拆除

谢先启　　韩传伟　　贾永胜　　王洪刚　　刘昌邦

（武汉爆破公司,武汉 430023）

摘　要：要爆破的桥为复合结构,拆除两端钢筋混凝土结构引桥后,剩下江中 7 孔部分为石拱桥,长 270.3 m,宽 10.2 m。爆破环境复杂,南岸距居民楼 16 m,中间距状元洲公园设施 5 m,控制飞石和振动是重点。对结构进行分析,在确保倒塌的情况下,减少钻爆工作量是方案优化的要点。本文详细讨论了石拱桥坍塌机理、装药参数的设计和起爆网路,结合倒塌过程图像对下落过程进行了分析。

关键词：多跨拱桥；塌落机理；爆破拆除

Explosive demolition of Yichun bridge

XIE Xianqi　　HAN Chuanwei　　JIA Yongsheng　　WANG Honggang　　LIU Changbang

（Wuhan Blasting Engineering Company,Wuhan 430023,China）

Abstract：The bridge be demolished is a composite structure,the two ending are reinforced concrete structure,the other 7 arches are stone arch bridge. The whole length is 277.3 m and the width is 10.2 m. the surrounding of blasting was complex,whose south ending is 16 m apart from resident building and the center is 5 m away from the Zhuangyuan island facilities. So the control of fly rock and blasting vibration was very important. Through analyzing the structure and assuring the smooth collapse,the key points of blasting scheme was decreasing the drilling work. The collapse mechanism of stone arch bridge,the drilling-and-charging parameters and initiation circuit were discussed in detail. The falling process was also analyzed by the picture of bridge collapse.

Keywords：Multi-span stone arch bridge；Collapse mechanism；Explosive demolition

1　工程概况

1.1　工程环境

待拆除的石拱桥位于江西省宜春市袁州区明月南路上,大桥横跨秀江两岸,因改扩建需要将其拆除。大桥北岸毗邻秀江路,江中北侧砌块边孔距西北侧最近的 6 层居民楼 59.0 m,东北侧距离最近的 7 层建筑物 70.2 m；大桥南岸毗邻袁河路,南侧砌块边孔距西南侧最近的 7 层居民楼 16.0 m,东南侧距最近的 8 层居民楼 28.0 m；大桥中间东侧是江心洲,建有状元洲公园,距离大桥 5.0 m、10.0 m 处有喷泉及照明设施。具体环境见图 1。

本文原载于《爆破》2012 年第 29 卷第 1 期。

图 1　环境示意图(单位:m)

1.2　结构特征

大桥全长 277.3 m,车行道宽 7 m,两侧人行道各宽 1.4 m,栏杆各宽 0.2 m,高 1.2 m。大桥横跨秀江部分为 7 孔浆砌块石拱桥,每孔长 32 m,桥拱矢高 4.8 m,拱圈厚 1.2 m,主拱的两侧各有 2 个副拱。桥墩上方主腹拱墩宽 1.3 m,两侧的辅助腹拱墩宽 0.8 m,腹拱墩间距 3.0 m。拱圈顶部是 1.2 m 厚块石填充,填充块石上部是钢筋混凝土桥面,桥面厚 0.5 m。横跨秀江 7 孔部分共有 2 个桥台和 6 个桥墩,桥墩长 8.2 m、宽 3.4 m、高 4.5 m。南岸腹拱墩南侧是袁河路,桥台和引桥部分长约 23.65 m。北岸腹拱墩外是横跨秀江路的钢筋混凝土桥,桥墩为钢筋混凝土结构,该部分长约 29.65 m,高约 6 m,与横跨秀江的 7 孔主体部分之间有施工缝。具体结构详图见图 2。

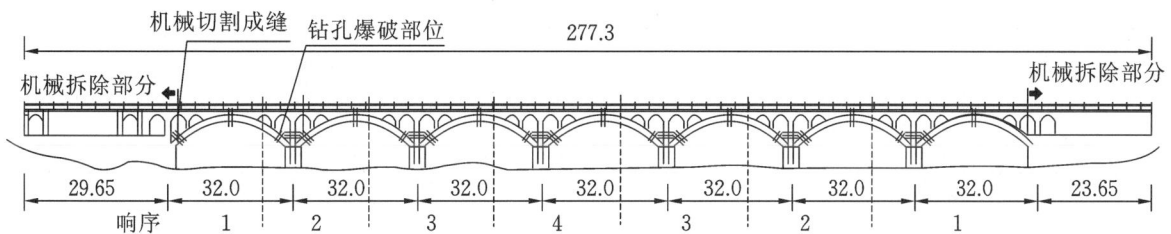

图 2　石拱桥立面图(单位:m)

2　爆破方案与设计

2.1　总体爆破方案

根据宜春大桥的结构特点和周边环境,拟先将北岸跨越秀江路的钢筋混凝土桥梁(含北岸桥台)和南岸桥台及引桥部分采用机械拆除的方式拆除,中间横跨秀江的7孔浆砌块石拱桥采用自南北两侧向中间逐孔爆破倒塌的拆除总体方案。

对于拱形结构的浆砌块石桥梁,原则上只要炸毁桥墩就可实现整个桥梁失稳坍塌解体破坏。对桥整体的力学性质和以往类似爆破资料进行综合分析,石砌拱桥爆破拆除的关键部位有两个:一是桥墩;二是桥墩上部腹拱墩、拱圈结合部。由于桥的拱圈上沿环向的抗拉伸强度特别低,只要在拱脚和桥墩或桥台的结合处对其进行破坏,那么拱桥会在自身重力的作用下落地直至充分解体。其实这两个关键部位可看成一个,炸毁任何一个都可实现整座桥梁的垮塌。宜春大桥桥墩体量大,又在流动的江水中,爆破时水位约2m深,防护很困难,因此,桥墩采取在腹拱墩与拱圈夹角处钻设稍倾斜垂直炮孔的方案,实施松动爆破。腹拱墩与拱肋拱脚处,布设3排炮孔,爆破使该处块石抛出或发生稍大移位,实现上部结构塌落。考虑塌落后应减少机械在江中破碎桥墩时间,爆破部位选择在桥墩、腹拱墩、拱圈的拱脚。为改善破碎效果,在拱顶钻设2排梅花形辅助炮孔,实施松动爆破。

2.2　爆破设计

爆破部位选择在桥墩(台)以及它们和拱圈的结合点。各部位的爆破参数见表1。

表1　爆破参数表

构件名称	尺寸/cm	最小抵抗线 w/cm	孔距 a/cm	排距 b/cm	孔深 l/cm	单孔药量 q/g
拱脚	120	60	70	60	85	500
腹拱墩	130	65	70	60	90	500
拱顶	160	80	70	70	120	600
桥墩	—	120	90	130	280	2000

2.3　起爆网路

起爆网路采用孔内外延时相结合的方式,起爆采用非电导爆管簇联网路,用瞬发电雷管串联起爆。

雷管延时段别见表2。

表2　雷管延时段别表

响序	1	2	3	4
孔外时差/ms	0	110	200	310
孔内时差/ms	0	220	400	620

3 安全设计

3.1 爆破振动的控制

爆破振动的强度用介质的振动速度、加速度、位移来表示,通常,人们以地面的振动速度来衡量爆破振动效应强度。拆除爆破所使用的药包一般比较多,也比较分散,而且药包一般都布置在承重的部位,爆破后产生的振动是通过建(构)筑物的承重部位传到基础后再传到地面的。一般计算控制爆破振动速度的公式为

$$V = K \cdot k'(Q^{1/3}/R)^\alpha$$

式中,Q 为一次齐爆的最大药量,kg;R 为保护目标至爆点之间的距离,m;V 为质点的振动速度,cm/s;K、α 分别为与地震波传播地段的介质性质及距离有关的系数;k' 为修正系数,根据观测取 k' 值为 $0.25\sim$ 1.0,离爆源近且爆破体临空面较少时取大值,反之取小值,本工程取 $k'=0.5$。

按照《工程爆破实用手册》及国家有关标准取值,式中 $K=32.1$,$\alpha=1.57$。

按设计计算,南侧桥墩、主腹拱墩、拱圈爆破单响药量为 75 kg,南侧岸边拱圈爆破单响药量为 12 kg。

南侧岸边拱圈爆破对 16 m 处居民楼产生的爆破振动速度为 1.51 cm/s;南侧桥墩、主腹拱墩、拱圈爆破对距其 50 m 处居民楼产生的爆破振动速度为 0.66 cm/s。可见,产生的振动速度低于国家标准2 cm/s。

3.2 塌落振动的控制

建(构)筑物在塌落过程中冲击地面产生振动,且其强度比爆破振动要大、频率要低,对四周建(构)筑物危害更大,必须引起足够重视。为降低塌落振动效应的危害,应尽量防止构件同时触地,采用分段分区使构件依次触地的方式来控制塌落振动。

塌落振动由下式计算:

$$V = k_t \times [(mgH/\sigma)^{1/3} R]^\beta$$

式中,V 为塌落引起的地表振速,cm/s;m 为下落构件质量,t;g 为重力加速度,m/s^2;H 为构件质心的高度,m;σ 为地面介质的破坏强度,一般取 10 MPa;R 为观测点至冲击地面中心的距离,m;k_t、β 为衰减参数,分别取 $k_t=3.37$、$\beta=1.66$。

每个桥拱按照体积估算,其质量大约为 1120 t,重心高度约 10 m,塌落中心距最近居民楼约 32 m。

经计算,爆破产生的塌落振动速度为 1.86 cm/s,该值符合国家标准的要求。

3.3 飞石控制

对于控制爆破飞石飞散距离的计算,目前还没有比较成熟的计算公式。大连理工大学的李守臣通过对几十例拆除爆破工程产生的飞石数据进行回归分析,得到无覆盖条件下飞石距离与单位炸药用量之间的关系:

$$L_f = 70 K^{0.53}$$

式中,L_f 为无覆盖条件下拆除爆破飞石的飞散距离,m;K 为拆除爆破单位用量,kg/m^3。本次爆破设计单位用药量为 1.0 kg,计算得 $L_f=70\times1.0^{0.53}=70$ m。为确保万无一失,采用以下措施防止飞石:爆破部位以围裹和覆盖防护为主,即在桥墩、拱圈四周挂 2 层竹笆,四周再悬挂 2 层防护网;南岸拱圈上敷设 2 层沙袋和 1 层防护网做覆盖防护,确保飞石控制在安全范围内。

4　爆破效果

爆破后,桥梁按照设计要求由两侧向中间逐段塌落倒塌,破碎后的碴块全部落于江中。爆破后桥墩部分破碎松散,桥拱桥面在自重作用下也产生破碎。爆破后周围水上水下建筑物和结构物完好,大部分飞散物控制在 15 m 内,少量的不超过 50 m。爆破完全达到了预想效果。爆破过程见图 3。

(a)

(b)

(c)

(d)

图 3　爆破过程
(a) 0.2 s;(b) 0.6 s;(c) 0.9 s;(d) 1.5 s

42 m 高铁路桥桥墩的爆破拆除

谢先启[1]　贾永胜[1,2]　罗启军[1]　韩传伟[1]　刘昌邦[1]

(1.武汉爆破公司,武汉 430023;2.武汉理工大学资源与环境工程学院,武汉 430070)

摘　要:本文介绍了一座 42 m 高铁路桥桥墩爆破拆除的实例。为确保爆破时不对桥墩下部桥台及周边建(构)筑物造成影响,根据桥墩的结构特征和环境条件,通过采取合理布置切口、开凿定向窗和导向窗、预切割支撑区受拉钢筋等技术措施,使爆破拆除取得了圆满成功,可为同类工程提供参考。

关键词:铁路桥桥墩;拆除爆破;预处理

Blasting demolition of a 42 m high railway bridge pier

XIE Xianqi[1]　JIA Yongsheng[1,2]　LUO Qijun[1]　HAN Chuanwei[1]　LIU Changbang[1]

(1. Wuhan Blasting Engineering Company,Wuhan 430023,China;

2. School of Resource and Environment Engineering,Wuhan University of Technology,Wuhan 430070,China)

Abstract:In this paper,a blasting project of demolishing a high railway bridge pier of 42 m was introduced. In order to protect the abutment of the pier and other structures nearby,some effective measures were taken based on the features of the pier structure and its surrounding,such as the proper blasting cut position,precisely orientated openings,the careful design and construction of the steel bars pre-cutting. The success of this project showed that the experience could be consulted by the engineering of the similar.

Keywords:Railway bridge pier;Blasting demolition;Preliminary demolition

1　工程概况

1.1　周边环境

某在建铁路桥桥墩因修建至 42 m 时边坡发生山体滑坡,滑落石块撞击桥墩造成结构受损,需拆除桥墩承台以上部分后在原承台上重建。桥墩位于河流河谷中,编号为右 4[#] 桥墩,桥墩东侧紧靠山体边坡,32 m 处是右 5[#] 桥墩,40 m 处是国道,道路东侧山体边坡上为在建隧道;南侧 80 m 处是石拱桥,西南面 25 m 处有一块山体滑坡时垮塌下来的大石块,石块高 2 m;西侧 32 m 处是右 3[#] 桥墩,北侧 30 m 处是左 3[#] 桥墩。右 4[#] 桥墩环境如图 1 所示。

1.2　结构特征

该桥墩为新建钢筋混凝土现浇结构,桥墩为椭圆形空心墩身;高 42 m,重心位置为 +13.00 m 处,±0.00 m 处底长 8.8 m,宽 6.5 m,桥墩 ±0.00～+3.00 m 为实心桥墩,+3.00 m 以上为空心桥墩。+5.00 m 处壁厚为 88 cm,长 8.46 m,宽 6.26 m,+5.00 m 平面示意图见图 2。±0.00～+2.50 m 为

本文原载于《工程爆破》2009 年第 15 卷第 1 期。

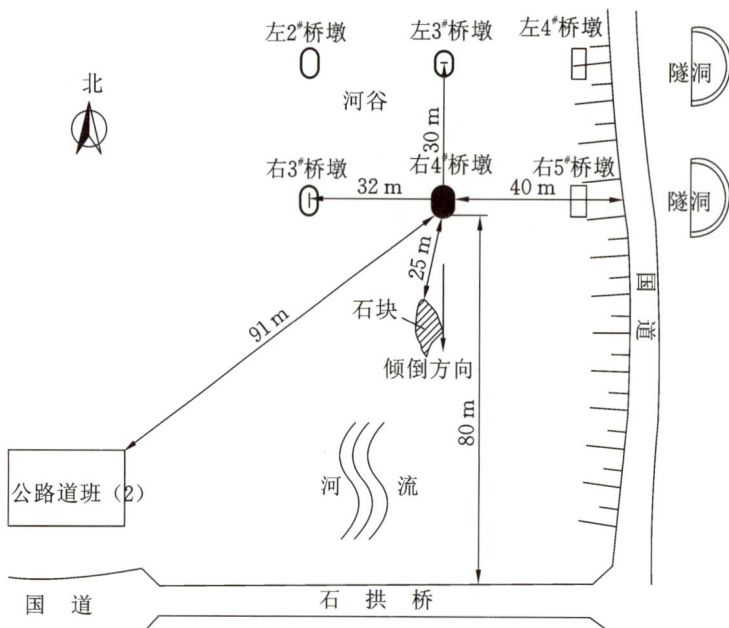

图1　待爆桥墩环境示意图

素混凝土浇筑,+2.50～+11.20 m为双层螺纹钢筋网布筋,外侧竖向钢筋为(φ20+φ14)@200(φ14钢筋为间隔布设),横向钢筋为φ10@100;内侧竖向钢筋为φ20@150,横向钢筋为φ10@100,内外侧两层钢筋之间设有φ8 mm圆钢拉钩。+11.20 m以上为单层螺纹钢筋网布筋,竖向钢筋为φ14@200,横向钢筋为φ10@100;混凝土保护层厚10 cm,强度等级为C20,桥墩自重约1100 t。

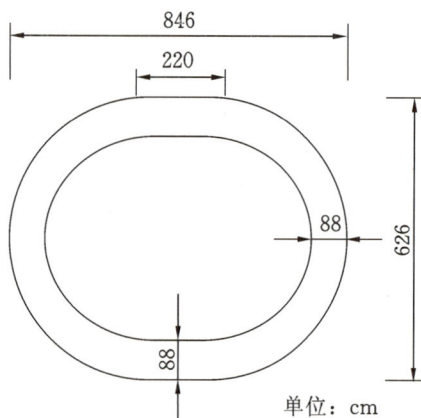

图2　+5.00 m平面示意图

1.3　爆破要求

再建时将从承台+3.00 m处重新修建,因此要求爆破时产生的爆破振动与触地振动不能损坏需要保护的+3.00 m以下桥墩与承台,保证桥墩及承台在续建中能继续使用;爆破振动及飞石等爆破公害不能影响周围建(构)筑物的安全。

2　拆除方案

2.1　拆除方案的确定

根据业主方提出的要求,若要在短时间内拆除桥墩上部的筒身结构,只有选择定向爆破拆除。因筒身+3.00 m以下的桥身与承台需要在拆除后继续使用,在设计时要考虑爆破时在筒身倾倒过程中移出桥墩与承台对+3.00 m以下的桥身与承台所产生的影响。根据桥墩的结构特点,采取向东或向西定向爆破拆除对+3.00 m以下的桥身与承台影响最小,但东西两个方向不具备定向爆破的环境条件。综合桥墩的周边环境与本身结构特点,决定采用"向南定向倾倒"的总体拆除方案,爆破方案示意图见图3。

2.2　方案的主要实施内容

(1) 切口位置:根据桥墩结构特点,在墩身+5.00～+9.15 m处开设爆破切口,预留+3.00～+5.00 m处约2 m高的桥身作为爆破时对下部保留部分的缓冲。

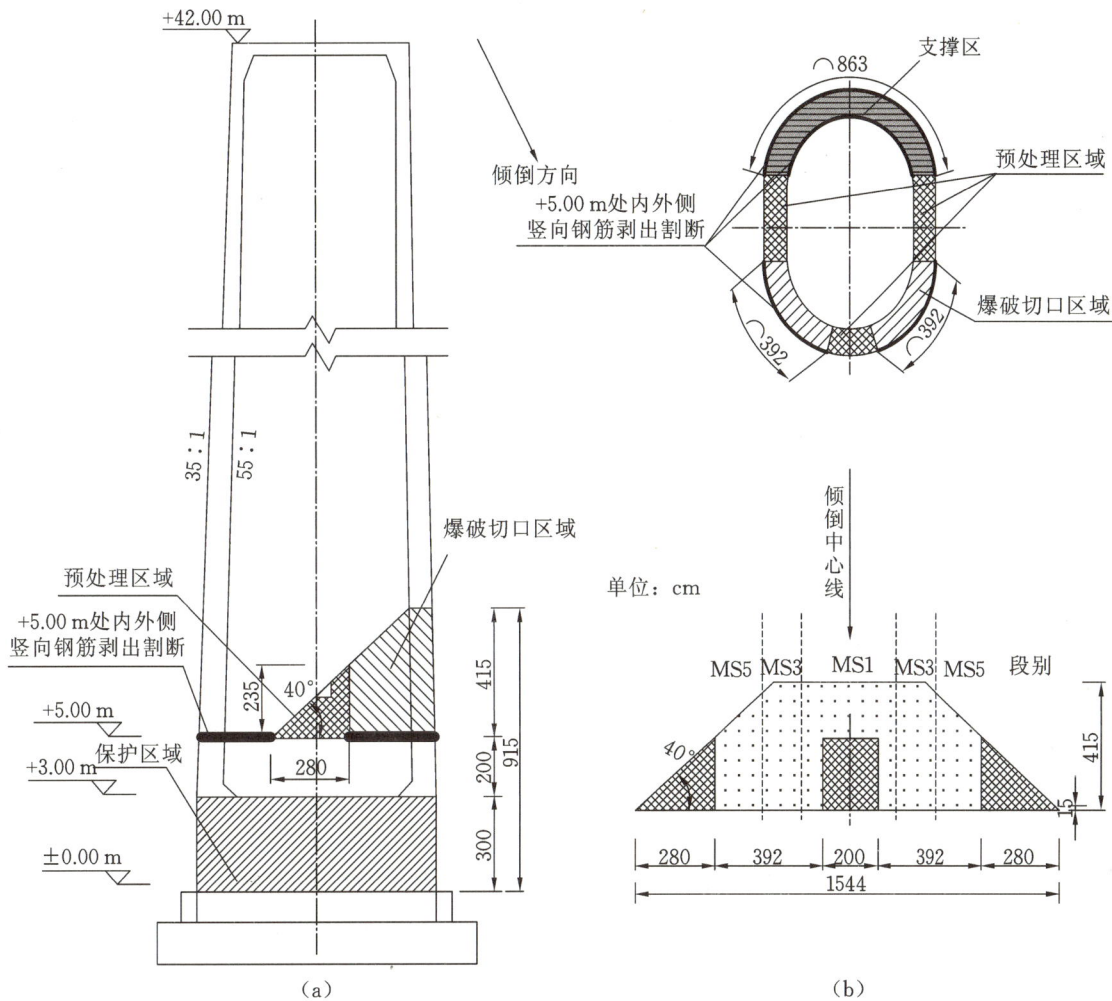

图3 爆破方案示意图
(a)爆破切口侧剖面;(b)爆破切口展平图

（2）定向窗与导向窗:在切口范围内开设两个定向窗与一个导向窗。定向窗位于桥墩+5.00 m处以上、倾倒方向的两侧,定向窗形状为三角形,底边长280 cm、高235 cm;导向窗位于桥墩倾倒中轴线上,是宽为中轴线两侧各100 cm、高235 cm的矩形窗口。

（3）桥墩结构弱化:将墩身+5.00 m处水平线内外侧的所有竖向钢筋剥出。爆破前将桥墩外侧所有的竖向钢筋全部割断,内后侧支撑区的所有竖向钢筋全部割断,内前侧的竖向钢筋间隔割断。

（4）爆破网路:采用非电导爆管雷管孔内延时,孔外采用瞬发非电导爆管雷管接力,将所有接力的导爆管雷管绑在一起用电雷管起爆的起爆网路。

（5）安全防护:在爆破切口区域搭设钢管架,外挂竹跳板排架,外侧挂设防护网进行防护。

爆破方案设计如图3所示。

3 爆破参数设计

3.1 炮孔布置

炮孔布置在+5.15～+9.15 m,采用矩形方式布孔。炮孔直径$d=40$ mm;炮孔深度$l=0.7\delta=0.7\times0.88=0.62$ cm;炮孔间距$a=0.6\delta=53$ cm,实取$a=50$ cm;炮孔排距$b=a=50$ cm;炮排数$N=4.0/0.5+1=9$排,共钻130个炮孔。

3.2 装药参数

准确地计算药量是保证爆破达到预期目的的决定性因素之一,影响炸药单耗量的因素是多方面的,装药量的多少主要依赖于经验。本爆破工程设计采用的药量计算公式为体积公式:

$$Q=qV \tag{1}$$

式中,Q 为单孔装药量,g;q 为炸药单耗量,g/m³,取 $q=1500$ g/m³;V 为每个炮孔所担负的爆破体的体积或爆破总体积,m³。单孔药量 $Q=qab\delta=330$ g,采用连续柱状装药结构。

3.3 网路设计

为减少单响起爆炸药量、减小爆破振动,起爆网路采用非电导爆管雷管孔内延时的起爆网路。每孔内装 2 枚导爆管雷管,装药填塞完毕后,将就近约 20 根导爆管雷管捆成一束,每束用两发非电导爆管雷管接力,将所有的接力雷管集中成一束,用两发电雷管起爆。延时起爆段别见图 3。

3.4 飞石防护

本次爆破对飞石的防护主要以近体防护为主,具体做法是:在桥墩爆破切口部位搭设钢管脚手架,高度至+10.00 m 位置,在脚手架上+4.50~+10.00 m 位置挂设竹跳板墙遮挡飞石,在竹跳板墙外侧挂一层安全网进行防护。

4 爆破效果

起爆后,桥墩向设计方向偏右 4°倾倒,桥墩倾倒过程中上部整体移出桥墩承台保留部分,在桥墩倾倒方向左前侧有宽 1.1 m、高 0.5 m 的破损缺口,为桥墩移出桥台瞬间受压所导致的。桥墩在触地时撞击在西南向的大石头上,墩身解体充分,部分钢筋外露,利于桥墩碴块清运及二次破碎。由于采用有效的飞石防护措施,飞石飞散距离控制在安全范围内,桥墩桥台需保留的部分未受爆破影响。爆破前桥墩与爆堆效果如图 4 所示。

爆后对桥墩保留部分进行查看分析,在桥墩北侧支撑区偏右 0.6 m 处外侧有 1 根 φ20 的螺纹钢筋为受拉屈服拉断,可能是在爆前钢筋切除中漏掉的,这根钢筋的保留可能造成桥墩在爆破时后部受拉不均匀,使桥墩整体向南偏西 4°倾倒。

|(a)|(b)|

图 4　爆堆效果图

(a) 爆破前的桥墩;(b) 从桥墩原址拍摄的爆堆

独塔单索面预应力斜拉桥爆破拆除倒塌解体过程分析

黄小武[1,2,3]　谢先启[2,3]　陈德志[2,3]　刘昌邦[2,3]　伍　岳[2,3]　周祥磊[4]

(1.武汉科技大学理学院,武汉 430065;2.江汉大学精细爆破国家重点实验室,武汉 430056;

3.武汉爆破有限公司,武汉 430056;4.中钢集团武汉安全环保研究院有限公司,武汉 430081)

摘　要:斜拉桥属于高次超静定结构体系,在爆破拆除失稳倒塌过程中其动力响应特征复杂,相关技术及科学问题研究得较少。为探索斜拉桥爆破拆除失稳倒塌力学机理,依托某独塔单索面预应力斜拉桥爆破拆除工程案例,借助动力学有限元程序 LS-DYNA 模拟了斜拉桥整体模型的失稳倒塌运动过程,重点分析了主塔、主梁、斜拉索三种基本构件的动力响应特征。研究结果表明:采用半波余弦函数形式的加载曲线作为重力荷载,有效避免了显式突加荷载对结构产生的振荡效应;主塔定向倒塌是斜拉桥失稳倒塌的核心,塔身运动过程符合爆破设计方案,总体呈现"首次下坐→缓慢偏转→二次下坐→加速偏转"四个阶段;斜拉索在随着主塔定向倒塌的过程中,其轴向动力响应复杂,应力起伏振荡频繁,应力峰值区间为 $4.81\sim14.9$ MPa;主梁在失稳坍塌过程中整体呈现"中间高、两头低"的姿态,最大位移差为 2.62 m,局部剪切破坏作用明显。主塔的可靠倒塌是斜拉桥成功爆破拆除的关键,主墩的短暂支撑作用有利于主梁充分破碎解体。

关键词:预应力斜拉桥;爆破拆除;倒塌解体;数值模拟

Analysis of collapse and disintegration process of prestressed cable-stayed bridge with single tower and single cable plane by demolition blasting

HUANG Xiaowu[1,2,3]　XIE Xianqi[2,3]　CHEN Dezhi[2,3]

LIU Changbang[2,3]　WU Yue[2,3]　ZHOU Xianglei[4]

(1. College of Science,Wuhan University of Science and Technology,Wuhan 430065,China;

2. State Key Laboratory of Precision Blasting,Jianghan University,Wuhan 430056,China;

3. Wuhan Explosions & Blasting Co.,Ltd.,Wuhan 430056,China;

4. SINOSTEEL Wuhan Safety & Environmental Protect Research Institute Co.,Ltd.,Wuhan 430081,China)

Abstract:Cable-stayed bridge is a high-order statically indeterminate structure system. Dynamic response characteristics are complex in the instability and collapse process induced by blasting demolition,and there are few studies on related technical and scientific issues. In order to explore the mechanical mechanism of instability and collapse of cable-stayed bridge induced by blasting demolition,based on an actual engineering that prestressed cable-stayed bridge with single tower single cable plane induced by blasting demolition. Dynamic finite element program LS-DYNA is used to simulate the instability and collapse process of the whole cable-stayed bridge model,and the dynamic response characteristics of the main tower,main beam and stay cable were analyzed. Results show that using the loading curve in the form of half-wave cosine function as the gravity load can effectively avoid the shock effect of explicit sudden load on the structure. The directional collapse of

本文原载于《爆破》2021 年第 38 卷第 4 期。

the main tower is the core of the instability and collapse of the cable-stayed bridge. Movement process of the tower body conforms to the established blasting design scheme, and it generally presents four stages : first sitting→slow deflection→second sitting→accelerated deflection. In the process of the directional collapse of the main tower, the axial dynamic response of the stay cable is complex, and the stress fluctuation oscillation is frequent. Peak value range of stress is 4. 81～ 14. 9 MPa. In the process of instability and collapse, the main beam shows the posture of "high in the middle and low in both ends". Maximum displacement difference is 2. 62 m, and the local shear failure is obvious. Reliable collapse of the main tower is the key to the successful blasting demolition of the cable-stayed bridge. The short-term support of the main pier is conducive to the full crushing and disintegration of the main beam.

Keywords：Prestressed cable-stayed bridge；Blasting demolition；Collapse and disintegration； Numerical simulation

　　拆除爆破是爆破工程的重要分支,相比人工、机械拆除方式,爆破拆除技术在一次性拆除高大建筑物、高耸构筑物和超长桥梁等对象时,其安全、高效、经济的优点尤为显著。近年来,国内外实施了多项不同结构类型桥梁的爆破拆除项目,有城市高架桥、跨江/河拱桥(梁桥)、钢结构桥和斜拉桥,等等。例如,湖北省武汉 3.5 km 沌阳高架桥(简支梁桥)、四川省简阳 590.08 m 沱江大桥(双曲拱桥)、美国纽约旧塔潘齐大桥(钢结构桥)。桥梁爆破拆除技术比较成熟,爆破工程师们在总结实践成果的基础上,得到了桥梁爆破拆除中关于爆破切口、起爆网路、延期时间等关键参数的设计准则,以及合理的安全防护措施和科学的现代管理方法。一方面,在工程实践中,桥梁爆破拆除的对象多为梁式桥和拱桥,斜拉桥则相对较少,有关斜拉桥的爆破拆除技术及其科学问题研究更不多见。另一方面,斜拉桥由于其结构形式合理、跨越性能良好、造价经济、外形优美等优点,在大跨度桥梁中占比逐年增大。因此,斜拉桥爆破拆除技术及其相关课题值得深入探究,可为以后类似爆破拆除工程提供技术储备。

　　斜拉桥由主塔、主梁、斜拉索三种基本构件组成,属于高次超静定结构体系,桥面以加劲梁受压或受弯为主,支撑体系主要是以斜拉索受拉及桥塔受压为主。在斜拉桥爆破拆除技术研究方面,周祥磊等采用桥面原地坍塌爆破技术与主塔定向控制爆破技术相结合的手段成功爆破拆除了独塔单索面预应力斜拉桥,爆破效果良好。在斜拉桥动态冲击响应问题研究方面,陈祺以安徽省内某千米级斜拉桥为背景进行了整船整桥碰撞模拟分析,依据模拟分析得到的最大碰撞力、动态响应等数据,为桥梁设计提供参考依据。戴智涵根据某斜拉桥工程模型建立了 A 型斜拉桥桥塔有限元模型,运用 LS-DYNA 软件,采用"三阶段连续耦合"有限元方法对桥塔爆炸损伤破坏直至倒塌全过程进行了数值模拟,研究了桥塔局部破坏和整体倒塌阶段过程,分析了桥塔局部响应和整体响应阶段的破坏机理和破坏模式。Cyrille 等通过非线性动力分析,对三种结构形式的斜拉桥的结构响应进行了评估,并根据不同的荷载参数和荷载位置,得出了斜拉桥可能的直接损伤和即将发生的损伤。Hashemi S. K. 通过估算爆炸荷载、构建精细的仿真模型和合理的材料参数,分析了桥面上方和桥塔附近不同爆炸位置以及不同爆炸范围情况下,斜拉桥结构构件在爆炸荷载作用下的局部破坏规律以及整体结构的连续倒塌趋势。Edmond K. C. 分析了斜拉桥在距离桥塔和桥墩 0.5 m,桥面上方 1.0 m 处遭受 1000 kg TNT 当量的爆炸荷载作用下桥塔、桥墩和桥面的损伤机理和严重程度,并研究了桥梁在采用 FRP 加固桥梁后跨时的抗爆效果。

　　有关斜拉桥动态冲击破坏问题的研究,多集中于研究桥塔、主梁和斜拉索等主要构件在碰撞、爆炸等偶然动荷载作用下的损伤破坏规律,而关于斜拉桥整体结构失稳倒塌规律的相关研究相对较少。本文通过采用 LS-DYNA 动力学有限元软件构建等比例独塔单索面预应力斜拉桥有限元模型,计算其爆破拆除时的失稳倒塌运动全过程,重点分析主塔、主梁和斜拉索的动力响应特征,并研究各主要构件的冲击破坏规律。

1 独塔单索面预应力斜拉桥有限元模型

1.1 主塔、主梁及斜拉索模型

独塔单索面预应力斜拉桥由主塔、墩柱、桥梁和斜拉索组成,桥梁结构如图 1 所示。主塔为空心钢筋混凝土结构,长 5 m、宽 2.7 m、高 64 m,内圈为劲性骨架,采用 C50 混凝土,主塔质量约为 1856 t。主墩为实心钢筋混凝土结构,长 17 m、宽 5 m,河床面以上高 9.5 m。桥梁由 19 个梁块、合龙段和协作体系组成,主梁为单箱三室预应力混凝土薄腹箱梁,梁块呈倒梯形,上边长 24.7 m,下边长 13.5 m,高 2.2 m,板壁厚 0.25 m,见图 2。对 9 对斜拉索分别施加轴向预应力,斜拉索呈平行对称布置,水平夹角为 30°,梁上索距为 9 m。

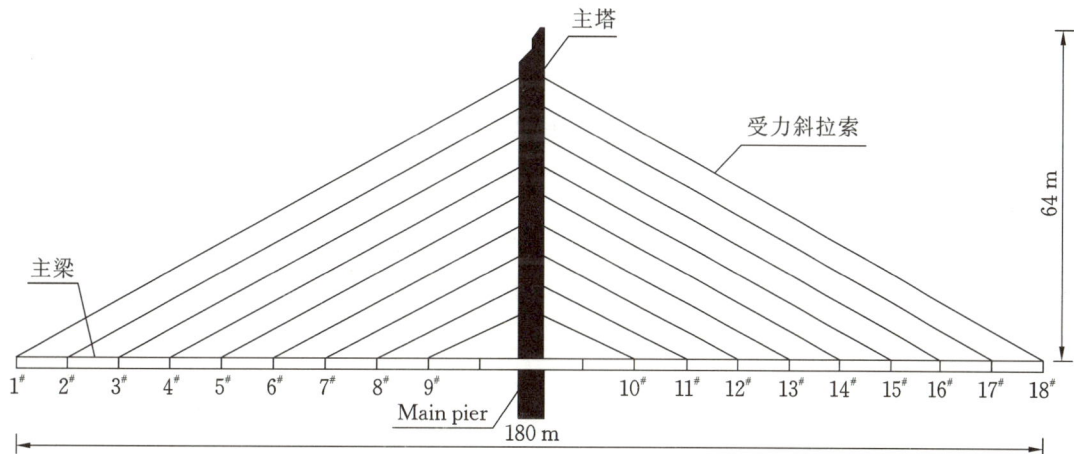

图 1 斜拉桥模型

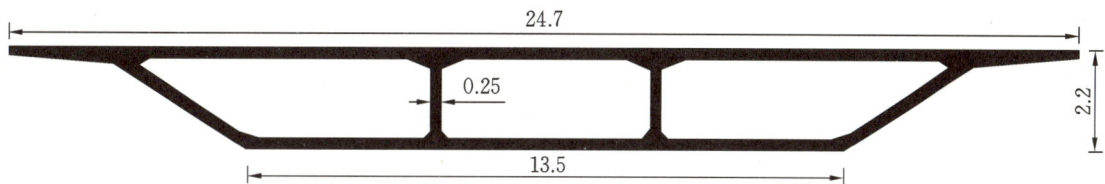

图 2 主梁横截面(单位:m)

斜拉桥的主塔、主墩均采用 8 节点实体单元,主梁采用 4 节点壳单元,斜拉索采用梁单元。网格单元边长为 4 cm,局部有限元网格精细划分,整个有限元模型包含 131456 个实体单元、70550 个壳单元、2948 个梁单元,节点总数为 258840。有限元模型见图 3、图 4。

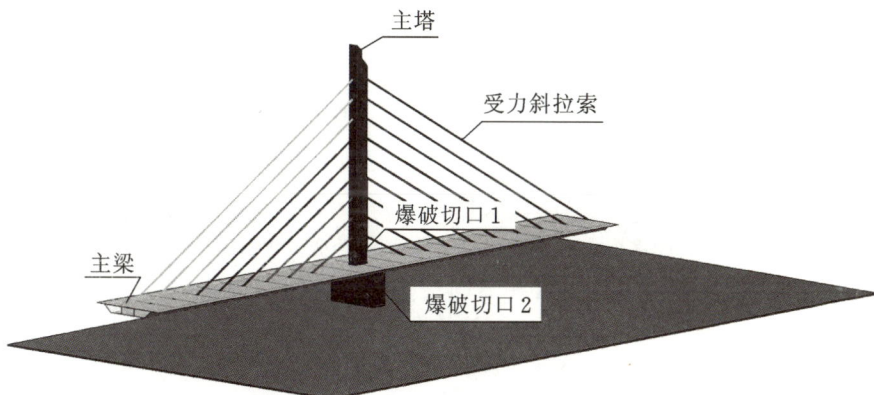

图 3 斜拉桥有限元模型

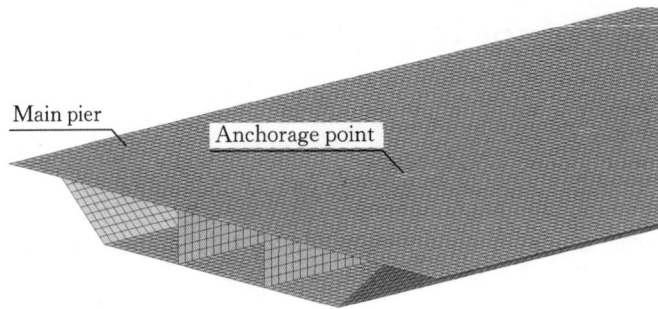

图 4　主梁网格单元

1.2　材料模型及关键参数

钢筋混凝土材料采用"整体式"模型,其失稳倒塌破坏过程的弹塑性力学行为采用 PLASTIC_KI-NEMATIC(MAT_003)材料模型来描述,该材料模型需要定义的参数较少,使用方便,计算效率较高;通过定义失效应变参数 $\varepsilon_f = 0.0065$,可控制实体单元的破坏失效。斜拉索只承受拉力而不能承受压力,采用离散单元材料模型 CABLE_DISCRETE_BEAM(MAT_071)进行模拟。考虑斜拉索的预应力,自外向内每 3 根拉索的预应力分别为 7.0 MPa、6.5 MPa 和 6.0 MPa。主塔爆破切口形成瞬间,斜拉索预应力开始松弛,设置预应力持续时间为 1.6 s。索单元两端采用共节点方式分别与主梁和主塔连接,临近的单元采用刚体材料 RIGID(MAT_020)实现锚固效果。河床简化为平面,也采用刚性材料。材料物理力学参数见表 1。

表 1　材料物理力学参数

主塔、主墩、主梁(钢筋混凝土)				斜拉索(钢)			河床(刚体)	
$\rho/(\text{kg/m}^3)$	E/GPa	σ/MPa	ε_f	$\rho/(\text{kg/m}^3)$	E/GPa	F_0/MPa	$\rho/(\text{kg/m}^3)$	μ
2500	30	70	0.0065	7850	210	6.0/6.5/7.0	2500	0.2

1.3　初始应力与动态接触算法

在爆破切口形成前,考虑桥梁结构的自身重力和斜拉索预应力,分析斜拉桥的初始应力状态。在前处理过程中,将结构的节点定义为节点组,通过定义重力加速度-时程曲线,利用关键字 *LOAD_BODY_GENERIZED 将重力荷载施加到结构上。为避免显式突加荷载对结构产生的振荡效应,采用半波余弦函数形式的加载曲线作为重力荷载,其表达式为

$$f(x) = \frac{g}{2}\left[1 - \cos\left(\frac{\pi t}{t_1}\right)\right] \quad (0 \leqslant t \leqslant t_0) \tag{1}$$

式中,g 为重力加速度,m/s^2;t_0 为正弦加载时间,s。

为得到稳定的重力场,通过试运算可知整个桥梁结构在 1.6 s 后振动趋于稳定,即爆破切口范围的实体单元在 1.6 s 后通过 MAT_ADD_EROSION 定义失效时间来实现失稳倒塌效果。

有限元网格界面之间的动态接触采用罚函数法定义,该方法通过定义主动节点与接触面之间的虚拟法向界面弹簧,避免网格界面之间相互穿透。采用自动侵蚀单面接触模式(CONTACT_AUTOMATIC_ERODING_SINGLE_SURFACE)避免不同材料性质的实体单元网格界面的穿透(如桥塔-主梁、桥塔-地面和主梁-地面之间的接触);采用自动点面接触模式(CONTACT_AUTOMATIC_NODES_TO_SURFACE)避免梁单元节点在不同尺寸网格之间的穿透(如斜拉索-主梁和斜拉索-地面之间的接触)。

2 仿真结果及分析

通过 LS-PrePost 后处理软件读取斜拉桥爆破拆除失稳倒塌过程,如图 5 所示,斜拉桥失稳、倒塌、触地整个过程总历时约 9.9 s,倒塌过程与观测结果基本吻合。

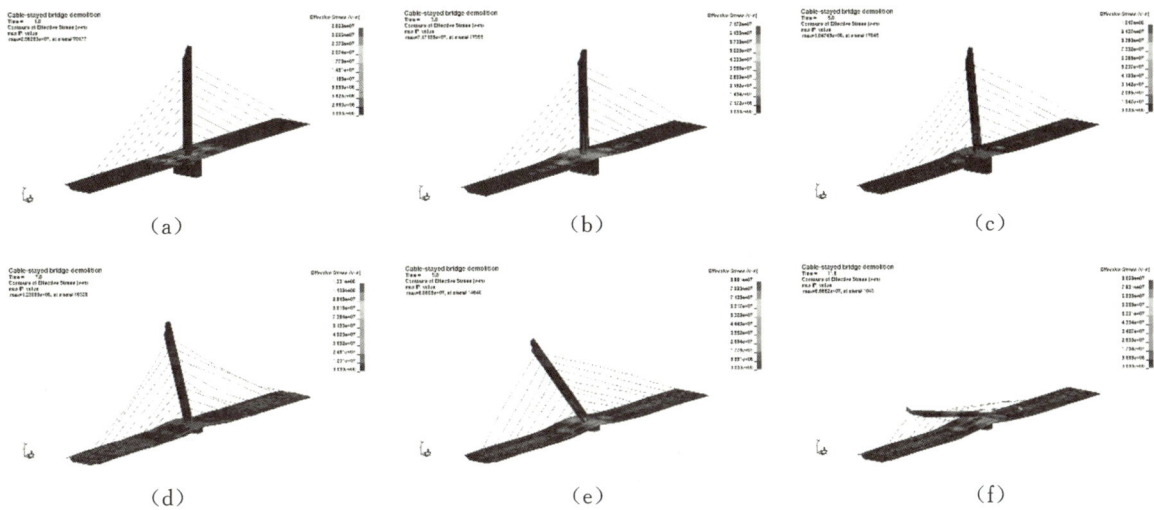

图 5　斜拉桥爆破拆除失稳倒塌过程
(a) $t=1.8$ s;(b) $t=3.8$ s;(c) $t=5.8$ s;
(d) $t=7.8$ s;(e) $t=9.8$ s;(f) $t=11.8$ s

2.1　主塔倒塌过程分析

选取主塔顶部 7390 号单元,读取其竖向位移、竖向速度-时程曲线,如图 6 所示。可以看出,塔身运动过程总体呈现"首次下坐→缓慢偏转→二次下坐→加速偏转"四个阶段:(1)主塔爆破切口形成时,出现"首次下坐"(从 1.6 s 至 3.2 s),塔身失重、超重状态转换频率快,导致爆破切口附近的单元压溃失效,主塔爆破切口逐渐闭合;(2)塔身开始朝着设计的倒塌方向缓慢偏转(从 3.2 s 至 6.2 s);(3)主墩爆破切口形成(6.2 s),塔身出现"二次下坐"(从 6.2 s 至 7.8 s),塔身失重、超重状态转换频率较慢;(4)塔身绕着底部支点加速偏转,触地瞬间竖向速度峰值达 41.3 m/s,向河床地面高速冲击,直接导致主塔端部破碎解体。

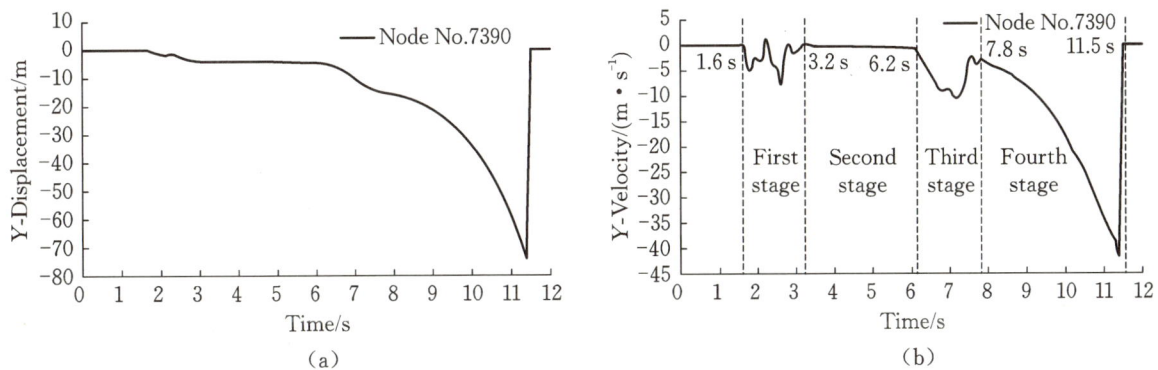

图 6　主塔顶部单元(No.7390)运动过程
(a) 竖向位移-时程曲线;(b) 速度-时程曲线

2.2　斜拉索动态响应分析

依次选取 1# 至 18# 斜拉索的中间单元,读取其轴向应力-时程曲线,其动态特征基本相似;以 14# 拉索中间 26370 号单元的轴向应力-时程曲线为例,如图 7(a)所示。从图中可以看出,自主塔爆破切口形成时(1.6 s),斜拉索预应力松弛归零。在主塔爆破切口形成时(2.3 s),斜拉索轴向应力陡增,并达到峰值。在随着主塔定向倒塌的过程中,轴向应力起伏振荡频繁。依次读取 1# 至 18# 斜拉索在 2.3 s 时的峰值,如图 7(b)所示。由图 7 可见,各处斜拉索的应力峰值呈现无规律性的起伏变化,左侧斜拉索轴向应力峰值区间为[7.16 MPa,11.5 MPa],右侧斜拉索轴向应力峰值区间为[4.81 MPa,14.9 MPa]。

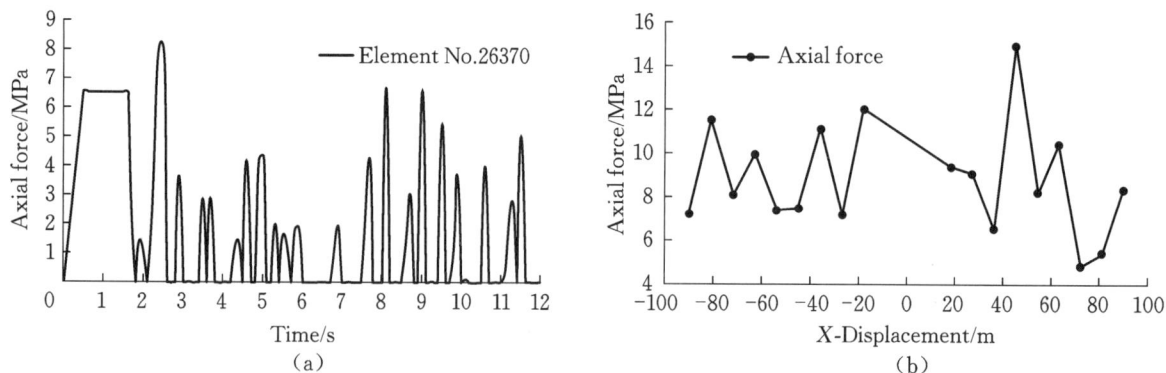

图 7　斜拉索动力响应特征
(a) 轴向应力-时程曲线;(b) 轴向应力峰值特征

2.3　主梁坍塌过程分析

依次读取斜拉桥主梁左侧端点(No.72495)、1/4 处(No.80475)和中间位置(No.66435)3 处节点的竖向位移-时程曲线,如图 8(a)所示。计算结果表明,端点处节点和 1/4 处节点的竖向位移时域特征几乎一致,总体经历了两次坍塌过程:(1)主塔爆破切口形成后(1.6 s),斜拉索预应力松弛归零,主梁垂直坍塌;(2)主墩爆破切口形成后(6.2 s),主梁继续坍塌。而斜拉桥中间位置节点由于主墩的支撑作用,只在主墩爆破切口形成后经历了一次坍塌触地过程。但是,影像资料表明,除主梁的中间部分受主墩支撑作用外,两侧的梁体在主塔爆破切口形成后直接一次性坍塌触地,并没有经历两次坍塌过程。究其原因,是由于主梁在有限元建模时简化为连续结构,导致计算刚度大于实际刚度,造成主梁自斜拉索预应力解除至主墩爆破切口形成(1.6～6.2 s)后,仍然能够支撑起自身结构。

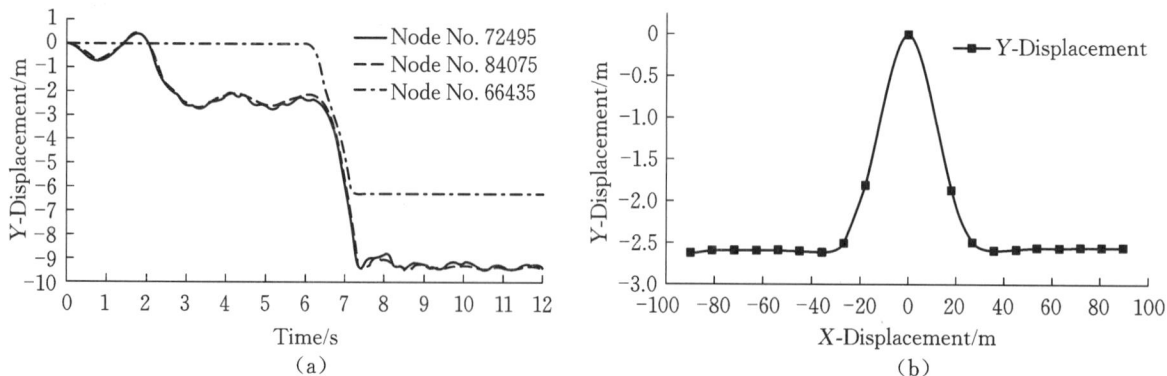

图 8　主梁动力响应特征
(a) 竖向位移-时程曲线;(b) 各节点竖向位移特征

选取主塔爆破切口闭合时刻(3.2 s),依次读取主梁上斜拉索锚点($S_x = 0$ 的位置对应主塔)的竖向位移,如图 8(b)所示。结果表明,在主墩的支撑作用下,主梁整体呈现"中间高、两头低"的姿态,最大位移差为 2.62 m,剪切破坏作用明显。

3 结论

依托金婺大桥爆破拆除工程案例,通过动力学有限元仿真技术模拟了斜拉桥整体模型失稳、倒塌全过程,重点分析了主塔、斜拉索和主梁三大基本构件的倒塌运动过程及其动力学特征,得到如下结论:

(1)离散单元材料模型 CABLE_DISCRETE_BEAM(MAT_071)可以很好地模拟斜拉索的预应力作用,以及失稳倒塌过程中斜拉索的动力学特征;采用半波余弦函数形式的加载曲线作为重力荷载,有效避免了显式突加荷载对结构产生的振荡效应。

(2)主塔定向倒塌是斜拉桥失稳倒塌的核心,塔身运动姿态符合爆破设计方案,总体呈现"首次下坐→缓慢偏转→二次下坐→加速偏转"四个阶段;主塔端部触地瞬间竖向速度峰值达 41.3 m/s,向河床地面高速冲击,直接导致端部破碎解体。

(3)斜拉索自主塔爆破切口形成时(1.6 s)预应力松弛归零,在主塔爆破切口形成时(2.3 s)轴向应力陡增,并达到峰值;在随着主塔定向倒塌的过程中,斜拉索轴向动力响应复杂,应力起伏振荡频繁,应力峰值区间为 4.81～14.9 MPa。

(4)在主墩的支撑作用下,主梁在失稳坍塌过程中整体呈现"中间高、两头低"的姿态,最大位移差为 2.62 m,局部剪切破坏作用明显。

连续梁跨江危桥应急抢险爆破拆除

王　威[1,2,3]　贾永胜[1,2,3]　刘昌邦[1,2,3]　徐华建[1,2,3]　陈治波[1,2,3]

(1.江汉大学湖北(武汉)爆炸与爆破技术研究院,武汉 430056;2.爆破工程湖北省重点实验室,武汉 430056;

3.武汉爆破有限公司,武汉 430056)

摘　要: 本文结合连续梁跨江危桥应急抢险爆破拆除工程实践,具体介绍了跨江危桥的爆破拆除技术、施工组织设计和安全保障措施。通过对桥墩、T 梁以及桥面各分区间设置合理的爆破延期时间,使桥梁各节点处产生倾覆力矩,实现"多米诺骨牌"式连续倒塌。充分利用有限的陆地作业平台,利用爆破技术拆除稳定段桥面结构,"推倒"不稳定段桥墩,最大限度地降低作业风险,改善爆破效果。通过监测桥墩偏移位移,搭建跨江作业平台,组织渡江作业船只,顺利地完成了跨江危桥爆破拆除任务。针对不稳定状态的连续梁跨江危桥,采用爆破方法可实现安全、高效的拆除目标,可供类似工程借鉴。

关键词: 连续梁桥;爆破拆除;原地坍塌;应急抢险

Emergency blasting demolition of continuous beam bridge across river

WANG Wei[1,2,3]　　JIA Yongsheng[1,2,3]　　LIU Changbang[1,2,3]

XU Huajian[1,2,3]　　CHEN Zhibo[1,2,3]

(1. Hubei(Wuhan) Explosions and Blasting Technology Institute of Jianghan University,Wuhan 430056,China;

2. Hubei Key Laboratory of Blasting Engineering,Wuhan 430056,China;

3. Wuhan Explosions and Blasting Corporation Limited,Wuhan 430056,China)

Abstract: Combining with engineering practice of emergency blasting for continuous beam bridge,the unsafe bridge blasting technology,construction organization design and safety assurance measures were introduced. By setting reasonable blasting delay times between the bridge piers,T-beams and bridge deck,the overturning moment was generated at each bridge node to make a continuous domino collapse. The blasting technology used the stable section bridge deck to demolish the unstable pier, which could make full use of the limited land platform,minimize operation risk and improve blasting effect. By monitoring the bridge pier displacement,building the operation platform across the river and organizing the ships to cross the river,the bridge demolition was successfully completed. This blasting method can realize a safety and efficient demolition target to unsafety bridges,which can be used to some similar projects.

Keywords: Continuous beam bridge;Blasting demolition;Vertical collapsing;Emergency rescue

1　工程概况

由于上游连续暴雨,2018 年 7 月 27 日四川省眉山市彭山区岷江大桥部分桥梁结构被洪水冲毁(图 1),因应急处理及时得当,大桥垮塌并未造成人员伤亡。由于预留原桥构件无法满足安全使用要求,存在较大安全隐患,为保障周边环境安全、确保航道通畅、防止二次坍塌,需尽快进行桥梁拆除。

本文原载于《爆破》2020 年第 37 卷第 3 期。

图1　岷江大桥垮塌后现状

1.1　周边环境

　　岷江大桥东侧为江口镇,西侧为彭山县城。对垮塌桥梁墩柱由西向东进行编号,大桥2号桥墩距离城南郡小区71 m,大桥13号桥墩距离东侧最近一层民房143 m,距离桥头三层民房168 m,距离江口加油站为174 m。大桥1号桥台下分布有一根裸露的供水管线和埋深1.5 m的天然气管线。岷江大桥周边环境示意图如图2所示。

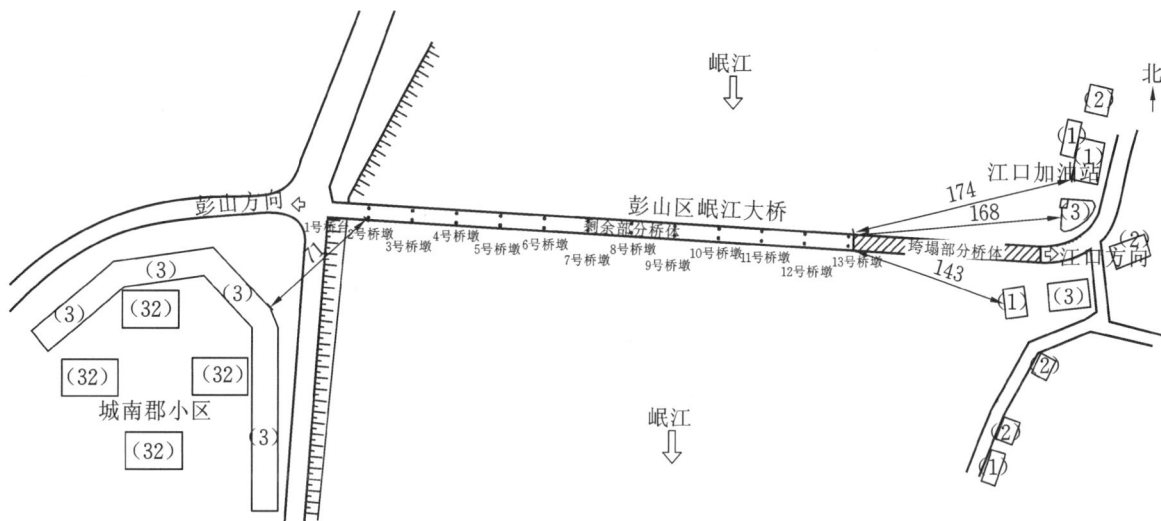

图2　周边环境示意图(单位:m)

1.2　桥梁结构

　　岷江大桥全长494.79 m,桥宽12.5 m,垮塌后剩余桥梁全长360 m(图3)。上部结构采用13片30 m预应力混凝土简支T梁;预应力混凝土简支T梁宽2.5 m,高1.75 m,腹板宽0.16 m,马蹄宽0.4 m。桥幅由5片T梁构成。大桥采用桥面连续简支结构体系,1号台及5号、9号、13号墩顶设置橡胶伸缩缝。

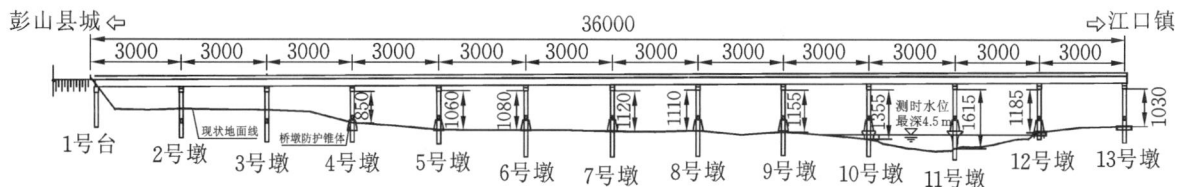

图3　岷江大桥立面图(单位:cm)

大桥下部构造采用明挖基础和钻孔灌注桩,设计为双柱式桥墩、桥台,其中2号至5号桥墩、12号至16号桥墩接明挖扩大基础,6号至11号桥墩接冲孔桩基础。墩柱为2根直径为1.3 m的圆形柱。

1.3　施工难点

（1）大桥两岸分布有居民区和市政管线等设施,周边环境较为复杂。

（2）桥体部分垮塌,残余部分结构刚度受到破坏,桥体受力不明确,易发生次生灾害。13号墩处于不稳定状态,12号墩稳定性受到影响,施工过程中要随时观察,确保施工安全。

（3）受上游来水影响,岷江水位变化大,桥下江水湍急,9号至13号桥墩处水深1.5～4.5 m,钻爆作业及爆破安全防护难度大。

2　总体方案

由于大桥本身属于简支连续梁桥,整体性较差,且桥梁已被水冲毁,目前受力状况不明朗,桥梁整体和局部稳定性的维持是必须详细周密考虑的核心问题,也是该桥梁能否安全完成拆除任务的关键。根据大桥的结构特点、周边环境以及后期打捞要求,选取爆破拆除与机械拆除相结合的方案:

（1）2号至13号桥墩和上部结构采用爆破方式进行拆除,采用"逐跨原地坍塌爆破拆除"的总体方案。

（2）1号桥台和1号至2号桥墩之间上部结构采用机械切割吊装方式进行拆除,14号至18号桥墩和上部结构采用机械破碎方式进行拆除。

2.1　施工方案选择

由于13号桥墩已经倾斜,处于不稳定状态,在施工过程中采用全站仪对桥墩进行位移监测,以确保施工过程的安全。岷江大桥桥面和水面(地面)高差为9～15 m,人员施工和机具作业极不方便,且危险程度高,为便于后期打捞转运要求,施工前先对各个墩柱及简支T梁马蹄对应桥面位置进行定位,从桥面上对9号至12号桥墩间内侧简支T梁进行钻孔(最外侧两个T梁不进行钻孔)。对处于河床上的墩柱搭设双层竹排架,对处于江水中的9号至12号桥墩柱搭设双层钢管架,钢管架采用扣件紧扣于桥墩四周,铺上踏板后形成多层作业平台。对于9号和10号桥墩在江中搭设钢管架走廊及栏杆,作为行人及材料运输平台;对于11号和12号桥墩,采用船只运输材料和人员。排架搭设和材料运输平台搭设如图4所示。

(a)　　　　　　　　　　　　　　　　　　　(b)

图4　排架搭设和材料运输平台搭设示意图

2.2　爆破参数

桥墩的炮孔布置采用2-3-2梅花形水平钻孔,为了改善锥形体桥墩基础的破碎效果,对基础进行松动爆破,对锥形体基础布设 12 个倾斜孔,炮孔布置和装药结构图如图 5 所示。

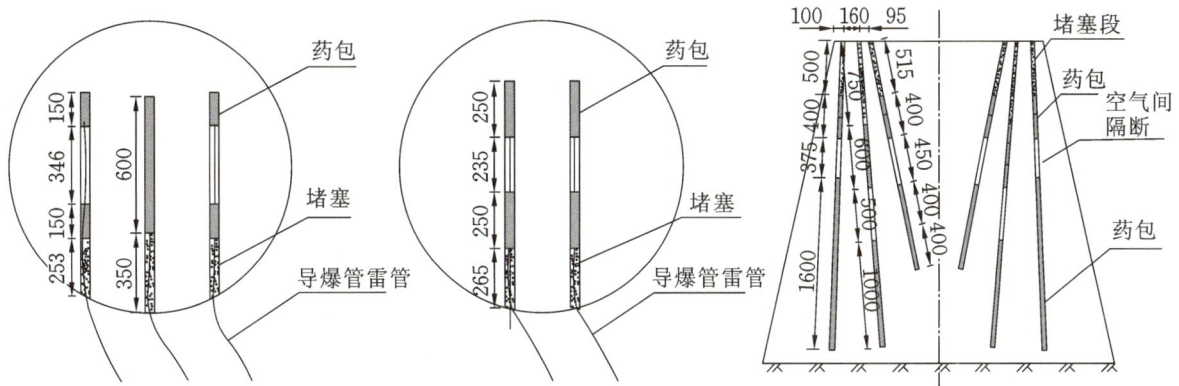

图 5　炮孔布置及装药结构图(单位:mm)

系梁采用从上至下垂直布置单排孔的方式,孔距 0.5 m,孔深为 70 cm,单孔装药量为 400 g。从桥面对 T 梁钻凿单排垂直孔,孔距 2 m,炮孔深度为 1.4 m,各构件爆破参数如表 1 所示。

表 1　爆破参数表

构件名称	构件尺寸/cm	最小抵抗线 w/cm	孔径/mm	孔距 a/cm	排距 b/cm	孔深 l/cm	单耗/(g/m³)	单孔药量 q/g	布孔方式	装药结构
桥墩	φ130	25	40	30	35	95/100	2365	见图 5	梅花形布孔	连续、间隔装药
系梁	70×100	35	40	50	—	70	1143	400	单排布孔	连续装药
T 梁	—	20	40	200	—	140	857	300	单排布孔	三段间隔装药

2.3　起爆网路

为确保安全准爆,采用孔内装 MS17 段(1200 ms)导爆管雷管、孔外 MS9 段(310 ms)导爆管雷管逐跨接力延时的起爆网路。由于 13 号桥墩处于倾斜不稳定状态,且该处水深 4 m,水流湍急,机械无法安全进行破碎作业,为了达到业主要求的爆破后 13 号桥墩倾覆于水面以下,将 9 号至 13 号连续桥面延迟 12 号桥墩 310 ms 时间起爆。各桥墩和桥面的起爆时间如表 2 所示。

表 2　爆破延期时间表(单位:ms)

桥墩号	2 号	3 号	4 号	5 号	6 号	7 号	8 号	9 号	10 号	11 号	12 号	9 号至 12 号 T 梁、桥面
响序	1	2	3	4	5	6	7	8	9	10	11	12
孔外雷管起爆时间/ms	0	310	620	930	1240	1550	1860	2170	2480	2790	3100	3410
孔内雷管起爆时间/ms	1200	1510	1820	2130	2440	2750	3060	3370	3680	3990	4300	4610

3　爆破安全防护

3.1　爆破飞石防护

为了降低爆破飞石的危害,所有爆破桥墩先捆绑 1 层竹排,竹排外侧再用 2 层红地毯进行包裹。并在双层排架外悬挂双层竹笆,桥面炮孔采用将沙袋压在炮孔上的防护方式,全桥从桥面向下放置 2 层密目黑网至地面,并在地面将其用沙袋压住进行固定。

3.2 触地振动控制

由于在 1 号跨桥体切割吊装后,爆破桥体距离供水管、天然气管道、大堤以及居民区的距离有 35 m 以上,为降低塌落振动效应的危害,采用逐跨接力延时的起爆网路,采用分段分区使构件依次触地的方式来控制塌落振动,并在供水管、岷江大堤以及城南郡小区设置 TC-4850 测振仪进行振动监测。

4 爆破效果

整个大桥的爆破拆除施工共用 10 d 时间完成,施工过程中克服了多次上游突降大雨导致的洪水,安全顺利地完成了爆破准备工作。起爆后大桥由彭山区岸向江口镇岸逐跨坍塌(图 6),爆破获得了圆满成功,达到了预期的爆破效果,消除了二次坍塌的安全隐患,保证了岷江的航道畅通。

(a)　　　　　　　　　　　　　　　　(b)

(c)

图 6　爆破过程

(1)爆破后 2 号至 12 号桥墩破碎效果较好,桥面构件落在河床上,2 号至 8 号桥墩 T 梁及桥面在弯曲荷载的作用下部分折断破坏。

(2)由于桥梁在桥墩处是通过支座与主梁连接,13 号桥墩在 9 号至 13 号桥墩连续 T 梁和桥面的扯动下,倾倒于水面下,达到业主方要求。

(3)爆破飞石在可控范围内,通过爆破后观察,经过防护,2 号至 8 号桥墩飞石分布在 15 m 范围内,9 号至 13 号桥面构件飞石分布在 35 m 范围以内,未对周边环境造成损坏。

(4)供水管基础处振动速度测试数据为 0.26 cm/s,岷江大堤处振动速度测试数据 0.17 cm/s,爆破振动及触地振动未对周边构筑物造成破坏。

5 几点体会

(1)对于部分结构破坏的建(构)筑物抢险拆除,由于残余部分结构刚度受到破坏,受力不明确,易发生次生垮塌灾害,采用爆破方法拆除危险建(构)筑物是非常安全和高效的一种方法,相较于机械拆除法,爆破拆除有着较大的优势。

(2)采用纵向逐跨倒塌爆破技术,能使桥梁结构在塌落过程中逐步触地,减小塌落振动对周边环境的影响。

(3)合理地加大各跨之间的爆破延期时间,可使桥梁各节点处产生弯矩,充分利用桥面结构剪切、拉伸作用来改善爆破效果。

第 5 篇　拆除爆破·其他建筑物

基于 AHP 的深基坑支撑梁
爆破拆除顺序研究

谢先启[1]　　钟冬望[2]　　贾永胜[1]　　司剑峰[2]　　姚颖康[1]　　涂圣武[2]

(1.武汉爆破有限公司,武汉 430024;2.武汉科技大学理学院,武汉 430065)

摘　要:深基坑支撑梁爆破拆除施工顺序的确定属于一个多因素决策分析问题,以 AHP 分析方法为基础对影响深基坑支撑梁爆破拆除施工顺序的因素进行分类和构建层次结构模型,并在分析过程中结合数值计算的方法改进了判断矩阵的确定方法,使得改进后的判断矩阵更具有客观性,提高了决策的可靠性。结合武汉某深基坑支撑梁爆破拆除项目,对项目进行分区,通过 ABAQUS 及 AHP 分析方法进行爆破拆除模拟计算,并在实际施工中验证了结论的正确性和可实施性。

关键词:支撑梁;拆除顺序;层次分析法;深基坑;决策分析

Study of demolition order of deep foundation pit support beam based on AHP

XIE Xianqi[1]　　ZHONG Dongwang[2]　　JIA Yongsheng[1]

SI Jianfeng[2]　　YAO Yingkang[1]　　TU Shengwu[2]

(1. Wuhan Explosion & Blasting Co.,Ltd.,Wuhan 430024,China;

2. College of Science,Wuhan University of Science and Technology,Wuhan 430065,China)

Abstract:The determination of construction sequence of deep foundation pit support beam demolition belongs to a multi-factor decision analysis problem. The influence factors of blasting demolition of deep foundation pit support beam order were classified and the hierarchical structure model was established based on the AHP analysis method. The judging matrix was improved by numerical calculation during the process of analysis,which made the judgment matrix more objectivity and improved the reliability of decision-making. Combined with a blasting demolition of deep foundation pit support beam,by partitioning the foundation and taking the ABAQUS and AHP analysis method for blasting demolition simulation,the effectiveness of the conclusion is correct and practical.

Keywords:Support beams; Removal sequence; Analytic hierarchy process; Deep foundation pit; Decision analysis

　　爆破拆除法具有效率高、工期短、成本适中的优点,被广泛用于国内外的大型深基坑支撑体系的拆除施工中。目前,对深基坑支撑梁的拆除顺序确定方法主要是以施工经验为主,并且存在施工过程中不按顺序只图方便的施工现象。这种拆除方法,往往具有一定的盲目性,无法保证施工的安全性和可靠性,可能导致支撑体系及基坑系统发生事故性的破坏,主要包括:支撑梁局部发生拉伸破坏或者压缩破坏,引发事故;支撑梁整体性发生失稳,发生坍塌事故;引起基坑周围支护桩发生大的位移变形,导致基坑坍塌,损害周边建构筑物;对施工人员及设备造成危害。

　　本文的研究目的是找出一种确定深基坑支撑梁爆破拆除顺序的优选方法,用该方法确定的深基坑支撑梁爆破拆除顺序能满足实际承载需要,能保证施工人员安全和周边建(构)筑物的安全,同时符合爆破施工特点,具有很强的可行性。

本文原载于《爆破》2017 年第 34 卷第 3 期。

1 支撑梁爆破拆除顺序层次分析模型

层次分析法(AHP)是应用网络系统理论和多目标综合评价方法的一种层次权重决策分析方法。其特点是在对复杂决策问题的本质、影响因素及其内在关系等进行深入分析的基础上,利用较少的定量信息使决策的思维过程数学化,从而为多目标、多准则或无结构特性的复杂决策问题提供简便的决策方法。该方法使定量分析与定性分析相结合,利用决策者的经验判断各衡量目标的实现标准之间的相对重要程度,并合理地给出每个决策方案的每个标准的权数,利用权数求出各方案的优劣次序。层次分析法根据问题的性质和要达到的总目标,将问题分解为不同的组成因素,并按照因素间的相互关联影响以及隶属关系将因素按不同层次聚集组合,形成一个多层次的分析结构模型,从而最终将问题归结为最低层(供决策的方案、措施等)相对于最高层(总目标)的相对重要权值的确定或相对优劣次序的排定。运用层次分析法构造系统模型时,大体可以分为以下 4 个步骤:①建立层次结构模型;②构造判断矩阵;③层次单排序及其一致性检验;④层次总排序及其一致性检验。

单道支撑梁拆除时,可根据施工的便利及基坑支撑的几何特点将区域分割成 5~10 个子区域,然后确定各子区域的拆除顺序即可。

影响拆除顺序方案的主要因素包括以下几个方面:

(1) 拆除支撑梁的某一部分时,应保证剩余支撑体系的安全性以及周边基坑的稳定性。采用有限元软件可分别对拆除方案进行数值计算,检验剩余支撑梁中的受力及变形特点是否符合要求。

(2) 在确定拆除顺序时,需考虑当前方案工期及效益对整体工程进展的影响,要达到高效高收益的目的,需主要考虑对应方案的待拆梁数目、待拆方量、炮孔数等。

(3) 爆破施工会对周边临近设施、建筑及人员造成一定影响,在确定拆除顺序方案时,应充分考虑方案对当前周边环境的影响,包括爆破振动、爆破噪声等。这些因素可通过经验公式或者其他工地测试的经验数据进行计算或者预测。

根据以上影响因素,可建立层次结构模型,如图 1 所示。

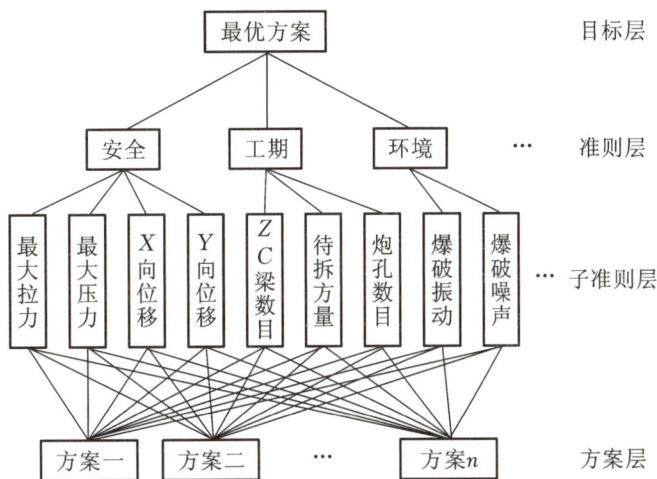

图 1　基坑支撑梁爆破拆除顺序层次结构模型

2 武汉某广场综合体项目施工实例

湖北武汉某广场综合体项目基坑采用明挖顺作法施工,基坑平面呈圆形,直径为 200 m,最大开挖深度为 34 m,整体分为中区、南区和北区三部分,中区为一期工程,南北区为二期工程,如图 2 所示。钢筋混凝土支撑梁爆破拆除总量约为 21500 m³,基坑中区采用 6 道内支撑进行支护,其中,第 1 道至第 4 道内支撑为钢筋混凝土支撑,第 5 道至第 6 道支撑为钢支撑。针对中区一期工程的第 1 道内支撑拆除顺序做分析,该道支撑梁如图 3 所示,根据该结构几何特点及支撑梁数目特点结合施工,将整个平面区域分为 A、B、C、D、E、F 六个区域。

图 2　基坑现场图

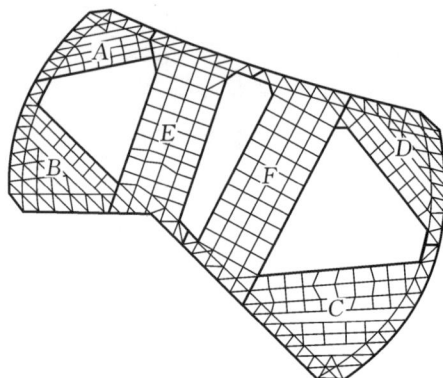

图 3　模型分区图

计算模型选取 ABAQUS/Standard 中的杂交单元 B32H 建立,钢筋混凝土材料采用"整体式"算法,即将钢筋的强度等效于混凝土。根据支撑梁受力特点建立二维平面结构模型,不考虑支撑梁自身重力等因素的影响,在其原立柱、格构柱位置,施加竖直方向上的约束来代替实际存在的格构柱、立柱,并在计算中只考虑周围岩土对支护的作用力,为提高安全性,将荷载设置为 10 mm 的极限位移荷载(参考基坑周边土压力不得大于 20 kPa)。此外,根据施工经验,梁单元某点位移不能超过 30 mm,防止其因变形过大而产生失稳和破坏。在进行 AHP 分析时不考虑工期和环境影响,仅针对安全因素做分析,即考虑拆除方案下的支撑梁受力和位移,具体分析如下。

2.1　确定预拆除的第一部分

2.1.1　计算拆除方案中各指标值

根据计算和对模型分区情况,区域 E、F 应放在 A、B、C、D 四个区域之后进行拆除,先分别预拆除 A 或 B,或 C 或 D 部分,计算剩余模型所受最大轴力和模型最大位移 U_1 和 U_2,如表 1 和图 4 所示。

表 1　预拆除 $A/B/C/D$ 部分轴力和位移对比

拆除顺序	模型最大拉力 /$\times 10^7$ N	模型最大压力 /$\times 10^7$ N	模型最大位移 U_1/mm	模型最大位移 U_2/mm
方案 1:预拆除 A 部分	0.6668	1.5250	12.08	15.26
方案 2:预拆除 B 部分	0.8182	1.5950	18.70	13.65
方案 3:预拆除 C 部分	0.9457	1.3340	12.25	20.24
方案 4:预拆除 D 部分	0.8590	1.4010	16.79	11.10

2.1.2　建立层次结构模型

层次结构模型图见图 5。

2.1.3　构造判断矩阵及层次单排序

根据子准则层四个因素(最大拉力 C_1、最大压力 C_2、最大位移 U_1、最大位移 U_2)对上一层的相对重要性进行比较,构造判断矩阵 $\boldsymbol{A}$ 如下

$$\boldsymbol{A}=\begin{pmatrix} 1 & 3 & 5 & 5 \\ 1/3 & 1 & 3 & 3 \\ 1/5 & 1/3 & 1 & 3 \\ 1/5 & 1/3 & 1/3 & 1 \end{pmatrix}$$

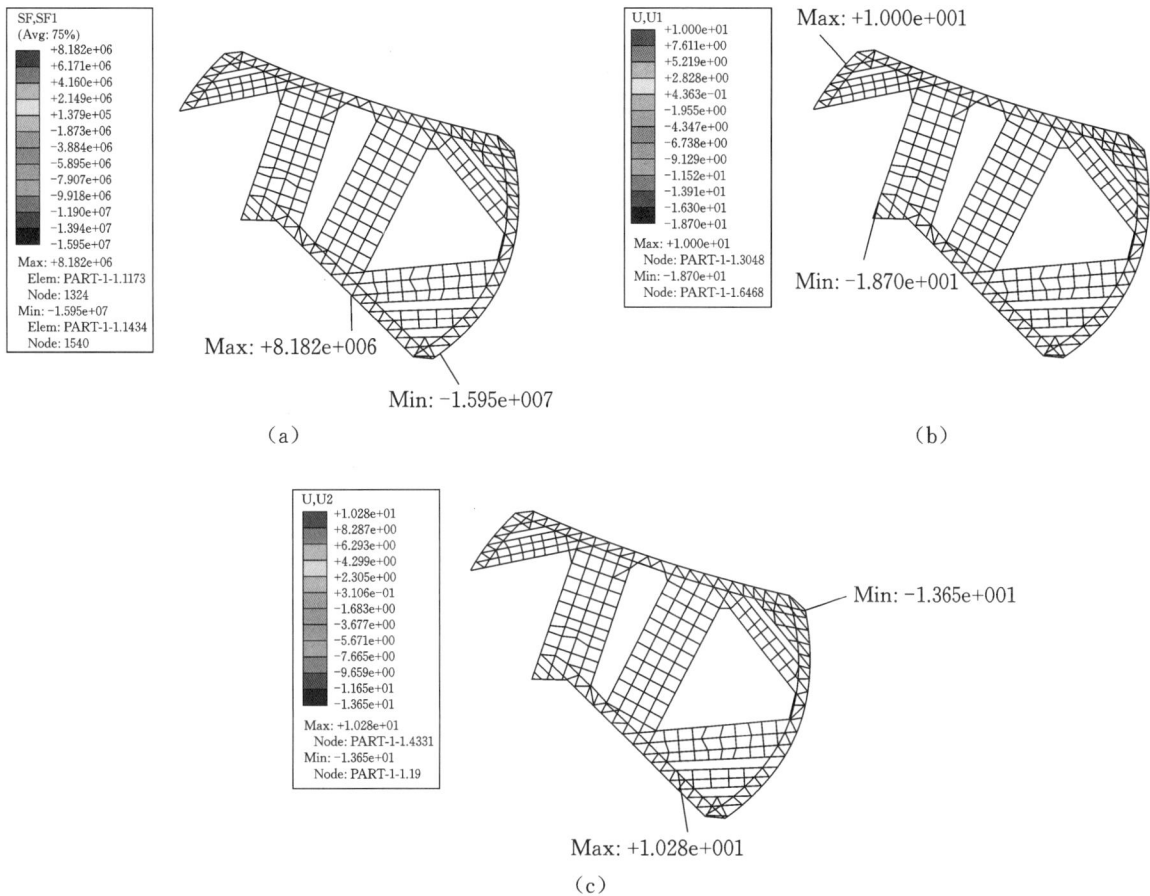

（a）

（b）

（c）

图 4　预拆除 *B* 部分后剩余支撑梁的轴力及位移图

（a）轴力分布图；（b）*X* 方向位移图；（c）*Y* 方向位移图

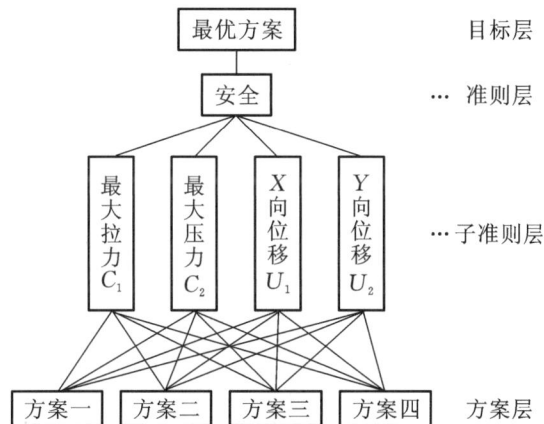

图 5　层次结构模型图

判断矩阵 **A** 中元素 a_{ij} 表示针对上一层准则,两个元素 A_i 对比 A_j 的重要程度。元素 a_{ij} 的标度采用 1～9,表示重要性从同等重要到一个因素比另一个因素极端重要。因素 j 与 i 比较的判断公式为 $a_{ji}=1/a_{ij}$。

根据矩阵 **A**,求得最大特征根 $\lambda_{\max}=4.1981$。特征向量为 $\boldsymbol{W}^{(2)}=(0.5495,0.2476,0.1293,0.0736)^{\mathrm{T}}$。

根据平均随机一致性指标表查得阶数为 4 时随机一致性指标 $RI=0.89$。一致性指标 $CI=(\lambda_{\max}-n)/(n-1)=(4.1981-4)/(4-1)=0.066$,则一致性比率 $CR=0.066/0.89=0.0742<0.1$,通过一致性检验。

　　将 4 个方案针对 4 个准则分别进行两两对比,即可得到 4 个方案关于 4 个准则的判断矩阵。

(1)最大拉力

　　将表 2 中采用 4 种拆除方案时分别计算出的对应剩余模型中的最大拉力两两相减,并将结果进行排序,根据排序结果定义其对上一准则层的重要性,分别赋值 2、3、4、5、6、7,共计 $n(n-1)/2$ 个,如表 2 所示。

表 2　四个方案所对应的最大拉力值的差值及排序

	方案 1		方案 2		方案 3		方案 4	
	差值	排序	差值	排序	差值	排序	差值	排序
方案 1	0		0.1514	4	0.2789	6	0.1922	5
方案 2	0.1514	4	0		0.1275	3	0.0408	1
方案 3	0.2789	6	0.1275	3	0		0.0867	2
方案 4	0.1922	5	0.0408	1	0.0867	2	0	

　　根据表 2,构造判断矩阵如下:

$$\boldsymbol{B}_1^{(3)} = \begin{pmatrix} 1 & 5 & 7 & 6 \\ 1/5 & 1 & 4 & 2 \\ 1/7 & 1/4 & 1 & 1/3 \\ 1/6 & 1/2 & 3 & 1 \end{pmatrix}$$

(2)同理,对最大压力、最大位移 U_1、最大位移 U_2 可分别构造如下判断矩阵:

$$\boldsymbol{B}_2^{(3)} = \begin{pmatrix} 1 & 3 & 1/5 & 1/4 \\ 1/3 & 1 & 1/7 & 1/6 \\ 5 & 7 & 1 & 2 \\ 4 & 6 & 1/2 & 1 \end{pmatrix}$$

$$\boldsymbol{B}_3^{(3)} = \begin{pmatrix} 1 & 7 & 2 & 5 \\ 1/7 & 1 & 1/6 & 1/3 \\ 1/2 & 6 & 1 & 4 \\ 1/5 & 3 & 1/4 & 1 \end{pmatrix}$$

$$\boldsymbol{B}_4^{(3)} = \begin{pmatrix} 1 & 1/2 & 5 & 1/4 \\ 2 & 1 & 6 & 1/3 \\ 1/5 & 1/6 & 1 & 1/7 \\ 4 & 3 & 7 & 1 \end{pmatrix}$$

　　求得各属性的最大特征值和相应的特征向量,如表 3 所示。

表 3　各属性的最大特征值及 CI 值和 CR 值

特征值	最大拉力	最大压力	最大位移 U_1	最大位移 U_2
λ_{max}	4.1539	4.0992	4.0992	4.1539
CI	0.0513	0.0331	0.0331	0.0513
CR	0.0576	0.0372	0.0372	0.0576

　　由表 3 可知,均通过一致性检验,相应的特征向量如下:

$$\boldsymbol{W}^{(3)} = \begin{pmatrix} 0.9429 & 0.1105 & 0.5092 & 0.1586 \\ 0.2733 & 0.0530 & 0.0530 & 0.2492 \\ 0.0825 & 0.5092 & 0.3273 & 0.0479 \\ 0.1716 & 0.3273 & 0.1105 & 0.5444 \end{pmatrix}$$

2.1.4　层次总排序及一致性检验

$$W=W^{(3)}W^{(2)}=\begin{pmatrix}0.9429 & 0.1105 & 0.5092 & 0.1586\\ 0.2733 & 0.0530 & 0.0530 & 0.2492\\ 0.0825 & 0.5092 & 0.3273 & 0.0479\\ 0.1716 & 0.3273 & 0.1105 & 0.5444\end{pmatrix}\times\begin{pmatrix}0.5495\\ 0.2476\\ 0.1293\\ 0.0736\end{pmatrix}=\begin{pmatrix}0.6230\\ 0.1885\\ 0.2173\\ 0.2297\end{pmatrix}$$

0.6230＞0.2297＞0.2173＞0.1885,即应选择方案1(先拆除 A 区域)作为本次拆除的拆除顺序方案。

2.2　确定预拆除的第二部分

在拆除 A 部分后,预拆除 B、C、D 部分,现对 B、C、D 部分拆除顺序进行计算,计算得出模型所受最大轴力和模型最大位移 U_1 和 U_2,如表4所示。

表 4　预拆除 AB/AC/AD 部分轴力和位移对比

拆除顺序	模型最大拉力 /×10⁷ N	模型最大压力 /×10⁷ N	模型最大位移 U_1/mm	模型最大位移 U_2/mm
方案 1:拆除 AB 部分后	0.9870	1.4090	20.92	10.40
方案 2:拆除 AC 部分后	0.7776	1.2480	10.26	18.42
方案 3:拆除 AD 部分后	0.4778	1.0650	42.73	13.34

其中方案3(拆除 AD 部分)的模型最大位移 U_1 为 42.73 mm,大于 30 mm,因此该方案应舍弃。建立层次结构模型同 2.1 节中的层次结构模型。此时方案层仅有 2 个方案:方案 1 为拆除 A 后紧接着拆除 B;方案 2 为拆除 A 后紧接着拆除 C。子准则层对准则层的判断矩阵同 2.1 节。

通过 2 个方案关于 4 个准则的判断矩阵,求得各属性的最大特征值均为 0,一致性良好。相应的特征向量如下:

$$W^{(3)}=\begin{pmatrix}0.4472 & 0.4472 & 0.4472 & 0.8944\\ 0.8944 & 0.8944 & 0.8944 & 0.4472\end{pmatrix}$$

则

$$W=W^{(3)}W^{(2)}=\begin{pmatrix}0.4472 & 0.4472 & 0.4472 & 0.8944\\ 0.8944 & 0.8944 & 0.8944 & 0.4472\end{pmatrix}\times(0.5495,0.2476,0.1293,0.0736)^{\mathrm{T}}$$
$$W=\begin{pmatrix}0.4801\\ 0.8615\end{pmatrix}$$

0.8615＞0.4801,则应选择方案 2 作为本次拆除的拆除顺序方案。即在拆除过程中拆除 A 部分后应拆除 C 部分。

2.3　确定预拆除的第三部分

在拆除 A 和 C 部分后,需要对 B/D 两部分拆除顺序进行计算,模型所受最大轴力和模型最大位移 U_1 和 U_2 如表5所示。

表 5　拆除 ACB/ACD 部分轴力和位移对比

拆除顺序	模型最大拉力 /×10⁷ N	模型最大压力 /×10⁷ N	模型最大位移 U_1/mm	模型最大位移 U_2/mm
拆除 ACB 部分后	0.2001	0.2380	53.12	12.73
拆除 ACD 部分后	0.1985	0.2385	9.81	12.70

根据表5,拆除 ACB 后出现了最大位移 U_2,为 53.12 mm,该拆除方案应该排除,即在拆除 AC 后接着应拆除 D 部分,最后拆除 B 部分,即 A、B、C、D 四部分的拆除顺序为 ACDB。

2.4　确定预拆除的第五部分

在拆除 A、B、C、D 四部分后,现对 E、F 两部分拆除顺序进行建模讨论,模型所受最大轴力和模型最大位移 U_1 和 U_2 如表 6 所示。

表 6　拆除 $ACDBE/ACDBF$ 部分后轴力和位移对比

拆除顺序	模型最大拉力 $/\times 10^7$ N	模型最大压力 $/\times 10^7$ N	模型最大位移 U_1/mm	模型最大位移 U_2/mm
拆除 $ACDBE$ 部分后	0.04815	0.1014	23.10	10.85
拆除 $ACDBF$ 部分后	0.06960	0.1726	31.70	10.10

根据表 6,拆除 $ACDBF$ 后出现了最大位移 U_1,为 31.70 mm,该拆除方案应该排除,即在拆除 $ACDB$ 后接着应拆除 E 部分,最后拆除 F 部分,即整体拆除顺序为 $ACDBEF$。

综合以上分析,故整体拆除顺序应为 A—C—D—B—E—F。根据以上分析结果对武汉某广场综合体项目基坑支撑梁进行爆破拆除施工,基坑支撑梁未出现失稳、坍塌,周边建筑物、管线等安全完好,符合施工要求。

3　结论

(1) 拆除顺序对基坑支撑梁爆破拆除施工安全性具有重要意义,在确定拆除方案时应充分考虑支撑梁自身强度及稳定性的要求、拆除方案对工期及效益对整体工程的影响、施工对周边环境的影响等因素。

(2) 层次分析法(AHP)作为一种多因素定性和决策方法,能够很好地应用在基坑支撑梁爆破拆除施工顺序的确定中。此外,结合数值计算分析结果,将其融入 AHP 分析方法中的判断矩阵,使得判断矩阵更具有客观性,增加了 AHP 在使用过程中的定量效果。

(3) 将优化的 AHP 应用于武汉某广场综合体项目基坑支撑梁爆破拆除项目,在仅考虑安全因素的条件下得出了其整体拆除顺序,施工证明了该方法的准确性,可供同类施工做参考。

大跨度框架体育训练馆爆破拆除

谢先启[1]　贾永胜[1,2]　刘昌邦[1]　韩传伟[1]　严　涛[1]

(1.武汉爆破公司,武汉 430023;2.武汉理工大学资源与环境工程学院,武汉 430070)

摘　要:本文介绍了某室内体育训练馆的爆破拆除方案及施工技术。该训练馆两侧为 6 层框架结构,中部为 3 层高框架结构,3 层以上为钢结构网架。两侧 6 层与中间部分有施工缝。训练馆长 109.4 m、宽 32.9 m、高 27.8 m,建筑面积约为 14895.36 m²。采用"向东定向倒塌"的爆破方案拆除,即自东向西逐排起爆。起爆后,场馆迅速向预定方向倾倒,倾倒过程很快,主体结构充分解体。爆破后对爆堆进行测量,场馆整体前冲 11 m,两侧 6 层部分向左右各坍塌 3 m,6 层部分后侧后坐 3 m,中部 3 层部分后坐 1.8 m,中部爆堆高度 8 m,两侧爆堆高度 5 m。爆破飞石、振动未对周围建(构)筑物产生影响。爆破取得圆满成功。

关键词:爆破拆除;飞石;大跨度;爆破参数

Explosive demolition of frame-structured large-span sports training hall(Gymnasium)

XIE Xianqi[1]　JIA Yongsheng[1,2]　LIU Changbang[1]

HAN Chuanwei[1]　YAN Tao[1]

(1. Wuhan Blasting Engineering Company,Wuhan 430023,China;

2. School of Resource and Environment Engineering,Wuhan University of Technology,Wuhan,China)

Abstract:In this paper,the blasting scheme and implement technology of explosive demolition of sports training hall are introduced. The building consists of two-side 6-storey frame structure and central 3-storey high-rise frame structure. Three parts:The north and south side parts are 6-storey frame structure,the part is central 3-storey high-rise frame structure,with steel-structure net frame which is put on the 3rd floor. There are two construction joints between the three parts. The hall's length is 109.4 m,the width is 32.9 m,the height is 27.8 m,and the total floor area is 14895.36 m². The general blasting plan is to directional collapse to east,that is the hall was initiated from east to west row by row. After initiating,the hall was collapsing to the expected direction rapidly. The structure was destroyed very well. The muck pile size shows that the collapsing front distance is 11 m. The two-sides collapsing distance are 3 m respectively. The backlash distance are 3.0 m and 1.8 m at tie 6-storey and 3-storey respectively. The heights of muck pile are 8 m and 5 m at two-sides and central part respectively. The adverse blasting effects such as flying stone,vibration,ect.,didn't effect the environment. The explosive demolition implement is successful.

Keywords:Explosive demolition;Flying rock;Large-span;Blasting parameter

1　工程概况

1.1　环境条件

本工程为湖北省某体育训练中心室内训练馆,东侧紧邻塑胶跑道,109.8 m 处是已搬空的 1 层室

内训练馆,南侧 33.1 m 处是 6 层运动员宿舍(待拆),西侧 13.2 m 处是待拆除的 3 跨馆(室内练习馆),两馆之间有 1 座泵房(在使用中),泵房西侧距 3 跨馆 3 m,东侧距室内训练馆底层 3 m,距上部悬挑部分 1.7 m,北侧 21.4 m 处是 5 层住宅楼。环境示意图见图 1。

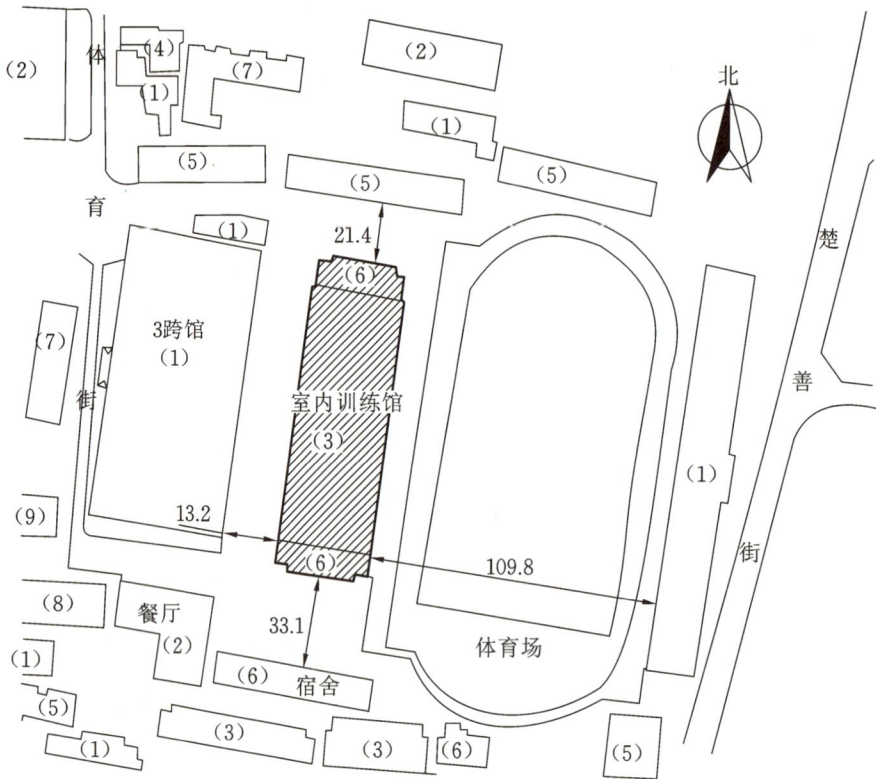

图 1　环境示意图(单位:m)

1.2　楼房结构

室内训练馆两侧为 6 层框架结构,中部为 3 层高框架结构,3 层以上为钢结构网架。两侧 6 层与中间部分有施工缝。两侧 6 层宽 32.9 m、长 1.5 m,最高处 27.8 m,立柱尺寸为 400 mm×450 mm。中部 3 层长 86.4 m、宽 32.9 m、高 18.6 m,含网架高 24.8 m,立柱尺寸为 600 mm×900 mm。楼板为现浇钢筋混凝土结构。建筑面积约为 14895.36 m²。

2　拆除方案

2.1　拆除方案的确定

根据室内训练馆的结构及周边环境的具体情况,采用"向东定向倒塌"的爆破方案拆除,即自东向西逐排起爆,使建筑物减少后坐。

2.2　爆破方案的主要内容

(1)自东向西定向坍塌,两侧切口布置于 1、2、4、5 层,中部切口布置于 1 至 3 层;(2)自东向西排间采用孔内导爆管雷管延时;(3)采用近体防护、覆盖防护和保护性相结合的综合防护措施。

2.3　预处理与预拆除

(1)拆除影响倒塌的相邻建(构)筑物及设施。拆除室内训练馆西侧的 1 层建筑物、与 3 跨馆之间的建筑物等。(2)室内楼梯拆除至 4 层,4 层以上削弱刚性。(3)拆除室内室外装修、装饰等影响施工的建筑。

3　爆破参数设计

3.1　立柱破坏高度

立柱的破坏高度 H 由式(1)确定:

$$H=k \cdot (B+H_{min}) \tag{1}$$

式中,H 为承重立柱破坏高度,m;k 为与建筑物倒塌有关的参数,取 $k=2$;B 为立柱截面长边,m;H_{min} 为立柱最小爆破高度,m。为使楼房坍塌充分,经式(1)计算后,做适当调整,立柱的破坏高度见图2、图3。

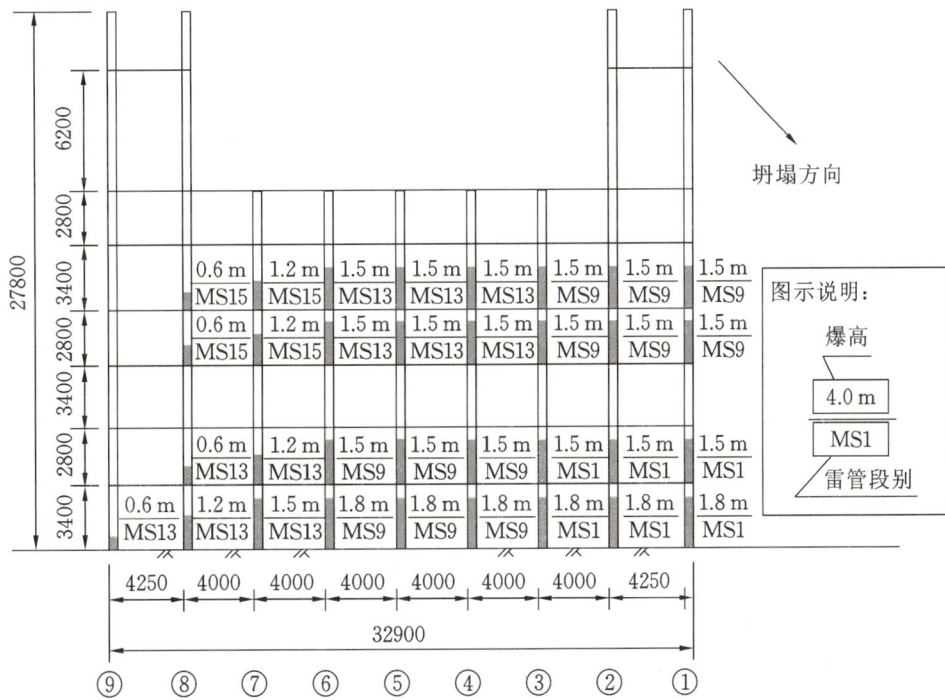

图 2　两侧 6 层爆高及时差分区示意图(单位:mm)

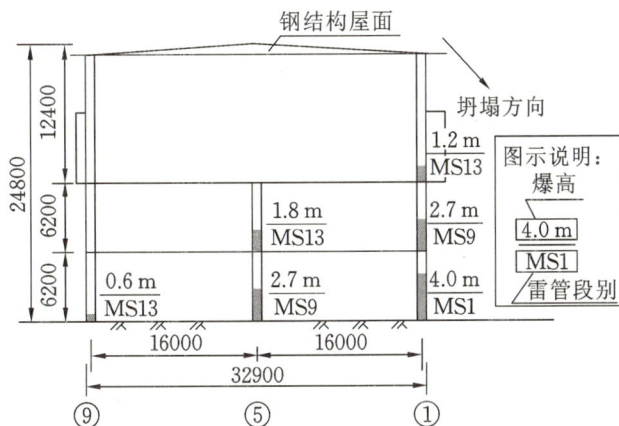

图 3　中部 3 层爆高及时差分区示意图(单位:mm)

3.2　爆破参数

爆破参数见表1。

表 1　爆破参数表

部位	尺寸/(cm×cm)	布孔方式	孔排距 a 或 b/cm	单孔药量/g	孔深/cm	装药结构
两侧 6 层	40×40	沿立柱中轴线	30	50	28	连续柱状
两侧 6 层	40×50	沿立柱中轴线	30	66	32	连续柱状
中部 3 层（1 楼）	60×90	梅花形布孔	30/20	40	75	连续柱状/空气耦合
中部 3 层（2 楼）	60×90	梅花形布孔	30/20	350	73	连续柱状/空气耦合
中部 3 层（3 楼）	60×90	梅花形布孔	30/20	300	72	连续柱状/空气耦合

注：单孔药量为试爆后最终确定的装药药量。

3.3　炮孔布置

等截面立柱采用沿中心线或左右沿长边布孔的方式，大断面立柱采用梅花形布孔的方式。纵梁沿中心线布垂直孔。

3.4　起爆网路与时差分区

起爆网路采用非电导爆管雷管孔内延时，孔外采用 MS1 导爆管雷管接力的起爆网路。
时差分区见图 2、图 3。

4　飞石防护

根据工程实际情况，结合以往在闹市区成功进行爆破拆除楼房的经验，本工程飞石的防护措施采用"覆盖防护、近体防护"相结合的综合防护方法。采用在楼房四周搭设 6 m 高竹排架，排架内侧挂双层竹笆防护，排架靠近立柱部分在竹笆内侧挂草帘的方式加强对立柱的防护。对 1 楼中部 3 层部分立柱采用竹跳板包裹防护。两侧 6 层 3 楼以上立柱采用草帘加麻袋包裹防护。所有爆破切口外侧挂安全网防护。

5　爆破效果

起爆后，场馆迅速向预定方向倾倒，倾倒过程很快，主体结构充分解体。爆破后对爆堆进行测量，场馆整体前冲 11 m，两侧 6 层部分向左右各坍塌 3 m，6 层部分后侧后坐 3 m，中部 3 层部分后坐 1.8 m，中部爆堆高度 8 m，两侧爆堆高度 5 m。爆破飞石、振动未对周围建（构）筑物产生影响。爆破过程和爆堆效果见图 4、图 5。

图 4　爆破过程图片

图 5　爆堆效果

水压爆破拆除圆形复合材质水池

贾永胜   韩传伟   谢先启

（武汉爆破公司,湖北   武汉 430023）

摘   要:本文介绍了水压爆破拆除容积为 1236 m³ 的钢筋-砖复合结构水池的爆破方案、爆破参数及爆破效果,并对爆破效果进行讨论。

关键词:拆除爆破;水压爆破;复合结构水池;设计与施工

Demolition of a pool of composite material by hydraulic blasting

JIA Yongsheng   HAN Chuanwei   XIE Xianqi

（Wuhan Blasting Engineering Company,Wuhan 430023,Hubei China）

Abstract:The blasting scheme,blasting design and blasting effectiveness of demolishing the 1236 m³ pool of composite material by hydraulic blasting are introduced. The blasting result is also introduced and discussed.

Keywords:Demolition blasting; Hydraulic blasting; Pool of composite material; Design and implementation

1   工程概况

武汉某厂因拆迁需拆除 1 个敞口水池,该水池位于地面以上,直径为 15.0 m,高 7.0 m;壁厚 0.45 m,其中内侧为 12 cm 厚砖墙,外侧为 30 cm 厚双层Φ12 mm@150 mm 钢筋混凝土,混凝土标号为 200#;水池容积 1236 m,实体体积为 149 m³。该水池地处该厂厂区内,周围环境条件见图 1。

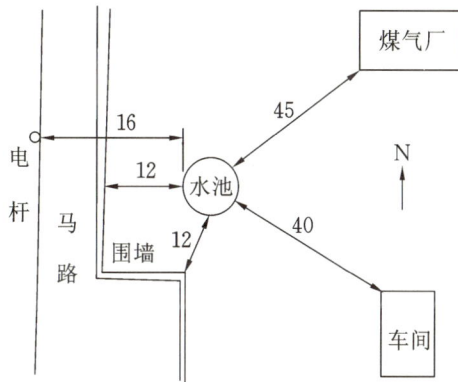

图 1   爆破环境示意图(单位:m)

本文原载于《爆破》2002 年第 19 卷第 4 期。

2　爆破方案设计

2.1　爆破方案的选择

容器状构筑物的控制爆破拆除通常有浅眼控制爆破方法和水压控制爆破法。若爆体所处环境注水方便,爆后泄水不造成危害,且爆破振动易于控制,一般宜采用水压爆破拆除,它不仅具有施工工艺简单、拆除效率高等优点,且爆破成本远低于普通钻眼爆破。经综合考虑各方面因素,本工程拟采用水压爆破拆除的方案。

2.2　药包布置形式

圆形构筑物的药包通常设置于其几何中心,但依据类似工程的经验,设置单个集团药包爆破振动较分散群药包的大,且该水池直径比高度大,为使四壁受到均匀破坏,宜采用群药包布药方式。

2.3　药包位置参数

采用双层环壁布置 16 个药包。药包至池壁距离 $R_w = 2.0$ m,下层药包距底板 2.0 m,上层药包距水面 3.0 m,上下层药包距离 2.0 m。

3　药量设计

水压爆破药量计算公式较多,且多为经验公式。本工程考虑了两种药量计算公式,计算后再据实际情况调整。

(1) 按构筑物形状尺寸的经验公式计算:

$$Q = K_b K_c \delta B^2$$

式中,Q 为装药量,kg;K_b 为爆破方式和结构特征系数,$K_b = 0.7 \sim 1.2$,本文取 1.0;K_c 为材质系数,对于钢筋混凝土 $K_c = 0.5 \sim 1.0$,本文取 0.8;δ 为壁厚,m;B 为构筑物内径或短边长,m。经计算,$Q = 81$ kg。

(2) 用冲量准则公式直接计算:

$$Q = K \times \delta^{1.6} \times R^{1.4}$$

式中,Q 为单药包药量,kg;K 为药量参数,根据爆破对象的材质、爆破要求和破碎程度确定,$K = 4 \sim 7$ 时建筑物龟裂,$K = 18 \sim 22$ 时建筑物大量飞散,本文取 $K = 10$;δ 为计算方向的构筑物壁厚,m;R 为药包中心至计算方向建筑物内壁距离,m。经计算,$Q = 7.35$ kg。

综合考虑各方因素,实际药量取为:下层 8 个药包,每个单药包为 4 kg 乳化炸药,并用 2 块共 400 g TNT 炸药制成起爆体;上层 8 个药包,每个单药包为 4 kg 乳化炸药,并用 1 块 200 g TNT 炸药制成起爆体。总装药量换算成乳化炸药为 70.24 kg。

4　药包制作及起爆方法

乳化炸药用塑料袋盛装,TNT 药块放在药包中心,然后用麻绳捆扎,其下部配重 1 kg。

每个药包由 3 枚即发塑料导爆管雷管引爆。上下两层 2 个药包导爆管为 1 束,用 2 枚串联电雷管击发,所有电雷管再串联接入网路。

5　爆破安全校核

此次爆破主要应对爆破振动效应和爆破飞石予以重视和控制。

5.1 爆破振动效应

根据萨氏公式修正式,校核离爆源 45 m 的煤气厂振速

$$v = k \cdot k' \left(\frac{\sqrt[3]{Q}}{R} \right)^\alpha$$

式中,Q 为一次齐爆最大药量,kg;k、k'、α 为参数,分别取为 100、0.5、2;R 为爆心至保护物距离,m;v 为质点垂直振速,cm/s。

经计算,$v = 0.62$ cm/s,此值远小于《爆破安全规程》(GB 6722—2014)相关规定,所以爆破振动不会产生危害作用。

5.2 爆破飞石

因爆区环境条件相对较好,爆破时各主要路段派人值守,并取安全距离 50 m,对爆破飞石就不再采取其他防护措施。

6 爆破效果及分析

爆破时,爆声沉闷,水柱上冲约 10 m,振感甚微;整个水池被安全炸倒,独立成 8 大块,池壁已严重龟裂,钢筋与混凝土未分离,故未见飞石;水池相邻设施均安好无损。此次水压爆破是市区内一次齐爆药量最大的水压爆破,笔者认为有以下几个问题今后应引起重视:

(1)对于大型容器状构筑物水压爆破拆除,宜采用群药包布药方式。其药包的位置参数通常按构筑物结构形状布置于几何中心或呈对称布置,这样布药虽简单方便,但在确保爆破质量及经济节省方面还远远不够。笔者认为,根据水中冲击波冲量和冲击波能量对结构产生的作用,对群药包位置参数进行合理确定,是今后应重视的研究课题。

(2)针对该次爆破中水池池壁被分割成 8 大块,每块之间的钢筋被完全拉断,而其他部分仅龟裂的现象,除与药包位置参数有关外,也说明了炸药在水中爆炸后其介质破碎机理的复杂性,其机理有待进一步研究。

(3)本次爆破的建筑物为内壁砖体的复合结构钢筋混凝土水池。内壁为砖体,除吸收部分入射的冲击波能量外,必影响反射拉应力的作用。所以,对于复合结构水池材质的不同一性,在药量确定等方面应予以重视。

钢筋砼渡槽控爆拆除技术

谢先启[1,2]　韩传伟[2]　刘昌邦[2]

(1.武汉市市政建设集团,湖北武汉 430023;2.武汉爆破公司,湖北武汉 430023)

摘　要:22 跨拱桥式渡槽爆破拆除时要求保留拱墩,以备重修渡槽时使用。本文介绍了渡槽拆除的方案、预处理设计、爆破参数,以及为控制飞石和防止曲拱梁及槽身塌落对拱墩造成损伤等采取的措施。

关键词:渡槽;爆破拆除;原地坍塌;预处理

Controlled explosive demolition of reinforced concrete aqueduct

XIE Xianqi[1,2]　HAN Chuanwei[2]　LIU Changbang[2]

(1. Wuhan Municipal Construction Corporation Group Ltd. ,Wuhan 430023,China;

2. Wuhan Blasting Engineering Company,Wuhan 430023,China)

Abstract:When the two-arch bridge aqueduct is demolished by means of explosive method. It's piers must be preserved for construction of a new aqueduct. In this paper, the design program, pretreatment parameters selection and safety protection measures are introduced. The falling down procedure which can destroy the piers of arch beams and aqueduct are analyzed,and the measures which can be used to protect the piers are discussed.

Keywords:Aqueduct;Blasting demolition;In-site collapse;Pretreatment

1　工程概况

徐家河水库灌区陈家咀渡槽建于 1959 年,是总干渠的第一号渡槽,设计流量 45 m³/s,渡槽长 130 m,由 4 节槽身及进、出口连接段组成。因其老化严重,需拆除后重新修建。

1.1　周边环境

工程位于广水市长岭镇,为孝感地区水利局管辖的徐家河水库灌区的陈家咀渡槽,因使用年限较长,上部的行水槽局部出现漏水,经多次维修未得到明显改善,且行水槽与立柱的混凝土已有老化脱落现象,对周边群众的生产和生活产生了安全隐患,故需要拆除后重新修建。渡槽东面为渡槽水流下游方向,南面 15 m 是一座小桥与道路,25 m 处是农田;东南面 25 m 处有架空高压电线通过;西南面 45 m 处是民房;西面为渡槽水流上游方向;北面 12 m 处是农田。渡槽下部有一水渠从北往南流过,具体见图 1。

1.2　结构特征

该渡槽为钢筋混凝土现浇结构,渡槽总长 130 m,宽 4.7 m,承台以上结构高度约 13.8 m。渡槽下部的支撑排架截面尺寸均为 40 cm×40 cm。每拱跨度为 34 m,拱圈截面尺寸为 100 cm×100 cm,排架布筋竖向为 φ16 圆钢 12 根,箍筋为 φ8@200,拱截面布筋为 φ25 螺纹钢 12 根,箍筋为 φ8@200,拱拉杆截面为 50 cm×900 cm。

本文原载于《爆破》2008 年第 25 卷第 2 期。

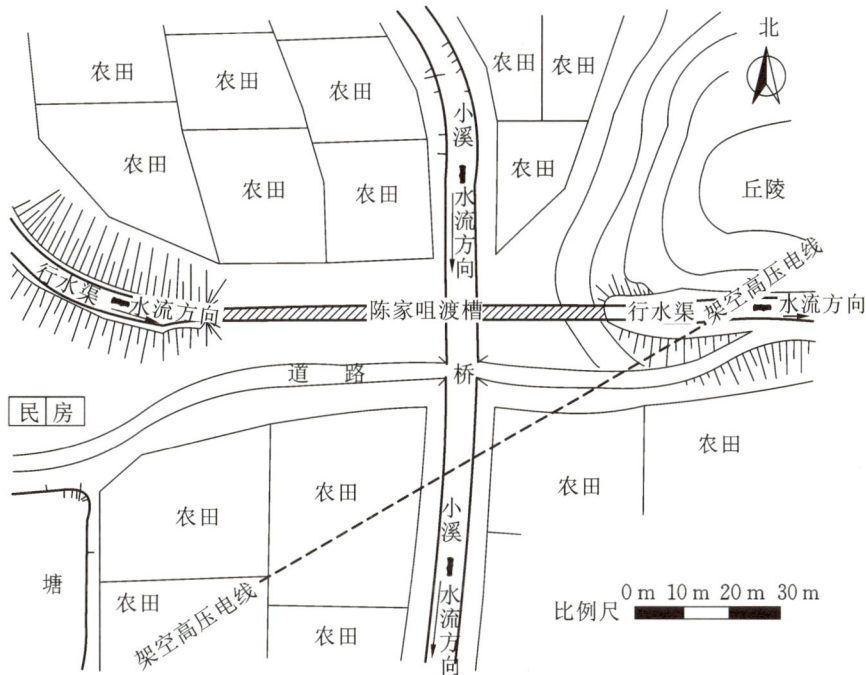

图1 环境示意图

1.3 爆破要求

爆破时爆破振动与触地振动不能损坏需要保护的拱墩,要保证拱墩在再建工程中能继续使用,爆破振动及飞石等爆破公害不能影响周围民房的安全。

2 总体拆除方案

根据渡槽的结构特点,为保证对渡槽下部拱墩的保护,拱圈结构部分在拆除时必须同时卸载。通过对多种方案的对比分析,考虑爆破时渡槽本身的结构塌落会对拱墩产生拉扯影响,为保护拱墩稳定,减小拆除爆破的工作量,决定对渡槽的2个拱圈部分采取原地坍塌爆破拆除,渡槽两侧的排架结构采用机械拆除的总体方案。

对于拱形结构的爆破,原则上只要炸毁拱墩就可以实现整个渡槽失稳坍塌。但考虑到渡槽下部拱墩需要保护,故需要对拱墩上的拱圈进行充分的爆破。根据拱形结构的失稳原理,炸毁拱圈的爆点应该布设在每个拱的拱顶和拱两端,其炸毁时需保证爆破时拱圈钢筋在下落的过程中不对拱墩产生牵扯影响,故拱圈炸毁长度不得小于拱帽到拱圈结构触地所需要的长度。根据拱墩两侧的地貌情况分析,因拱墩两侧的落差为2~3 m,这样的高度对拱圈的炸毁长度要求较长,为减小爆破钻孔工作量,在拱墩周围用土垒砌成保护层,以减小爆破坍塌的落差。同时,加大拱圈的炸毁长度,在拱墩顶部与地面在同一高程的情况下,在其拱墩向拱圈上部0.5~8.0 m处的拱圈上布置炸点进行炸毁,同时在拱圈顶部中心线两侧各布置3个炮孔进行松动爆破。同时,为防止行水槽在拱圈部分爆破后下落对拱墩产生冲击,在爆前要对3个拱墩上部的部分行水槽进行预拆除。其拆除长度需保证剩下的行水槽在下落过程中不得对拱墩产生冲击。总体拆除方案见图2。

2.1 方案的主要实施内容

(1)预拆除部分影响爆破的行水槽;

(2)对拱圈进行钻孔爆破,采用非电导爆管雷管孔内延时的起爆网路;

(3)对拱墩进行必要的防护;

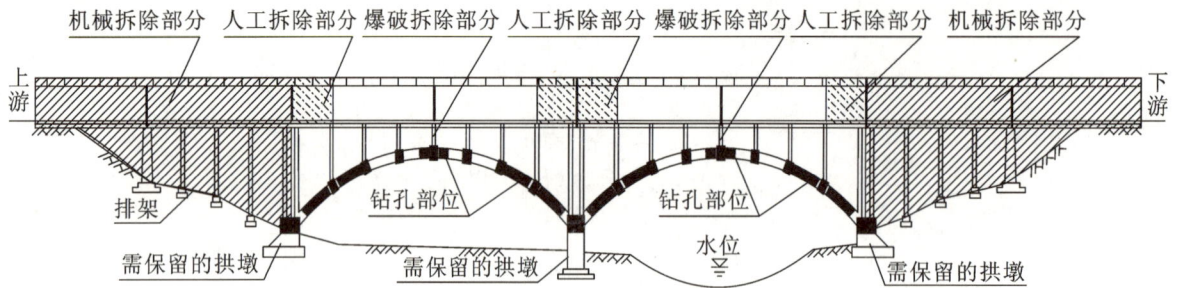

图 2　总体拆除方案示意图

（4）采用近体防护与覆盖防护相结合的防护措施。

2.2　预拆除内容

采用人工、机械结合的方法将每个拱墩上部的行水槽向拱中心方向拆除 4 m，拆除时采用先上后下的顺序，见图 2。

将拱墩上部的排架立柱底部的竖向钢筋剥出，在爆破前将其割断，防止爆破倒塌时对承台产生牵扯。

3　爆破参数设计

3.1　炮孔布置

在拱脚和拱顶处布置炮孔，所有钻孔在拱圈上部，且垂直于拱圈结构。拱圈结构由拱肋、拱拉杆组成，炮孔仅布置拱圈，装药时采用连续柱状装药结构，以达到充分破碎拱圈的目的。布孔范围（沿拱圈纵向）：拱脚处 7.5 m，拱顶处 3.0 m。

（1）拱脚。拱圈厚 1.0 m，钻孔深度 $L=0.7$ m，孔距 $a=0.3$ m。在拱脚下部 1 m 处采用梅花形布孔，排距 $b=0.3$ m，最小抵抗线 $W=0.35$ m。

（2）拱顶处。拱圈及顶部厚 1.0 m，钻孔深度 $L=0.7$ m，孔距 $a=0.35$ m。

3.2　装药量计算

准确地计算药量是保证爆破达到预期目的的决定性因素之一。影响炸药量的因素是多方面的，也是复杂的，装药量的多少主要依赖于经验。本设计采用的药量计算公式为体积公式：

$$Q=qV \tag{1}$$

式中，q 为单位炸药单耗量，kg/m³，根据类似工程经验，为确保混凝土全部粉碎脱离，拱脚处取 $q=2.0$ kg/m³，拱顶处取 $q=1.2$ kg/m³；V 为每个炮孔所担负的爆破体积或爆破总体积，m³。

（1）拱脚 0～1.0 m 处：$Q=2000×1×1×0.3=600$ g，单排孔每孔装药量为 600 g，双排孔每孔装药量为 300 g，采用空气间隔装药结构，上、下各 150 g；

（2）拱脚 1.0～7.5 m 处：$Q=2000×1×1×0.3=600$ g，每孔装药量为 300 g；

（3）拱顶处：$Q=1200×1×1×0.35=420$ g，每孔装药量为 420 g。

3.3　起爆网路设计

（1）起爆网路设计

为减小一次起爆炸药量，减小爆破振动对拱墩的影响，采用非电导爆管雷管孔内延时的起爆网路。时差分区示意图见图 3。

（2）网路连接形式

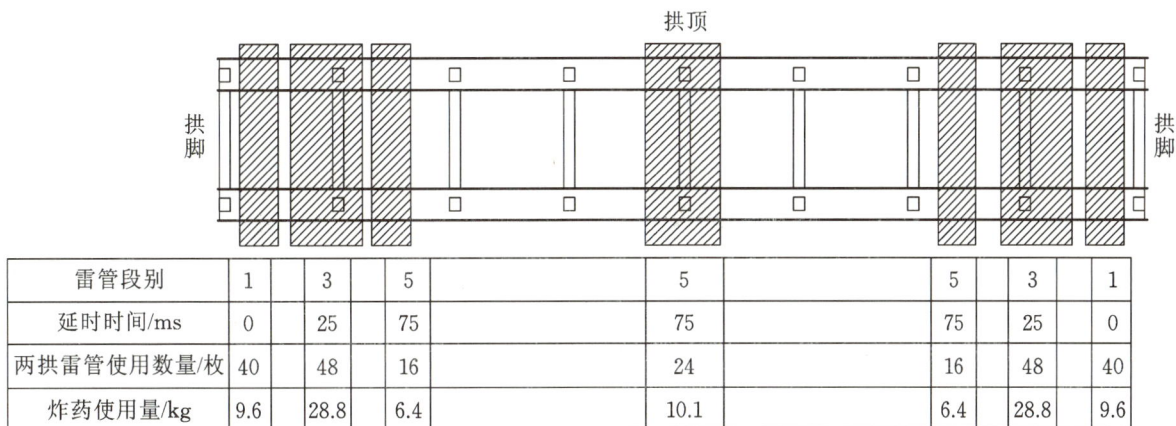

图 3　时差分区示意图

雷管段别	1	3	5			5			5	3	1
延时时间/ms	0	25	75			75			75	25	0
两拱雷管使用数量/枚	40	48	16			24			16	48	40
炸药使用量/kg	9.6	28.8	6.4			10.1			6.4	28.8	9.6

每孔内装 2 枚导爆管雷管,装药堵塞完毕后,就近将约 20 根导爆管捆成一束,每束用 2 发电雷管串联接入网路,用 GM-300 起爆仪点火。

4　安全设计

4.1　飞石

本次爆破需要对飞石进行防护。具体做法是采用近体防护,在渡槽爆破部位用胶管帘防护,外部捆绑稻草,再用安全网覆盖。

4.2　拱墩防护处理

因在再建工程中要继续利用拱墩,所以此次爆破不能对其产生损伤,故需对其进行防护。根据现场的地形条件以及防护材料的就近原则,采用编织袋装泥土垒砌的方法在拱墩周围堆砌起与拱墩相同高程的土层对其进行防护,见图 4。

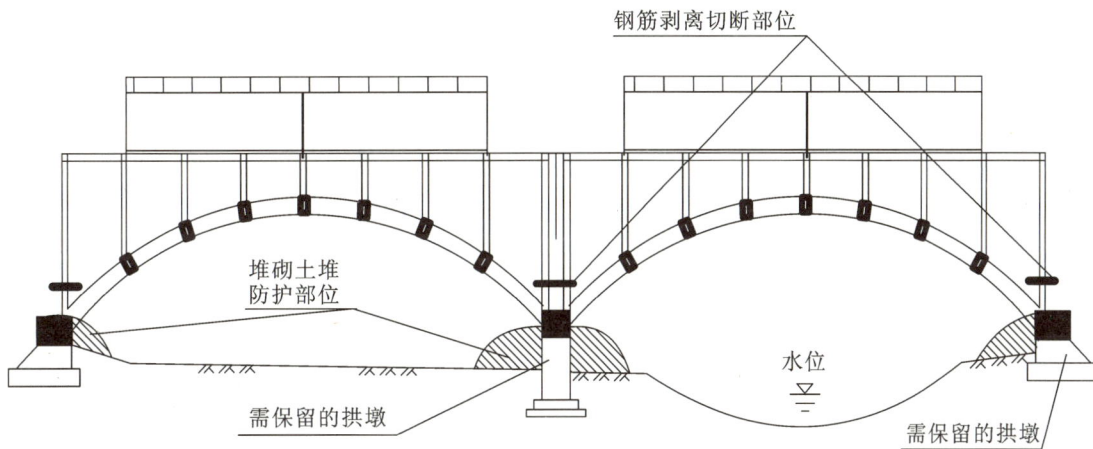

图 4　拱墩防护及立柱处理部位示意图

5　爆破效果

在 2007 年 10 月 13 日下午 15 时 30 分对渡槽实施爆破,爆体完全在设计的范围内坍塌,渡槽的拱结构和立柱充分解体,上部的行水槽也没有接触到需要保护的拱墩,爆破飞石得到控制,最大飞散距离为 25 m,没有对周边建(构)筑物产生影响。爆破过程及爆堆情况分别见图 5 和图 6。碴块清理完毕后对拱墩进行检测测量,中部拱墩出现 2 mm 的轻微位移,水平方向没有影响,其偏移差值在正常允许范围之内,爆破取得圆满成功。

（a）

（b）

图 5　爆破过程

图 6　爆破后爆堆情况

闹市区铁路桥拆除爆破中的飞石及其防护

谢先启　韩传伟　严　涛

（武汉爆破公司,武汉市　430015）

摘　要：本文介绍了飞石的飞散距离、逸出初速度及防护材料厚度的计算公式,并结合工程实例,对爆破与防护的效果进行了类比分析,以期为类似工程采取安全经济的防护措施提供借鉴。

关键词：桥涵爆破；飞石；防护

Flystone and its protection during explosive demolition of bridges in busy area

XIE Xianqi　HAN Chuanwei　YAN Tao

（Wuhan Blasting Engineering Company,Wuhan 430015）

Abstract：The formulas for calculating the fly distance, initial velocity, thickness of protective material are introduced. The effect of explosion and protection are analyzed with engineering examples. It can be as reference to similar engineering.

Keywords：Bridge blasting；Flystone；Protection

1　前言

在建筑物林立、人口稠密的闹市区进行拆除爆破,飞石往往是最严重的危害。因此,在城市控制爆破中要特别注意研究和预测爆破飞石,并采取相应的防护措施,确保飞石不超过安全警戒范围,或者将飞石完全拦挡在防护区域之内,以免对爆区周围人员和设施造成危害。

原京汉铁路汉口段有5座铁路废弃桥涵（墩）,在对其实施拆除爆破的过程中,充分考虑了产生飞石的各种原因,做到精心设计、精心施工,并采取了周密的防护措施,取得了理想的效果。

2　爆破飞石

2.1　产生机理

基于对多次爆破实践的观测分析及综合各种理论研究,我们认为飞石的产生是由爆炸冲击波与爆炸气体膨胀联合作用形成的。其一,爆炸冲击波传播到自由面经反射形成拉伸波作用在建筑物上,形成飞石；其二,建筑物受冲击波作用形成主裂纹乃至分支裂纹、次分支裂纹的过程中,爆炸气体膨胀楔入建筑物,加速裂纹形成,部分准静态压力作用于石块上使其具备了一定的动能从而形成飞石。随着爆炸能量的增大,产生的裂纹越多,形成的飞石也就越多,飞石的初速度也就越大。

本文原载于《工程爆破》2009年第15卷第1期。

2.2 飞散距离

对爆破飞石飞散距离的确定,目前尚无公认成熟的公式,对几十例拆除爆破的飞石数据进行回归分析,得到无覆盖条件下的飞石距离与单位炸药用药量之间的关系:

$$L_f = 71K^{0.58} \tag{1}$$

式中,L_f 为无覆盖条件下拆除爆破的抛掷距离,m;K 为实际单位用药量,kg/m³。

5 座铁路桥涵(墩)因结构尺寸、介质性质、所处环境不同,K 值为 $0.22 \sim 0.9$ kg/m³(其中 $K_1 = 350$ g/m³,$K_2 = 300$ g/m³,$K_3 = 220$ g/m³,$K_4 = 400$ g/m³,$K_5 = 900$ g/m³)。根据式(1)可计算出,在无覆盖条件下的飞石飞散距离为 $30 \sim 67$ m。5 座桥涵(墩)都地处交通要道,飞石散落于混凝土路面上,之后仍具有一定的速度,并会向前滚动一段距离,因而警戒距离定为 $80 \sim 100$ m。

2.3 飞石初速度

飞石初速度的量化,有助于选择安全经济的防护措施。飞石初速度的计算公式为:

$$V_0 = (L_f g / \sin 2\alpha)^{0.5} \tag{2}$$

式中,V_0 为飞石初速度,m/s;α 为飞石的抛掷角,°;L_f 为无覆盖条件下飞石的抛掷距离,m。将式(1)中 L_f 代入式(2),得出 3#、5# 桥墩的飞石初速度为:

$$V_3 = 17 \text{ m/s}, V_5 = 26 \text{ m/s}$$

该结果由实测回归分析值倒推而来,其推导过程考虑了空气阻力作用的影响,因而数值比实际飞石抛掷初速度值偏小。

爆炸气体产物抛掷岩石的能量占炸药爆炸总能量的 $4\% \sim 18\%$,类比各种岩石与混凝土(5#墩)性质,遵循相似性原理,在计算 5# 桥墩爆破飞石群的平均抛掷速度时,取抛掷碎石能量占炸药爆炸总能量的 6% 计算:

$$PV_H Q \times 6\% = 1/2\, M\overline{V}_5^2 \tag{3}$$

式中,对于 2# 岩石硝铵炸药,$P = 1000$ kg/m³,$Q = 4.17 \times 10^6$ J/kg;V_H 为装药空腔体积,m³;M 为炸药抛掷爆体质量,kg;$\overline{V}_5$ 为飞石群平均抛掷速度,m/s。

5# 桥墩倒向一侧,共布置 102 个炮孔,承担爆破混凝土体积为 4.4 m³(5.5 m$\times 0.4$ m$\times 2$ m),介质密度为 2500 kg/m³。

将各项数据代入式(3)中,得:

$$\overline{V}_5 = 18.7 \text{ m/s}$$

从药包中心发射的角单元岩石抛掷速度相等,而单药包速度分布式为:

$$V = V_0 [1 - (r/r_0)^a] \tag{4}$$

式(4)中,r_0、r 分别为漏斗顶部(锥底部)的大半径及内径($0 \leqslant r \leqslant r_0$),m;$a$ 为相对炸药性质的可选参数,对 2# 硝铵炸药取 0.6。

由式(4)可求出平均抛掷速度 V 与最大抛掷速度 V_0 之间的关系。

$$Vr_0 = -V_0 \int_0^{r_0} [1 - (r/r_0)^{0.6}] dr$$

$$Vr_0 = V_0 (1.6 r_0 - r_0)$$

$$V/V_0 = 0.6 \tag{5}$$

由 $\overline{V}_5 = 18.7$ m/s,可求得 $V_5 = 31.2$ m/s。

5# 墩倒向侧布孔 102 个,其中 $a = b = 30$ cm,$w = 40$ cm,由于 $a < w$,要考虑爆破作用指数的增强效应,实际值应比所求值增大 30% 左右。

$$V_5' = 40 \text{ m/s}$$

由于集中药包对岩石产生抛掷作用,与城市中浅眼松动爆破材质有所不同,应用能量观点预测飞石要充分考虑钢筋网的拦挡作用是否抵消了部分爆炸气体的能量,因而城市控爆中利用能量利用率来计算飞石时,抛掷碎石能量与炸药总能量之比应视钢筋多少、单位用药量大小而有所变化,一般以 4～8% 为宜。

3 防护材料的临界厚度

当飞石初速度确定以后,如果要将飞石完全控制在防护范围内,由式(6)可求出防护材料的临界厚度 ΔC:

$$\Delta C = (2r\rho V_0^{2/3}[\tau])^{0.5} \tag{6}$$

式中,r 为飞石半径,m;ρ 为飞石介质的密度,kg/m^3;V_0 为飞石初速度,m/s;$[\tau]$ 为防护材料的抗剪强度,Pa。计算时取 $r=0.05$ m,$\rho=1900\sim2500$ kg/m^3,对于杂木顺纹抗剪强度 $[\tau]$ 为 4.5×10^7 Pa。

将 V_3 与 V_5' 代入式(6),可求出 $3^\#$、$5^\#$ 墩防护材料的临界厚度为:

$$\Delta C_3 = 2.34 \text{ cm}, \quad \Delta C_5 = 4.75 \text{ cm}$$

4 防护方案

飞石对防护材料的破坏是一个很复杂的过程,式(6)只考虑了单个飞石或多个分散飞石对防护材料的浸切穿透性破坏,有一定的局限性,我们在几十例楼房拆除爆破工程中,采用一层竹笆(厚度不超过 0.5 cm)遮挡式防护,飞石完全控制在安全范围之内,说明飞石对防护材料的破坏过程有待深入探讨。

尽管式(6)所求得的结果比较保守,但因 5 座桥涵(墩)均地处交通要道,周边环境复杂,因而我们采用了比式(6)中所求的临界厚度更为保守的近体遮挡式防护方案。$1^\#$、$4^\#$ 桥涵采用 1 层竹跳板(厚 $3\sim4$ cm)防护(图 1),飞石未发生逸出现象,$2^\#$、$3^\#$ 桥涵也采用图 1 所示的防护方案,因爆体钢筋较少,防护接近爆体,塌散范围小,造成冲散防护现象,但飞石块散落在爆体四周,未造成伤害状况。对于 $5^\#$ 桥墩,因采用定向倒塌方案,势必倒向一侧导致大量飞石的抛掷,经计算每平方米防护材料承受约 1.9×10^4 kg・m/s 的冲击作用,再用竹笆或竹跳板作防护,安全上不能保证,经济上不合理。$5^\#$ 桥墩采用沙袋墙防护,见图 2。

图 1　$1^\#$、$4^\#$ 桥墩防护示意图

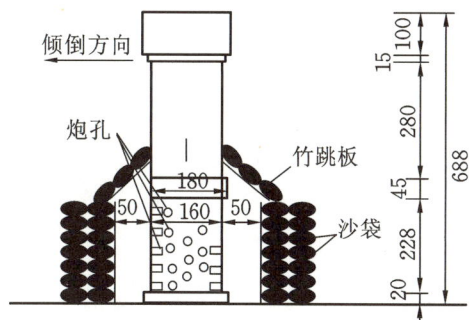

图 2　$5^\#$ 桥墩防护示意图(单位:cm)

5 结束语

随着防护材料价格的上涨,防护费用在拆除爆破总费用中所占的比例有不断增加的趋势。如何安全、经济、合理地防范飞石,建议从以下几个方面予以考虑:

（1）深入探讨飞石产生的机理。

（2）根据爆破方案合理安排防护，做到正确预测飞石，科学防护。

（3）要把防护强度与不同部位的药量设计值结合起来，做到重点部位重点防护，一般部位一般防护。

（4）要因地制宜，合理地采用不同的防护形式或将多种防护形式相结合。

（5）正确确定爆破方案和施爆顺序，有效地利用爆体之间的相关位置，利用爆体本身作遮挡、拦截和覆盖等防护。

（6）巧妙地利用天然防护条件（如土壤、墙体）进行防护。

（7）要把爆破试验测量与防护强度结合起来，经计算，无须防护的部位与方向可不防护。

（8）精心设计，精心施工，施工与设计有偏差时，要做好现场记录，以备调整参数。

浆砌块石控爆拆除实践

谢先启

（武汉爆破公司 武汉市 430015）

摘　　要：浆砌块石的控爆，在施工工艺上既不同于混凝土也不同于砖混砌体。本文通过实爆，主要介绍如何根据浆砌块石的块度、强度和其他几何尺寸，确定最佳爆破参数和施工方法。

关键词：浆砌块石；炮孔布置；控爆拆除

1　工程概况

湖北省荆州市兴建大型音乐喷泉，需控制爆破拆除便河浆砌块石挡土墙，修建看台。该挡土墙长 360 m，高 3.0 m（需爆破拆除部分高 1.2～1.6 m），上宽 0.45 m、下宽 0.80 m，块石的块度大多为 $\phi(40\sim60)$ cm，质量较好，强度较高。

便河挡土墙地处荆州市闹市区中心，西临公园路，与道路相距 11.0 m。东靠园林路，与道路相距 7.0 m，南挨北京中路。在东、南、西三个方向与挡土墙平行布设了一根长约 200 m 的军用通信电缆，埋深 0.2 m，与挡土墙相距 0.4 m。在东北角挡土墙爆破抛掷的正方向 3.5 m 处，有一古老沙石，为荆州市沙市区地名的由来和象征，为市一级文物，需重点保护。爆破环境位置平面图见图 1。

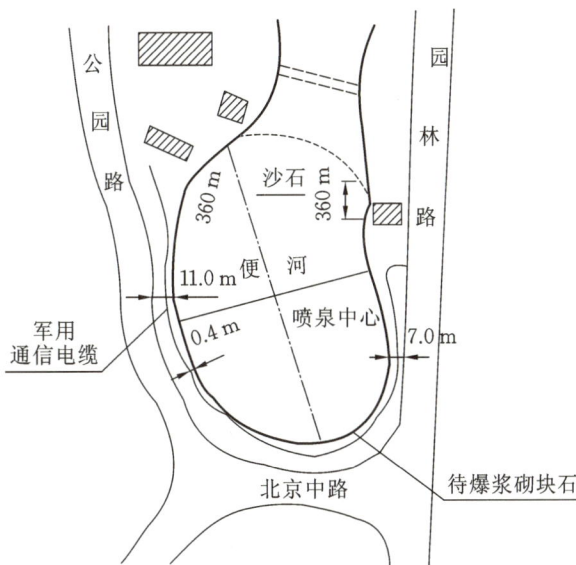

图 1　爆破环境位置平面示意图

2　爆破方案和设计

整个挡土墙高 3.0 m，1.2 m 以上为爆除部分，1.2 m 以下为保留部分，保留部分不得损坏。根据爆体几何尺寸、周围环境和甲方要求对多种爆破方案进行分析比较。施爆时采取垂直孔和水平孔相结合,逐段推进、定向抛掷的爆破方案。

2.1　炮孔布置

对于浆砌块石的控制爆破,在爆除上部时,很容易波及和撕裂下面需保护的部分,为此,在具体布置炮孔时,应根据爆体的尺寸确定布孔的方法。

当爆除部分高度大于 160 cm 时,采用垂直孔和水平孔相结合的方法施爆,其炮孔参数为:

$$W_{CZ}=25\sim30 \text{ cm} \qquad W_{SP}=30\sim40 \text{ cm}$$
$$L_{CZ}=80\sim100 \text{ cm} \qquad L_{SP}=40\sim45 \text{ cm}$$
$$a_{CZ}=90\sim110 \text{ cm} \qquad a_{SP}=50\sim60 \text{ cm}$$
$$b_{CZ} \text{为单排} \qquad b_{SP} \text{为单排[图 2(a)]}$$

当爆除部分高度小于 160 cm 时,采用水平孔施爆,其炮孔参数为:

$$W_{SP}=35\sim45 \text{ cm} \qquad L_{SP}=40\sim50 \text{ cm}$$
$$a_{SP}=50\sim60 \text{ cm} \qquad b_{SP}=40\sim45 \text{ cm[图 2(b)]}$$

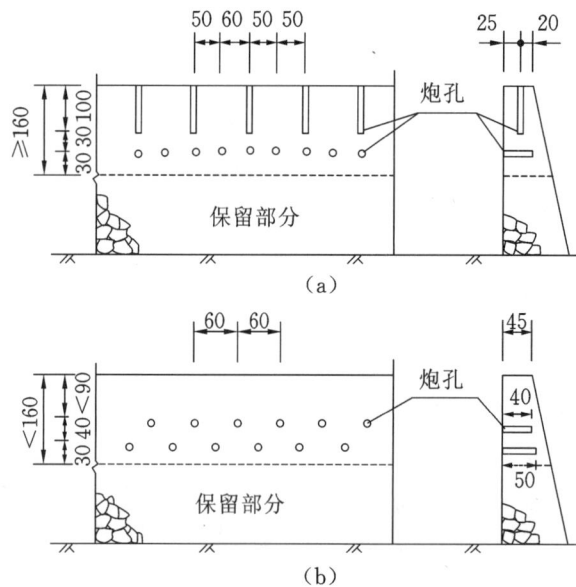

图 2　炮孔配置图(单位:cm)

无论是水平孔还是垂直孔,在具体布孔时,要尽量避开浆砌块石夹缝,否则很难成孔,即使成了孔,也很难取出钻杆。

2.2　药量计算

根据浆砌块石的结构特点、几何尺寸和强度,爆破单孔装药量按下式计算

$$q=KBHa$$

式中　q——单孔装药量(g);

　　　K——单位用药量系数(g/m³);

　　　B——爆破目标宽度(m);

　　　H——爆破目标高度(m);

　　　a——炮孔间距(m)。

施爆时垂直孔取 $K=250$ g/m³,用导爆索串联 2 个药包,即 $q_{CZ}=(75+50)$ g;水平孔取 $K=300$ g/m³,即 $q_{SP}=50\sim75$ g。水平孔上排孔装药量 50 g,下排孔装药量 75 g。

3　安全技术措施

（1）垂直孔和水平孔同时起爆，并且在布置水平孔时，最下一排尽量布置在一个水平面上，这样可以保证爆除上部分时，不至于撕裂需保留的下部分，以及保留部分上沿的整齐。

（2）施爆前，将军用通信电缆挖出土面放置，并尽量让其松弛，施爆时可以减少对电缆的振动和影响，并可防止药包爆炸时压缩土壤对其产生破坏。

（3）注意垂直孔最上一个药包与地表面的距离，串联药包的导爆索尽量不伸出孔外，以防止爆破时的振动破坏，以及导爆索孔外爆炸冲击波对电缆通信的影响。

（4）爆破沙石附近的浆砌块石时，严格控制一次齐爆规模，严密遮挡防护。沙石为荆州市沙市区地名的由来，已有数百年历史，饱经风吹雨淋，风化严重。为了保证爆破时不对其造成破坏，施爆附近浆砌块石时，采用多打孔少装药的方法，把振动速度控制在 0.5 cm/s 以内，并用竹跳板和胶管帘在沙石附近严密遮挡，尽量不产生飞石，仅使浆砌块石碎而不离、碎而不抛。

4　爆破安全与效果

共对 360 m 长挡土墙进行了 30 余次爆破，每次爆破在不中断交通的情况下进行，道路上的行人、车辆和建筑物安然无恙。与挡土墙平行布设的一根 200 m 长军用通信电缆没有受到任何损坏，通信照常进行。沙石虽然在爆碴抛掷的正方向，由于措施严密，无丝毫损坏，360 m 长挡土墙原计划用20 d时间爆破，由于设计参数合理，爆破效果好，施工措施得力，只用 10 d 时间就全部完成。这次安全迅速和顺利地完成了控爆，受到了荆州市公安局、新闻单位和建设单位的高度评价。

5　几点体会

（1）浆砌块石控爆在施工工艺上既不同于混凝土，也不同于砖混砌体，对其施爆要根据浆砌块石的块度、强度和其他几何尺寸等确定最佳爆破参数和施工方法。

（2）对炮孔的布置，不能机械地按某一尺寸布孔，否则成孔很困难，效率很低，钻孔作业人员的劳动强度很大。对炮孔的布置要视砌体块度大小而确定，一般来说，直径为 30～50 cm 的块石布一个孔。布孔时尽量避开夹缝，直径为 20～30 cm 的块石可不布孔。

（3）对防水墙、挡水墙一类的浆砌块石的施爆，可采用垂直孔和水平孔相结合的布孔方法。一般来说，高度小于或等于 1.0 m 时，可布置垂直孔施爆，其成孔速度快、施爆效果好；高度大于 1.0 m，宽度小于 1.0 m，可采用垂直孔和水平孔相结合的布孔方法。水平孔距保护面的尺寸视孔（排）距而定，一般以 20～30 cm 较为合适。

（4）对于起爆网路，尽量不采用延时和分段网路，因为浆砌块石在施爆时极易撕裂相邻孔，产生裂缝，影响整体施爆效果。

（5）对于临空面条件较好、一侧靠土的浆砌块石体，在抵抗线较小、周围环境对爆破无特殊要求的情况下，可采用"土炮法"施爆，即在浆体块石的一侧土壤中，紧贴浆砌块石体装药，其装药单耗系数通常是钻孔爆破的 1～3 倍。

水压爆破拆除大型钢筋混凝土氢氧罐

何守仁　程　康　谢先启

（武汉市市政工程总公司科研所，湖北省武汉市 430015）

关键词：水压爆破；拆除；钢筋混凝土

1　工程概况

武汉薄板厂修建厂房，需将两个钢筋混凝土氢氧罐予以拆除。罐体为开口式，内径 11 m，高 6 m，壁厚 30 cm；悬臂式走道板宽 90 cm，厚 13 cm，底板厚 50 cm。双层双向钢筋混凝土结构，环筋直径为 φ12 mm，竖筋直径为 12 mm，间距为 20 cm，底板与罐壁钢筋搭接长度为 1.5 m，直径为 10 mm，间距为 10 cm，罐壁内圆弧上有对称的 8 根 14# 直立槽钢。氢氧罐东侧 2.0～2.2 m 处是生产车间，南侧 4.5 m 处是砖砌 12 cm 围墙，围墙外是菜地，西侧 9.0 m 处是输水管道，北侧 6.5 m 处是 1.1 万伏高压线。爆区内玻璃花房、氧气房及厕所是计划拆除的废旧建筑物（图 1），厂方要求确保生产车间、设备、人员和高压线路的绝对安全。

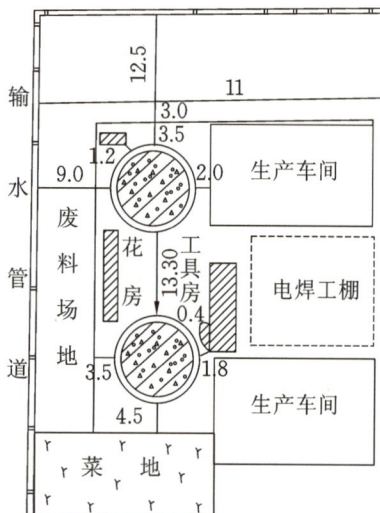

图 1　爆破环境示意图（单位：m）

2　爆破方案

该工程系薄壁钢筋混凝土结构，为超大型钢筋混凝土氢氧罐，容积为 580 m³，且含筋率高，周围环境复杂，经过技术和经济上的比较，决定采用水压爆破偏炸方案，使紧靠车间一侧的罐壁破而不倒、碎而不抛，让爆破水介质按设计意图向被保护车间的对面冲涌，摧毁罐壁，形成导流口，达到确保厂房安全的目的。

3　爆破设计

3.1　药量计算

$$Q = K_1 K_2 \delta^m B^n$$

式中　Q——药包总质量（kg，2# 岩石硝铵炸药）；

　　　m、n——指数，本例 $m=1$，$n=2$；

　　　δ——结构物壁厚（m）；

　　　B——结构物内径（m）；

　　　K_1——系数，与结构特征及爆破方式有关（封闭式和开口式），$K_1=0.7～1.2$；

本文原载于《爆破》1993 年第 10 卷第 S1 期。

K_2——系数,与材质、环境条件、技术有关,取值范围为钢筋混凝土 $K_2=0.5\sim1.0$,普通混凝土 $K_2=0.1\sim0.4$。

本工程取 $K_1=1,K_2=0.75$,代入得:

$$Q=1\times0.75\times0.3\times11^2=27.23\ \text{kg}$$

本工程按偏炸技术要求,配置 16 个药包分上下两层,取药包修正系数 $K_3=1.25$,则水爆总药量为:

$$\sum Q=27.23\times1.25=34.04\ \text{kg}$$

实爆药量取 30.50 kg(含 50 m 导爆索药量)。

3.2 药包布置

为了使罐壁解体充分,确保厂房安全,采用偏炸技术,靠车间一面布置轻药包,靠菜地及废料场地一面布置重药包,上下两层共 16 个药包,其水平投影位置距池壁 2 m,偏炸方向总质量为 Q_1 和 Q_2 的药包距池壁 1 m,以形成刀刃,摧毁池壁,导流涌水,药包布置见图 2、图 3。

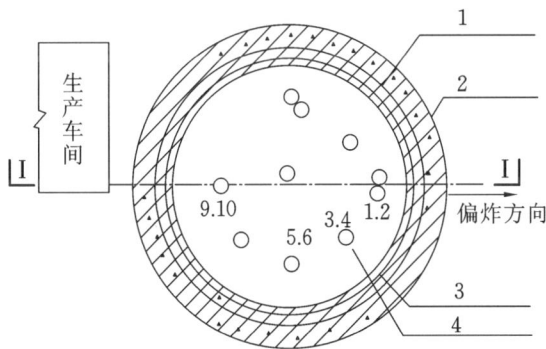

图 2　药包布置平面图

1—14 号槽钢;2—偏炸药包;
3—上层药包(单号);4—下层药包(双号)

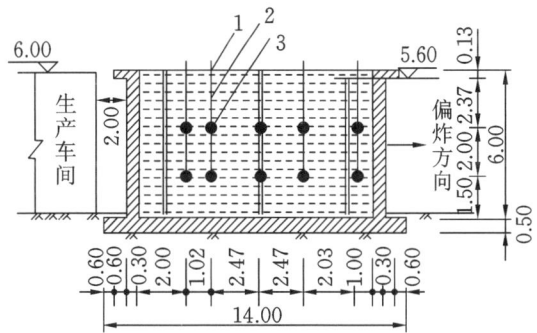

图 3　Ⅰ—Ⅰ剖面图(单位:m)

1—电雷管;2—导爆索;3—药包

$$Q_9=Q_{10}=1\ \text{kg}$$
$$Q_1=Q_3=Q_5=Q_7=Q_{11}=Q_{13}=Q_{15}=1.75\ \text{kg}$$
$$Q_{12}=Q_8=2\ \text{kg}$$
$$Q_2=Q_4=Q_6=Q_{14}=Q_{16}=2.25\ \text{kg}$$

实际用药量为 29.5 kg($2^\#$ 岩石硝铵炸药),导爆索长 50 m。

3.3 药包入水深度

药包入水的最小深度 h 可按下式确定:

$$h\geqslant\sqrt[3]{Q}$$
$$h\geqslant(0.6\sim0.7)H$$

两式之中取大值,式中 Q 为单个药包的质量(kg)。本工程考虑到底板与罐壁搭筋长度为 1.5 m,因此下层药包布置在距底板 1.5 m 处,上层药包按设计要求距顶板 2.5 m。

3.4 药包防水与起爆网路

药包采用 4 层塑料袋锁口防水,用导爆索缠绕药包 4 圈,导爆索长度保证伸出水面,药包上可靠地系好绳,悬挂在事先张好的铁丝上。每个药包用两发电雷管并联捆于伸出水面的导爆索端头上,最后各个药包串联起爆。要特别注意起爆网路的所有接点,要高出水面,以防短路拒爆。

3.5 防护与安全技术措施

(1) 拆除紧贴罐壁的报废平房、花房和防碍溢水涌出的两处围墙;

（2）割断罐内的八根槽钢，以利于坍塌；

（3）在罐底板周围与被保护建筑物之间开挖减振沟；

（4）用草袋装土堵塞厂房门槛和水爆溢水可能流入的孔洞；

（5）用竹跳木板等材料遮挡 2 m 处的厂房门窗玻璃；

（6）清除水面上的漂浮物，防止水柱上冲打断高压线或挂在高压线上，造成停电事故；

（7）人员撤离爆破点 40 m 以外警戒。

4　爆破振动校核和安全处理措施

水压爆破对车间的安全影响有两个方面：一是爆破产生地面振动造成车间砖墙倒塌和机电设备破坏；二是爆后大量溢水涌向车间，淹没仪器设备。振动破坏可以用质点垂直振动速度作为破坏判据，根据萨道夫斯基公式，有：

$$V = K \left(\frac{\sqrt[3]{Q}}{R} \right)^{\alpha}$$

式中　V——质点振动速度，cm/s；

K——系数，$K=30$；

α——指数，$\alpha=2.0$（考虑到距离较近）；

R——药包中心到建筑物的距离，m，将 $R=7.8$ m 代入公式得：

$$V_{\perp} = 30 \times \left(\frac{\sqrt[3]{30.5}}{7.8} \right)^{2.0} = 4.8 \text{ cm/s}$$

计算结果大于砖墙的临界垂直振动速度 $[V]=3.0$ cm/s。我们在罐体靠车间面开挖减振沟，根据大量实测资料证明，每道减振沟可将振动速度降低 50% 以上，因此，$V_{\perp}=4.8\times50\%=2.4$ cm/s，即满足 $V_{\perp}<[V]$ 的要求。对溢水处理，我们采用草袋装土堵塞车间门窗，并要求厂方拆除西南两面围墙以利于溢水涌出，确保车间安全。

5　爆破效果分析

施爆后，爆声沉闷，水柱上冲 8～10 m，无碎碴飞散，整个罐体纵横开裂，块度均匀，锤击可掉，罐壁下部与底板结合处钢筋大部分断脱，并且向外凸出 1.0～1.7 m，与药包对应部位拉成 0.1～1.8 m 宽缝，整个罐体明显地分成几大块，向西倾斜，割断钢筋便可倒塌。正西一块弧长 3.6 m，高 4 m 的池壁被推出 7.9 m，大量溢水从此缺口涌出，达到了偏炸排水的目的。爆破后，车间门窗及玻璃、瓦屋面丝毫无损，输水管道和高压线均安然无恙，效果很好，我们对爆破后的效果有以下几点体会：

（1）水压爆破药量计算公式很多，有的计算结果相差几倍。我们认为：在具体应用时，应确切掌握公式的使用条件，具体问题具体分析，计算结果务必与同类成功工程进行比较，慎重选择。本例爆破效果与设计偏炸要求吻合，约 60% 的溢水从正西缺口涌出，可见药量适中，参数选用得当。

（2）水压爆破的装药位置、装药结构、装药量十分重要，特别是采用偏炸技术时，应尽量避免使用单个集团装药，可把总药量分成若干个小集团装药，装药配量要保证偏炸方向彻底摧毁。因此，每个装药的药量及水平投影位置不要求相同，使爆炸荷载与设计偏炸要求相匹配，装药结构形式视容器形状合理确定。

（3）开挖减振沟，起到了减振作用，同时采用土壤堵塞车间门窗，有效地防止了爆后大量溢水涌入车间。

（4）爆破中要求确保生产车间的安全，其玻璃瓦屋面的高度几乎与罐壁相同（$H=6$ m），水平距离 2.2 m。有人担心罐壁外 2 cm 水泥砂浆粉面可能形成碎碴击碎玻璃瓦，在偏炸设计时已考虑到这个因素，药量计算要求是使结构破碎而不抛散，故未采取任何遮挡措施。爆后检查瓦面，未发现一块碎碴，可见只要药量计算准确，是可以控制飞石的。

第6篇　土岩爆破

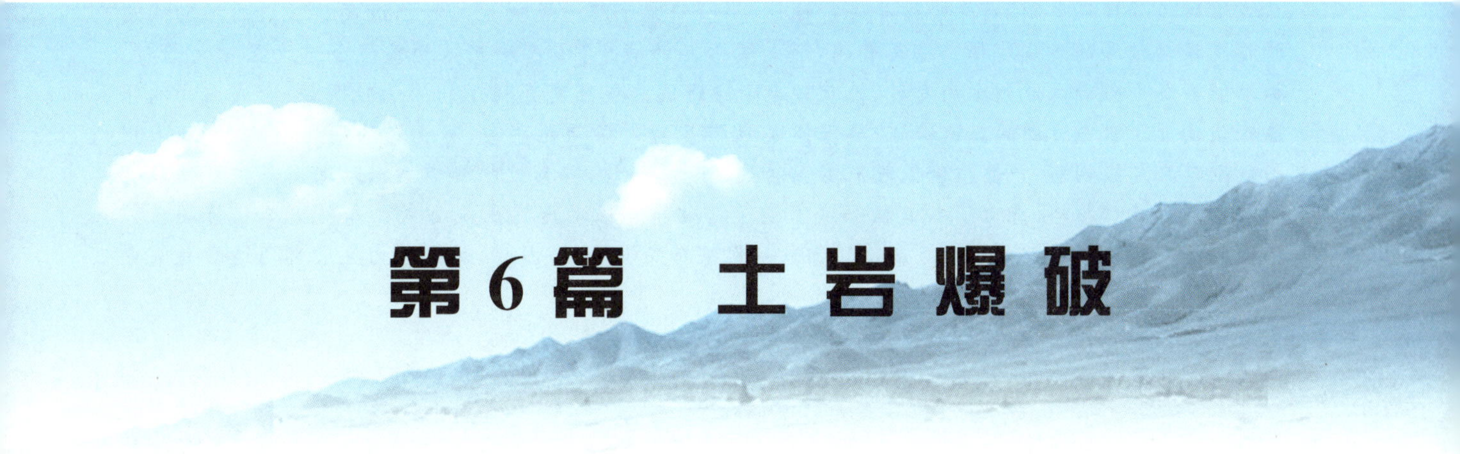

隧道爆破对临近高压输电铁塔的振动影响分析

伍　岳[1,2]　贾永胜[1,2]　黄小武[1,2]　刘昌邦[1,2]

周祥磊[3]　徐华建[1,2]　刘　芳[1,2]

(1.江汉大学 精细爆破国家重点实验室,武汉 430056;2.武汉爆破有限公司,武汉 430056;

3.中钢集团 武汉安全环保研究院有限公司,武汉 430081)

摘　要:针对高压输电铁塔爆破振动安全控制标准不明确,难以指导施工的难题,以某在建高速公路隧道工程为依托,设计单循环200 kg工业炸药量级隧道爆破掘进孔网参数,开展临近高压铁塔塔基质点爆破振动现场监测,对振动信号进行统计分析,研究了隧道爆破施工对临近高压铁塔的振动响应特征及振动信号的衰减规律。结果表明:随着爆心距的减小,塔基质点振动峰值合速度呈增大趋势,振动能量集中频带向低频方向发展,振动频率受隧道围岩裂隙发育程度的影响较明显;竖直方向的振速峰值均大于水平方向的振速峰值,要重点关注塔基竖向振动的危害,防止塔基面介质的沉降;采用多段别延期起爆网路,严格控制低段别雷管的最大起爆药量,可有效削弱爆破振动对高压铁塔的危害效应。通过数据拟合,得出了本工程条件下隧道爆破质点振动传播衰减公式。本隧道工程将高压铁塔处的爆破振动速度控制在1.0 cm/s以内,确保铁塔安全运营,因此,建议电力主管部门适当放宽电力设施周边爆破作业的管控范围。

关键词:隧道开挖;高压铁塔;爆破振动;振动监测

Analysis of vibration influence of tunnel blasting on adjacent high voltage transmission tower

WU Yue[1,2]　JIA Yongsheng[1,2]　HUANG Xiaowu[1,2]　LIU Changbang[1,2]

ZHOU Xianglei[3]　XU Huajian[1,2]　LIU Fang[1,2]

(1. State Key Laboratory of Precision Blasting,Jianghan University,Wuhan 430056,China;

2. Wuhan Explosions & Blasting Co. ,Ltd. ,Wuhan 430056,China;

3. SINOSTEEL Wuhan Safety & Environmental Protect Research Institute Co. ,Ltd. ,Wuhan 430081,China)

Abstract:Aiming at the problem that the safety control standard of blasting vibration of high voltage transmission tower is not clear and it is difficult to guide the construction,based on a highway tunnel under construction,this paper designs the hole network parameters of single-cycle 200 kg industrial explosive tunnel blasting excavation,and carries out the field monitoring of blasting vibration near the foundation of high voltage tower. Through statistical analysis of vibration signals,the vibration response characteristics and vibration signal attenuation law of tunnel blasting construction are studied. The results show that:with the decrease of detonation center distance,the peak combined velocity of particle vibration of tower foundation increases,and the vibration energy concentration frequency band develops to the low frequency direction. The vibration frequency is obviously affected by the degree of crack development of tunnel surrounding rock. The peak vibration velocity in vertical direction is larger than that in horizontal direction. Attention should be paid to the

本文原载于《爆破》2022 年第 39 卷第 3 期。

vertical vibration hazard of tower foundation to prevent the settlement of tower foundation surface medium. The blasting vibration effect can be effectively weakened by adopting multi-stage delay initiation network and strictly controlling the maximum explosive charge of low-stage detonator. The attenuation formula of tunnel blasting particle vibration propagation under the condition of this project is fitted by data fitting. In this tunnel project, the blasting vibration velocity at the high-voltage tower is controlled within 1.0 cm/s to ensure the safe operation of the tower. Therefore, it is recommended that the power department and the law making authorities should appropriately relax the control range of blasting operations around the power facilities.

Keywords：Tunnel excavation；High-voltage tower；Blasting vibration；Vibration monitoring

引言

随着我国高速公路建设的快速发展，山区复杂环境下的隧道工程越来越多，隧道掘进爆破往往会影响民房、滑坡、天然气管道、高压输电铁塔等振动敏感保护性目标。当隧道下穿或邻近高压输电铁塔时，爆破振动会造成地表的高压输电铁塔塔基下沉或倾斜的风险，甚至会导致铁塔结构的失稳倒塌，给安全生产和正常生活带来重大威胁。为此，隧道爆破掘进作业必须重点考虑爆炸振动对临近高压输电铁塔的影响。《爆破安全规程》(GB 6722—2014)规定了工业和商业建(构)筑物的安全允许质点振速的范围为 3.5~4.5 cm/s，但没有明确指定电力设施。我国《电力设施保护条例》及各省、市关于电力设施的保护条例，如表 1 所示。

表 1　《电力设施保护条例》关于爆破作业的规定

条例级别	条款内容
国家级	任何单位或个人在电力设施周围进行爆破作业，必须按照国家有关规定，确保电力设施的安全
北京、上海、广东、福建、甘肃、新疆、西藏、山东	在电力设施周围或在依法划定的电力设施保护区内进行爆破作业，需经主管部门批准并采取安全措施
湖北、重庆、四川、江西、安徽、浙江、广西、云南、贵州、河北、天津、吉林、宁夏、青海、江苏	电力设施周围 500 m 区域内进行爆破作业，必须经县级以上人民政府电力行政主管部门批准，并采取安全防护措施
辽宁、黑龙江、内蒙古	电力设施周围 300 m 范围内进行爆破作业，必须经电力管理部门批准，按照国家有关规定到相关部门办理手续，并采取确保电力设施的安全措施
湖南	在下列范围内，不得进行爆破作业：10~35 kV 电力设施周围 300 m；110~220 kV 电力设施周围 400 m；500 kV 电力设施周围 500 m；50000 kW 以下(含 50000 kW)水电厂电力设施周围 200 m；50000 kW 以上水电厂电力设施周围 300 m；300000 kW 以上水电厂电力设施周围 500 m；火电厂电力设施周围 300 m。在上述范围外进行爆破作业，也应当采取措施，保证电力设施安全
山西	在架空电力线路保护区，不得有爆破作业

由此可见，关于高压输电铁塔的爆破振动控制标准，尚没有相关标准规范予以准确描述。我国大多数省份的电力设施保护条例要求电力设施周围 500 m 区域内进行爆破作业，必须经县级以上人民政府电力行政主管部门批准，并采取安全防护措施；个别省份对电力设施周边的爆破作业要求更加严格。这些法规条例在很大程度上限制了爆破技术的应用范围，也增加了爆破作业行政审批的难度。

针对工程爆破对周边高压输电铁塔等建(构)筑物的影响问题,一方面,有关学者以铁塔为研究对象,分析了其在爆破振动作用下的动力响应特征,并评估其安全稳定状态。张鹏研究发现,在爆心距为 50~60 m 时,隧道的爆破振动已经对铁塔影响很小,建议采用 50 m 作为分界线来调整爆破方案。肖欣欣等利用 FLAC3D 软件对隧道附近高压输电铁塔受到爆破振动的影响情况进行数值分析,并与现场实测数据对比,得出振速与测点距隧道开挖中线的距离呈负相关这一结论。樊浩博、曲勰等采用数值模拟和有限元分析,研究了隧道掘进爆破对临近高压铁塔的振动影响,为实际工程安全施工提供了理论依据。另一方面,更多学者从隧道爆破技术出发,通过爆破振动监测优化爆破参数和爆破网路,实现主动降振。K. Iwano 等研究了电子雷管延期时间对隧道爆破振动波叠加效应的影响,确定最佳的爆破网路延期间隔时间,降低了地表爆破振动效应。Xiaoxu Tian 等对某隧道爆破振动数据进行频谱、小波包分析,研究不同区域振动频率和能量的变化特征,并提出爆破减振方案,将隧道周边建筑物的质点振动速度控制在 1.12 cm/s 以内。

如何实现基于临近高压铁塔安全保护的隧道爆破振动主动控制,以及研究铁塔在爆破振动作用下的动力响应特性,对丰富爆破工程理论和扩大爆破工程应用范围具有重要意义。本文结合某下穿高压铁塔高速公路隧道爆破工程,通过合理的爆破设计,进行现场爆破振动监测及数据分析,探讨了临近高压输电铁塔在隧道钻爆开挖施工中的振动响应规律,并提出了降低爆破振动的措施,确保了高压铁塔的安全运营,可为类似隧道工程提供参考。

1　工程概况

重庆市某高速公路工程,设计行车速度为 80 km/h,分离式、小净距隧道段采用单心圆曲边墙结构,拱部采用 $R=555$ cm 单心圆,边墙采用 $R=850$ cm 圆弧,仰拱采用 $R=1500$ cm 圆弧,仰拱与边墙间采用 $R=120$ cm 小半径圆弧连接,总高 8.65 m,内轮廓开挖断面宽度 11.84 m,开挖断面面积约 101 m²。该工程二标段中的黄石隧道单线长度为 2505 m,隧道纵坡为下坡,纵坡坡度为 -1.07%,平面呈弧线形展线,最大埋深约 279 m。

黄石隧道右线出口左侧斜坡面上,距洞口 180 m 左右,距离隧道中线约 51 m 处有一座 220 kV 高压线铁塔,塔高 40 m。铁塔基础为混凝土基础,与隧道拱顶垂直净距为 78 m,隧道开挖边线距塔基最小水平距离约为 45 m。铁塔地面高程为 118.8 m,隧道地面高程为 40.8 m,两者直线距离最小值约为 90 m。隧道线位与高压线铁塔相对位置关系如图 1 所示。

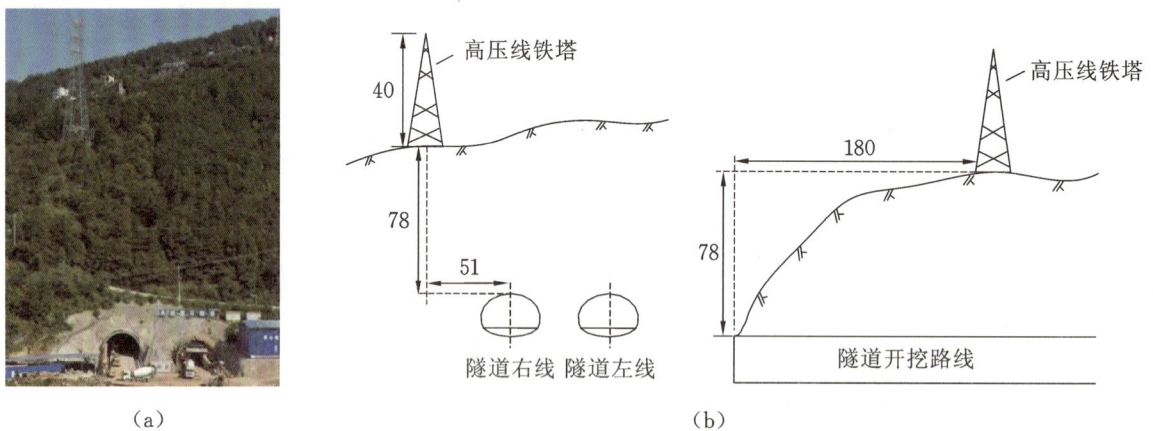

图 1　高压铁塔位置示意图(单位:m)

(a) 实景图;(b) 示意图

1.1　地质岩性

黄石隧道沿线区域Ⅳ级围岩占比约 90%,以粉砂质泥岩为主,节理裂隙较发育,岩体破碎,多呈碎石状碎裂结构,完整性系数为 0.63～0.64;岩体富水性弱,围岩的稳定性相对较好。其余Ⅴ级围岩段以粉质黏土及粉砂质泥岩为主,岩土体富水性弱;泥岩呈碎块状松散结构,受风化作用影响相对较大,裂隙较发育,故稳定性差。隧道出口铁塔下方隧道洞身段主要为Ⅳ级围岩,岩体较完整。

1.2 隧道爆破设计

黄石隧道左右线均从隧道出口同向掘进,先开挖左线隧道,再开挖右线隧道,以减小对铁塔的振动影响。由于隧道洞口上方有乡村水泥公路,对洞口以机械开挖掘进 20 m 范围后,遇坚硬岩石段,辅以三台阶法松动爆破掘进,循环进尺设置为 2.0 m。掘进至 50 m 深度后的Ⅳ级围岩段,改用上下台阶法爆破掘进,循环进尺设置为 3.0 m。

1.2.1 炮孔布置

隧道掘进爆破炮孔直径为 40 mm,周边眼钻孔垂直深度为 3.3 m,上下台阶法炮孔布置如图 2 所示。掏槽孔采用单式楔形掏槽,布置在上台阶掌子面中央及偏下的位置,共设置 12 个掏槽眼,掏槽孔深度为 4.8 m。周边孔孔口距离开挖边界线 10 cm,钻孔时略向外倾斜,孔底在同一平面处;辅助孔从掏槽孔向四周均匀布置。

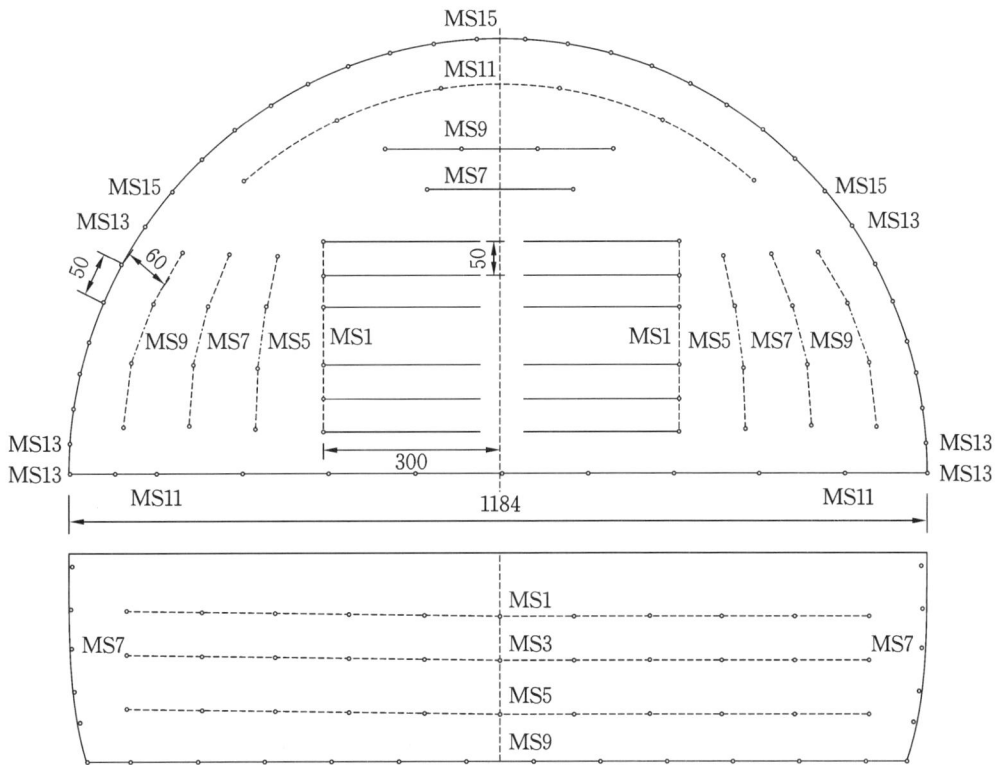

图 2 炮孔布置图(单位:cm)

1.2.2 装药形式

药卷采用直径为 32 mm 的乳化炸药,掏槽孔、辅助孔采用连续装药结构形式,周边孔采用不连续装药结构形式,孔内采用反向起爆方式。

1.2.3 起爆网路

起爆网路采用孔内延时毫秒微差非电导爆管起爆网路,孔外采用瞬发导爆管雷管点火起爆。孔内采用 MS1—MS15 毫秒雷管起爆,跳段使用。起爆网路如图 2 所示。

隧道Ⅳ级围岩断面上下台阶爆破参数如表 2 所示。上台阶合计 91 个炮孔,总装药量为 144 kg,炸药单耗约为 0.8 kg/m³。下台阶采用左右错进方式爆破掘进,单次爆破实际总装药量减半。

表 2　隧道Ⅳ级围岩断面上下台阶法开挖爆破参数表

部位	炮孔名称	炮孔个数	雷管段别	炮孔深度(m)	单孔装药量(kg)	总装药量(kg)
上台阶	掏槽孔	12	1	4.8	2.1	25.2
	第二圈眼	8	5	3.3	1.8	14.4
	第三圈孔	10	7	3.3	1.8	18.0
	第四圈孔	12	9	3.3	1.5	18.0
	第五圈孔	6	11	3.3	1.5	9.0
	底板孔	9	11	3.3	1.8	16.2
	周边孔-帮	14	13	3.3	1.2	16.8
	周边孔-角	2	13	3.3	2.4	4.8
	周边孔-顶	18	15	3.3	1.2	21.6
下台阶	掘进孔	11	1	3.3	1.5	16.5
	掘进孔	11	3	3.3	1.5	16.5
	掘进孔	11	5	3.3	1.5	16.5
	周边孔	10	7	3.3	1.2	12.0
	底板孔	13	9	3.3	1.2	15.6

2　爆破振动监测与分析

2.1　测点布置

为了保障地表高压输电铁塔的安全,在每次进行右线隧道上台阶掌子面爆破作业时,对铁塔进行振动监测。在铁塔塔基上表面布置 1 个振动监测点,现场监测示意图如图 3 所示。监测仪器为加拿大 Instantel 公司生产的 Micromate 便携式爆破振动监测仪,采集精度高,可满足本工程的监测需求。

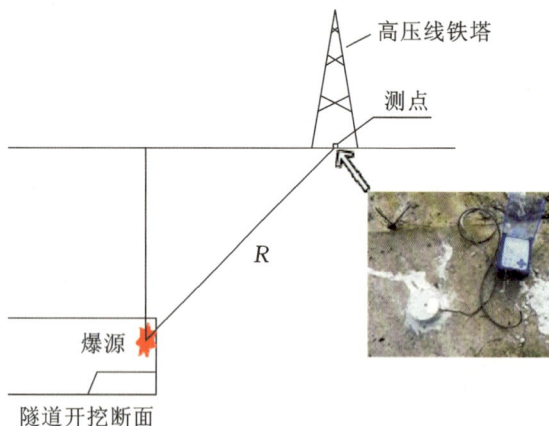

图 3　铁塔基础监测点布置图
R—直线距离(m)

2.2　振动数据分析

为了保证采集到的振动信号的有效性和振动波形的完整性,设置的触发电平为 0.5 mm/s,采样频率 4096 sps,监测周期为 3 s,延时设置为 −0.5 s。在隧道右洞上台阶爆破开挖掌子面达到离高压线铁塔直线距离最近的位置前,总共进行了 25 次振动监测,去除 2 组误差较大的数据,余下的 23 组振动数据统计结果如表 3 所示。

表 3　上台阶爆破铁塔测点振动速度及主频

最大单响药量 Q/kg	直线距离 R/m	比例药量 /(kg$^{1/3}$/m)	振动速度峰值 PPV/(cm/s)			振动主频 f/Hz			振动峰值合速度 v/(cm/s)
			水平径向	水平切向	竖直方向	水平径向	水平切向	竖直方向	
15.75	182.38	0.0137	0.09	0.12	0.23	25.0	14.3	28.1	0.26
15.75	171.37	0.0146	0.09	0.10	0.32	21.1	30.6	41.0	0.33
15.75	168.65	0.0149	0.14	0.15	0.31	19.1	20.3	25.6	0.32
25.2	160.62	0.0183	0.25	0.21	0.40	18.1	34.1	52.5	0.41
25.2	157.98	0.0186	0.14	0.13	0.36	37.2	20.1	41.8	0.38
25.2	152.76	0.0192	0.35	0.14	0.40	48.8	33.0	66.1	0.41
25.2	137.72	0.0213	0.01	0.17	0.42	19.9	18.5	35.4	0.43
25.2	135.31	0.0217	0.20	0.22	0.46	33.0	50.0	46.5	0.46
25.2	132.94	0.0221	0.28	0.27	0.28	20.5	28.6	32.4	0.48
25.2	128.31	0.0228	0.37	0.37	0.53	32.5	66.1	49.5	0.54
25.2	126.05	0.0233	0.25	0.18	0.50	28.4	30.6	53.9	0.51
25.2	119.53	0.0245	0.40	0.17	0.59	15.3	46.5	51.2	0.60
25.2	117.45	0.0250	0.18	0.20	0.61	47.6	22.5	49.6	0.63
25.2	115.42	0.0254	0.18	0.32	0.51	33.6	51.2	52.5	0.54
25.2	111.53	0.0263	0.16	0.26	0.65	23.3	26.5	33.6	0.65
25.2	109.67	0.0267	0.18	0.31	0.66	22.8	9.5	36.6	0.67
25.2	107.88	0.0272	0.56	0.38	0.68	21.6	16.7	37.2	0.72
25.2	106.15	0.0276	0.28	0.27	0.63	25.3	29.3	73.1	0.64
25.2	104.49	0.0281	0.30	0.37	0.78	25.3	29.3	73.1	0.78
25.2	101.39	0.0289	0.24	0.19	0.63	19.5	70.6	48.8	0.66
25.2	98.62	0.0297	0.39	0.49	0.80	23.5	25.3	51.2	0.85
25.2	97.36	0.0301	0.52	0.31	0.79	28.4	32.5	33.0	0.79
25.2	96.18	0.0305	0.24	0.44	0.78	28.8	53.9	58.5	0.83

采集得到的振动主频 f 共 69 个数据,分布情况见表 4。可见,该隧道右线爆破作业时上部高压线铁塔塔基的振动主频 f 主要分布在 10～50 Hz;同时,各组数据不同方向的振动主频存在一定的差异,总体上竖直方向的振动主频大于水平方向的振动主频,竖向振动主频为 26.5～73.1 Hz;各方向振动主频与爆心距没有明显的线性关系,这主要与不同围岩段岩性、结构面裂隙等因素有关。

表 4　振动主频分布情况

振动主频 f/Hz	数据/个	占比/%
$f \leqslant 10$	1	1.45
$10 < f \leqslant 50$	55	79.71
$f > 50$	13	18.84

分析表 3 中最大单响药量 25.2 kg 工况下各组振速峰值数据,可以得到:随着隧道掌子面的不断掘进,爆源到高压线铁塔塔基的直线距离(爆心距)不断减小,塔基处测点竖直方向的振速峰值和振动合速度均呈增大趋势,变化趋势呈非线性,水平方向振速峰值随爆心距变化的趋势不明显;同时,竖直方向的振速峰值均大于水平径向和水平切向的振速峰值,表明在隧道爆破作业时,要重点关注高压铁塔塔基竖直方向的振动危害,必要时,可采取相关措施以防止塔基土壤介质的沉降。表 3 中监测得到的振动峰值合速度最大值仅为 0.85 cm/s,且在实际爆破过程中,未见高压线铁塔产生任何轻微晃动,说明在本工程隧道爆破参数条件下,爆破振动对高压线铁塔的影响较小。

2.3 振动波形分析

监测得到的典型爆破振动波形($R=135.31$ m 工况下)如图 4 所示,整个衰减持续时间约为 1.0 s,可明显分辨出各段别的爆破振动波形的衰减时程,且各段别的振速峰值呈现递减趋势;各方向的振速峰值均出现在 MS1 段,这是由于掏槽孔起爆药量最大,加上 MS1—MS5 段雷管延期间隔时间短,存在振动波形的叠加。由于采用 MS1—MS15 多段别延期起爆网路,随着高段位雷管段间间隔时间的增加,振动持续时间逐渐增长,各分段振动波的叠加程度依次减弱,前一段振动波波峰与后一段振动波波峰相遇的概率降低,从而达到降低峰值振速的效果。因此,采用多段别延期起爆网路,严格控制低段别雷管的最大起爆药量,在一定程度上可有效控制高压线铁塔处的爆破振动。

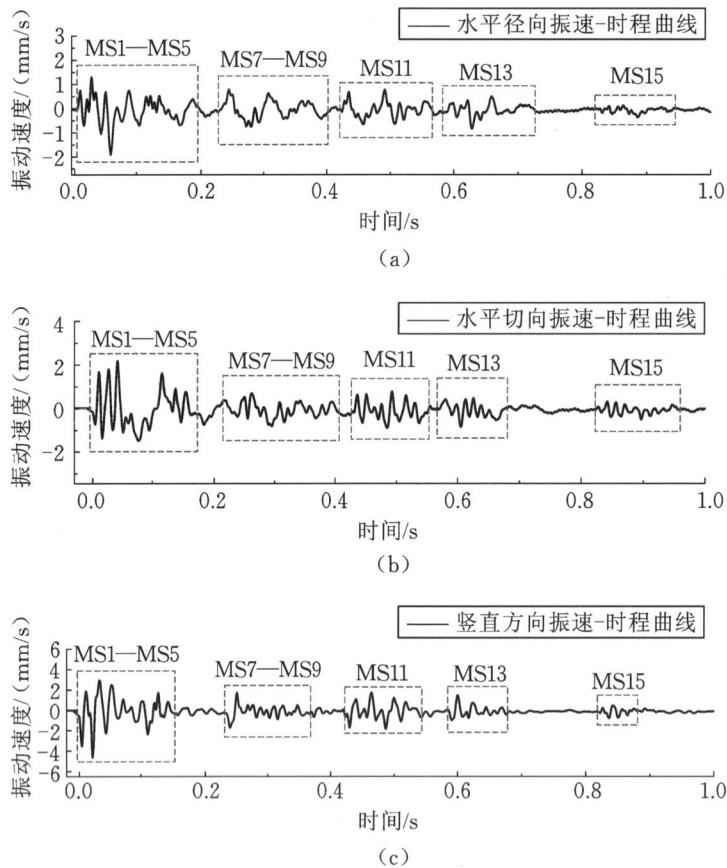

图 4 测点爆破振动时程曲线

(a) 水平径向;(b) 水平切向;(c) 竖直方向

由前面数据分析可知,各组测点竖向振速值最大,鉴于篇幅有限,选取直线距离分别为 135.31 m、117.45 m、96.18 m 三组爆破振动信号,对其竖向振动数据进行 FFT 变换处理,得到的频谱图如图 5 所示。由频谱图可看出:各测点的竖向振动频率成分较为复杂,这主要受隧道围岩裂隙较发育这一特点影响;测点主频主要集中在 10~65 Hz,符合隧道爆破主频分布范围;随着爆心距的减小,各测点的最大振幅值逐渐变大,能量集中带逐渐向低频发展,更容易达到铁塔等构筑物的自振频率范围,因此要加强高压线铁塔近距离隧道段爆破时的振动监测。

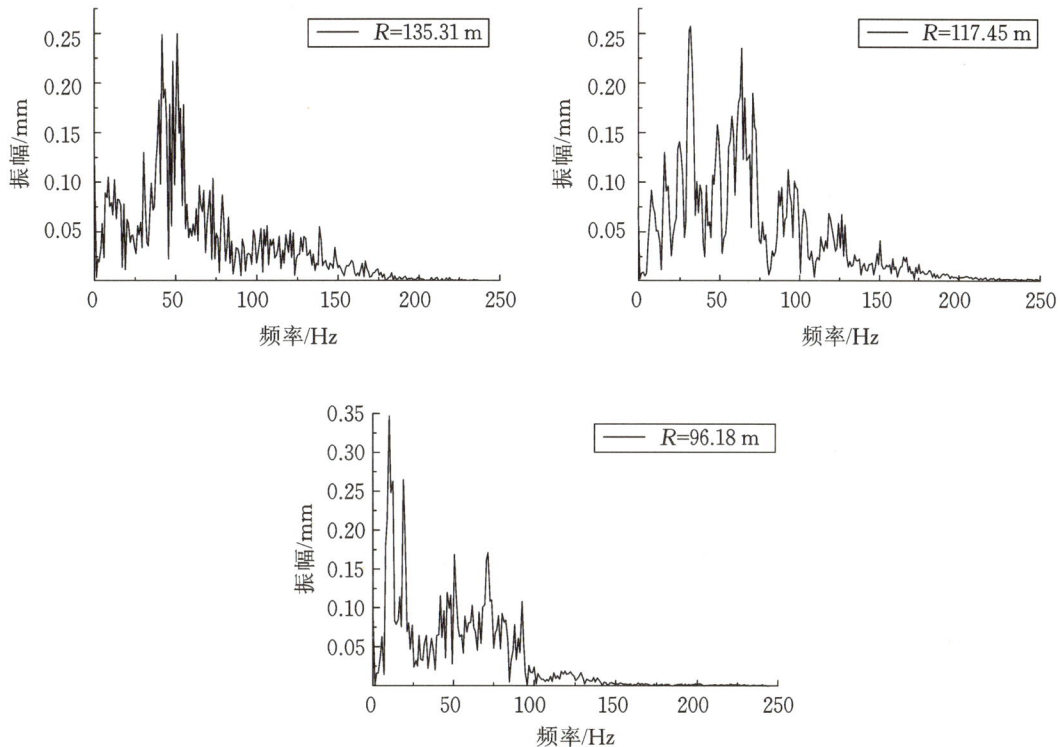

图 5 测点竖向振动信号的频谱图

3 振动数据拟合

由于爆破现场地形复杂,影响爆破振动强度的因素多,目前,国内外学者多采用萨道夫斯基经验公式来表述爆破振动强度,对爆破地震安全距离与质点振动速度进行计算分析。因此,基于表 3 中最大单响药量为 25.2 kg 工况下的 20 组振动数据,采用萨道夫斯基经验公式进行非线性拟合,进行现场爆破特性规律的分析及研究。萨道夫斯基经验公式为:

$$v = k\left(\frac{\sqrt[3]{Q}}{R}\right)^{\alpha} \tag{1}$$

式中,v 为地震波波速,cm/s;Q 为最大单响药量,kg;R 为爆源中心到测点的直线距离,m;k、α 为场地相关系数,与介质和爆破条件因素有关。

由于拟合数据的最大单响药量一定,只有直线距离(爆心距)一个变量,对式(1)进行参数等效替代,简化函数形式,令振动合速度 $y=v$,比例药量 $x=\frac{\sqrt[3]{Q}}{R}$。

拟合结果如图 6 所示,得到的拟合公式为:

$$y = 169.9\left(\frac{\sqrt[3]{Q}}{R}\right)^{1.53} \tag{2}$$

数据拟合相关系数 $R^2 = 0.913$,表明监测数据的拟合效果较好,式(2)可反映出本工程隧道爆破作用下质点振动速度与爆心距、最大单响药量之间的一般规律。

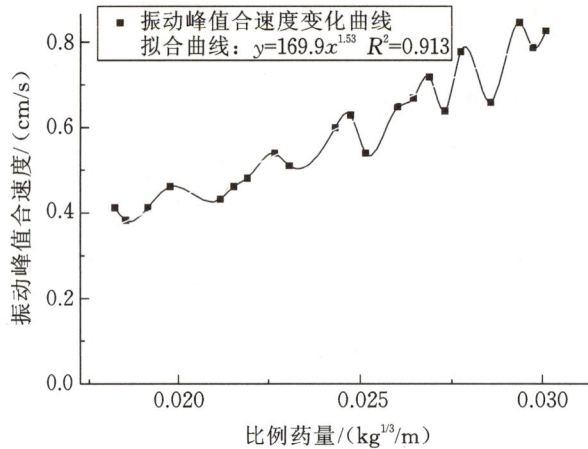

图 6　振动峰值合速度拟合曲线

4　结论

经过下穿高压线铁塔高速公路隧道百余次爆破实践,以及对爆破振动现场监测,分析爆破作用下高压线铁塔塔基的振动响应数据,可以得出以下结论:

(1)测点振动频率成分较为复杂,振动主频的主要分布范围为 $10\ Hz < f \leqslant 50\ Hz$,占比 79.71%;塔基质点竖直方向的振速峰值最大,其随爆心距的变化趋势符合爆破地震波传播衰减规律;采取多段别延期爆破网路和控制最大单响药量等措施,以降低隧道爆破对高压线铁塔的振动危害。

(2)通过数据拟合,得出本工程条件下隧道爆破质点振动传播规律及萨道夫斯基经验公式。

(3)开展单循环 200 kg 工业炸药量级的隧道掘进爆破作业,爆破振动对净距 100 m 处高压输电线铁塔的影响甚微。通过对爆破振动和位移沉降的实时观测,可反馈铁塔的安全运营状态,建议电力行政主管部门适当放宽电力设施周边爆破作业的管控范围。

城市复杂环境下敞开式盾构
隧道硬岩松动爆破

王　威[1,2,3]　黄小武[1,2,3]　姚颖康[1,2,3]
伍　岳[1,2,3]　徐华建[1,2,3]　岳端阳[1,2,3]

(1.江汉大学　湖北(武汉)爆炸与爆破技术研究院,武汉 430056;2.爆破工程湖北省重点实验室,武汉 430056;
3.武汉爆破有限公司,武汉 430056)

摘　要:盾构法掘进施工中孤石和基岩侵入已成为影响掘进效率、造成掘进成本提升的重要影响因素。结合城市复杂环境下敞开式盾构隧道硬岩爆破工程实践,本文具体介绍了盾构隧道硬岩松动爆破参数设计选取方法和安全防护措施,并采用 LS-DYNA 动力学有限元软件对爆破参数合理性进行了数值仿真验算。爆破效果表明:爆破后掌子面存在部分爆坑,裂隙呈龟裂状,为盾构掘进提供了良好的作业条件,有效地提高了掘进效率。相比于普通矿山法和地面钻孔法施工,松动爆破法可减少隧道超挖现象,对周边结构影响较小,可实现盾构隧道安全、高效和连续掘进的目标。

关键词:盾构隧道;松动爆破;数值模拟;爆破参数;爆破效果

Loosening blasting of hard rock in open shield
tunnel under complex urban environment

WANG Wei[1,2,3]　　HUANG Xiaowu[1,2,3]　　YAO Yingkang[1,2,3]
WU Yue[1,2,3]　　XU Huajian[1,2,3]　　YUE Duanyang[1,2,3]

(1. Hubei(Wuhan) Explosions and Blasting Technology Institute of Jianghan University,Wuhan 430056,China;
2. Hubei Key Laboratory of Blasting Engineering,Wuhan 430056,China;
3. Wuhan Explosions and Blasting Corporation Limited,Wuhan 430056,China)

Abstract:Boulders and bedrock intrusion in shield tunneling has become an important factor affecting tunneling efficiency and leading to the increase of tunneling cost. Combined with the engineering practice of hard rock blasting of open shield tunnel under complex urban environment,the design and selection method of hard rock blasting parameters of shield tunnel and safety protection measures were introduced in detail. In addition,the rationality of the blasting parameters was verified by numerical simulation using LS-DYNA dynamic finite element software. The blasting results show that there are some blasting craters with scattered cracks in the tunnel face after blasting,which provides good working conditions for shield tunneling and effectively improves the tunneling efficiency. Compared with the common mining method and the ground drilling method,loosening blasting can reduce the overbreak phenomenon of the tunnel with less influence on the surrounding structures. It can also realize the goal of safe,efficient and continuous excavating of shield tunneling,which can be reference for the design and construction of similar projects.

Keywords:Shield tunnel; Loosening blasting; Numerical simulation; Blasting parameter; Blasting effect

本文原载于《爆破》2021 年第 38 卷第 1 期。

在城市发展过程中,越来越多的地下工程采用盾构法掘进施工。在盾构施工中,敞开式盾构由于工作面支撑方式及工艺简单、灵活性高,常用于较小断面软弱岩层隧道的开挖。但在实际施工中,经常会遇到球状风化孤石和基岩侵入问题,使得开挖断面内岩石强度差异大,造成盾构掘进受阻,掘进效率低下,作业成本显著提升。

在盾构法施工中,基岩及孤石较多采用爆破法处理,主要目的是破坏岩石完整性,增加岩石节理裂隙,降低岩石强度。为了降低掌子面钻孔爆破对盾构设备的影响,近年来,施工人员更多地采取地面直接钻孔,采用合理的爆破参数对盾构施工中遇到的坚硬球状花岗岩体和坚硬基岩凸起进行爆破破碎,使破碎后的粒径满足盾构机出碴口的需要。目前,地面钻孔爆破技术已成为盾构隧道中处理孤石、基岩侵入常用的预处理办法。

但是,在地面钻孔处理硬岩的过程中,由于钻孔孔径大、深度深、装药量大,不仅造成资源浪费,而且无法精确地判定岩石形状和爆破后破碎效果。同时,深孔爆破会对隧道周围岩体和周边结构造成振动和损伤。为了降低爆破对周边环境的影响,采用矿山法爆破的破岩方式,确保爆破后工作面岩石达到一定的破坏程度,又不会因岩石抛掷而对盾构设备造成破坏,结合盾构法和矿山法两者的优势,实现隧道安全、高效、快速掘进。结合公司在城市复杂环境条件下的敞开式盾构隧道掌子面硬岩爆破施工实践,采用数值模拟方法,验证敞开式盾构掘进掌子面硬岩爆破设计参数的合理性,探究掌子面岩石破碎规律,为城市复杂环境下敞开式盾构隧道硬岩处理提供了新的设计施工思路。

1　工程背景

两湖泵站周边配套管网工程位于武汉市洪山区,隧道全长3.3 km,分为盾构段和顶管段施工。其中盾构隧道区间全长1.6 m,周边分布有锦绣龙城小区高楼、高压电线,紧邻武汉市三环线(龙城路至周店路区间段),交通流量大。隧道走向上有220 kV高压线铁塔,距锦绣龙城小区住宅楼及地下停车场最近为17.6 m,距离三环线最近20 m。

盾构隧道采用敞开式盾构(半机械挖掘式)法施工,隧道截面直径为4.0 m,线路埋深15.1～20.0 m。其地质情况大致分为两段:一段软土地层,主要穿越黏土、红黏土,全程750 m;另一段为岩层地质,主要穿越中风化石灰岩、中风化石英砂岩、中风化砂岩、中风化泥岩和中风化泥质砂岩等,岩层地质全长885 m,节理较发育,但多被方解石脉充填,岩芯表面少见溶蚀现象,岩芯多呈短柱状及碎块状,取芯率为70%～90%。岩体较完整,最大强度为103 MPa,属较硬岩,基本质量等级为Ⅲ级。在施工过程中,由于部分区间岩石较硬,严重影响盾构施工速度,为了加快施工进度,拟采用爆破方式辅助岩石破碎,加快施工进度。盾构岩石地质剖面见图1。

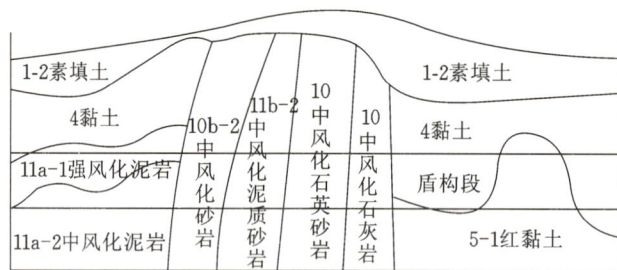

图1　盾构岩石地质剖面

2　盾构隧道岩石爆破技术分析

炸药在岩体中爆炸后,将岩体的变形与破坏分为以下几个区域:爆炸空腔($r<a$)、破碎区($a \leqslant r<b$)、径向裂隙区($b \leqslant r<c$),以及径向裂隙区之外的弹性区($r \geqslant c$)。岩石破坏分区见图2。

根据理论公式推导,得到最大分区半径a_{max}、b_{max}和c_{max}的计算公式

$$\frac{P_0}{\sigma_0} M^{\frac{a_3}{2}} = \left(\frac{a_{max}}{a_0}\right)^{2\gamma-a_3} \cdot \left[\left(\frac{a_{max}}{a_0}\right)^2 - 1\right]^{\frac{\alpha}{2}} \tag{1}$$

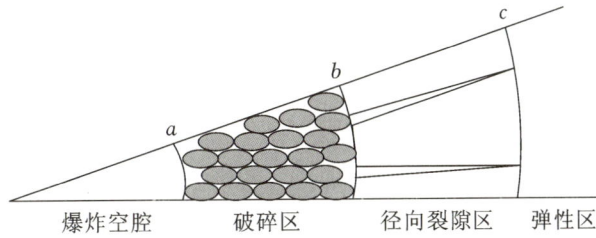

图 2 岩石破坏分区

式中，$\alpha_3 = \alpha_1/(1+\alpha_1) = 2\sin\varphi/(1+\sin\varphi)$；$M = \dfrac{G\sigma_1}{\sigma_c(\sigma_c+\sigma_t)}$。

$$\frac{b_{max}}{a_0} = \sqrt{M} \cdot \sqrt{\left(\frac{a_{max}}{a_0}\right)^2 - 1} \tag{2}$$

$$\frac{c_{max}}{a_0} = \frac{\sigma_c+\sigma_t}{\sigma_t} \cdot \frac{b_{max}}{a_0} \tag{3}$$

式中，P_0 为荷载，kN；a_0 为装药半径，cm；σ_t 为岩石的单轴拉伸强度，MPa；σ_c 为岩石的单轴抗压强度，MPa；G 为岩石的剪切模量，GPa；γ 为剪切变形变化率，%；φ 为内摩擦角，°。若采用水平钻孔方式，钻凿直径为 42 mm，计算得到中风化岩石的破坏分区半径为 $a_{max}=2.4$ cm，$b_{max}=9.8$ cm，$c_{max}=42.6$ cm。

3 施工方法与爆破参数

在盾构机掘进作业中，盾构机前段设备较多，包括液压挖掘机、皮带输送机、管片安装机以及操作室等，其中包含了较多的精密液晶显示设备，为了保证设备安全，不造成经济损失以及不影响工程的正常进行，采用掌子面松动爆破方法，增加岩石节理裂隙，降低岩石强度，对爆破松动深度和范围进行有效控制，避免爆破岩石抛掷，做到炸而不飞，保证盾构机顺利地开展工作。

爆破参数的选择直接影响到松动爆破的效果和盾构机是否可以顺利地开展掘进工作，炮孔布置遵循"少打孔，弱爆破"的设计原则，以最少的成本实现最快的掘进效率。结合前述计算数值，炮孔间距设计为：掏槽孔孔距 80 cm，炮孔深度 2.2 m；辅助孔孔距 95 cm，炮孔深度为 2.0 m。鉴于隧道底部为敞开式盾构机较难开挖区域，布孔相对密集，底部周边孔孔距 65 cm，炮孔深度为 2.0 m。将整个掌子面分为上下两个区域，下部区域由中心向外分为掏槽孔、辅助孔和周边孔三层。为了防止上部区域产生飞石，布置两排炮孔。炮孔布置图如图 3 所示。

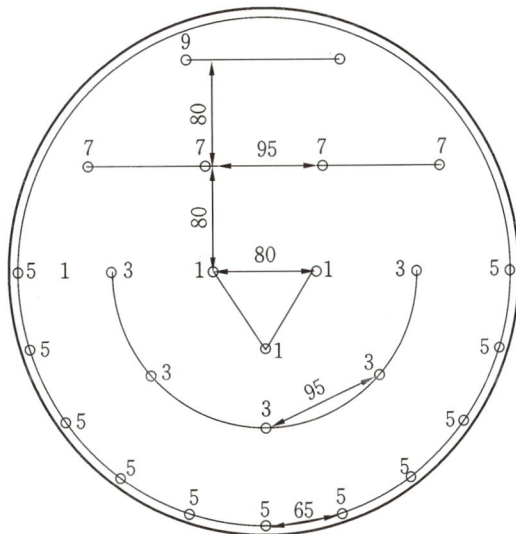

图 3 隧道开挖布孔及起爆网路示意图(单位：cm)

掏槽孔单孔装药量为 1200 g,采用连续装药结构;辅助孔及上部区域炮孔单孔装药量为 900 g,采用分段装药结构,炮孔底部装药 600 g,采用炮泥间隔 50 cm,再装药 300 g,剩余部分采用炮泥进行堵塞;底部周边孔单孔装药量均为 600 g,采用分段装药结构,炮孔底部装药 300 g,采用炮泥间隔 50 cm,再装药 300 g,剩余部分采用炮泥进行堵塞。每循环进尺累计装药量为 19.2 kg,平均炸药单耗约为 0.76 kg/m³。在堵塞作业中,要保证堵塞质量和长度,防止冲孔。起爆网路采用孔内延时毫秒非电导爆管起爆网路,MS1 至 MS9 段雷管起爆,跳段使用。炮孔起爆网路顺序见图 3。

为了确保爆破安全,采用废弃运输皮带制成卷帘悬挂在盾构机前部机头部位进行安全防护,皮带采用铁丝串联在一起,防护示意图如图 4 所示。

4 数值仿真验算与分析

4.1 模型建立

为验证盾构隧道岩石爆破参数的合理性,探索岩石爆破破碎规律,采用 LS-DYNA 动力学有限元软件进行数值仿真验算。为简化计算模型,提升计算效率,选取盾构隧道的一个爆破断面,构建 1/2 单层实体网格模型,如图 5 所示。隧道计算模型半径为开挖半径的 1.5 倍,选用 SOLID164 六面体单元对整个模型进行网格划分,单元尺寸为 2 cm,炮孔单元局部细化处理,得到单元数为 12576,节点数为 25506。

图 4 盾构机前端皮带防护示意图

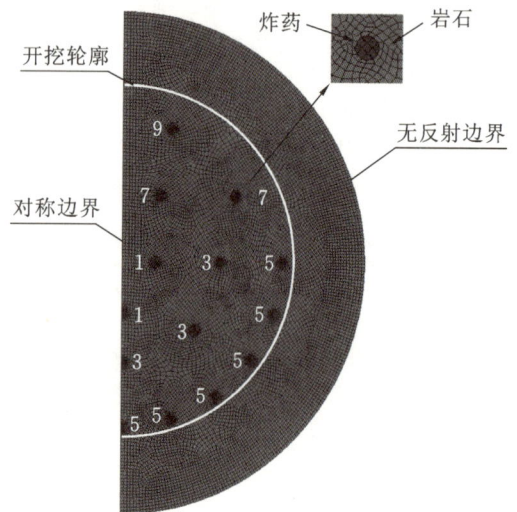

图 5 盾构隧道 1/2 单层实体网格模型

利用状态方程模拟爆炸过程中的压力与体积的关系,通常有 Lagrange、Euler 和 ALE(Arbitrary Lagrange-Euler)3 种算法可供选择。其中,Euler 算法要求建立炸药爆炸的作用空间,单元数量剧增,影响计算效率;ALE 算法的计算参数较多且敏感性较大,时常出现负体积或节点速度无限大的情况而导致计算中止;采用 Lagrange 算法,通过合理地划分单元,可得到与实际接近的爆破效果。

炸药材料模型选用 * MAT_HIGH_EXPLOSIVE_BURN 材料模型,2# 岩石乳化炸药的密度为 1090 kg/m³,炸药爆速 4000 m/s,爆压 4.36 GPa。采用 JWL 状态方程描述爆轰产物中压力和内能及爆轰产物的相对体积之间的关系,参数见表 1。

$$P = A\left(1 - \frac{\omega}{R_1 V}\right)e^{-R_1 V} + B\left(1 - \frac{\omega}{R_2 V}\right)e^{-R_2 V} + \frac{\omega E}{V} \tag{4}$$

式中,V 为爆轰产物的相对体积;E 为爆轰产物的比内能,GPa;A、B 为常数,GPa;R_1、R_2 为无量纲常数;ω 为 Gruneisen 参数。

表 1　爆轰产物状态方程参数

A/GPa	B/GPa	R_1	R_2	ω	E/GPa	V
214	18.2	4.2	0.9	0.15	4.19	1.00

　　岩石材料模型选用 * MAT_JOHNSON_HOLMQUIST_CONTRETE（简称 JHC 模型），通过压力、应变率和损伤的函数来表示等效应力。其中，压力表示为体积应变（包含破碎形态）的函数；累积损伤通过塑性体积应变、等效塑性应变和压力三个变量来衡量。岩石物理力学参数见表 2。

表 2　岩石物理力学参数

$\rho/(cm/s^3)$	G/GPa	A	B	C	N	FC/MPa	T/MPa	ε	EFMIN
2400	14.8	0.79	1.60	0.007	0.61	48.0	4.0	1.0	0.01
SFMAX	PC/MPa	UC	PL/MPa	UL	D_1	D_2	K_1/GPa	K_2/GPa	K_3/GPa
7.0	16.0	0.001	800	0.1	0.04	1.0	85.0	−171.0	208.0

$$\sigma^* = [A(1-D)+BP^{*N}][1-c\ln(\dot{\varepsilon}^*)] \tag{5}$$

式中，D 为损伤参数；$P^* = P/f_c'$ 为标准化的压力，kN；$\dot{\varepsilon}^* = \dot{\varepsilon}/\dot{\varepsilon}_0$ 为应变率，无量纲单位。

4.2　数值模拟结果分析

　　按照爆破设计的炮孔起爆顺序设置各炮孔延期时间，隧道断面岩石破碎模拟过程如图 6 所示。可见中部 3 个掏槽孔最先起爆后，爆炸应力波以球面波的形式向外传播，炮孔周围岩石开始出现裂纹并破碎，随着应力波的传播，破碎区域（包含裂纹区）不断扩大。50 ms 时刻，下部区域 5 个辅助孔开始起爆，炮孔周围出现破碎区并向外发展。110 ms 时刻，下部区域周边孔开始起爆，出现破碎区；在 140 ms 时刻，掏槽孔炸药应力波在中部岩石区域相互叠加，出现应力集中。上部区域的两排炮孔相继在 200 ms、310 ms 时刻开始起爆，在爆炸应力波的作用下，炮孔周围相继形成破碎区。同时，周边孔孔间应力波开始叠加，出现明显的应力集中，裂纹相互贯通。随着应力波在传播过程中的不断衰减，爆炸产生的拉伸应力波小于岩石的抗拉强度，各炮孔的破碎区域不再扩大。

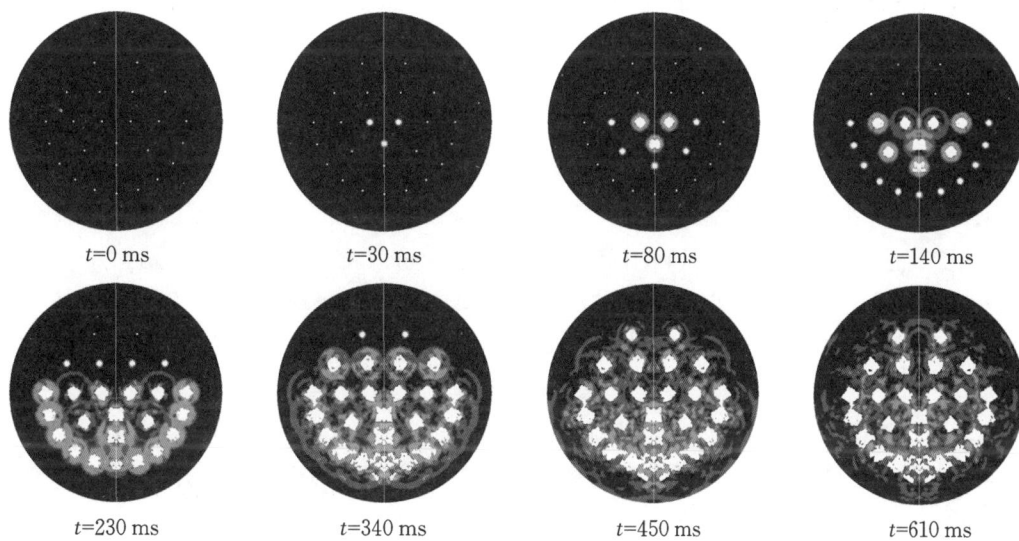

t=0 ms	t=30 ms	t=80 ms	t=140 ms
t=230 ms	t=340 ms	t=450 ms	t=610 ms

图 6　隧道断面岩石破碎过程模拟结果

　　图 7 所示为隧道断面爆破模拟效果，整个断面内的炮孔周围区域均发生不同程度的破碎，破碎区直径为 40～55 cm；上部区域炮孔破碎区域未超出隧道断面开挖轮廓线，基本不伤害上部围岩，确保顶

部围岩的完整性；下部区域 1 号和 2 号周边孔之间贯通，其余周边孔有沿着轴向贯通的趋势，这是由于周边孔之间有应力集中过程，促进周边孔之间岩石的裂纹扩展。下部周边孔破碎区域超出开挖轮廓线，有一定程度的超挖，对图 7 中 1 至 6 号周边孔的超挖值进行测量，测量结果分别为 8.50 cm、9.14 cm、8.69 cm、9.12 cm、9.81 cm、16.10 cm，其中 6 号周边孔受到附近三个炮孔爆炸应力波的多次叠加汇聚，导致超挖量最大。综上所述，上文设计的爆破参数可以达到松动盾构隧道断面岩石的效果，以提升盾构机的掘进效率。

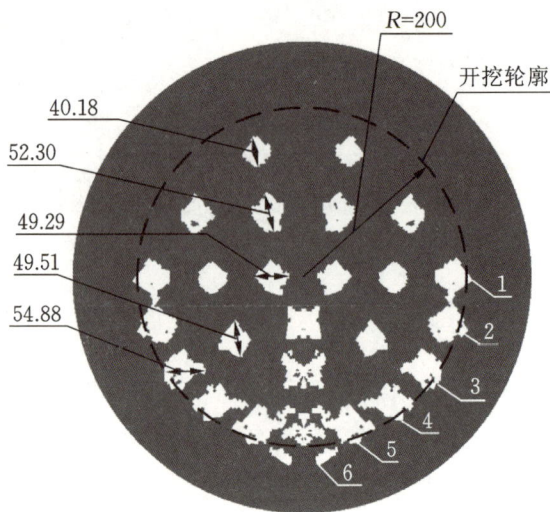

图 7　隧道断面爆破模拟效果图（单位：cm）

5　爆破效果分析

　　以上爆破施工方案在两湖泵站盾构隧道硬岩段进行了应用，经观察，爆破几乎无飞石产生（部分爆破产生个别飞石，被皮带卷帘挡住），液压挖掘机、皮带输送机、管片安装机以及操作室等其他精密液晶显示设备在每次爆破后都完好无损。爆破后掌子面存在部分小爆坑，炮孔周围均产生不同程度的破碎区域，裂隙呈龟裂状，爆破为盾构挖掘提供了良好的作业条件。上部区域炮孔破碎区域未超出隧道断面开挖轮廓线，隧道顶部围岩整体性好，可有效减少超挖现象，节约支护材料用量，抑制支护隧道变形。爆破效果与数值模拟结果相似，验证了数值模拟的合理性。

　　在未采用爆破方式辅助岩石破碎的情况下，敞开式盾构在硬岩中日均进尺不足 1 m，在采用松动爆破方式后，单次掘进进尺可达到 2.5 m，日均进尺可达到 5 m，有效地提高了掘进效率，降低了敞开式盾构的损坏程度。

　　根据爆破监测数据，小区绿道处（与爆破点的平均距离约为 25 m）爆破振动速度最大为 0.595 cm/s，小区住宅楼基础处（与爆破点的平均距离约为 35 m）爆破振动速度最大为 0.189 cm/s。综合监测数据表明，相比于普通矿山法和地面钻孔法施工，松动爆破炸药单耗小，对周边结构影响较小。

6　结论与建议

　　（1）采用松动爆破和敞开式盾构机结合的施工方案，可以将矿山法和盾构法的优缺点互补，有效地提高了敞开式盾构在硬岩中的掘进效率。并且，在保证爆破效果的基础上，可以有效降低爆破对围岩的扰动，减少超挖现象，节约支护材料用量，具有可观的经济效益。

　　（2）通过将数值模拟结果和实际施工对比，可以尝试在实际施工时，在原方案基础上将下部周边孔到开挖轮廓线的间距增大 10 cm，以控制超挖量。结合敞开式盾构机的特点进一步优化施工工艺，采用精细爆破技术进一步优化爆破参数，实现快速和连续地施工。

　　（3）充分考虑爆破诱发的诸如爆破振动和爆破飞石等有害效应，应从"主动控制"和"被动防护"两方面同时着手，主动控制为通过选取合理的爆破参数控制有害效应的产生，被动控制为采取有效防护措施对盾构设备和周边结构进行保护。

复杂环境下水下爆破振动效应控制技术

王洪刚[1]　王洪强[2]　陈郁华[3]　刘昌邦[1]

(1.武汉爆破公司（湖北武汉,430023）;2.北方爆破工程有限责任公司（北京,100089）

3.广东宏大广航工程有限公司（广东广州,510280）)

摘　要:混凝土浇筑施工期间,对爆破振动安全要求较高。在莆田 LNG 码头施工过程中,为了减少爆破振动对周边建筑物以及新浇筑混凝土罐体的影响,采取了设置减振孔、改变装药结构等减振措施。通过水下爆破实际应用,证明采用设置减振孔、改变装药结构等措施能够有效地减少爆破对新浇筑混凝土罐体的影响。

关键词:水下爆破;爆破振动;装药结构;减振孔

The control of the underwater blasting vibration effect in complex environment

WANG Honggang[1]　WANG Hongqiang[2]　CHEN Yuhua[3]　LIU Changbang[1]

(1. Wuhan Blasting Engineering Company (Hubei Wuhan,430023);

2. North Blasting Engineering Co. ,Ltd. (Beijing,100089);

3. Guangdong Hongda Guanghang Engineering Co. ,Ltd. (Guangdong Guangzhou,510280))

Abstract:During the construction of concrete pouring,the requirement is high to vibration safety. In Putian LNG-container pier,shock absorption holes and changing charge structure were used to decrease the effect of the blasting vibration to the surrounding buildings and the new pouring concrete. Through the practical application in the underwater blasting,shock absorption holes and changing charge structure can effectively decrease the influence of blasting.

Keywords:Underwater blasting;Blasting vibration;Charge construction;Shock absorption holes

引言

在 LNG 码头、接收站的建设过程中,LNG 地面全容式混凝土储罐因其储存物质的特殊性,对施工质量要求非常高,因此需要严格控制罐体浇筑过程中爆破振动对其的影响,以免混凝土浇筑过程中因爆破振动造成质量缺陷。本文结合莆田 LNG 码头工程施工,对水下爆破的减振措施做了分析。通过本工程证明,采取合理减振及合理安排施工顺序能够确保全容式混凝土储罐等建筑物的安全。

1　工程概况

本工程位于莆田市秀屿港,占地 0.37 km²,主要建设内容包括 LNG 专用码头、工作船码头、LNG 储罐及接卸气化设施等。LNG 专用码头为单泊位 T 型蝶翼布置码头,可以停靠(8.0~16.5)×10⁴ m³ 液化

本文原载于《爆破器材》2012 年第 41 卷第 2 期。

天然气船,栈桥长 345.5 m,停泊水域设计水深为 -13.8 m,基槽设计开挖深度为 -18.0～-26.0 m。液化天然气接收站建设两座 $16×10^4$ m^3 的地面全容式混凝土储罐。工作船码头长 105 m,其水下爆破施工区域距离寺庙最近约 70 m,其基础较为简单。LNG 专用码头水下爆破施工区域距离正在施工的全容式混凝土储罐最近处约 300 m。爆区具体环境详见图 1。

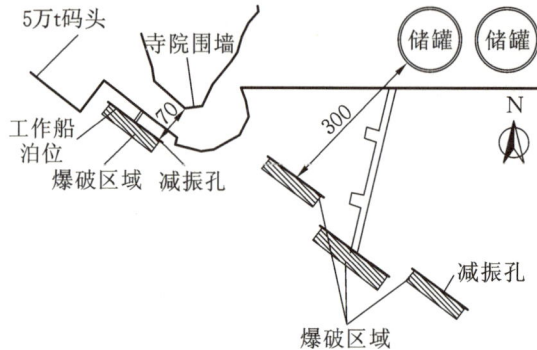

图 1　环境示意图(单位:m)

水下爆破区域工程地质以强风化花岗岩为主,部分区域为中风化及微风化花岗岩,岩层厚度为 0.5～5.0 m。LNG 专用码头的炸清礁量为 18605 m^3,工作船码头的炸清礁量为 1910 m^3。

2　施工方案与爆破参数设计

2.1　施工难点及总体施工方案

本工程水下爆破施工除满足设计图纸要求、确保工程质量外,其重点和难点是要保证施工区附近的寺庙和正在浇筑的全容式混凝土储罐的安全。工作船码头水下爆破施工区距离寺庙最近处 70 m,爆破施工中产生的爆破振动将对寺庙的块石基础产生影响。LNG 专用码头水下爆破施工区距离全容式混凝土储罐最近处约 300 m,施工期间正值全容式混凝土储罐施工高峰期,浇筑混凝土对爆破振动的要求比较严格,因此在施工过程中需要严格控制爆破振动对罐体的影响。

根据本工程的岩石性质以及岩层厚度,主要采用浅孔及中深孔爆破、孔间延时爆破施工方案,对于单孔药量超过安全药量的采用孔内延时的爆破方案。为了减小爆破地震波对寺庙、罐体的影响,采用设置减振孔、改变装药结构、合理安排爆破时间等多项措施。

2.2　施工船舶选择

根据施工环境和工程特点,选用大型漂浮式钻爆船进行施工,钻孔孔径为 115 mm。

2.3　测量定位

钻爆船采用 RTK-DGPS 定位,精度 ±3 cm。设立 RTK-DGPS 基准站控制点,由 RTK-DGPS 定位系统把钻爆船上的钻机孔位的平面位置在电脑显示窗口中显示。定位时移动锚具,使实测孔位与设计孔位点的平面偏差控制在 0.2 m 以内。

2.4　爆破参数设计

根据岩石性质、钻爆船的装备情况以及抓斗式清礁船对岩石破碎块度和松散度的要求,爆破参数设计如下。

本工程由大型漂浮式钻爆船进行施工作业,钻爆船钻机为固定式布置,孔距 $a=2.2$ m。排距根据爆区的岩石性质,按中风化花岗岩设计,排距 $b=2.0$ m;部分区域为强风化花岗岩,排距为 $2.5\sim3.0$ m。炮孔呈梅花形布置,孔径取决于球齿钎头外径(115 mm),孔径 $d=120\sim125$ mm。考虑本工程工期较短,为保证一次施工能达到设计标高的要求,取超钻深度 $\Delta h=1.5\sim1.8$ m。

本工程使用的药柱为特制的塑料筒装乳化炸药药柱,直径 90 mm,长度 500 mm。先根据式(1)计算,再根据工程具体情况调整设计药量。

$$Q=q_0ab\cdot H_0 \tag{1}$$

式中,Q 为炮孔装药量,kg;q_0 为炸药单耗,kg/m^3,根据《水运工程爆破技术规范》(JTS 204—2008)(此规范为项目当年适用规范,现已废止)的规定,水下钻孔爆破软岩或风化岩乳化炸药单耗($2^\#$ 岩石铵梯炸药综合单位消耗量的平均值为 1.72 kg/m^3,该炸药已经停止使用,换算成乳化炸药,换算系数取 $0.97\sim1.08$)为 $1.67\sim1.86$ kg/m^3,根据施工经验并结合试爆,考虑到清碴设备的性能、周围环境以及基岩多裂隙,强风化花岗岩取 $1.2\sim1.4$ kg/m^3,中风化花岗岩取 $1.6\sim1.8$ kg/m^3;a、b、H_0 分别为孔距、排距、孔深,单位为 m。

由于使用的是福建永安化工厂生产的高性能乳化炸药,该炸药爆速大于 5000 m/s,再结合本工程地质的实际情况(超深 1.5 m),设计不同孔深的炮孔装药量,见表1。

表 1　不同孔深时的炮孔装药量

孔深/m	2.0	2.5	3.0	3.5	4.0	4.5	5.0
装药量/kg	7.35	9.80	12.25	17.15	19.60	22.05	24.50

根据炮孔深度,底部装药至距孔口 $0.5\sim1.0$ m 处。装入药柱数量≤5卷时,在药柱下部约 1/3 处装 1 个起爆体;药柱数量为 $6\sim8$ 卷,在距药柱底部的 1/4 和 3/4 位置装 2 个起爆体;药柱数量≥9卷时,装 3 个以上起爆体,使得每个起爆体起爆药卷不多于 3 个,最顶部的起爆体起爆药卷不超过 2 个。当装药量超过安全装药量时,采用微差爆破和间隔装药法,以严格控制单响药量,确保周边建筑物及全容式混凝土储罐的安全。

2.5　起爆系统

采用导爆管雷管起爆法和电力起爆法相结合的方式,为确保每个孔内的炸药都能起爆,每个起爆体内装填 2 发 $1\sim10$ 段的毫秒延期导爆管雷管,导爆管长度为 18 m。每 $20\sim25$ 发导爆管雷管用 2 发电雷管引爆,每 2 排(10 个孔)起爆。如单孔装药量超过安全药量,则采用孔内延时起爆。起爆网路见图 2 所示。

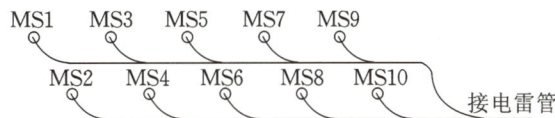

图 2　起爆网路

3　安全减振设计

本工程施工中的难点:水下钻孔爆破施工期间正值全容式混凝土储罐浇筑高峰期,储罐由于其储存物质的特殊性,对施工质量要求非常高,在爆破施工的过程中必须严格控制爆破振动对储罐的影响。针对以上情况,施工采取以下措施减少爆破振动。

3.1　减振孔设计

在受保护的码头和爆区之间设置减振孔,当爆破地震波由岩石传播至空孔,再由空孔传播至岩石的过程中,地震波衰减明显,从而起到保护储罐及周边建筑物的作用。爆破施工前,在爆破开挖边线处钻减振孔,前后 3 排,间距不超过 30 cm。

减振孔参数:炮孔直径 $D=110$ mm;孔距 $a=3.5D$,即 0.4 m;超深值 $h_0=2.5$ m。

3.2　装药设计

采用不耦合装药结构,在不耦合装药的情况下,爆破地震波在从炸药传播到海水,再由海水传播到岩石的过程中衰减,减少爆破振动对储罐及周边建筑物的影响。此外,针对该工程复杂的环境,采用间隔装药(图 3)、孔内延时的装药结构。钻孔完成后,将钻杆提起,然后顺着导向管用绳子依次将炸药、沙筒装入孔中。药柱之间间隔 $50\sim70$ cm 长的沙筒,孔口堵塞 $50\sim70$ cm 长的沙筒,防止炸药浮起。

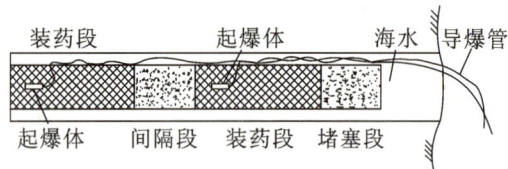

图 3　间隔装药结构示意图

3.3　施工组织管理

为了保证罐体的施工质量,同时为了减少爆破振动的影响,施工时首先在靠近罐体的区域施工,沿施工区边线形成 10 m 左右的施工带,然后再由远及近进行爆破施工。这样就在罐体和施工区之间形成一个破碎带,有利于减轻爆破振动。此外,为了严格控制爆破振动对罐体的影响,在混凝土浇筑期间及浇筑后 24 h 内不进行爆破作业。

4　方案实施及效果评价

采取设置减振孔、改变装药结构等措施,有效地减少了水下爆破施工过程中产生的爆破振动,保证了全容式混凝土储罐浇筑施工进度。在爆破施工过程中及施工结束后对罐体进行检查,均未发现由爆破振动引起的质量缺陷。爆破后经清礁船清挖后,施工区全部达到设计标高,取得了良好的爆破效果。

程潮铁矿地下矿山开采爆破参数优化模型研究

程良奎[1,3]　何柯柯[2,3]　谢先启[1,3]　贾永胜[1,3]　姚颖康[1,3]

(1.武汉爆破有限公司,湖北 武汉 430023;2.中国地质大学(武汉)工程学院,湖北 武汉 430074;
3.爆破工程湖北省重点实验室,湖北 武汉 430074)

摘　要:针对地下矿山开采爆破过程中爆破参数的优化问题,根据KUZ-RAM模型的应用条件,将平行孔向扇形中深孔进行了等效转换,将露天矿的KUZ-RAM模型引入地下矿山工程,并结合Rosin-Rammler分布曲线与实测块度分布曲线的关系,依据现场试验数据对KUZ-RAM数学模型进行了修正,建立了程潮铁矿主要的爆破参数优化计算模型。经过现场实测,验证其块度预测结果与实际基本相符,可为爆破参数的优化提供理论依据。

关键词:地下矿山;KUZ-RAM模型;爆破块度;参数优化

1　概述

岩石爆破技术作为应用最广泛、最频繁的一种破碎岩体的有效手段,自然而然成为矿山开采、隧道开挖、铁路和公路建设、水利水电设施建设等工程的主要施工手段。由于爆破工程在国家基础设施建设中的应用领域日渐扩大,依靠传统经验进行设计的工作方式已不能满足现代工程的实际需求。爆破作为矿山生产的主要环节之一,其质量既能影响矿山生产过程中的装运、破碎等工艺的效率,还将影响项目的经济效益。

C.V.B.坎宁安等早在1988年提出KUZ-RAM模型的最大价值也许在于促使爆破工作者根据爆破达到的特定破碎结果进行思考,从而判断、提出和拓展这些基本概念。

余兴和等通过长河坝水电站石料场的多次现场爆破试验,结合KUZ-RAM块度预报模型,对试验成果与设计要求的级配曲线进行对比分析,得出KUZ-RAM模型可用于预报过渡料开采块度的结论。

王晓东等结合长河坝水电站过渡料开采爆破试验,介绍了适当增加爆破单耗、合理布置炮孔间排距以及采用微差顺序起爆网路等技术,可以通过爆破法直接开采过渡料,并结合试验成果对KUZ-RAM模型中的不均匀指数进行了修正。

汪学清利用人工神经网络模型对爆破块度进行预测,试验结果表明该方法是完全可行的。将试验样本数据进行归一化处理后再对人工神经网络模型进行训练和预测,其预测精度会得到大大提高。

现存的大部分爆破参数优化模型主要针对露天矿台阶式开采爆破,其目的在于降低炸药单耗、减小爆破块度,最终降低采选总成本。鉴于人力、物力、财力、工作环境等各方面的原因,目前还没有专门针对地下矿山的爆破优化模型。加之地下矿山通常具有个体上的差异,而在爆破参数计算时却选用常用的经验公式,这就需要对公式进行修正,使系统在参数优化方面更加接近实际。

2　地下矿山扇形炮孔爆破块度预测模型

KUZ-RAM模型是库兹涅佐夫(Kuznetsov)和罗森拉姆(Rosin-Rammler)模型的结合。前者研究的是爆破的平均块度问题,后者研究的是块度的分布特征问题。KUZ-RAM 模型是用筛下累积率为 50％的筛孔尺寸(即平均块度 $\overline{X}$),以及块度分布的均匀性指标 n 来预测爆破块度,其基本数学表达式为:

$$\overline{X} = Aq^{-0.8} Q^{\frac{1}{6}} \left(\frac{115}{E} \right)^{\frac{19}{30}} \tag{1}$$

$$R = 1 - e^{-(\overline{X}/X_0)^n} \tag{2}$$

$$n = \left(2.2 - 14 \frac{w}{d} \right) \cdot \left(1 - \frac{e}{w} \right) \cdot \left(1 + \frac{m-1}{2} \right) \cdot \frac{L}{H} \tag{3}$$

式中　$\overline{X}$——平均块度,即筛下累积率为 50％的块度尺寸,m;

　　　A——岩石系数,它的取值大小与岩石的节理裂隙发育程度有关;

　　　q——炸药单耗,kg/m³;

　　　Q——单孔装药量,可按 $Q = \frac{1}{4}\pi d^2 L\rho$ 计算(d 为炮孔孔径),m;

　　　ρ——孔内装药密度,g/cm³;

　　　E——所用炸药威力(TNT 炸药 $E=115$,2# 岩石铵梯炸药 $E=100$);

　　　R——小于筛网直径的块度质量分数(50％);

　　　e——钻孔精度标准,m(一般取 0.05～0.1);

　　　X_0——特征块度,cm,即筛下累积率为 63.21％的块度尺寸;

　　　n——块度分布的均匀性指标;

　　　w——最小抵抗线,m;

　　　d——炮孔直径,mm;

　　　m——炮孔密集系数,是孔底距 a 和最小抵抗线 w 之比;

　　　L——实际装药长度,m;

　　　H——梯段台阶高度,在地下矿山中指分段高度,m。

将露天矿台阶爆破 KUZ-RAM 模型引入地下矿山的无底柱分段崩落法爆破中,替代如下:

(1) 用地下矿的分段高度替代露天矿台阶高度;

(2) 用上向布置替代中深孔的下向布置。

采用扇形中深孔落矿,其排面内有效作用范围是炮孔布置范围。其炸药单耗等效近似关系为:

$$q_{线} = \sqrt{q_{面}} \tag{4}$$

式中　$q_{线}$——假定平行线药包炸药单耗,kg/m³;

　　　$q_{面}$——扇形孔面药包炸药单耗,kg/m³。

根据长期的矿山爆破科研工作经验,以及在生产实践中统计并总结得到的有关系数,对其进行修正:

$$q_{面} = \sqrt{\frac{q}{k_2}} k_1 \tag{5}$$

$$q_{扇} = q_{面} = \sqrt{\frac{q}{k_2}} k_1 \tag{6}$$

式中　$q_{扇}$——扇形孔(面药包)布置时的等效炸药单耗修正值,kg/m³;

　　　q——选择的井下爆破炸药单耗,kg/m³;

　　　k_1——能量利用系数;

　　　k_2——爆破自由面系数。

目前,程潮铁矿参数取值为 $q=0.45\sim0.53$ kg/m³;$k_1=78\%$;$k_2=1\sim3$。$q_{扇}$ 与 $q_{面}$ 同指扇形孔面药包,为同一值,则 $q_{扇}=0.31\sim0.57$ kg/m³,根据式(4)得 $q_{线}=0.56\sim0.75$ kg/m³。

如上,扇形孔(面药包)转换成为若干彼此平行的系列线药包,通过对程潮铁矿进行多排炮试验,

得出 $q=0.45\sim0.53$ kg/m³ 的炸药单耗基本合理;通过公式验算可知,转换后的炸药单耗与实际基本相吻合。

3 爆破平均块度预测模型修正

因为中深孔为扇形布置,当药量进行等效转换时,各假定彼此平行的系列线药包的间距、负担的体积以及等效药量是不一样的。所以,依据 KUZ-RAM 模型中爆破平均块度 $\overline{X}$ 与爆破能量和岩石特性的经验方程(1),采用加权取平均值的方法求得排面集中同段起爆的 $\overline{X}$ 值。故其数学模型表示如下:

$$\overline{X}=\rho_1 A_0 q^{-0.8} Q^{\frac{1}{6}}\left(\frac{115}{E}\right)^{\frac{19}{30}} \tag{7}$$

式中 ρ_1——权值;

A_0——岩石系数。

$$A=0.06(RMD+JF+RDI+HF) \tag{8}$$

式中 RMD——岩体说明,碎裂结构取 10,块状结构取 50,层状结构取 JF,$JF=JPS+JPA$。

JPS——垂直节理间距(当节理间距小于 0.1 m 时,取 10;节理间距为 $0.1\sim HS$ 时,取 20;节理间距为 $HS\sim DP$ 时,取 50。HS 指不合格尺寸,m,DP 指钻孔排列尺寸,m)。

JPA——节理面角值(节理面与坡面呈逆向时,取 40;呈同向时,取 20;呈垂直时,取 30)。

RDI——密度影响,$RDI=25RD-50$。

HF——硬度系数(若 $Y<50$ GPa,则 $HF=Y/3$;若 $Y>50$ GPa,则 $HF=UCS/5$,Y 指杨氏模量)。

UCS——单轴抗压强度,MPa。

依据现场爆破参数,取修正后的炸药单耗 $q_{线}=0.62$ kg/m³,有效装药长度 $H=19$ m,孔径 $d=76$ mm。2# 岩石炸药 $E=100$,$A=10$。计算式(1)未加权值时的平均块度为:

$$\overline{X}=107.35 \text{ cm}$$

而根据现场抽样统计得出平均块度为 41.7 cm,则反推出权值 $\rho_1=0.388$。最终修正后的平均块度数学模型如下:

$$\overline{X}=0.388Aq^{-0.8}Q^{\frac{1}{6}}\left(\frac{115}{E}\right)^{\frac{19}{30}} \tag{9}$$

KUZ-RAM 模型给出的块度分布的均匀性指标 n 是与钻爆参数、钻孔布置形式有关的量,根据工程实践和试验对比,得到的 n 值与爆破参数比的关系如表 1 所示。因此,可知爆破块度分布将依附于钻孔布置、孔内装药、钻孔精度标准偏差、参数选择等诸多因素。所以,设计时应依据现场实际情况予以调整控制。对 n 值的修正同样采取加权取平均值的方式,故其算法表示如下:

$$n=\rho_2 \cdot \left(2.2-14\frac{w}{d}\right) \cdot \left(1-\frac{e}{w}\right) \cdot \left(1+\frac{m-1}{2}\right) \cdot \frac{L}{H} \tag{10}$$

式中 ρ_2——权值。

表 1 n 值与爆破参数比的关系

参数比	n 值随下述参数变化而增长
抵抗线与孔径之比	减小
钻孔精确性	增加
装药长与分段高度之比	增加
孔底距与抵抗线之比	增加

取一般情况来计算式(3)，得 $n=2.14$。统计实际生产中 n 值的平均值为 1.87，则反推计算得出权值 $\rho_2=0.874$。最后得到块度分布的均匀性指标 n 的算法如下：

$$n=0.874 \cdot \left(2.2-14\frac{\omega}{d}\right) \cdot \left(1-\frac{e}{\omega}\right) \cdot \left(1+\frac{m-1}{2}\right) \cdot \frac{L}{H} \tag{11}$$

特征块度：用权值系数 ρ_1 可得到修正后的平均块度 $\overline{X}$，用权值系数 ρ_2 可得修正后的块度分布均匀性指标 n。修正后的 KUZ-RAM 模型如图 1 所示。

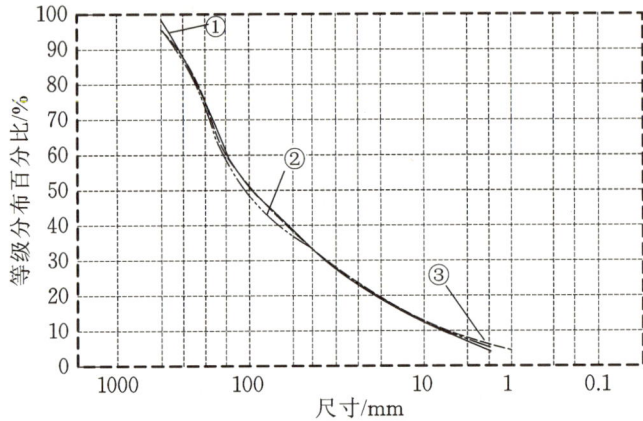

①—期望块度拟合线；②—计算块度拟合线；③—试验块度拟合线

图 1 KUZ-RAM 模型修正后的块度分布曲线

只须使二者的平均块度 $\overline{X}$ 和爆破块度分布的均匀性指标 n 吻合，便能使理论计算分布曲线和爆破实际块度分布曲线吻合。用所得的 $\overline{X}$ 和 n 反推求出扇形中深孔爆破相应的设计爆破参数最小抵抗线、炮孔密集系数、装药长度，以达到预期的爆破块度。再由 KUZ-RAM 模型的条件，$R=50\%$，则有：

$$e^{-\left(\frac{\overline{X}}{X_0}\right)^n}=0.5$$

最后便得到特征块度为：

$$X_0=\frac{\overline{X}}{0.693^{1/n}} \tag{12}$$

4 基于块度预测的爆破参数优化模型

建立爆破效果预测模型是为了探寻爆破影响条件与爆破效果之间的内在关系，进而能够准确预测爆破效果，最终目标是通过预测来实现对爆破效果的控制。由以上修正式可以得出程潮铁矿中深孔爆破优化模型：

$$\overline{X}=0.388Aq^{-0.8}Q^{\frac{1}{6}}\left(\frac{115}{E}\right)^{\frac{19}{30}}$$

$$n=0.874 \cdot \left(2.2-14\frac{\omega}{d}\right) \cdot \left(1-\frac{e}{\omega}\right) \cdot \left(1+\frac{m-1}{2}\right) \cdot \frac{L}{H}$$

其特征块度为：

$$X_0=\frac{\overline{X}}{0.693^{1/n}}$$

根据 Rosin-Rammler 分布（简称 R-R 分布）方程，有：

$$y=1-e^{-\left(\frac{X}{X_0}\right)^n} \tag{13}$$

其中，X 为给定的块度尺寸（为格筛尺寸），cm，程潮铁矿规定为 60 cm，因此小于 60 cm 的块度为筛下的累积合格块度。得大块率计算公式为：

$$Y_d=e^{-\left(\frac{60}{X_0}\right)^n} \tag{14}$$

5　算例

程潮铁矿—330 水平二采区的岩石为坚硬岩,节理发育,取 $A=10$。分段高度为 14 m,用 $2^{\#}$ 岩石炸药,$E=100$,炸药单耗 $q=0.6$ kg/m³,$w=2$ m,$d=76$ mm,$e=0.1$ m,$m=1.25$,$L=17$ m,$\rho=1.05$ g/cm³。则计算得单孔装药量:

$$Q=71.413 \text{ kg}$$

代入式(13)得 $\overline{X}=35.59$ cm,与实测的 40.18 cm 比较接近,其误差值为 11.4%。块度等级分布百分比见表 2。

表 2　实测与预测对照表

比较		样本				
		1	2	3	4	5
实测块度尺寸分布/%	<100 mm	13.7	17.6	11.6	23.1	11.6
	<200 mm	19.3	25.4	20.4	29.3	17.4
	<400 mm	42.6	40.3	36.4	40.4	39.2
	<500 mm	46.4	50.4	48.6	50.7	53.4
	<600 mm	96.7	90.1	93.3	88.6	95.4
预测块度尺寸分布/%	<100 mm	13.5	18.7	11.2	21.9	12.1
	<200 mm	20.1	25.8	22.3	16.4	16.9
	<400 mm	45.0	49.8	48.6	51.2	56.1
	<500 mm	55.7	58.9	57.8	60.5	62.5
	<600 mm	95.3	97.2	94.8	89.3	91.5

程潮铁矿—330 水平二采区的块度等级分布与预测块度等级分布比较见图 2。

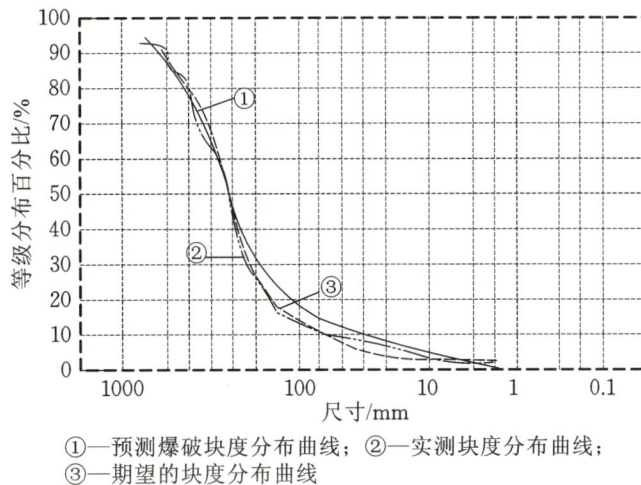

①—预测爆破块度分布曲线；②—实测块度分布曲线；③—期望的块度分布曲线

图 2　系统预测与实例块度分布对比曲线图

同时,根据修正后的 n 值计算式(11),有:

$$n=1.872$$

由以上计算结果代入式(12)得:

$$X_0 = 41.23 \text{ cm}$$

依据大块率计算式(14)得：

$$Y_d = e^{-3.27} = 0.038$$

结果与实际基本相符。

6　结语

　　本文选用 KUZ-RAM 模型，结合程潮铁矿的工程条件和工程概况对 KUZ-RAM 数学模型进行了修正。由于 KUZ-RAM 模型是针对露天矿平行孔爆破的模型，在引入地下矿山时，将 KUZ-RAM 模型从平行孔引向扇形孔，其单孔装药量和炸药单耗都进行了等效转换。最终得出了针对程潮铁矿参数优化相关的炸药单耗计算公式、平均块度计算公式、块度均匀度计算公式、特征块度计算公式以及大块率计算公式。修正并等效转换后得到最终模型，经过实例检验，其结果与实际相吻合。

第7篇　试验研究及其他

Large-scale field experiments on blast-induced vibration and crater in sand medium

XIE Xianqi   YAO Yingkang   YANG Gui   JIA Yongsheng

Abstract：Blast-induced craters and ground vibrations caused by underground explosions are the foundation of explosion-resistance design for underground structures and protective facilities. In this study,large-scale blast experiments were performed in the field to investigate the characteristics of the ground vibrations and craters induced by single underground explosions in a loose,wet sand medium. Results from eight single blasts with emulsion explosives ranging from 200 g to 400 g and buried depths ranging from 0.5 m to 1.0 m were presented in this paper. A numerical simulation for Blast E8 using the coupled smoothed-particle hydrodynamics and finite-element method (SPH-FEM) was also presented. The influences of charge weight and buried depth on blast-induced crater formation and ejecta shape were studied. The experimental data for crater diameter were found to be roughly identical to the results suggested for wet sand. An empirical fitting formula for the ground vibration induced by single underground explosion in a loose,wet sand medium was developed using the vertical and radial components of peak particle velocity (PPV) obtained from the experiments. A numerical simulation using a coupled SPH-FEM was modeled to validate the experimental results and proved the method's ability to model the blast-induced crater and ground vibration.

Keywords：Blast-induced crater; Ground vibration; Peak particle velocity; Scaled distance; Scaled buried depth;Smoothed-particle hydrodynamics and finite-element method (SPH-FEM).

1   INTRODUCTION

Landmine explosions and the subsequent damage assessment of surrounding structures, excavation of bunkers, construction of tunnel fortifications, and other military acts are the main causes of explosions within soil (Toussaint and Bouamoul,2010). However,the number of blast-engineering projects implemented within cities has increased along with the increase in urban infrastructure construction in recent decades. Structures near the blast source are at risk of the gradually increasing potential blast loadings from terrorist attacks, engineering blasting, and accidental events. Thus, comprehensive research is needed for the application of foundation treatments for soft soil, tunnel excavation, and protective design of important underground structures,such as tunnels, nuclear power plants, and air-raid shelters (Grujicic et al.,2007). Currently,experimental investigations and numerical analysis are the main approaches used to study blast-induced wave propagation and craters. Blast tests are considered to be the most direct and effective method for investigating these issues.

本文原载于 2016 年《International Journal of Geomechanics》。

Liquefaction of saturated cohesionless soils, craters and ground vibration induced by underground detonations, and damage to the underground structures near the blasts are all extensively involved in blast response. Several researchers have carried out experimental studies of blast response in various soil types and in rocks. Ashford et al. (2004), Rollins (2004), and other researchers performed a series of blast tests induced by multiple-millisecond fully contained detonations in saturated sand to produce an artificial liquefaction environment. This environment was used to analyze the generation of excess pore-water pressure induced by blasting and to study the dynamic response of underground lifelines and piles at the liquefaction site (Ashford et al., 2004; Rollins, 2004). Evaluation of the structural damage caused by underground explosions is based on investigation of the blast-induced ground vibration and crater. Shim (1996) and Tejaswi and Ramesh (2015), for example, performed experimental studies to investigate the dynamic response of structures induced by underground explosions.

Craters are the direct destruction effect of underground explosions. The size of the crater is an important evaluation index for analysis of the destructiveness of projectiles and mines. Recently, the investigation of craters on dam surfaces under military attack, which can potentially trigger dam failures, has gained research interest. Nevertheless, according to a large number of experimental and numerical results, a common approach to describing blast-induced craters and ground vibration does not yet exist because of the complexity of the materials and boundaries involved. It has also been shown that the test results were significantly influenced by explosive type, charge mass, buried depth, soil properties, and even monitoring equipment. Defence Research Establishment Subfield carried out a shallow-buried detonation test with small equivalent charges in dry sand in the 1990s (Bergeron et al., 1998; Braid and Bergeron, 2001). The charge weight, buried depth, and other controlling factors were analyzed to study the formation of the crater, the movement of detonation products and soil particles, and the propagation of the blast wave during the explosion process. The aim of this research was to provide validation data for numerical analyses (Bergeron et al., 1998; Braid and Bergeron, 2001). After evaluating the large-scale blast-induced crater experiments and numerical simulations, Luccioni et al. (2009) suggested an empirical relationship for crater dimensions that can be represented by charge weight and buried depth. The effects of charge weight, buried depth, and soil properties on blast-induced craters were analyzed by Fiserova (2006) using a commercially available finite-element program.

Blast-wave propagation and ground vibration induced by underground detonations are closely related to the soil properties. When the water content of soil increases to a certain extent, the sand on the edge of the crater can flow easily during explosions, which increases the size of the crater. In ground-blasting crater tests for saturated sand, it has been shown that the buildup of pore-water pressure can potentially lead to local soil liquefaction around the pit wall, resulting in failure phenomena, such as soil mass flow and collapse, which can further increase the blasting pit's lateral size. Water content is the main influence factor affecting blast-wave propagation in the soil medium (Wang et al., 2004). Blast-induced vibration in saturated sand has been discussed in the technical literature. The peak particle velocity (PPV) was found to be an effective method for empirical prediction of the pore-water pressure ratio (PPR) or liquefaction in saturated sand and was a common method used to estimate the occurrence of liquefaction in saturated sand (Ashford et al., 2004; Charlie et al., 2013). Similarly, the empirical formula of PPV caused by blast vibration is appropriate for evaluating explosion performance in dry or unsaturated sand (Leong et al., 2007; Albert et al., 2013; Kumar et al., 2014).

However, the difference in PPV among tests in soils with different moisture contents can reach up to several orders of magnitude. Therefore, it is not sensible to use the results obtained from blast testing in saturated sand or clay to directly describe PPV in loose sand with low moisture content. In this study, large-scale blast experiments were performed in the field to evaluate the blast effect in soil material and investigate the issues of blast-induced vibrations and craters.

2　BACKGROUND

Blast-wave propagation and craters induced by underground detonation are greatly influenced by the density and water content of the sand material. As shown in Fig. 1, the blast-induced ground vibration in saturated clay can be several orders of magnitude higher than that in dry, loose sand under the same explosion loading (Leong et al., 2007). For a given scaled distance, the peak blast stress increases significantly with the increase of soil saturation and compactness. In addition, an increase in moisture content severely weakens the shear strength of the sand, which induces a tendency toward liquefaction and flow erosion of cohesionless soil close to the blast source. Therefore, a larger crater is produced in saturated sand compared with dry and partially saturated sand for a given weight and buried depth of the explosive (Simpson et al., 2006).

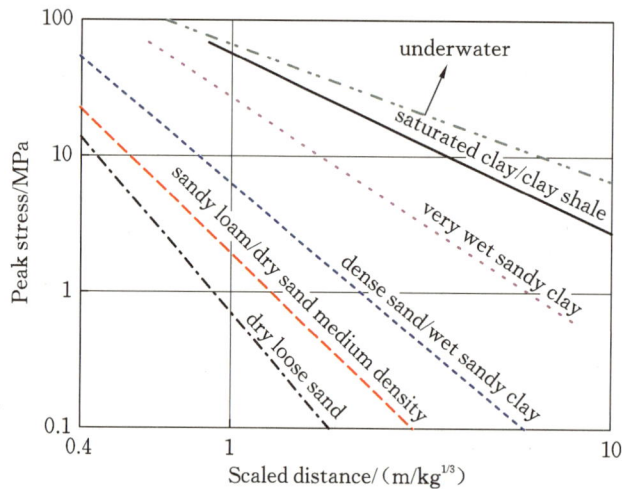

Fig. 1　Peak stresses from explosions in various soil types

2. 1　Description of the Blast-Induced Ground Vibration

The features of explosion-induced seismic waves are mainly influenced by the blasting source and geological factors. The blast is evaluated by the parameters of ground vibration or particle velocity, acceleration, displacement, and so forth. Based on the dimension theory, the formula of ground vibration can be presented as follows:

$$F = k \left(\frac{R}{W^m} \right)^{-\alpha} \tag{1}$$

where F is blast-induced particle vibration velocity, acceleration, or displacement, k is constant related to site condition, and α is attenuation coefficient. The empirical equation of blast-induced PPV is a common criterion used to evaluate the intensity of ground vibrations caused by explosions in soils or rocks and is presented as follows:

$$V = k \left(\frac{R}{W^m} \right)^{-\alpha} \tag{2}$$

where V is PPV induced by ground vibration, and m is used to define the form of scaled distance on different charge shapes. Cube-root scaled distance has been proven to be applicable for the spherical charges, whereas square-root distance is generally used for cylindrical explosives. In the near field from the blast source, the propagation velocities of the blast-induced wavefront and maximum stress are basically the same. That is because violent shock waves are dominant in this area. Although interruption and jumping will vanish at distances far from the blast center, continuous compression and shear waves will take their place. Many investigations have been conducted to predict the PPV induced by blast vibration. A summary of empirical models for predicting PPV with the use of various experimental data is given in Table 1. These models can only be applied to their corresponding soil sites and cannot provide a fair prediction for other sites.

Table 1　Summary of Empirical Models of PPV Predictions from Previous Literature

Coefficient			Soil type	Reference
M	k	α		
1/3	5.587	1.76	Dry alluvium	Perret and Bass(1975)
1/2	0.6	1.67	Saturated sand	Long et al. (1981)
1/3	1.35	1.25	Saturated sand	Ashford et al. (2004)
1/3	36.1	2.89	Partial saturated sand ($w=85\%$)	Leong et al. (2007)

2.2　Description of Blast-Induced Crater

The soil material surrounding the explosive charge is strongly compressed along the radial direction by violent blast loading. The detonation products, which have high temperature and pressure produced by a high-energy chemical explosive, cause structural damage in soils or even liquefaction of soil particles.

Scaled distance enables direct comparison of crater and ground shock data induced by underground explosions of widely differing energy yields. The cube-root scaled distance shown in Eq. (3) is defined as the distance from an explosion source divided by the cube-root of the mass of the explosives. This definition works well for explosions from concentrated charges. The same definition is appropriate for scaled buried depth λ, which is defined as the buried depth of charge divided by the cube-root of the mass of the explosives.

$$\text{SD} = \frac{R}{W^{1/3}} \tag{3}$$

where R is average radial distance from blast source in meters, and W is TNT-equivalent weight of the charge in kilograms.

Different responses can be observed by changing the charge weight and the buried depth of the blast tests in soils. An apparent crater will be formed when the explosive charge is buried at a shallow depth. Generally, an apparent crater induced by blast casting occurs when $0.2 \text{ m/kg}^{1/3} < \lambda < 1.4 \text{ m/kg}^{1/3}$ for dry sand, according to the previous literature (Wang et al., 2013), as presented in Fig. 2(a). An inward concave pit occurs at a larger buried depth, in which the explosion energy is insufficient to overcome the weight and cohesion of the overlaying soil. As shown in Fig. 2(b), a closed cavity under the soil surface is formed during the early explosion process. But the unstable cavity will be collapsed after detonation because the low shear strength of the loose sand is incapable of keeping the stabilized shape. Both of these cases can be considered as shallow buried detonations in which a critical buried depth is not reached. The value of critical buried depth changes with the properties of soils. A critical scaled buried depth of 2 m/kg$^{1/3}$ is suggested for camouflet or fully contained detonation in dry cohesionless soil, and 2.5 m/kg$^{1/3}$ is suggested for saturated sand (Qian and Wang, 2010).

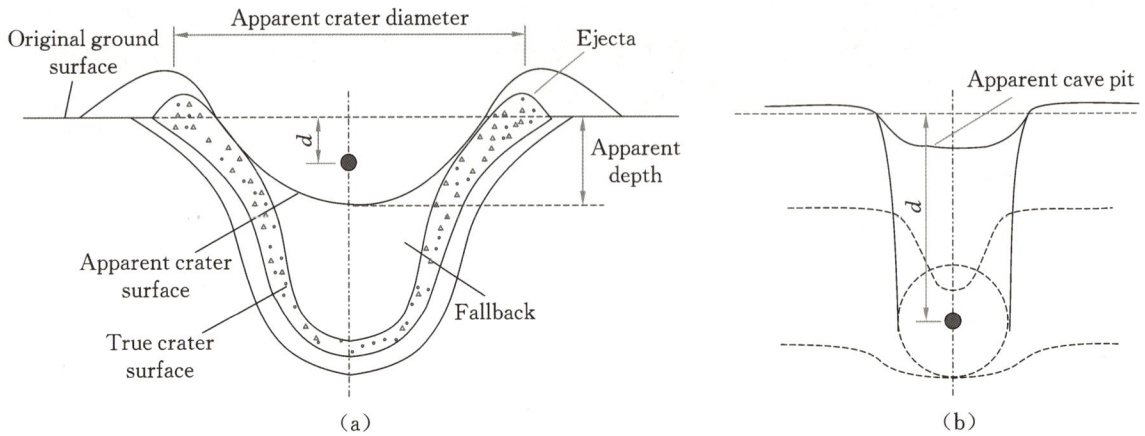

Fig. 2 Definitions of blast-induced craters
(a) apparent crater; (b) concave pit

Baker et al. (1991) presented an empirical prediction formula for crater formation in a dimensional study with empirical assumptions, as shown in Eq. (4). Five parameters are used to define this equation: apparent diameter D, TNT-equivalent weight W, the buried depth of charge d, soil density ρ, and seismic velocity c. Tejaswi and Ramesh (2015) considered that a variation of 5%~10% in the results is necessary to take the particular soil properties of a site into account. Thus, a function of $R = W^{1/3}$ was proposed to predict the apparent crater dimension, which was proven to be close to experimental results.

$$\frac{D}{2d} = f_1\left(\frac{W^{7/24}}{\sigma^{1/6}K^{1/8}d}\right) = f_2\left(\frac{W^{7/24}}{\rho^{7/24}c^{1/3}g^{1/8}d}\right) \tag{4}$$

3 EXPERIMENTAL SETUP

Single-explosion tests were performed at a large outdoor test site to evaluate the influences of charge weight and buried depth on blast-induced ground vibration and crater formation.

3.1 Site Characteristics

The test site (Fig. 3) was a circular-section manmade pit with a radius of 9.5 m and 8.0 m for the top and bottom sections, respectively. The poorly graded backfilled sand extended to a depth of 3 m below the ground surface without compaction. The artificially deposited sand in the tests had an average fines content of 2%, with additional information provided in Table 2. The water content of the backfilled sand was approximately 6% ~ 8%. The grain-size distribution for the backfilled material is shown in Fig. 4. A cone penetration test (CPT) was performed in the test pit before the blast test. The relative density D_R(%) plotted in Fig. 5 was estimated from the cone-tip resistance q_t (kPa) normalized by the in situ vertical effective stress σ'_{v0} (kPa), which is as follows (Kulhawy and Mayne, 1990):

$$D_R = 1.8\sqrt{\frac{q_t}{\sigma'^{1/2}_{v0}}} \tag{5}$$

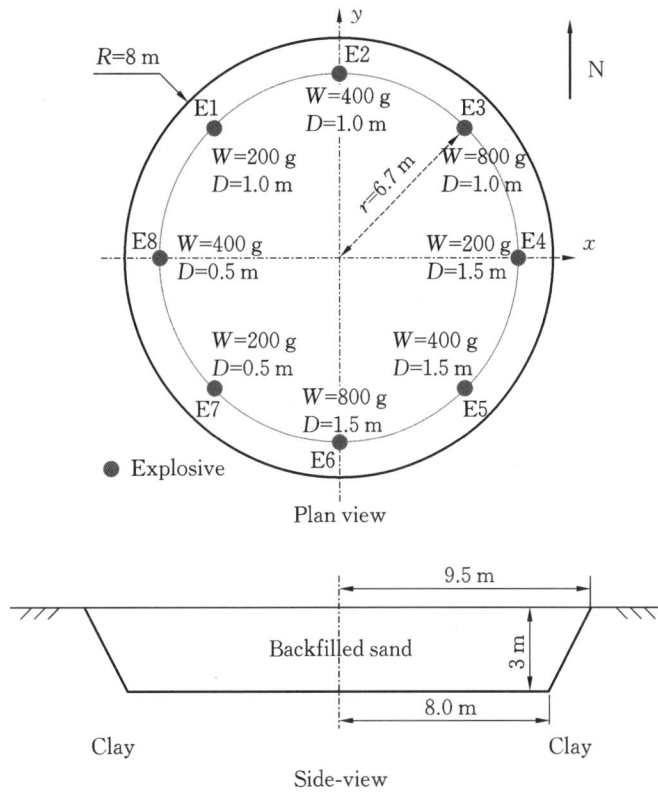

R=8 m
E2
W=400 g
D=1.0 m
N
E1
W=200 g
D=1.0 m
E3
W=800 g
D=1.0 m
r=6.7 m
E8 W=400 g
D=0.5 m
W=200 g E4
D=1.5 m
x
W=200 g
D=0.5 m
W=400 g
D=1.5 m
E7
W=800 g
D=1.5 m
E5
● Explosive
E6
Plan view

9.5 m
Backfilled sand
3 m
8.0 m
Clay
Clay
Side-view

Fig. 3 Blasting layout of the test site

Table 2 Soil Conditions for the Backfilled Sand Material

Soil parameter	Value	Soil parameter	Value
$\rho^a (kg/m^3)$	1440	$D_{10}(mm)$	0.10
$D_{60}(mm)$	0.21	C_u	2.10
$D_{50}(mm)$	0.18	G_s	2.63

[a] ρ is density of wet sand (water content is 6.7%).

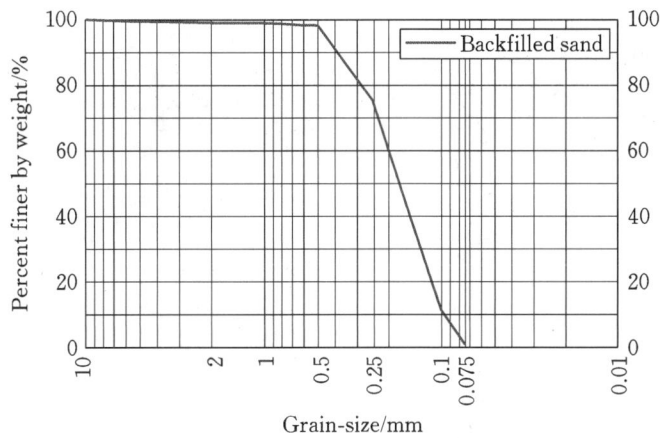

Fig. 4 Grain-size distribution for backfilled sand

CPT measurements indicated that the initial in situ relative density for the sand layer was approximately 25%~30% before blasting, therefore categorizing the sand as very loose.

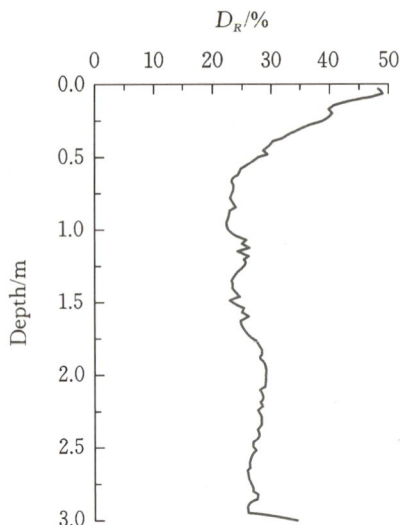

Fig. 5　Typical profiles for relative density $D_R(\%)$

3.2　Blast Design

Charge weight and buried depth have a decisive influence on the blast effects of soil material. The boreholes used in the test program are presented in Fig. 3. The boreholes in the test were drilled artificially using PVC tubes with a diameter of 75 mm. The emulsion explosives adopted in this study display excellent detonation performance in mining and blasting demolition. The detonation velocity of the explosives was tested to be greater than 3600 m/s. The density of the explosives was approximately $1.0\sim1.1$ g/cm^3. Eight single explosives arranged in a circle with a radius of 6.7 m were detonated successively with changes in charge weight and buried depth. The blast interval of any two blasts was 30 min. PVC hard plastic tube was used to drill a borehole and placed around the hole to prevent contamination in the drilling mud until the transducer could be pushed into the ground, as shown in Fig. 6(a). After the transducer had been pushed to a specified depth, the borehole was filled with dry drilling sand.

(a)　　　　　　　　　　　　　　　　　(b)

Fig. 6　Borehole drilling and vibrometer embedding before the tests (images by Gui Yang)
(a) borehole drilling; (b) vibrometer embedding

The charge weight and corresponding buried depth for each borehole are presented in Table 3. In the tests, the ground vibration was recorded as well. Fig. 6(b) shows the planting process for the vibration meter. The embedding depth of the vibrometer was 0.25 m below the ground surface.

Detailed information about the vibrometer is shown in Table 3.

Table 3 Weight and Buried Depth for Each Borehole

Borehole	Charge weight/g	Buried depth/m	Horizontal distance for vibrometer/m		
			No. 6	No. 2	No. 1
E1	200	1.0	4	7	9
E2	400	1.0	4	7	8.8
E3	800	1.0	4.4	7.1	10
E4	200	1.5	2.7	6.1	11.7
E5	400	1.5	2.5	5.65	11.2
E6	800	1.5	2.3	5.7	9.7
E7	200	0.5	3.2	6.2	8.7
E8	400	0.5	3.8	6.5	7.3

4 EXPERIMENTAL RESULTS

4.1 Blast-Induced Crater

The charge weight, buried depth, distance from explosion source, and properties of the soil material were found to be the significant factors affecting the dynamic response induced by underground detonations. In the explosives with low values for buried depth, the detonation gas produced by the chemical explosive rapidly compressed the soil particles around the charge, which led to a swell on the ground above the explosive charge. The detonation products mixed with soil particles were easily able to break through the overlying soil layer, and an apparent blast-induced crater was observed at the end of the explosion.

When the buried depth increased, the dissipating explosion energy through the free surface gradually decreased, indicating that much more explosion energy was used for the compaction and rearrangement of soil particles. In such cases, the reduction in energy with an increase in the buried depth was able to adequately counteract the increment of gravity of overburden soil. Therefore, the dimensions of the blast-induced crater continued to increase but at an obviously slow growth rate. The dimensions and corresponding descriptions of the blast-induced crater for each blast test are presented in Table 4.

Table 4 Dimensions and Descriptions of the Blast-Induced Crater

Test	Crater diameter/cm	Crater depth/cm	Phenomena
E1	50[a]	40[a]	No blast throwing, invaginated concave pit, several circles of irregular crack
E2	130[a]	30[a]	Blast swelling without throwing, invaginated concave pit, several circles of irregular crack
E3	120	32	Obvious blast throwing, apparent crater with funnel shape
E4	—	—	Camouflet or fully contained detonation, no bulge on the ground

Continued Table 4

Test	Crater diameter/cm	Crater depth/cm	Phenomena
E5	74[a]	30[a]	No blast throwing, concave pit, several circles of irregular crack
E6	120[a]	38[a]	No blast throwing, concave pit with funnel shape, several circles of irregular crack
E7	115	25	Violent blast throwing, apparent crater
E8	125	28	Violent blast throwing, apparent crater

[a] Dimensions for concave pit.

The charge weight for Blast E4 was only 200 g, but the buried depth was 1.5 m. In this case, blast swelling or throwing was not observed on the ground surface because the detonation energy was insufficient to burst the overburden soil. Camouflet or fully contained detonation was considered for such cases. With the shallow buried explosives, an aspheric motion space was formed because of the existence of free surface. Meanwhile, the rarefaction waves reflected back and forth, causing rupture and erosion of the overburden soil. Fig. 7 shows the evolution process of invaginated concave pit formation for Blast E2 as recorded by high-speed camera. As shown in Fig. 7, the bulge could be observed during the detonation process, and the ejecta fell back to the ground without throwing. Finally, a cave pit formed after the unstable collapse of the internal cavity induced by the explosion, which can be seen in Fig. 7(d).

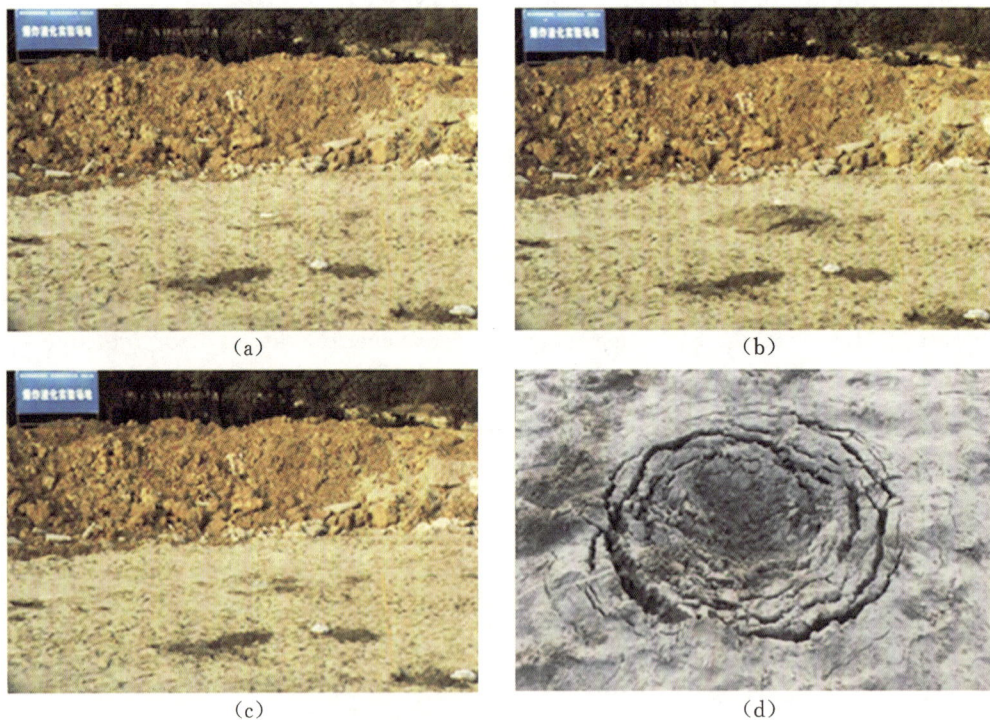

(a)　　　　　　　　　　　　　　　　(b)

(c)　　　　　　　　　　　　　　　　(d)

Fig. 7　Concave pit induced by Blast E2 (images by Gui Yang)
(a) $t = 0$ ms; (b) $t = 20$ ms; (c) $t = 50$ ms; (d) final crater shape

The ground vibration induced by a single underground explosion caused further expansion of the crack around the cave pit. When the explosive charge was buried at a shallow enough depth, the overburden soil particles carrying detonation products were thrown in a radial direction. The broken soil was gradually separated and cracked by the expansion of the detonation gas. The soil particles on the top of the cushion were scattered with upward with great speed, whereas the soil particles at the bottom and broadside were compressed to form an apparent crater, as shown in Fig. 8(d).

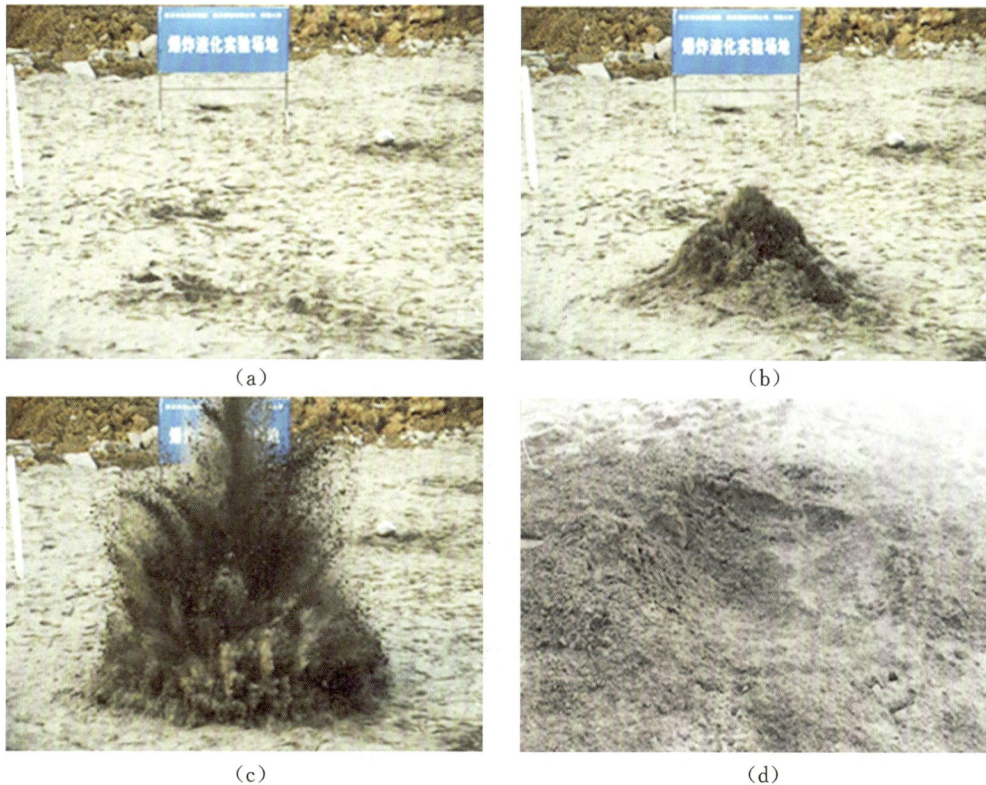

Fig. 8　Apparent blast-induced crater for Blast E8 (images by Gui Yang)
(a) $t = 0$ ms; (b) $t = 20$ ms; (c) $t = 50$ ms; (d) final crater shape

Comparisons of the crater diameter in the experimental data and the results suggested by TM5-855-1 (USDA 1984) are presented in Fig. 9. The charge weight adopted for TM5-855-1 was 400 g. The diameter and depth of the apparent crater induced by throwing and downthrown materials are included in Fig. 9. As shown in Fig. 9, the measured diameters of the apparent crater produced by throwing were roughly identical to the results from TM5-855-1 for wet sand. The main reason was that the TNT-equivalent explosive weight of the emulsion explosive was considered as 70% of the actual explosive weight for wet sand in this study, whereas the estimated value of the TNT-equivalent was taken as 0.7~0.8 by energy or pressure methods in previous studies. Furthermore, the loose sand material encouraged the flow of soil particles forced by explosion expansion.

The ejecta shape for each blast during the detonation process is plotted in Fig. 10. The ejecta shape was found to be closely related to the scaled buried depth. The casting crater induced by blast throwing occurred when $\lambda < 1.21$ m/kg$^{1/3}$ for wet sand, whereas a concave pit was observed when 1.53 m/kg$^{1/3} < \lambda < 2.29$ m/kg$^{1/3}$. A fully contained explosion would occur for $\lambda > 2.89$ m/kg$^{1/3}$ based on the experimental results in this study.

4.2　Ground-Surface Vibration

As mentioned, the PPV near the ground surface and peak acceleration are the main parameters used to describe the characteristics of ground vibration induced by blast sources. The PPVs of the soil near the ground surface were analyzed for the blast experiments with different buried depths of explosive charges. In any explosion experiment, there were three vibration meters located on a radial

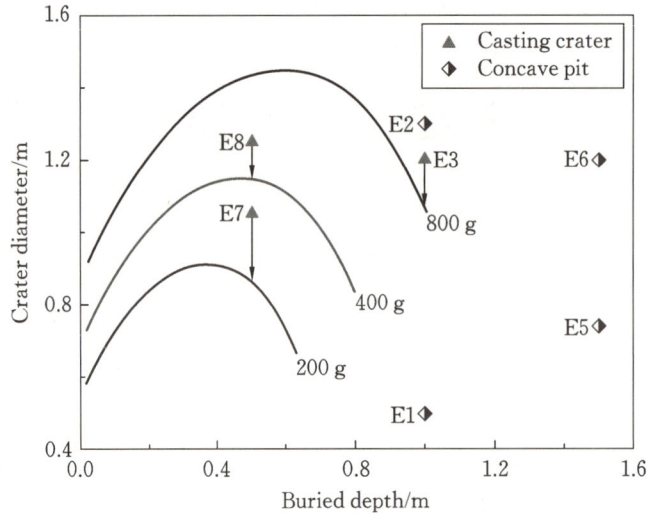

Fig. 9　Comparison of crater diameter between experimental data and results suggested by TM5-855-1（USDA 1984）

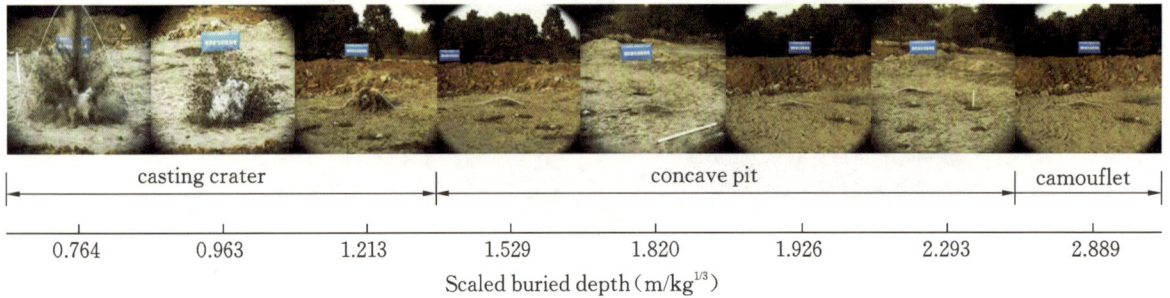

Fig. 10　Relationship between shape of the ejecta and scaled buried depth of the charge（images by Gui Yang）

line with gradually increased distance from the explosion source. The horizontal radial distance for each vibration meter is presented in Table 3. Ground vibrations in the vertical, radial, and circumferential directions were all recorded by each vibration meter during the experiments. Fig. 11 shows the curves of the ground vibration generated by Blast E2 for the vibration meters located at the horizontal radial distances of 4.0 m and 8.8 m respectively.

The vertical and radial components of the PPVs decreased obviously with an increase in the horizontal radial distance from the blast source. It was found that a single peak of ground vibration was evident for Vibration Meter 6, located near the blast source. Multiple peak values and continuous oscillation of velocity were observed in the area away from the explosive, possibly as a result of superposition of the compressed wave and rarefaction wave.

Fig. 12 shows a comparison of the vertical and radial velocity time histories at different distances from the explosion source for Blast E2. The vibration meter close to the blast source had a larger PPV but a shorter duration of vibration, as shown in Fig. 12（a）. The radial PPV recorded by Vibration Meter 6 was much larger than the vertical velocity. Conversely, for Vibration Meter 1, located at a much larger horizontal radial distance from the blast source, the PPV observed was severely attenuated compared with that of Vibration Meter 6 [Fig. 12（b）], but the duration of the vibration was longer. The vertical component of the PPV had a larger value than the radial component, which meant the PPV for the soil near the ground surface decreased with an increase in the distance from the blast source, and the attenuation of the radial component of the PPV was much faster than that of the vertical component.

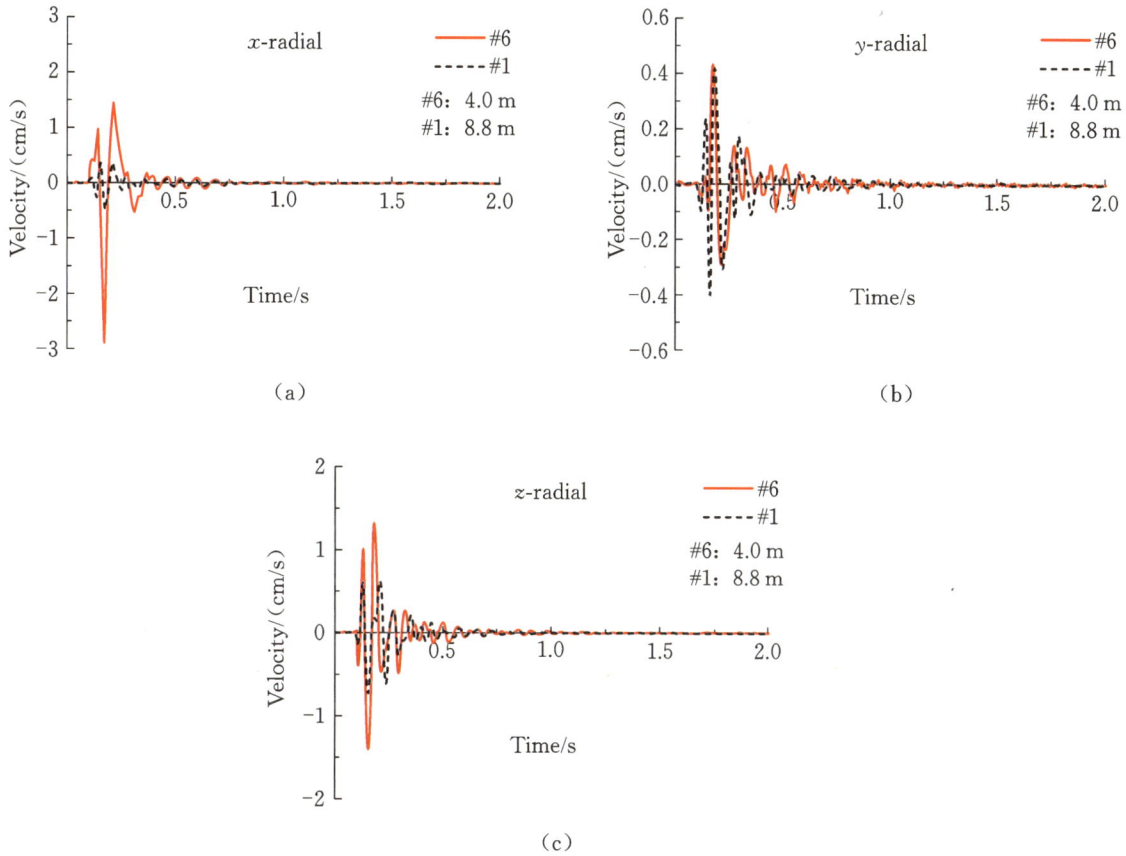

Fig. 11   Three-dimensional velocity time histories of the vibration meters for Blast E2

(a) radial component;(b) circumferential component;(c) vertical component

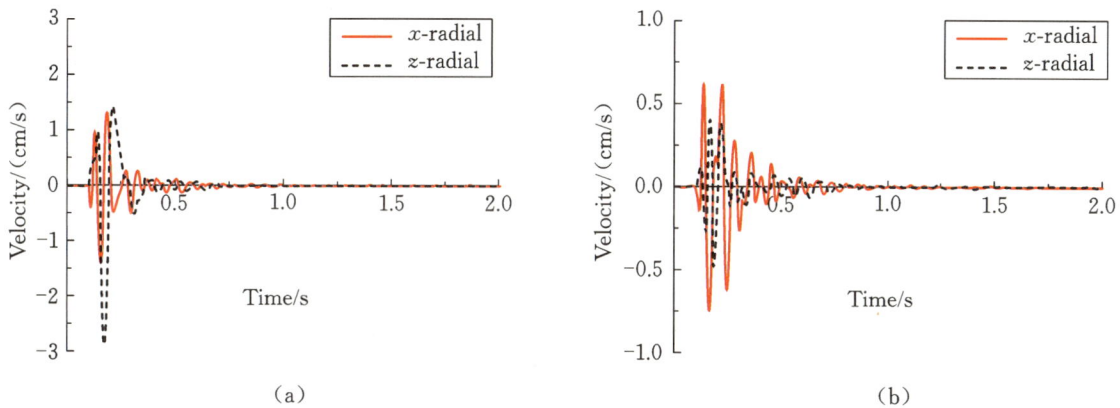

Fig. 12   Comparison of vertical and radial velocity for Blast E2

(a) Vibration Meter 6 (4. 0 m);(b) Vibration Meter 1 (8. 8 m)

The recorded PPV of all blast experiments and the fitting curve of the PPV data are plotted in Fig. 13. The attenuation law of the measured PPV for the soil near the ground surface versus scaled distance was found to meet the empirical formula shown in Eq. (2). The empirical fitting formula for this study is presented as follows,with an acceptable correlation coefficient R^2 of 0. 9:

$$\mathrm{PPV}=159.2\left(\frac{R}{W^{1/3}}\right)^{-2.05} \tag{6}$$

where $R=W^{1/3}$, scaled distance in m/kg$^{1/3}$, which is defined in Eq. (3), and PPV, peak particle velocity in cm/s.

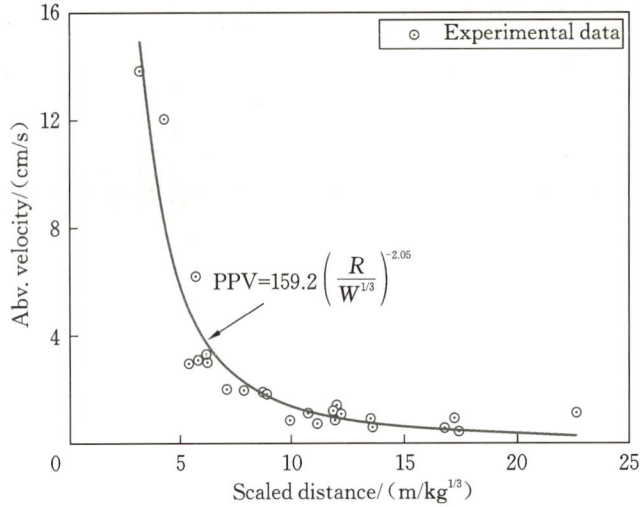

Fig. 13   Recorded PPV data for all blast experiments and empirical fitting curve

5   NUMERICAL SIMULATION

5.1   Material Model and Parameters

The experiments under high strain-rate shock loadings showed that the strength incensement and strain-rate effect were obvious for wet, soft clay, whereas for sand, the strength usually increased by approximately $10\% \sim 15\%$. It has been shown that sand displays extremely low strain-rate sensitivity during the shock-compression process (Song et al., 2009). The sand material in the numerical simu-lation had a density of 1440 kg/m³ and water content of 7%. The internal friction angle for sand was found to be 35.5° based on laboratory testing.

The Jones-Wilkins-Lee (JWL) equation of state is usually used for the detonation products of high explosives, which defines the pressure as (LSTC 2010)

$$P_e = A\left(1 - \frac{\omega}{R_1 V}\right)e^{-R_1 V} + B\left(1 - \frac{\omega}{R_2 V}\right)e^{-R_2 V} + \frac{\omega E_0}{V} \tag{7}$$

where A, B, R_1, R_2, and ω is material input parameters; E_0 is initial specific internal energy; and V and P_e is relative volume and pressure of the detonation products, respectively. Detailed information about the rock emulsion explosive used for this simulation is presented in Table 5.

Table 5   Parameters of Equation of State for the Explosive

Explosive parameter	Value	Explosive parameter	Value
A/GPa	214	R_2	0.95
B/GPa	0.182	ω	0.3
P_{CJ}/GPa	3.24	E_0/(GJ/m³)	4.5
R_1	4.15		

Conventional finite-element methods (FEMs), such as Lagrangian, Eulerian, and arbitrary Lagrangian-Eulerian (ALE) methods, among others, have distinct merits and demerits in solving explosive problems. The smoothed-particle hydrodynamic (SPH) method possesses the merits of the Lagrangian grid method, meshless method, and particle-flow method. Because it uses material points that have specific mechanical properties, it can avoid mesh distortion during the large deformation caused by explosions. Since its introduction by Lucy (1977) and Gingold and Monaghan (1977) to solve astrophysics problems, SPH has been applied to a wide range of flow problems (Randles and Libersky, 1996; Monaghan, 2005). The coupled SPH-FEM model was first proposed by Attaway et al. (1994) to investigate a structure-structure impact model, which has since been applied to a wide range of impact problems (Wang et al. , 2005; Yang et al. , 2012). The SPH-FEM makes full use of the advantage of SPH in solving problems involving large deformations and material cavities and also the advantage of the highly efficient calculation of FEM. SPH particles are used around the area of explosion, and finite-element mesh is used in areas where small deformation occurs, resulting in highly efficient calculations. The numerical model is plotted in Fig. 14. The sand material in the low-deformation regions was modeled using the FEM to reduce the number of SPH particles and the computational demand. A SPH zone was arranged for the area surrounding the explosive, including the charge itself. Only a quarter of the field was modeled considering the symmetry about the $x=0$ and $y=0$ planes, as shown in Fig. 14. Nonreflective boundaries were applied on all artificial boundaries to minimize the reflection of the blast-induced stress wave.

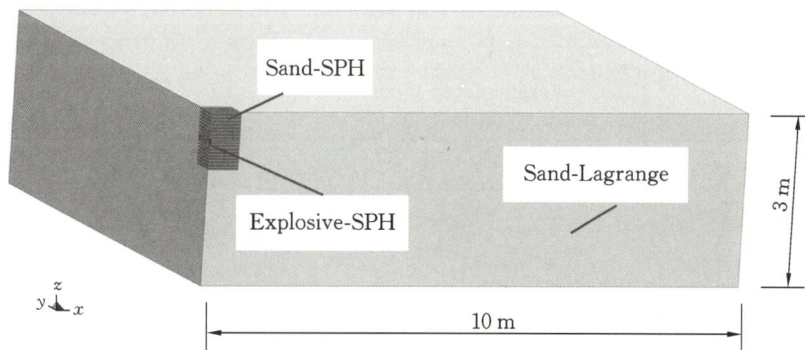

Fig. 14   **Three-dimensional hybrid SPH-FEM numerical model**

5.2   Numerical Results

The numerical results for Blast E8 with a weight of 400 g are presented as an example. The buried depth of the charge was 0.5 m. Fig. 15 illustrates a plan view of the evolution process of the crater induced by Blast E8. Five consecutive snapshots are shown from left to right at an output interval of 0.01 s. It can be seen that the dimension of the blast-induced crater grew slowly.

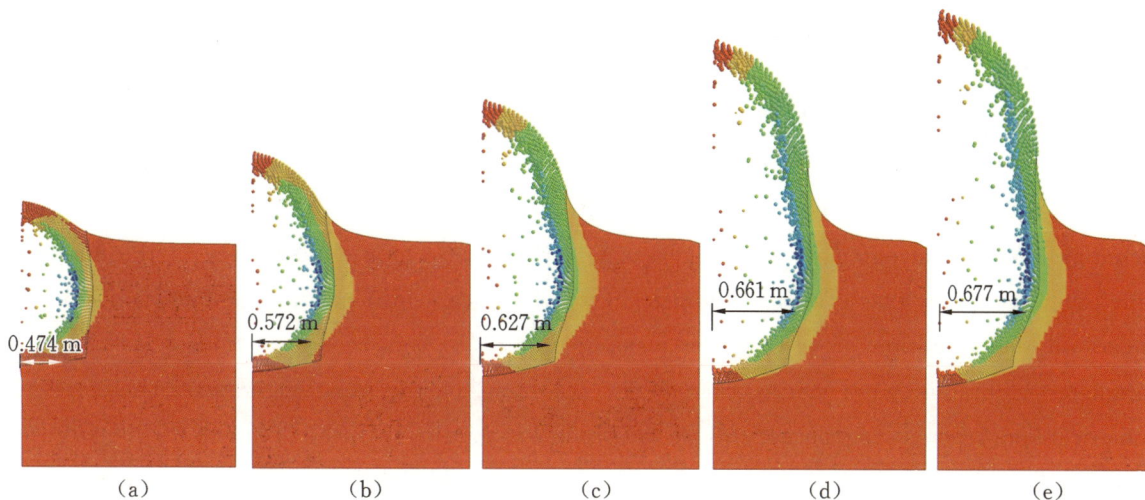

Fig. 15   **Evolution process of the true crater induced by Blast E8**

(a) $t=0.01$ s; (b) $t=0.02$ s; (c) $t=0.03$ s; (d) $t=0.04$ s; (e) $t=0.05$ s

Fig. 15 presents the motion characteristics of the detonation products and soil particles. Shortly after the detonation, a closed and regular spherical cavity was formed, similar to the results in the fully contained underground explosions. Then the free surface became more and more important for the formation of the cavity. A blast swelling was observed because of the expansion of the detonation products at $t = 0.01$ s. After that point, the upper portion of the cavity was stretched until the overburden sand was pulled apart from the sand cushion. A true blast-induced crater was formed without the falling back of soil, as shown in Fig. 15(e). The curves of the numerical true crater diameter and depth versus time are plotted in Fig. 16. As can be seen from Fig. 16, as time increased, the diameter and depth of the crater increased. In the first 0.01 s, the increase of diameter and depth was sharp, followed by a slower increase. The test results for apparent diameter were slightly larger than the results of TM5-855-1 (USDA 1984), and the true crater diameter of the numerical simulation was almost identical to the results of TM5-855-1. Therefore, TM5-855-1 can describe test results reasonably.

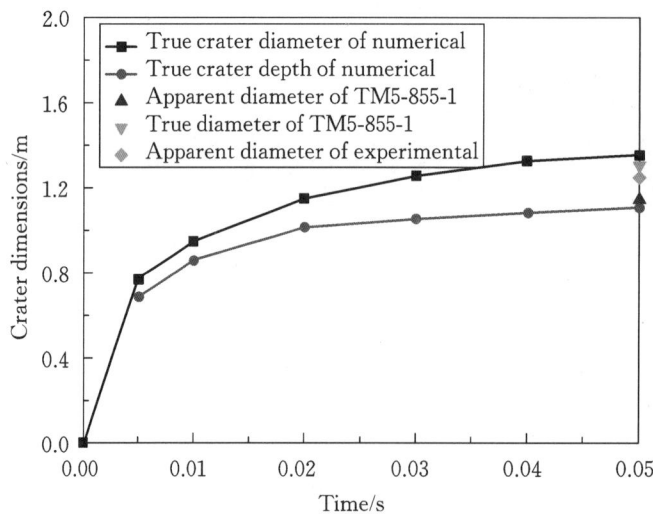

Fig. 16   Dimensions of the true crater versus time (Blast E8)

Fig. 17 shows a comparison of PPV for the numerical prediction for Blast 8 and the empirical model expressed by Eq. (6). The PPV obtained from the numerical simulation was about twice as large as the value suggested by Eq. (6) with a similar attenuation law. There are two main reasons for the discrepancies between the monitored data and the numerical results. First, the accuracy of the vibration-monitoring data and precision measurement equipment is limited, which may mean that the peak pressure could not be fully captured. Second, the selection of the numerical model of the soil, including the material parameters, may have a remarkable effect on the accuracy of the numerical simulation. These two factors were found to have a significant influence on the vibration but little impact on the formation process of the blasting crater. In this study, the model selection and parameter calibration were mainly carried out according to the blasting crater. Therefore, the numerical simulation's accuracy for the blasting hole was greater than the precision for the vibration characteristics in the process of numerical simulation, and the difference between the numerical simulation and experimental results was large.

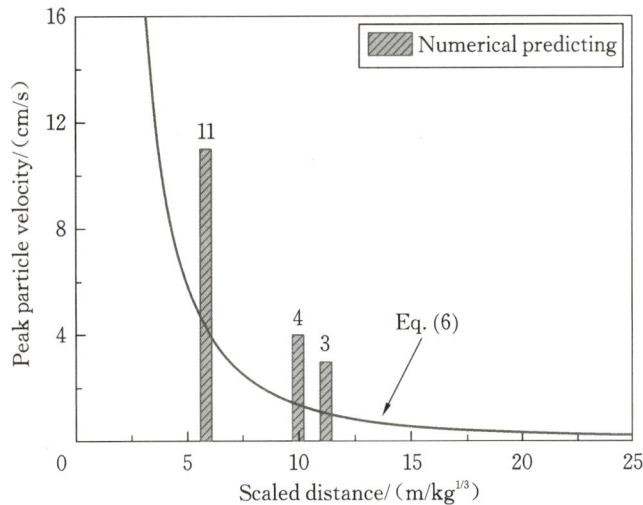

Fig. 17   Comparison of numerical and experimental vibration law

6   CONCLUSIONS

Large-scale blast experiments were performed in the field to study the characteristics of the ground vibrations and craters induced by single underground explosions in a loose,wet sand medium. Results from eight single blasts with emulsion explosives ranging from 200 g to 400 g and a buried depth ranging from 0. 5 m to 1. 0 m were presented,along with a numerical simulation for Blast E8 using the coupled SPH-FEM. The following conclusions can be drawn based on the experimental and numerical data:

(1) The measured diameters of the apparent craters from Blasts E3,E7,and E8 were roughly identical to the results suggested by TM5-855-1 (USDA 1984) for wet sand. The charge weight and buried depth were found to be the main factors affecting formation of the crater. The ejecta shape was closely related to the scaled buried depth. Based on the experimental results,a casting crater induced by blast throwing occurred when $\lambda < 1. 21$ m/kg$^{1/3}$,a concave pit was observed when $1. 53$ m/kg$^{1/3} < \lambda < 2. 29$ m/kg$^{1/3}$,and a fully contained explosion or camouflet occurred for $\lambda > 2. 89$ m/kg$^{1/3}$.

(2) The vertical and radial components of PPV decreased obviously with an increase in the scaled distance from the blast source. A single peak of ground vibration was evident near the blast source,whereas multiple peak values and continuous oscillation of velocity were observed in the area away from the explosive.

(3) The radial component of PPV dominated in the area close to the blast source,whereas the vertical component of PPV was observed to be much larger than the radial component. Therefore, the attenuation of the radial component of the PPV was considered to be much faster than the vertical component.

(4) An empirical fitting formula for the ground vibration induced by single underground explosions in a loose,wet sand medium was proposed [i. e. ,Eq. (6)],in which all the parameters were obtained from the experimental data.

Mechanical behavior of unsaturated soils subjected to impact loading

XIE Xianqi[1,2]   YAO Yingkang[1,2]   LIU Jun[2]   LI Peining[1]   YANG Gui[2]

(1. Wuhan Municipal Construction Group Co.,Ltd.,Wuhan 430023,China;

2. College of Civil and Transportation Engineering,Hohai University,Nanjing 210098,China)

This paper presents an experimental study on unsaturated soils. A designed test setup was used and the impact loading was applied with a drop hammer. The experimental results show that the soil properties,including water content,density,void ratio,and saturation,changed because of impact loading,and these variations of the soil properties affected the matrix suctions of the unsaturated soils. The impact hole depth increased with the increasing impact energy and gradually reached a critical value. The dynamic stress in soil increased with the increased impact loading. The results obtained in this work can be applied to optimize the effective reinforcement region of soils in the dynamic compaction construction.

1 INTRODUCTION

The mechanical characteristics of soils subjected to impact loading play important roles in engineering practice,such as the dynamic consolidation method and blasting compaction. However, changes in the original soil structure under impact loading may lead to extremely complicated soil mechanical behavior. The current research methods for the mechanical characteristics of soils subjected to impact loading mainly include consolidation experiments and numerical simulations.

Consolidation experiments are used to enhance the bearing capacity of soils by changing the physical properties of soils and loading approaches. In the regime of impact loading,soil structures significantly affect the dynamic behavior of soils. Moreover,the water content and density of the soil also influence the soil dynamic behavior. Typically,the parameters influencing the behavior of soil subjected to impact loading are investigated individually rather than in certain combinations. Dynamic consolidation experiments are mainly conducted with press machines or vertical pendulums by applying impact loading with different frequencies,eccentricities,and intervals of loading times. These techniques have been used to study the deformation characteristics of saturated soils. However,the loading frequencies of pressure machines and vertical pendulums are too low,and the influences of the stress wave propagation,reflection at the boundaries,and superposition are usually ignored. Compared to saturated soils,the dynamic behavior of unsaturated soils is much more complicated. This is because the presence of gas in unsaturated soils results in the discontinuity of soil structures,variation of saturation,flow of gas under impact loading,and so forth. These characteristics impede the research from obtaining more realistic relationships between unsaturated soil behavior under impact loading and the impact energies. Therefore,the assumption of continuity in soils is still employed to study unsaturated soils. For example,Krümmelbein et al. compared the deformation characteristics of unsaturated soils under static and dynamic stress and proposed a

---

本文原载于 2016 年《Shock and vibration》。

function of gas pores to evaluate the deformation. Omidvar et al. observed the deformations of gas pores of unsaturated soils under impact loading, found that the compression in soil made pores disperse toward the surroundings, which significantly affected the soil deformation, and estimated the affected regions by impact loads. Although many research efforts have been undertaken in this field, the mechanical behavior of unsaturated soils under impact loading can be determined only qualitatively due to many factors and great variation of soil properties.

Numerical simulations have more advantages in terms of changing the soil models and loading approaches. For instance, the time history of dynamic stress and the density of soils can be demonstrated with LS-DYNA. Holloman et al. proposed a particle based simulation method to model the acceleration of sands based on the explosive and its impact with the test structure, and this method was able to predict both the impulse and pressure transferred. However, numerical simulations are difficult to correctly model the microstructure of soils, and it is difficult to accurately determine the material parameters of constitutive models, thus limiting the role of numerical simulations in studying the mechanical behavior of unsaturated soils under impact loading.

In this paper, considering the characteristics of the discontinuous pores in unsaturated soils, the mechanical behavior of unsaturated soils under impact loading was experimentally investigated with a designed test setup in which a drop hammer was used to apply impact loads. The variations in the deformation and the stress of unsaturated soils were investigated in terms of soil structures and impact loading methods. The dynamic consolidation procedure is demonstrated by changes in saturation, water content, density, and compressibility before and after the impact loading.

2 EXPERIMENTAL METHODS

2.1 Test Setup

The test setup consisted of a tripod, a drop hammer, and a wooden model box, as shown in Fig. 1. The tripod and hammer were used to apply different impact loads. Clay was dried, crushed, sieved, and mixed with different amounts of water to produce unsaturated soil samples with different water contents. Then, the samples were placed in the box with a series of earth pressure boxes to measure the stress distribution inside.

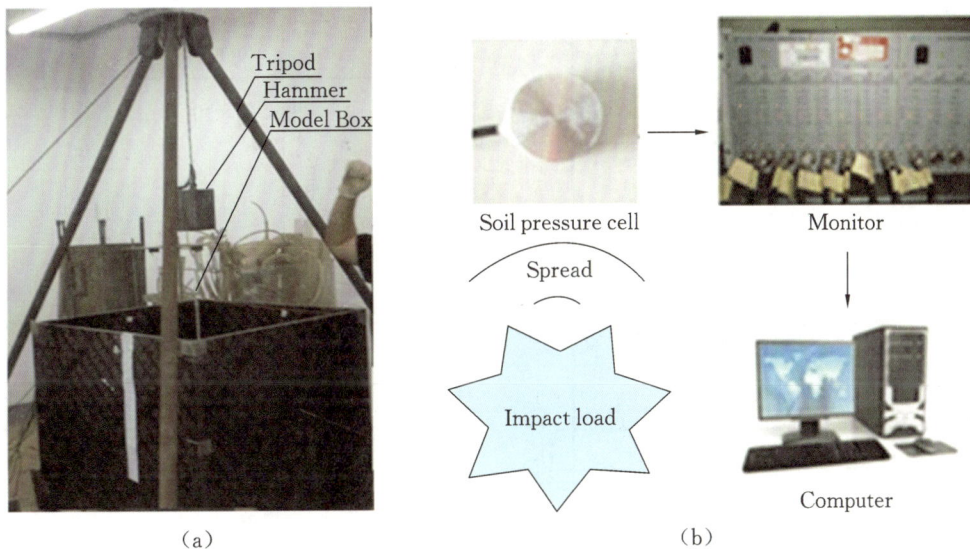

(a)   (b)

Fig. 1　Experimental apparatus

(a) setup; (b) instrumentation

The drop hammer is a cylinder with a diameter of 135 mm and a weight of 16. 8 kg. Different impact energies were achieved by adopting different drop heights,as shown in Table 1.

Table 1　The parameters of the drop hammer

Mass/kg	Gravity/N	Diameter/mm	Height/mm
16. 8	164. 6	135	145

Because the diameter of the hammer was 13. 5 cm,it was estimated that the diameters of the holes due to impact loading would be 15 cm to 20 cm. To avoid the influence of size effects,it was estimated that the affected regions of the soils under impact loading would be 30 cm to 40 cm. Considering the estimate error and the operation space,the horizontal dimensions of the model box were eventually chosen as 80 cm by 80 cm to provide an adequate space. The model box was made of wooden plates with a thickness of 2 cm. To prevent any failure caused by soil pressure,the box was strengthened by nailing steel angles at the four corners.

The model box was 1. 2 m high with a 10 cm thick layer of drainage sand placed at the bottom,as shown in Fig. 2 (a). The dynamic soil stress decreases along the soil depth. Therefore,to measure the dynamic soil stress at the bottom of the model box,the spacing of earth pressure boxes at the lower part of the model box was smaller than that at the upper part. Fig. 2 shows the layout of earth pressure boxes in the vertical and horizontal directions when the drop height was 0. 8 m.

The formula of effective reinforcement depth due to dynamic consolidation in the Chinese national code for the design of a building foundation was used to estimate the depths of soil samples in the test. Table 2 lists the effective reinforcement depth under different impact energies.

Table 2　Estimates of effective reinforcement depths under different impact energies

Drop height/m	Impact energy/(N · m)	Effective reinforcement depth/m	Selected soil sample depth/m
0. 4	65. 84	0. 25～0. 27	0. 5
0. 6	98. 80	0. 40～0. 50	0. 6
0. 8	131. 68	0. 53～0. 66	0. 7
1. 0	164. 60	0. 66～0. 82	0. 8

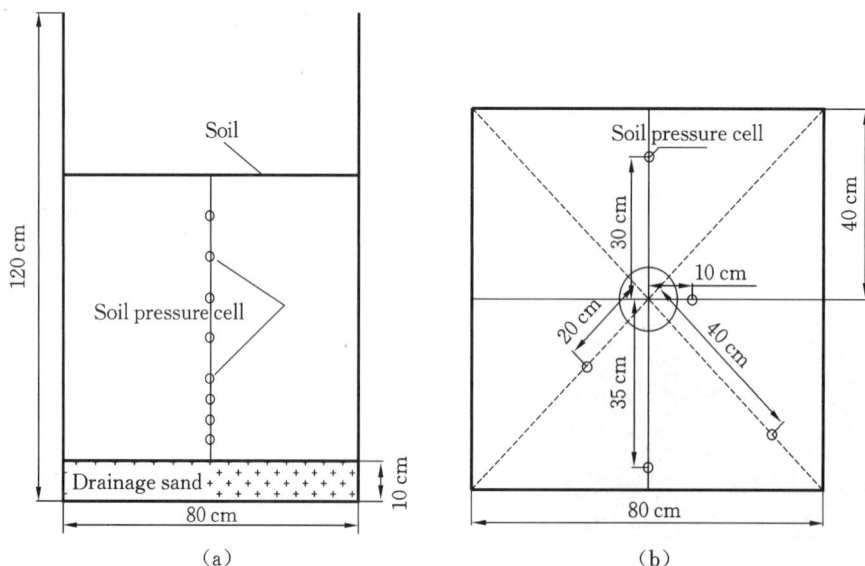

Fig. 2　Layout of earth pressure boxes at a drop height of 0. 8 m

(a) in the vertical direction；(b) in the horizontal direction

2. 2　Test Procedures

（1）A 10 cm thick layer of dry sand was placed at the bottom of the model box and covered by a layer of geotextile to prevent the mixture of sand and silty clay.

（2）The soil samples were filled in the model box layer by layer. Meanwhile, the earth pressure boxes were placed at a certain soil layer. To measure the stresses in one direction, the clear distance between earth pressure boxes was kept between 2 times and 5 times the diameter of the earth pressure boxes to minimize the interruptions of the earth pressure boxes on each other.

（3）When the soil samples were filled to the specified depth, the tripod was set up and leveled to ensure that the drop hammer coincided with the center of the soil sample.

The drop height of the hammer was set to 0.4 m, 0.6 m, 0.8 m, and 1.0 m, and the corresponding four sets of impact energies are listed in Table 3. These were employed to investigate the relationships of the deformation of impacted soils and the impact energies. According to the soil properties and the thicknesses of the soil samples, the impact loading for one impact energy was between 10 N and 13 N.

Table 3　Drop heights and impact energies

Set number	Drop height h/m	Impact energy/(N・m)
I	0.4	65.84
II	0.6	98.80
III	0.8	131.68
IV	1.0	164.60

Note: impact energy $E = mgh$; m: mass of the drop hammer; h: drop height; $g = 9.8 \ m/s^2$.

3　EXPERIMENTAL RESULTS

3. 1　Variation of Soil Properties before and after Impact Loading

The dynamic behavior of unsaturated soils was studied by comparing the water content, density, saturation, and so forth of the soil samples before and after the impact loading.

3. 1. 1　Variation of Water Content

The impact loading changed the structure of soil particles and hence the distribution of pore water, resulting in variation of the water content. Essentially, when the water content is low, the soil particles are loosely and randomly distributed. However, with increasing water content, the soil is gradually compacted, and the soil particles are more directionally distributed. For each drop height, the water content of the soils at different depths below the bottom of the impacted holes is determined using a dyeing method before and after the impact loading. The water content results are shown in Table 4, where the label sequence indicates that sample locations proceeded from shallow to deep.

Table 4　Water content of soils below the bottom of the impacted holes

Label	$h=0.4$ m		$h=0.6$ m		$h=0.8$ m		$h=1.0$ m	
	Before impact	After impact	Before impact	After impact	Before impact	After impact	Before impact	After impact
I	19.85%	18.35%	20.09%	18.50%	19.81%	18.43%	19.46%	18.49%
II	20.06%	18.22%	19.49%	18.36%	20.54%	18.87%	20.00%	18.04%
III	19.47%	18.87%	19.61%	18.67%	19.50%	18.13%	·19.46%	18.81%
IV	20.10%	18.63%	19.96%	18.23%	18.45%	18.11%	19.54%	18.36%
Average	19.87%	18.52%	19.79%	18.44%	19.58%	18.39%	19.61%	18.43%

Table 4 shows that the water content after impact decreased, which was mainly attributed to two causes: (1) the water in the soils migrated and discharged along the cracks caused by impact loading; and (2) the pore water pressure in compacted soils became negative, resulting in increased matrix suction and the improvement of soil strength, which further reduced the water content.

3.1.2　Variation of Soil Density

Under impact loading, pores in soils were compacted, increasing the density. For each impact loading (or drop height), the soils below the impacted holes were sequentially sampled from shallow to deep, labeled as 1, 2 and 3, respectively, as shown in Table 5. The measured densities before and after the impact loading are listed in Table 5 as well.

Table 5　Density of soils below the bottom of the impacted holes(unit: kg/m³)

Label	$h=0.4$ m		$h=0.6$ m		$h=0.8$ m		$h=1.0$ m	
	Before impact	After impact	Before impact	After impact	Before impact	After impact	Before impact	After impact
I	1.673	1.833	1.688	1.910	1.699	1.956	1.675	1.990
II	1.685	1.819	1.703	1.862	1.683	1.919	1.708	1.916
III	1.661	1.814	1.670	1.853	1.671	1.850	1.672	1.855
Average	1.673	1.822	1.687	1.875	1.684	1.908	1.685	1.920

The densities at different depths were essentially the same before impacting. After impacting, the density increased by 7.7%~9.5%, and for each impact energy, the density of the soil sample nearer to the impact point increased further. This is because the upper soils were directly contacted by the drop hammer, absorbing more impact energy and resulting in higher compaction. The impact energy decreased along the depth, and, thus, the lower soils could absorb less impact energy, resulting in less compaction and less variation in the density. In addition, Table 5 shows that the larger impact energy (corresponding to a greater drop height) caused more significant variation of soil density.

3.1.3　Variation of Void Ratios and Saturation

Pore structures significantly affect the mechanical behavior of unsaturated soils subjected to impact loading. However, it was difficult to measure the variation in pore structures during the impact tests. Therefore, the variation of the void ratio before and after impact loading was utilized to reflect the effects of the void ratio and the saturation on the matrix suction.

The permeability of soil reflects its capability of mitigating and discharging water, thus indicating the capability of changing matrix suction due to environmental variation. In addition, the permeability of unsaturated soils depends on saturation. Table 6 shows that, with increasing impact energy, the soil saturation gradually increased. For example, under the impact energy of 165.60 N · m(Corresponding to the drop height of 1.0 m), the saturation of the tested soils increased by approximately 30%, leading to a great change in the permeability and further matrix suction. A greater impact energy also caused a larger change in the void ratio. As a result, the impact loading significantly affects the matrix suction.

Table 6   Void ratios and saturation of soils below the impacted holes

Drop height h/m	Average water content		Void ratio		Saturation	
	Before impact	After impact	Before impact	After impact	Before impact	After impact
0.4	19.87%	18.52%	0.935	0.756	57.41%	66.11%
0.6	19.79%	18.44%	0.917	0.706	58.26%	70.57%
0.8	19.58%	18.39%	0.917	0.675	57.63%	73.52%
1.0	19.61%	18.43%	0.917	0.665	57.76%	74.78%

3.2   Variation of the Impacted Hole Depth under Impact Loading

Fig. 3 shows the impacted hole depth due to each impact energy. Under each impact energy, the soil settlement due to each impact was unequal, and the first impact always caused the largest soil settlement. Moreover, the greater the energy of each impact was, the larger the settlement was.

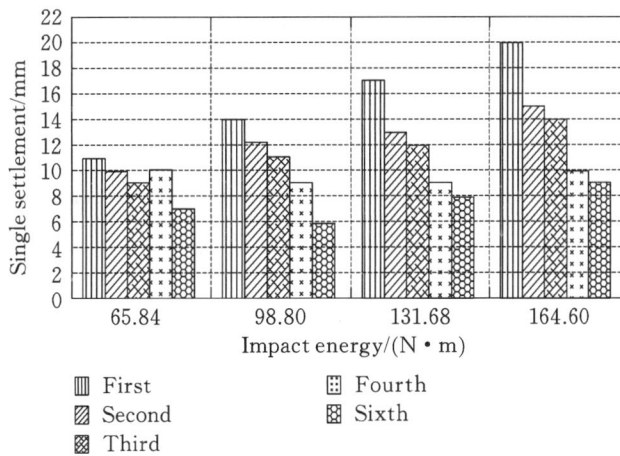

Fig. 3   Relationship of impacted hole depth with impact energy

For each impact energy, the settlement of every impact gradually decreased with increasing number of impacts. For the last several impacts, the settlement tended to be the same, indicating that the soil had already been fully compacted.

The relationships of the settlement to the number of impact loading for each given drop height are shown in Fig. 4. The settlement of the first impact was always the largest, and in the ensuing several impacts, the settlement had an approximately linear relationship with the impact number. With increasing impact number, the effect on the settlement became marginal. The analysis based on nonlinear regression shows that the depth of the impacted holes was approximately a quadratic function of the impact number, with a correlation coefficient of 0.9989~0.9995.

Although the settlement due to each impact was unequal for each set of tests under a given impact energy, the eventual total settlement of each set of tests was nearly the same, converging to a critical value. However, to reach this critical settlement, the larger the impact energy was, the lower the required impact number was. Therefore, in engineering practice of dynamic consolidation, it is necessary to combine different impact energies and optimize the combination for the most economic solutions.

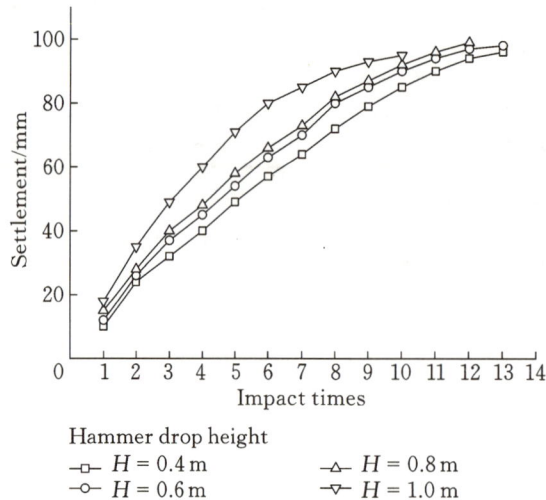

Fig. 4 Relationship of soil settlement with the number of impact loading

3.3 Variation of Impacted Hole Width under Impact Loading

The impact force caused by the drop hammer induced vibrations of the particles around the hammer. These vibrations spread outward in waves. Consequently, the impacted hole width increased with increasing impact loading number.

The relationship of the impacted hole width to the number of impact loading was demonstrated for drop height of 0.8 m and 1.0 m, as shown in Fig. 5. The diameter of the hammer was 135 mm, and under the first impact, the impacted hole width was 10 mm larger than the hammer diameter. This reflected the stress wave propagation and the energy transfer. For drop heights of 0.8 m and 1.0 m, the impact energies were 131.68 N·m and 164.60 N·m, respectively, but they resulted in almost the same impacted hole width. Because the horizontal dynamic stress affected a very limited region and the energy dissipated quickly, the impact energy had a much lower effect on the impacted hole width than on the depth. Moreover, with increasing impact number, the hole width slowly increased and eventually remained unchanged. The shape of the impacted holes was similar to a semiellipse. This was probably because the soil was compacted when impacted, and the pore gas was squeezed out around the hammer edge, which, in turn, pushed the soil at the interface of the hammer and the hole inward. However, the pores inside the unsaturated soils were discontinuous, and the cross section of impacted hole showed an ellipse shape rather than an idealized circle.

3.4 Variation of Stress in Unsaturated Soils under Impact Loading

To investigate the effect of the impact energy on the dynamic stress, a series of earth pressure boxes were mounted at depths of 10 cm, 20 cm, 30 cm, 40 cm, 50 cm, 55 cm, 60 cm, and 65 cm, below the impacted surface. Fig. 6 shows the stress wave signals measured 10 cm below the impact surface for the first, sixth, and tenth impact, a drop height of 0.8 m. When the impact started, the stress increased sharply from zero to a peak value and then plunged down to zero. The duration time of the induced stress was approximately 0.03 s to 0.04 s.

Under impact loading, the pore gas and water of the soil were gradually squeezed out, and the pores were diminished. Then the soil particles moved, and the soil structures changed. The compacted soil could more easily propagate the stress wave, and thus the peak value of the measured stress increased under the later impact. For instance, the peak stress under the tenth impact was two

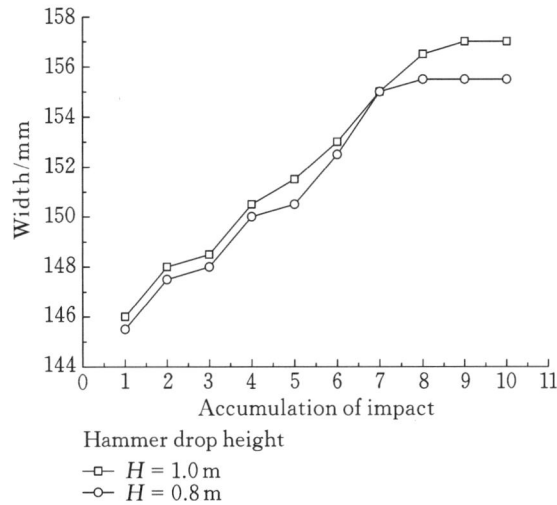

Fig. 5 Relationship of impacted hole width with the number of impact loading

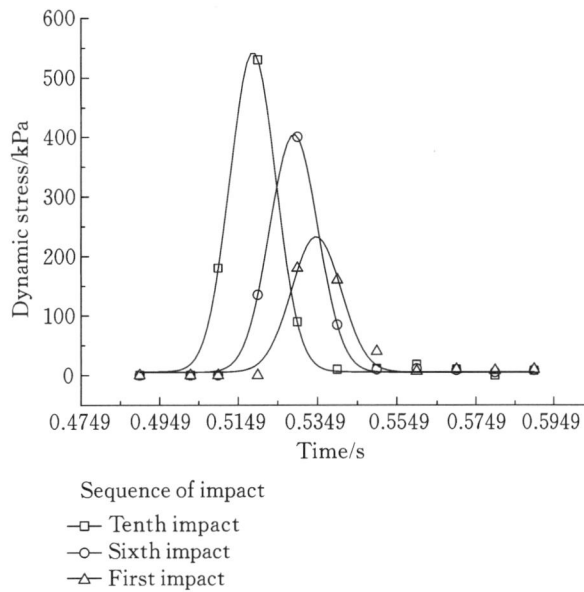

Fig. 6 Time history of stress waves under sequence of impact

times greater than that under the first impact.

Fig. 7 shows the distribution of peak stress along the depth measured by a series of earth pressure boxes under each impact. It can be seen that the peak stress decayed very quickly along the depth near the impact surface. From a depth of 10 cm to a depth of 20 cm, the magnitude of peak stress decreased by 75%. Consequently, the dynamic stress could affect only a region confined to a depth of 45 cm. The soils between the impact surface and a depth of 20 cm were the most intensively affected by impact loading. The corresponding pore water and gas were redistributed, and many interfaces formed. When the stress wave passed through the interfaces, many waves were reflected, and the transmission wave became much smaller than the incipient wave and was unable to disturb the deeper soil. Fig. 7 also demonstrates that, under the initial several impacts, the peak stress was still small, however, by increasing the number of impacts, the peak stress at each depth increased and eventually tended to converge to a constant, indicating that the soil had already been fully compacted.

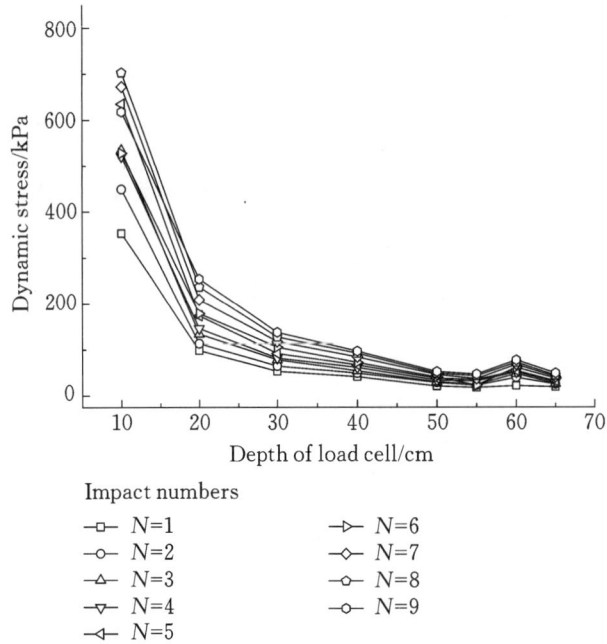

Fig. 7　Variation of peak dynamic stress with depth

The relationships of the peak dynamic stresses measured at different depths to the impact energy under the first and the second impact are shown in Fig. 8(a) and Fig. 8(b), respectively. It can be seen that the relationships at the first two impacts are very similar, and the dynamic stress at the shallower layer (such as at a depth of 0.1 m) was much more sensitive to the increased impact energy. The effect of the impact energy on the dynamic stress decreased with increasing depth. As a result, in the engineering practice of dynamic consolidation, it is necessary to optimize the combination of the impact energy and the effective reinforcement depth of soils.

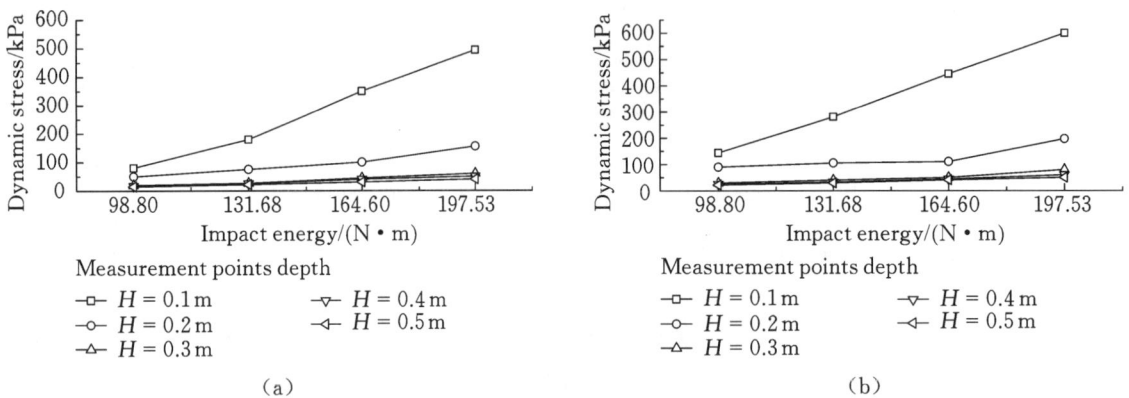

Fig. 8　Relationship of peak dynamic stress to impact energy

(a) first impact; (b) second impact

3.5　Conclusions

In this paper, the mechanical behavior of unsaturated soils was investigated by comparing soil properties before and after impact loading and varying the impacted hole dimensions under different impact energies. The experimental investigations led to the following conclusions:

(1) Prior to impact loading, the unsaturated soil samples had loose structures, high water contents, small densities, large void ratios, and low saturation. However, after the impact loading, the

soil structures were changed, and the soil particles were redistributed, leading to relatively lower water contents, smaller void ratios, and higher saturation. The density of the soils near the impact point increased more than that in the other regions. These variations in soil properties affected the matrix suction of the unsaturated soils.

(2) For soils subjected to the same impact energy, the settlement of impacted soils due to each impact was unequal, and the contribution of each impact on the settlement became marginal with increasing number of impact loading. Conversely, the impacted depth increased with increasing impact energy and eventually came to a critical value by increasing the number of impact loading.

(3) The impact loading has little effect on the impacted hole width. The hole width due to the first impact was greater than the diameter of the drop hammer. The horizontal dynamic stress decayed quickly and thus affected a very limited region. Therefore, increasing impact energy fails to enlarge the impacted hole width. Moreover, the impacted hole shape was semi-elliptical, and the hole perimeter increased with depth.

(4) The effect of impact loading on soil properties decreased with depth. The vertical dynamic stress mainly affected the shallow region, and the stress near the impact point decayed fastest. The dynamic stress increased with increasing impact loading number, but the marginal increment decreased and eventually converged to a constant. As a result, in the engineering practice of dynamic consolidation, it is necessary to optimize the combination of the impact energy and the effective reinforcement depth of soils.

CONFLICT OF INTERESTS

The authors declare that there is no conflict of interests regarding the publication of this paper.

Measurement and analysis of vibration interrelated collapse process in directional blasting demolition of a high-rise frame-shear structure building

XIE Xianqi   JIA Yongsheng   HAN Chuanwei
WANG Hanggang   LIU Changbang

（Wuhan Blasting Engineering Co.，Ltd.，Wuhan，China）

Abstract：A 10-story frame-shear structure building was demolished using directional blasting method. The collapse process was recorded by a digital camera. The vibrations of blasting and collapse were measured with a mini-plus scale of seismic intensity. Through analyzing the collapse process image and vibration date，we can draw the conclusion that directional blast demolition of a high-rise building may be divided into four periods，namely the formation of the blasting cut，the free-dropping of the structure，its impact on the ground，and the rotation-collapse. Usually the periods of free-dropping and impact were combined，to break up and disassemble the blasting building fully. The peak value of touchdown vibration was intimately interrelated with collapse process. For a concrete measuring point，the maximal value may appear when the middle or front row pillars impact the ground，and not always at the time of rotation-collapse.

1   PROJECT OVERVIEW

The Wuhan Overseas Tourism Building is located between Yanhe Avenue and Huangpi Street. There was a 52 m stretch available in the northward direction for a collapse. 31 m to the east was a new public building whose wall was a glass curtain. 27 m westward there was a two-storey garage. 15 m away in southward direction there were community residences，constructed from which were brick and concrete or brick and wood. Thus，it was necessary to carefully control the influence of collapse vibration. The explosion district and the locations of measuring points are shown in Fig. 1 and Table 1.

The main part of the building was 10 storeys，a 43 m high frame-shear structure. The 13-level elevator shaft and interior stairway were 49. 54 m high. The 1st storey was 28. 4 m long from east to west，and 14 m long from north to south. The upper storey had a veranda at the east side. The outside stairway to the west was 32. 6 m long. There was also a veranda with a 3 m suspension in the north side. The gross area of the building was about 5000 m². There were 3 rows of pillars from the north to south，and 9 rows of pillars from east to west. The A and B axis pillars had dimensions 400 mm×800 mm for the 1st and 2nd storeys，and 400 mm×600 mm for the upper levels. The same

---

本文原载于 2013 年《第七届中日韩炸药与爆破技术国际会议论文集》。

Measurement and analysis of vibration interrelated collapse process in directional blasting demolition of a high-rise frame-shear structure building

· 457 ·

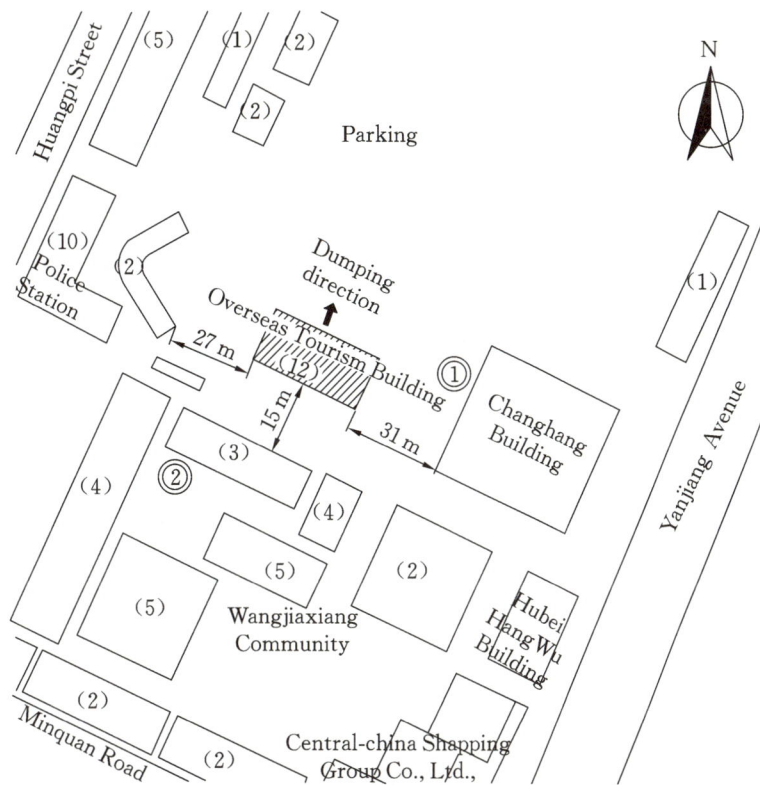

Fig. 1   Surroundings of building and the location of measuring points

was the case of the C axis pillars. The girder had dimensions 300 mm×600 mm. Between axes ①~ ⑨ and the elevator shaft, the frame-shear wall had a thickness of 20 cm. There were stairways both inside and outside, and two elevator shafts. The 12 cm thick floor was a reinforced concrete structure. Details of these structures and their respective quantities are illustrated in Fig. 2.

Table 1   The distance between the building and the measure points (unit:m)

Measure points	The nearest distance to the building	The distance to the center of building	The distance to the center of collapse
1#	30.0	45.0	51.0
2#	32.5	39.5	65.0

2   BLASTING SCHEME

A northward directional blasting demolition scheme was used.

The A axis pillars were demolished at 4-storeys, while the B axis pillars were demolished at 2-storey. The bottom of the C axis pillars were demolished by loose blasting. The blasting scheme is shown in Fig. 2.

3   VIBRATION TEST

3.1   Instrument characteristics

The Canadian designed mini-plus scale of seismic intensity was used in this project. The test system of this instrument can set the test parameters flexibly. It also has a strong anti-interference

Explanation:
1) The blasting cut in the design was set in 1~3 layer, but in the implementation of the blasting, a row blasting holes were set on the fourth floor.
2) The quantity of blast holes was 432 for the whole building, and the quantity pillar blast hole was 303, the quantity of shear wall blast hloes was 129.
3) Air-decked charge was used in the pillar blasting holes. There was PVC pipe between the two charge.

Interval Delay Times/ms

Floor	Zooming		
	C	B	A
First floor			1400 g 460(1660)
The second floor			3800 g 310(1510)
The third floor		7400 g 660(1860)	11200 g 200(1400)
explosive quantity in a sound The fourth flour	1200 g 660(1860)	12400 g 460(1660)	15200 g 0(1200)

The profile of general blasting scheme

The plan of general blasting scheme

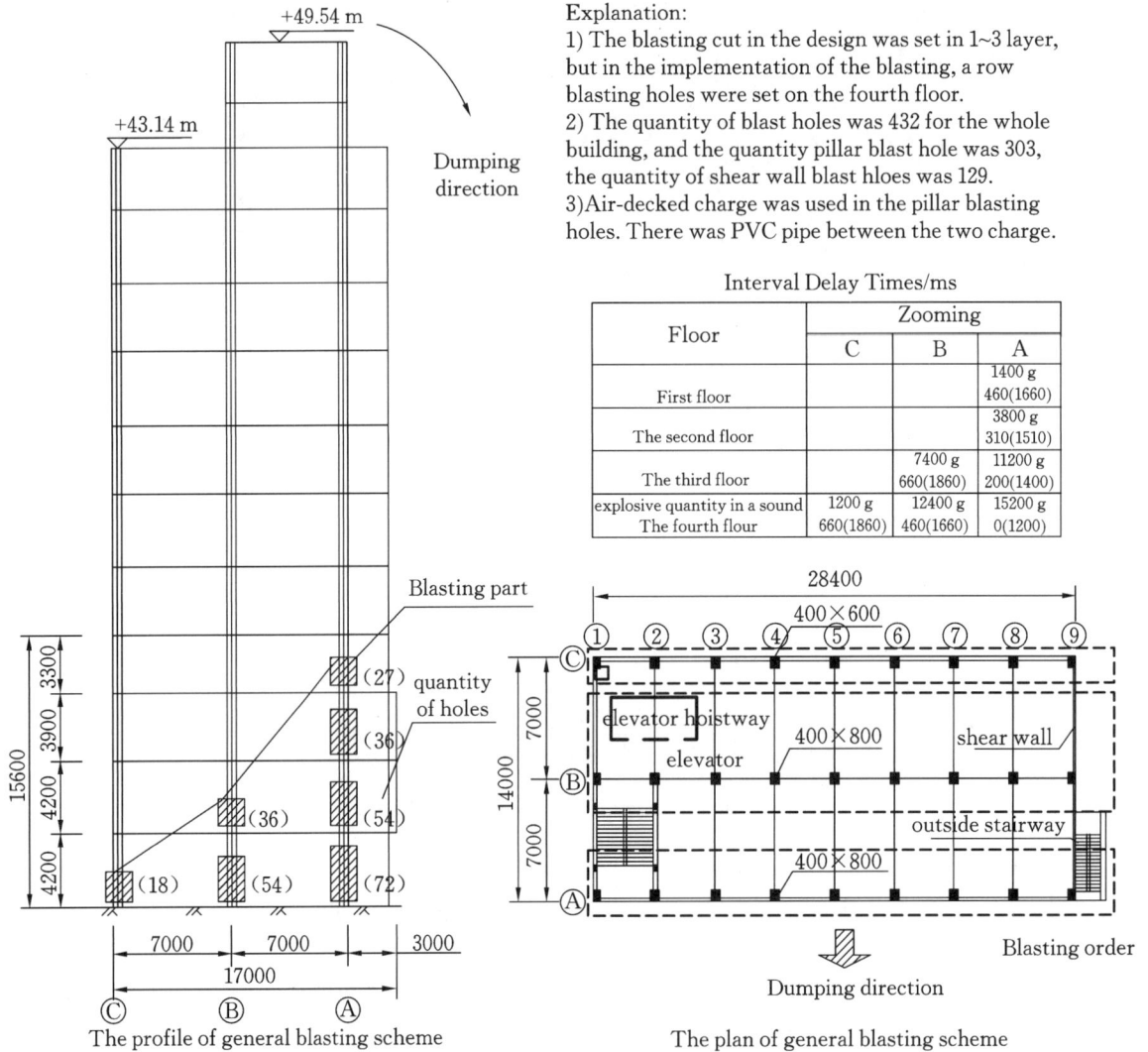

Fig. 2　Schematic diagram of overall scheme

ability, and demonstrates high reliability and intelligence. These characteristics made the result a dynamic measure, with wide amplitude and frequency and high range to fulfill the demand. The minimum scale than humans can measure is 0. 013 cm/s, and the minimum vibration value that humans can perceive is about 0.07~0.09 cm/s.

3.2　Arrangement of measuring points

To the south of the Wuhan Overseas Tourism Building there were old residential buildings, necessitating the strict control of vibrations. Thus, one measuring point was set in this area. In addition, another measuring point was set on the east, near the new public building. Each point measured the vibration value of three directions. The 1st and 2nd testing points were 32.5 m and 30.0 m away from the building edge, respectively. The specific arrangement of measuring points is given in Fig. 2.

3.3　Test results

The monitoring vibration values are showed in Table 2. And the time domain waveforms of the blasting demolition recorded at points 1 and 2 are shown in Fig. 3 and Fig. 4.

Table 2 The vibration values during the process of blasting

The number and position of monitoring points			D^* (m)	Horizontal radial		Vertical		Horizontal tangential	
				V^{**} (cm/s)	F^{***} (Hz)	V (cm/s)	F (Hz)	V (cm/s)	F (Hz)
1#	North of Minquan road	Blast vibration	32.5	0.85	5.25	0.37	3.00	0.33	2.75
		Impact vibration	32.5	0.15	3.75	0.24	2.88	0.32	2.25
2#	West of Changhang Building	Blast vibration	31.0	0.31	2.50	0.99	2.75	0.66	3.00
		Impact vibration	31.0	0.50	2.50	0.75	2.69	0.43	2.19

* D: Distance; ** V: Velocity; *** F: Frequency.

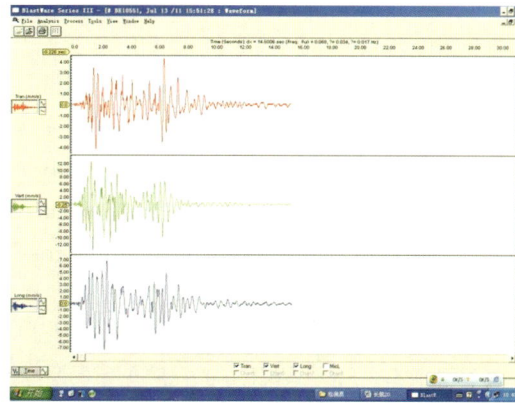

Fig. 3 Wave-shape of vibration velocity at point 1#

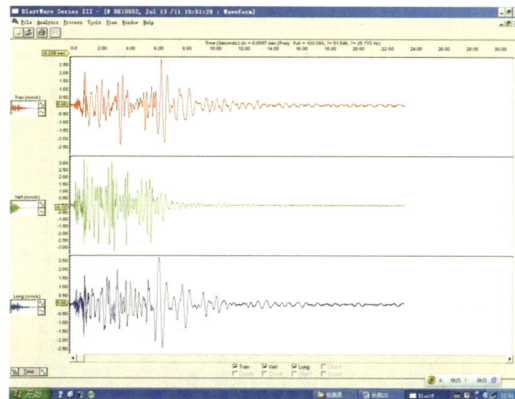

Fig. 4 Wave-shape of vibration velocity at point 2#

3.4 Analysis of the test results

There was a brief interval between the blasting vibration and the touchdown vibration of the rear row pillar. Dense waves were formed because of the collapse of the building structure during the blasting. The touchdown of the structure produced vibrations constantly during the collapse of the middle row and front pillars, while the vibration peak appeared at the touchdown of the middle row or front row column. The collapse speed of the building reduced sharply after the front pillar collapsed to the ground, and the rotation-collapse speed increased. Finally, the 4 layers above collapsed to the ground. The waves of blasting vibration and touchdown vibration can be divided into 3 stages: blasting vibration and the touchdown vibration of rear pillars ($0\sim1$ s), the touchdown vibration of the middle row and front column (1～4 s), the touchdown vibration of the rotation-collapse (4～7 s).

The distance between point 2 and the impact locations near the columns was further than that between the point 2 and the impact locations of rotation-collapse. Thus, in 1～4 s, the peak caused by the touchdown of the middle and front pillar was bigger than that caused by the rotation-collapse touchdown. The distance between point 4 and every impact location had little difference. Therefore, the peak caused by the touchdown of rotation-collapse was larger than that caused by the touchdown of the pillar.

4　THE VIDEO OF THE PROCESS OF BLASTING

In the analysis of the video recording of the blasting, during 0～1 s, the blasting cut had been formed, and building began to fall slightly forward, at about 5°. From 1～2 s, the building collapsed quickly, with the rear and middle row pillars destroyed under the action of gravity. The forward angle increased to about 20°～30° at 2 s. At 3 s, when the front pillar collapsed to the ground, the front pillar was destroyed under the action of gravity. Its drop speed reduced but the forward speed increased. At 4 s, the inclination increased to about 45°, and at 5 s rose to 80°. Between 6～7 s, the building had collapsed, and at 8 s, the collapse was all over with a dust mass flight.

5　THE PROCESS OF COLLAPSE AND VIBRATION ANALYSIS

According to the blasting scheme, digital video, and vibration test data, the analytical work was focused on the stress of the collapse process. As discussed below, the process of collapse can be divided into 4 periods (Cui et al., 2007; Cui et al., 2006; Tang et al., 2004; Liu et al., 2007; Zheng et al., 2008).

5.1　The first period—blasting cut forming periods

Blasting cut forming phase: Because of structural characteristics, the initiation order and initiating delay, and the stress, were different. In addition, during the formation of the blasting cut, there was some localized damage to the structure. The difference of the destruction location and time also affected the stress modes and the process and effects of collapse.

For example, in the blast engineering, each row of pillars bore a vertical load before the blasting. Between 0～0.46 s, row A of pillars were blasted, while pillars in rows B and C were not. The structure between rows A and B was an overhang. The cantilever was 8 m long, overhanging the balcony convert 1 m. The support location between rows B and C was 7 m width. The loading mode of the pillars in rows B and C was different. Row B pillars bore pressure load and row C pillars bore pull load, to balance the bending caused by gravity. At this time, the structure between rows B and A did not produce shear failure, but strain may have appeared. In 0.46～0.66 s, row B columns were blasted, and row C columns were not. Large bending moments had formed, and the loading mode of row C pillars had changed to from pull to pressure load. Row C pillars could not bear such large moment between rows C and A, and crush forces caused the pillars to rotate and collapse (at this time, the collapse speed was faster than the rotation speed). At 0.66 s, when 2 blasting holes of the row C pillars were blasted, the support location was much smaller, so the crush and collapse speed were increased.

Measurement and analysis of vibration interrelated collapse process in directional blasting demolition
of a high-rise frame-shear structure building
· 461 ·

In this period, the dangers of vibration were caused mainly by blasting. Row A pillars were blasted at 0 s (15. 2 kg), row B pillars were blasted at 0. 46 s (12. 4 kg), and row C pillars were blasted at 0. 66 s (1. 2 kg). There were explosive packages above the 2nd floor, but they had little influence on vibration. Thus, the blasting vibration can be calculated according to the charge in the first floor, as given below:

$$V=K(Q^{1/3}/R)^{\alpha} \tag{1}$$

where Q is largest charge amount per delay interval, in kg; R is distance between the protected target and the blasting location, in m; V is particle vibration velocity, in cm/s; and K, α are the factors related to the nature of the district that the seismic wave has passed through, and the distance.

After the damping ditch was excavated, the old residential buildings south of the building as the protection object, choose $K=32.1$, $\alpha=1.54$.

$Q_1=15.2$ kg, $R_1=46.5$ m, $V_1=0.35$ cm/s, $Q_2=12.4$ kg, $R_2=35$ m, $V_2=0.49$ cm/s.

It is clear that at time 0. 5 s, the blasting vibration peak was larger in the middle row of pillars.

5. 2 The second period—free falling period

At 0. 66 s, the blasting cut was formed. Row C pillars and the building structure connected to the row C pillars collapsed because of the large bending moment and pressure. The upper structure began to collapse, gained speed, and then entered free fall. The length of the free falling period was dependent on the height of the blasting cut. In this project, the standoff of row B on the second floor was 1. 8 m high, the drop height was 5. 8 m. According to $\Delta h=(1/2)gt^2$, the time of collapse of $1\sim$ 2 layers was $t_1=1.1$ s. At 0. 66 s, row C pillars were destroyed by blasting. Row C pillars produced the first touchdown vibration within a very short time, about 1 s. The formula for calculating collapse vibration is below (Pang et al. , 1985; Zhou, 2009):

$$V=k_t\times[(mgh/\sigma)^{1/3}/r]^{\beta} \tag{2}$$

where, V is surface ground vibration value caused by the collapse, in cm/s; m is mass of collapse structural of the element, in t; g is acceleration due to gravity, in m/s² ; h is height of the center of the constructional element, in m; σ is strength failure of ground medium, MPa (usually taken as 10 MPa); r is distance between the measuring point and the center of the ground that the building impacted, in m; and k_t, β are the damping parameters, $k_t=3.37$, $\beta=1.66$.

The first time, when the back row column collapsed to the ground, $m=4500$ t, $h=0.5$ m, $r=$ 15 m, $v=2.65$ cm/s.

5. 3 The third period—Ground impact period

The ground impact period started from when the roof and beams of the 2nd layer collapsed to the ground. The ground had strong support action to the upper structure. Support position was in the Ⓑ axis. At this time, the upper structure had developed a forward angle, but usually not more than 20°. Because of the new strong point, the collapse speed of the building decreased dramatically, and the topple speed increased. When the beam and the roof of the Ⓑ axis in the 2nd layer impacted the ground, the collapse speed rose to 8 m/s, which destroyed the concrete structure. Thus, the structure of the Ⓑ~Ⓒ axis was fragmented. During this, the structure continued to fall forward. The second touchdown vibration appeared at about 2 s (1. 1+0. 66=1. 76 s).

For the 2nd round, when the middle platoon column impacted the ground, back platoon column had already done so, $M=2300$ t, $H=6$ m, $R=22$ m, $V=3.83$ cm/s.

Similarly, row B pillars of $2\sim3$ layers broke when impacting the ground. The structure of the 4 layers was destroyed when they were blasted. When pillars of row A impacted the ground, the drop height was 12 m. According to $\Delta h = (1/2)gt^2$, collapsing time of the 4 floors was $t = 1.56$ s. The collapse speed of building decreased dramatically because the delaying effect of the $1 \sim 3$ layers of back and middle row pillars and other structures that piled in the process of collapse. The time elapsed was about 3 s. When the front platoon column collapsed to the ground, the middle platoon column had already done so, and $M = 1800$ t, $H = 16$ m, $R = 29$ m, $V = 3.63$ cm/s.

5.4   The fourth stage—rotation-collapse period

After row A collapsed to the ground, the building had a rotation speed as well. The aspect ratio of the building was large, close to 3, and the center of gravity of the building had offset the Ⓐ axis, the structure rotated and fell. When the center of gravity of the building impacted the ground, the fourth touchdown vibration appeared, at about 6 s.

In the 4th round, when rotating and impacting the ground, $M = 4000$ t, $H = 14$ m, $R = 43$ m, $V = 2.73$ cm/s.

Statement of calculation: The height of the blasting cut was 4 layers. After the blasting of pillars, the weight of the 4 layers did not influence touchdown vibration, though it did have a cushioning effect. The weight of the 5 layers above was about 4000 t. When row A pillars broke after impacting the ground, the drop height was nearly 16 m. The building turned on the row A pillars, and the distance of collapse of the 10 layer main structure was 27 m. The distance of collapsed stair way was 33 m. The drop height of the 5 layers was about 14 m, and the distance from the row A pillars to the center that impacted the ground was about 14 m.

In consideration of the residential buildings to the south, the estimated value of the four touchdown vibration was more than the permissible value. Thus, measures were required to reduce the vibration influence on those buildings. From these results we can conclude that the vibration peak of row B pillars was also greater than that of the rotation-collapse.

The collapse distance of the building was about 30 m. Slag walls of height 3.2 m and width 2 m were 13 m from the collapsed building. One layer of cotton quilts and two layers of sandbags were laid on the slag wall. From the 4 m point south of the building an absorption ditch of dimensions 2.5 m×1.5 m width, was dug. Through these measures, vibration can be reduced by $60\% \sim 70\%$, meaning that the vibration experienced at the residential buildings can be reduced to about 1.15 cm/s.

The whole process is shown in following Fig. 5.

6   EXPERIENCE

For a high-rise frame-shear building, the blasting engineer will usually choose the simple method of implementing a single directional cut at the root to demolish it, if the collapse range is sufficient. But the collapse process is not always easy, and often requires consideration many complex problems. The rigidity of the frame-shear structure is larger than the frame structure. However, the extent of the effects this might produces is not easily predicted, and there is no certain conclusion on the collapse range, the disassembling conditions, and ground impact vibration when frame-shear buildings are demolished. Only by a qualitative approach can we think that frame-shear structure buildings demolition have a larger collapse range and poorer disassembling conditions than frame structures. But we cannot be certain, and further investigation and discussion are required. The problem of ground impact vibration is much more complex. Because of the same geological

Measurement and analysis of vibration interrelated collapse process in directional blasting demolition
of a high-rise frame-shear structure building
· *463* ·

Fig. 5   The process of collapse

conditions, we should not only observe the position of the protected objects, but also pay attention to the impulse of building-ground impact.

Directional blasting, which uses a single directional cut at the root, can be understood as an ordinary, triangular cut. The process may not be performed on high-rise chimneys in reinforced concrete by directional blasting. The triangular cut in frame-shear structure buildings must be saw toothed, and the process of impacting the ground is from back to front. There is a little time for the back platoon to remain after the formation of the blasting cut, so the upper structure can get an initial velocity of rotation. Because the back platoon breaks off, the process is accompanied by dropping or rapid inclination of the upper structure. This speed is due to the velocities of both dropping and rotating. The velocity of dropping is far greater than rotating, so the ground is impacted several times. Take a 3 platoon column or frame-shear wall building as an example. 3 storeys have been blasted, the 1st storey for all platoons, the 2nd for the two front platoons, the 3rd for only the front platoon. The ground is impacted at least four times, by the back platoon, the middle platoon, the front platoon and the broken twirl. When the back platoon collapses to the ground, the force of the shear cut between the back and middle platoons is the largest, and the building may be demolished by it. At the same time, the velocity of the falling middle platoon can achieve 8 m/s to 10 m/s or more, so a 3-storey structure must be disassembled. If we increase the 1st platoon to 4 storeys, it will be disassembled as well.

低含水率砂土和饱和砂土场地爆炸成坑特性实验

贾永胜[1]　王维国[2]　谢先启[1,3]　杨　贵[3]　姚颖康[1,3]

(1.武汉市市政建设集团,湖北 武汉 430023;2.宁波市交通建设工程试验检测中心有限公司,浙江 宁波 315124;

3.河海大学土木与交通学院,江苏 南京 210098)

摘　要:爆坑是土中爆炸荷载作用下的主要响应形式,基于大型爆炸实验场地,笔者开展了一系列低含水率砂土和饱和砂土中的爆炸成坑现场实验,研究了药量、埋深及含水率等因素对土中爆坑效应的影响。研究结果显示:根据药包的比例埋深,低含水率砂土场地的最终爆坑形态可以分为隐爆、塌陷型漏斗坑和抛掷型爆坑 3 类。发生封闭爆炸的临界比例埋深为 $2.3\ \mathrm{m/kg^{1/3}}$;形成抛掷型爆坑的条件为比例埋深小于 $1.5\ \mathrm{m/kg^{1/3}}$;当比例埋深为 $1.5\sim2.3\ \mathrm{m/kg^{1/3}}$ 时,形成塌陷型漏斗坑。土中孔隙水压力的增大导致坑壁周围土体发生了液化流动、坍塌,最终造成爆坑横向尺寸的扩大。相同爆源条件下,饱和砂土场地形成的坑面直径比低含水率砂土场地提高了 $25\%\sim35\%$,饱和砂土场地发生封闭爆炸的极限比例埋深可达 $2.5\ \mathrm{m/kg^{1/3}}$。

关键词:低含水率砂土;饱和砂土;现场实验;爆坑形态;爆坑尺寸;比例埋深

Characterization of blast-induced craters in low-moisture and saturated sand from field experiments

Jia Yongsheng[1]　Wang Weiguo[2]　Xie Xianqi[1,3]　Yang Gui[3]　Yao Yingkang[1,3]

(1. Wuhan Municipal Construction Group,Wuhan 430023,Hubei,China;

2. Ningbo Communication Construction Engineering Testing Center Co. ,Ltd. ,Ningbo 315124,Zhejiang,China;

3. College of Civil and Transportation Engineering,Hohai University,Nanjing 210098,Jiangsu,China)

Abstract:Craters are the main response-induced form of underground explosion loadings. A series of field experiments were conducted in low-moisture and saturated sand in a large-scale experiment pit to study crater formation induced by underground explosions. The influence of charge mass,burial depth and moisture content on the crater diameter were analyzed. The results showed that,for a crater in sand with a low-moisture content,the eventual form may fall into one of the three types,formed respectively by enclosed explosion,cast blasting and soil collapse. The critical scaled burial depth for a crater from the enclosed explosion is about $2.3\ \mathrm{m/kg^{1/3}}$,that for crater from cast blasting is $1.5\ \mathrm{m/kg^{1/3}}$ or less,and that for a crater from soil collapse is $1.5\sim2.3\ \mathrm{m/kg^{1/3}}$. For a crater in saturated sand,the soil particles close to the crater were liquefied due to pore water pressure rise under explosion loadings. Thus,the lateral dimension of a crater was enlarged due to the flow and the collapse of the soil particles. The diameter of the crater in saturated sand can extend up to $1.25\sim1.35$ times that of the crater in low-moisture sand under the same explosion loading. The greatest scaled burial depth of an enclosed explosion in saturated sand may reach $2.5\ \mathrm{m/kg^{1/3}}$ based on the experiments.

Keywords:Low-moisture sand;Saturated sand;Filed experiment;Crater formation;Dimension of crater;Burial depth

本文原载于《爆炸与冲击》2017 年第 37 卷第 5 期。

爆坑是土中爆炸荷载作用下的主要响应形式,也是土体爆炸领域的新兴研究热点之一。地雷爆炸及其对周围构筑物的损毁评价,掩体、坑道工事快速开挖等具有军事目的的行为,是促进早期土中爆炸研究的重要因素。

近几十年来,在高含水率软弱地基处理、地下空间快速开挖等工程中,控制爆破技术也得到了飞速的发展和应用。土中爆炸成坑机制复杂,爆炸作用下成坑规律的理论研究多用于定性的分析,而定量分析仍依赖于对实验成果的统计。已有研究成果表明,土体含水率对爆炸成坑特征具有不可忽视的影响,穆朝明等和施鹏等根据一系列爆坑实验,确定了干(饱和)砂及黄土中发生封闭爆炸的临界比例埋深。P. T. Simpson 等针对干性砂和含水砂土填筑的堤坝,开展了坝顶接触爆炸条件下的离心机爆坑实验,分析了含水率对爆坑尺寸的影响。

含水甚至饱和的岩土材料分布得非常广泛,某些特殊部位的土体发生爆坑破坏后,将造成致命的灾害。基于大型爆炸实验场地,笔者开展了一系列低含水率砂土和饱和砂土场地中的爆坑实验,以研究药量、埋深及含水率等因素对爆坑形态和尺寸的影响。实验结果对岩土工程的抗爆炸设计、防护和加固具有参考意义,也可为爆炸成坑数值计算提供验证资料。

1 土中爆炸成坑特征

爆坑最终形态往往与土体性质、爆炸荷载以及重力密切相关。对于小药量或者小埋深爆炸,用于克服土粒间黏聚力的爆炸能量远大于克服抛掷土体重力部分的能量,因此,通常可以不考虑重力作用的影响,此时爆坑尺寸与药量成正比,且符合立方根几何相似原则。而对于药包埋深较大的土中爆炸,用于克服抛掷土体重力部分的爆炸能量占比的影响已经不能忽略,此时仅考虑几何相似的立方根爆坑尺寸预测公式已不能完全适用。大量的土中爆炸成坑实验结果显示,重力的存在对爆坑尺寸和形态有明显的影响,考虑重力影响的抛掷爆坑尺寸公式与实验结果符合得较好。

根据相似理论,炸药质量和埋置深度是决定土中爆炸成坑效应的最主要因素。衡量任何形式的爆炸源在相同条件下产生的爆炸破坏效应,通常可采用比例埋深描述土中埋药量和药包埋置深度的综合影响。对于集中药包,比例埋深定义为药包埋深 d 与等效 TNT 当量 $(W_{TNT})^\alpha$ 之比,其中 α 是与重力相关的系数。根据爆坑实验及量纲分析,对于小药量或小埋深爆坑,$\alpha=1/3$,比例埋深用 λ 表示;对于考虑重力影响的比例埋深用 γ 表示,$\alpha=7/24$。

2 实验

2.1 场地

实验场地的上下圆截面直径分别为 19 m 和 16 m,实验坑的开挖深度为 3 m。原场地开挖区土质为高强度的低透水性黏土,坑内回填长江灰细砂,如图 1 所示。实验回填江砂的天然含水率为 6.6%,土粒平均粒径为 0.18 mm,不均匀系数为 2.11,相对于 4 ℃水的密度比为 2.633。低含水率回填砂土的密度为 1440 kg/m³,土层初始相对密实度为 27%~30%;饱和砂土密度为 1835 kg/m³,土层初始相对密实度为 30%~35%。

2.2 设计

根据药包质量和埋深分别在低含水率砂土和饱和砂土场地设计 8 组和 6 组成坑实验,每组实验的药包布置位置如图 2 所示,实际药量及埋深如表 1 所示。采用抗水性能优异的 2 号岩石乳化炸药,炸药密度为 0.95~1.10 g/cm³。根据爆轰实验结果,该炸药在低含水率砂土和饱和砂土中的等效 TNT 当量系数分别为 0.7 和 0.8。

图1　爆炸实验坑

(a) 实验坑；(b) 回填砂土

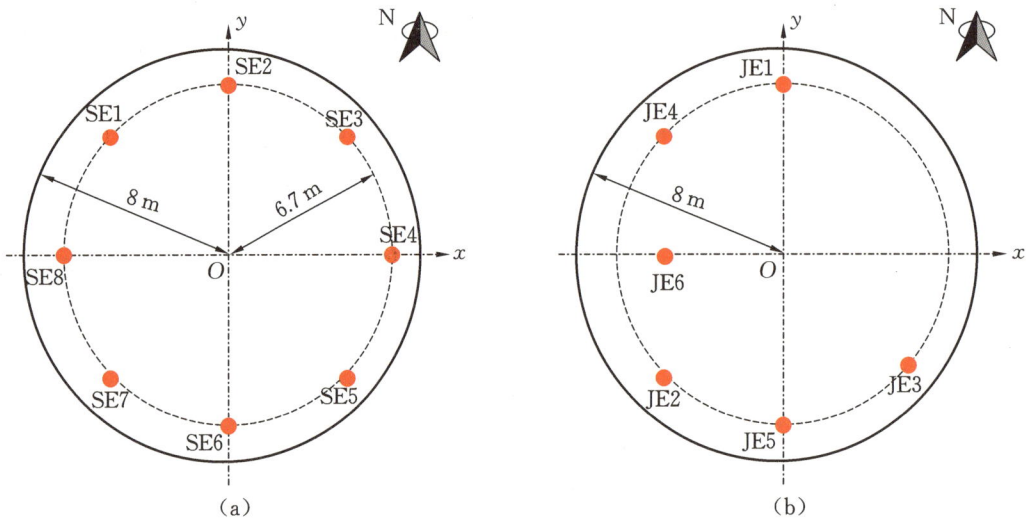

图2　爆炸成坑实验药包布置

(a)低含水率砂土；(b) 饱和砂土

表1　药孔的药量和埋深

低含水率砂土			饱和砂土		
编号	药量/kg	埋深/m	编号	药量/kg	埋深/m
SE1	0.2	1.0	JE1	0.3	1.13
SE2	0.4	1.0	JE2	0.4	0.83
SE3	0.8	1.0	JE3	0.3	0.93
SE4	0.2	1.5	JE4	0.4	1.35
SE5	0.4	1.5	JE5	0.4	0.93
SE6	0.8	1.5	JE6	0.2	1.35
SE7	0.2	0.5			
SE8	0.4	0.5			

3　结果与分析

3.1　低含水率砂土场地爆坑

　　每组实验完成后,观测爆坑形状轮廓并测量其直径和深度,各组实验爆坑的特征描述如表2所示。图 3 为低含水率砂土场地中爆点 SE1 至 SE8 爆后地表鼓包隆起特征随药包立方根比例埋深的变化,根据爆炸过程中地表鼓包运动特征或喷射物形状,可以将低含水率砂土场地中的爆坑行为分为 3 类:(1)当药包比例埋深 $\lambda \geqslant 2.3$ m/kg$^{1/3}$ 时,地表几乎观测不到隆起、破裂等特征,此时可认为发生隐爆或完全封闭爆炸,如爆点 SE4;(2)当 1.5 m/kg$^{1/3} \leqslant \lambda < 2.3$ m/kg$^{1/3}$ 时,地表仅形成隆起的土穹顶而不发生抛掷现象,鼓包土体在自重作用下回落,同时内部空腔发生不稳定坍塌而下沉,最终形成塌陷型爆坑,如爆点 SE2(图 4);(3)当 $\lambda < 1.5$ m/kg$^{1/3}$ 时,爆轰气体具有足够的能量克服药包上覆土体的自重及土粒间的黏结力,使得药周土体以喷射物形式向外抛掷,药包底部和侧翼的土体在压缩波和稀疏波共同作用下被不断侵蚀和压密,最终形成抛掷型可见爆坑,如爆点 SE8(图 5)。

表 2　低含水率砂土场地爆坑形态

编号	药包比例埋深		爆坑尺寸		爆坑形态特征描述
	$\lambda/(\text{m/kg}^{1/3})$	$\eta/(\text{m/kg}^{7/24})$	D/m	h/m	
SE1	1.93	1.77	0.50①	0.40①	无抛掷,地表隆起后下陷成塌陷型爆坑,爆坑周围有数圈不规则裂纹
SE2	1.53	1.45	1.30①	0.30①	鼓包明显但无抛掷,地表内陷形成塌陷型爆坑,爆坑周围有数圈不规则裂纹
SE3	1.21	1.18	1.20	0.32	发生明显抛掷,地表形成漏斗状可见爆坑
SE4	2.89	2.66	—	—	隐爆,地面未鼓包
SE5	2.29	2.17	0.74①	0.30①	无抛掷,地表特征不明显,爆后形成小型塌陷型爆坑,周边有明显裂纹
SE6	1.82	1.77	1.20①	0.38①	无抛掷,地表隆起后下陷成塌陷型爆坑,爆坑周围有数圈不规则裂纹
SE7	0.96	0.89	1.05	0.25	抛掷明显且抛掷距离较远,形成抛掷型可见爆坑
SE8	0.76	0.72	1.25	0.28	抛掷明显且抛掷距离远,形成抛掷型可见爆坑

注:①塌陷型爆坑。

图 3　低含水率砂土场地爆后地表运动与药包比例埋深的关系

图 4　典型塌陷型爆坑的形成过程（SE2）

(a) $t=0$；(b) $t=20$ ms；(c) $t=50$ ms；(d) Final shape

图 5　典型抛掷型爆坑的形成过程（SE8）

(a) $t=0$；(b) $t=20$ ms；(c) $t=50$ ms；(d) Final shape

图 6 为实验实测的抛掷型爆坑和塌陷型爆坑直径与药包埋深的关系，同时根据 ConWep 程序给出了低含水率砂土中 0.2 kg、0.4 kg 和 0.8 kg 乳化炸药对应的爆坑直径与药包埋深的关系。爆点 SE3、SE7 和 SE8 的抛掷型爆坑直径实测值比 ConWep 程序的经验计算结果分别高 12.0%、17.6% 和 8.2%。爆坑边缘的松散含水细砂，在爆后持续流向爆坑底部造成爆坑横向扩展，是引起偏差的主要原因。

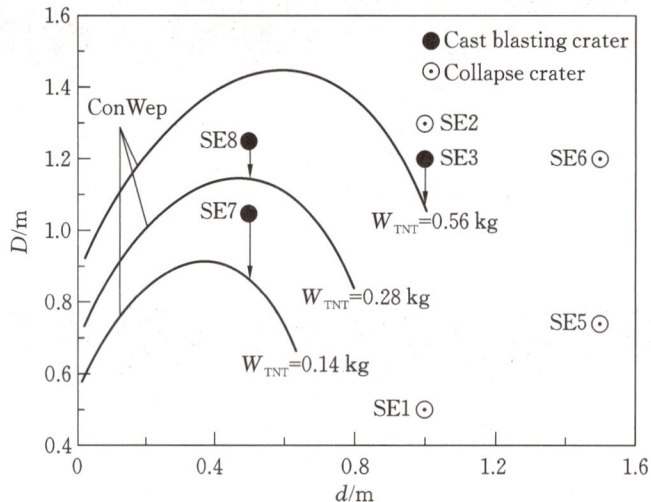

图 6　爆坑直径实验与 ConWep 计算的对比

3.2　饱和砂土场地爆坑

饱和砂土中发生爆炸时，爆轰气体会携带上层土体以喷射物的形式透过自由面喷出，同时高温高压的气态爆轰产物渗入土体孔隙中,使得气室周围形成干土区,短时间内仍会形成爆坑现象。饱和砂土场地中爆点 JE1 至 JE5 爆炸后短时间内,均可在地表观测到爆坑现象,爆坑尺寸及形态特征见表 3。其中爆点 JE1 和 JE4 爆后形成的爆坑较小,短时间内即被爆炸振动液化引发的流沙覆盖。爆点 JE6 的比例埋深 $\lambda = 2.49$ m/kg$^{1/3}$,爆后地表并未发生隆起或抛掷现象,即可认为在该比例埋深条件下,饱和砂土中已基本达到完全封闭爆炸的状态。

表 3　饱和砂土场地爆坑形态

编号	药包比例埋深		爆坑尺寸		爆坑形态特征描述
	$\lambda/(\text{m/kg}^{1/3})$	$\eta/(\text{m/kg}^{7/24})$	D/m	h/m	
JE1	1.82	1.71	—	—	能观测到地表土体破裂,形成的爆坑瞬间被爆炸振动液化引发的流沙及水覆盖
JE2	1.21	1.16	1.40	0.32	抛掷明显,但爆后能观测到坑壁有流动的砂土
JE3	1.50	1.41	1.20	0.32	抛掷明显,但爆后能观测到坑壁有流动的砂土
JE4	1.97	1.88	—	—	能观测到地表土体破裂,形成的爆坑瞬间被爆炸振动液化引发的流沙及水覆盖
JE5	1.36	1.30	1.25	0.36	抛掷明显,但爆后能观测到坑壁有流动的砂土
JE6	2.49	2.30	—	—	地表几乎观测不到隆起和抛掷现象

图 7 为饱和砂土场地的浅埋爆点 JE2、JE3 和 JE5 爆后 3 min 内拍摄的爆坑轮廓。由图 7 可知,各爆点爆后抛掷物抛撒均匀,爆坑呈典型的火山坑形状。然而,爆后短时间内在爆坑边壁附近可以观测到砂土颗粒的流动,这是由于饱和砂土在爆炸振动作用下抗剪强度被严重削弱,爆坑周围饱和土颗粒发生了液化流动现象,从而可能导致爆坑横向尺寸的扩大。

（a）　　　　　　　　　　　　（b）　　　　　　　　　　　　（c）

图 7　饱和砂土中典型的爆坑轮廓

（a）JE2,$\lambda = 1.21$ m/kg$^{1/3}$;（b）JE3,$\lambda = 1.50$ m/kg$^{1/3}$;（c）JE5,$\lambda = 1.36$ m/kg$^{1/3}$

3.3　低含水率砂土和饱和砂土场地爆坑尺寸对比

选取乳化炸药药量 W 为 0.4 kg 的爆坑实验组进行对比分析,如表 4 所示。

表 4　低含水率砂土和饱和砂土场地爆坑直径对比

砂土	编号	W/kg	W_{TNT}/kg	d/m	D/m
低含水率砂土	SE2	0.4	0.28	1.0	1.30[①]
	SE8	0.4	0.28	0.5	1.25
饱和砂土	JE2	0.4	0.32	0.83	1.40
	JE5	0.4	0.32	0.93	1.25

注:①塌陷型爆坑。

　　图8给出了各对比实验组爆后实测的爆坑直径及ConWep程序的经验计算结果。相较于低含水率砂土场地,饱和砂土中的爆炸作用使爆坑周围局部土体有产生液化流动的趋势,将形成更大的爆坑面。即药量及埋深相同时,饱和砂土中的爆坑直径比低含水率砂土中的更大。当低含水率砂土($w=6.6\%$)场地中埋置深度为1 m的0.4 kg乳化炸药爆炸时,药包上部土体在爆轰气体推动作用下发生鼓包,但并不能形成抛掷,最终形成塌陷型爆坑。通过低含水率砂土和饱和砂土中的爆炸成坑实验,在相同爆源条件下,饱和砂土中的爆坑直径及可能发生爆炸抛掷的比例埋深均比低含水率砂土中的大。

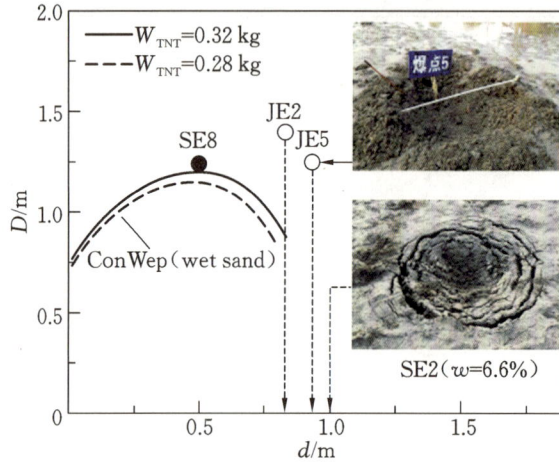

图8　低含水率砂土和饱和砂土场地爆坑尺寸对比

　　图9为低含水率砂土和饱和砂土场地的比例爆坑直径的对比情况,由于爆炸引起的饱和砂土液化流动,在相同比例埋深条件下,饱和砂土中的爆坑横向扩展更剧烈。根据低含水率砂土和饱和砂土场地爆炸成坑实验结果,可以得到低含水率砂土和饱和砂土的爆坑直径经验拟合公式分别为:

$$D/(2d) = 1.22(1/\eta) - 0.40 \tag{1}$$

$$D/(2d) = 1.32(1/\eta) - 0.31 \tag{2}$$

式中,D为爆坑直径,m;d为药包埋深,m;η为药包比例埋深,$m/kg^{7/24}$。

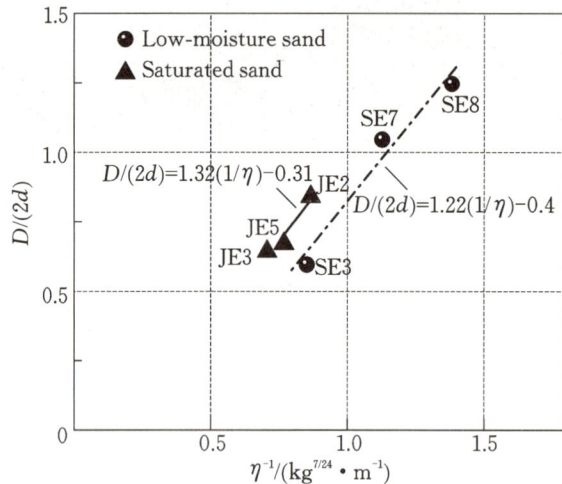

图9　比例爆坑直径随比例埋深的变化

　　然而,爆坑直径经验拟合公式并未考虑土体的性质变化对爆坑尺寸的影响,同时仅针对某一特定土体含水率条件。根据图9,在相同药包比例埋深条件下,饱和砂土场地的爆坑直径相较于低含水率砂土场地,可以提高25%~35%。直接利用基于低含水率砂土场地条件的爆坑直径经验公式进行预测时会发生较大偏差,这是因为饱和砂土场地爆坑变形性质已发生了明显的变化,液化流动作用已成为爆坑后期变形的重要因素。

4 结论

基于低含水率砂土和饱和砂土场地单药包爆炸成坑的现场实验,分析了药量、药包埋深及土体含水率等因素对土中爆坑效应的影响,并利用 ConWep 经验计算结果与爆坑实验进行对比,得到以下结论:

(1)地表的运动特征或爆坑喷射物形状与药量和药包埋深密切相关,根据药包的比例埋深,低含水率砂土场地的最终爆坑形态可以分为隐爆、塌陷型漏斗坑和抛掷型爆坑 3 类。其中发生封闭爆炸的临界比例埋深 $\lambda = 2.3$ m/kg$^{1/3}$;形成抛掷型爆坑需满足的条件为 $\lambda < 1.5$ m/kg$^{1/3}$;当 1.5 m/kg$^{1/3} \leqslant \lambda < 2.3$ m/kg$^{1/3}$ 时,则形成塌陷型漏斗坑。

(2)低含水率砂土场地抛掷型爆坑 SE3、SE7 和 SE8 的直径实测值比 ConWep 预测结果分别高 12.0%、17.6% 和 8.2%,爆坑边缘的松散含水细砂在爆后持续流向爆坑底部造成爆坑横向扩展是引起偏差的主要原因。

(3)当不考虑土体性质变化时,低含水率砂土和饱和砂土场地的比例爆坑直径 $D/(2d)$ 随 $1/\eta$ 的变化关系均可近似以直线描述。

(4)根据饱和砂土场地爆坑实验结果,土中孔隙水压力的增大导致坑壁周围局部土体发生了液化,从而使得土体发生流动、坍塌等现象,造成爆坑横向尺寸的扩大。在相同爆源条件下,饱和砂土场地形成的爆坑面直径相较于低含水率砂土环境可以提高 25%~35%,饱和砂土场地发生封闭爆炸的极限比例埋深可达 2.5 m/kg$^{1/3}$。

基坑爆破预留层对围护桩的保护作用数值分析

贾永胜[1]　钟冬望[2]　姚颖康[1]　司剑峰[2]　韩传伟[1]　黄小武[1]

(1. 武汉爆破有限公司,武汉 430024;2. 武汉科技大学理学院,武汉 430065)

摘　要:基坑爆破开挖工程中爆破开挖部分与围护桩之间通常会预留一定厚度的岩土层,用以保护基坑围护结构的安全,免受爆破产生的巨大能量的损害。为了得到合理的预留层厚度,保证基坑开挖过程的安全,最大限度地缩减施工周期,提高经济效益,采用 LS-DYNA 有限元分析软件,在基坑爆破开挖过程中对临近钻孔灌注桩的保护效果进行了数值计算分析。分析得出,预留 1.5 m 厚中风化泥岩作为临近钻孔灌注桩的保护层,能显著降低爆炸荷载作用下钻孔灌注桩的压力峰值和最大主应力峰值,保护临近钻孔灌注桩免遭破坏;同时,临近钻孔灌注桩的最后一排炮孔孔间采用 25 ms 延时时间,可有效避免应力波峰值的叠加,进一步保护了钻孔灌注桩的安全。此结论可为类似工程提供参考。

关键词:数值分析;钻孔灌注桩;深基坑;保护层;爆破施工

Numerical calculation of the barrier effect of the pre-protective layer on bored piles in deep foundation pit blasting

JIA Yongsheng[1]　ZHONG Dongwang[2]　YAO Yingkang[1]

SI Jianfeng[2]　HAN Chuanwei[1]　HUANG Xiaowu[1]

(1. Wuhan Explosion & Blasting Co. ,Ltd. ,Wuhan 430024,China;

2. College of Science,Wuhan University of Science and Technology,Wuhan 430065,China)

Abstract: In excavation engineering of foundation pit, the excavation part of blasting excavation is usually reserved for a certain thickness of rock layer to protect the safety of the surrounding structure of the foundation pit to avoid the great energy caused by blasting. It is not only to ensure the safety of foundation pit excavation process, but also to reduce the construction period and improve the economic benefit. The protection effect of the adjacent bored piles is analyzed by using LS-DYNA finite element analysis software. The analysis results showed that the protective layer of the weathered stone of 1.5 m thick,as adjacent bored piles,can significantly reduce the pressure peak and maximum principal stress peak of bored piles under explosive load,and protect adjacent bored piles from destruction. At the same time,the last of the holes in the drilled pile has a 25 ms deferring to prevent the stacking of the stress peaks,which will further protect the safety of the drilled pile. The conclusion can be used as a reference.

Keywords: Numerical analysis;Bored pile;Deep foundation pit;Protective layer;Blasting construction

本文原载于《工程爆破》2017 年第 23 卷第 5 期。

基坑工程是基础工程的一个组成部分,是为基础工程的进行而开挖地下空间的一个临时性工程。其服役期间的稳定性是基坑工程的核心安全问题。采用爆破开挖施工过程中爆炸瞬间释放的巨大能量,通常威胁到深基坑支护结构(钻孔灌注桩)以及周围建筑物的安全和稳定,因而在施工中要求评估爆破动载作用下支护结构的稳定性,以及周围建筑在爆破动载作用下的变形问题,用以确定工程设计并选用合理的爆破参数,控制爆破振动对支护结构的破坏。

围护桩因能保护基坑的稳定性而被广泛使用。在施工过程中通常会在开挖部分与围护桩之间预留一部分保护层,用来削减爆炸所产生的冲击波。这一部分预留保护层在后期施工中通过人工或者机械的方式来挖除。如果预留层厚度过小,则不能保护好围护桩的安全,进而影响到基坑整体的安全;如果预留层厚度过大,则给后期人工或机械拆除带来巨大的工作量,影响整体施工进度和周期。合理的预留层厚度不仅能够保证基坑开挖过程的安全,而且能最大限度地缩减施工周期,提高经济效益。

1 有限元模型的建立

围护结构一般采用 $\phi1200@1500$ mm 钻孔灌注桩围护。采用1:1比例建模,选取临近钻孔灌注桩的 2 个炮孔,研究预留保护层为 1.5 m 厚时对钻孔灌注桩的保护效果,进而评价灌注桩的安全性。计算采用的单位制为 cm-g-μs。建立岩土计算模型 x、y、z 的 3 个方向的长度分别为 4.0 m、5.0 m、6.0 m。计算模型中,除自由面外的其他 5 个面均施加无反射边界条件。选用 SOLID164 的六面体实体单元对整个模型进行网格划分,单元长度为 4.5 cm,划分后得到节点数为 1365112,单元数为 1328712。计算模型中的钻孔灌注桩模型如图 1 所示。

Deep Foundation Temporary Support Demolition Blasting
Time= 0

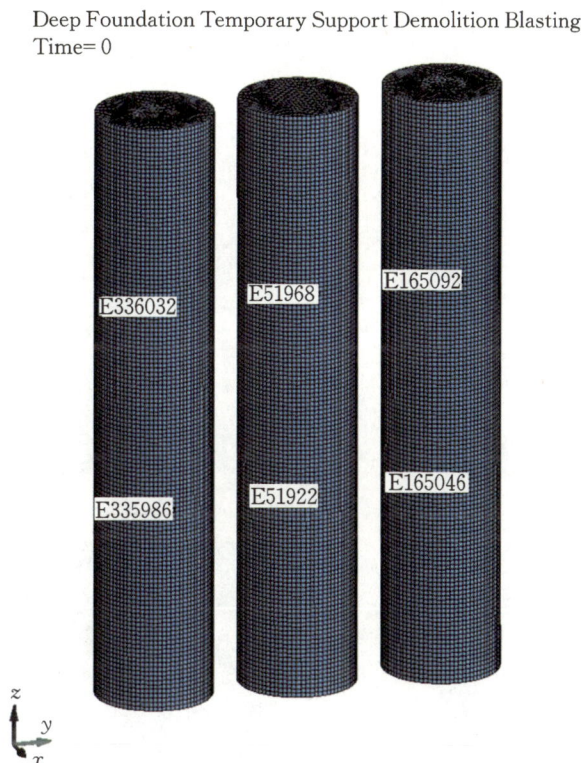

图 1 有限元计算模型中钻孔灌注桩模型

计算中涉及的材料有中风化砂质泥岩、钢筋混凝土和炸药,其中,钢筋混凝土材料采用"整体式"算法,即将钢筋的强度等效于混凝土。在 LS-DYNA 有限元程序中,分别选取不同的材料模型,对其物理力学特性进行表征。岩石材料具有弹性和塑性力学特征,在 LS-DYNA 有限元分析软件中可以选用

＊MAT_PLASTIC_KINEMATIC 动态弹塑性材料模型,混凝土材料模型采用 ＊MAT_JOHNSON_HOLMQUIST_CONCRETE(简称 JHC 模型),炸药单元采用 ＊MAT_HIGH_EXPLOSIVE_BURN 材料模型,2$^{\#}$岩石乳化炸药的密度为 1090 kg/m³,炸药爆速为 4000 m/s,爆压为 4.36 GPa。爆轰产物和混凝土材料的详细参数如表 1 和表 2 所示。

表 1　爆轰产物状态方程相关参数

A/GPa	B/GPa	R_1	R_2	ω	E/GPa	V
214	18.2	4.2	0.9	0.15	4.19	1.00

表 2　混凝土材料的物理力学参数

ρ/(kg/m³)	G/GPa	A	B	C	N	FC/MPa	T/MPa	ε	EFMIN
2400	14.8	0.79	1.60	0.007	0.61	48.0	4.0	1.0	0.01
SFMAX	PC/MPa	UC	PL/MPa	UL	D_1	D_2	K_1/GPa	K_2/GPa	K_3/GPa
7.0	16.0	0.001	800	0.1	0.04	1.0	85.0	−171.0	208.0

2　计算结果及分析

2.1　应力云图分析

按照爆破方案的设计,同排炮孔按照 25 ms 延时时间依次逐孔起爆,孔内炸药起爆点设置在偏孔底的位置。设置好相关计算参数,代入 LS-DYNA 有限元程序计算,得到最后一排 2 个炮孔依次起爆时药柱中心面上泥岩的 Von-Mises 有效应力传播,如图 2 所示。

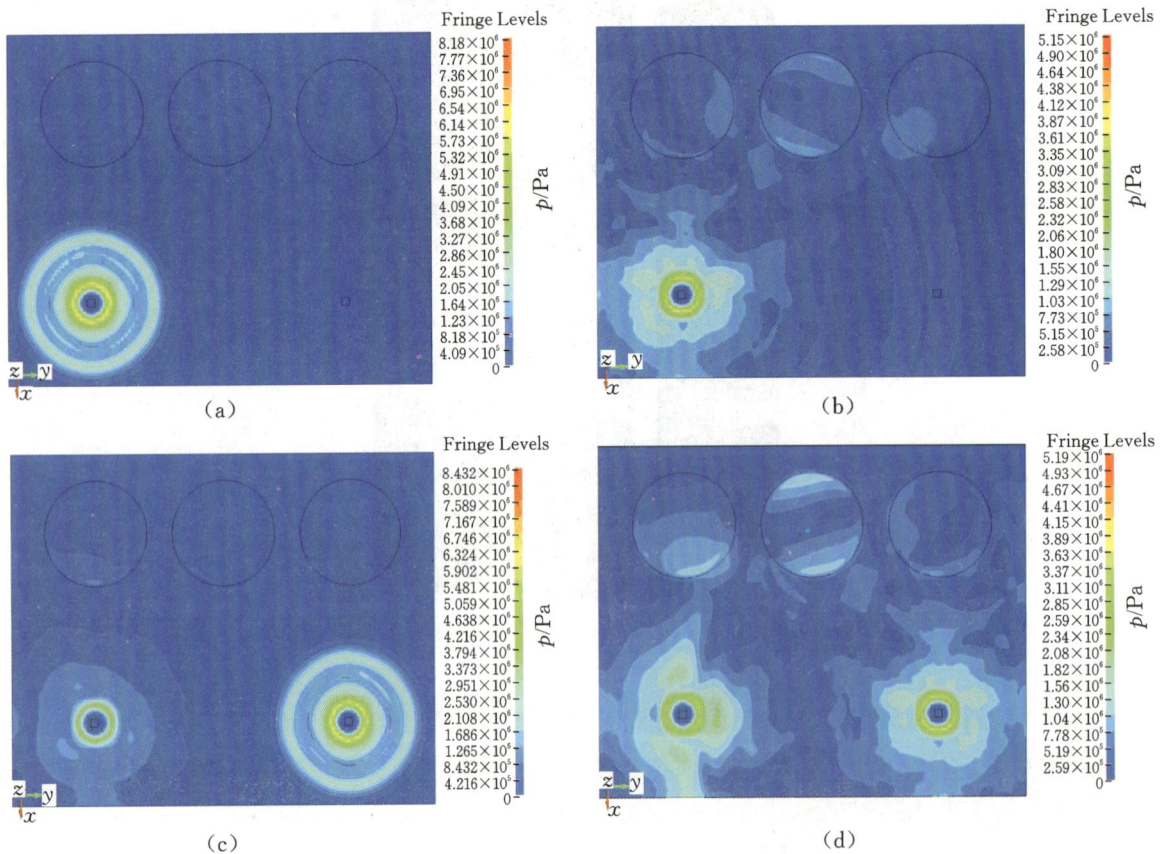

图 2　预留层 Von-Mises 有效应力传播云图

图2(a)为第1个炮孔炸药起爆,应力波开始向外传播;图2(b)为第1个炮孔炸药起爆产生的应力波已传至最远桩柱;图2(c)为第1个炮孔炸药起爆产生的应力波已基本消失后,第2个炮孔炸药起爆产生的应力波开始向外传播;图2(d)为第2个炮孔炸药起爆产生的应力波已传至最远桩柱。根据Von-Mises有效应力传播云图分析应力波传播全过程:左侧炮孔炸药从孔底反向起爆后,在2.55 ms时,爆炸应力波最先抵达距离最近的钻孔灌注桩,并在桩柱的表面发生透射和反射;3.4 ms时,爆炸应力波传播至中间的桩柱;5.4 ms时,爆炸应力波抵达距离最远的桩柱。左侧炮孔起爆25 ms后,右侧炮孔开始起爆,爆炸应力波分别在27.5 ms、28.4 ms、30.4 ms依次到达3根桩柱。

2.2 钻孔灌注桩动力响应分析

爆破开挖时爆炸产生的应力波,会在中风化砂质泥岩与钻孔灌注桩的接触面上发生透射和反射,分别形成透射压缩波和反射拉伸波。当透射压缩波峰值大于钻孔灌注桩的抗压强度,则会导致其受压破坏;当反射拉伸波峰值大于钻孔灌注桩的抗拉极限,则会导致其表面的混凝土出现剥离现象。

钢筋混凝土在爆炸荷载作用下,经受毫秒级别的快速加载,应变率可高达10 s^{-1}到1000 s^{-1},高应变率使混凝土和钢筋的力学性能有明显的提高。钻孔灌注桩选用的混凝土强度等级均为C35,轴心抗压强度标注值 $f_{cs}=23.4$ MPa,轴心抗拉强度标准值为 $f_{ts}=2.2$ MPa;爆炸荷载作用下应变率取值为100 s^{-1}。

引入动载增大系数 DIF,即动态强度、静态强度的比值,它是应变率的函数。采用欧洲混凝土相关规范推荐的计算方法,用于估计材料的真实性能。

(1)混凝土抗压强度动载增大系数 $CDIF$ 计算公式为

$$CDIF=\frac{f_{cd}}{f_{cs}}=\begin{cases}\left(\dfrac{\dot\varepsilon}{\dot\varepsilon_s}\right)^{1.026\alpha}, & \dot\varepsilon\leqslant 30\ \text{s}^{-1}\\[2mm] \gamma\,(\dot\varepsilon)^{1/3}, & \dot\varepsilon>30\ \text{s}^{-1}\end{cases} \tag{1}$$

式中:f_{cd} 为混凝土动载应变率 $\dot\varepsilon$ 下的动态抗压强度,MPa;f_{cs} 为混凝土静态应变率 $\dot\varepsilon_s$ 下的抗压强度,MPa;$\dot\varepsilon_s=3\times10^{-6}$ s^{-1},$\gamma=10^{6.156\alpha-0.49}$,$\alpha=(5+3f_{cs}/4)^{-1}$。

将钻孔灌注桩材质的物理力学参数代入式(1),求得钻孔灌注桩结构的动态抗压强度 $f_{cd}=65.9$ MPa。

(2)混凝土抗拉强度动载增大系数 $TDIF$ 计算公式为

$$TDIF=\frac{f_{td}}{f_{ts}}=\begin{cases}\left(\dfrac{\dot\varepsilon}{\dot\varepsilon_s}\right)^{\delta}, & \dot\varepsilon\leqslant 1.0\ \text{s}^{-1}\\[2mm] \beta\left(\dfrac{\dot\varepsilon}{\dot\varepsilon_s}\right)^{1/3}, & \dot\varepsilon>1.0\ \text{s}^{-1}\end{cases} \tag{2}$$

式中:f_{td} 为混凝土动载应变率 $\dot\varepsilon$ 下的动态抗拉强度,MPa;f_{ts} 为混凝土静态应变率 $\dot\varepsilon_s$ 下的抗拉强度,MPa;$\dot\varepsilon_s=10^{-6}$ s^{-1},$\beta=10^{6\delta-2}$,$\delta=1/(1+8f_{cs}/10)$。

将钻孔灌注桩材质的物理力学参数代入式(2),求得钻孔灌注桩结构的动态抗拉强度 $f_{td}=20.6$ MPa。

在3根钻孔灌注桩上等间距选6个单元作为分析对象,分析爆炸荷载作用下钻孔灌注桩的动力响应特征。各单元位置如图1所示。读取6个单元的压力-时程曲线和最大主应力-时程曲线,得到各单元的压力峰值和最大主应力峰值(表3)。所选取的336032号单元压力-时程曲线和最大主应力-时程曲线如图3所示。

表3　6个选取单元的压力峰值与最大主应力峰值

单元号	压力峰值/MPa	最大主应力峰值/MPa
336032	4.90	13.8
335986	3.98	14.9
51968	4.55	11.98
51922	5.85	19.75
165092	4.92	14.58
165046	4.00	18.82

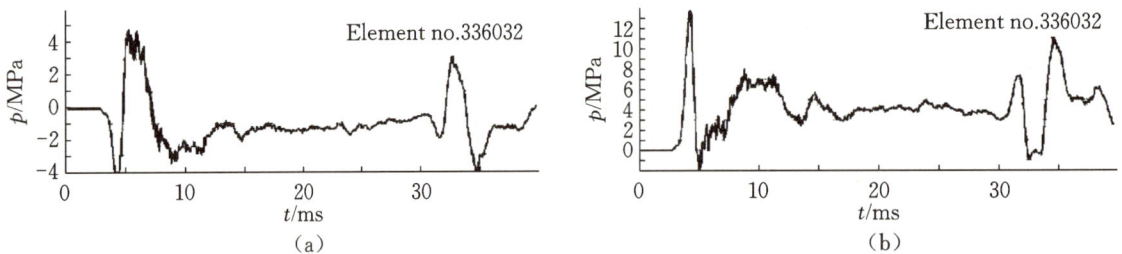

图3　选取的336032号单元压力-时程曲线和最大主应力-时程曲线

(a) 压力-时程曲线；(b) 最大主应力-时程曲线

分析单元压力-时程曲线和最大主应力-时程曲线可以看出：①两炮孔对中间灌注桩作用的峰值大小相差不大；对两边的钻孔灌注桩而言，距离炮孔越远，压力峰值和最大主应力峰值越小，说明泥岩对应力波的阻隔作用较为明显。②选取单元所受主应力峰值明显高于该单元上压应力峰值，因此在强度分析时可仅考虑拉应力破坏。③以上时程曲线中两次应力波波形未发生重叠，采用25 ms的孔间间隔时间能有效避免应力叠加，减少对钻孔灌注桩的损伤。

从选取单元的压力峰值和最大主应力峰值的计算结果来看（表3），压力峰值均低于钢筋混凝土的动态抗压强度（65.9 MPa），最大主应力峰值均要低于钢筋混凝土的动态抗拉强度（20.6 MPa）。在此项目中设计的爆破方案能使最后一排炮孔依次起爆后，不会破坏临近的钻孔灌注桩。

3　结论

（1）在临近钻孔灌注桩的基坑爆破开挖时，最后一排炮孔孔间采用25 ms延时时间可避免应力波叠加，减少对钻孔灌注桩的损伤。

（2）在分析保护层对钻孔灌注桩的保护作用时，主要考虑拉伸破坏，在本次计算分析中，预留1.5 m厚中风化砂质泥岩作为临近钻孔灌注桩的保护层，显著降低了爆炸荷载作用下钻孔灌注桩的压力峰值和最大主应力峰值，保护了临近钻孔灌注桩免遭破坏，可为同类工程提供参考。

饱和砂土中浅埋单药包爆炸效应研究

谢先启[1]　王维国[2]　贾永胜[1]　陈育民[3]　孙金山[4]

(1.武汉市市政建设集团有限公司,湖北 武汉,430023;2.宁波市交通建设工程试验检测中心有限公司,浙江 宁波,315124;

3.河海大学 土木与交通学院,江苏 南京,210098;4.中国地质大学(武汉)工程学院,湖北 武汉,430074)

摘　要:为探究饱和砂土场地中药包最佳埋设深度,基于室外大型爆炸试验场地,本文研究者开展了一系列饱和砂土中的浅埋单药包爆炸试验,分析了超孔隙水压力变化规律及爆炸成坑效应。研究结果表明:实测孔隙水压力峰值和累积值均随爆距的增大而快速下降;药包埋深的增加有利于超孔隙水压力的累积及维持,相同比例距离处的超孔隙水压力比随着比例埋深的增加有增大的趋势;超孔隙水压力比在比例距离半对数坐标中近似呈线性规律,其变化趋势与完全封闭爆炸时的基本一致,然而,较小的药包埋深使得部分爆炸能量直接通过自由面耗散,导致超孔隙水压力的上升比深埋爆炸时的明显减弱;相较于湿砂环境,饱和砂土中爆坑周围的局部砂土有液化流动的趋势,使得爆坑的横向扩展更为剧烈,因此,在相同药量及埋深条件下,饱和砂土中的爆坑直径比湿砂中的更大。

关键词:饱和砂土;浅埋单药包;孔隙水压力;爆坑

Study of blast response induced by single shallow-buried detonations in saturated sand

XIE Xianqi[1]　WANG Weiguo[2]　JIA Yongsheng[1]　CHEN Yumin[3]　SUN Jinshan[4]

(1. Wuhan Municipal Construction Group Co. ,Ltd. ,Wuhan 430023,China;

2. Ningbo Traffic Construction Project Testing and Inspection Center Co. ,Ltd. ,Ningbo 315124,China;

3. College of Civil and Transportation Engineering,Hohai University,Nanjing 210098,China;

4. Faculty of Engineering,China University of Geosciences (Wuhan),Wuhan 430074,China)

Abstract:To study the optimal burial depth for explosive charges in saturated sand,series of single shallow-buried detonation tests were conducted at a large-scale field site and crater formations and excess pore water pressure generations were investigated. The results show that both the peak and accumulative values of pore water pressure decrease with the increase of the blast distance. The accumulation and duration for the maximum constant level of pore water pressure are promoted with the increase of the charge's burial depth. For a given scaled distance,a deeper burial explosion can generate a higher pore water pressure. Approximate linear fitting between the recorded excess pore water pressure ratio and the scaled distance is observed in a semi-logarithmic scale. The liquefaction tendencies showed by the fitting lines are basically in accordance with the results produced by a fully contained detonation. However,smaller growing of pore water pressure is recorded during the tests with shallow-buried charge,since a portion of explosion energy dissipates through the ground surface. Saturated soil particles near a crater have liquefied tendencies under blast loading,which leads to a more intense horizontal expansion of a crater compared with that in wet sand. Therefore, crater diameter in saturated sand is much larger than that in wet sand under the same blast loading and buried depth.

Keywords:Saturated sand;Single shallow-buried charge;Pore water pressure;Blast-induced crater

本文原载于《中南大学学报(自然科学版)》2017年第48卷第11期。

由于全球范围内地震频发,饱和砂土在地震荷载作用下的动力响应一直是工程人员关注的重点。然而,随着控制爆炸技术在民用领域的快速发展以及偶然爆炸事故的增多,由爆炸荷载引起的饱和砂土动力响应行为也得到了广泛关注。饱和砂土中爆炸作用引起的超孔隙水压力变化及液化引起的土中结构失稳问题是该领域的主要研究内容。Studer 等基于饱和砂土场地单药包封闭爆炸试验,提出了单因素液化经验预测模型,且被广泛用于工程实践。王明洋等基于有效应力原理,建立了用于描述饱和砂土爆炸动力分析的实用模型,进而分析了爆炸作用下的饱和砂土中的液化特性。Ashford 等利用饱和砂土中的多点微差封闭爆炸试验制造了振动液化环境,分析了土中超孔隙水压力的变化规律以及土中埋管的动力响应。周健等根据爆炸密实饱和地基的背景分别开展室内模拟和现场试验,研究了超孔隙水压力及土体竖向沉降的变化规律。Charlie 等开展了水下饱和土中单药包爆炸液化试验,研究了土体初始相对密实度对孔隙水压力上升的影响,并分析了土体粒子峰值振动速度与液化发生的关系。已有的研究成果表明现阶段关于饱和土中爆炸液化的研究仍集中于封闭爆炸问题,而针对浅埋爆炸效应的研究相对较少。浅埋单药包在饱和土中发生爆炸时,爆轰气体会携带土体以喷射物的形式透过地表喷出,同时高温高压的气态爆轰产物渗入土体孔隙中而使得气室周围形成干土区,短时间内会出现爆坑现象,从而改变超孔隙水压力上升规律。在实际工作中,普遍存在饱和土中的浅埋爆炸问题,如土质堤坝坝顶遭受军事导弹袭击形成局部弹坑,进而发生漫堤和溃决、堰塞体以及汛期前土坝的爆破泄洪等。爆炸作用引起的饱和土体液化趋势可能导致土中爆坑的进一步扩展,因此,开展饱和土中浅埋单药包爆炸效应的研究具有重要的实际意义。此外,开展饱和土中的单药包爆炸液化相关试验可为开展多点微差爆炸试验提供必要的爆炸设计参数。本文作者利用室外大型爆炸液化试验场地开展了一系列饱和砂土中的浅埋单药包爆炸试验研究,分析浅埋炸药爆炸时的成坑行为、超孔隙水压力的发展规律,以及药量、爆距和埋深等因素对超孔隙水压力的影响。

1　浅埋爆炸效应

土体液化是指当排水不良环境下的饱和砂土或粉土受到动荷载作用时,土中孔隙水压力上升而导致有效应力减弱,固体颗粒介质逐渐转变为一种黏性流体的变化或行为。浅埋炸药爆炸时土中孔隙水压力的响应经历 3 个阶段,即爆后瞬时时由直接冲击引起的峰值孔隙水压力上升阶段,爆炸波传播后的短时超孔隙水压力的累积阶段,以及爆后相对较长时间的超孔隙水压力消散阶段。超孔隙水压力比 r_u,定义为土中超孔隙水压力非峰值增量(Δu)与土体的初始竖向有效应力(σ'_{v0})之比,用于描述土体液化发生的程度。

$$r_u = \frac{\Delta u}{\sigma'_{v0}} \tag{1}$$

当 r_u 增加至 1.0 时,表明土体处于完全液化状态;而在实际监测过程中,当 $r_u < 0.1$ 时,可以近似忽略孔隙水压力上升的影响。比例距离(Z)综合考虑了炸药能量及爆距的影响,是衡量不同形式爆源产生的振动及液化的主要参量。通过量纲分析,适用于单孔集中药包的立方根比例距离的量纲形式可以表示为 $\rho c^2 R^3 / E$(其中,E 为爆炸能量,与炸药质量成正比;ρ 为炸药密度,kg/m^3;c 为土中地震波速度,m/s;R 为离开爆源的距离,m)。当炸药以 TNT 当量衡量时,可以用炸药当量 W_{TNT} 代替爆炸能量 E,最终可以将比例距离的无量纲形式转变成更为方便的形式:

$$Z = \frac{P}{(W_{TNT})^{1/3}} \tag{2}$$

土体性质、药量和爆距是决定测点处孔隙水压力响应的主要因素,然而,对于浅埋炸药爆炸问题,药包埋深决定了作用于孔隙水压力上升的爆炸能量比重。当土中埋药量一定时,药包埋深在很大程度上决定了爆炸能量的传递分配。集中药包的比例埋深(λ)定义为药包埋置深度 d 与炸药的等效 TNT 当量 W_{TNT} 的立方根之比,可以衡量土中埋药量和埋置深度的综合影响。当药包埋深超过封闭爆炸的临界埋深时,爆炸能量几乎全部作用于药包周围土介质,最大程度地引起孔隙水压力的上升。

而随着比例埋深减小,部分爆轰气体可能携带药包上覆土体冲出地表,在饱和砂土表面形成爆坑。根据炸药类型和土体性质的差异,在饱和砂土中,一般当比例埋深 $\lambda \geqslant 2.5$ m/kg$^{1/3}$ 时发生封闭爆炸。

2 试验设计及方案

2.1 场地描述

室外大型爆炸试验开挖坑的上、下截面均为规则的圆形,其直径分别为 19 m 和 16 m,开挖深度为 3 m。试验坑内的回填砂土采用长江细灰砂,饱和密度约为 1835 kg/m³,黏粒质量分数为 $1.0\% \sim 1.5\%$,土粒比重为 2.633。回填砂的颗粒级配曲线如图 1 所示。由图 1 可知,回填砂土的平均粒径为 0.18 mm,不均匀系数为 2.11。

埋药前在场地内预设点处进行静力触探试验(CPT),试验药包和设备布置如图 2 所示。通过试验获得土层沿深度方向的平均锥头阻力 q_c,如图 3(a) 所示。《基础设计土体性质估算手册》给出的土层初始相对密实度估算公式为

$$D_R = 1.8 \sqrt{\frac{q_c}{(\sigma'_{v0} C)^{1/2}}} \tag{3}$$

式中:q_c 为 CPT 锥头阻力,kPa;σ'_{v0} 为初始竖向有效应力,kPa;C 为常量,取值为 1 kPa。

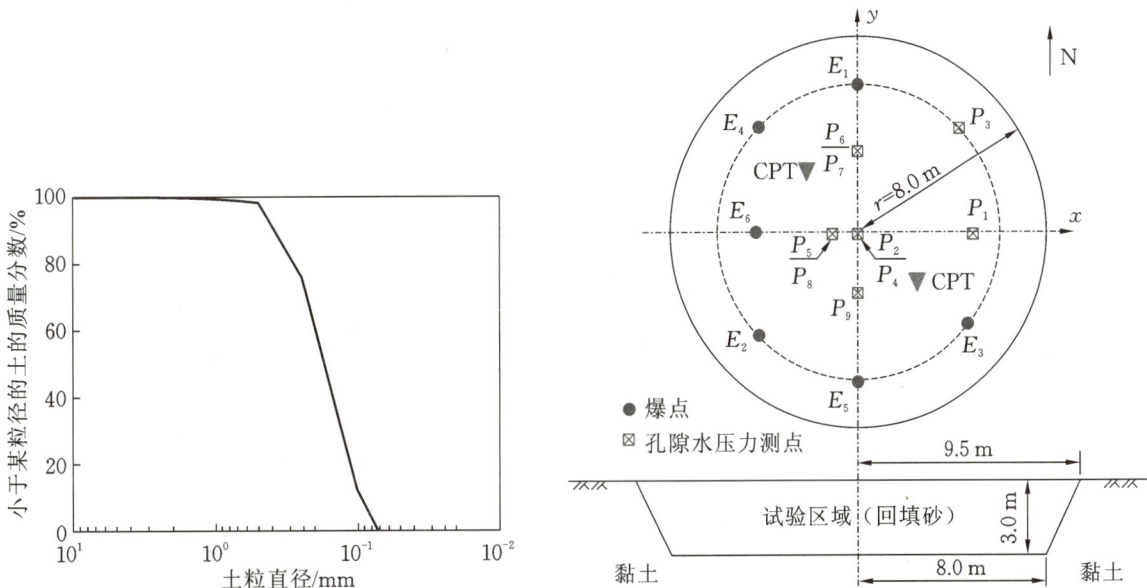

图 3(b) 所示为试验场地内饱和砂土层的初始相对密实度沿深度方向的变化曲线。由图 3(b) 可知,埋药深度范围内(1.0~2.5 m)的饱和砂土层的初始相对密实度为 $30\% \sim 35\%$。结合室内基本物理力学性质试验及静力触探试验结果可知,该回填砂土属于极易液化的松散细砂。

图 1 回填砂的颗粒级配曲线

图 2 爆炸试验场地布局

2.2 试验设计

试验选用抗水性能优异的 2 号岩石乳化炸药,密度为 0.95~1.10 g/cm³,爆速为 3600 m/s。2 号岩石乳化炸药在饱和砂土的爆燃性能可近似以水下爆轰性能衡量。根据水下爆轰试验结果可知,该炸药的等效 TNT 当量近似为 80% 的实际药量。试验场地内共设计 6 组爆炸试验工况,每组试验的详细设计参数如表 1 所示。

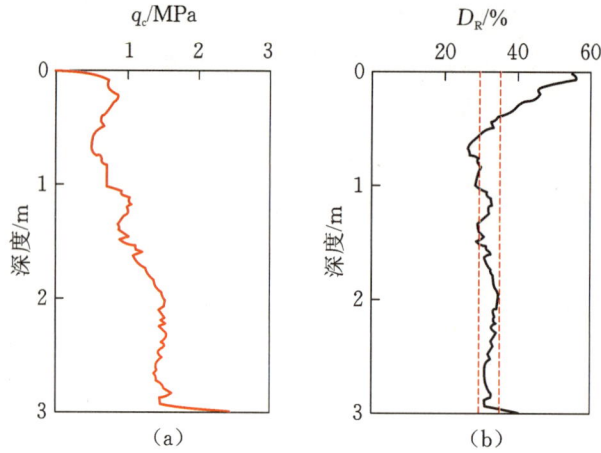

图 3　CPT 锥头阻力 q_c 及土层初始相对密实度 D_R

(a) CPT 锥头阻力；(b) 初始相对密实度

表 1　试验药量及埋药深度

爆点	等效 TNT 当量/kg	埋深/m	比例埋深/(m/kg$^{1/3}$)
E_1	0.24	1.13	1.82
E_2	0.32	0.83	1.21
E_3	0.24	0.93	1.49
E_4	0.32	1.35	1.97
E_5	0.32	0.93	1.36
E_6	0.16	1.35	2.49

　　试验场地内共布置 9 组孔隙水压力传感器，试验前测定所有传感器和药孔之间的相对距离，孔隙水压力传感器的预埋深度及各组试验中测点的比例距离如表 2 所示。饱和砂土场地爆坑的大小在爆后一定时期内会受到砂土液化流动的影响，因此在每组试验完成后即开展相关测量。

表 2　测点深度及比例距离

孔隙水压力测点	测点深度/m	比例距离/(m/kg$^{1/3}$)					
		E_1	E_2	E_3	E_4	E_5	E_6
P_1	1.48	11.21	14.56	7.37	13.20	10.97	12.69
P_2	1.25	10.03	8.94	9.62	8.07	8.81	4.61
P_3	1.38	6.74	18.00	13.86	12.06	16.27	8.40
P_4	1.75	10.07	9.02	9.70	8.09	8.88	4.67
P_5	1.22	10.30	8.21	10.14	7.46	9.22	4.26
P_6	1.02	5.28	16.79	13.36	5.94	13.23	6.84
P_7	1.52	5.32	16.84	13.39	5.93	13.26	6.83
P_8	1.72	10.43	8.29	12.22	7.48	9.28	4.32
P_9	1.60	14.58	7.17	6.94	11.60	4.72	10.79

3　试验结果分析

　　药包爆炸后，由于饱和砂土中空气含量微小，不足以通过压缩吸能达到削弱爆炸冲击能的作用，最终表现为土中超孔隙水压力急剧上升。然而,当饱和砂土中药包的埋设深度较小时,药包离自由面足够近,药包上覆土体不足以完全吸收爆轰能量,最终使得爆轰产物携带土水混合物冲出地表而形成可见爆坑。

3.1 超孔隙水压力

图 4 所示为 E_1 至 E_6 各监测点的超孔隙水压力-时程曲线。由图 4 可知,测点处的超孔隙水压力在起爆瞬间即上升至 1 个远高于后期孔隙水压力累积期的峰值;超孔隙水压力在爆后短时间内即达到稳定,随后进入长时间的消散过程。爆炸瞬间产生的孔隙水压力峰值主要由冲击压缩引起,且随着测点的爆距增大,孔隙水压力峰值呈明显下降趋势。由于爆炸能量在土中衰减,各组爆炸试验测点的超孔隙水压力累积值随比例距离增大而快速下降。

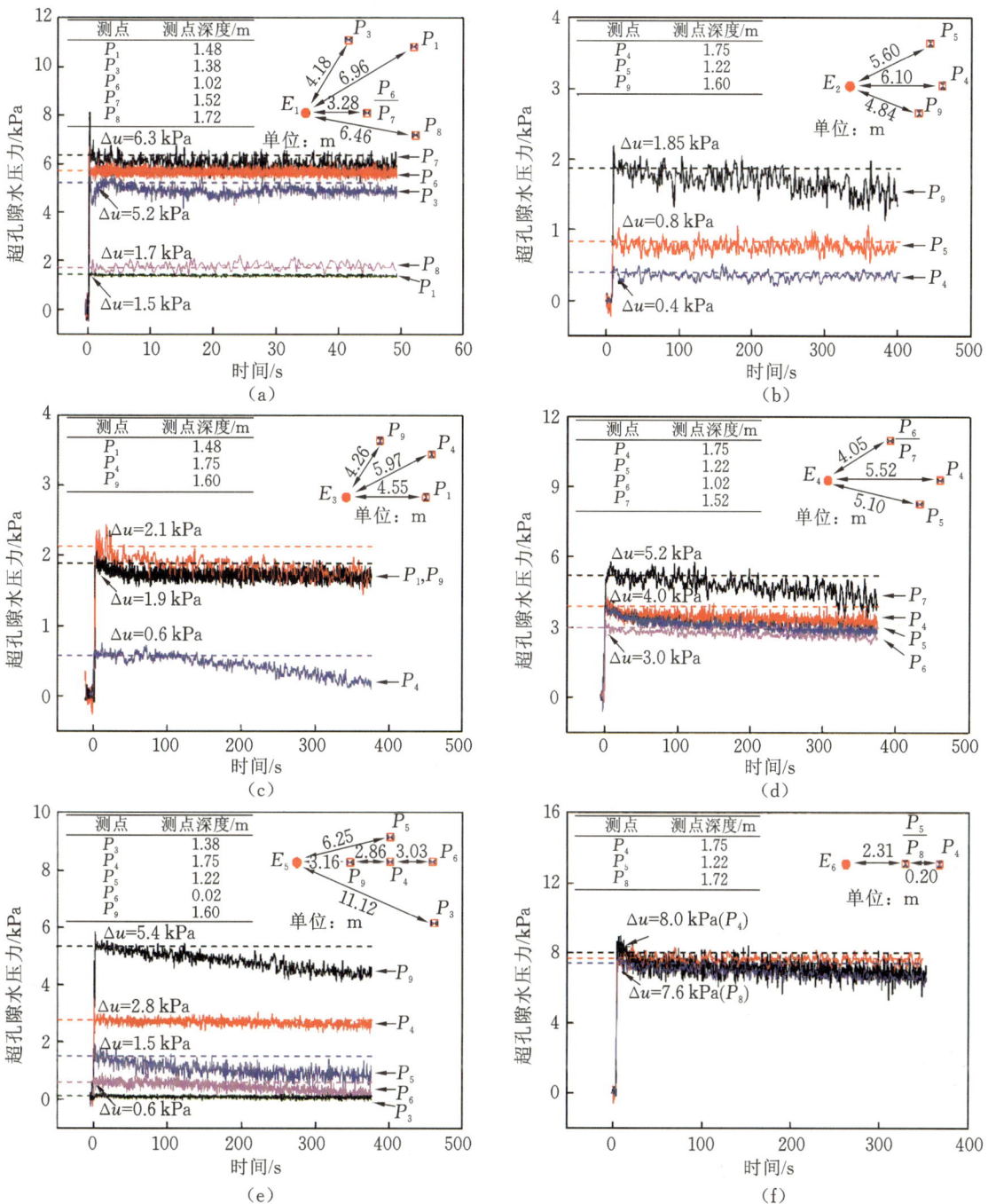

图 4 超孔隙水压力-时程曲线
(a) 爆点 E_1;(b) 爆点 E_2;(c) 爆点 E_3;(d) 爆点 E_4;(e) 爆点 E_5;(f) 爆点 E_6

以爆点 E_5 为例,其实际埋设的乳化炸药药量为 0.4 kg,药包比例埋深 λ 为 1.36 m/kg$^{1/3}$。离药包 E_5 最近的测点 P_9(深度为 1.6 m)处的比例距离 Z 为 4.72 m/kg$^{1/3}$,爆炸后超孔隙水压力累积上升值 Δu 为 5.4 kPa,根据式(1)可得该测点处实测的超孔隙水压力比 r_u 为 0.412。实测结果表明:测点处场地并未达到完全液化的理论界限,且试验过程中场地内并未发生任何明显的液化特征。引起该现象的主要原因是试验药量较少,埋深较浅,部分爆炸能量直接通过自由面耗散。

自由面的存在对土中孔隙水压力的累积和消散具有明显的影响,对于比例距离基本相同的测点,监测点埋深较大时能获得更明显的孔隙水压力上升。比较图 4(a),图 4(c),图 4(d)和图 4(e)可知,随着药包埋深的减小,超孔隙水压力维持最大累积值的时间普遍变短,而孔隙水压力的消散速度则变快。以爆点 E_1、E_4 和 E_5 为例,对比分析爆炸过程中离爆点距离较近的测点处的超孔隙水压力,结果如表 3 所示。

表 3　浅埋单药包爆炸液化分析

爆点	测点	$Z/(\mathrm{m/kg^{1/3}})$	$\Delta u/\mathrm{kPa}$	$\sigma'_{v0}/\mathrm{kPa}$	r_u
E_1	P_3	6.74	5.2	11.30	0.46
	P_6	5.28	5.7	8.36	0.68
	P_7	5.32	6.3	12.45	0.51
E_4	P_4	8.09	4.0	14.33	0.28
	P_5	7.46	4.0	9.99	0.40
	P_6	5.94	3.0	8.36	0.36
	P_7	5.93	5.2	12.45	0.42
E_5	P_4	8.88	2.8	14.33	0.20
	P_9	4.72	5.4	13.11	0.41

离爆点 E_1、E_4 和 E_5 最近的测点处的实测超孔隙水压力比 r_u 分别为 0.68、0.42 和 0.41,即在测点区域均未达到完全液化的状态。引起该现象的主要原因是:一方面,饱和砂土中的埋药量较小,即爆炸能量绝对值较小,较小的药包埋深使得部分爆炸能量直接通过自由面耗散,不利于饱和砂土中超孔隙水压力的上升;另一方面,试验场地内孔隙水压力监测点的位置离爆源的距离均相对较大,随爆距衰减后的爆炸能量并不足以引起监测点处的超孔隙水压力上升至完全液化的临界水平。

当药包在饱和砂土中发生封闭爆炸时,超孔隙水压力比在比例距离的半对数坐标中通常可以用线性关系描述,其中应用最广泛的为 Studer 经验预测模型:

$$r_u = 1.65 - 0.64\ln Z \tag{4}$$

式中,r_u 为超孔隙水压力比;Z 为比例距离,m/kg$^{1/3}$。

图 5 所示为爆点 E_4($\lambda=1.97$ m/kg$^{1/3}$)和 E_5($\lambda=1.36$ m/kg$^{1/3}$)爆炸过程中,场地内各测点的超孔隙水压力比实测值与比例距离的关系,比例距离以对数形式表示。试验爆点 E_4 和 E_5 的药量均为 0.4 kg,药包埋深分别为 1.35 m 和 0.93 m。由图 5 可知,超孔隙水压力比在比例距离的半对数坐标中可近似用线性关系描述,爆点 E_4 和 E_5 的实测超孔隙水压力比的经验拟合关系分别为

$$r_u = 1.25 - 0.468\ln Z \quad (R^2 = 0.86) \tag{5}$$
$$r_u = 0.88 - 0.318\ln Z \quad (R^2 = 0.95) \tag{6}$$

式中,R 为拟合公式的相关系数。

由图 5 可知,当土中有明显超孔隙水压力上升时($r_u \geqslant 0.1$),对于指定药包及比例距离,随着药包埋深增大,爆炸液化趋势将更为明显,且越靠近爆源,这种差别就更为突出。爆点 E_4 和 E_5 的试验结果表明:浅埋炸药爆炸时土中超孔隙水压力的变化趋势和封闭爆炸液化时的趋势基本一致。在指定

比例距离的测点处,埋深较大的药包爆后能产生更为激烈的孔隙水压力上升现象,浅埋药包爆炸时自由面的存在使得超孔隙水压力的上升现象明显减弱。因此,基于封闭爆炸的液化经验预测模型已不再适用于浅埋单药包爆炸液化的情况,在靠近爆源的区域,预测偏差甚至达到 60% 以上,已不能满足实际应用要求。

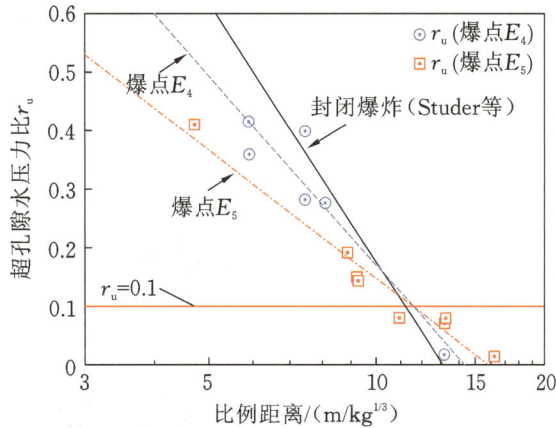

图 5   实测超孔隙水压力比随比例距离的关系

为评价拟合公式的超孔隙水压力比与实测值的绝对偏差,绘制爆点 E_4 和 E_5 的超孔隙水压力比拟合公式(5)和公式(6)的残差图,如图 6 所示。由图 6 可知,爆点 E_5 的残差基本都在 ± 0.04 以内,爆点 E_4 的残差在 ± 0.1 以内。爆炸近区的爆炸冲击特性及采集设备的灵敏性是引起较大预测偏差的主要原因。

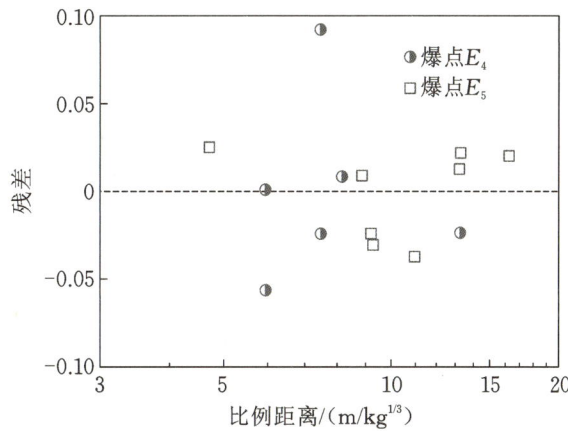

图 6   经验公式残差与比例距离的关系

3.2   爆坑分析

爆点 E_1 至 E_5 爆炸后,均可在地表观测到爆坑,其中爆点 E_1 和 E_4 爆后形成的爆坑较小,短时间内即被爆炸振动液化引发的流沙覆盖。E_2、E_3 和 E_5 爆点爆后抛掷物抛撒均匀,爆坑呈典型的"火山坑"形状,然而,爆后短时间内在爆坑边壁附近可以观测到砂土颗粒的流动。这是由于爆坑周围的饱和土颗粒在爆炸振动作用下发生了液化流动现象,最终可能导致爆坑横向扩展。爆点 E_6 的比例埋深 λ 为 $2.49\ \mathrm{m/kg^{1/3}}$,已基本接近饱和砂土中发生完全封闭爆炸的临界埋深,因此,最终爆后地表并未发生隆起或抛掷现象。

以爆点 E_5 为例,分析饱和砂土中由浅埋爆炸引起的爆坑效应。经测定爆点 E_5 的可见爆坑直径和深度分别为 $1.25\ \mathrm{m}$ 和 $0.36\ \mathrm{m}$。图 7 所示为爆点 E_5 处实测的可见爆坑直径与 ConWep 程序给出的湿砂场地爆坑直径经验预测值的对比图。由图 7 可知,与湿砂环境相比,饱和砂土中的爆炸作用使得爆坑周围局部土体产生液化流动趋势,将形成更大的爆坑面,即当药量及埋深相同时,饱和砂土中的爆坑直径比湿砂中的更大。图 7 同时给出了湿砂($w=7\%$)中埋深为 1.0 m 的 0.4 kg 乳化炸药的爆坑试验结果。在该比例埋深条件下,药包上部土体在爆轰气体推动作用下发生鼓包,但并不能形成抛掷,最终在鼓包土体自重回落及爆腔体的塌陷共同作用下形成塌陷型爆坑。由湿砂和饱和砂土中的爆炸成坑试验以及 ConWep 程序的经验预测对比结果可知:在相同爆源条件下,饱和砂土中的爆坑直径及可能发生爆炸抛掷的比例埋深均比湿砂中的大。

图 7　爆坑直径的试验值与 ConWep 经验值对比

4　结论

(1) 爆炸瞬间产生的孔隙水压力峰值主要由爆炸冲击压缩引起,由于爆炸能量在土中衰减,随着爆距的增大,各测点的实测孔隙水压力峰值和超孔隙水压力累积值均呈快速下降的趋势。

(2) 当饱和砂土中的浅埋单药包爆炸时,超孔隙水压力比在比例距离半对数坐标中近似呈线性规律,其变化趋势与完全封闭爆炸时的液化趋势基本一致。自由面的存在对爆后土中孔隙水压力的影响表现为:当浅埋药包的比例埋深增大时,相同比例距离处的超孔隙水压力比有增大的趋势;而较小的埋深使得大量爆炸能量通过自由面耗散,导致超孔隙水压力上升现象明显减弱。

(3) 饱和土中孔隙水压力的增大导致坑壁周围局部土体发生液化,从而使得土体发生流动、坍塌等现象,最终使得爆坑的横向扩展变得更为剧烈。在相同条件下,饱和土中的浅埋爆炸形成的爆坑面比湿砂中的更大。

高频 GPS 单点测速监测爆破近场震动

谢先启[1]　束远明[2,3]　贾永胜[1]　姚颖康[1]

(1. 武汉爆破有限公司,湖北 武汉,430023;2. 中国海洋大学海洋地球科学学院,山东 青岛,266100;

3. 海底科学与探测技术教育部重点实验室,山东 青岛,266100)

摘　要:近年来高频 GPS 被广泛应用于地震等地壳瞬时运动的监测,为监测爆破引起的地表运动提供了可能。利用高频 GPS 单点测速技术对武汉市云鹤大厦爆破工程进行了监测。计算结果表明,基于采集的 5 Hz GPS 观测数据,水平测速精度可达到 1 mm/s,垂向测速精度达到 1 cm/s,在爆破近场探测到 E、N、U 方向速度分别达到 4.2 cm/s、2.1 cm/s、5.6 cm/s,表明高频 GPS 有能力探测到速度在 1 cm/s 以上的震动。

关键词:高频 GPS;单点测速;爆破监测

Monitoring near-blast vibration using high-rate GPS absolute velocity determination

XIE Xianqi[1]　SHU Yuanming[2,3]　JIA Yongsheng[1]　YAO Yingkang[1]

(1. Wuhan Blasting Engineering Co. ,Ltd. ,Wuhan 430023,China;

2. College of Marine Geosciences,Ocean University of China,Qingdao 266100,China;

3. Key Laboratory of Submarine Geosciences and Prospecting Techniques,Ministry of Education,Qingdao 266100,China)

Abstract:As the rapid development of urbanization in our country,the controlled blasting projects are becoming increasingly frequent. In recent years,high-rate GPS technology is widely used in monitoring instantaneous crustal movements such as earthquakes,which provides a powerful tool for monitoring crustal movements caused by blasting. In this paper,the technology of high-rate GPS absolute velocity determination is used to monitor the blasting of Yunhe Building in Wuhan. The statistics of 5 Hz GPS show that the accuracy of GPS absolute velocity determination reaches 1 mm/s horizontally and 1 cm/s vertically. Near-blast vibration is detected,reaching 4.2 cm/s,2.1 cm/s and 5.6 cm/s in the east,north and up direction respectively,which proves the capability of high-rate GPS to detect the vibration with amplitudes of more than 1 cm/s.

Keywords:High-rate GPS;Absolute velocity determination;Blast monitoring

　　随着我国城市化进程的加速发展,在城区开展的控制爆破活动变得越来越频繁。由于城市环境复杂,爆破活动所引起的地表运动对城市建筑、交通与人群存在潜在的危害。因此,监测爆破引起的地表运动,可以提高灾害预警能力,加强安全性,并且对控制爆破的设计与优化有着重要的理论与实际的指导意义。

　　通常使用记录速度和加速度的地震仪、强震仪监测爆破,测量精度高、监测效果好,但使用的设备或软件价格昂贵、操作复杂。同时,由于地震仪和强震仪受到振幅限制,当监测点速度或者加速度超出量程范围时,不能准确记录监测点的运动。GPS 空间定位技术具有全天候、连续、自动、高精度和不受振幅限制等特点,广泛应用于大地测量、城市控制网等。随着高频 GPS(1～100 Hz)接收机的出现及高频数据处理算法的成熟,GPS 不仅可以监测长周期、低频的地表运动,还可以在监测短周期、高频

动态变化领域中发挥重要作用。高频 GPS 能够有效监测瞬时的地面震动,同时 GPS 测量仪器操作简便,有利于提高工作人员的监测效率。

　　本文利用高频 GPS 对武汉市云鹤大厦爆破工程进行监测,利用单点测速算法获取监测点在爆破时的运动速度,同时布设加速度计监测点,用于与测得的速度进行比对。

1　数据处理

1.1　GPS 单点测速原理

　　GPS 载波相位表达式为:

$$\lambda\varphi = \rho + c(\delta t_r - \delta t^s) + \rho_{trop} - \rho_{ion} + \rho_{rel} + \rho_{multi} + \lambda N + \varepsilon \tag{1}$$

式中,φ 为载波相位观测值;λ 为对应的波长,m;ρ 为卫地几何距离,m;δt_r、δt^s 分别为接收机与卫星的钟差;c 为光速,m/s;ρ_{trop}、ρ_{ion}、ρ_{rel}、ρ_{multi} 分别为对流层、电离层、相对论效应和多路径误差;N 为载波相位的模糊度;ε 为载波相位的噪声。将式(1)在接收机近似位置$(X_0 \quad Y_0 \quad Z_0)^T$ 处线性化,可得:

$$\lambda\varphi = \rho_0 + l\Delta X + m\Delta Y + n\Delta Z + c(\delta t_r - \delta t^s) + \rho_{trop} - \rho_{ion} + \rho_{rel} + \rho_{multi} + \lambda N + \varepsilon \tag{2}$$

式中,$\rho_0 = \sqrt{(X_0-X^s)^2 + (Y_0-Y^s)^2 + (Z_0-Z^s)^2}$,$(X^s \quad Y^s \quad Z^s)^T$ 为已知的卫星位置,$(l \quad m \quad n)$ 为接收机到卫星的方向余弦,即 $l=(X_0-X^s)/\rho_0$,$m=(Y_0-Y^s)/\rho_0$,$n=(Z_0-Z^s)/\rho_0$,$(\Delta X \quad \Delta Y \quad \Delta Z)^T$ 为接收机位置的改正数。

　　对式(2)进行微分,可得:

$$\lambda\dot{\varphi} = l\Delta\dot{X} + m\Delta\dot{Y} + n\Delta\dot{Z} + c(\delta\dot{t}_r - \delta\dot{t}^s) + \dot{\rho}_{trop} - \dot{\rho}_{ion} + \dot{\rho}_{rel} + \dot{\rho}_{multi} + \lambda\dot{N} + \dot{\varepsilon} \tag{3}$$

式中,$(\cdot)$ 表示相应量的变化率。式(3)即为单点测速的观测方程,其观测量为卫地距离的变化率,可以由接收机直接产生的原始多普勒观测值得到,也可以通过载波相位观测值的一阶中心差分来获得,称为导出多普勒值。研究表明,原始多普勒观测值的精度通常低于导出多普勒观测值的精度。k 时刻的导出多普勒值可表示为:

$$\dot{\varphi}_k = \frac{\varphi_{k+1} - \varphi_{k-1}}{2\Delta t} \tag{4}$$

式中,相位变化率 $\dot{\varphi}_k$ 为 k 时刻的导出多普勒值;φ_{k+1}、φ_{k-1} 分别为 $k+1$、$k-1$ 时刻的载波相位观测值;Δt 为数据的采样间隔。在数据采样间隔很短($\Delta t < 1$ s)的情况下,对流层、电离层、相对论效应和多路径误差的变化率为微小量,可忽略其对测速的影响,同时假定没有发生周跳,则式(3)可进一步简化为:

$$\tilde{z} = l\Delta\dot{X} + m\Delta\dot{Y} + n\Delta\dot{Z} + \delta\dot{t}_r + \dot{\varepsilon} \tag{5}$$

式中,$\tilde{z} = \lambda\dot{\varphi} + c\delta\dot{t}^s$,卫星钟差速度$\delta\dot{t}^s$ 可以通过广播星历计算得到。对于高频数据,可直接利用式(5)得到测站速度的最小二乘解。将地心地固系(earth-centered, earth-fixed, ECEF)下的速度转换至当地水平坐标系(east-north-up coordinate system, ENU)下的速度$(\Delta\dot{E}, \Delta\dot{N}, \Delta\dot{U})^T$。

　　单点测速的精度可表示为:

$$\sigma_v = \text{PDOP} \times \sigma_{\dot{\varphi}} \tag{6}$$

　　位置精度因子(position dilution of precision, PDOP)与卫星的几何分布有关,即多普勒观测值的误差通过 PDOP 因子放大影响到测速精度。根据式(4)和误差传播定律,可以导出多普勒观测值的精度为 $\sigma_{\dot{\varphi}} = \sqrt{2}\sigma_\varphi/(2\Delta t)$,$\sigma_\varphi$ 为载波相位观测值的精度,可见采样率越高,导出多普勒观测值的精度越低。σ_φ 一般取值为 $1\sim2$ mm,若数据采样率为 5 Hz,PDOP=2,则由单频导出多普勒观测值计算得到的速度精度 σ_v 为 $7\sim14$ mm/s。

1.2　3 轴加速度计数据处理

　　对 3 轴加速度计的加速度数据进行一次积分得到速度,两次积分得到位移。积分计算为:

$$v_k = v_{k-1} + \frac{\Delta t_k}{2}(a_{k-1} + a_k)$$

$$x_k = x_{k-1} + \Delta t_k v_{k-1} + \frac{\Delta t_k^2}{6}(2a_{k-1} + a_k) \tag{7}$$

式中，a_k、v_k 和 x_k 分别表示 t_k 时刻的加速度（m/s^2）、速度（m/s）和位移（m）；$\Delta t_k = t_k - t_{k-1}$ 表示 t_{k-1} 到 t_k 的时间增量。

2　实例与结果

2.1　监测概况

北京时间 2015 年 9 月 18 日 23 时 32 分 30 秒，武汉市某爆破公司对武汉市云鹤大厦进行了定向爆破。为了监测爆破过程，笔者在爆破区域周边架设了 3 个 GPS 测站，放置了 2 个 3 轴加速度计，3 个 GPS 测站（GPS01、GPS02、GPS03）距爆破中心分别约为 50 m、75 m、105 m，2 个加速度计（ACC01、ACC02）距爆破中心分别约为 90 m、120 m，其点位分布如图 1 所示。GPS 测站均使用 Trimble NetR9 接收机、Trimble 57971.00 天线，数据采样率为 50 Hz，卫星的天空分布如图 2 所示。3 轴加速度计型号为 KG-001，记录的原始数据为加速度数据，采样率为 200 Hz。

图 1　爆破监测点位分布

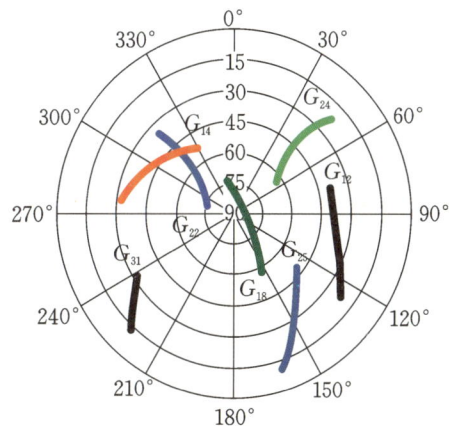

图 2　爆破监测时 GPS 卫星的分布

2.2　GPS 单点测速结果

采用上述单点测速算法，计算 3 个测站的速度，为保证 GPS 测速精度，处理间隔设为 5 Hz。选取爆破前 3 min 的静态数据，对测速误差进行统计，统计结果如表 1 所示。取 σ_φ 为 1.5 mm，笔者得到测速误差的理论值，从表 1 可以看出，测速误差的统计值与理论值符合得很好。静态 5 Hz GPS 测速精度的统计表明，GPS 测速水平方向精度可达 1 mm/s，高程方向精度可达 1 cm/s。

表 1　静态 3 min GPS 测速误差统计

测站	静态 3 min 测速误差/(mm/s)				PDOP 均值	($\sigma_\varphi = 1.5$ mm)测速误差理论值/(mm/s)
	E	N	U	总		
GPS01	4.4	4.5	11.3	12.9	2.5	13.3
GPS02	6.3	5.2	13.6	15.8	3.0	15.9
GPS03	3.8	4.8	11.4	13.0	2.5	13.3

笔者选取了包含爆破时刻的 30 s 数据，3 个站 30 s 内对应的 PDOP 值如图 3 所示，其 PDOP 的均值分别为 2.5、3.0、2.5，3 个站 E、N、U 方向的速度如图 4 所示。由图 4(a)可见，距爆破区域最近的测站 GPS01 在 14.4 s 处监测到明显震动，E、N、U 方向最大速度分别为 4.2 cm/s、2.1 cm/s、5.6 cm/s。根据图 4(b)和图 4(c)，距爆破区较远的两个测站 GPS02、GPS03 没有监测到震动，其速度序列表现为噪声。

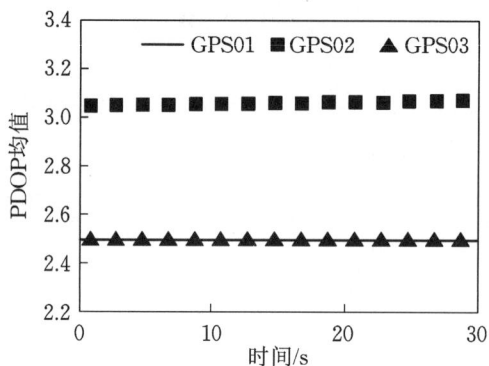

图 3　GPS 测站 30 s 的 PDOP 值

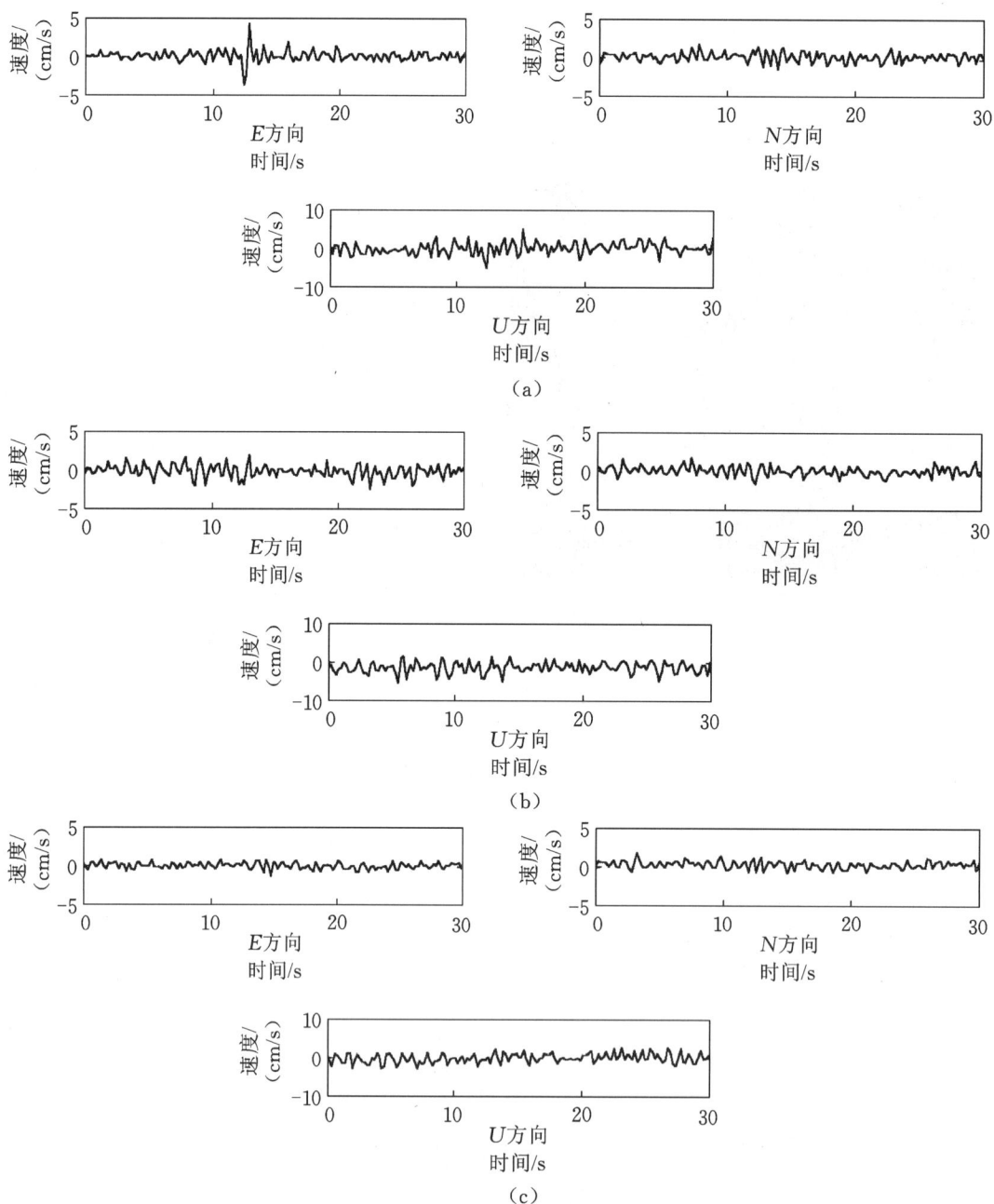

（a）

（b）

（c）

图 4　GPS01、GPS02 和 GPS03 测站的速度序列（起始时间为北京时间 23 时 32 分 30 秒）

（a）GPS01 测站的速度序列；（b）GPS02 测站的速度序列；（c）GPS03 测站的速度序列

2.3 加速度计测速结果

通过对加速度计输出的原始加速度值进行一次积分,得到监测点 ACC01、ACC02 在各自加速度计坐标系下的速度(X、Y、Z 方向),如图 5 所示,Z 方向的位移可近似认为是竖直方向的位移。由图 5 可见,受爆破影响,两个加速度计均发生了约 10 s 的震动,两者竖直方向的震动波形较为相近。监测点 ACC01、ACC02 距爆破区域较远,受爆破影响较小,其速度均低于 1 cm/s,这表明在类似的距离范围内,高频 GPS 测速难以探测到地面震动,几乎被噪声淹没,这也解释了 GPS02、GPS03 为何未能监测到爆破引起的震动。

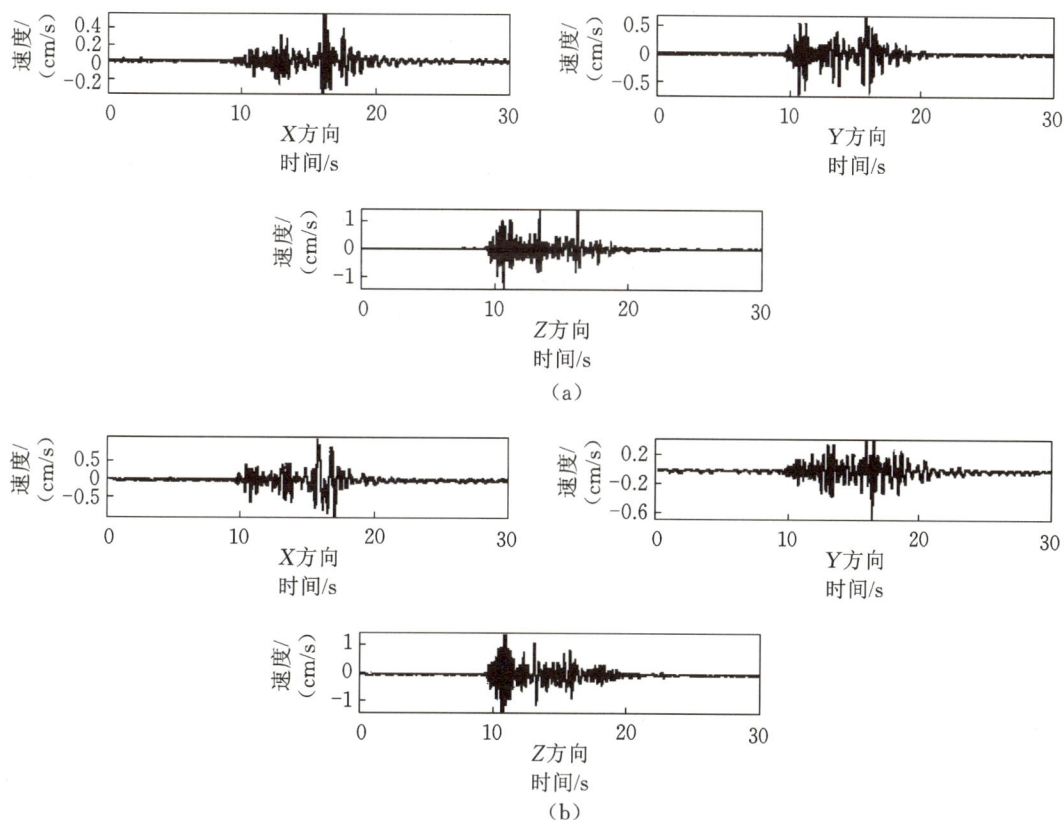

图 5   加速度计 ACC01 和 ACC02 速度序列

(a) 加速度计 ACC01 速度序列;(b) 加速度计 ACC02 速度序列

3   GPS 单点测速可行性分析

相关研究表明,采用高频 GPS 导出多普勒值进行单点测速的精度在水平方向可达 1 mm/s,高程方向可达 1 cm/s;本文通过静态模拟动态获取了 GPS 高频单点速度,其统计结果也验证了这一精度水平。因此,GPS 单点测速可以监测到速度在 1 cm/s 以上的震动。将 GPS 单点测速用于监测武汉云鹤大厦爆破近场的震动时,在距爆破中心较近的区域,监测到了 E、N、U 方向分别达 4.2 cm/s、2.1 cm/s、5.6 cm/s 的震动,进一步验证了 GPS 单点测速监测爆破的可行性。

4   结束语

根据误差传播定律,高频导出多普勒观测值的精度随着采样率的增加而降低,这极大限制了 GPS 单点测速提取高频信号的能力。下一步工作将研究精度不受采样率影响的高频高精度 GPS 测速方法,提取更高频的信号,并利用频谱分析等方法研究爆破近场震动或地震的高频信号特征。

爆破安全管理的优化升级：
从控制性管理到系统性管理

韩传伟[1,2,3]　黄建文[1,2,3]　李　亮[4]
王　威[1,2,3]　黄小武[1,2,3]　舒　震[1,2,3]

(1.江汉大学　湖北(武汉)爆炸与爆破技术研究院,武汉 430056;2.爆破工程湖北省重点实验室,武汉 430056;

3.武汉爆破有限公司,武汉 430056;4.武钢资源集团程潮矿业有限公司,鄂州 436050)

摘　要:安全关系到爆破企业能否可持续发展。为了研究精细爆破条件下安全管理转型路径以及爆破公司安全管理的优化升级,基于管理目标、方法和对象的新变化,本文分析了系统性安全管理"三高"特征:安全对技术高度依赖;政府、社会高度参与;安全责任高度细分。结果表明:建立精细爆破综合评估标准体系是实现从控制性管理到系统性管理转型的有效手段,要注重标准的遴选和稳定性,更要注重标准的研发;精心施工的条件建设要采用性能优良的设备和技术,更要注重以信任和责任为核心的企业文化建设,尤其不能忽视一线职工的心理疏导和人文关怀;系统性管理的安全管理范围更广,必须建立多主体的精细爆破组织实施模式,突出技术要素的基础性作用,突破公司单一主体,在组织领导、施工技术、综合协调和应急救援等多个环节强调责任落实的体系化。

关键词:精细爆破;系统性;安全管理

Optimization and upgrading of blasting safety management:
from controlling management to systematic management

HAN Chuanwei[1,2,3]　HUANG Jianwen[1,2,3]　LI Liang[4]
WANG Wei[1,2,3]　HUANG Xiaowu[1,2,3]　SHU Zhen[1,2,3]

(1. Hubei(Wuhan) Explosions and Blasting Technology Institute of Jianghan University,Wuhan 430056,China;

2. Hubei Key Laboratory of Blasting Engineering,Wuhan 430056,China;

3. Wuhan Explosions and Blasting Co. ,Ltd. ,Wuhan 430056,China;

4. Wuhan Iron and Steel Resources Group Chengchao Mining Co. ,Ltd. ,Ezhou 436050,China)

Abstract: Safety is related to the sustainable development of blasting enterprises. In order to study the transformation path and optimization and upgrading of safety management of blasting companies under the condition of precision blasting,in view of the new changes of management objectives, methods and objects,the "three high" characteristics of systematic safety management are analyzed: Safety is highly dependent on technology;A high level of government and social participation;Safety responsibility is highly subdivided. The results show that the establishment of comprehensive evaluation standard system of precision blasting is an effective mean to realize the transformation from controlled management to systematic management. It is necessary to pay attention to the selection and stability of standards,and pay more attention to the research and development of standards. Meanwhile,the condition construction of elaborate construction should adopt excellent equipment and technology,and pay more attention to the construction of enterprise culture with trust

---

本文原载于《爆破》2021 年第 38 卷第 2 期。

and responsibility as the core. Especially, the psychological counseling and humanistic care of front-line workers should not be neglected. Since the safety management scope of systematic management is wider, it is necessary to establish a multi-agent precision blasting organization and implementation mode to highlight the basic role of technical elements and break through the single subject of the company. Besides, many links of the systematization of responsibility implementation should be emphasized, as the organization and leadership, construction technology, comprehensive coordination and emergency rescue.

Keywords: Precision blasting; Systematicness; Safety management

　　爆破公司从事民爆作业，客观上属于高风险作业范畴。在信息社会条件下，活跃的网络、新媒体对爆破安全事故将在第一时间予以报道，经过舆论的放大，公司不仅会承受经济损失，而且会承受不可挽回的社会声誉损失和市场信誉损失。因此，安全是爆破公司的生命线，是关系到公司能否可持续发展的必要条件。

　　当前，爆破公司安全管理主要集中于控制型管理，用"安全第一，预防为主"可以概括这种管理的要义。首先，它强调树立安全意识的重要性；其次，它强调预防最为关键，包括技术方案完善、安全防护全面、施工过程监控到位等；第三，它强调直接措施和间接措施相结合，直接措施是从危险源入手予以识别和控制，间接措施则为隔离、个人防护、行业管理、安全教育培训等。从笔者多年来的工作实践经验来看，控制型管理的优点在于经验性，认同度高，易于实施，是爆破公司管理实现安全、规范的有效途径。但这种管理模式也存在自主性不够、自我运行不足的缺点，导致易于陷入指标性的被动管理，流于被动应对，而不是主动引领管理。因此，研究爆破公司安全管理的优化升级，实现从控制性管理到系统性管理的转型，具有非常重要的现实意义。

1　精细爆破技术与系统性安全管理的关系

　　传统的爆破技术或是按设计与施工界定，或是按爆破作业顺序界定，属于粗放型的技术体系。在绿色发展已成为国家理念和社会共识的新时代，越来越多的爆破公司升级传统的爆破技术，自觉运用能量消耗低、污染排放低、成本低，可实现经济与环境共赢的精细爆破技术。精细爆破是通过定量化的爆破设计、精心的爆破施工和精细化的爆破管理，进行炸药能量释放与介质破碎、抛掷等过程的控制，既能达到预定的爆破效果，又可实现爆破有害效应的有效控制，最终实现安全可靠、绿色环保及经济合理目标的爆破作业。

　　对于技术集中度高的爆破公司而言，技术与安全密不可分，爆破技术的进步往往将带来安全管理的新变化。第一，管理目标有了新变化。除了安全可靠之外，管理目标还必须包括有效控制爆破有害效应，积极推动资源节约型和环境友好型社会的建立。第二，管理方法有了新变化。应对型的管理将被主动引领型的管理取代，安全管理贯穿全过程、多领域。第三，管理对象有了新变化。安全管理不再单纯是爆破企业的管理行为，有精细爆破技术的内在支撑，有施工人员的主动作为，也有政府、企业和社会公众的参与。

　　爆破公司安全管理需要新思路、新方法和新路径来适应管理目标、方法和对象的新变化，被动应对式的控制性管理将逐步被主动引领式的系统性管理所替代。

2　精细爆破技术条件下系统性安全管理的特点

　　系统性管理的一般特点是自主引领、自我运行，精细爆破技术的特殊性使爆破公司的系统性安全管理具有"三高"特征：

　　(1) 安全对技术高度依赖。安全与技术的相互依赖在精细爆破安全管理中体现得非常直接，一是定量化爆破数值模拟的可控性依赖于对综合作用于连续与非连续介质的数值流形方法的掌握；二是精心施工，创建精品工程的可行性依赖于先进的技术设备、高素质的施工技术人员；三是精细爆破管理要实现精确的时间管理、实时的信息反馈以及高效的安全调度，严格依赖于细节科学、体系完备的技术操作规则和制度的落地见效。安全对技术高度依赖说明技术是安全的物质基础，系统性安全管理的重要特点是突出技术要素的基础性作用。

（2）政府、社会高度参与。精细爆破作业通常需要公安部门指导和监管，项目单位和施工单位通力合作，社区参与协调，以及利益相关的民众理解和支持。因此，爆破公司系统性安全管理的社会参与程度非常高，必须突破公司单一主体，实施多主体的系统性安全管理模式。

（3）安全责任高度细分。精细爆破的安全责任从角色扩展到义务和过失承担，具有高度细分的特点。从"角色-责任"角度，分为内部管理责任和外部管理责任，内部管理责任由于职责不同，从董事长到总经理、副总经理，从安全管理部门到项目管理部门，从项目管理者到爆破员、安全员、保管员，各角色承担安全责任的具体内容是不同的。外部管理责任从企业内部一直延伸到政府部门、行业部门和社区；从"义务-责任"角度，分为主动预防和绿色爆破的积极责任与应急抢险的消极责任；从"过失-责任"角度，分为法律责任、经济责任和社会责任。安全责任高度细分反映了安全责任体系化的现实需求，系统性安全管理对于责任的落实必须是体系化的。

3　精细爆破技术条件下系统性安全管理的相关建议

鉴于以上"三高"特征，精细爆破技术条件下所要求的系统性安全管理将突出技术要素的基础性作用，必须突破公司单一主体，对于责任的落实也必须是体系化的。

（1）建立精细爆破综合评估标准体系

国家标准《爆破安全规程》(GB 6722—2014)明确规定，A级、B级、C级和对安全影响较大的D级爆破工程都应进行安全评估。精细爆破综合评估标准体系是对安全规程的发展和完善，它提供更为细化的评估标准，是精细爆破安全认证的有效手段，有利于提高爆破行业可持续发展的管理水平。

精细爆破综合评估将遵循安全性、大安全理念、动态的精细化、系统性等原则，各项原则在时域上贯穿于工程的始终，在区域上贯彻到设计、施工、管理等各个方面。

基础评估依据安全规程，评估标准是单位和人员资质是否符合要求，以及设计所依据的数据是否完整和准确；定量化的爆破设计，其评估内容围绕定量化、可视化展开，评估标准主要包括方案的可行性、起爆网路的准爆性、是否实施延期爆破以及数值模拟技术的应用；精心的爆破施工评估标准包括人员素质、施工设备和技术的优良程度；精细化的爆破管理用精、细、严来概括，评估标准强调严格执行法律法规、建立质量管理体系和强化过程管理；能源和资源的节约需要寻找增加爆破能量和减少污染的平衡点，评估标准重点是炸药能耗比、成本估算以及爆破振动、冲击波、飞散物、生物性影响的预防和减弱。

经综合评估通过的爆破设计，施工时不得任意更改，如果是否定性评价，应重新设计、重新评估。以标准化为核心的综合评估源于科学，基于经验教训，是长期建设与发展的动态性过程，不仅需要注重标准的遴选，更要注重标准的研发，绝不能成为摆设，要充分发挥其权威性。

（2）注重精心施工的条件建设

爆破安全必须有强大的条件保障和支撑，精细爆破是靠高素质的爆破作业人员采用性能优良的设备和技术来实现的。

设备技术水平偏低是爆破行业较为普遍的现象，企业必须加大技术管理投入力度，对新设备和工艺进行研究开发和引进，比如小型轮胎式炮孔堵塞机、智能现场作业车、钻孔样架、现场三维建模技术等。与此同时，企业要提高信息化水平，构建一套生产监督和管理信息系统，对现场设备故障排查、车辆和人员调度、效率评估比较等安全管理要素进行实时决策。

爆破作业人员是系统性安全管理中最积极活跃的能动性因素，以人为中心、充分发挥人的聪明才智是精心施工的根本途径。第一，要注重企业文化建设。建立"Z型文化"，长期建设具备信任和亲密的人际关系以及人性化的工作条件。第二，要注重团队建设。对爆破作业人员进行分类管理，爆破员、安全员、保管员、技术员以及领导在合理追求自身利益之外，应强化自身对企业的自觉奉献精神和责任感。第三，要注重心理疏导和心灵关怀。爆破作业环境复杂、条件艰苦，有的项目甚至远离人烟，作业人员大都处于一种隔绝、封闭和紧张状态，对他们要从心理失衡、焦虑困扰、情绪紊乱等多个方面展开个性化辅导关怀，防止这些人员产生应激障碍。

（3）建立多主体的精细爆破组织实施模式

精细爆破与一般工程项目不同，由于会产生爆破振动、冲击波、飞散物以及生物性影响，安全管理范围要大得多，需要政府、社会高度参与，管理主体也体现了多元特征。因此，建立多主体的精细爆破组织实施模式（表1）对精细爆破具有可持续发展的重要价值。

表 1　多主体的精细爆破组织实施模式

安全管理环节	安全责任主体	安全工作责任
组织领导	现场指挥部	全面负责组织、领导、协调和调度相关工作
施工技术	施工单位	制定科学合理的施工方案（含爆破方案），并报相关部门审批；落实周边保护对象的防护措施
	监理单位	办理施工相关手续，监督、检查施工单位、监理单位履约情况，编制相关应急预案，保证施工安全
	社区	配合现场指挥部做好交通管制、安全维稳、地方协调、对外宣传等工作
安全保卫	公安局	制定爆破安全保卫方案，划定爆破警戒范围，制定交通管制方案，会同现场指挥部确定爆破时间；根据警戒区域设置警戒线，严禁无关人员、车辆进入警戒区域；准备消防车，供现场应急调度；负责爆破和装药期间的安全警戒和保卫工作，发布起爆和解除警戒指令
	交通大队	负责交通管制方案的实施，制定区段内交通事故快速处置方案并实施；负责交通信号及设施的迁移、更换，以及爆破装药期间警戒范围内车辆的拖离，划定工作车辆、应急抢险车辆的停放位置
	城建委	当日清理周边流动摊贩，负责爆破后周边道路的洒水、清扫工作，确保快速恢复交通
综合协调	政府	负责组织通信工具并编号，供现场指挥部指挥使用；指定应急抢险分队集结时间和地点
	社区	负责摸排警戒范围内企事业单位需保护的重要设施，摸排并安置警戒范围内居民中的危重、残疾病人，上门张贴爆破公告并做好宣传解释和善后工作；爆破前按规定时间疏散、撤离警戒范围内的人员、车辆，完成后移交公安部门接管。协调居民，做好安全出行宣传工作；前方设置现场临时指挥部，爆破期间保障疏散居民的生活，为现场工作人员提供生活便利
应急维稳救援	应急办	制定应急和救援方案，处置现场突发事件，维护社会稳定
	自来水、电力、天然气等单位	监测爆破及拆除期间管网运行情况并处置出现的故障；检查施工单位对管线的防护落实情况，制定应急预案，安排应急抢修人员、车辆按公安部门指定的时间、地点进场待命，在发生意外时进行抢修恢复
	卫生部门	负责爆破期间人员的医疗救援及意外处置，现场派驻救护保障车和医护人员

（数据来源：根据工作实践和精细爆破案例整理）

　　表1所示的多主体的精细爆破组织实施模式充分体现了安全生产多主体共治管理,在组织领导、施工技术、综合协调和应急维稳救援等多个安全管理环节对安全责任进行了细分落实,其效果依赖于管理的严格和精细。第一,要细分参与主体的职能和岗位,责任明确到位;第二,要细化分解每一决策、目标、任务、计划、指令,使之落实到人;第三,要细化精细爆破组织实施的控制、协调、检查和激励等程序和环节,做到制度执行到位。

　　精细爆破技术条件下系统性安全管理强调精细爆破综合评估的必要性,要注重标准的遴选和稳定性,更要注重标准的研发;强调技术和人的因素的重要作用,要使用性能优良的技术实现能量低消耗,实现污染低排放和有害效应预防,更要注重发挥人这个能动因素的积极性;强调精细爆破安全生产多主体共治的管理原则,要注重政府、社会高度参与,更要注重主体责任到位、责任分解到位和制度执行到位。随着精细爆破在露天爆破、地下爆破、建(构)筑物拆除爆破、特种爆破、爆破器材等领域的推广应用,可以预见系统性安全管理将是一个长期建设与发展的动态性过程,其重要价值将取决于理论指导工程实践、工程实践发展理论的动态平衡。

逐跨起爆条件下框-剪结构楼房内力调整机制试验研究

姚颖康[1,2]　贾永胜[1,2]　孙金山[1]　谢先启[1]　刘昌邦[1,2]

(1. 江汉大学 爆破工程湖北省重点实验室,武汉 430056;2. 武汉爆破有限公司,武汉 430056)

摘　要:针对高层楼房定向倾倒爆破拆除的失稳破坏机制问题,依托一栋 20 层框-剪结构楼房爆破拆除工程,通过现场动态应变测试,分析了逐跨起爆条件下楼房上、中、下等不同部位柱、梁构件在结构倒塌过程中的内力调整机制。研究结果表明:第 1 排立柱起爆时,切口区上方立柱首先会承受爆炸荷载产生的 10^1 量级附加压应变,该应变随层高增加而衰减;逐排起爆条件下,切口区上方立柱因竖向约束的逐排解除而产生递增的 10^2 量级的附加拉应变;当切口区立柱全部起爆后,支撑区最后一排立柱因重力荷载重分配先产生 10^2 量级的拉(压)应变振荡,最终产生 10^3 量级的压应变直至立柱压溃;逐排起爆条件下,前跨梁体由两端固结的超静定结构变成悬臂结构直至破坏,后跨梁体的梁、柱节点会发生多次扭转,并伴有 $10^2 \sim 10^3$ 量级的拉(压)应变转换。研究成果可为高层楼房爆破拆除设计和结构连续性倒塌分析提供参考。

关键词:框-剪结构楼房;爆破拆除;定向倾倒;逐跨起爆;内力调整机制

Experimental study on internal force adjustment mechanism of frame-shear wall structure under condition of span-by-span detonation

YAO Yingkang[1,2]　JIA Yongsheng[1,2]　SUN Jinshan[1]　XIE Xianqi[1]　LIU Changbang[1,2]

(1. Hubei Key Laboratory of Blasting Engineering of Jianghan University,Wuhan 430056,China;

2. Wuhan Explosions and Blasting Corporation Limited,Wuhan 430056,China)

Abstract:The internal force adjustment mechanism was studied in order to analyze the destruction process of directional blasting demolition for high-rise buildings. This study was carried out based on a blasting demolition project of twenty-storey frame-shear wall structure building. On-site dynamic strain of columns and beams in different representative positions of upper, middle and bottom part of the building was measured so as to conduct the analysis. The results show that:when the first row columns were detonated,the upper columns of the cutting area first bore additional compressive strain in 10^1 magnitude generated by the blasting load,and this strain decreased with the floor increased. In the condition of span-by-span detonation,there was additional tension strain in a 10^2 magnitude in the upper columns of the cutting area,and the strain increased gradually as the vertical constraints were removed. When all the columns in the cutting area were detonated,the last row columns in the supporting area generated 10^2 magnitude strain fluctuation because of load redistribution,then generated 10^3 magnitude compressive strain until the column was crushed. In the condition of span-by-span detonation,the front beam structure changed from statically indeterminate structure to cantilever structure until destroyed,and the beam-column joints of the back beams reversed multiple time,with $10^2 \sim 10^3$ magnitude strain fluctuation. The study can provide reference

本文原载于《爆破》2020 第 37 卷第 3 期。

for relevant blasting demolition design and structural progressive collapse analysis.

Keywords：Frame-shear wall structure；Blasting demolition；Directional collapse；Span-by-span detonation；Internal force adjustment mechanism

　　近年来，随着我国社会的经济快速发展，在城市更新与工业升级改造过程中，大量建（构）筑物需要拆除，其中，多（高）层楼房是主要拆除对象。据统计，"十二五"期间我国每年过早拆除的建筑面积达4.6亿 m^2 ,且有进一步增长的趋势。目前，建（构）筑物拆除主要有人工、机械和爆破等三种方式，爆破方式因具有安全高效、经济环保等优点，已成为高层楼房、高耸构筑物拆除的首选方式。

　　随着市场需求的快速增长，建（构）筑物拆除倒塌破坏机理也成为工程爆破和土木工程行业研究的热点和难点。相关研究主要集中在理论分析和数值模拟两个方面。理论分析方面：金骥良等以建筑物拆除爆破的破坏机制为基础，并结合结构力学推导出在爆破荷载作用下砖混结构建筑物失稳倾倒的基本条件；谢先启将结构整体失稳破坏模型简化为重心偏移失稳模型、细长压杆失稳模型以及小型刚架失稳模型的综合作用过程；彭韬宇提出了适用于框架结构楼房爆破拆除的力学模型；徐钦明等提出了一种框架结构楼房爆破拆除过程中求解梁柱结构失稳运动过程的方法。数值模拟方面：赵根等采用 DDA 软件，模拟了钢筋混凝土烟囱的双向折叠倾倒爆破；贾永胜等提出了基于离散元框架的网格实体模型，对爆破荷载作用下建筑物倒塌的复杂力学机理进行分析；言志信等应用 LS-DYNA 软件，分别采用整体式模型和共用节点分离式模型对一栋 16 层框-剪结构楼房爆破拆除方案进行了模拟。近年来，作者团队综合采用摄影分析、动应变测试等技术研究了冷却塔、烟囱等高耸构筑物定向倾倒爆破拆除过程中结构的内力调整机制和倒塌破坏机理。

　　综上所述，受建（构）筑物爆破拆除倒塌破坏过程的强非线性和大变形所限，传统的理论研究和数值模拟很难客观真实地分析结构内力调整机制，因而也就难以阐明结构塌落破坏力学机制。为此，本文依托武汉市 20 层银丰宾馆大楼定向倾倒爆破拆除工程开展了现场试验研究，通过代表性梁柱的动态应变测试数据，分析了逐跨起爆条件下高层楼房的内力调整机制，为建（构）筑物拆除爆破理论研究、数值模拟、量化设计和结构抗连续性倒塌分析提供实测数据。

1　工程实例

1.1　楼房结构

　　武汉银丰宾馆大楼是一栋 20 层框-剪结构楼房，主体结构包括 1 层地下室和 19 层地面建筑，地上部分长 40.1 m、宽 14.9 m、高 77.1 m,纵向 7 排立柱，横向 3 排立柱，并在外墙、楼梯和电梯井部位设有剪力墙，主体结构柱网平面布置如图 1 所示。大楼 1～4 层代表性立柱尺寸为 Z2:700 mm×800 mm, Z3:800 mm×1000 mm,Z4:800 mm×900 mm,Z6:500 mm×500 mm。电梯井处剪力墙厚度为 250 mm,其余剪力墙厚度为 400 mm;主梁尺寸为 300 mm×700 mm。大楼所用混凝土强度等级为 C35,其设计抗压强度为 35 MPa,抗拉强度为 4.5 MPa,弹性模量为 3.15 GPa。

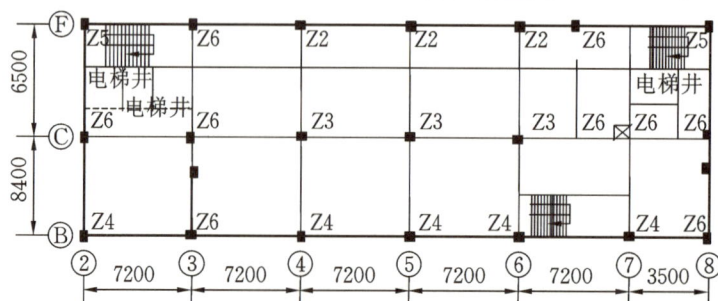

图 1　结构平面布置图（单位：mm）

1.2 爆破方案

根据周边环境条件和工程结构特点,银丰宾馆大楼采用定向倾倒爆破方案,爆破切口位于1～4层,为三角形切口:第1排(Ｆ轴)立柱爆破高度为1～4层,第2排(Ｃ轴)立柱爆破高度为1～3层,第3排(Ｂ轴)立柱仅在1层进行小炸药量松动爆破,切口区域内电梯井和剪力墙经"化墙为柱"预处理后进行爆破。

根据结构梁柱和剪力墙的荷载分布特征,确定切口区域内立柱起爆顺序为:第1排(Ｆ轴)1～4层立柱在0时刻同时起爆;第2排(Ｃ轴)1层立柱延迟第1排(Ｆ轴)310 ms起爆;第2排(Ｃ轴)2、3层立柱和第3排(Ｂ轴)立柱再延迟第2排(Ｃ轴)1层立柱310 ms(即620 ms)时刻起爆。

大楼爆破方案切口布置及起爆顺序如图2所示。

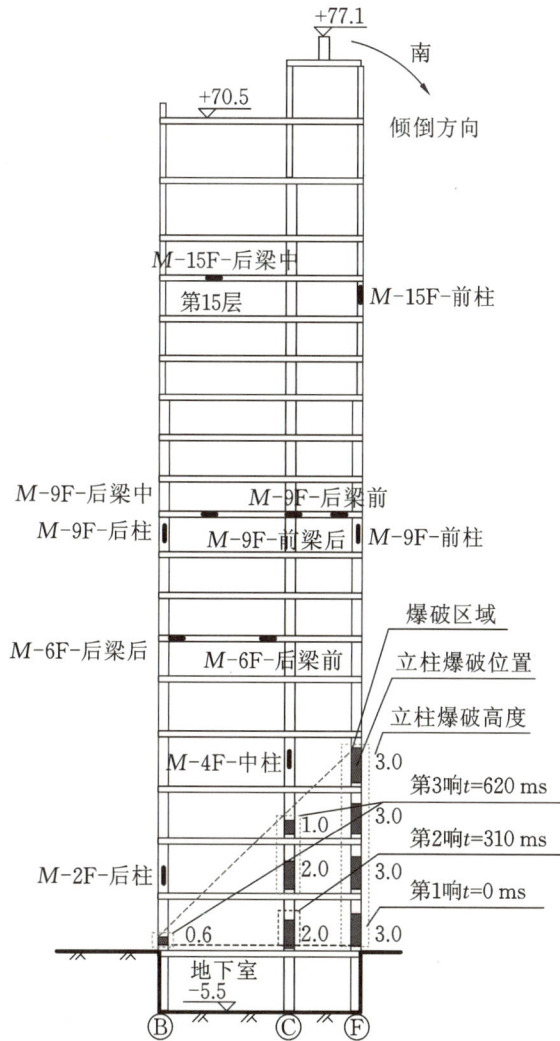

图2 楼房爆破方案及应变测点布置图(单位:m)

2 应变测试方案

为研究楼房在逐跨起爆、定向倾倒过程中结构的内力调整机制,选择在爆破切口外楼房的下、中、上等不同部位的典型立柱、主梁上布设应变监测点,具体各测点布置在图1所示④轴的第2、4、6、9、15层立柱和主梁上。

本测试方案采用 100 mm、120 Ω 的 BX120-100AA 混凝土应变片。立柱和剪力墙部位的应变片布置在距离地面 1.5 m 高度处,主梁的应变片布置在梁体中部偏下处,除第 2 层立柱部位的应变片粘贴在打磨平整的钢筋上,其余应变片均粘贴在混凝土表面。试验现场采用 4 台 DH3810 应变仪采集数据,设置采样频率为 100 Hz,为降低噪声,将采集仪固定于楼房内的测点附近,同时采用低噪声专用数据线连接至楼房外的控制器进行数据采集。现场应变片布置如图 2 所示。

3　应变测试结果分析

3.1　立柱

3.1.1　前排(Ｆ轴)立柱

楼房第 1 排(Ｆ轴)第 9、15 层立柱上设置有应变测点,各测点动态应变-时程曲线如图 3 所示,其动态应变-时程特征见表 1。

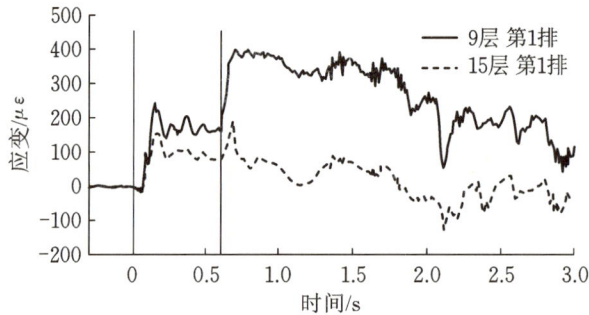

图 3　第 1 排立柱动态应变-时程曲线

表 1　前排立柱动态应变-时程特征

测点位置	时刻			
	$t=0$ ms	$t=70$ ms	$t=150$ ms	$t=620$ ms
9 层第 1 排立柱	第 1 排立柱起爆,应变由平衡转压	压应变−15 $\mu\varepsilon$,并由压转拉	结构压缩应变能释放,第 1 个拉应变峰值 240 $\mu\varepsilon$	第 2、3 排立柱起爆,拉应变峰值 400 $\mu\varepsilon$
15 层第 1 排立柱	第 1 排立柱起爆,应变由平衡转压	压应变−15 $\mu\varepsilon$,并由压转拉	结构压缩应变能释放,第 1 个拉应变峰值 150 $\mu\varepsilon$	第 2、3 排立柱起爆,拉应变峰值 200 $\mu\varepsilon$

(1)第 1 排立柱起爆后

当切口区第 1 排立柱起爆时,即 $t=0$ ms 时刻,各测点应变曲线由 0 开始变为负值,并迅速达到峰值−15 $\mu\varepsilon$(0.47 MPa)。随后,在 $t=70$ ms 时刻,各测点附加应变迅速由压转拉,在 $t=150$ ms 时达到第一个应变峰值,第 9 层和第 15 层立柱测点的拉应变峰值分别为 240 $\mu\varepsilon$(7.56 MPa)和 150 $\mu\varepsilon$(4.73 MPa)。

上述动态应变与楼房爆破立柱试爆试验应变调整情况相似,即楼房实际爆破过程中,切口区上方的未爆立柱首先会承受爆炸荷载产生的附加压应力。在此过程中,若炮孔较多,受雷管误差和传爆时间的影响,爆炸荷载产生的压应变持续时间较长。例如,在本试验中,因大楼第 1 排立柱爆破高度为 4 层,附加压应变持续了约 70 ms 的时间。在距离爆破部位较远的部位,爆炸荷载作用快速衰减,不会对结构产生明显的损伤,本试验中第 9 层和第 15 层立柱监测点的压应变峰值仅为−15 $\mu\varepsilon$。

此后,前排立柱出现附加拉应变,该拉应变是由结构初始压缩变形释放所造成的,实际情况应是压缩状态恢复至中性状态所产生的应变,当"附加拉应变"超过初始压缩应变时,其超过的部分才是真正的拉应变。真正的拉应变主要是爆炸冲击作用后结构回弹、初始应变快速卸荷以及爆后钢筋笼变形产生下拉作用所致。

（2）第2、3排立柱起爆后

动态应变-时程曲线显示，在 $t=620$ ms 时刻，随着切口区域内第2、3排立柱同时起爆，第1排（F轴）保留立柱的附加拉应变达到第二个峰值，第9层和第15层第一排立柱监测点的第二个附加拉应变峰值分别为 400 $\mu\varepsilon$（12.6 MPa）和 200 $\mu\varepsilon$（6.3 MPa）。

结合楼房失稳倾倒视频分析，切口区前部结构在楼房倾倒时并未严重破坏，仍能保持较为完整的框架结构体系（图4）。因此，当切口区第1排立柱起爆时，其上方立柱的轴向压缩应变释放受到与之相连的梁和后排立柱的共同限制，其应变能仅得以部分释放。当切口区第2、3排立柱全部起爆后，楼房结构的底部约束全部解除，初始弹性变形得到进一步释放，使得其"附加拉应变"进一步增大。

图4 大楼倒塌过程（倾倒方向）

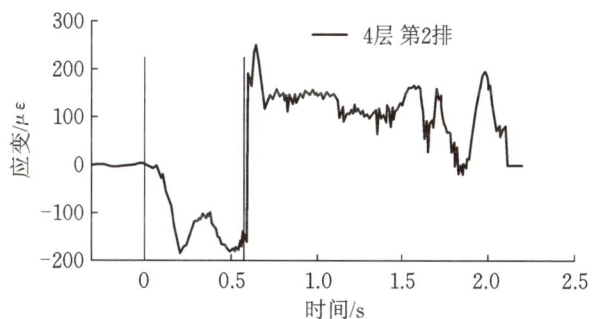

图5 第2排立柱动态应变-时程曲线

分析测试数据可知，前排立柱"附加拉应变"在达到峰值后便缓慢下降，并逐渐承受压缩作用。分析其原因，可能是楼房在倾倒过程中，其上部框架结构承受了爆后立柱残余钢筋骨架反作用，以及倾倒过程中前排立柱突然触地冲击（1.8 s 时刻后曲线）。

3.1.2 第2排（C轴）立柱

楼房第2排（C轴）第4层立柱上设置有应变测点，各测点动态应变-时程曲线如图5所示，其动态应变-时程特征见表2。

表2 第2排立柱动态应变-时程特征

测点位置	时刻			
	$t=0$ ms	$t=70$ ms	$t=200$ ms	$t=620$ ms
4层第2排立柱	第1排立柱起爆，应变基本无变化	应变由平衡转压	重力荷载调整，压应变达到峰值 180 $\mu\varepsilon$	第2、3排立柱全部起爆，应变由压转拉，拉应变峰值 250 $\mu\varepsilon$

切口区第1排立柱起爆时，即 $t=0$ ms 时刻，第2排立柱的应变状态并未立即变化，第一排立柱爆破产生的爆炸荷载在楼房内传播。$t=70$ ms 时刻，应变开始由0转为压缩状态，并在 $t=200$ ms 时刻达到峰值，约为 180 $\mu\varepsilon$（5.67 MPa）。由爆破方案可知，在该时刻，中间排立柱并未直接承受第1排立柱爆破时的爆炸冲击作用，且其应变量远大于第1排上部立柱承受爆破荷载时的应变量。因此，可判断其应变增量为重力荷载重分布所致，即切口区第1排立柱爆破破坏后，楼房上部荷载发生了重分布，该附加荷载达不到立柱破坏强度。

在第2、3排立柱起爆前，即 $200\sim620$ ms 时间段，测点应变发生了一次振荡，但振荡幅度相对较小，振荡周期大约为 0.4 s，表明前排立柱爆破破坏所引起的荷载调整引起了楼房整体的振动，且临近切口区域的构件振动效应较为强烈。

$t = 620$ ms 时刻,切口区域内第 2、3 排立柱全部起爆,中间排立柱的弹性压缩应变能全部释放,测点处应变状态瞬间由压转拉,其特征与前排立柱类似,拉应变峰值为 250 $\mu\varepsilon$(5.67 MPa)。

3.1.3 第 3 排(Ⓑ轴)立柱

楼房第 3 排(Ⓑ轴)第 2、9 层立柱上设置有应变测点,各测点动态应变-时程曲线如图 6 所示,其动态应变-时程特征见表 3。

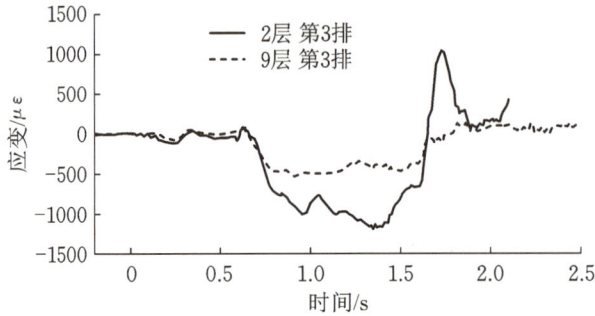

图 6　第 3 排立柱动态应变-时程曲线

表 3　第 3 排立柱动态应变-时程特征

测点位置	时　　刻			
	$t = 0$ ms	$t = 200$ ms	$t = 620$ ms	$t = 1400$ ms
2 层第 3 排立柱	第 1 排立柱起爆,应变状态无变化	重力荷载调整,应变振荡	第 2、3 排立柱起爆,进入压应变状态,峰值 1200 $\mu\varepsilon$	楼房开始倾倒,应变由压转拉,峰值 1000 $\mu\varepsilon$
9 层第 3 排立柱	第 1 排立柱起爆,应变状态无变化	重力荷载调整,应变振荡	第 2、3 排立柱起爆,进入压应变状态,峰值 500 $\mu\varepsilon$	楼房开始倾倒,应变由压转拉,峰值 100 $\mu\varepsilon$

注:2 层第 3 排立柱应变测点布置于打磨光滑的钢筋上。

$t = 0$ ms 时刻,第 3 排立柱测点应变状态基本无变化,表明切口区第 1 排立柱爆破时的爆炸荷载对后排立柱基本无影响。直至 $t = 200$ ms 时刻,重力荷载调整传递至后排立柱,两个应变测点出现了幅值约 100 $\mu\varepsilon$ 的振荡,其频率较低,约为 3 Hz,接近楼房的主频。

$t = 620$ ms 时刻,当切口区立柱全部爆破后,支撑区后排立柱的压缩应变迅速增大,$t = 1000$ ms 时刻,楼房下部 2 层立柱测点应变达到峰值 1200 $\mu\varepsilon$(37.8 MPa),超出了混凝土抗压强度,中部 9 层立柱测点压应变达到峰值 500 $\mu\varepsilon$(15.7 MPa),峰值压应变持续时间约为 0.5 s,该附加荷载导致立柱混凝土被压溃。$t = 1400$ ms 时刻后,后排立柱各测点应变状态逐渐由压转拉,表明楼房开始"定轴"转动进入倾倒阶段,其中,因 2 层后排立柱测点布置于立柱主筋上,故其拉应变峰值高达 1000 $\mu\varepsilon$(31.5 MPa)。在荷载重分布过程中,压应变由 0 增大到 1000 $\mu\varepsilon$ 左右的峰值时,耗时约 0.5 s,其最大应变速率为 2×10^{-3}/s,属于准静态应变过程。

支撑区第 3 排立柱 620 ms 时刻后的动态应变特征,与高层楼房爆破拆除工程中常见的楼房底部立柱首先被压溃,然后再进入倾倒运动状态的"先坐后倾"现象十分吻合(图 7)。与此同时,由爆破影像资料可知,楼房倒塌破坏过程中,后排支撑立柱产生了强烈的破坏,其原因可能是当最后一排支撑立柱的梁柱节点扭转破坏后,主梁对立柱的水平向约束消失,支撑立柱变为细长压杆,楼房巨大

图 7　大楼倒塌过程(倾倒反方向)

的重力荷载将远超立柱承载能力，从而发生"屈曲失稳"，致使大楼倾倒反方向整体出现空中解体现象。

3.2 主梁

在楼房Ⓑ轴第6、9、15层前后两跨的主梁上布置了应变监测点，各测点具体位置见图2。为方便表述，将邻房倒塌方向的主梁称为"前跨"，倾倒反方向的主梁称为"后跨"。同一跨主梁上，邻近倾倒方向的一侧称为"前端"，与倾倒方向相反的一侧称为"后端"。

3.2.1 前跨主梁(Ⓕ~Ⓒ轴)

楼房第9层前跨主梁测点布置在前端的顶部和后端的底部，各测点动态应变-时程曲线如图8所示，其动态应变-时程特征见表4。

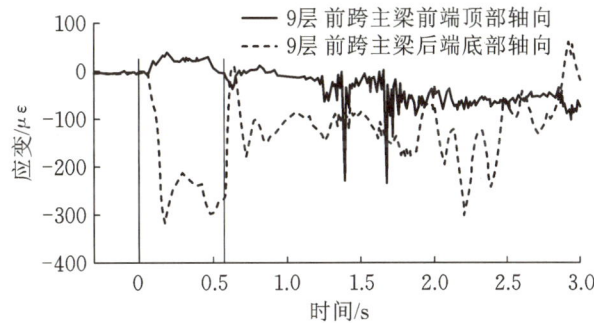

图8 前跨主梁动态应变-时程曲线

表4 前跨主梁动态应变-时程特征

测点位置	时刻			
	$t=0$ ms	$t=70$ ms	$t=150$ ms	$t=620$ ms
9层前跨主梁后端底部	第1排立柱起爆，应变状态无变化	重力荷载调整，梁底由平衡转压	主梁变为悬臂结构，后端底部压应变峰值310 $\mu\varepsilon$	第2、3排立柱起爆，梁底附加应变减小
9层前跨主梁前端顶部	第1排立柱起爆，应变状态无变化	重力荷载调整，梁顶由平衡转拉	主梁变为悬臂结构，前端顶部拉应变峰值30 $\mu\varepsilon$	第2、3排立柱起爆，梁顶应变由拉转压

动态应变测试结果表明，第1排立柱爆破瞬间，爆炸荷载对梁体的影响不明显。在 $t=70$ ms 时刻，梁体后端底部出现附加压应变，梁体前端顶部出现拉应变，而0~70 ms 时段为爆破立柱混凝土被抛出钢筋笼以及爆炸荷载作用后应力调整所需的时间。

$t=150$ ms 时刻，梁体后端底部压应变达到峰值310 $\mu\varepsilon$(9.77 MPa)，同时前端顶部测点拉应变达到峰值30 $\mu\varepsilon$(0.95 MPa)，表明在第1排立柱爆破失效后，随着重力荷载的调整，前跨主梁由最初始的超静定结构转变成了典型的"悬臂结构"。在第2、3排立柱起爆前，前跨主梁的应变状态基本保持不变，存在略微振荡。此外，图8所示的动态应变测试曲线中，前跨主梁的受压区附加应变明显大于受拉区，分析其原因，可能是受楼板影响，应变片无法布置在梁体受拉区域最外缘；另外，楼板与主梁顶部共同承受拉应力作用，由此导致主梁前端上部的拉应变峰值相对较小。

$t=620$ ms 时刻，当第2、3排立柱起爆后，前跨主梁后端底部的附加应变快速衰减，而前端顶部的拉应变转为压应变。其原因应是第2排立柱对主梁的竖直向约束突然消失并向下运动，从而导致主梁的附加应变突然减小。随后，随着楼房的倾倒塌落，梁柱节点开始破坏并向下加速运动，重力荷载恢复部分作用，但应变幅值低于前期幅值。此外，在倾倒塌落过程中，前跨主梁可能发生破坏，导致中性轴上移，致使主梁前端顶部测点由拉应变转为压应变。

3.2.2　后跨主梁(ⓒ～Ⓑ轴)

后跨主梁应变测点布置在第 6、9、15 层上,其中 6 层两个测点分别布置在梁体前端和后端的下部,9 层、15 层测点布置在梁体中部的中性轴附近。6 层测点动态应变-时程特征见表 5。

表 5　后跨主梁动态应变-时程特征

测点位置	时刻		
	$t=0$ ms	$t=100$ ms	$t=620$ ms
6 层后跨前端底部	应变状态基本无变化	重力荷载调整,梁底由平衡转压	第 2、3 排立柱起爆,梁底应变由压转拉,直至破坏
6 层后跨后端底部	应变状态基本无变化	重力荷载调整,梁底由平衡转拉	第 2、3 排立柱起爆,梁顶应变由拉转压
9 层后跨中部中性轴	应变状态基本无变化	应变状态基本无变化	第 2、3 排立柱起爆,应变振荡,幅值约为 200 $\mu\varepsilon$
15 层后跨中部中性轴	应变状态基本无变化	应变状态基本无变化	第 2、3 排立柱起爆,应变由平衡转压,峰值为 1200 $\mu\varepsilon$

第 6 层后跨主梁的动态应变-时程曲线如图 9 所示,第 1 排立柱起爆瞬间,主梁两端应变基本无变化。随着重力荷载的调整,自 $t=100$ ms 时刻起,主梁底部的附加应变才逐渐增大,其中,后端底部出现较小的附加拉应变,前端底部出现附加压应变,该应变特征与前跨主梁的"悬臂"特征不同。由此分析,当第 1 排立柱爆破后,后跨主梁后端发生了梁柱节点扭转现象。

当第 2、3 排立柱起爆后,即 $t=620$ ms 时刻,后跨主梁前后端的应变状态迅速发生拉压转变,表明梁柱节点随着楼房的倾倒破坏再次扭转。随后,前后端测点处最终产生幅值为 2000$\mu\varepsilon$ 的拉应变并直至应变片失效,与高层楼房爆破倒塌后梁柱节点拉裂的破坏形态相吻合(图 10)。

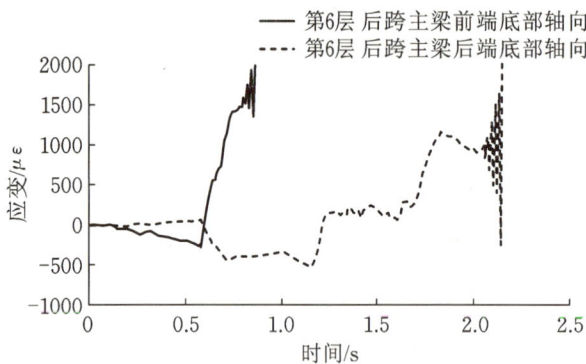

图 9　后跨主梁动态应变-时程曲线(第 6 层)

图 10　梁柱节点破坏形态

9 层、15 层后跨主梁的动态应变-时程曲线如图 11 所示,第 1 排立柱的爆破失效以及所引起的重力荷载调整对后跨主梁中部应变状态基本无影响;同时,结合 9 层后跨主梁的应变特征分析,当第 1 排立柱爆破后,后跨主梁以梁柱节点扭转和弯矩破坏为主。第 2、3 排立柱起爆后,原位于中性轴附近的测点产生了明显的压应变,表明主梁的中性轴上移,受压区范围扩大;同时,也出现了应变振荡,进一步表明后跨主梁在破坏过程中经受了多次梁柱节点扭转。

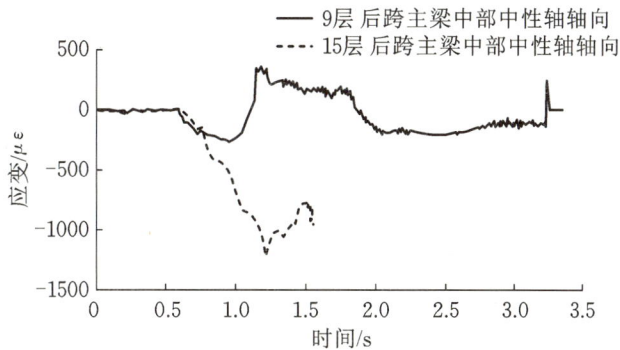

图 11　后跨主梁动态应变-时程曲线（第 9、15 层）

4　结论

依托武汉银丰宾馆 20 层框-剪结构楼房爆破拆除工程,采用现场动态应变测试技术,结合倒塌破坏影像资料,研究了高层楼房定向倾倒爆破拆除的倒塌破坏机理,得出以下结论:

（1）切口区立柱起爆时,爆破部位正上方立柱首先会承受 10^1 量级附加压应变,该荷载较小,不会对切口区域外的楼房结构产生损伤,且随层高增加而快速衰减。

（2）在切口区立柱逐排起爆条件下,上方立柱因初始压缩变形能释放、爆炸冲击作用后结构回弹、爆后钢筋笼变形下拉等作用而出现 10^2 量级附加拉应变,且前排立柱的附加拉应变随后排立柱的逐排起爆而逐步增大。

（3）切口区立柱全部起爆后,支撑区立柱首先出现 10^2 量级的低频应变振荡,楼房下部立柱随即产生 10^3 量级的附加压应变直至立柱压溃。同时,支撑区后排立柱因主梁水平方向约束的消失而变为细长压杆,从而发生屈曲失稳、空中解体现象。

（4）切口区立柱爆破产生的爆炸荷载对楼房主梁影响不显著。在逐排起爆条件下,前跨主梁因切口区立柱爆破失效而由两端固结的超静定结构变成悬臂结构,且主梁逐步破坏使得中性轴上移,受压区明显大于受拉区;后跨主梁的梁柱节点会发生多次节点扭转,最终呈现拉裂破坏。

钢筋混凝土立柱爆破破坏过程及个别飞散物试验研究

黄小武[1,2,3]　　谢先启[2,3]　　贾永胜[2,3]　　姚颖康[2,3]　　孙金山[2]　　韩　宇[2,3]

(1.武汉科技大学理学院,武汉 430065;2.爆破工程湖北省重点实验室,武汉 430056;

3.武汉爆破有限公司,武汉 430056)

摘　要:爆破拆除实践中存在保守设计、过度防护的现象,其根源是不能确定炸药能量"供"与"求"的平衡点。为研究多药包共同作用下钢筋混凝土立柱的爆破破坏及个别飞散物的运动过程,在野外爆破试验场开展了多组立柱爆破试验。高速摄影观测及破碎碎块分析结果表明:高段位孔内雷管的名义延期时间的误差影响立柱的爆破破坏过程;爆破个别飞散物在 100 ms 的观测时间内的运动速度与时间呈线性关系,抛掷速度为 10~20 m/s,抛掷方向以水平方向为主。在工程实践中,建议将爆破对象外围构件作为防护重点,以柔性防护为主、刚性防护为辅,提高项目经济效益与施工效率。

关键词:钢筋混凝土立柱;爆破拆除;个别飞散物;高速摄影

Experimental study on failure process and flyrock of reinforced concrete columns induced by blasting

HUANG Xiaowu[1,2,3]　　XIE Xianqi[2,3]　　JIA Yongsheng[2,3]

YAO Yingkang[2,3]　　SUN Jinshan[2]　　HAN Yu[2,3]

(1. College of Science, Wuhan University of Science and Technology, Wuhan 430065, China;

2. Hubei Key Laboratory of Blasting Engineering, Wuhan 430056, China;

3. Wuhan Explosions & Blasting Co., Ltd., Wuhan 430056, China)

Abstract: Conservative design and over-protection are existing in demolition blasting practice. The essential reason is that the balance between "supply" and "demand" of explosive energy cannot be determined. In order to study the blasting damage of reinforced concrete columns and the movement of flyrock induced by multiple charge packs, blasting experiments on groups of columns are carried out. High-speed camera observation and fragment analysis show that: the error of high nominal delay time of the detonators in the hole affects the blasting failure process of the column. The movement velocity of some scattered objects during observation time of 100 ms shows a linear relationship with time. The velocity is 10~20 m/s, and the throwing direction is mainly in the horizontal direction. In order to improve the economic benefit and construction efficiency, the peripheral components of blasting objects are suggested be taken as the key point of protection, with flexible protection as the main and rigid protection as the auxiliary in engineering practice.

Keywords: Reinforced concrete columns; Blasting demolition; Flyrock; High-speed photographic

　　钻孔爆破技术历史悠久,它作为爆破工程中非常重要的一门施工技术,广泛应用于道路、交通、矿业、水利水电等各行各业,有力地推动着国民经济的发展。然而,由于对炸药能量的释放过程,以及岩石、混凝土等对象在超动态应变率荷载作用下的破碎机理认识不足,尚不能完全实现爆破技术使爆破

本文原载于《爆破》2020 年第 37 卷第 1 期。

对象"破而不离、碎而不飞"的目标。爆破工程领域内依然普遍存在着诸如振动、粉尘和个别飞散物等爆破有害效应,给公共安全带来了极大的安全隐患,影响着居民的正常生活,阻碍着爆破技术的进一步发展。

在多项爆破有害效应之中,个别飞散物是导致爆破事故的主要因素,倍受爆破从业者关注。尤其是在环境复杂的城市拆除爆破工程中,个别飞散物一直是安全防护的重中之重。一般认为,高速、高压的爆轰波使孔壁附近的混凝土与钢筋瞬间粉碎、破裂,随后在钢筋混凝土构件表面反射为拉伸波,导致混凝土剥离、抛掷。在工程实践中,一方面,我们需要施加充分的炸药能量使建(构)物承重构件中钢筋笼内的混凝土完全抛出,使整体结构失去支撑,继而在重力作用下失稳垮塌;另一方面,我们又在爆破构件上包裹大量的竹跳板、木模板、安全网等防护材料,以期对爆破个别飞散物进行严格控制,确保临近设施不被破坏。两者看似矛盾,其问题根源就是不能确定炸药能量"供"与"求"的平衡点。在建筑物爆破拆除施工实践中,普遍存在着保守设计、过度防护的现象。因此,深入研究钢筋混凝土立柱爆破破坏及个别飞散物的抛掷过程,对拆除爆破技术设计与安全施工管理有重要的指导意义。

多年来,国内外学者基于理论分析、数值模拟、模型试验和现场实践,围绕爆破个别飞散物的产生原因及控制措施开展了广泛的研究。李振、林大能和 Sasa Stojadinovic 等根据弹道理论、高速摄影、计时器测定等方法,获取了爆破个别飞散物初始加速度、速度、空气阻力系数等关键数据,建立了最大飞行距离的计算公式。徐千军等采用 ANSYS Autodyn-3D 有限元程序分析了钢筋混凝土桥墩爆破个别飞散物情况,得到了适合的爆破单耗参数与有效的控制飞散物防护措施。张九龙、高旭、李本伟和 Vladislav Kecojeciv 等总结了爆破个别飞散物事故的案例,对影响爆破飞散物的因素进行了分类,从爆破设计、安全管理等角度提出了避免爆破飞散物事故的对策。总的来说,对钻孔爆破条件下钢筋混凝土材料破坏过程的认识尚不深入,关于拆除爆破工程中个别飞散物的现场试验也不多见,有必要进一步深入研究。

1 钢筋混凝土立柱爆破试验

技术团队在野外爆破试验场浇筑了 10 根高 4 m、截面尺寸不同的钢筋混凝土立柱,立柱基础为 2 m×2 m×1 m 的承台,立柱可视为底部固定、顶端自由。其中,对一组 900 mm×900 mm 的钢筋混凝土立柱开展爆破破坏和个别飞散物抛掷过程研究的爆破试验,其混凝土强度等级为 C30,主筋为 24Φ22,箍筋为 Φ12@100。通过高速摄影观测,分析立柱的爆破破坏过程,以及个别飞散物的飞散角度、初始速度等物理参量。为方便分析,在立柱的观测面上绘制出均匀的网格参考线,横向间距 15 cm,纵向间距 20 cm,见图 1。

图 1 钢筋混凝土立柱爆破试验
(a) 钢筋混凝土立柱;(b) 部分立柱爆破效果

观测设备采用美国 IDT 公司生产的 Y7-S2 型超高速摄像机,画幅分辨率为 1920×1080,最高采样率为 9000 fps。考虑现场实际光线情况,设置采样率为 5000 fps,即每帧采集间隔时间为 0.2 ms。在"无安全防护"的条件下,近距离观察立柱爆破破坏过程与个别飞散物的抛掷过程。为保障设备的安全,在高速摄像机周围用沙袋围成一个简易的"碉堡",并在镜头前方放置一块 1 cm 厚的透明有机玻璃板,以保证观测视线通透。

在立柱上布置了 9 排"3+2"梅花形炮孔,孔径 ϕ40 mm;炸药选用 2$^\#$ 岩石乳化炸药,药卷直径 ϕ32 mm;起爆雷管为 MS19 毫秒导爆管雷管(名义延期时间为 1700 ms)。综合采用连续装药和间隔装药结构,详见图 2。选择在立柱底部 6 排炮孔装填炸药,计 27 个药包,总装药量为 3.3 kg,综合炸药单耗为 2.26 kg/m³。

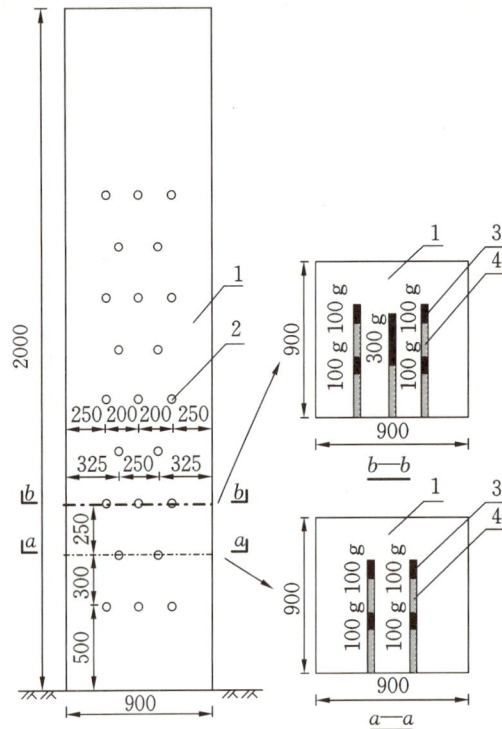

图 2　立柱装药结构图(单位:mm)

(1—立柱;2—炮孔;3—炸药;4—炮泥)

2　钢筋混凝土立柱爆破破坏过程

爆破后,采集得到钢筋混凝土立柱爆破破坏过程瞬间图像,如图 3 所示。

Δt=0 ms　　Δt=8 ms　　Δt=16 ms　　Δt=24 ms　　Δt=32 ms

Δt=40 ms　　Δt=48 ms　　Δt=56 ms　　Δt=64 ms　　Δt=72 ms

图 3　爆破飞散物运动过程

从图 3 中可以明显看出,在高速镜头下,立柱在多药包共同作用下的爆破破坏过程,并非传统认为的同时齐爆。孔内雷管的名义延期时间的误差(± 150 ms),直接影响着孔内药包的起爆顺序,间接影响了立柱的爆破破坏过程。立柱不同破坏位置的起始时刻有明显的先后顺序,破坏过程是从左侧→底部→右侧,对应的摄像帧数为 16210→16452→16482,间隔时间依次为 0 ms→48.4 ms→54.4 ms。通过观察空气振荡与立柱表面鼓包现象,能看到炮孔间先后起爆的最长间隔时间约为 132.6 ms。

由于导爆管雷管的实际延期时间在名义时间上下波动具有随机性,因此,孔内雷管的延期时间误差就像是一把"双刃剑"。一方面,根据毫秒微差爆破理论,若两侧临边位置的药包都先起爆,可以为中间药包创造新的自由面,有利于改善立柱爆破效果。另一方面,若多个药包朝向一侧依次起爆,会造成立柱"偏炸"现象;若单孔内两药包延期时间较长,会造成后爆药包被"压灭"的现象。这两点在试验过程中也都得到验证。

根据立柱不同区域的爆破破碎效果(图 4),参考无限边界内岩石爆破破碎分区理论,可以将有限边界内钢筋混凝土立柱爆破破坏区域分为空腔区、破碎区、裂隙区和损伤区(图 5)。其中,空腔区内的箍筋彻底破坏,主筋明显弯曲(挠度 30～50 mm),混凝土全部抛出;破碎区内的箍筋基本完好,主筋变形不明显,混凝土全部破碎但基本锁在钢筋笼内;裂隙区内的混凝土保护层基本剥离,钢筋裸露但基本不变形,笼内混凝土存在较多裂隙;损伤区内的钢筋混凝土表面无明显裂纹。值得注意的是,虽然破碎区的混凝土结构被完全破碎,但是在原地坍塌爆破拆除方案中,破碎区内的混凝土块被压实后仍具有一定强度,从而增加爆堆的高度。各区域的范围大小与炸药单耗、最小抵抗线、混凝土强度、配筋率等因素有关,需要进一步开展相关试验进行定量分析。

图 4　立柱爆破效果图

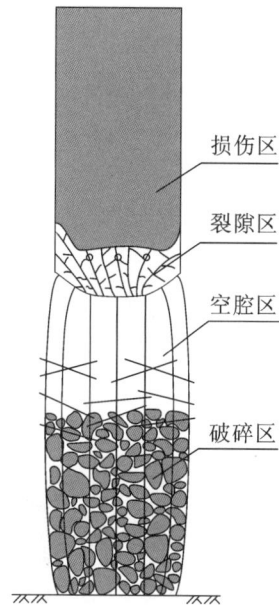

图 5　立柱破碎区域图

此外,由于高段位雷管存在延时误差,导致先爆药包为后爆药包创造新的自由面,这直接影响了空腔区的位置分布。此次高速摄影捕捉的影像显示,最先起爆的雷管位于立柱左侧偏上的位置,立柱的破碎区范围大于空腔区。结合其他立柱爆破效果可以发现,若最先起爆的雷管位于立柱的底部,更利于上部混凝土碎块垮落,形成的空腔区更大。通过筛分可将碎块分为粉粒(粒径 $d < 5$ mm)、碎块(5 mm$\leqslant d \leqslant 100$ mm)和大块($d > 100$ mm)三类,经不同粒径碎块的称重,粉粒、碎块和大块占总质量的比例分别为 15%、58%、27%(图 6),中小粒径比例超 70%,这表明大量的爆炸能量作用于混凝土的粉碎。

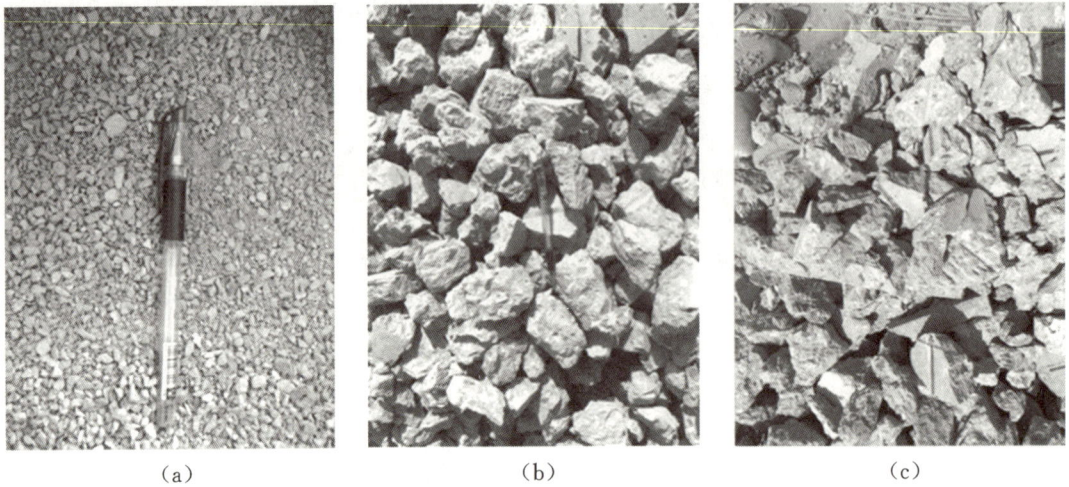

（a）　　　　　　　　　　　　（b）　　　　　　　　　　　　（c）

图 6　立柱爆破后混凝土碎块

(a) $d < 5$ mm；(b) 5 mm $\leqslant d \leqslant$ 100 mm；(c) $d > 100$ mm

3　个别飞散物抛掷运动过程

确定长度比例尺之后，以立柱左侧"飞散物"为研究对象，捕捉一些代表性飞散物的像素 A 点和 B 点。其中，A 点位于抛掷的最前沿，轨迹便于追踪，也最具代表性。建立平面坐标系，研究它们的抛掷运动过程（图 7）。

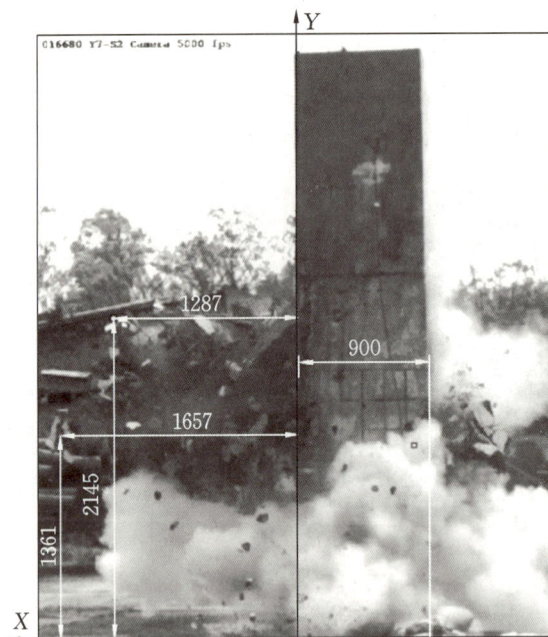

图 7　代表性个别飞散物及平面坐标系

分析单张高速摄影图像，整理 A 点的运动轨迹数据，得到飞散物在不同时刻的轨迹坐标，如表 1 所示。按照同样的方法，可以得到 B 点的运动轨迹数据。

绘制两点的位移-时间曲线（图 8），并进行线性拟合（图 9），可以得到"飞散物"的抛掷速度，即 $v_{Ax} = 17.6$ m/s，$v_{Ay} = -2.5$ m/s，$v_{Bx} = 13.4$ m/s，$v_{By} = 1.8$ m/s。

表 1   A 点位移-时间数据表

帧数	时间 t/ms	x 方向位移 S_x/mm	y 方向位移 S_y/mm	帧数	时间 t/ms	x 方向位移 S_x/mm	y 方向位移 S_y/mm
16680	78	1656	1363	16480	38	964	1469
16670	76	1628	1370	16470	36	931	1465
16660	74	1596	1369	16460	34	876	1477
16650	72	1572	1374	16450	32	844	1486
16640	70	1519	1385	16440	30	816	1498
16630	68	1485	1391	16430	28	790	1501
16620	66	1448	1396	16420	26	762	1510
16610	64	1416	1401	16410	24	715	1510
16600	62	1382	1408	16400	22	684	1518
16590	60	1343	1423	16390	20	648	1519
16580	58	1315	1423	16380	18	615	1519
16570	56	1277	1430	16370	16	578	1525
16560	54	1243	1429	16360	14	545	1529
16550	52	1217	1435	16350	12	502	1529
16540	50	1178	1436	16340	10	472	1529
16530	48	1135	1450	16330	8	435	1536
16520	46	1105	1457	16320	6	398	1536
16510	44	1072	1457	16310	4	362	1551
16500	42	1038	1460	16300	2	326	1552
16490	40	998	1464	16290	0	291	1558

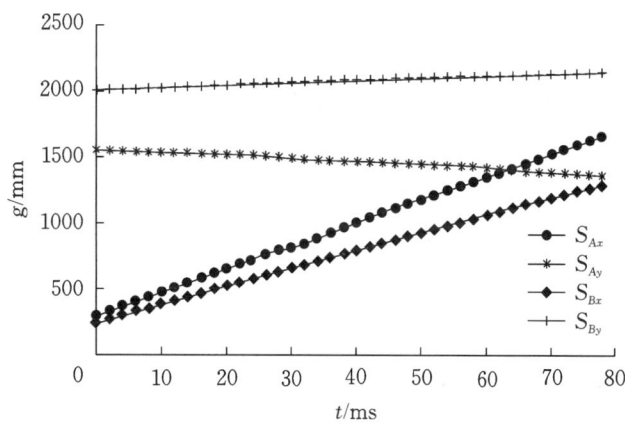

图 8   飞散物位移-时间曲线

4 个线性拟合函数的拟合度均在 98.9% 以上,由此判定,从开始向外抛掷至 100 ms 的观测时间内,爆破个别飞散物的运动位移与运动时间呈线性关系,即爆破个别飞散物匀速向外抛掷。考虑到观测的时间极短,可将上述速度值视为爆破个别飞散物向外抛掷的初始速度 v_0,抛掷方向以水平方向为主。根据上述分析结果,炸药单耗为 2.0 kg/m³ 左右时,爆破个别飞散物的初始速度为 10~20 m/s。直观感受其速度不算太快,但是个别飞散物整个抛掷过程在 0.1 s 内瞬间完成,释放的总动量高达 $2.0 \times$

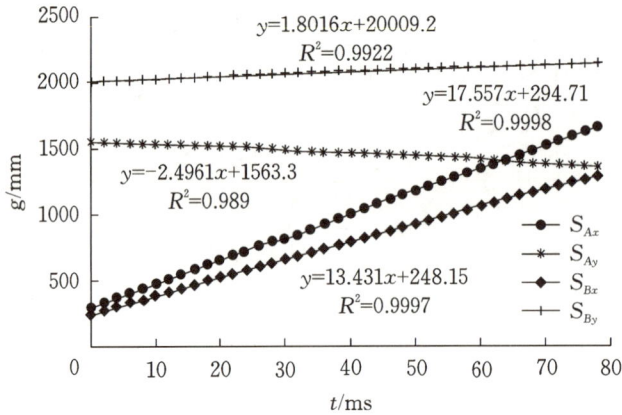

$y=1.8016x+20009.2$
$R^2=0.9922$

$y=17.557x+294.71$
$R^2=0.9998$

$y=-2.4961x+1563.3$
$R^2=0.989$

$y=13.431x+248.15$
$R^2=0.9997$

图 9　线性拟合结果

10^4 kg·m/s,对单侧刚性物体造成的冲击力高达 100 kN。因此,爆破飞散物的安全防护措施应该以柔性为主,刚性为辅。在其他组立柱爆破试验中,采用"竹跳板+旧棉被+防护毯+沙袋"的安全防护措施,即使将炸药单耗提高至近 3.0 kg/m³,爆破个别飞散物抛掷距离也都被严格控制在 2 m 范围之内。因此,在确保安全的前提下,为实现项目经济效益最大化,提高施工效率,在建筑物爆破拆除中个别飞散物的安全防护方面,除了主动优化爆破设计、降低炸药单耗,更重要的是将外围的爆破构件作为防护重点,内部的爆破构件可以采取弱防护措施。

4　结论与建议

在野外试验场开展了多组钢筋混凝土立柱爆破试验,通过高速摄影观测了立柱在多药包共同作用下的爆破过程,根据影像资料和碎块筛分结果详细分析了立柱的爆破破坏过程及个别飞散物抛掷规律,得到如下结论和建议:

(1)高段位孔内雷管的名义延期时间的误差,直接影响着孔内药包的起爆顺序,间接影响了立柱的爆破破坏过程;立柱不同破坏位置的起始时刻有明显的先后顺序,需要加以利用和控制。

(2)爆破个别飞散物在 100 ms 的观测时间内,其运动位移与时间呈线性关系,抛掷方向以水平方向为主;炸药单耗为 2.0 kg/s 左右时,爆破个别飞散物的初始速度为 10~20 m/s。

(3)为实现项目经济效益最大化,提高施工效率,在建筑物爆破拆除个别飞散物的安全防护方面,除了主动优化爆破设计、降低炸药单耗,更重要的是将建筑物外围的爆破构件作为防护重点,内部的爆破构件可以采取弱防护措施。

塌落触地振动对地铁管片结构的影响研究

黄小武[1] 谢先启[1] 钟冬望[2] 贾永胜[1] 姚颖康[1]

(1.武汉爆破有限公司,武汉 430023;2.武汉科技大学,武汉 430065)

摘 要:为研究建(构)筑物爆破拆除塌落触地振动对地铁管片结构的影响,结合武汉市精武片区爆破拆除工程,采用 ANSYS 有限元软件对周边地铁管片结构进行了模态分析和动力响应研究。模态分析的计算结果表明:地铁管片结构的前十阶主振频率为 0.1~0.26 Hz,属于低频,说明管片结构对低频的触地振动比较敏感,低频成分高的触地振动更容易对其造成破坏。塌落触地振动作用下地铁管片结构的动力响应计算结果表明,行车道墙角处的质点振动速度峰值与实测值比较吻合,地铁结构顶板和侧帮位置处的最大主应力值比较接近,最大值为 3.24 MPa,低于钢筋混凝土材料的拉伸极限。

关键词:爆破拆除;触地振动;地铁管片结构;动力响应

Study on influence of impact vibration on subway segments structure

HUANG Xiaowu[1] XIE Xianqi[1] ZHONG Dongwang[2]

JIA Yongsheng[1] YAO Yingkang[1]

(1. Wuhan Blasting Engineering Co. ,Ltd. ,Wuhan 430023,China;

2. Wuhan University of Science and Technology,Wuhan 430065,China)

Abstract:The influence of subway segments structure under impact vibration induced by collapse of building in demolition blasting is studied based on demolition blasting of buildings in JingWu district in Wuhan city. Modal analysis and dynamic response of subway segments structure are researched by using finite element software ANSYS. The modal analysis of the subway shield tunnel segments shows that the first ten natural frequencies between 0.1~0.26 Hz belong to low frequency,so the structure of subway tunnel is more sensitive to the low frequency vibration,and the impact vibration with low frequency can make damage to shield tunnel more easily. The dynamic response of subway segments structure under impact vibration shows that the peak value of vibration velocity on driveway corner is consistent with the measurement one. The maximum principle stress on the roof is close to the value on side parts. The peak value is 3.24 MPa,which is less than the limit value of reinforced concrete.

Keywords:Explosive demolition;Impact vibration;Subway segments structure;Dynamic response

　　近年来,我国城市控制爆破工程多集中在闹市区,周围建(构)筑物分布密集,地下管线错综复杂。例如,2012 年 2 月南京市水西门高架桥爆破拆除工程,2013 年 5 月武汉市沌阳高架桥爆破拆除工程,2014 年 8 月武汉市红旗家具国际博览中心爆破拆除工程,2014 年 11 月武汉市交通学校(北区)8 栋群楼爆破拆除工程等。城市控制爆破技术为城市建设做出了巨大的贡献,同时,也带来了一些难以避免的有害效应。其中,爆破振动波及的范围广,危害大,负面影响最为突出。以前,有关爆破振动的研究多着眼于保障地面上的建(构)筑物的安全,而忽视了对地下结构和地下管线的保护。最近几年,我国城市地铁等地下结构的发展建设迅速,天然气管道、输油管道、电线、电缆等地下管线的分布非常广泛。在城市实施爆破拆除作业时,塌落体触地诱发的触地振动可能对这些地下结构和地下管线造成破坏,如此严峻的问题逐渐引起爆破研究人员的广泛关注。王文辉、赵根对城市大型高架桥爆破拆除工程进行了研究,发现桥体垮塌触地振动的影响范围有限,振动频率高于自然地震的频率,不易对周边建(构)筑物造成破坏,采取合适的降振、防护措施可以保证周边建筑物和地下管线的安全。王春玲、梁为民等以一座 150 m 烟囱爆破拆除工程为例,分析了高耸建筑物爆破拆除塌落触地振动的危害,通过优化爆破参数和采取安全防护措施,保证了周边建筑物和地下管线的安全。韩传伟采用理论分析和数值模拟手段,研究了房屋和高架桥爆破拆除倒塌的触地振动对周边建筑物和地下管线的影响。刘沐宇、卢志芳采用 ANSYS/LS-DYNA 有限元软件,对接触爆炸荷载作用下长江隧道的动力响应问题进行了分析,发现隧道衬砌最易受损的部位在顶板、底板和左、右侧帮处。李秀地、郑颖人等建立了爆炸荷载作用下地下结构的局部层裂模型,计算得到不同围岩作用下地下结构的应力-时程曲线。国胜兵、王明洋等采用有限元软件 FLAC,对爆炸荷载作用下地下结构的动力响应问题进行了分析,并建立了地下结构的土体围岩分析模型。

　　目前,爆破拆除工程中,普遍采用周家汉研究员提出的经验公式来估算建(构)筑物爆破拆除倒塌触地时周边地面的振动速度。采用同样的计算公式来估算地下结构的振动速度,势必存在较大误差。通过查阅大量国内外相关文献,可以发现有关地铁管片结构在触地振动作用下的动力响应研究还比较匮乏,亟须通过理论分析、模型试验和原型观测等方法研究爆破拆除塌落触地振动对地铁管片结构的影响。结合武汉市精武片区爆破拆除工程,采用 ANSYS 有限元软件计算了地铁管片结构的模态,并分析了触地振动作用下地铁管片结构的动力响应情况。

1　地铁盾构隧道管片结构的模态分析

　　分析地铁盾构隧道管片结构在建(构)筑物爆破拆除塌落触地振动作用下的振动特性,及其可能存在的破坏形式,进而评价整个结构的稳定性。采用 ANSYS 有限元软件对盾构隧道及周围围岩模型进行模态分析,研究其在不同频率下的振动响应情况。根据勘察和设计资料,建立 ANSYS 有限元计算模型。地铁盾构隧道管片衬砌内径为 5.4 m,管片厚度为 30 cm,隧道顶板距离地面为 11 m。有限元计算模型自上而下,根据土层的物理力学性质不同而分为 4 层,依次为杂填土、黏土夹砾石、风化泥岩和泥岩,如图 1 所示。根据圣维南原理,地铁盾构隧道周围围岩的计算模型取隧道内径的 4～5 倍,整个模型的水平方向长度为 80 m,竖向高度(深度)为 39.7 m,地铁盾构隧道的有限元计算模型如图 2 所示。

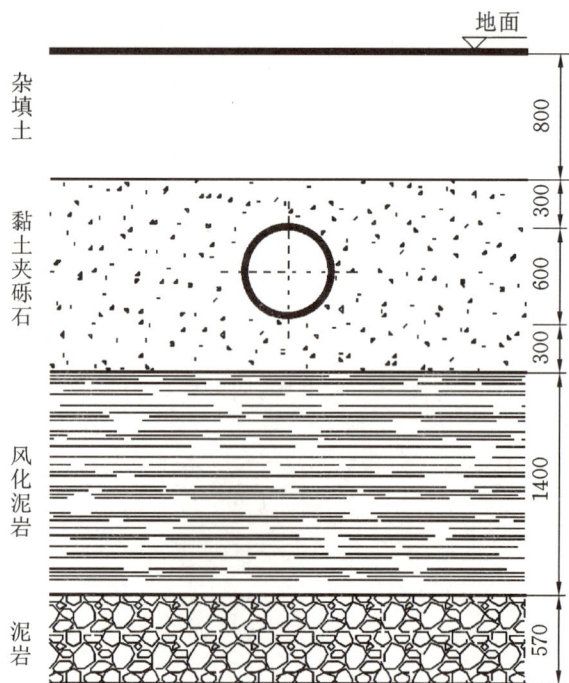

图 1　围岩分层情况示意图(单位:cm)

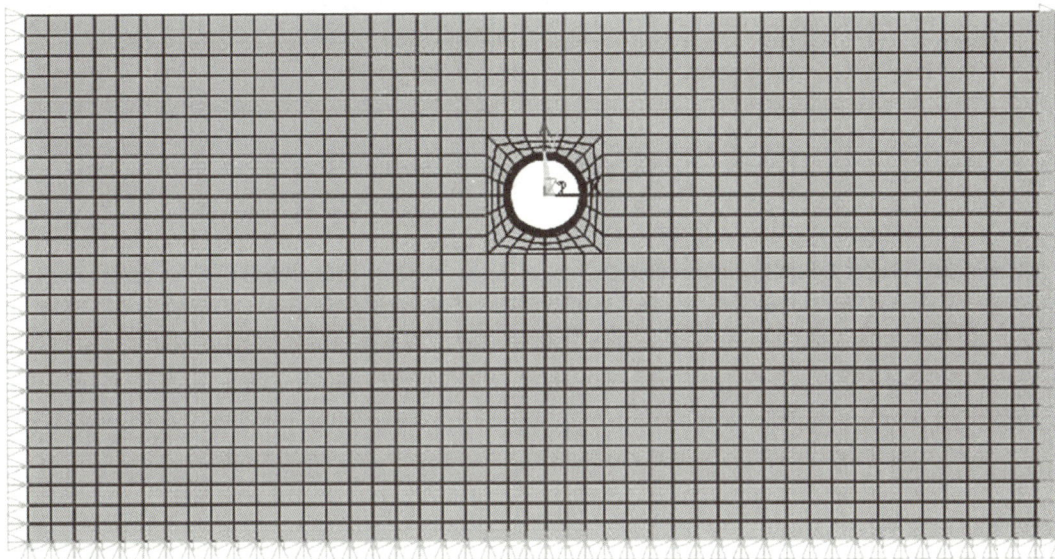

Modal Analysis on Shield Tunnel in Metro

图2 模态分析有限元模型

分析地铁盾构隧道管片结构的模态计算结果,可以发现地铁盾构隧道管片结构的前十阶振型的主振频率为0.1~0.26 Hz(表1),属于低频,说明该地铁盾构隧道管片结构对低频的外界激励比较敏感。结合本文的研究目的,在建(构)筑物爆破拆除工程中,低频成分高的触地振动更容易对周边地铁盾构隧道管片结构造成破坏。

表1 地铁管片结构前十阶振型对应的频率值(单位:Hz)

阶数	一阶	二阶	三阶	四阶	五阶	六阶	七阶	八阶	九阶	十阶
频率	0.1174	0.1312	0.1368	0.1474	0.1773	0.1883	0.2181	0.2267	0.2502	0.2583

2 触地振动作用下地铁结构的动力响应分析

武汉市精武片区群楼爆破拆除工程中,一栋待爆破拆除的工业大楼,整体呈长方体,长45 m、宽12 m、高49.6 m,总质量约为4200 t。距离其一侧6.0 m处是武汉市地铁二号线,地铁盾构隧道顶板距离地面为11 m,如图3所示。采用定向倒塌爆破拆除方案时,塌落体触地引起的振动可能对周边地铁盾构隧道管片结构造成危害。因此,在实施爆破拆除之前,需要分析建筑物爆破拆除倒塌的触地振动对地铁盾构隧道的影响。

爆破切口呈三角形,切口高度为15 m,建筑物倒塌后,重心下降高度约为30 m,重心距离盾构隧道的水平距离约为30 m。在实际建模过程中,考虑到建(构)筑物的结构比较复杂,建立模型难度大,且会形成庞大的单元数。所以,为简化计算模型,提高计算效率,可以采用圆柱体夯锤自由落体冲击地面引起的扰动,来近似模拟建(构)筑物爆破拆除倒塌触地振动。由于大楼倒塌过程是依次倒塌触地,换算成塌落体自由落体触地振动,塌落体的质量取建筑物总质量的1/3,重心高度按20 m进行估算,有限元计算模型如图4所示。

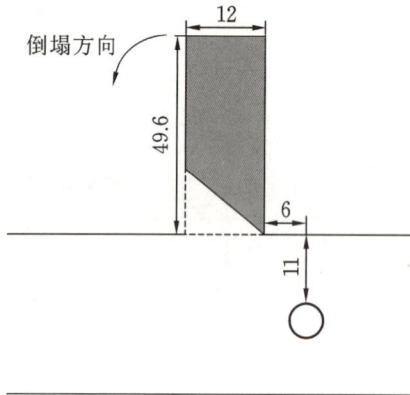

图 3　待拆除建筑物与地铁盾构隧道示意图(单位:m)

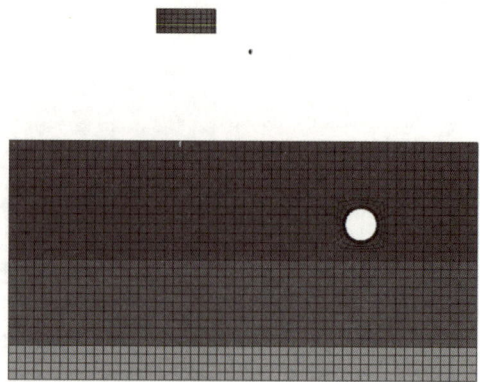

图 4　夯锤冲击地面有限元模型

根据土层和岩层的分层情况,在 LS-DYNA 有限元动力分析软件中,杂填土材料采用 * MAT_ SOIL_AND_FOAM 本构模型,黏土夹砾石、风化泥岩和泥岩材料均采用 * MAT_JOHNSON_ HOLMQUIST_CONTRETE 本构模型,而夯锤、隧道防水层和钢筋混凝土管片材料均采用 * MAT_ PLASTIC_KINEMATIC 双线性随动硬化材料模型。最终计算得到盾构隧道管片结构顶点和行车道墙角(靠近塌落点)的振动速度波形如图 5 所示,得到盾构隧道顶板和侧帮处的最大主应力波形如图 6 所示。

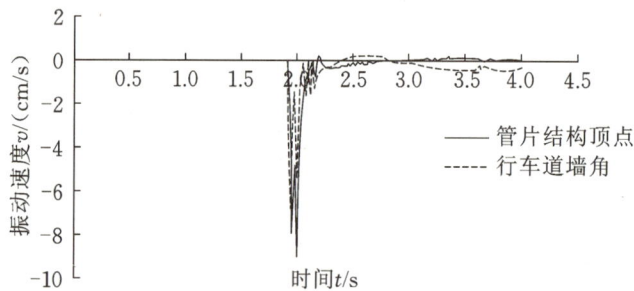

图 5　不同位置处质点振动速度-时程曲线

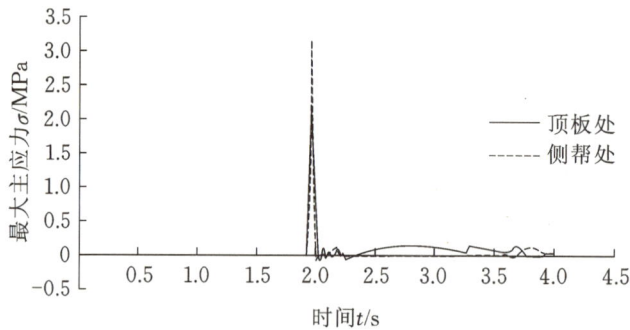

图 6　不同位置处最大主应力-时程曲线

计算结果表明,地铁盾构隧道管片结构中管片结构顶点处的振动速度最大值为 9.25 cm/s,行车道墙角处的振动速度最大值为 6.76 cm/s;地铁盾构隧道顶板处最大主应力为 2.42 MPa,隧道侧帮处主应力峰值为 3.24 MPa。可见,隧道管片结构中各质点的振动速度在《爆破安全规程》(GB 6722— 2014)容许的范围内,隧道管片结构截面上的最大主应力低于钢筋混凝土材料的拉伸极限。

重心高度为 20 m 的夯锤在盾构隧道的正上方一侧自由落体撞击地面,在此过程中,观察不同时刻盾构隧道管片结构的 Von-Mises 有效应力云图(图 7),可以发现夯锤在盾构隧道的正上方一侧自由落体撞击地面时,诱发的应力波以圆形沿着土层和岩层传播;在 1.92 s 时,应力波最先到达盾构隧道管片的侧帮处(撞击点与管片结构直线距离最短的位置),然后沿着侧帮向盾构隧道的径向和周向传播。夯锤在盾构隧道的正上方一侧自由落体撞击地面的过程中,应力主要集中在隧道的左、右侧帮处。

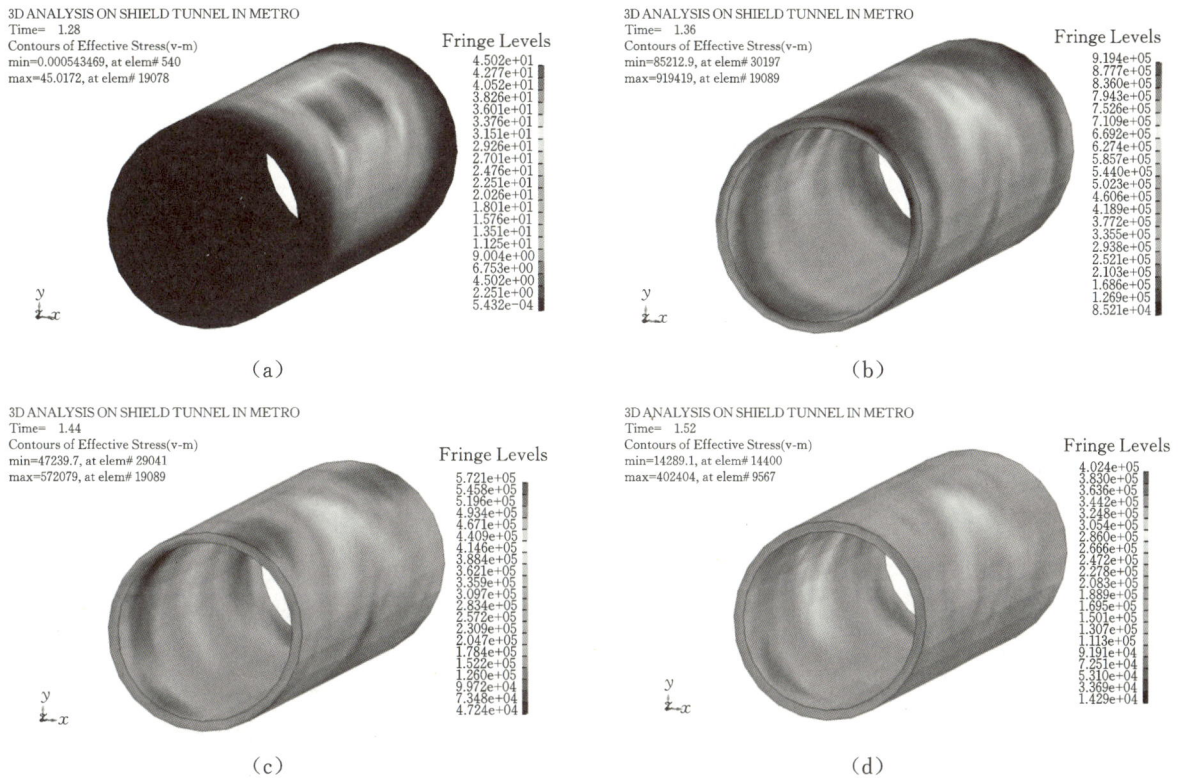

图 7   不同时刻盾构隧道管片结构的 Von-Mises 有效应力云图

(a) $t=1.92$ s;(b) $t=2.00$ s;(c) $t=2.08$ s;(d) $t=2.16$ s

3   现场监测结果与分析

为减轻工业大楼爆破拆除塌落触地振动,进一步保证地铁盾构隧道安全,提高安全系数,在建筑物塌落范围的地面上铺设一层钢板,钢板上再铺 30 cm 厚的细砂,用以吸收塌落体触地撞击地面的能量(图 8);在建筑物塌落区域与盾构隧道之间,开挖减振沟,减小工业大楼爆破拆除塌落引起的触地振动,以免损坏地铁盾构隧道管片结构。

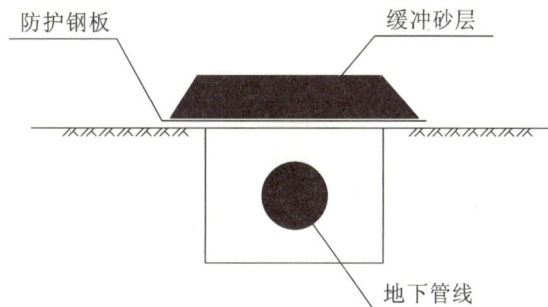

图 8   爆破现场地下管网防护示意图

在爆破拆除现场,于地铁行车道墙角处(靠近爆破区域一侧)布置由加拿大 Instantel 公司研发的 Mini Mate Plus 爆破记录仪监测地铁管片结构的振动速度。该记录仪的爆破振动量程为 0.13～254 mm/s,精度可达 0.1 mm/s,系统频率响应范围为 2～300 Hz。监测得到的地铁行车道墙角处的振动速度峰值如表 2 所示。

表 2　行车道墙角处的振动速度峰值实测数据

水平横向/(cm/s)	主频/Hz	垂直方向/(cm/s)	主频/Hz	水平纵向/(cm/s)	主频/Hz
1.02	6.6	1.97	3.9	0.64	3.3

注:"水平纵向"为指向爆破区域的方向。

　　分析地铁盾构隧道的行车道墙角处的触地振动峰值实测数据,可以发现盾构隧道在垂直方向上的振动峰值为 1.97 cm/s,与数值模拟的计算值基本一致(实际施工时,采取了降振措施)。触地振动在三个方向的主频为 3.3~6.6 Hz,对地铁盾构隧道管片结构进行模态分析,得到前十阶主振频率为 0.10~0.26 Hz。可见,工业大楼爆破拆除塌落引起的触地振动的频率高于地铁盾构隧道管片结构的固有频率,从而避免发生"共振"现象而导致隧道管片结构产生位移或变形。

4　结论

　　(1) 对地铁盾构隧道管片结构进行模态分析,研究了管片结构固有的振动特性。结果表明,地铁盾构隧道管片结构的前十阶主振频率为 0.10~0.26 Hz,属于低频。说明该地铁隧道结构对低频的触地振动比较敏感,低频成分高的触地振动更容易对其造成破坏。

　　(2) 结合武汉市精武片区群楼爆破拆除工程,运用数值模拟计算方法,分析了建筑物倒塌触地振动对周边地铁盾构隧道管片结构的影响,得到地铁管片结构各质点的振动速度峰值为 9.25 cm/s,在《爆破安全规程》(GB 6722—2014)规定的范围内;地铁管片结构所承受的最大主应力为 3.24 MPa,低于钢筋混凝土材料的拉伸极限;建筑物倒塌引起的触地振动不会损坏附近地铁盾构隧道管片结构。

冲击荷载下高韧性水泥基复合材料动态力学特性与微结构演化研究

胡玲玲[1a,1b,1c]　贾永胜[1a,1b,1c,2]　孙金山[1a,1b,1c]

姚颖康[1a,1b,1c]　刘昌邦[1a,1b,2]　谢全民[1a,1b,1c]

(1. a. 省部共建精细爆破国家重点实验室；b. 爆破工程湖北省重点实验室；

c. 湖北(武汉)爆炸与爆破技术研究院，江汉大学，武汉 430056；2. 武汉爆破有限公司，武汉 430056)

摘　要：为提升水泥基材料静态力学性能、抗冲击特性以及减少温室气体排放而降低水泥用量，以硅粉为矿物掺合料(掺量为 10％，质量比)，以钢纤维为功能组分(掺量为 2％，体积比)，并匹配高效减水剂(掺量为 1.5％～2.0％，质量比)来制备高韧性水泥基复合材料，通过准静态抗压/抗折强度试验、分离式霍普金森压杆试验和采用水化微量热仪、热重分析仪，分别研究了高韧性水泥基复合材料准静态/动态力学特性及其微结构演变特征。结果表明：冲击荷载下(冲击速率为 0.5 MPa/s)水泥基材料典型破坏过程分为三个阶段，高韧性水泥基复合材料受作用后仅出现局部浆体剥落、飞散现象，而基准组体系均发生显著破坏直至整体破碎；硅粉在 10％掺量下有效提升了水泥基复合材料体系早期和后期的准静态力学性能，1 d 龄期下抗压强度和抗折强度最高可达 61.4 MPa、23.9 MPa，也显著提升了动态抗压强度至 123.3 MPa(28 d 龄期)。微结构演变结果表明：硅粉和减水剂复合作用下浆体水化放热速率主峰提前，且主要水化产物氢氧化钙含量减少，降低了浆体内部氢氧化钙分布的取向性，有助于改善浆体微结构。

关键词：高韧性水泥基复合材料；分离式霍普金森压杆(SHPB)；钢纤维；动态抗压强度；微结构

Study on dynamic mechanical properties and microstructure evolution of high-toughness cement-based composites under impact loading

HU Lingling[1a,1b,1c]　JIA Yongsheng[1a,1b,1c,2]　SUN Jinshan[1a,1b,1c]

YAO Yingkang[1a,1b,1c]　LIU Changbang[1a,1b,2]　XIE Quanmin[1a,1b,1c]

(1. a. State Key Laboratory of Precision Blasting；b. Hubei Key Laboratory of Blasting Engineering；

c. Hubei(Wuhan) Institute of Explosion Science and Blasting Technology，Jianghan University，Wuhan 430056，China；

2. Wuhan Explosion & Blasting Co.，Ltd.，Wuhan 430056，China)

Abstract：In order to improve the static mechanical properties and impact resistance of cement-based materials and to reduce the amount of cement for the purpose of less greenhouse gas emissions, mineral admixtures of silica fume(10％, wt.), steel fiber(2％, by volume) for functional components, matched with high efficiency water reducing agent(1.5％ ～ 2.0％, wt.) were used to prepare high-toughness cement composites in this study. The quasi-static and dynamic mechanical properties and microstructure evolution of the high-toughness cement-based composites were investigated by the quasi-static compressive/flexural strength test, split Hopkinson pressure bar test (SHPB), isothermal calorimeter and thermal gravimetric analyzer. The results showed that the typical failure process of cement-based composites under impact loading(impact rate of 0.5 MPa/s) can be divided into three stages. Only limited amount of spalling or flying phenomenon of pastes

本文原载于《爆破》2022 年第 39 卷第 1 期。

occurred in high-toughness cement-based composite, while the control cement-based materials were significantly damaged until the whole samples were broken. The quasi-static mechanical properties (compressive strength and flexural strength reached 61. 4 MPa and 23. 9 MPa at 1 d) and dynamic compressive strength(to 123. 3 MPa at 28 d) of cement-based composites were both improved with 10% silica fume addition. According to the microstructure evolution results, under the combined action of silica powder and water reducing agent, the main peak of heat release rate of slurry hydration was advanced, and the content of calcium hydroxide in the main hydration product phase was reduced, which reduced the orientation of calcium hydroxide distribution in slurry and helped to improve the microstructure of slurry.

Keywords: High-toughness cement-based composites; Split Hopkinson pressure bar (SHPB); Steel fiber; Dynamic compressive strength; Microstructure

　　21 世纪以来,随着建筑结构不断向超高层、大跨度方向发展,建筑行业对混凝土性能也提出了更高的要求,增强增韧混凝土材料通过发挥自身优异性能,不仅能减小结构截面面积、减轻自重,也能提升建筑结构吸能抗冲击性能,是未来混凝土材料与建筑结构发展的重要方向之一。

　　纤维是混凝土增韧的重要技术手段,它能有效提升混凝土抗拉、减缓开裂的效果。不同种类、尺寸、形状的纤维对混凝土韧性改善效果有较为明显的差异性。赵小明等研究了不同 PVA 纤维的体积掺量(0.05%、0.10%、0.15%)和长度(8 mm、12 mm)对混凝土相对动弹性模量、质量损失率和力学性能的影响,发现长度为 8 mm 的 PVA 纤维对混凝土抗冻性能的提升效果最好。田文基等在普通混凝土中掺入不同长度的合成聚丙烯纤维及聚丙烯腈纤维,以改善混凝土的脆性性能,提高混凝土的韧性。落锤冲击试验结果显示,纤维含量为 9 kg/m³ 的 40 mm 聚丙烯纤维混凝土试件的抗冲击韧性最好,相较于普通混凝土的抗冲击韧性提高了 3 倍多。高温条件下钢纤维混凝土具有温度损伤效应,霍普金森压杆试验下钢纤维混凝土的动态抗压强度随着试验温度的升高大幅度降低。吴伟等发现霍普金森压杆下,随着碳纤维掺量的增加,试件纵波波速随之增大,碳纤维能够在混凝土试件内部形成空间网状结构,增强试件整体性。罗忆和康建功等建立霍普金森冲击压缩数值模型,根据裂纹发展规律,对试件进行分阶段破坏评价,且运用 LS-DYNA 对一维应力波特性进行了数值模拟研究。另外,也有一些学者对有机纤维改善混凝土耐久性进行了室内试验研究,或采用有限元分析法建立模型,并提出增强增韧混凝土预测方法。

　　以上研究为高韧性混凝土材料的发展奠定了良好的基础,然而增韧混凝土材料制备、在中高应变率下的抗冲击特性及其微结构演变特征等仍需要大量研究工作。基于此,本文从高韧性水泥基复合材料配合比设计与优化着手,借助硅粉、钢纤维和高效减水剂开展配合比优化设计,采用分离式霍普金森压杆试验系统开展抗冲击性能研究,并结合热重分析技术、等温量热技术揭示材料微结构演变规律,揭示其动态力学性能变化机制,为韧性提升的混凝土材料制备与抗冲击性能提升的混凝土材料应用提供重要支撑。

1　试验概况

1.1　原材料性能

　　本试验选用湖北武汉亚东水泥公司生产的 P.Ⅱ52.5 硅酸盐水泥,密度为 3120 kg/m³,比表面积为 370 m²/kg,初凝和终凝时间分别为 183 min 和 225 min。硅粉为挪威艾肯公司生产的微硅粉,其密度和比表面积分别为 2203 kg/m³ 和 20.0 m²/g。上述两种材料的化学成分具体见表 1,两者的颗粒粒径分布和形貌特征见图 1。硅粉的颗粒粒径分布比水泥颗粒细得多,电镜形貌图再次证实该结果。

表1　水泥和硅粉成分组成（质量百分比/%）

材料	CaO	SiO₂	Al₂O₃	Fe₂O₃	SO₃	Na₂O	K₂O	MgO	P₂O₅	LOI
P. II 52.5	63.53	19.25	3.82	3.37	3.45	0.12	0.75	1.35	0.40	3.72
SF	0.96	95.48	0.17	0.13	0.31	0.36	0.13	0.69	—	1.20

图1　水泥和硅粉的颗粒粒径分布曲线和形貌特征
（a）粒径分布曲线；（b）水泥微观形貌；（c）硅粉微观形貌

1.2　配合比设计

为探讨水泥基复合材料抗冲击性能，本文以硅粉、钢纤维和高效减水剂为变量，并采用较低水胶比开展配合比设计。其中，硅粉掺量取最佳掺量10%（质量掺量），钢纤维掺量取最常用掺量2%（体积掺量），减水剂掺量依据不同体系实际需求取1.5%～2.0%，具体配合比见表2。本文共制备3大类水泥基复合材料体系，基准组为C—16，掺加10%硅粉和1.5%减水剂体系为C—18，掺加10%硅粉和2.0%减水剂体系为C—17，以上体系也同时掺加2.0%钢纤维；其他条件不变，未掺加钢纤维材料体系分别为C—16—con、C—18—con和C—17—con。针对准静态力学性能试验，搅拌并成型试块尺寸为160 mm×40 mm×40 mm，而针对霍普金森压杆试验，搅拌并成型试块尺寸为φ100 mm×50 mm。试块成型后带模养护1 d，拆模后部分直接进行准静态抗压/抗折强度试验，其余放入标准养护箱继续养护至试验龄期。

表2　水泥基复合材料配合比设计

体系	水胶比	材料比例（质量百分比）/%		钢纤维（体积百分比）/%	高性能减水剂（质量百分比）/%
		水泥	硅粉		
C—16	0.2	100	0	2	1.5
C—16—con		100	0	0	
C—18		90	10	2	1.5
C—18—con		90	10	0	
C—17		90	10	2	2.0
C—17—con		90	10	0	

1.3　力学性能试验

力学性能试验包括准静态抗压/抗折试验和抗冲击性能试验。静态试验借助本实验室量程为3000 kN的抗压/抗折一体机开展，加载速率为0.5 MPa/s，加载过程按照《混凝土物理力学性能试验方法标准》（GB/T 50081—2019）要求进行。抗冲击性能试验采用精细爆破国家重点实验室杆径为100 mm的分离式霍普金森压杆试验系统开展，分离式霍普金森压杆试验系统主要由压杆系统、数据测量与采集系统以及数据处理系统组成,具体实物图见图 2。试验采用的冲击压强为 0.4 MPa,同时配备 PHANTOM 高速摄像机对试块在冲击荷载下的动态变化进行数据观测与采集。

图 2　分离式霍普金森压杆试验系统

2　结果与分析

2.1　准静态力学性能

2.1.1　抗压强度

图 3 是不同水泥基复合材料体系在水化龄期为 1 d 和 56 d 的抗压强度结果。从图中可以看出,在低水胶比下(0.2),材料体系的组成成分、纤维掺加量和减水剂均会影响材料抗压强度的发展。水化早期(1 d),纤维掺加量、硅粉掺量为 10%,该体系(C—18)的抗压强度最高,达 61.4 MPa,比基准组(C—16)高约 62.9%。其次,当减水剂掺量从 1.5%(C—18)增加到 2.0%(C—17)时,早期抗压强度出现较为明显的降低(该体系抗压强度为 42.2 MPa),说明减水剂会在一定程度上抑制水泥基复合材料早期水化,导致其抗压强度明显降低,这与减水剂在水泥材料中的吸附、分散过程相关。钢纤维掺加也显著改变了水泥基复合材料体系的早期抗压强度发展,掺加该功能组分后水泥基复合材料体系几乎都提高了浆体强度,使其超过未掺钢纤维体系强度。另外,长龄期下(56 d)不同水泥基复合材料体系的抗压强度变化趋势与早期几乎一致,最高抗压强度几乎达 100 MPa(C—18 体系)。

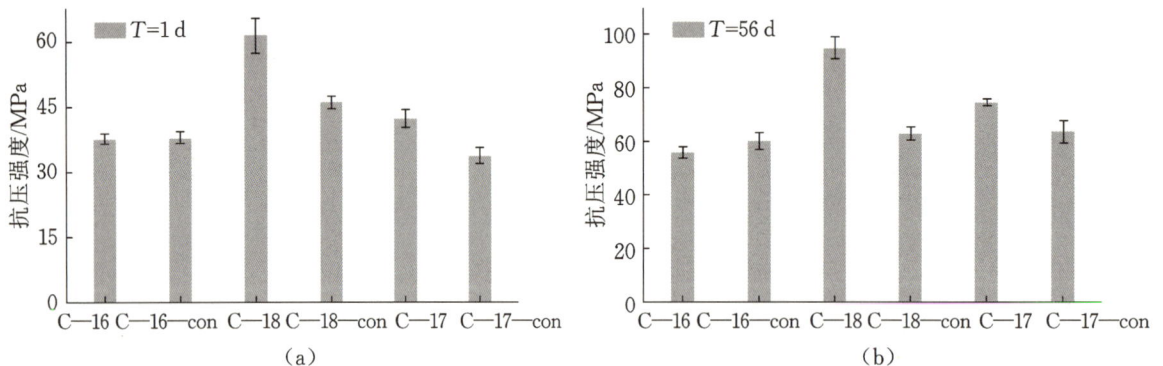

图 3　不同水泥基复合材料体系 1 d 和 56 d 的抗压强度

(a)1 d 水化龄期;(b)56 d 水化龄期

2.1.2　抗折强度

图 4 是不同水泥基复合材料体系在水化龄期为 1 d 和 56 d 的抗折强度结果。材料组成、钢纤维和减水剂掺加均影响抗折强度发展,且与上述抗压强度变化规律相似。尤其是钢纤维掺加对不同水泥基复合材料体系的抗折强度提升作用更加明显。如基准体系中,未掺钢纤维体系早期抗折强度和长龄期抗折强度(1 d 和 56 d)分别为 9.6 MPa 和 12.9 MPa,而掺加 2%钢纤维后,对应体系的抗折强度分别提升至 15.2 MPa 和 23.9 MPa,增幅为 58.3%和 85.3%。在其他条件不变下,10%硅粉提高

浆体的抗折强度至 25.7 MPa(1 d)和 27.4 MPa(56 d),表明硅粉掺加对浆体早期抗折强度的提升效果尤为明显。

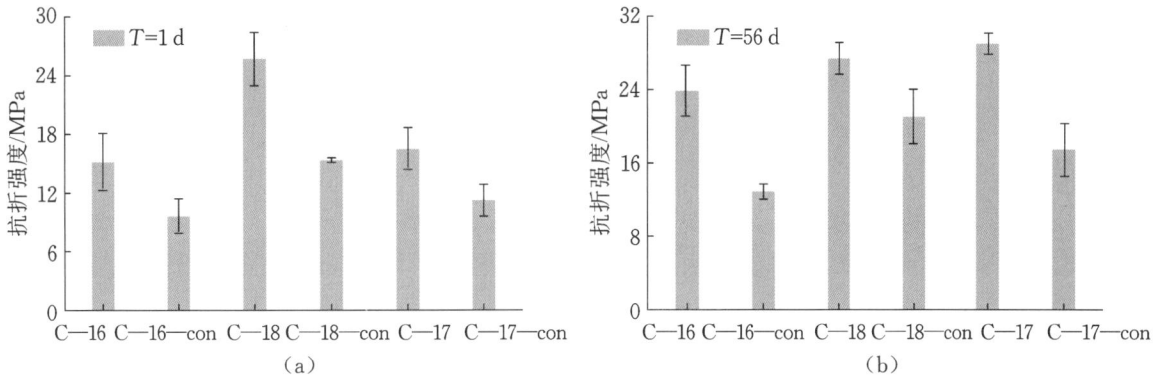

图 4　不同水泥基复合材料体系 1 d 和 56 d 的抗折强度

(a) 1 d 水化龄期;(b)56 d 水化龄期

通过对以上不同水泥基复合材料体系在水化早期和长龄期下的抗压强度、抗折强度变化的分析来看,在 10% 硅粉和钢纤维复掺条件下,C—18 体系表现出最佳准静态力学性能,抗压强度和抗折强度均最高。减水剂掺量达一定(2%)时,一定程度上抑制了水化过程,致使水泥基复合材料准静态强度降低。

2.2　动态力学性能

2.2.1　典型破坏过程

图 5 和图 6 分别是高速摄像机记录掺加钢纤维/未掺加钢纤维的水泥基材料体系(C—17 和 C—17—con)在分离式霍普金森压杆作用时的典型破坏过程。从图 5 可以看出,高韧性水泥基复合材料在中等应变率条件下(约 50 s^{-1}),其试块经历从作用前完整状态(阶段一)、作用中四周出现裂缝(阶段二)到最终少许浆体碎片飞散(阶段三)。从中可以发现,高韧性水泥基复合材料在压杆作用下的破坏过程主要是由于内部微裂纹出现,在压杆持续作用下微裂纹衍生为宏观裂缝,直至发展为外部部分碎片飞散。该作用下浆体并未发生大面积破碎,主要是由于该体系掺加 2% 钢纤维,在冲击作用下钢纤维吸附了外部冲击能量,同时钢纤维也通过连接材料内部各组分提升了浆体内部黏结性能,从而实现试件增韧抗冲击性能的提升。

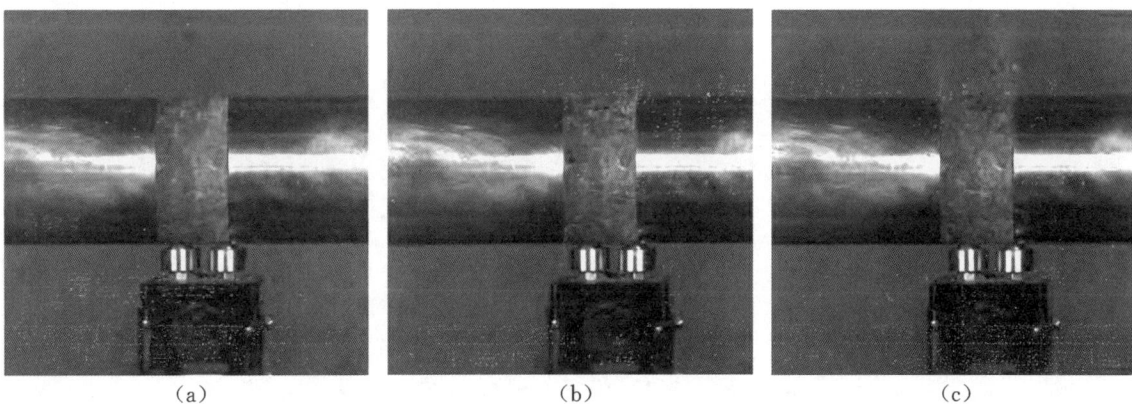

图 5　掺加钢纤维条件下水泥基复合材料在霍普金森压杆作用下的过程

(a) 阶段一;(b) 阶段二;(c) 阶段三

图 6 是在霍普金森压杆相同冲击破坏作用下未掺加钢纤维的材料体系在三阶段的过程。从图中可以发现,未掺加钢纤维时,试块在阶段二即出现大面积较为严重的破坏,持续的冲击压力下试块随即发生整体溃散,大量浆体碎片飞散至空中。由此可见,相同材料组分下,未掺钢纤维会较大程度地降低试块的抗冲击性能,致使试块在同样冲击作用下出现整体溃散破坏。

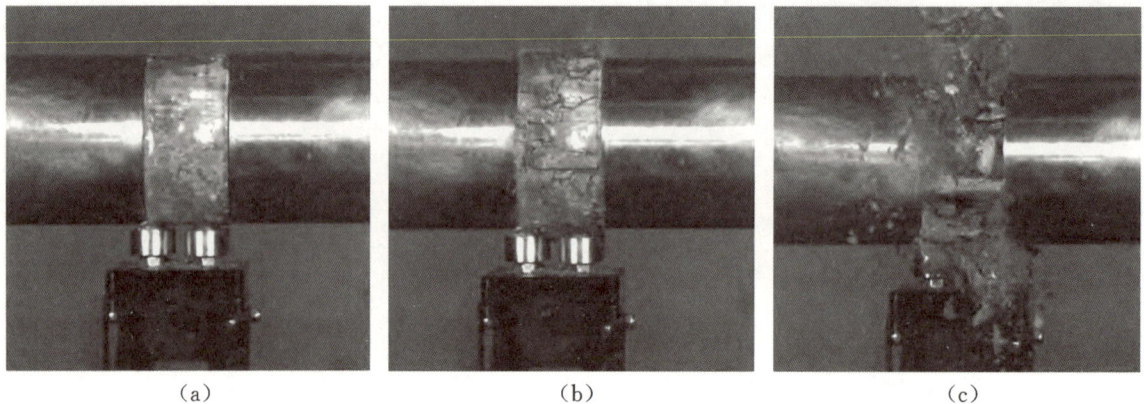

图 6　未掺钢纤维条件下水泥基复合材料在霍普金森压杆作用下的过程

(a) 阶段一;(b) 阶段二;(c) 阶段三

2.2.2　破坏形态

图 7 是本文研究的不同水泥基复合材料体系在分离式霍普金森压杆作用后的破坏形态。从结果可以分析,掺加钢纤维的 3 个材料体系均未发生明显破坏,而未掺钢纤维的 3 个材料体系均整体破坏成碎片。一方面,钢纤维掺加条件下,C—16、C—18 和 C—17 三个体系试块表面发生少许浆体剥落,破坏程度很低,其中 C—18 体系几乎未产生表观明显破坏,浆体很完整。另一方面,未掺钢纤维条件下,C—16—con、C—18—con 和 C—17—con 三个体系试块在压杆作用下均整体破坏成碎块,无主体形态。该情况下,随外部能量输入,较短时间内试块出现大量微裂纹并经过发展及合并,迅速形成大量宏观破坏裂缝,因此试块出现整体溃散。说明该作用下仅通过材料体系中浆体组成成分的优化不能在较大程度上提升试块的抗冲击性能,因而钢纤维在浆体抗冲击性能提升方面的作用十分关键。随着钢纤维的加入,试块破碎时整体性能发生较大程度的提升。外部能量输入时,钢纤维较好地抑制了试块内部微裂纹的大量生成、发展及合并,且一定程度上缓解了宏观裂缝的发展,因此,对应体系的试块并未出现较大程度的破坏,抗冲击性能良好。

图 7　不同水泥基复合材料体系在霍普金森压杆作用下的破坏形态

(a) C—16;(b) C—18;(c) C—17;(d) C—16—con;(e) C—18—con;(f) C—17—con

2.2.3　应力-应变关系

图 8 至图 10 分别是三个不同水泥基复合材料体系在霍普金森压杆（冲击压力为 0.4 MPa）作用下的应力-应变曲线,该曲线能较为全面地揭示高韧性水泥基复合材料在动态加载过程中的应力-应变变化关系。在霍普金森压杆的冲击荷载作用下,不同高韧性水泥基复合材料受力过程呈现出应变硬化和损伤软件两种典型特征。其中,应变硬化是指高韧性水泥基复合材料在应力作用下,其内部微裂纹在一定程度上被压缩密实,致使应力出现相应程度的提升。另外,不同高韧性水泥基复合材料在外部冲击荷载作用下的弹性变化段也表现出差异性特征。

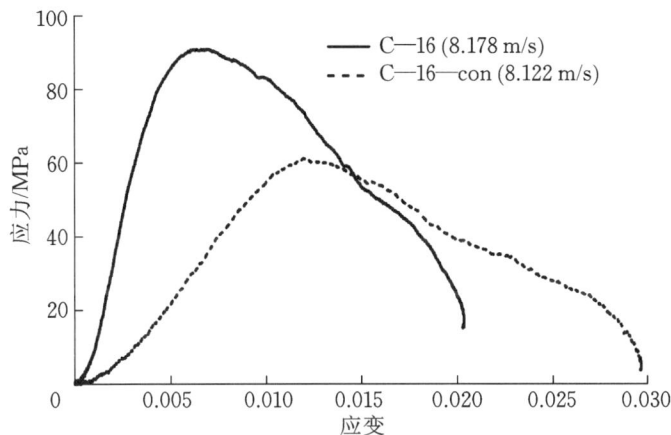

图 8　C—16 和 C—16—con 体系的应力-应变关系

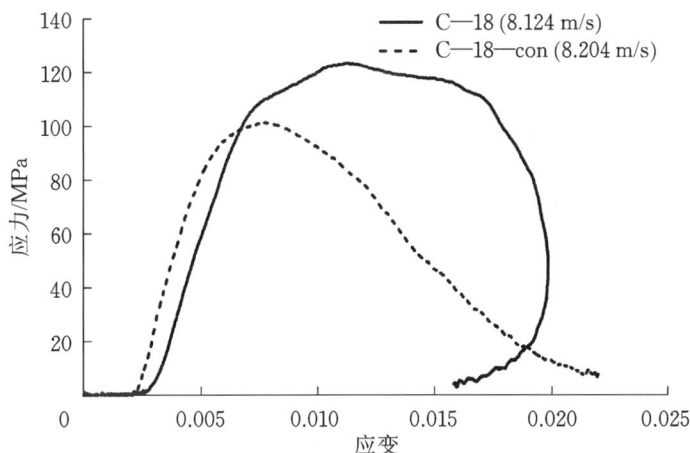

图 9　C—18 和 C—18—con 体系的应力-应变关系

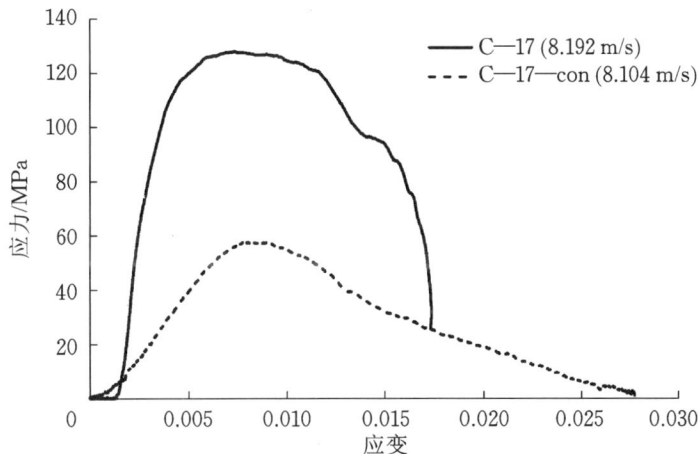

图 10　C—17 和 C—17—con 体系的应力-应变关系

图 8 是基准组体系的应力-应变变化过程曲线,两组试块受外部荷载冲击速度分别为 8.178 m/s 和 8.122 m/s。从图中可以发现,掺加钢纤维(C—16)体系的弹性变形阶段较长,对应的峰值应力较高,动态抗压强度为 90.7 MPa,而未掺加钢纤维基准组体系(C—16—con)的弹性变性阶段较短,对应的峰值应力显著降低,动态抗压强度为 70.0 MPa。此外,大变形破坏阶段中,两组试块的应力降低速率也呈现差异性,前者总体变形较小,且呈现一定程度的残余应力,而后者试块在峰值应力后持续变形,直至完全破坏。

图 9 是 10%硅粉掺加条件下两组体系的应力-应变变化过程曲线,两组试块受外部荷载冲击速度分别为 8.124 m/s 和 8.204 m/s。从图中可以看出,两组体系弹性变形前阶段呈现出几乎一致的应力-应变关系,随变形增大,掺加钢纤维体系的试块继续弹性变形直至达到峰值应力,而未掺钢纤维体系即刻进入脆性破坏阶段。两个体系对应的动态抗压强度也出现较大差异,前者高达 123.3 MPa,而后者约为 101.2 MPa。与图 9 中结果相比,减水剂掺量增加到 2.0%时应力-应变关系曲线发生较大变化(图 10)。

掺加钢纤维体系(C—17)表现出明显的应变硬化特征,表明该阶段试块内部缺陷出现一定程度的压密,对应的动态抗压强度高达 127 MPa。

对以上不同水泥基复合材料体系应力-应变关系进行分析得到,经过材料体系优化(10%硅粉掺加)和 2.0%钢纤维掺入,试块的动态抗压强度得以显著提高,最高强度约为 127 MPa,表现出优异的抗冲击特性,且该结果与准静态力学性能变化高度一致。

2.3 水化热动力学

图 11 是单位质量水泥基材料水化放热速率与放热量变化结果。水泥基材料水化热动力学性能演变为揭示宏观力学性能变化提供重要依据。从水化放热速率曲线分析来看,与基准组相比,10%硅粉与 1.5%~2.0%外加剂复合作用下水泥基材料呈现出水化放热速率加快的现象,表现为水化速率诱导期提前结束和水化放热速率主峰时间提前,这为前述该体系早期强度较高的结果提供了良好依据。另外,放热速率主峰峰值在两者综合作用下有所降低,且减水剂掺量从 1.5%增至 2.0%时,放热速率主峰峰值降低得更加显著。从单位质量的放热量结果分析,水化早期(1 d 内)掺加硅粉的胶凝材料体系水化放热量较高,超过基准组热量,随着水化龄期增加出现放热减缓的趋势,后期放热量较基准组的低。

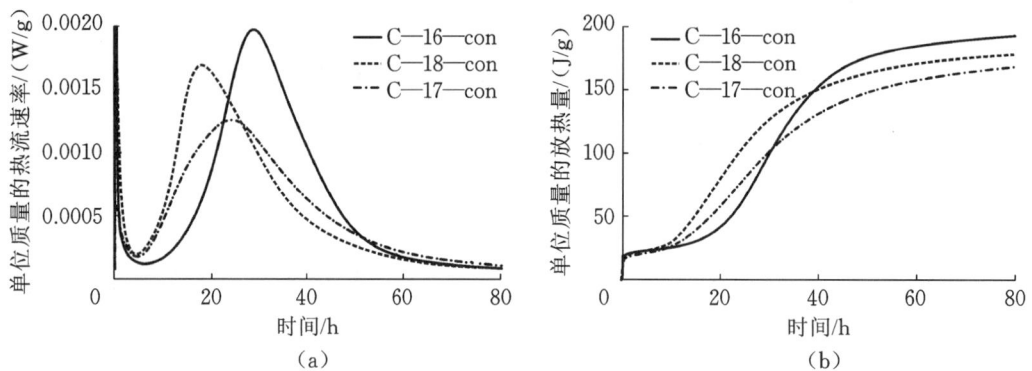

图 11 单位质量水泥基材料水化

(a) 放热速率;(b) 放热量

2.4 水化产物

不同水泥基复合材料体系所呈现的宏观力学性能变化特征主要受其微结构演变影响,其中水化产物氢氧化钙是其最重要的组成部分之一。图 12 是不同水化龄期下的氢氧化钙含量变化结果。从图中可以发现,水化早期(1 d)时,基准组的氢氧化钙含量较其他体系均较高,这是由于除基准组体系外的四个体系样品中均掺加 10%硅粉,高活性硅粉会在浆体内部较快发生火山灰活性消耗氢氧化钙现象,同时,10%取代量也在一定程度上降低了参与水化反应的水泥量,致使最终氢氧化钙含量较基准组的低。长龄期下氢氧化钙含量变化也呈现出相似的规律,相同条件下钢纤维掺加体系的氢氧化钙含量受到一定程度抑制,出现降低趋势,这在较大程度上降低了该产物相分布取向性,有利于优化浆体微结构。

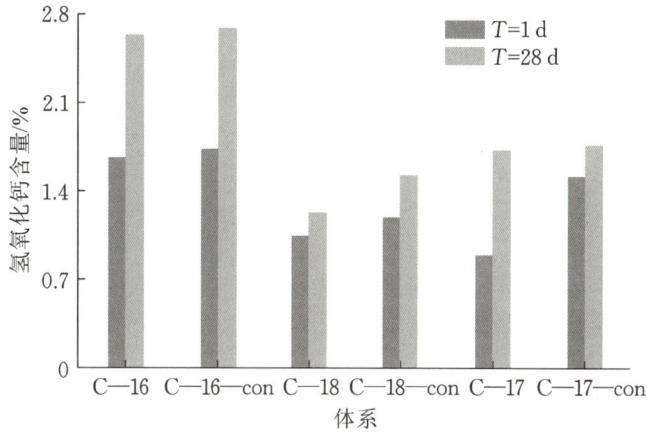

图 12　不同水泥基复合材料体系中氢氧化钙含量变化

3　结论

　　(1)硅粉在10%掺量下有效提升了水泥基复合材料体系早期和后期的准静态力学性能,其 56 d 龄期下的抗压强度高达 100 MPa,抗折强度高达 27.4 MPa。

　　(2)水泥基复合材料在冲击荷载作用下呈现三个典型的破坏阶段,钢纤维能有效抑制冲击破坏,试块仅出现少许浆体碎片飞散,而未掺钢纤维试块则出现整体剥落破坏;水泥基材料体系优化和钢纤维的掺入,均能明显提升浆体动态抗压强度,最高抗压强度可达 123.3 MPa(基准组动态抗压强度为 90.7 MPa)。

　　(3)10%硅粉和1.5%~2.0%减水剂复合作用下浆体早期水化速率主峰提前,放热较多,水化后期则逐渐平缓;主要水化产物氢氧化钙含量也随硅粉的掺加而降低,降低了水化产物相分布取向性,有效改善了浆体微结构。

全方位实时可视爆破安全警戒监控搜索系统应用研究

罗　鹏[1,2,3]　谢先启[2,3]　陈德志[2,3]　陈　晨[4]

周祥磊[4]　孙金山[2]　王　威[2,3]

(1.武汉科技大学理学院,武汉 430065;2.江汉大学 精细爆破国家重点实验室,武汉 430056;

3.武汉爆破有限公司,武汉 430056;4.中钢集团武汉安全环保研究院有限公司,武汉 430081)

摘　要：金婺大桥位于浙江金华,是横跨三区的重要交通枢纽,爆破工作量大,周边环境复杂。为保障3天2夜爆破作业期间爆炸物品安全及高效可靠地在清晨低能见度情况下完成大范围爆破安全警戒疏散工作,笔者首次结合AR(增强现实 Augmented Reality)实景监控、无人机、红外热成像仪三者优势,将高空球机设置在制高点,覆盖整个爆破警戒范围,球机设置在路口动态监控各路口情况,枪机固定监控装药部位,无人机机动地巡视,红外热成像仪搜索隐蔽部位,连同社会探头视频信号一起全部传输至AR后台。经智能化信息处理后,将所有重要信息直观展示在全局监控画面中,构建以AR实景监控为主,无人机机动监控为辅,红外热成像仪搜索补充的纵览全局和掌控细节的全方位立体实时可视爆破安全警戒监控搜索系统,配合常规方法实施爆破安全警戒。该系统实时在线60 h,监控范围373140 m²,发现非法闯入事件18起,协助爆破安全警戒工作在1 h内完成,圆满完成爆破安全警戒工作。该系统成功地应用于复杂环境下的城市拆除爆破安全警戒疏散工作中,解决了爆炸物品昼夜安全存放的问题,解决了低能见度复杂环境下人员疏散工作的问题。

关键词：城市拆除爆破;爆破安全警戒;监控搜索系统;AR实景监控;无人机;红外热成像仪

Research on application of all-round real-time visual blasting safety warning monitoring and search system

LUO Peng[1,2,3]　XIE Xianqi[2,3]　CHEN Dezhi[2,3]　CHEN Chen[4]

ZHOU Xianglei[4]　SUN Jinshan[2]　WANG Wei[2,3]

(1. College of Science,Wuhan University of Science and Technology,Wuhan 430065,China;

2. State Key Laboratory of Precision Blasting,Jianghan University,Wuhan 430056,China;

3. Wuhan Explosions & Blasting Co. ,Ltd. ,Wuhan 430056,China;

4. SINOSTEEL Wuhan Safety & Environmental Protect Research Institute Co. ,Ltd. ,Wuhan 430081,China)

Abstract：Jinwu Bridge is located in Jinhua,Zhejiang Province,which is an important transportation hub spanning three districts with large blasting workload and complex surrounding environment. In order to guarantee the safety of explosives during the 3-day and 2-night blasting operation and to complete the large-scale blasting security warning and evacuation work efficiently and reliably in the early morning with low visibility,for the first time,we combined the respective advantages of real-view monitoring by AR (Augmented Reality) ,drone and infrared thermal imager. Spherical cameras were set at a commanding height and the crossing of roads to cover the whole blasting security warning range. Gun cameras were fixed to monitor the charging operations. The drone maneuvered around and the infrared thermal imager searched hidden parts. All the signals together with the social probe video signals were transmitted to the AR back end. After intelligent signal processing, all important information could be displayed visually in the global monitoring screen to build a comprehensive three-dimensional real-time visual blasting security warning monitoring and search system with AR live-view monitoring as the main method. In the monitoring system, UAV mobile monitoring and infrared thermal imager search were used as the supplement measures to scan the overall situation and control the details. Blasting security warning could be conducted by this novel system together with conventional methods. The system was online for 60 hours with 373140 m² covered and 18 illegal intrusions reported. The task of blasting security warning was successfully completed within one hour by the assistance of the monitoring system. The construction of the system and its successful application in urban demolition solved the problem of safe storage of explosives around the clock and the problem of evacuation work of personnel in complex environment with low visibility.

Keywords: City demolition blasting; Blasting security warning; Monitoring and searching system; AR real scene monitoring; UAV; Infrared thermal imager

爆破安全警戒是城市控制爆破工程中的重要一环,装药爆破前控制各警戒点,疏散警戒范围内的人员,确保警戒范围内无人员滞留,直至爆破结束解除警戒。通常,警戒疏散工作是依靠人力对警戒范围进行排查,该方法适用于爆区环境简单、人员稀少的情况。若爆破警戒范围地形复杂、障碍物多或光线昏暗、天气恶劣时,存在警戒盲点,造成疏散困难、遗漏等情况,且需耗费大量人力及时间,存在重大安全隐患。

金婺大桥东西向横跨武义江,是连接开发区、婺城区、金东区的交通要道。警戒距离为倾倒方向不小于 350 m,两侧及后方不小于 200 m,实际警戒范围约为 373140 m²。爆破规模大,涉及区域多、范围广、爆区周边人员多、路口交错车流大,建筑群密集、环境复杂,且该桥对金华发展历史意义重大,爆区周边多江滨公园,观看爆破视角佳,容易吸引大量人员聚集围观,因此爆破安全问题引起金华市高度重视。爆破作业分 3 天 2 夜完成,于第 3 日 06 点 45 分起爆。本工程装药警戒时间长,警戒疏散时间段视线昏暗、范围大,针对工程实际,结合 AR(增强现实 Augmented Reality)实景监控、无人机、红外热成像仪,建立了一种全方位实时可视爆破安全警戒监控搜索系统来保障爆破警戒疏散工作的顺利进行。

1 城市控制爆破安全警戒

1.1 城市控制爆破安全警戒流程

爆破安全警戒是城市控制爆破中的重要一环,通常要成立爆破指挥部,全面指挥和统筹安排爆破工程的各项工作,流程可分为 7 步:

(1) 根据爆破规模、环境复杂程度、爆破有害效应范围确定装药警戒范围,爆破警戒范围,警戒点位置、数量。

(2) 根据各警戒的重要程度、工作量分配警戒人数。

(3) 警戒、疏散人员至少提前 1 天熟悉警戒点、疏散范围。

(4) 爆破前,按规定发布爆破公告并设置警戒线、警示牌等。

(5) 警戒人员按时按点上岗,开展警戒工作并封闭交通,禁止无关人员进入。

(6) 警戒人员按疏散范围进行人员疏散,完成后向指挥部汇报疏散情况,并撤离至指定安全区域。

(7) 爆破完成经检查确认无误后,警戒人员按警戒解除命令撤离、恢复交通,完成爆破安全警戒工作。

1.2 金婺大桥爆破安全警戒问题与需求

爆破作业进行了 3 天 2 夜,于秋冬季节清晨 06 点 45 分起爆,带来两个问题:其一,爆炸物品现场停留时间长,如何保证安全,尤其是夜间安全;其二,爆破警戒范围内地形复杂,公园内凉亭、卫生间、地下通道众多,沿江树密草深,如何在凌晨视野不明的情况下,全面、有序、高效地完成爆破警戒疏散工作。为此,爆破安全警戒需要做到以下 3 点:

(1)警戒范围广,需要监控全覆盖,确保警戒无死角,保证指挥部真正做到全面指挥。

(2)爆破位于交通枢纽,指挥部需要调动社会联网监控画面,扩大管控范围,防患于未然。

(3)消除夜间视线不明影响,确保人员疏散高效、无死角、不遗漏。

1.3 常规城市控制爆破安全警戒的局限性

(1)多数情况下,现场未安装视频监控,指挥部与各联络点沟通设备仅限于对讲机或手机,指挥不可视。

(2)少数情况下,现场安装了摄像头,指挥部能通过投影监控现场情况,但观看视角通常固定,不能调节远近,无法全方位、多角度地跟踪事件发展,且反馈的仅为画面信息,需要人为分析数据,并转化为判断依据,再进行处理,全局把控能力低,智能程度低。

(3)无法利用已联网的社会监控探头。

(4)由于人眼视力局限,会产生防控死角,无法保证警戒范围的绝对控制。

(5)夜间装药范围值班人员可能因自身或外界因素发生离岗或疏于职守情况,造成事故难以调查。

(6)由于光线昏暗、天气、障碍物等造成的视野不明,阻碍人员疏散工作的正常进行,不利于警戒范围彻底清场。

(7)下达起爆命令时,由于监控、通信设备的限制,若发生非法闯入警戒范围等紧急状况,无法第一时间收到现场反馈,可能会造成事故,时效性差。

2 安全监控搜索系统搭建

将普通视频监控与无人机运用到工程爆破中的案例已屡见不鲜,但均不能满足金婺大桥爆破安全警戒需求。为了解决实际困难,用高空球机覆盖整个爆破警戒范围,将球机布置在路口,枪机固定拍摄装药部位,无人机机动巡视,连同社会探头视频信号一起传输至 AR 后台。所有重要信息都能在全局监控画面直观展示,加上红外热成像仪在隐蔽部位搜索,形成以 AR 实景监控为主,无人机机动监控为辅,红外热成像仪隐蔽搜索补充的纵览全局和掌控细节的全方位立体实时可视监控搜索系统,配合常规爆破安全警戒,保证安全,如图 1 所示。

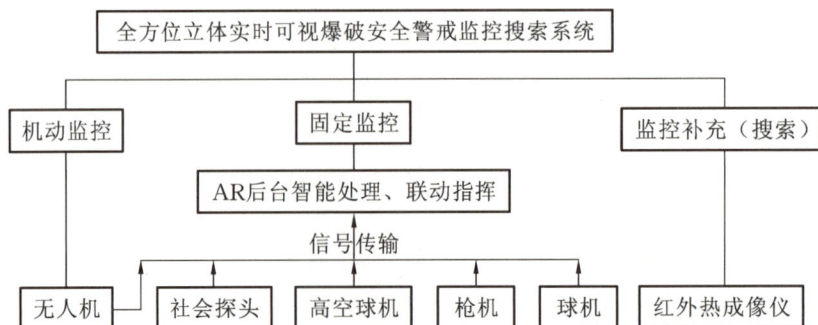

图 1 全方位立体实时可视爆破安全警戒监控搜索系统构成

2.1 AR实景监控

普通摄像机拍摄的影像,通过屏幕传达的画面,反映的仅仅是一帧一帧画面组成的"客观现实",无任何附加性信息。AR技术将数字化的标签信息添加到实时视频的现实目标对象中,使安保人员在观看实时画面时能同步获得目标对象的相关信息,在"现实"的基础上进行"增强",既"看得清"又"看得懂"。达到这种增强效果最行之有效的方法就是将名称、经纬度、方位角、距离、位置、历史案例描述、联系方式等信息标签化,添加到摄像机呈现的实时监控画面中,如图2所示。捕捉到的现实中的异常和突发状况能在第一时间反映到屏幕画面中,极大地帮助了屏幕前的安保人员做出相应的处置。

在目标区域制高点与关键点安装摄像机,画面集中输送到指挥部同一大屏监控系统。通过高点摄像机的鸟瞰视角掌握监控区域整体情况,将高点视频内建筑物、街道、人、车等信息以点、线、面地图图层的方式,自动叠加在基于高点视频的"实景地图"上。通过调用低点摄像机,以画中画方式从不同角度查看监控区域细节,做到可查询、可搜索、可定位、可描述、可报警、可联动,以直观、便捷的视频实景地图应对各种潜在治安防控问题,统一融合联动指挥爆破安保工作各环节,实现高低联动的立体实时可视指挥调度,大大改善了监控体验、指挥效率,如图2所示。通过管理员手动添加工作人员信息(姓名、身份证号、面部信息)、车辆信息(牌照)及警戒范围坐标信息,将实拍信息与后台信息进行对比,管控警戒区域,若发现非法闯入者,发出警报,显示目标坐标信息。确保突发事件第一时间发现,第一时间处理,把突发事件压制在萌芽状态。记录

图2 全方位立体实时可视指挥界面

的高清影像不仅可为突发事件倒查留下证据,而且有利于多点、多角度分析爆破过程,进行爆破总结。

2.2 无人机

无人机安防实行"空间安防"理念,弥补了平面安防体系的空白,通过空中的侦查、预警、响应等一系列措施来调动地面安防资源予以配合响应,形成立体化的监控防御体系。无人机在空中不受地域限制,快速高效、质轻灵活、操作简便,获取影像的时空精度高,可以大范围监控地面情况,同时能快速到达人员不容易涉及的地方,降低了人员风险。将其运用在爆破安全警戒中,完成以下任务:

(1)俯瞰巡视警戒范围,补充监控系统。出现突发事件,可迅速到达目的地,对某个区域或者某个人进行追踪录像。

(2)沿爆破警戒范围低空飞行进行人员疏散,携带小型扩音器,呼吁围观群众远离爆区,有利于缩短爆破警戒时间,减少警戒、疏散人员工作量。

(3)爆破后可迅速飞抵保护对象,辅助检查安全情况。

(4)根据爆破技术人员需要,从专业角度记录爆破过程,为爆破工作总结提供高清视频支持。

2.3 红外热成像仪

红外热成像技术在安防方面的应用包括防盗监控、伪装及隐蔽目标识别,夜间及恶劣气候条件下的治安巡逻,重点部门、建筑、仓库的安保工作,防火监控,路上和港通安全保障等领域。传统的安防监控多为可见光监控,在极端条件下(雨、雪、雾天气,烟雾环境,无光黑夜,高反差、逆光条件,树林草丛中)监控效果差。将红外热成像仪投入爆破安保工作中辅助人员疏散工作,主要优势如下:

(1)红外热成像仪适用于各种恶劣天气条件,不受光线影响,与气候条件无关,无论白天黑夜均可以正常工作,克服雨、雪、雾等恶劣天气的能力较强,适用于任何条件的爆破安全警戒工作。

(2)红外热成像仪被动接受目标自身的热辐射,对于躲避在树木、草丛、墙壁等隐蔽处,不易被肉

眼观察到的热目标识别度高,确保人员疏散无死角、不遗漏。

（3）红外热成像仪的识别时间短、探测能力强、作用距离远,人员疏散时采用大面积扫视目标区域,短时间便可完成人员疏散工作。

可见光监控在视频监控领域起着重要作用,但恶劣天气、昼夜交替、人为伪装等极端情况在一定程度上限制了可见光监控设备的正常发挥,而红外热成像监控设备完美地补充了可见光监控的局限性,适合高安全级别区域的入侵防范,是视频信息中对可见光图像的重要补充手段,可运用在人员疏散中,针对躲避在警戒范围内掩体中未被监控探头发现的人员。

3　监控搜索系统实施效果

爆破安全警戒一般分为装药警戒、爆破警戒、人员疏散,目的是保证爆破作业期间人员及爆炸物品的安全。AR实景监控、无人机、红外热成像仪这三种技术手段,在金婺大桥爆破安全警戒这项特殊的安防工作中发挥各自优势,形成全方位立体实时可视监控搜索系统,配合常规爆破安全警戒。

3.1　警戒前准备

（1）设立现场指挥部,投入大屏监控系统、无线电通信系统、无人机等。

（2）在金婺大桥两岸高耸建筑物设置超清高空球机4套,如图3所示。爆破点及各进出路口按需设置球机与枪机16套,连同周边交管部门的交通监控信号一起连接至指挥部,建立AR实景指挥系统,实现爆破警戒范围全覆盖,如图4所示。

（a）　　　　　　　　　　　　　　　　（b）

图3　东西两侧高空球机监控画面

图4　指挥部AR实景指挥系统

（3）在主桥东西两侧连接处摆放水码，设置单一通道，实行实名登记制度，供爆破作业人员进出。

（4）将所有工作人员身份信息录入后台处理器，此外，爆破作业人员及爆破监理由公安机关统一发放防伪工作证，作为进入装药警戒范围的出入证。

（5）在各重点区域无围墙处设置硬隔离，避免群众进入封控区域，保证现场爆破工程的正常进行。

（6）装药前1天张贴爆破公告，上门张贴"温馨提示"，对邻近建筑物录像拍照存档，并由指挥部组织爆破警戒与人员疏散演练。

3.2 装药警戒

装药警戒范围为金婺大桥主桥两侧连接处以内范围，如图5所示。自爆炸物品进入现场，直至爆破警戒开始，实行三班倒不间断装药警戒，警戒人员穿制服，配备对讲机（戴耳机）。装药现场由内至外设置三层警戒，第一层为爆破作业人员，4个装药点各2人，共8人；第二层为保安，主桥两侧连接处及桥墩外围各4人，共12人；第三层为公安民警，桥两侧工地大门口各2人，共4人，配备巡逻警车2辆。指挥部由监视人员将所有摄像头调整位置，重点监控装药点、装药警戒范围入口及相关路口。现场三层警戒与指挥部监控同步进行、紧密结合，24小时全天候监控警戒，控制进入装药点的道路、隐蔽入口及易翻越区域，确保爆炸物品安全。同时，安全员可通过监控画面监督现场装药、联网工作是否按照《爆破安全规程》（GB 6722—2014）严格执行。

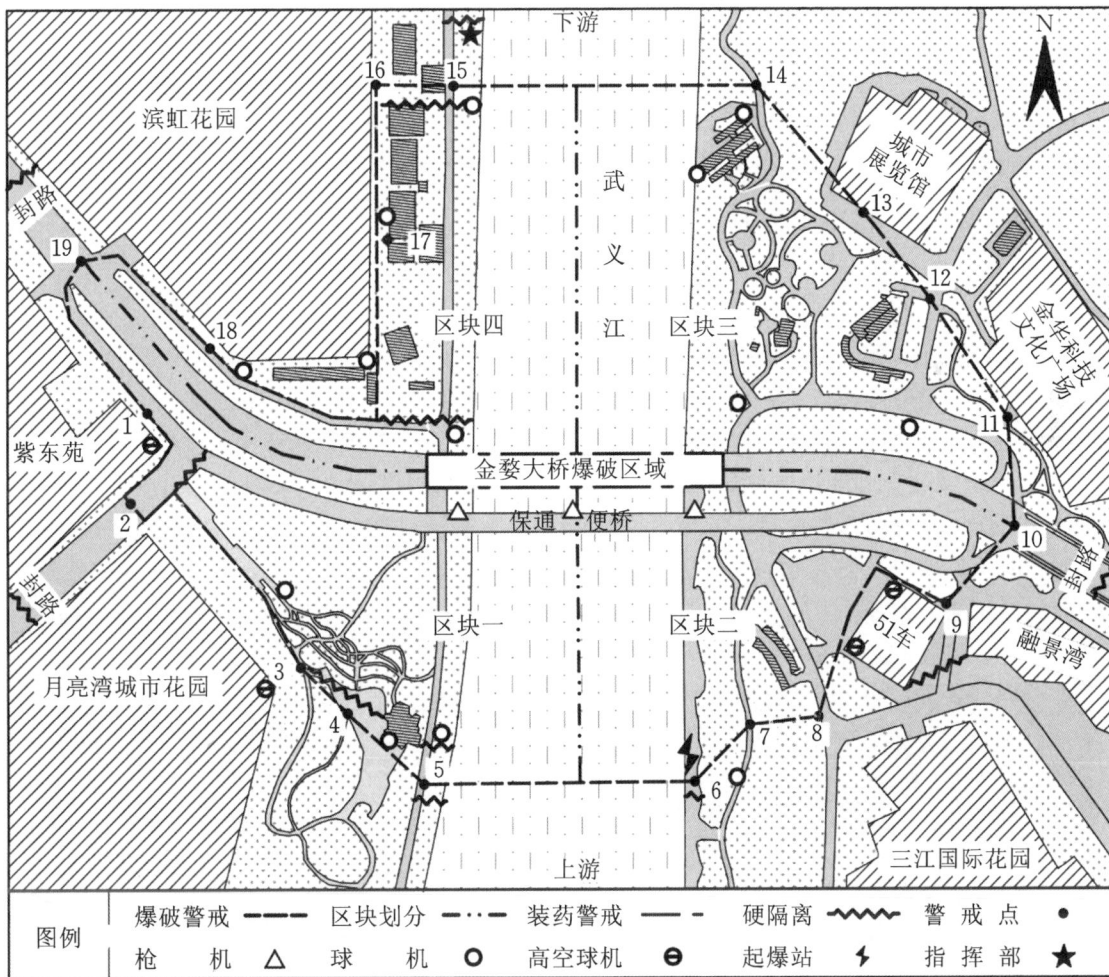

图5 金婺大桥安全警戒布置

3.3 爆破警戒

爆破警戒范围根据爆破规模、周边环境、爆破有害效应范围,以及警戒范围设计要求,按实际地形划分,共设置3个交通管制点,19个警戒点,警戒点设置在路口、出入口位置,相邻警戒点间要求通视,警戒范围及警戒点位置如图5所示。

警戒人员穿制服,按警戒点配备对讲机(戴耳机),提前10 min到达各警戒点,清点人数后上报指挥部,指挥部确认后下达警戒命令。接到警戒命令后,禁止任何人员(除疏散人员)进入警戒范围,直至解除警戒。开始警戒后,投入2架无人机,由指挥部起飞至东西两侧警戒范围上空实时巡航,俯瞰警戒区域,将现场的图像传送至指挥部监控大屏,配合AR监控系统,辅助爆破警戒,如图6所示。

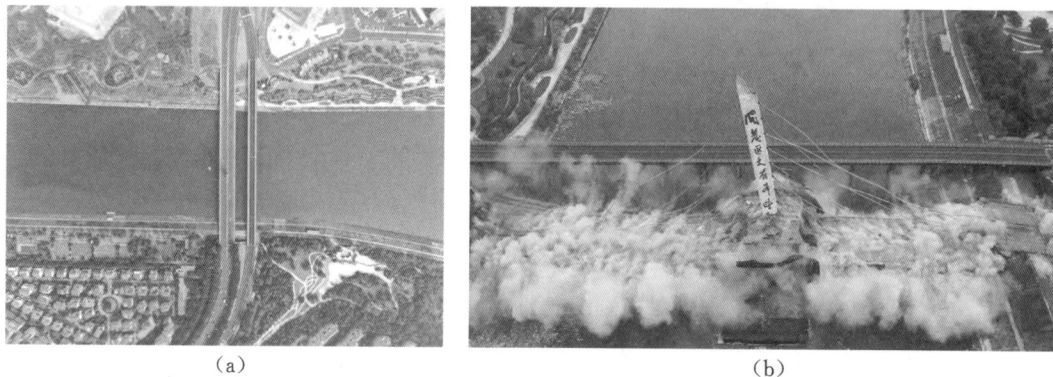

（a）　　　　　　　　　　　　　　　（b）

图6　无人机监控画面

3.4 人员疏散

将爆破警戒范围划分为4个疏散区块,执行属地管理、分片包干责任制,如图5所示。各区块人员疏散前15 min投入2架无人机,由指挥部起飞至东西两侧警戒区域,低空慢速飞行,来回清扫警戒范围,通过配备的喊话系统提前劝离晨练、摄影、观摩等无关人员。

疏散人员穿制服,配备对讲机(戴耳机),提前10 min到达集合地点(2、8、10、19警戒点),清点人数后上报指挥部,指挥部确认后下达疏散命令。接到疏散命令后,区块一、二、三、四疏散组分别向2、8、10、19警戒点报备进入人数,再按设计疏散路线展开疏散工作,装药警戒范围由爆破技术人员疏散。保安及街道工作人员配备手电沿途照射查看,并用扬声器进行喊话。民警持红外热成像仪垫后,对搜查过的地方进行二次搜查,特别是公园凉亭、卫生间、地下通道、沿江树林草丛、引桥桥洞处等易隐蔽处,如图7所示。发现无关人员,立即派专人负责带离警戒范围,清场结束后,疏散人员原路返回至报备警戒点,组长清点人数并上报警戒点与指挥部。疏散组民警配合警戒点警戒,保安沿安全封控背向大桥方向站立,配合控制警戒范围,街道工作人员于警戒范围外集中待命,直至警戒解除。

（a）　　　　　　　　　　　　　　　（b）

图7　红外热成像仪搜索

4　结语

（1）装药警戒过程中，发现因好奇施工、借道通行，意图进入装药区域事件共 16 起，均在警戒范围外第一时间处理完成；爆破警戒、人员疏散于 1 h 内完成，发现地下通道流浪者 1 人，随队撤离；起爆前 10 min，发现 1 人钻过围挡，攀爬上保通便桥，民警及时控制，未影响爆破。

（2）首次在爆破施工中，将 AR 实景监控、无人机、红外热成像仪相结合，形成全局实时可视监控搜索系统，实现了指挥部全局立体实时可视指挥，解决了爆炸物品昼夜安全存放问题，解决了低能见度复杂环境下人员疏散工作的问题，安全、智能、全面、有序地辅助完成了安全警戒工作，对重大城市爆破工程安全警戒有积极引导意义和实际借鉴作用。

（3）高清摄像机从整体到局部，完整、有效、真实、多方位地记录了爆破过程。慢放镜头回放，重现爆破过程，为分析多爆点复杂高难度爆破工程倒塌模式提供了强有力的影像支撑，对类似爆破工程方案选择与爆破参数选取有指导意义。

炮(航)弹及过期爆破器材销毁研究与实践

朱绍武　谢先启　罗启军

(武汉爆破公司,湖北武汉 430023)

摘　要:本文主要对炮(航)弹和过期爆破器材销毁问题进行研究,就诱爆炸药的选取、药量计算及装配、安全防护等问题做了分析。对一例销毁实例的过程及效果进行了介绍。

关键词:炮(航)弹;爆破器材;销毁

Study and practice on destruction of bombs and discarded explosives

ZHU Shaowu　XIE Xianqi　LUO Qijun

(Wuhan Blasting Engineering Company,Wuhan 430023,China)

Abstract:The destruction of bombs,aerial bombs and discarded explosives is investigated. The selection of donor explosives,calculation of charge amount and layout, as well as safety protection is analysed. The process and effectiveness are presented.

Keywords:Bombs and aerial bombs;Explosives;Destroy

1　引言

炮(航)弹的销毁,根据其目的可分为两种,一种是回收钢铁和炸药;另外一种是为排除不安全的隐患,通常将销毁品彻底炸毁,不作任何回收利用。而对过期爆破器材的销毁,则采用完全炸毁的方法。

2　炮(航)弹的销毁

销毁炮(航)弹的原理和过程:起爆体的先驱冲击波炸破弹壳,剩余的爆轰波侵彻弹丸,起爆弹丸装药,从而达到销毁的目的。

2.1　炮(航)弹的结构及性能

炮(航)弹的直径通常为 $60\sim155$ mm,壁厚为 $10\sim26$ mm,并且多带有引信,具有一定的杀伤力,其弹丸多为 TNT、黑梯混合炸药、B 炸药、PENT 等炸药。这些装药的感度中,TNT 是最钝感的一种,故将其作为侵彻的目标炸药。

2.2　诱爆药的选取

诱爆药是炸破弹壳,侵彻弹丸的能源。炸破弹壳和诱爆弹丸主要取决于炸药的爆轰压力。理论

本文原载于《爆破》2001 年第 18 卷第 2 期。

分析和试验结果表明，炸药的破坏威力随爆轰压力的增加而增大。根据爆炸理论，炸药的爆轰压力为：

$$P_{cj} = \rho_0 \cdot D^2/4 \tag{1}$$

式中，P_{cj} 为炸药的爆轰压力；ρ_0 为炸药的装药密度（g/cm³）；D 为炸药的爆速（cm/s）。由式(1)可以看出，炸药的装药密度和爆速对爆轰压力有影响，其中炸药的爆速影响更大。因此，为提高爆破效果，必须选用爆速较高、猛度较大的炸药。在炸药选定后，尽量提高装药密度。表1是常见的炸药性能。

表 1   常用炸药性能表

炸药种类	黑梯60	黑梯50	TNT	RDX	2# 岩石铵梯炸药
$\rho_0/(\text{g/cm}^3)$	1.72	1.646	1.591	1.126	0.95~1.10
$D/(\text{cm/s})$	7880	7440	6910	6530	3880

考虑到成本、性能和使用要求及来源等因素以及每响销毁的数量，根据所拥有的炸药性能，通常选用 TNT 和 2# 岩石铵梯炸药作为诱爆药。

2.3　诱爆药量的计算

爆破钢构件通常采用接触直列装药，装药量计算公式为：

$$C = 2(\psi/\pi \cdot \mu_1)M_0 \cdot h^2 l \tag{2}$$

令

$$A = (\psi/\pi \cdot \mu_1)M_0; F = hl$$

则有

$$C = 2AFh \tag{3}$$

式中，C 为中级炸药装药量（g）；M_0 为钢构件质量（g）；A 为材料抗力系数，对于钢构件材料，取 $A = 5$ g/cm³；F 为钢板炸断面面积（cm²），对于钢管，$F = \pi dh$，取 $\pi \approx 3$；h 为钢板厚度（cm）。

若 $h < 2.5$ cm，为保证爆破效果，须增大装药量，取 $h = 2.5$ cm，则式(3)可变为 $C = 25F$。要炸断直径为 60~155 mm、壁厚为 10~26 mm 的炮（航）弹，经计算最小药量为 0.41 kg，最大装药量为 3.0 kg。在有些销毁炮（航）弹的军事书籍中，论述了一般情况下的销毁药量及破片飞散距离，见表2、表3，可见理论分析计算符合实际的销毁用药量。

表 2   销毁炮弹所需装药量及破片飞散距离

炮弹直径/mm	所需装药量/kg	破片飞散距离/m
80~105	0.4	<750
105~150	0.6	<1200
150~200	0.6~1.0	≥1500

表 3   销毁航弹所需装药量

航弹质量/kg	25~50	100	250	500
所需装药量/kg	0.4	0.6	1.2	2.0

2.4　装药的配置

对于炮（航）弹这些环形截面弹壳，装药通常配置在钢壁的外面，围绕其圆周 2/3~3/4，如图1所示。对于 200 g 的 TNT 药块，以短边相连的方式进行布置，对有引信的炮（航）弹，在引信处也装上诱爆药。

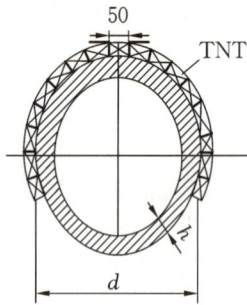

图 1　炸断钢管的装药配置(单位:cm)

2.5　销毁场地的选择原则

待销毁的炮(航)弹常具有一定的杀伤力,故销毁场地的选择比较重要。如果选择不当,就会带来意外危害。场地选择的基本原则:(1)必须远离交通运输线路、电信线缆、光缆以及居民生活和工作区;(2)便于疏通周围的人和牲畜;(3)销毁爆坑的大小和深度具有一定的防止破片和飞石的能力;(4)对于破片飞散及飞石有一定的防护控制范围。良好的销毁场地一般为四面环山,而进出和警戒均较为方便的场地。

2.6　运输和装卸中的注意事项

通常情况下,销毁现场与贮存销毁品的仓库有一定距离,并且从仓库到销毁地的路途多为崎岖不平的山路,而且销毁的炮(航)弹大部分带有引信,为防止意外的碰撞、挤压、跌落,通常采用卡车运输与人工装卸相结合的方法。运输和装卸是销毁工作中最关键的两个方面,必须注意以下事项:

(1) 进入库房搬运销毁品时,每次同时进出库房的人员不得超过 2 人,搬运时要求轻拿轻放;

(2) 用平板卡车运输时,炮(航)弹摆放时相互间要有一定的间隔距离,对于有引信的炮(航)弹,其间距相应增大些。行驶车速不超过 10 km/h,车距不小于 300 m。

2.7　防护及警戒

为防止破片及飞石,一般采用掩土覆盖防护和遮挡防护相结合。掩土防护土质要松散、松软,土中不能夹杂石块。遮挡防护可采用麻袋、胶皮、草皮、树枝等。防护对控制弹片的飞散非常有效,哪怕是最简单的防护也会起到较好的效果。

确定一定的警戒范围,警戒范围根据破片飞散距离来确定,并在各个入口处派专人负责警戒,非销毁作业人员不允许进入销毁现场。

3　过期爆破器材的销毁

通常,过期的爆破器材数量多、种类多,由于仓库的贮藏条件差,有的已经腐蚀。这些器材的运输、销毁,必须严格按照要求进行。

不同的爆破器材,采取的销毁方法也不一样,具体销毁方法如表 4。

表 4　爆破器材销毁方法

	雷管	炸药	导爆管	导火索	导爆索
爆炸法	√	√	√	×	√
焚烧法	×	×	√	√	×
溶解法	×	√	×	×	×

注:√—可行;×—不可行。

4　销毁实例

某仓库现有公安机关收缴的炮(航)弹约 1500 枚,过期的雷管约 40000 发,以及部分导爆索和导火索等爆破器材。通过前文的理论研究分析,采取了分类、分批、分量销毁的方案,且整个销毁工程对销毁地点、销毁方式以及销毁品的运输和警戒做了周密的计划与安排,将危险因素降低到最低程度。

4.1　销毁炮(航)弹的布置主式

这些销毁的炮(航)弹可能还具有较大的杀伤力,将炮(航)弹的装药弹丸端尽量朝一端,然后呈辐射状摆开,这样可利用其自身的爆炸来提高整个销毁坑的销毁效果。

4.2　起爆方法

由于销毁品数量多,在预先确定了销毁场和销毁坑后,为提高销毁工作效率,采用了"微差毫秒起爆系统"。每次起爆2~3个爆坑,不仅可以提高销毁速度,亦可减少飞石和振动。

4.3　破片及飞石的防护

根据周围环境特点,采用了掩土覆盖遮挡防护。

4.4　销毁品的运输

由于销毁品的数量大、品种多,其运输比较重要。在装运炮(航)弹前,先在卡车厢底部铺设一层0.2 m厚的沙,将各种炮(航)弹按15 cm间隔距离间隔排列,然后再铺一层0.2 m厚的沙,再放置第二排。车速不超过10 km/h,车距不小于300 m,这样便提高了运输过程中的安全性。销毁品运输在整个销毁工程中是很重要的环节。

4.5　爆破效果及体会

整个销毁过程历时1 d,共起爆13次。爆后爆坑均被扩大、扩深,说明这些销毁品具有相当威力。个别弹片最远飞散300 m,附近建筑物未出现任何损坏,完全达到预期的目的。

对于本次销毁工程中过期爆破器材的销毁,笔者进行了一些试验性的尝试。例如《爆破安全规程》(GB 6722—2014)中规定,对于爆破器材的销毁,一次起爆药量不得超过20 kg。而实际销毁过程中,由于待销毁的过期爆破器材数量多,加之还有大量的炮(航)弹需要销毁,而且必须在1 d内完成销毁工作,根据销毁场地的各方面条件,将需要销毁的雷管和导爆索进行一次性销毁,销毁效果很好。其换算后药量近130 kg,大大超过了《爆破安全规程》(GB 6722—2014)中规定的20 kg。因此,对爆破器材的销毁的一次起爆药量,可以根据销毁场地的情况,经过安全计算后确定。

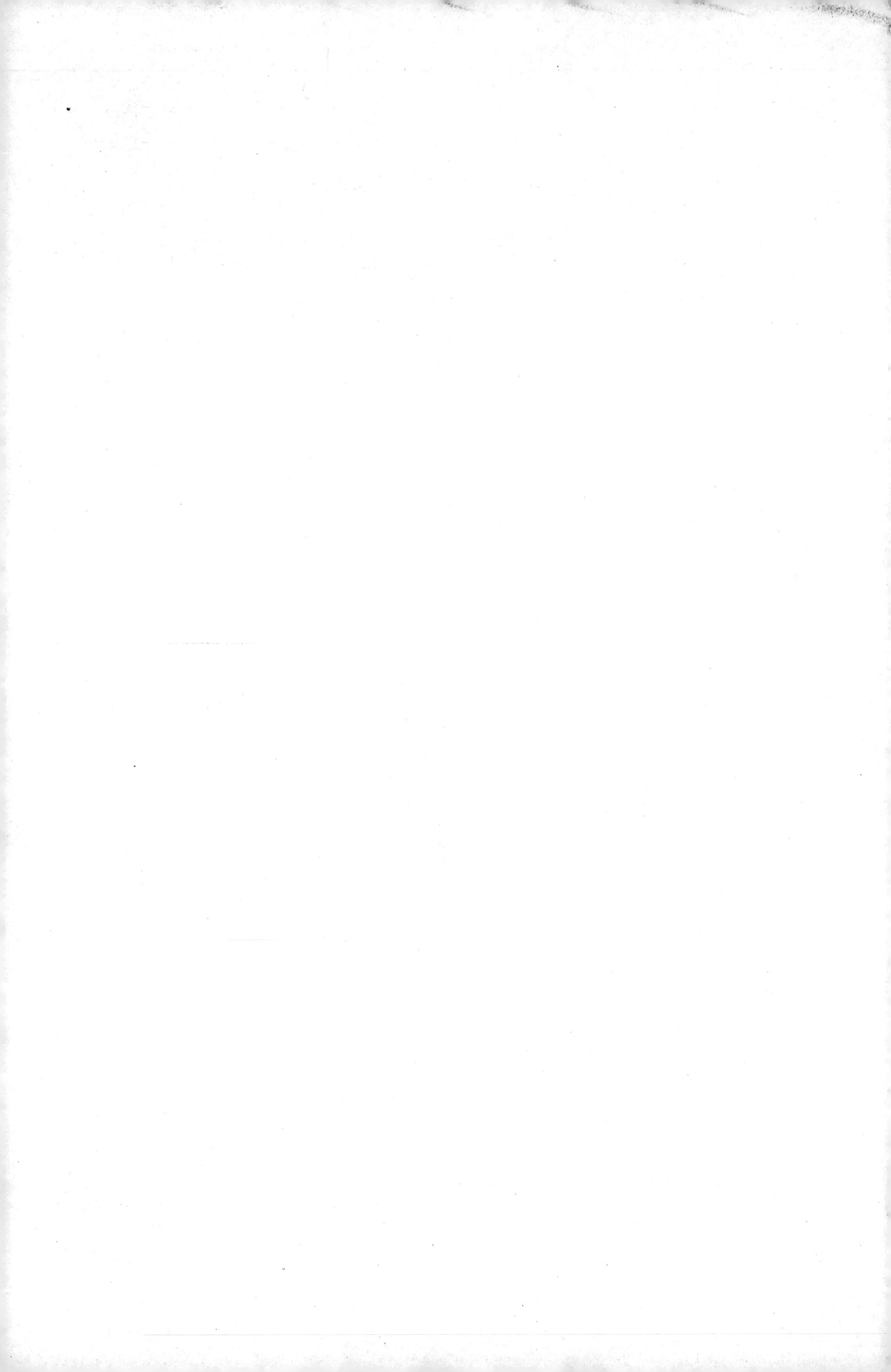